경 계 넘 기 와   함 께 하 기 를   위 한

사회지리학개론

SOCIAL GEOGRAPHIES: AN INTRODUCTION

경 계 넘 기 와 함 께 하 기 를 위 한

사회지리학개론

SOCIAL GEOGRAPHIES: AN INTRODUCTION

뉴캐슬사회지리연구회 지음 | 박경환·심승희·이재열 옮김

사회평론아카데미

경계넘기와 함께하기를 위한

사회지리학개론

2023년 2월 28일 초판 1쇄 펴냄
2023년 12월 29일 초판 2쇄 펴냄

지은이 뉴캐슬사회지리연구회
옮긴이 박경환·심승희·이재열
편집 김혜림·이소영·조유리
디자인 김진운
본문조판 토비트
마케팅 김현주

펴낸이 윤철호
펴낸곳 ㈜사회평론아카데미
등록번호 2013-000247(2013년 8월 23일)
전화 02-326-1545
팩스 02-326-1626
주소 03993 서울특별시 마포구 월드컵북로6길 56
이메일 academy@sapyoung.com
홈페이지 www.sapyoung.com

ISBN 979-11-6707-102-6 93980

일러두기
한국 독자를 위해 옮긴이가 작성한 주석은 '*'로 표기했습니다.

사회지리학을 연구하는 과거, 현재, 미래의 모든 분들께
이 책을 바칩니다.

지은이의 글

이 책이 출간될 수 있도록 도움을 준 모든 분들에게 감사드린다. 이 책의 집필진은 뉴캐슬사회지리연구회 회원들로 뉴캐슬대학의 사회변동지리 연구클러스터에 참여하고 있거나 관련 분야 소속이다. 우리는 일부러 포용적인 접근을 채택함으로써, 박사과정생과 새내기 연구자부터 노련한 학자들까지 이 책의 출간에 참여하도록 했다. 몇몇 필자는 다른 대학으로 자리를 옮겼지만 나머지 필자들은 여전히 연구회에 참여하고 있다.

우리는 세계에서 가장 방대하고 활발한 사회지리학자 모임으로 공간·사회적 불평등과 연관된 연구 의제에 몰두하고, 정의의 지리를 탐구하며, 일상생활의 공간을 해석한다. 특별히 우리의 연구는 부, 건강, 폭력, 생활여건, 생애기회가 불균등하다는 점에 주목한다. 오늘날 사람들의 삶을 지탱하는 사회·윤리적 조직(fabric)은 수많은 차별과 불이익 때문에 위협받고 있다. 우리는 이런 상황과 씨름하며 다양한 위치, 스케일, 차원을 분석하고 있다.

끊임없는 강의, 행정 업무, 글쓰기, 연구에도 불구하고 원고 집필과 다른 장의 리뷰에 시간을 아끼지 않은 모든 동료들에게 고맙다. 레이철 페인(Rachel Pain)과 피터 홉킨스(Peter Hopkins)는 편저자로서 이 책의 편집을 총괄했다.

아울러 탁월한 솜씨로 이 책을 교정해 준 앨리슨 윌리엄슨(Alison Williamson)과 이 책의 출간을 격려하고 후원해준 거딥 마투(Gurdeep Mattu)에게도 감사의 마음을 전한다.

뉴캐슬사회지리연구회

옮긴이의 글

지리학을 공부해온 학생들은 사회지리학이 지나치게 어렵고, 방대하며, 무엇보다 충분히 지리적이지 않다고 불평할 때가 많다. 한편, 지리학 외부의 학생과 연구자들은 사회지리학의 지적 풍요로움과 학문적 포용성에 감탄하면서 지리학의 살을 제 것인 양 한껏 베어가거나 반대로 지리학자로의 변태를 꿈꾸기도 한다. 이는 사회지리학을 가르치는 사람들의 공통적인 경험일 것이다.

사회지리학이라는 우산은 넓다. 그렇기에 흔히 사회지리학은 '공간과 사회의 관계', 즉 사회-공간 상결성(co-determinacy)을 다루는 분야로 정의되곤 한다. 이를 좀 더 명확히 풀어내자면, 사회지리학은 (개인과 가족에서부터 다국적기업이나 국가에 이르는) 사회의 여러 행위자들과 (육체와 주택에서부터 도시나 국가 영토에 이르는) 다양한 공간 사이에 발생하는 사회공간적(sociospatial) 과정을 연구한다. 따라서 사회지리학자들은 특정 공간(공간적 문제)에 집약된 사회적 관계와 구조를 드러내어 그 본질이나 맥락(원인)을 밝힘으로써 여러 행위자 간의 지배와 저항, 동맹과 대립, 포용과 배제 등의 사회적 과정을 통해 공간이 어떻게 생성되고 작동하며 변화하는지에 주목한다.

이런 점에서 사회지리학은 도시, 경제, 문화, 인구, 정치, 촌락 등을 다루는 여타의 인문지리학과 광범위한 접점들을 형성하고 있다. 지리학계에서 사회지리학을 주 전공으로 내세우는 연구자는 (특히, 취업이나 연구프로젝트 수주 등 여러 현실적 이유로 인해) 소수에 불과하지만, 실질적인 측면에서는 어쩌면 인문지리학 연구의 대부분이 사회지리학에 포함된다고 할 수 있을 것이다. 뿐만 아니라 공간과 사회의 관계에 관한 연구가 결코 지리학계의 전유물은 아니다. 우리나라만 하더라도 건축학, 도시계획, 환경연구, 사회학, 정치학, 인류학, 여성학, 문화연구에서부터 역사학, 문학, 철학, 미학, 미술, 음악 등에 이르는 인문·사회·예술 분야의 많은 연구자들이 각양각색의 방식으로 사회와 공간의 관계를 연구하고 있다. 게다가 이들 중 특히 새로운 세대의 연구자들은 방대한 전자책과 전자저널에 접속하고 저명 학자들의 유튜브 강의를 들으면서 성장하고 있으며, 이들은 (여전히 제도화되고 권력화된 전공 간 낡은 칸막이에 기대어 권위와 기득권을 사수하려는 기성세대와는 달리) 특정한 사회공간적 현안과 문제를 중심으로 뭉치고, 네트워크를 형성하여, 목소리를 내고 있다. 이런 여러 이유에서, 역설적이게도 사회지리학의 우산은 오히려 지리학 자체보다 넓다고도 할 수 있다.

이처럼 넓은 사회지리학의 우산을 생각해보면, 사회지리학 개론서에 대한 학계 안팎의 요구가 왜 그토록 빗발치는지 그리고 그러한 요구에 부응하는 개론서를 내는 것이 왜 그토록 어려운 일인지 어느 정도 수긍할 수 있다. 그러나 이 같은 어려운 여건 속에서도 선배 학자들께서 후학을 위해 기꺼이 시간과 노력을 들여 사회지리학 개론서(번역서 포함)를 여러 편 내신 바 있다.

우리는 이러한 국내의 선배 학자들의 노고로 빚은 디딤돌 위에서 『경계넘기와 함께하기를 위한 사회지리학개론』을 번역 출간했다. 국내에 마지막으로 번역 소개된 사회지리학 개론서는 출간된 지 15년 가까이 흘러, 학계 내·외부의 변화된 지형에 부응하는 새 책의 필요성을 고민하던 중 원서의 시의적절함은 물론 내용적 풍부함과 구성의 참신함을 보고 우리말로 옮기게 되었다.

이 책은 2020년 뉴캐슬사회지리연구회에서 집필하였다. 뉴캐슬대학은 노스이스트잉글랜드의 공립 대학으로 최근 혁신적, 도전적 연구가 활발하며 분야 간 칸막이를 넘어선 융합교육을 지향하고 있다. 특히 뉴캐슬대학의 지리학 연구자들은 교수와 대학원생 간의 수평적이고 끈끈한 연대와 열정을 자랑한다. 이 책은 그 결실로서 무려 40여 명에 달하는 연구자들이 집단지성의 힘으로 집필하였고 2000년대 이후 페미니즘과 포스트구조주의는 물론 이를 넘어선 다양한 접근과 방법론까지 포괄하고 있다. 이런 이유로 원서를 우리말로 옮기는 작업에서 나름의 학문적 사명감으로 뿌듯했으며, 저자들의 혁신적 노력의 결실을 배우는 기쁨도 누렸다.

지리학과 지리교육을 전공한 학생, 교사, 연구자뿐만 아니라 공간과 사회의 상호관계가 빚어내는 이슈들에 관심이 있는 인문·사회·예술 분야의 다양한 연구자에게 이 책이 유용하게 읽히기를 바란다. 저자들도 말하는 것처럼, 사회·공간적 문제에의 기민함, 사회·공간적 정의(正義)에 대한 신념, 현실세계에의 참여, 이론과 방법론의 혁신, 자신에 대한 비판적 성찰, 연구대상자와의 연대가 사회지리학자들만의 전유물은 아니다. 그러나 이러한 도전적인 노력과 실천이 있는 곳에는 늘 빛나는 사회지리학자들을 발견할 수 있다. 모쪼록 이 책이 공간과 사회를 공부하는 후학들의 이러한 노력과 실천에 또 하나의 디딤돌이 되면 좋겠다. 이 책의 출간을 허락해주신 ㈜사회평론아카데미 출판사와 출간 과정을 이끌어주신 김혜림 편집자에게 감사드린다.

2023년 2월
전남대 박경환
서울대 심승희
충북대 이재열

차례

PART 1

도입

사회지리학의 번영을 위하여

1. 사회지리학의 적실성

이 책의 집필진은 영국 뉴캐슬대학의 교수, 대학원생 등 40명으로 구성된 연구회다. 집필진 대부분은 뉴캐슬대학의 지리학자로 '사회변동지리 연구클러스터'에 속해 있고, 일부는 사회학, 도시계획, 보건 분야의 학자들이다. 일반 독자들은 사회학, 도시계획, 보건 분야에서 무슨 연구를 하는지 대체로 분명히 알 것이다. 하지만 지리학자라고 하면 다소 갸웃하면서, 각국의 수도 명칭을 대거나 토지이용 지도에 색칠하는 모습을 떠올릴 것이다. 그러나 사회지리학은 현대의 많은 사건들과 밀접한 관련성이 있는 분야다. 왜냐하면 사건이란 대개 연구실 창밖의 현실 세계에서 발생하기 때문이다. 우리는 뉴스를 접하면서, 현장에서 연구하면서, 사회참여를 통해서, 그리고 일상생활 속

에서 이 사실을 매일 목격하고 있다.

간략히 정의하자면, **사회지리학**이란 **사회**와 **공간**의 상호관계를 연구하는 분야라고 할 수 있다. '공간'은 단순히 구획해서 지도로 표현할 수 있는 영토도 아니고, 사람들이나 사회적 과정을 담은 컨테이너도 아니다. 그렇다고 공간이 사회에서 발생하는 흥미로운 사건들의 단순한 배경인 것도 아니다. 공간에는 일정하게 고정된 성격이 없다. 공간 속에 수많은 다양한 사람들이 살고 있는 것처럼 말이다. 공간과 사회적 범주는 유동적이며, 그 의미는 계속해서 변동하고 충돌하며 재구성되는 과정 중에 있다. 현대 사회지리학에서는 공간과 사회가 **상호구성**적(co-constructive)이라고 본다. 곧 공간과 사회는 서로를 생산하고 변화시킨다(Little, 2014; Valentine, 2001).

사회지리학자들은 공간과 사회의 관계가 어떻

Box 1.1

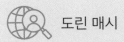

도린 매시

도린 매시(Doreen Massey, 1944~2016)는 영국 방송대학 교수였다. 매시의 연구는 공간과 장소의 개념화에 주목했으며, 인문지리학에 엄청난 영향을 끼쳤다. 매시는 '글로벌 장소감(a global sense of place)'이라는 개념을 제시함으로써, 여러 공간 스케일에서 작동하는 과정과 관계가 다양한 방식으로 합쳐져 특정한 장소의 경험을 창조한다고 말했다. 달리 말해, 사람들은 각자 매우 다른 방식으로 장소를 경험하므로 장소는 주관적이다. 동시에, 장소 간 또는 장소 내의 물적 불균형을 야기하는 공통된 프로세스가 존재하므로 장소는 '권력기하(power geometry)'의 산물이다(Massey, 1991a).

게 전개되는지에 관해 좁은 지점부터 커다란 스케일에 이르기까지 폭넓게 살펴본다. 지리학에서는 이런 특정 지점을 '장소(place)'라고 부른다. 장소는 '공간(space)'과 대비되곤 하는데, 이때 공간은 보다 광범위하고 추상적인 차원이나 구역 또는 관계를 지칭한다(Gieseking & Mangold, 2014). 그렇지만 20세기 후반 이후 오늘날의 지리학자들은 더 이상 장소를 어떤 분리된 곳, 구별된 곳, 경계가 그어진 곳으로 보지는 않는다(Massey, 1995). 정확히 말하자면, 공간과 장소는 관계, 과정, 상호작용이 변화하고 펼쳐지며 움직이는 집합체이다(Box 1.1 참고).

한 사례로 **사회주택(social housing)***에 관한 레

* 사회주택은 주로 유럽에서 통용되는 용어로, 정부나 지자체가 주택 담보대출의 이율 인하나 세금감면, 보유세 인하, 건축비용 보조, 상하수도 및 전기 등 공공요금 감면과 같은 다양한 공적 보조나 지원을 제공하는 주택을 총칭한다. **공공주택**(공영주택, public housing)은 가장 대표적이고 전통적인 사회주택의 한 유형이다. 보다 최근에는 정부나 지자체 외에 협동조합, 비영리기구, 사회적기업, 커뮤니티단체 등 사회적경제 주체들이 (적정한 이윤을 추구하면서도) 사회적인 가치를 중시하면서 시세보다 임대료가 낮거나 안정적인 거주기간을 보장하는 주택까지를 포괄하여 지칭하는데, 이는 한국에서 '사회적 주택'이라 별칭되기도 한다.

이철 페인(Rachel Pain, 2019)의 최근 연구를 생각해보자. 페인은 지역주민, 예술가와 함께 연구팀을 구성해 노스이스트잉글랜드 더럼 카운티의 옛 탄광촌 몇몇 거리에 조성된 사회주택 150채의 경매 현황을 조사했다. 지난 수십 년 동안 저소득층 가구들은 일반 시세보다 낮은 임대료를 내고 이 주택들에 거주해왔다. 그러나 최근 영국 정부의 주택정책이 변화함에 따라 주택과 관련된 각종 규제와 보호조치가 철폐되었다. 그 대신 정부는 이른바 '시장의 해법'을 추구했다. 그 결과 기존의 주택들이 갑작스레 경매시장에 매물로 나오게 되었다. 이 주택들은 모두 개인 소유주들이 구입했는데, 이 중 일부는 시장 수준의 임대료로 재임대되었지만 나머지 대부분은 세입자가 없어서 빈집으로 남았다. 이 일이 벌어진 것은 잉글랜드에서 무주택자들이 가파르게 증가하던 때였다. 당시에 사회주택의 공급이 갑작스레 줄어들자, 수십만 명의 사람들은 관공서 대기자 명단에 줄지어 이름을 올렸다. 페인의 연구는 이 사회주택들이 위치한 특정 장소가 어떻게 영국 내 주거의 공간적 패

그림 1.1 더럼 카운티의 사회주택 모습
(그림: Carl Joyce, carljoyce.com 참고)

턴을 형성하는 국가적, 세계적 과정의 변화와 교차하고 있는지를 (건조환경, 커뮤니티, 경제·사회사, 장소감, 감정적 애착과 세대 간 애착 등의 관점에서) 분석하는 것이었다(Pain, 2019).

또 다른 사례로 피터 홉킨스(Peter Hopkins)는 민족적·종교적 소수집단 청소년들이 일상적으로 어떻게 장소, 정치, 정체성과 타협하며 지내는지를 연구했다(Hopkins et al., 2017). 홉킨스는 스코틀랜드 독립 국민투표가 있던 2014년 스코틀랜드에서 연구를 수행했다(Botterill et al., 2016). 스코틀랜드라는 공간적 맥락 그 자체도 중요했고, 스코틀랜드의 투표연령이 16~17세까지 확대되었기 때문이다. 연구팀은 초점집단면담(FGI; Focus Group Interviews) 방법으로 청소년 382명을 조사했는데, 여기에는 무슬림, 남아시아 출신의 시크교도와 힌두교도 등의 비(非)무슬림, 난민과 비호신청자, 유학생, 유럽 중부·동부 출신 이민자, 스코틀랜드계 백인 등 민족적·종교적으로 다양한 청소년이 포함되었다. 연구결과에 따르면 많은 소수집단 청소년들은 오인(misrecognition)을 경험

하고 있었다. 무엇보다 무슬림으로 오인되는 경우가 많아서 여러 소수집단 청소년이 이슬람혐오의 표적이 되곤 했다. 오인은 주로 학교, 택시, 공항 및 기타 공공공간에서 발생하는 경향을 보였다. 지정학적 이슈와 그에 대한 미디어 보도, '아시아계' 커뮤니티에 대한 고정관념, 비무슬림계 소수집단의 가시성(visibility) 부족 등 여러 요인이 소수집단 청소년들을 무슬림으로 만들어냈다. 이러한 오인에 대한 청소년들의 반응은 다양했다. 가령, 유머로 웃어넘긴다든지, 자기의 종교를 분명히 밝힌다든지, 아니면 그 상황을 그냥 무시했다. 그러나 대개 청소년들은 오인을 경험한 이후 사회적 상호작용이 위축되었다. 이 연구는 **인종차별**주의와 종교적 무관용(intolerance)이 어떻게 사람들을 주변화하는지 보여주었다. 그리고 오인의 문제를 해결하려면 구성원들의 완전한 사회적 참여를 보장할 수 있는 제도 변화가 꼭 필요하다고 지적했다.

요컨대 사회지리학의 가장 중요한 전제는 공간이 사회를 이해하는 데, 그리고 사회가 공간을 이

그림 1.2 스코틀랜드의 무슬림
(그림: Mohammed Hussain, c/o Alwaleed
Center, www.alwaleed.ed.ac.uk)

해하는 데 필수적이라는 것이다. 물론 이는 인문지리학의 일반적인 공통점이기도 하지만, 특별히 사회지리학자들은 이러한 공간과 사회의 관계가 사회적 정체성, 사회적 재생산, 사회 불평등, 사회 정의에 어떠한 영향을 미치는지 탐구한다. 이런 탐구에는 다양한 이론적 접근(2장)과 방법론적 전략(3장)이 있다. 무엇보다 여러분이 이 책에서 꼭 얻기를 바라는 한 가지는, 사회지리학은 결코 상아탑 안에 은둔하며 시간을 보내는 분야가 아니라는 점이다. 사회지리학은 현안과 관련 있고, 유용하며, 시의성을 갖춘 연구분야다. 사회지리학은 우리가 주변 세계에 질문을 던져 이를 이해하게 할 뿐만 아니라, 세계를 바꾸는 데 참여하고 기여하도록 한다. 이 책을 쓰는 동안에도 영국의 브렉시트(Brexit)로 파생된 여러 사회적 결과들, 파괴적인 복지개혁에 따른 사람들의 내몰림 확대, 자유를 쟁취하기 위한 홍콩의 시위, 인도에서 벌어지고 있는 식수난, 기후변화와 환경파괴에 대한 항의, 유럽 내 증오범죄의 증가와 난민신청자들에

대한 낙인찍기 심화, 미국의 국경정책이 일상에 미친 영향, 코로나19로 인한 가혹하리만치 불평등한 충격 등 세계 곳곳에서 여러 사건이 벌어지고 있다. 이 사건들은 이 책의 주제들이 얼마나 타당하고 중요한지를 증명한다. 사회지리학은 계속해서 분석 영역을 확장해나가고 있다. 이런 이유로 이 책은 기존보다 광범위한 사회지리학 주제를 담아내고자 한다.

2. 사회지리학이란 무엇인가?

1) 사회적인 것과 그 나머지

사회지리학은 풍부하고 다양하며 역동적인 주제들을 아우르며 인문지리학의 거대한 하위분야를 형성하고 있다. 사회지리학은 독특한 특징이 있지만, 다른 분야와 뚜렷이 구별되는 접근이나 주제로 한정되어 있지는 않다. 또한, 다음에서도 살펴

Box 1.2

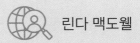 린다 맥도웰

린다 맥도웰(Linda McDowell)은 영국 옥스퍼드대학 명예교수이다. 맥도웰은 경제·사회지리학자로서 계급과 **젠더**가 노동시장과 노동과정에서 교차하는 지점들을 광범위하게 연구해왔다. 그녀의 책『자본의 문화(Capital Culture)』는 더시티오브런던(더시티)의 금융업계 종사자들과 이들의 직장생활이 일상적으로 성차별주의, 인종차별주의, 계급적 특권에서 비롯된 공통의 차별 행위들에 의해 지배받고 있다는 것을 밝혀냈다(McDowell, 1997).

보겠지만 사회지리학의 내용은 나라마다, 교재마다, 대학마다, 교수자마다 다르다.

전통적으로 **인문지리학**은 여러 하위분야로 나뉘어왔으며, 이 중 어떤 분야는 100년 이상의 오랜 세월을 견뎌오기도 했다. 지리학 분야의 학위과정도 이처럼 여러 갈래로 나뉘어 있다. 영국에서는 대부분의 지리학 학위과정이 사회지리학, 경제지리학, 정치지리학을 포함하며, 이외에 흔히 발전(개발)지리학, 문화지리학, 환경지리학, 역사지리학 등이 추가된다. 그러나 이처럼 지리학을 구획해서 가르치는 방식은 실제로 현대 지리학자들이 수행하는 연구들을 정확히 반영하지 못한다. 가령, Box 1.2에서 소개하는 맥도웰의 연구는 사회적 과정과 경제적 과정이 상호구성적이고 상호의존적이라는 것을 보여준다. 이와 마찬가지로 한때는 사회지리학의 영역에 속했던 아이디어, 주제, 연구방법이 지금은 정치지리학 분야로 퍼져나가고 있다. 물론 정치지리학도 사회지리학에 많은 영향을 준다. 가령, 최근의 정치지리학자들은 연구의 스케일과 분석대상으로 일상생활에 주목하는데, 사실 이는 오랫동안 사회지리학의 핵심 영역이었다(5장 스케일 참고). 반대로 초창기에 주로 발전지리학 분야에서 사용했던 참여연구(participatory research) 방법은 오늘날 사회지리학자들이 활발히 활용하고 있다. 특히, 글로벌북부의 연구자들은 당면 현안을 잘 파악하기 위해서 참여연구 방법을 적극 사용하고 있다(3장 사회지리학 연구수행 참고).

한편, 우리가 연구를 수행할 때, 지리학의 하위분야 간 '경계'가 가장 생산적인 지점인 경우가 있다. 다시 말해, 사회지리학, 정치지리학, 경제지리학, 발전지리학, 환경지리학, 자연지리학의 가장자리들을 넘나들 때 매우 흥미진진하고 혁신적인 연구들이 나타나곤 한다. 이는 특히 연구의 초점이 기후변화, 에너지, 이주와 같이 인류사회가 당면한 가장 거대하고 복잡한 이슈일 때 나타난다. 이 외에도 사회-경제, 사회-정치, 사회-개발, 사회-환경 분석과 이들을 복합적으로 결합한 분석이 요구되는 많은 이슈가 있다. 2010년에 출간된 『사회지리학 핸드북(Handbook of Social Geographies)』은 이러한 결합에 초점을 둔 책이다(Smith et al. 2010). 이와 비교할 때 이 책은 훨씬 광범위한 내용을 다루고 있으며, 곳곳마다 이러한 혼성적(hybrid) 사회지리학이 잘 반영되어 있다. 특히 민족과 민족주의(9장), 사회적 재생산(28장), 지속가능성(32장), 환경정의(33장), 음식(34장)에 관한 내용이 그렇다. 이런 주제들은 차츰 사회지리학의 핵심 관심사로 떠오르고 있다. 오늘날에는 연구주제, 아이디어, 이론 및 연구방법 등이 인문지리학 안팎에서 급속히 공유되어 발전하고 있다. 이에 따라 인문지리학을 특정 하위분야들로 구별할 수 있다는 발상 그 자체마저도 위태롭게 되었다. 따라서 하위분야란 늘 유동적이고 역동적임을 인식할 필요가 있다. 그리고 바로 이런 이유 때문에 현장(field)이 중요하다.

그렇다고 해서 우리가 **포스트**-사회지리학을 주장하는 것은 아니다. 왜냐하면 사회지리학이라는 큰 우산 밑의 연구들은 다양하면서도 일정한 응집력으로 뭉쳐 있기 때문이다. 하나의 우산을 쓰는 것에는 그럴 만한 가치가 존재한다. 사회지리학은 단순히 분석 목적을 위해 편리하게 정리된 범주나 서류철이 아니다. 앞서 말한 것처럼 사회지리학은 배타적이라기보다 광범위하고 절충적이지만, 사회지리학 연구에는 중요한 공통점이 있다. 이는 사회지리학 연구가 특정한 원리나 주제, 인식론적 접근, 방법론적 혁신에 몰두한다는 점과, '실'세계에서 일어나는 사회적 이슈에 대한 행동과 우리 연구와의 연계성을 유지하려고 한다는 점이다(Pain et al., 2001). 물론 이런 특징이 사회지리학만의 전유물은 아니다. 그러나 이러한 특징들이 발견되는 곳에는 언제나 사회지리학이 있다.

사회지리학의 중요성은 린다 피크(Linda Peake)의 지적에서도 알 수 있다. 그녀의 설명에 따르면,

"우리는 은연중에 사회적인 것이란 무언가를 결여한 것이라고 생각한다. 달리 말해, 전문적인 하위분야 연구들이 국가적인 것, 경제적인 것, 정치적인 것을 제각각 자기 것이라고 주장하고 떼어간 후에 남겨진 [뼈대 없이] 말랑말랑한 나머지, 바로 그것이 사회적인 것이라고 간주해왔다"(Peake, 2010: 56). 곧, 인문지리학 몇몇 관점들은 공간적 현상에서 사회적인 것이란 이보다 훨씬 중요한 정치적, 경제적 분석을 한 후에 남은 잔여물에 불과하다고 생각해왔다(문화적인 것도 이와 비슷했다). 어떤 현상을 유의미하게 설명할 때 과연 '사회적인 것'은 얼마나 강한 분석력을 가지고 있을까? 가령, **감정지리학**(emotional geography)이라는 하위분야를 생각해보자. 감정지리학이 사회지리학의 한 분야로 떠오르기 시작한 것은 21세기에 들어서면서였다(Anderson & Smith, 2001). 당시만 해도 감정지리학은 일부 지리학자들의 비웃음을 샀다. 그들에게 중요한 것은 물질적인 것이었으며, 감정이란 말랑말랑하고 대수롭지 않은 것이었다. 초창기 감정지리학 연구자 대부분이 페미니스트였다는 사실은 당시 감정지리학에 대한 지리학자들의 반응이 어떠했는지를 부분적으로나마 설명해준다. 그러나 지난 20년간의 연구에서 알 수 있듯, 우리의 감정생활이 사회, 정치, 경제를 형성하고 그 토대를 이룬다는 사실은 오늘날 인문지리학 도처에서 받아들여지고 있다(Blazek & Kraftl, 2015; Davidson, Bondi & Smith, 2005; 12장 감정 참고).

이처럼 인간의 생활 중 어떤 측면이 가장 중요한가라는 질문에는 은연중 지식의 위계가 내포되어 있다. 그리고 이런 위계에서 '사회적인 것'

은 (적어도 첫눈에 보기에는) 일상적이고 친밀하며 평범한 현상 및 과정과 관련된 것처럼 보이는 경향이 있다. 사회적인 것은 '크고' '글로벌해서' 깜짝 놀랄 만하고 흥분을 일으키기보다는 중요하지도 않고 영향력도 적은 것처럼 보일 수 있다(이와 관련하여 이 장 6절 5항의 글로벌한 것과 친밀한 것 참고). 그러나 이 책 곳곳을 읽으며 곧 알게 되겠지만, 상이한 스케일에서 벌어지는 사건과 과정은 서로 뒤엉켜 있기 때문에 스케일이 따로 분리되어 있다는 생각은 터무니없다(Pratt & Rosner, 2012).

2) 사회지리학의 정의

영어권의 기존 사회지리학 저술들은 **사회지리학**을 다음과 같이 정의하고 있다.

사회관계, 사회적 정체성, 사회 불평등이 어떻게 형성되는지, 이들의 공간적 차이가 어떠한지, 그리고 이들의 형성과정에서 공간의 역할이 무엇인지를 이해하는 것(Pain et al., 2001: 1).

"사회관계와 그 기저의 공간구조에 관한 연구" (Johnston et al., 2000: 73)라는 정의가 가장 적절함(Valentine, 2001: 1).

우리를 구별 짓는 차이, 그리고 우리가 이러한 차이들을 넘나들며 생활하고 생각하면서 정체성, 권력, 사회적 행위의 문제를 타협하는 방식 (Panelli, 2004: xiv).

차이와 불평등이 어떻게 공간적으로 조직되어 있

는지를 이해하려는 다양한 이론적, 방법론적 접근의 총체(Del Casino, 2009: 15).

공간이 사회적 분할의 생산과 재생산을 매개하는 방식(Smith et al., 2010: 1).

공통적으로 이 정의는 사회지리학을 사회, 공간, 장소의 상호관계에 관한 연구라고 본다. 아울러 사회지리학이란 자연과 사회활동이 지리적으로 어떻게 구성되어 있는지(공간적 패턴과 과정에 의해 어떻게 창조되고 변화되는지) 그리고 이들이 지리적으로 어떻게 표현되는지(어떤 공간적 패턴과 과정으로 나타나는지)를 탐구한다고 본다. 이처럼 대개 사회지리학자들은 사회관계에 관심을 두고, 상이한 스케일(개인, 집단, 커뮤니티, 제도 등)에서 사람 간 관계와 상호작용에 주목한다. 곧, 사회지리학자들은 우리가 사회적 존재로 살아가는 모습과 이 모습이 형성, 전개되는 맥락을 연구한다. 이런 사회관계는 결코 무작위로 나타나지 않는다. 오히려 정반대로, 늘 특정한 관례, 규칙, 규범의 지배를 받는다. 그리고 사회관계는 역사적, 문화적, 정치적 뿌리가 있지만, 늘 변화하며 재조직되고 있다. 당연히 사회지리학자들은 사회관계의 공간적 맥락을 중시하며, 이는 다음 세 가지—사회적인 것들의 지리적 편차, 사회적인 것이 발생하는 바로 그 장소, 그리고 그 장소를 형성하는 복잡한 상호교차의 공간들—로 요약할 수 있다(Box 1.3 참고).

사회와 공간의 관계는 고정된 것이 아니라 늘 유동적으로 변화한다. 이처럼 특정한 사회관계가 발생하는 곳에는 수많은 요인, 과정, 영향이 개

Box 1.3

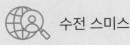 수전 스미스

수전 스미스(Susan Smith)는 영국 케임브리지대학 교수이다. 스미스는 사회지리학자로서 공포, 건강, 인종차별주의, 주택, 금융과 관련하여 영향력 있는 연구성과를 남겼다. 그녀의 첫 번째 책인 『범죄, 공간, 사회(Crime, Space and Society)』(1986)는 버밍엄의 범죄에 관한 혁신적인 문화기술지 연구이다. 스미스는 범죄가 피해자들에 미치는 영향이 개인적 차원을 넘어 넓은 사회적 차원에서도 중요하다는 것을 처음으로 주장한 지리학자이다. 그녀는 특히 인종과 젠더라는 구조적 이슈에 주목하면서, 범죄, 공포, 치안의 공간 패턴이 권력의 분포를 반영한다고 주장했다.

표 1.1 사회-공간 관계에 대한 접근의 변화

사회에서 공간으로	사회의 공간적 구성	제3의 공간
공간에는 과학적, 기하학적, 사회적 사실이 축적되어 있다. 공간은 복잡한 '실'세계를 단순하면서도 정확히 드러낸다.	공간은 물적(material) 현실이고, 상징적 의미가 있으며, 그 자체의 생명이 있다. 공간적 패턴은 사회관계를 표현함과 동시에 이를 형성한다.	인종차별주의, 가부장제, 자본주의, 식민주의 및 기타 억압에 의해 주변화된 공간은 발언의 위치로 선택될 수 있다.
지리는 구체적이며, 정량화와 지도화가 가능하다.	지리를 둘러싸고 타협과 투쟁이 발생한다.	특정 목적을 위해 조성된 공간은 다른 목적을 위해 전유되고 새롭게 정의되어, 전략적 (실제적 또는 상징적 차원에서) 입지로 점유될 수 있다.
공간적 패턴을 사회·정치적 과정의 지표나 결과물로 간주해서 설명한다.	공간적 패턴을 통해 사회·경제적 과정을 파악할 수 있다. 양자는 상호작용한다.	이 접근의 설명은 단순한 설명 그 이상이다. 예측이나 해석보다는 해방적 측면에서 접근된다.
사회적 범주와 정체성은 이미 주어진 것이다. 집단 간 사회적 거리는 공간적 분리로 표현되고, 사회적 상호작용은 공간적 통합으로 표현된다.	사회적 범주와 정체성은 공간적으로 차별화된 물적 실천(시장, 제도, 자원배분체계)과 문화정치(상상을 통제하려는 투쟁)를 통해서 구성된다.	사회적 범주는 범주화된 사람들의 저항을 받는다. 주변적 공간은 개방적이고 유연한 정체성을 형성하기 위한 위치를 제공한다. 이 경우 공통점이 강조되며 차이에 대해서는 관용이 나타난다.

출처: Smith, 1999: 14

입되어 있다. 이 중 일부는 상당히 포괄적이다. 가령, 앞서 언급한 페인의 연구를 사례로 들자면, 저소득층 주택에 특정한 결과를 야기한 요인은 정부의 주택정책 변화였다. 한편, 어떤 요인들은 특정한 곳에서만 영향을 끼친다. 가령, 과거 탄광촌이었던 노스이스트잉글랜드 마을의 자원이자 난제였던 사회주택은 이 지역에 역사적으로 뿌리를 내리고 형성되어온 국지적 요인이다.

수전 스미스(Susan Smith, 1999)는 표 1.1에서 사회-공간의 관계에 대한 접근이 어떻게 변화했는

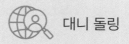
지 일목요연하게 요약하고 있다. 이 중 일부 주제는 사회지리학의 관심사이다. 사회지리학의 근본적인 대전제는 사회관계가 공간적으로 불균등하다는 것이다. 이러한 불균등성은 매시(Massey, 1991a)가 말했던 권력기하에 의해 형성되고, 특정 장소에서의 투쟁을 통해 구체화되며, 결국 장소마다 사회집단 간의 **불평등**한 결과를 야기한다(Box 1.1 참고). 1970년대 사회지리학의 초창기 연구는 소득, 건강, 교육 등 자원의 **공간 불평등**이 첨예하다는 것을 밝히는 데 주목했다(Ley, 1983; Jones & Eyles, 1977 참고). 데이비드 스미스(David Smith, 1974)는 '누가 무엇을 어디에서 어떻게 얻는가?'라는 질문을 제기하면서, 사회지리학은 단순한 공간적 패턴의 확인을 넘어 복지(후생)에 관심을 두고 사회 불평등의 발생 과정을 밝혀야 한다고 주장했다. 오늘날에도 여전히 사회지리학자들은 불평등을 지도화하는 중요한 연구를 수행하고 있다(Box 1.4 참고). 나아가 공간 불평등에 관한 연구들은 정체성, 차이, 정의, 커뮤니티, 관계성, 사회적 행위와 같은 사회지리학의 핵심 주제를 낳는다. 이에 대해서는 이 장 끝부분에서 보다 상세히 살펴본다.

이제까지 논의한 것은 많은 사회지리학자들이 동의하고 있는 내용이다. '사회관계'와 '공간'이라는 두 개념은 사회지리학의 광범위한 주제들을 정의하는 키워드이며, 이를 기반으로 사회지리학자들은 특정한 이론과 방법론을 활용한다(2장 사회지리학 이론 및 3장 사회지리학 연구수행 참고). 사회지리학 연구들에는 또 다른 중요한 공통점이 있다. 그것은 사회지리학이 우리 스스로 학자와 학생으로서의 위치짓기(positioning)를 늘 비판적으로 **성찰**하게 하며, 우리가 왜, 어떻게, 어떤 입장에서 지식을 창출하는가에 대해 질문을 던지게 한다는 점이다. 이런 질문은 페미니즘과 포스트식민주의 연구들이 주류 서양학계의 연구를 비판하면서 제기되기 시작했다. 이들은 지난 40년 이상 사회지리학의 발전 과정에 큰 영향을 끼치고 있다. 이들은 단순히 과거의 지식 형성을 비판하는 것을 넘어, 과거의 한계를 극복할 수 있는 새로운 개념, 연구방법, 지식 분야를 창조해내고 있다는 점에서 각별히 중요하다(이와 관련하여 8장 토착성, 13장 인종, 16장 젠더 참고. 아울러 Kobayashi & Peake, 2000과 Box 1.5, Women and Geography Study Group, 1984, McKittrick, 2011과 Box 1.7 참고). 이러한 사회지리학의 성찰적 특성은 이 장의 마지막 부분에서

Box 1.5

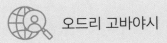

오드리 고바야시

오드리 고바야시(Audrey Kobayashi)는 캐나다 퀸즈 대학의 교수이다. 그녀는 이주여성과 같은 주변집단이 사회 불평등을 깨고 나아가는 방식을 연구해왔으며, 인종차별주의, 인종화, 다문화주의 등의 이슈에도 주목했다. 고바야시의 연구는 특히 지리학계의 **백인성**(Whiteness)에 대해 질문을 던짐으로써 큰 영향을 끼쳤다. 또한, 그녀는 젠더와 인종의 교차점들을 탐색하면서, 이것들이 현장연구에 얼마나 적절한지에 관한 많은 연구성과도 남겼다(Kobayashi, 1994).

보다 상세히 살펴보도록 하겠다.

그렇다고 해서 성차별주의, 인종차별주의, 제국주의에서 태동한 인문지리학 내 지적 편중이 과거의 일이 되어버린 것은 아니다. 최근의 많은 연구들은 우리가 지리학 연구를 하거나 전문가로서 활동할 때 여전히 가야할 길이 멀다고 지적하고 있다(가령, Mahtani, 2014; Noxolo, 2017 참고). 하지만 일반적으로 사회지리학은 지리학계 내부의 실천에서 나타나는 불공정(부정의, injustice)에 대항하려는 지향성을 갖고 있다. 결국, 사회를 바꾸려는 윤리·정치적 신념은 우리가 '사회적인 것(the social)'과 '사회적임(being social)'이 무엇인지를 이해하기 위한 토대이다(Pain, 2003; Panelli, 2008).

3. 사회지리학자라는 것: '사회적'이란 무엇일까?

옥스퍼드영어사전은 '사회적(social)'이라는 형용사를 두 가지 의미로 정의한다. 이는 사회지리학에서도 적절해 보인다. 첫 번째 의미인 '사회나 조직에 관한'은 사회지리학의 기본 내용을 나타낸다. 두 번째 뜻은 '교제가 필요한, 커뮤니티 생활에 잘 어울리는'인데, 이러한 함께함(togetherness)도 사회지리학의 주요 주제 중 하나다. 왜냐하면 사회관계를 연구한다는 것은 사람들이 살아가면서 상호작용하는 방식에 관심을 둔다는 것을 의미하기 때문이다(27장 만남 참고).

이와 동시에 앞서 언급했던 지식비판적 입장에서 볼 때, 이 '사회적'의 두 번째 의미는 지식을 생산하는 사회지리학자인 우리 자신에게도 적용될 수 있다. 우리는 동료로서 어떻게 함께 일하고 있을까? 나아가 우리는 연구와 교육을 통해서 바깥의 넓은 세계와 어떻게 상호작용하고 있을까? 사회적 세계를 공부하고 연구할 때 개인적 접근이 아니라 집단적 접근을 취하는 것이 가능할까? 연구자와 연구대상자의 삶은 서로 어떤 사회관계를 맺고 있을까? 이 관계는 역사적, 문화적, 경제적, 정치적, 감정적 측면에서 어떻게 구성되어 있을까? 만일 우리가 연구하는 사회나 커뮤니티에 우리 자신이 소속되어 있거나 우리가 비판하는 지배적 사회집단에 자신이 한 구성원으로 참여하고 있을 때, 과연 우리는 어떻게 연구를 수행할까? 이런 질문들은 앞서 언급했던 지식에 대한 비판과 관련되어 있다. 사회지리학에서는 인종이나 젠더 등의 차이에 따른 편견에 대해 오랫동안 깊이 사고해왔고, 그에 따라 연구와 교육의 실천도 함께 변해왔다(3장 사회지리학 연구수행 참고).

'사회적'이란 용어는 동사가 아닌 형용사지만, 무엇을 함께 '한다'는 생각은 사회적 세계, 사회생활, 사회적 과정에 관한 사회지리학자들의 사고와 긴밀히 얽혀 있다. 사회적임, 사회성, 함께함 등은 생활을 보다 집단적으로 구성하기를 지향하는 용어들이며, 이는 이 책에서 우리가 택한 접근이기도 하다. 우리가 외부세계를 보는 존재론적 관점은 실천에 대한 인식으로 이어진다. 이런 인식은 우리로 하여금 동료와 함께, 학부생 및 대학원생과 함께, 그리고 우리가 다루는 사회 현안에 직면해 있는 학계 밖의 사람들과 함께 연구하도록 이끈다. 페인이 속한 또 다른 연구회인 mrs c. kinpaisby-hill(2011)*은 "보다 완전히 사회적인 지리학(more fully social geographies)"이라는 개념을 주장하는데, 이는 지식이란 다른 사람과 그리고 그들의 현안과 더욱 긴밀하게 연계되어 집단적으로 추구되어야 한다는 것을 말한다. 자율적 지리연구회(Autonomous Geographies Collective, 2010)** 또한 연구수행에 있어서 이러한 집단적 관계와 연합의 필요성을 주장하면서, "무정부주의자들과 자유주의적 사회주의자들이 주장하는

집단주의(collectivism)란 사회가 개인적 열망보다는 집단적 목표를 성취할 때 더 좋아질 것이라는 믿음이다"라고 말한다.

이처럼 사회지리학자들의 공통적인 관심은, 사실 우리가 공부하는 대학 밖에서 벌어지고 있는 사건들을 반영한다. 1980년대 이래로 서양에서는 집단적 이익과 책임이라는 관념을 폐기하는 대신, **신자유주의**를 특징으로 하는 훨씬 개인주의적인 목표를 추구해왔다. 1987년에 영국의 수상 마거릿 대처는 "사회라는 건 애당초 존재하지 않는다(there is no such thing as society)"고 선언했고(Pain et al., 2001), 미국의 대통령 조지 부시는 개인의 주택 구입을 장려하는 정책을 추진하면서 개인의 관리를 최우선시하는 '소유권 사회(ownership society)'를 창조하겠다고 선언했다(Del Casino, 2009). 지금 이 책을 쓰는 순간까지도 과다하리만큼 많은 연구에서 이러한 신자유주의적 이데올로기로 인해 사회집단 간 불평등한 결과가 고착화, 가속화되고 있음을 지적하고 있다.

'사회적임/함께함'이라는 생각은 이 책의 버팀목이다. 일반적으로 많은 교재들은 몇 명의 편저자들이 서론을 쓰고, 각 장의 집필자들의 원고를 수합하여, 최종 원고를 출판사에 전달하는 방식으로 출간된다. 교재의 편저자들은 보잘것없지만 소

---

* 참여적, 유기적 연구모임임을 보여주기 위한 명칭으로, 세인트앤드루스대학의 마이크 케스비(Mike Kesby), 더럼대학의 레이철 페인(Rachel Pain), 빅토리아유니버시티 오브 웰링턴의 세라 킨던(Sara Kindon), 뉴욕시립대학의 케이틀린 케이힐(Caitlin Cahill)까지 4명의 성을 조합해서 만들었다.

** 'Autonomous Geographies Collective'는 리즈대학의 폴 채터턴(Paul Chatterton)과 스튜어트 호드킨슨(Stuart Hodkinson), 레스터대학의 제니 피커릴(Jenny Pickerill)이 사용하는 명칭이다. 이들이 일컫는 '자율적 지리'란 비자본주의적이고 협력적인 정치, 정체성 및 시민성을 달성하기 위한 공간으로, 연구자와 참여자가 함께 연구하여 실질적 변화를 일으키는 창조적인 저항의 공간을 가리킨다. 이에 관한 초기 문헌으로 Pickerill, J. and Chatterton, P., (2006), "Notes towards autonomous geographies: creation, resistance and self-management as survival tactics", *Progress in Human Geography*, 30(6), 730-746 참고.

Box 1.6

케이틀린 케이힐

케이틀린 케이힐(Caitlin Cahill)은 미국 뉴욕시립대학 프랫인스티튜트(Pratt Institute)의 부교수로, 도시공간과 재구조화에 대한 청년층의 경험을 연구한다. 그녀는 **참여행동연구**(PAR; Participatory Action Research) 이론과 연구방법을 사용해서 청년층을 공동연구자로 함께 참여시키는데, 그 예로는 Fed Up Honeys, Mestizo Arts & Activism Collective, Bushwick Action Research Collective 등이 있다. 케이힐은 청년들이 찾아낸 불공정한 것들을 바꾸기 위해, 보고서나 논문 등을 청년과 공동 저술하면서 함께 연구성과를 내고 있다(Cahill et al., 2019 참고).

액의 저작권료를 받는데, 사실 이는 무보수 노동으로 벌어들인 소득이다. 왜냐하면 대개 각 장의 집필자에게는 아무런 대가가 없기 때문이다. 우리는 이 책을 '연구회'의 이름으로 기획하고 집필했다. 45명의 연구자들이 각 장을 집필했지만, 다른 누군가가 아니라 우리 모두의 이름으로 책을 출간하기로 했다. 서로의 원고에 대해 의견을 주고받았고 이 서론의 내용도 함께 토론하며 집필했다. 이 책의 저작권료는 모두 연구회에 귀속하기로 했고, 이는 이곳 뉴캐슬대학에서 가르치고 연구하는 일을 위해 함께 사용하기로 했다. 이러한 방식은 많은 사회지리학자들이 연구를 수행할 때 취하는 접근이기도 하다. 사회지리학자는 외톨이 학자라기보다는 훨씬 협동적이고 참여적인 학자이다.

따라서, 보다 완전한 사회지리학자로 산다는 것, 곧 **보다 완전히 사회적인 방식으로** 지리학을 연구하고 가르친다는 것은, 세계에 대한 그리고 우리가 연구하는 사회문제에 대한 윤리적 책임과 관련되어 있다. 사회지리학 분야에서는 사회 현안에 보다 적극적으로 참여하려는 학자들과 학생들이 계속 늘어나고 있다. 우리는 사회지리학 연구를 통해 사회와 정책에 영향력을 발휘할 뿐만 아니라, 일상 속에서 첨예한 문제에 직면한 사람들과 연대하거나 행동주의(activism)를 통해서 사회적 실천을 하고 있다(3장 사회지리학 연구수행 참고). 이런 노력들은 여러 스케일에서 다양한 방식으로 나타나지만, 당면한 사회문제를 해결하려는 우리의 실천이 집단적 웰빙에 초점을 둔다는 점은 동일하다(Askins, 2009; Box 1.6 참고).

마지막으로 보다 완전한 사회지리학자로 살아간다는 것은, 보다 많은 사람들이 우리의 연구에 접근할 수 있게 하는 것을 의미하기도 한다. 우리는 이 책을 가급적 쉽고 명료하게 쓰려고 노력했다. 이 노력은 우리가 사용한 문장, 우리의 생각과 사례를 담아낸 구성방식에 나타나 있다. 또한 이 책을 개인적으로 구입하기 어려운 독자들을 위해서, 우리는 각자의 웹페이지에 자신이 집필한 부분을 공개하기로 했다. 이런 시도는 비판지리학 저널인 『에이씨엠이(ACME)』와 같은 오픈액세스 저널과 마찬가지로 지식을 민주화함으로써 보다 많은 독자들이 이 책을 읽고, 이 책에 빠져들고, 이 책을 비평하게 만들기 위함이다. 이러한 우리의 노력이 현행 학계와 출판계에서 벌어지고 있는 심각하리만치 불공정한 현실을 고쳐나가는 작은 걸음이 되기를 바란다.

4. 상황적 지식과 사회지리학

결국 '사회적'이라는 것은 함께함과 관련되어 있고, 우리가 집단적으로 존재하고 살아가고 일하는 방식에 관심을 두는 것이다. 그렇지만 이런 사고가 보편주의적인 관점이라고 오해해서는 안 된다. 이 책이 설명하고 있는 사회지리학은 '상황적(situated)'이다. 곧, 이 책의 서술은 특정 장소에서 탄생한 것이다. 연구와 지식 창출은 언제나 사회적으로나 지리적으로 특수하다. 따라서 사회지리학의 사회지리가 존재한다.* 상이한 입지, 주체의 위치, 역사는 사회지리학이 다양한 맥락에서 전개되도록 영향을 미친다. 도나 해러웨이(Donna Haraway, 1988)의 유명한 개념인 '상황적 지식(situated knowledge)'의 측면에서 보자면, 우리는 세계에 대해서 오직 부분적인 관점만을 제공할 수 있다. 왜냐하면 언제나 우리의 관점은 세계 내에서 우리 자신의 위치에 따라 형성되기 때문이다. 그러나 여태까지 상당수의 학자들은 그렇게 생각해

* 이 책의 내용은 모든 국가나 사회에 일률적으로 적용될 수 있는 보편적인 내용이라기보다는 영국이라는 특수한 사회적 상황을 토대로 한다는 뜻이다. 지식을 보편적, 객관적인 것으로 간주하는 실증주의적 관점이 아닌, 지식이란 주체의 위치나 사회적/지리적 상황에 따라 상이하고 특수하며 (상호)주관적인 것이라는 포스트구조주의적 관점을 반영하는 설명이다.

오지 않았다. 오히려 해러웨이가 말한 것처럼 "존재하지 않는 지점에서 모든 것을 조망하는(seeing everything from nowhere)" 이른바 "신의 마술(god trick)"을 채택해왔다. 특히, 지리학은 전통적으로 서양의 **식민주의** 프로젝트를 뒷받침하는 과학으로 발전해왔기 때문에 '**제국주의적 전통**'은 지리학 분야에 각별한 영향력을 행사해왔다(Nayak and Jeffrey, 2011).

이 책은 특정한 지점(somewhere)에서 쓰였다. 우리는 글로벌북부에 속한 영국 내 뉴캐슬대학이 있는 노스이스트잉글랜드에서 살고 연구하고 공부하며, 영어를 일상적으로 사용한다. 또한, 우리 대부분은 글로벌북부의 여러 대학에서 지리학을 공부해왔기 때문에 앵글로아메리카의 전통에 속해 있다. 아울러 우리는 일반적 의미에서 글로벌화된 곳에 살고 있으므로 상대적으로 특권적 위치에 있기도 하다. 물론, 우리 간에도 커리어상의 단계, 직업 안정성, 소득수준, 사회적 계급, 국적, 젠더, 나이, 민족, 장애, 섹슈얼리티 등에 중대한 차이들이 존재한다. 그리고 이는 상이한 시간과 공간에서 우리가 세계를 분석하는 방식에 영향력을 행사한다. 이와 같은 **위치성**은 정적인 것이라기보다는 과정적이고 성찰적이며, 우리가 세계와 마주하는 과정에서 지속적으로 재구성된다(Nagar & Geiger, 2007). 이 책에는 글로벌북부 밖의 이슈도 포함되어 있고, 자기가 태어나 일하며 살고 있는 로컬한 곳을 연구한 사례도 있다. 우리는 이 책을 편찬하면서 '**서양**' 사회지리학계의 핵심 영역들을 포괄하고자 애썼다. 동시에 '서양 지리학'을 바라보는 다른 지역과 관점들의 비판도 이 책에 커다란 영향을 끼쳤음을 인식하고 있다. 결과적으로

이 책은 서양의 상황적 지식들에 대한 반인종차별주의적, 토착적, 포스트식민적 비판도 반영하고 있다. 그리고 앞서 논의했던 바와 같이, 이 책에는 여러 하위분야들이 상호 중복되는 지점들도 있다. 가령, 이 책에 실린 일부 사례들은 '발전'지리학이라고도 볼 수 있는데, 이는 발전지리학이 '사회'지리학이 아니라서가 아니라 세계의 다양한 지역들에 초점을 두기 때문이다(발전이란 우리가 사는 곳을 포함하여 어디에서나 나타나는 현상이다).

우리는 지리학 지식의 상황적 특성이 가장 뚜렷하게 드러나는 한 가지 사례를 발견했다. 다름 아니라 우리는 최근의 인문지리학 교재들을 검토하면서, 집필진에 여성은 전혀 없이 백인 장년층 남성들로만 구성된 책들이 얼마나 많은지를 깨닫게 되었다(예를 들어 Cloke et al., 2012; Cloke, Crang & Goodwin, 2014; Daniels et al., 2016 참고). 이는 오늘날 지리학 분야에서 많은 여성들이 두각을 나타내고 있고, 지리학 지식에 대한 페미니즘적 비판이 탁월함에도 불구하고 나타나는 현상이다(물론 여전히 여성은 소수집단이며, 비백인 지리학자 또한 아주 드물다). 이런 비판에 대해 입에 발린 말을 하는 것은 쉬운 일이다. 젠더 및 인종 평등의 이슈가 위의 모든 교재들이 다루는 주제 중하나인 것처럼 말이다. 그러나 실제로 지리학의 권력기하를 바꾸는 것은 이보다 훨씬 힘들다.

인용표기(citation)의 실천은 이의 또 다른 사례다. 곧, 특정 저자들의 저서나 논문을 참고하고 인용하면서도, 다른 저자들은 인용하지 않는 경우이다. 모트와 코케인(Mott & Cockayne, 2017)은 지리학계의 인용표기는 '백인 이성애남성중심주의(White heteromasculinity)'를 재생산하는 경향이

있다고 지적한 바 있다. 지리학자들은 인용표기의 실천을 분명하게 인식해야 하고 이런 실천이 어떻게 사회 불평등과 배제를 강화할 수 있는지를 깨달아야 한다. 우리는 이 책을 쓸 때 이런 상황에 주목하면서, 다양한 젠더, 섹슈얼리티, 민족을 배경으로 하는 학자들의 연구를 참고했다. 또한, 우리는 상대적으로 다양한 사람들로 구성된 연구회이기도 하다. 그럼에도 불구하고, 우리는 사회지리학이 평등과 다양성의 측면에서 해야 할 과업들이 여전히 많다는 것 또한 알고 있다.

지식 형성과 관련하여 이것이 의미하는 바는 무엇인가? 우리는 사회지리학자로서 무엇을 안다고 생각하는가? 우리가 볼 때, 사회지리학의 상황적 지식은 이른바 지리적 지식의 '앵글로아메리카 헤게모니'를 반영하고 있다(예를 들어 Berg, 2013; Garcia-Ramon, 2003; Timar, 2004 참고). 이는 일종의 지식 생산의 핵심부(중심부)–주변부 모델로서, 저널 편집, 도서 출판, 연구비 출연기관, 동료평가, 뛰어난 회계시스템 등을 통한 지배력은 특정 국가들에 속한 지리학계의 강력한 거물들을 반영하며 이들의 권력을 강화한다. 이 공고한 패턴은 특정한 종류의 지식을 생산하고, 그에 가치를 부여하며, 또한 불가피하게 젠더나 인종에 의해 굴절되어 있다. 그러나 앵글로아메리카의 헤게모니가 인문지리학에서 매우 강력하다는 사실은 틀림없지만, 베르그(Berg, 2013)가 지적한 바와 같이 이러한 이분법적 도식화는 지리적 지식들이 '장소화된(emplaced)' 보다 복잡한 **아상블라주(assemblages)***를 정교하게 반영하지 못한다. 베르그는 이러한 사례로서, 글로벌남부에서 기원한 이론과 연구방법을 글로벌북부에서 허가 없이 무단으로

Box 1.7

 캐서린 맥키트릭

캐서린 맥키트릭(Katherine McKittrick)은 캐나다 퀸 즈대학 교수로서 흑인연구를 지리학에 접목시키고자 노력해왔다. 오늘날 '흑인지리학'이라는 이름표는, 기 존의 많은 백인 학자들의 연구가 흑인을 단순히 고난

(suffering)과 연관시켜서 접근했던 것을 넘어서고 있 다. 맥키트릭은 흑인들만의 지식에 초점을 두고, 공간 의 구조적 구성에 대한 흑인의 경험과 설명을 분명히 드러내고자 한다(McKittrick, 2011).

차용한 후 마치 자신의 발명품인 것처럼 이름표 를 바꿔 붙인 경우를 지적한 바 있다.

특정 커뮤니티와 맥락에서 시작된 연구들은 '사회적인 것'에 대한 주류적 이해에 대항하고 변 화를 일으킨다. 파넬리(Panelli, 2008)의 주장에 따르면, 일부 토착적인 '백인 너머의(more-than-White)' 지리적 개념과 접근은 앵글로아메리카의 사회지리학에 중대한 도전을 제기하는데, 왜냐하 면 이 접근이 사회를 여러 토착민과 그들의 자연 환경까지 총망라한 개념으로 정의하기 때문이다. 이와 마찬가지로, 흑인지리학 또한 인종에 관한 사회지리학자들의 지난 수십 년간의 논의에 급진 적 변화를 일으키고 있다는 점에서 중요한 기여 를 하고 있다(Box 1.7 참고).

5. 사회지리학의 간략한 역사지리

사회지리학은 세계 곳곳에서 연구되고 있다. 따라

서 사회지리학의 연구유형이 매우 다양하다는 사 실은 그리 놀라운 일이 아니다. 사회지리학에서 무엇을 배우는가는 아마 여러분이 어느 곳에서 살고 공부하는지에 따라 다를 것이다. 이러한 지 리적 편차는 학문의 역사적 전통뿐만 아니라 고 등교육제도의 구조와 프로그램도 다르기 때문에 생긴다(Kitchin, 2007). 지리학 저널인 『사회·문화 지리학(Social & Cultural Geography)』은 이러한 사회지리학의 다양성을 조명하기 위해서 오랫동 안 국가별 리뷰시리즈를 연재해왔는데, 이는 지리 학자들이 여러 국가의 사회지리학 연구들을 다양 한 맥락에서 관심 있게 살펴보도록 촉진하기 위해 서다. 앞서 살펴본 바와 같이, 장벽을 만들어내는 것은 거리와 언어가 아니라 학계의 지식 생산을 형성하는 권력기하이기 때문이다.

Box 1.8은 (서양) 사회지리학 발달사의 주요 국 면을 몇 가지로 제시한 것이다. 이는 사회지리학 의 고도로 상황적인 역사를 지극히 간결하게 요 약한 것으로, 복잡하고 중층적인 역사적 변동을 단순화했다. 따라서 우리가 언급하지 않은 많은 영향력과 흐름도 존재한다. 그러나 전체적인 측면 에서 볼 때, 우리는 이러한 주요 국면들이 오늘날

* 이질적인 여러 개체들이 모여 동맹체를 이루면서 기능적으로 공조 하는 것. 이 개념에 대한 자세한 내용은 12장 감정 145쪽 옮긴이주를 참고하자.

Box 1.8

 사회지리학 발달의 주요 국면

사회지리학의 뿌리는 흔히 엘리제 르클뤼(Élisée Re-clus)까지 거슬러 올라갈 수 있다. 르클뤼는 1895년에 '사회지리학'이라는 용어를 창안했다(Smith et al. 2010). 그는 표트르 크로폿킨(Pyotr Kropotkin)과 더불어 19세기 말의 대표적인 **무정부주의** 지리학자로, 사회지리학 분야에서 비판적·급진적 사상의 토대를 마련했다. 르클뤼와 크로폿킨은 지리학의 제국주의적 전통을 거부했다. 당시 지리학은 여러 사람들과 장소들을 식민주의적 이익에 맞게 목록으로 분류하고 기술했는데, 이는 상당히 인종차별적이었고 계급적 특권을 공고화하는 데 기여하고 있었다. 대신 르클뤼와 크로폿킨은 사회 불평등과 그 구조적 원인을 파악하기 위한 사회지리적 상상이 필요하다고 역설했다(Nayak & Jeffrey, 2011). 놀랍게도 이들의 주장은 오늘날까지 전수되고 있다(물론 그 과정에서 수정도 이루어졌다).

20세기 전반 앵글로아메리카에서는 문화지리학이 엄청나게 번성했다(Horton & Kraftl, 2013). 사회지리학은 침묵했고, 목표 의식을 상실했으며, 급진적인 잠재력도 없었다. 그러나 사회지리학은 이후 소생과 성장을 일으키며 학계에서 두각을 나타냈다. 이는 대략 네 시기로 나누어 (시기별로 다소의 오버랩은 있겠지만) 살펴볼 수 있다.

첫 번째 소생기는 1960~70년대의 '**계량혁명**' 동안 사회지리학이 **공간과학**으로 재탄생한 시기이다. 당시 사회지리학자들은 새로운 기술을 사용해서 지도를 제작하거나 사회문제를 분석했다. 그 결과 인간의 행태를 총량적 수준에서 지도화하고 예측하는 이른바 '탈인간적(dehumanized)' 지리학이 출현했다(Holloway and Hubbard, 2001). 이는 많은 비판을 받았다. 왜냐하면 사회현상에서 인과관계를 거의 설명하지 못했고, 변화의 행위주체로서 인간의 역할을 무시했으며, 세계에 대한 특정한 관점이 반영된 (지금은 낡아빠진) 사회적 범주를 연구했기 때문이다(Little, 2014).

두 번째 소생기는 **마르크스주의**와 같은 **구조주의적** 접근과 **인본주의**가 성장했던 1970년대이다. 당시의 사회지리학 연구는 **실증주의**를 비판하면서 사회 이슈에 초점을 두면서 발전했다(Relph, 1981b). 특히, 이 시기는 풍부한 경험적 연구와 이론적 탐구가 병행되면서 사회지리학에서 **구조**와 **행위성**이 처음으로 균형을 이루었다(예를 들어 Ley, 1983 참고).

세 번째 시기는 1980년대부터 1990년대 후반까지로, 사회지리학은 지식 생산에 대한 **페미니즘**과 **포스트식민주의** 비판을 수용하며 발전했다. 그 결과 사회지리학 분야의 관심사, 이론, 연구방법 등이 급진적으로 재편되었다(이와 관련하여 Bondi & Domosh, 1982; Rose, 1993; Tivers, 1978 참고).

네 번째 시기에는 질적 연구방법들이 가져올 것처럼 보였던 변화에 대한 불만과, 지나치게 이론적이고 비정치적인 분석에 대한 비판이 증가했다. 이 중 일부는 문화지리학에 국한된 현상이었지만, 사회지리학 분야도 불평등과 억압과 같은 핵심적인 이슈에서 멀어져 버렸다는 인식 때문에 활력을 잃었다(Peach, 2002). 그러나 1990년대 말부터 사회 이슈를 보다 직접적으로 다루는 행동-지향적 연구들이 부상하기 시작해 일군의 학파를 형성할 정도로 성장하여 지금까지 사회지리학의 재활성화를 이끌고 있다(Fuller & Kitchin, 2004; Pain, 2003; 3장 참고).

서양의 사회지리학을 형성해왔다고 생각한다.

우리가 살고 있는 영국에서는 사회지리학이 과거 어느 때보다도 학부와 대학원 과정에서 인기가 높다. 그렇지만 현재 사회지리학의 번성은 복합적인 의미가 있는 것 같다. 왜냐하면 어떤 이들은 사회지리학이 정책이나 실천 등 처방적 분야라고 생각하면서 인정하지 않으려 하며, 또 다른 이들은 사회지리학이 한물 지난 구시대적 분야라고 생각하기도 한다(Hopkins, 2011). 이런 반응은 지리학의 일부 분야들이 새로운 것을 뒤쫓는 데 사로잡혀 정작 중요한 것을 추구하지 않는 작금의 현실을 보여준다(사회지리학과 문화지리학의 관계에 관해서는 Bissell, 2019; Pain & Bailey, 2004 참고). 또한, 다른 사회과학과 마찬가지로 사회지리학도 여러 이슈 중 특히 **정체성**의 정치에 초점을 두기 때문에 대안우파(alt-right)의 비판을 받아왔다. 그러나 이러한 사회적 분리는 사회·정치적 배제가 발생하는 중요한 위치일 뿐만 아니라 사람들의 생활을 형성하는 데 각별히 중요하다. 따라서 우리는 사회에 변화를 일으키기 위해 정체성의 정치를 연구하는 것이 반드시 필요하다고 생각한다. 우리는 이 책 3부 '분리(Division)'의 13장부터 19장까지 젠더, 나이, 인종, 섹슈얼리티, 계급, 종교, 장애를 하나씩 검토할 뿐만 아니라, 20장에서 이들의 (상호)교차(intersections)에 대해서도 살펴보고자 한다. 사회의 변화는 늘 학술 분야의 성쇠와 성격에 영향을 끼친다. 오늘날에는 이주, 인종차별주의, 페미니즘, 주택, 복지, 불평등, 기후변화, 증오범죄 등의 이슈가 점점 더 광범한 대중적·정치적 관심을 받고 있기 때문에, 사회지리학의 유행은 앞으로도 한동안 지속될 것이다.

이 모든 것들이 학생 독자에게 시사하는 바는 무엇일까? 이 책에서 여러 아이디어와 사례를 접하다 보면, 아마 특정 방식으로 반응하고, 느끼고, 행동하게 될 것이다. 그 반응이 자기 자신의 지리·사회·경제적 위치짓기, 그리고 삶의 경험과 어떤 관계가 있는지 생각해보길 바란다(England, 1994). 고바야시(Kobayashi, 2010)가 지적했듯, 우리는 이러한 성찰을 통해서 자기 자신의 특권적 입장을 강화하지 않고 보다 완전한 지식으로 나아갈 수 있다(3장 사회지리학 연구수행 참고).

6. 사회지리학의 핵심 주제

이제까지의 논의를 명료하게 정리하자면, 사회지리학은 정적이기보다는 역동적인 분야로서 다른 학문 분야들과의 관계와 우리 주변의 세계에서 벌어지는 사건들과의 관계 속에서 항상 변화하고 있다. 그러나 사회지리학자들이 추구하는 연구의 종류와 주제는 헤아릴 수 없을 만큼 다양하다. 다음 절에서 우리는 이 책 곳곳에서 사용되고 있는 핵심 주제들을 간략히 설명한다.

1) 권력과 배제

권력(power)은 사회지리학의 핵심 이슈이다. 이는 곧 누가 권력을 갖고 있는가, 권력이 공간과 장소를 어떻게 형성하는가, 권력은 사회 내 약자들에게 어떠한 영향력을 행사하는가, 사회의 권력은 어떻게 도전을 받는가의 질문과 연관되어 있다. 서두에서 설명했던 것처럼 사회지리학자들의 가장 큰 관심은 권력과 장소 및 공간의 관계이다. 트루도와 맥모란(Trudeau & McMorran, 2011: 437)의 질문을 인용하자면, "어떤 집단을 특권화하고 다른 집단을 주변화하기 위해 공간은 어떻게 고안되어 있

Box 1.9

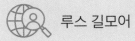

루스 길모어

루스 길모어(Ruth Gilmore)는 미국 뉴욕시립대학 교수로서, 광범위한 공간적 맥락에서 감옥을 연구하는 이른바 '감금지리학(carceral geographies)'의 창시자다. 길모어의 연구는 자본과 인종 등 권력 시스템들의 상호교차에 초점을 두고 미국 감옥제도의 근간을 연구하는 한편, 인종차별 때문에 흑인의 감금 비율이 압도적으로 높다는 점에도 주목했다(Gilmore, 2007). 그녀는 저술 활동으로도 큰 영향을 끼치지만, 이와 관련된 행동주의를 몸소 실천하면서 사회정의를 위한 민중단체 조직에 참여하기도 한다.

는가? 공간은 어떻게 특정 집단에 대한 사회적 배제에 동원되는가?"의 문제다. 일반적으로 권력은 식민주의, 계급, 젠더, 인종, 나이, 섹슈얼리티, 종교, 장애 등과 긴밀히 연관되어 있다(8장 토착성, 13장 인종~19장 나이, Box 1.9 참고). 그러나 권력이란 고정된 것이 아니므로, 이러한 범주들의 의미와 경험 또한 가변적이다. 미셸 푸코(Michel foucault)의 관점에서 보자면 권력이란 지속적으로 변동하며, 대규모의 공적인 방식(가령, LGBTQ의 권리를 축하하고 증진하려는 세계적 캠페인인 프라이드퍼레이드 Pride parade)이나 소규모의 사적인 방식(작업장에서 동성애혐오증적 성희롱을 당하는 사람의 생존 전략 등)을 통해서 저항되기도 한다. 권력은 언제나 어지럽고, 복잡하며, 어떤 상황인가에 따라 상이한 의미를 갖는다(Sharp et al., 1999).

가령, 사회지리학의 일부 연구들은 권력집단이 어떻게 경계를 만들어냄으로써 배제된 집단을 '타자(other)'로 구분 짓고 '정상적'이라고 간주되는 나머지 집단을 중심부에 두는지를 탐구해왔다. 이러한 경계는 언어나 행동을 통해 만들어진다. 또한, 경계는 많은 사람들에게 비가시적이지만 타자를 주변화하는 데에는 매우 효과적으로 작동한다. 이와 동시에 사회지리학자들은 권력의 실천들이 어떻게 도전받고 극복되는지에 대해서도 주목해왔다(6장 사회변동 참고). 가령, 일부 연구들은 노숙자들이 도시당국의 사회·공간적 전략의 결과로 도심부에서 강제로 축출되는 과정에서 어떻게 저항 전술을 펼치는지에 주목하기도 했다(Cloke, May & Johnsen, 2010). 또한, 밸런타인(Valentine, 2004)은 아동과 청소년이 성인의 공간 사용 관념에 대해 어떻게 저항하는지에 주목하여 그들의 **행위성**을 드러내기도 했다.

2) 정의와 불평등

지난 수십 년간 사회지리학의 버팀목은 (이따금 권력에 관한 논의와도 얽혀 있지만) **정의**(공정, justice)에 관한 질문들로부터 동기를 부여받아 불평등, 억압, 불이익 등을 문제시하고, 극복하며, 근절하려는 열망이었다. 이는 사회지리학자들이 왜 사회지리학을 연구하고 가르치는지에 대한 중요한 윤리적 토대를 드러내는 것이기도 하다. 정의에

Box 1.10

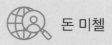

돈 미첼

돈 미첼(Don Mitchell)은 스웨덴 웁살라대학 지리학과 교수이다. 그는 공공공간, 노동지리, 그리고 경관과 문화에 관한 논쟁에 폭넓게 참여한 바 있다. 미첼은 역사적, 정치경제적 과정에 초점을 두고, 이 과정이 특정 사회와 커뮤니티에서 **공공공간**을 어떻게 형성하는지를 연구한다. 미첼이 2003년에 출간한 『도시에 대한 권리: 사회정의와 공공공간을 위한 투쟁(The Right to the City: Social Justice and the Fight for Public Space)』은 미국의 공공공간을 둘러싼 투쟁과 **사회정의운동** 간의 관계를 검토한 책이다.

초점을 둔다는 것은, 사회와 공간에 걸쳐 혜택과 책임의 분배에 주목한다는 것을 말한다. 그러나 워커(Walker, 2012)가 강조하는 것처럼 정의란 단순히 분배의 상태에 관한 것이 아니라, 어떻게 사회가 다른 방식으로 조직될 수 있는지에 대한 보다 깊은 사유를 요구한다.

우리 뉴캐슬사회지리연구회는 1967년 뉴캐슬을 방문했던 마틴 루서 킹 목사에게서 영감을 얻어 빈곤, 인종차별, 전쟁이 정의-지향적 연구의 3대 핵심축이라고 생각한다. 최근 상당히 많은 지리학 연구들이 도시와 정의의 관계(Fincher & Iveson, 2012; Mitchell, 2003; Box 1.10 참고), 성불평등(Wright, 2010 참고), 기후정의(Chatterton, Featherstone & Routledge, 2013 참고), 생태적 정의와 종간(種間, interspecies) 정의 등의 이슈에 주목하고 있고, 어떤 연구들은 정의와 관련된 윤리·철학적 논의에 초점을 두기도 한다(Barnett, 2018). 그러나 사회지리학 연구에서 정의와 불평등 이슈가 명시적이기보다는 암묵적으로 내포되어 있는 경우도 많다. 우리는 연구주제나 연구목표로서 사회정의가 보다 직접적으로 언급되는 것이 바람직하다고 생각한다.

불평등에 대한 관심은 여러 집단과 장소 간의 불공정과 불평등에 관한 연구로 수렴되는 경향이 있으며, 건강, 범죄, 출퇴근거리와 같은 특정 요인과 자원에 주목한다. 중요한 사실이지만 이런 연구의 상당수는 학계 바깥에서의 변화를 촉구한다. 정의와 불평등에 관한 사회지리학 연구는 다양하고 **다중스케일**적(multiscalar)이며, 일상적인 삶의 경험뿐만 아니라 이를 둘러싼 보다 거시적인 구조적, 정치적 맥락에도 (제도적 규정이나 정부정책과 같은) 주목한다. 이 책에서는 이런 이슈를 직접적으로 다루고 있으며(7장 정의, 33장 환경정의 참고), 어떤 장에서는 정의를 연구하기 위한 기본적인 개념들을 제시한다(5장 스케일, 9장 민족과 민족주의, 10장 도시와 촌락 참고). 위의 내용들이 다루는 사회적 분리, 배제, 주변화는 정의 및 불평등 이슈와 밀접히 관련되어 있다(이와 관련하여 3부 분리 참고). 사실상 이 책의 모든 내용은 직·간접적으로 정의 및 불평등 이슈와 연관되어 있다고 할 수 있다.

Box 1.11

데이비드 레이

데이비드 레이(David Ley)는 캐나다 브리티시콜롬비아대학의 명예교수로 사회지리학 전반에 걸쳐 많은 연구를 수행했으며, 특히 이주, 주택, 도시에 주목했다. 레이의 최근 연구는 종교와 이주 문제에 초점을 두고 있다. 그는 2011년에 『백만장자 이주민: 태평양 횡단의 생명줄(Millionaire Migrants: Trans-Pacific Life Lines)』이라는 책을 출간했는데, 여기에는 1980~90년대에 캐나다, 오스트레일리아, 미국으로 이주한 홍콩 및 타이완 출신 부유한 이주민들의 경험이 담겨 있다.

3) 커뮤니티와 도시

앞서 살펴본 바와 같이, 사회지리학은 진공 상태에 존재한다기보다는 다른 '지리학' 분야들과 상호 연결, 중첩되어 있다. 많은 사회지리학 연구들은 특정 근린지구와 커뮤니티, 이들과 다른 장소들과의 관계성, 특정 입지와 관련된 고정관념과 낙인, 그리고 지역주민이 이를 드러내는 방식 등에 관심을 둔다. 그리고 이런 연구의 대부분은 **도시**에 주목한다. 사실, 사회지리학 토대 구축에 기여했던 초창기의 많은 연구들은 도시생활에 주안점을 두었다(Ley, 1983; Smith, 1987). 따라서 사회지리학과 도시지리학 두 분야는 상호중첩성이 강하다.* 물론, 사회지리학자들은 촌락이나 반촌락(semirural) 지역의 커뮤니티를 연구하기도 하고(10장 도시와 촌락 참고), 자연과 환경과 같은 보다 넓은 이슈를 다루기도 한다(32장 지속가능성, 33장 환경정의 참고).

초창기의 사회지리학 연구들은 거주지 분리(residential segregation)에 집중했다. 이들은 주로 주택이나 민족집단의 거주지 분리 등의 이슈에서 사회-공간 관계를 이해하기 위해 양적 접근을 이용했다(Peach, Robinson & Smith, 1981). 이러한 초창기 연구의 토대 위에서, 그 이후의 사회지리학 연구들은 도시와 커뮤니티의 (각축적인) 문화적 구성, 지역주민들의 근린지구에 대한 소속감과 정체성 등 보다 다양한 이슈를 탐구하는 방향으로 분화되었다. 이런 사례에는 '게이마을(gay village)' 연구(Nash & Gorman-Murray, 2014)와 같이 LGBT 커뮤니티에 관한 분야도 있다. 이런 연구들은 런던의 프라이드행진(Johnston, 2007)처럼 항의나 차이를 드러낼 때 또는 영국의 긴축재정과 같은 정부정책에 반대할 때 '거리(street)'(Fyfe, 2006)와 같은 공공공간이 얼마나 중요한 입지가 될 수 있는지에 초점을 두었다. 한편, 이와 반대로 거리는 관리되고 안전이 유지되며 공식적 또는 비공식적 치안이 가동되는 입지이기도 하다.

이 책은 상당 부분을 마을과 촌락 내의 커뮤니티에 특히 초점을 두고, 커뮤니티 내부 또는 커뮤니티 간의 관계성에 주목하고 있다. 21장 주거, 22장 부와 빈곤, 23장 건강, 그리고 도시의 치안을

---

* 이와 관련하여 Knox & Pinch, 2009 참고. 이 책은 한국에서 박경환 외 옮김, 『도시사회지리학의 이해』(2012)로 번역 출간되었다.

다룬 25장을 참고하기 바란다.

4) 정체성과 차이

사회지리학의 많은 연구들은 **정체성**과 차이에 주목한다. 정체성은 사람들이 특정 사회집단에 소속되기 위해서 (또는 그로부터 이탈하기 위해서) 사용하는 **정체화(identification)**의 형태를 가리킨다. 사회지리학에서는 정체성을 젠더, 장애, 계급, 종교, 나이, 인종과 같은 사회적 범주와의 관계 속에서 이해한다. 가령, 여러분 중 누군가가 자신의 정체성을 '젊은 노동계급 여성'으로 특정한다면, 이는 자신을 나이, 계급, 젠더의 측면에서 정체화한 것이다. 물론 어떤 사람들은 특정 정체성을 취함으로써 다른 정체성 범주로부터 벗어나기도 한다. 한편, 파넬리(Panelli, 2004: 145)는 정체화가 다음의 다섯 가지 과정들로 구성되어 있다고 설명한다.

- 정체성은 적극적으로 전달되거나 소통될 수 있다.
- 정체성은 다른 사람들이 읽고, 인식하고, 재해석할 수 있다.

- 정체성은 타협될 수 있다. 가령, 선택적으로 채택되거나, 수정되거나, 재구성되거나, 도전을 받거나, 경합되거나, 저항을 받는다.
- 정체성은 다양한 텍스트, 실천, (헤어스타일, 패션, 보디랭귀지 등의) 개인단서(personal cues)를 통해 **재현**되고 **수행**될 수 있다.
- 정체성은 공간을 차지하고, 이용하고, 변화시키고, 심지어 재구성한다.

사회지리학에서는 정체성을 연구할 때 특히 범주의 복잡성에 초점을 둔다. 예를 들어, 페미니스트 사회지리학자들은 정체성을 젠더 범주와의 관계를 중심으로 다루며(Bondi, 1991; McDowell, 1999 참고), 다양한 일상의 맥락에서 이러한 복잡성이 어떻게 나타나는지에 주목한다(16장 젠더 참고). 흑인 페미니즘의 영향을 받은 사회지리학자들은 정체성과 차이의 지리를 탐구함에 있어서 특별히 '**교차성**(intersectionality)'이라는 개념을 사용한다(20장 교차성 참고). 이들은 앞서 언급했던 권력, 관계성, 정의 등의 이슈와의 관계 속에서 여러 사회적 분리와 이들의 교차성을 분석한다(Box 1.12 참고).

5) 글로벌한 것과 친밀한 것

일부 사회지리학자들은 국가적이거나 글로벌한 과정보다는 일상에 과도하게 초점을 두기도 하지만, 현대 사회지리학의 많은 연구들은 사회·공간적 현상이 **다중스케일**에서 (또는 상이한 스케일을 넘나들며) 발생한다는 점에 주목하고 있다. 우리는 앞에서 지리학 내 지식의 계층성에 대해 살펴보았는데, 오늘날에도 여전히 일부 학자들은 거대한, 글로벌한, 공적인 과정에 대한 연구가 보다 작은, 로컬의, 사적인 현상에 관한 연구보다 더욱 중요하거나 적절하다고 생각하고 있다. 그렇지만 스케일의 관점에서 지식의 계층성을 논박하기란 너무나도 쉽다. 왜냐하면 '다중스케일적' 접근이 가장 탄탄한 설명을 제공한다는 사실에 오늘날 대부분의 지리학자들이 동의하기 때문이다. (최근 정치지리학자들이 일상 개념을 끌어들이고 있는 것이 그 사례이기도 하다.) 어떤 분석이 지니는 가치는 그 분석의 스케일에 따라 다르다는 주장은 단지 위계적일 뿐만 아니라 남성주의적이라는 측면에서도 비판받아왔다. 왜냐하면 이런 주장은 서양의 제국주의적 사상과 실천을 반영하는 것이기 때문

이다(Marston, Jones & Woodward, 2005). 오늘날에는 스케일 그 자체가 사회적, 정치적 구성물이라는 점이 널리 받아들여지고 있다(5장 스케일 참고). 그럼에도 불구하고 일부 지리학 분야는 오늘날에도 여전히 남성주의적, 식민주의적 앎의 방식에 집착하면서 오히려 과거보다 더욱 견고하게 스스로를 재생산하고 있다.

이 책 후반부에서 설명하고 있지만, 어떤 대상, 사건 또는 과정은 상이한 **스케일**에서 발생하더라도 서로 뒤얽혀 있기 때문에 스케일을 각기 분리해서 설명하려는 것은 터무니없는 일이다(Valentine, 2001). 예를 들어, 롱허스트(Longhurst, 2000, 2005)는 (임신이나 체격 등과 같은) 신체의 상이한 측면들을 탐구하면서, 어떤 몸이 특정 장소에 부적절하다고(out of place) 간주될 때 어떤 사회·공간적 결과가 야기되는지를 보여주었다. 또한, 리즈 본디(Liz Bondi, 2005)는 사람들의 사회·공간적 삶에서 정신(psyche)이 얼마나 중요한 역할을 하는지 연구한 바 있다. 제럴딘 프랫(Geraldine Pratt)을 통해 알 수 있듯(Box 1.13 참고), 글로벌 스케일과 친밀한 스케일을 가장 성공적으로 연결하여 분석한 것은 다름 아닌 페미니스트 지

리학자들의 연구이다. 그들은 어떤 스케일을 우선시하지 않는 대신 상이한 스케일들의 상호의존성을 성공적으로 보여주고 있다. 일상에 관한 11장과 감정에 관한 12장은 이런 관점과 사례를 보다 상세히 설명하고 있다.

6) 관계성과 상호작용

이 장 서두에서 살펴본 것처럼, 대개 사회지리학 연구들은 사람들이 서로 다른 시·공간에서 다른 사람들과 (그리고 주변의 사회적 세계와) 맺는 **상호작용**이나 상호관계에 주목한다. 점차 많은 연구들이 이러한 상호작용, 만남, 참여의 본질을 파고들고 있다. 사람들이 버스, 사무실, 학교, 동네 등에서 어떻게 소통하는지에 대해 생각해보면, 앞서 언급했던 많은 사회지리학의 핵심 주제들이 머릿속에 떠오를 것이다. 분명 모든 상호작용에는 권력이 관계하므로 불평등을 강화할 수 있고, 반대로 권력의 영향을 받는 사람들은 그에 저항할 수도 있다(Box 1.14 참고). 노스이스트잉글랜드에서 비호신청자와 난민을 위해 실시된 '친구되어주기 프로그램'을 분석한 아스킨스(Askins, 2015)의 연

구는 이의 한 사례이다. 아스킨스는 이들과의 관계와 상호작용에 '조용한 정치(quiet politics)'가 형성되어 있다고 보았다. 곧, 이러한 일상적인 후원의 형태는 행동주의(activism)의 일환으로 볼 수 있다.

이런 상호작용에 대한 또 다른 접근은 이를 관계적으로 이해하는 것이다(Hopkins & Pain, 2007). **관계성(relationality)**이란 개인 간, 특정 사회 집단이나 제도 간, 그리고 (가령, 일상적인 장소, 동네, 도시와 같이) 특정한 공간적 맥락의 내·외부 간의 복잡한 쌍방향적 관계들을 가리킨다. 지리학에서 사용되고 있는 관계적 사고(relational thinking)에는 세 가지 유형이 있다(Elwood, Lawson & Sheppard, 2016: 745). 첫째는 공간 그 자체가 '특정한 장소 너머에 형성된 관계들을 통해서 구성된다'는 사고다. 둘째는 권력에 의한 인과적 구조, **행위소(actants)***, 주체, 지식, 수행이 복잡하게 얽

---

* 행위소(행위주, actant)는 **행위자-네트워크 이론(ANT; Actor-Network Theory)**에서 사용하는 용어로, '어떤 현상이나 사건에서 스스로 특정 행위를 하거나 타자에 의해 특정 행위를 하게끔 허용된 개체'를 지칭한다. 포괄적으로 행위의 원천(source of action)을 일컫는다. 행위소는 대개 행위자(actor)로 통용될 수도 있지만, 어떤 행위가 개체적 의지나 동기에 의해서가 아니라 타자의 허용, 지시, 위탁에 의

Box 1.14

커스틴 시몬센

커스틴 시몬센(Kirsten Simonsen)은 덴마크 로스킬레 대학의 지리학과 교수이다. 시몬센의 연구는 일상생활과 감정 그리고 실천, 육체 및 공간의 관계에 초점을 두고 있다. 최근 그녀는 파키스탄 출신 무슬림이 코

펜하겐에서 어떠한 삶의 경험(lived experiences)을 하고 있는지, 그리고 그들이 '이방인'으로 범주화되는 상황에서 어떤 타협의 전략을 구사하는지를 탐구한다(Koefoed & Simonsen, 2011).

혀 있기 때문에, 이들의 상이한 사회·공간적 맥락을 이해할 필요가 있다는 사고다. 셋째는 이른바 '가능성의 정치(politics of possibility)'와 관련되어 있는데, 이는 관계적 사고가 기존의 상식화된 이해에 도전하고 새로운 학습과 참여를 촉진하기 때문에 사회적 이슈를 새롭게 상상하거나 재구성하게 만든다는 사고다. 이 책에서는 이와 관련된 많은 주제들을 포함하고 있는데, 특히 13장 인종, 26장 이주와 디아스포라, 27장 만남, 34장 음식 등을 참고하기 바란다(또한, 비인간을 다루는 다음 7항의 내용도 참고).

7) 비인간과 초사회성

와트모어(Whatmore, 2002)는 지리학자들이 사

해 대리된 행위임을 좀 더 강조하는 뉘앙스가 담겨 있다. 예를 들어 파스퇴르 실험실의 배양균, 가두리 양식장의 전복, 또는 교도관에게 통제받은 수감자 등은 행위(주체)성(agency)이 없는 것처럼 보인다. 하지만 이들은 특정 행위를 (또는 행위만을) 하도록 수락받은 개체로서, 각각 실험실, 양식장, 감옥이라는 공간의 (그리고 이를 둘러싼 사회의) 성공적인 안정화를 유지하는 핵심적인 행위소들이다. 따라서 ANT에서 보자면 이들은 (중대한 또는 막강한) 행위성을 행사한다. (박경환, (2014), 「글로벌 시대 인문지리학에 있어서 행위자-네트워크 이론(ANT)의 적용 가능성」 『한국도시지리학회지』 17(1), 57-78 참고)

회적 세계와 자연적 세계의 관계성을 새롭게 사유하게 함으로써 이른바 '**인간 너머의(more-than-human)**' 지리학을 발전시킨 인물이다. 인간 너머의 지리학이란 사회지리학의 연구대상인 '사회적인 것'의 범주를 동물, 자연환경, 인공지능(AI) 같은 **비인간**과 우리가 맺는 관계까지로 확장한 초사회적인(more-than-social) 지리학을 의미한다(Lorimer, 2013). 이런 접근은 인간, 동물, 자연을 뚜렷이 구분할 수 있다는 생각을 뒤흔들었으며, 인간은 궁극적으로 사회적 과정(음식을 먹거나 반려동물을 기르는 등의 상호작용)과 긴밀히 연결되어 있기 때문에 이들과 상호의존관계에 있다고 주장한다(Srinivasan, 2019; Box 1.15 참고). 결국 넓은 의미에서 볼 때 사회생활이란 지구의 생태계와 천연자원 위에 존재하며 이에 전적으로 의존하고 있다(33장 환경정의 참고). 19세기 말 사회지리학의 초창기 선구자였던 엘리제 르클뤼는 바로 이 점을 정확하게 지적하면서 인간과 비인간이 함께 번영할 수 있는 조화로움이 필요하다고 역설했던 것이다.

동물과 인간의 관계는 젠더, 인종, 계급 등 다른 형태의 권력이나 배제와 교차한다(Gillespie &

Box 1.15

앨리스 호보르카

앨리스 호보르카(Alice Hovorka)는 캐나다 퀸즈대학 교수이다. 호보르카는 동물지리학 분야 중 특히 동물이 인간사회와 공간관계를 어떻게 형성하는지를 연구한다. 그녀는 남아프리카의 보츠와나를 사례로 여성과 닭의 위치 및 지위, 이들의 상호관계를 연구하면서, 동물 연구를 통해 인간사회에서 권력이 작동하는 방식을 포착할 수 있다고 주장한다(Hovorka, 2015).

Collard, 2015). 이런 연구는 비인간세계에 대한 (그리고 비인간세계 내에서의) 보호를 강조하는 윤리적 경향이 있다. 뿐만 아니라, 비인간세계의 구성요소들이 부지불식간에 우리의 연구에 참여하는 행위성을 행사한다고 주장하기까지 한다(Bastian et al., 2017). 또한, 앞에서도 살펴보았지만, 정의는 환경적 폭력이나 종간 폭력과 관련된 현안에 핵심적이기도 하다. 33장의 환경정의와 34장의 음식은 이런 주제를 좀 더 진전시켜서 설명하고 있다. 이 주제들은 최근 사회지리학에서 매우 빠른 속도로 관심을 불러일으키고 있다.

7. 이 책의 개요

이 책은 네 부분으로 구성되어 있다. 사회지리학이라는 거대한 분야를 네 개로 쪼개는 것은 쉽지 않은 작업이었다. 가령, 4부 '이슈'의 내용 중 일부는 2부 '기초'에 보다 적절해보이거나, 그 반대일 수도 있다. 어떤 이들은 사회적 분리가 사회지리학의 기초에 해당한다고 합리적으로 주장할 수 있다.

1부 '도입'은 전술한 내용과 아울러 현대 사회지리학 연구들이 사용하며 발전시켜온 주요 이론(2장)과 주요 방법론 및 접근(3장)을 개괄한다.

2부 '기초'는 사회지리학의 연구들을 하나의 분과학문으로 묶는 공통적인 핵심 원리, 개념, 아이디어에 관한 내용으로 구성되어 있다. 2부의 내용을 통해 독자들이 사회지리학적 접근을 이해하는 데 필수적인 내용과 기본 원리를 학습하기를 바란다. 여기에는 공간, 시간, 스케일, 정의, 사회변동, 토착성, 민족과 민족주의, 도시와 촌락, 일상, 감정 등이 포함되어 있다.

3부 '분리'는 사회적 분리에 초점을 둔다. 3부의 내용은 사회에서 사람들이 서로를 구별하거나 차별화하는 데 사용하는 주요 사회적 범주들을 개관한다. 이 중 특히 핵심이 되는 일곱 개의 사회적 분리인 인종, 종교, 계급, 젠더, 섹슈얼리티, 장애, 나이에 초점을 둔다. 3부의 제일 마지막 장에서는 교차성을 다루는데, 이는 위의 사회적 분리가 어떻게 서로 횡단하면서 복잡하게 변화하고 재구성되는지를 살펴보기 위해서다.

마지막 4부 '이슈'는 현대 사회지리학의 주요 사회적 이슈에 초점을 둔다. 4부에서는 하나의 이슈를 먼저 선정하여, 앞서 2부 '기초' 및 3부 '분리'에서 학습한 내용을 토대로 분석·논의한다. 어떤 이슈들은 오랜 역사가 있으면서도 여전히 사회지리학의 주축을 구성하고 있으며, 여기에는 이주와 디아스포라, 주거, 교육, 치안, 건강, 복지, 부와 빈곤 등이 포함된다. 한편, 최근에 급격히 부상하고 발전한 이슈로 수행, 만남, 디지털 공간 등이 있다. '이슈'의 마지막 부분은 환경, 지속가능성, 음식에 관한 세 개의 장으로 구성했다. 이들은 사회적 세계와 자연적 세계의 상호관계성이 얼마나 중요한지를 조명한다.

8. 이 책의 사용법

여러분은 이 책을 처음부터 끝까지 차례대로 숙독하지 않아도 된다. 우리의 의도는 독자 여러분이 연구 관심사나 초점에 따라 책의 이곳저곳을 자유롭게 넘나들며 학습하는 것이다. 각 장 말미에 '요약'을 두어 핵심 내용을 정리했으며, 필요한 부분에는 '실세계'를 다룬 '현장 속 연구', '현장 속 이론' Box를 넣어 독자들이 실제 연구와 이론의 구체적 사례를 학습할 수 있게 했다. 또한, 각 장 말미에 본문과 관련된 논문, 서적, 보고서 등을 더 읽을거리로 추가했는데, 독자들은 이를 통해 사회지리학의 다양한 측면을 심층적으로 학습할 수 있을 것이다. 이와 더불어, 각 장 서두에 사회지리학의 주요 연구자들을 간략히 소개한 Box를 배치했으므로 이를 함께 읽어도 좋다. 또한, 우리는 각 장의 본문에 내용상 관련성이 높은 장이나 절, 항을 언급하여 독자들이 각 주제를 학습할 때 사회지리학의 광범위한 내용들이 서로 어떻게 연결되어 있는지를 이해할 수 있게 했다. 도입부에서 서술한 사회지리학의 과거와 미래도 이러한 독자들의 상호참조에 도움이 될 것이다. 각 장에서 개괄한 사회지리학의 현재 연구동향은 집필진의 연구를 중심으로 하되 다양한 사례들을 포함시켰다.

각 장은 특정한 개념이나 사회적 분리 및 이슈에 초점을 두고 있지만, 이러한 모든 주제는 당연히 사람들의 일생생활 속에서 서로 중첩되어 있고 긴밀히 연결되어 있다. 따라서 각 장을 단독적인 내러티브로 읽어서는 안 된다. 오히려 독자들은 젠더나 인종 등 특정한 사회적 분리에 대해 학습할 때에 이와 직접적으로 관련된 장뿐만 아니라 이런 개념이 사용되는 다른 장에도 주목하기를 바란다.

요약

- 사회지리학은 사회와 공간의 상호관계성을 연구하는 분야다. 사회지리학은 상호관계성이 사회적 정체성, 사회적 재생산, 사회 불평등, 사회정의와 어떻게 관련되어 있는지에 주목한다.
- 사회지리학자들은 사회관계에 관심을 둔다. 곧, 사회적 존재로서 사람들이 사회관계를 형성하고 드러내는 방식을 연구한다. 사회관계는 공간적으로 불균등하고 특정 장소에서 투쟁을 통해 형성되기 때문에 불평등한 결과를 일으킨다.
- 사회지리학 연구들은 배타적이지 않고 광범위하며 절충적이지만, 이와 동시에 중요한 특징을 공유한다. 곧, 사회지리학자들은 특정 원칙이나 주제, 특정 인식론적 접근이나 방법론적

혁신, 그리고 사회적 실천과 연구와의 관련성 유지에 각별한 신념을 갖고 있다는 점에서 공통적이다.
- 주류 서양 학계의 연구에 대한 페미니즘과 포스트식민주의 비판은 지난 40년 동안 사회지리학을 형성하는 데 큰 영향력을 끼쳤다. 사회지리학의 특징 중 하나는 지식과 권력의 계층성에 대항하고, 우리가 왜, 어떻게, 어떤 입장에서 지식을 창출하는가에 대해 질문을 던지는 것이다.
- 사회적이라는 것은 '함께함'을 의미하기도 한다. 이는 세계와 사회문제에 대한 사회지리학자들의 윤리적 책임과 연구수행 방식을 형성한다. 우리가 이 책을 공동으로 저술한 것을 통해

서도 이를 알 수 있다.

- 사회지리학의 여러 분야를 횡단하는 주요 주
  제에는 권력과 배제, 정의와 불평등, 커뮤니티

와 도시, 정체성과 차이, 글로벌한 것과 친밀한
것, 관계성과 상호작용, 비인간과 초사회성 등
이 있다.

 더 읽을거리

Del Casino, V. (2009) *Social Geography: A Critical Introduction*. Chichester, UK: Wiley-Blackwell.

Smith, S. J., Pain, R., Marston, S., & Jones, J. P. (2010) *Sage Handbook of Social Geographies*. London: Sage.

*Progress in Human Geography*에 게재되는 사회지리학 분야의 정기적 리뷰 저널도 참고하라.

사회지리학 이론

1. 도구상자로서의 이론

> **이론**이란 정확히 말하자면 도구상자와 같다.
>
> - 들뢰즈(Deleuze, Deleuze & Foucault,
>
> 1980: 208)

독자들은 어떨지 모르겠지만, 필자의 경우 일상의 여러 도구와 관련된 능력은 기껏해야 드라이버를 다룰 줄 아는 정도다. 단언코 필자는 집 꾸미기를 좋아하는 부류가 아니다. 얼마 전 식칼꽂이를 만들어 주방 벽에 걸었는데, 칼을 빼서 쓸 때마다 덜컹거리는 것이 영 불안하다. 어쩌면 이론에 대한 여러분의 느낌이 이와 비슷할지 모르겠다. 한두 가지 개념에 대해서는 자신감이 있지만, 막상 그 개념을 가지고 글쓰기를 할 때에는 뭔가 약간은 불안하지 않던가? 철학자 질 들뢰즈(Gilles Deleuze)는 옳았다. 그의 말처럼 이론은 도구상자다. 그리고 이론이 도구상자라면, 장소, 공간, 젠더, 주택과 같은 **개념**은 도구이다. 처음에는 도구상자 속 도구의 사용법이 우리에게 분명하지 않을 수도 있지만, 개념이라는 도구는 분명 특정 문제를 해결하거나 설명하는 데 도움을 준다. 어떤 도구를 편안하고 능숙하게 사용하기 위해서는 시간도 필요하고 훈련도 필요하다. 따라서 처음에 어떤 이론이 쉽게 이해되지 않는다고 해서 기분 나빠 할 것까지는 없다. 필자의 경우 드릴로 능숙하게 벽에 구멍을 뚫지는 못하지만, 도구상자에서 드라이버를 집어 들고 사용할 줄은 안다. 이처럼 여러분이 어떤 개념을 다른 개념들과의 관계 속에서 완전히 이해하지는 못하더라도, 그 개념을 사용해보는 것은 충분히 가능하다. 이론이라는 도구상자를 많이 사용할수록, 우리는 그 속의 개념

표 **2.1** 사회지리학의 여러 이론

이론	특징	사례
마르크스주의	경제학자 카를 마르크스의 이름에서 유래하였다. 마르크스는 경제적 지배가 사회적 차이를 설명할 수 있다고 보았다. 사회지리학에서 마르크스주의는 경제력과 사회적 포용/배제가 어떠한 관련성이 있는지를 드러내는 데 유용하다. 일부 학자들은 마르크스주의가 삶의 사회문화적 부분보다는 경제적 부분을 과도하게 강조했다는 점을 비판하기도 했지만, 많은 마르크스주의자들은 비경제적 불평등을 포함해서 다양한 분석을 시도하고 있다(15장 계급 참고).	Jou, Clark & Chen (2016)
페미니즘과 퀴어이론	페미니즘은 사회적 세계에서 성불평등이 어떻게 재생산되고 어떻게 사람들의 차별적 경험을 형성하는지를 탐구한다. 특히 여러 사회에서 어떻게 남성이 여성보다 우월하게 간주되는지에 초점을 둔다(16장 젠더 참고). 페미니즘은 인종과 같은 젠더 내의 차이들을 자주 무시한다는 비판을 받았는데, 이에 '**교차성**' 개념이 등장하였다(20장 교차성 참고). 　퀴어이론은 페미니즘과 밀접히 연관되어 있는데, 섹슈얼리티에 따른 행동이나 사회집단이 어떻게 악마화되거나 금기(터부)시되는지를 탐구하는 이론들을 총칭한다(17장 섹슈얼리티 참고).	Sultana (2009)
포스트식민주의	포스트식민주의는 현대 사회관계가 어떻게 18~20세기의 식민주의 경험과 유산에서 비롯되었는지를 분석한다. 그리고 정치적 식민주의가 이미 끝났음에도 불구하고, 여전히 사회관계에 대한 식민주의의 영향이 지속되고 있다는 점에도 주목한다. 포스트식민주의는 식민화된 사회뿐만 아니라 제국주의 권력의 핵심부를 분석하는 데도 이용된다(13장 인종 참고).	Pratt & Johnston (2014)
포스트모더니즘과 포스트구조주의	이 두 접근은 사회관계를 설명할 수 있는 단일한 프레임이 존재한다는 것을 부정한다. 대신 사회를 상이한 행동들과 이에 대한 해석 방식의 산물로 간주한다. 포스트모더니즘은 이것을 현대 세계의 새로운 특징이라고 본다. 곧, 사회는 더욱 유동적으로 변모하고 있고, 정체성은 '실제'나 전통적인 근본과의 연결성이 더욱 약화되고 있다고 주장한다. 　포스트구조주의는 포스트모더니즘과 밀접히 관련되어 있지만, 사회를 통제하는 (보편타당한) 법칙은 '결코' 존재하지 않으며 권력관계란 늘 생성의 과정 중에 있다고 주장한다는 점에서 포스트모더니즘과는 다르다.	Maestri & Hughes (2017)
비재현이론	비재현이론에 따르면, 사회지리학은 사회적 세계가 기술되거나 재현되는 방식을 분석하는 데 과도하게 주목해왔다. 그러나 정작 중요한 것은 우리의 경험과 행동을 통해 사회적 세계가 어떻게 만들어지는가이다. 비재현이론은 이러한 인식을 공유하는 여러 이론들의 집합으로서, 사회학에서 일컫는 '실천이론(practice theory)'과 관련되어 있다. 비재현이론은 과도하게 추상적이거나 사회적 차이의 중요성을 간과하는 연구들을 비판하며, 이러한 문제를 고쳐나가는 과정에서 페미니즘 및 퀴어이론과 더욱 긴밀한 관계를 형성하고 있다(29장 퍼포먼스(수행) 참고).	Raynor(2017)
행위자-네트워크 이론	행위자-네트워크 이론은 급진적인 형태의 사회구성주의로서, 사람뿐만 아니라 사물, 아이디어, 물질, 자연이 사회를 함께 구성해나간다고 주장한다. 행위자-네트워크 이론은 사회관계를 해석하고 분석하려는 것이 아니라, 사회관계가 어떻게 연결되고 조직화되어 있는지를 기술하고자 한다.	Shaw(2015)

들에 더욱 익숙해진다. 그리고 익숙해지면 익숙해질수록 그 개념을 더욱 완전하게 이해할 수 있다.

이따금 학생들은 이론이 지나치게 '추상적'이라고 불평하곤 한다. 어떤 의미에서, 이론이란 세계로부터 '끄집어낸' 것이므로 늘 '추상화된(abstracted)' 상태에 있다. 그러나 좋은 이론은 좋은 **연구**의 토대를 이룬다. 이론과 연구는 서로에게 생명력을 불어넣는다. 이론은 우리가 연구를 이해하도록, 서로 다른 사례연구를 비교하도록, 특정 사례를 일반화하도록, 데이터를 해석하도록, 우리의 연구와 저술이 통찰력과 영향력을 갖도록 도와준다. 반대로, 연구는 이론을 확인하고, 이론에 대항하며, 이론을 만들어낸다. 사실, 가장 흥미진진한 이론들은 대부분 '실세계'의 문제에서 출발한다.

사회지리학에 하나의 통일된 이론이란 없다. 여러분은 이 책을 통해 사회지리학 전반에 걸친 다양한 이론과 이론가를 만나게 될 것이다. 대부분의 사회지리학자들은 여러 개념이나 이론을 사용할 때 자신의 연구가 보다 잘 이해된다는 사실을 알고 있다. 따라서 사회지리학자들은 늘 하나의 이론적 프레임이나 개념에 의존하지 않는다. 지리학에서 이론과 개념은 설명하기 위한 도구이므로 자연과학과 같이 '증명되거나' '기각되는' 대상이 아니다. 오히려 다음번에 도구가 보다 잘 작동하도록 만들기 위해서, 도구를 사용할 때마다 이를 더욱 정교하게 다듬거나 개조해 나아간다. 사회지리학자들은 이런 목적을 달성하기 위해서 활기찬 이론적 다원주의를 추구한다. 곧, 여러 이론들이 서로 어깨동무하게 만들어 서로를 보다 활기차게 만드는 것이다. 그러나 이러한 이론적 다

원주의 때문에 연구자들은 이론을 사용할 때마다 늘 선택의 문제에 직면한다. 그리고 선택은 늘 불가피하게 '이론의 정치'로 이어진다. 왜냐하면 선택은 여러 이론들 중 왜 하필이면 그 이론이 선택되어야 하는가라는 질문을 열어놓기 때문이다. 이 장 후반부에서 이론의 정치를 다시 살펴보자.

1장에서는 사회지리학에서 오랜 세월 발전해 온 주요 학파들에 대해 살펴보았다. 일부 학생들은 이를 지리학의 '○○주의(~ism)'라고 부르기도 한다. 표 2.1은 이를 몇 가지 이론으로 요약한 것이다. 여기에서는 무엇보다도 각 학파가 내적으로 다양하다는 점을 염두에 두자. 가령 페미니즘에는 여러 분파가 있고 이들은 상이한 개념과 아이디어를 사용한다. 표 2.1은 각 이론에 대한 엄격한 정의를 제시하기보다는 각 이론이 무엇을 추구하는지를 포괄적으로 설명한다. 그다음 이러한 이론이 어떻게 주요 개념(아이디어)을 매개로 해서 사회지리학에 적용되는지 논의한다. 특히 **'사회구성주의'**라는 아이디어가 사회와 공간에 어떻게 적용될 수 있는지 살펴본다. 이 장 마지막 절에서는 이론을 읽고 접근하는 방법에 대해 짤막하게 다룰 것이다.

2. 모든 것은 단지 사회적 구성물인가?

그림 2.1을 본 적이 있는가? 다소 전원적인 이 **경관**(풍경) 사진은 오른쪽에 필자가 나오는 바람에 망가지고야 말았다! 우리는 나무, 풀, 언덕의 모습 때문에 직관적으로 이 사진을 '**자연**'경관이라고 말할지도 모른다. 그러나 이런 피상적 이미지와

그림 2.1 노섬벌랜드의 하드리아누스 방벽 (그림: Rob Shaw)

는 달리, 사실 이 경관은 수천 년 동안에 걸친 주요한 공학 기술의 산물이다. 내가 서 있는 곳의 바로 오른쪽 성벽은 서기 122년에 로마제국의 국경에 축조된 하드리아누스 방벽(Hadrian's Wall)을 토대로 쌓아 올린 것이다. 성벽 주변의 드넓은 땅은 로마 군인들이 조성한 것이다. 로마 군인들은 이 일대의 대지를 고르게 정리하면서 성벽의 남쪽 면을 따라 밸럼(Vallum)이라 불리는 넓은 해자(垓子, 성곽 둘레에 파서 만든 도랑이나 참호)를 만듦으로써, 기존의 단층선을 따라 자연적으로 형성된 울퉁불퉁한 바위들과 산등성이를 더욱 높이 돋울 수 있었다. 또한, 유리한 시야를 확보하기 위해 성벽 주변의 삼림을 모두 베어냈다. 그 결과 조성된 넓은 황무지는 이후 영국인들이 양을 방목하는 목초지가 되어 지금까지 유지되고 있다.

우리가 경관을 이런 방식으로 탐구하기 시작하면, 자연적이라고 상상했던 특징들이 사실은 **사회적으로 구성된 것**임을 곧바로 알아차릴 수 있다. 우리가 '자연'경관이라 부르는 것들은 결코 사회로부터 분리되어 있지 않기 때문에 사실 '자연적'이라고 할 수 없다(32장의 지속가능성 참고). 사회지리학에서는 이를 **공간의 사회적 구성**(social construction of space)이라고 한다. 아마 도시 한복판의 빌딩숲이 이의 전형적인 사례겠지만, 지리학자들은 촌락에도 그림 2.1과 유사한 사례가 있음을 발견했다. 심지어 '야생'조차도 사회적 구성물일 수 있다. 세계를 이와 같이 이해하는 방식을 '**구성주의**(constructionism)'라고 한다. 구성주의는 오늘날 지리학, 인류학, 사회학 및 기타 사회과학 분야의 거의 모든 이론의 핵심을 이룬다. 왜냐하면 구성주의에서는 개별 이론이 사회관계(또는 사회적 과정)와 공간 간의 인과관계를 드러내기 때문이다. 구성주의 이론들은 사회와 공간이 어떻게 서로를 생산하는지를 이해하고자 하며, 사회가 공간적으로 그리고 공간이 사회적으로 구성된다는 입장을 취한다. 에드워드 소자(Edward Soja)가 지적한 바와 같이, "조직화된 공간구조는 자기 고유의 자율적 구성이나 변화의 법칙을 가진 별도의 구조가 아니며, 그렇다고 단순히 사회적인 (곧, 비공간적인) 관계를 표현하는 것도 아니다"(Soja, 1980: 210). 달리 말해, 사회지리학의 이론들은 사회관계에서 시작해서 이를 공간 위에 지도로 표현하는 것도 아니고, 공간관계에서 시작해서 이를

통해 사회를 설명하는 것도 아니다. 오히려, 지리학자들은 이론을 활용해서 공간과 사회가 어떻게 상호구성적인지를 설명하고자 한다. 이때 사회와 공간을 구성하는 요소들 중 무엇에 초점을 둘 것인가는 각 이론마다의 우선순위에 따라 결정된다. 가령, 페미니스트 지리학자들은 젠더의 생산방식에 초점을 두어 여성과 남성의 상이한 공간적 경험들을 분석하거나 특정 공간이 어떻게 '젠더화되어' 있는지를 (곧, 그 공간들이 남성이나 여성과 어떻게 연관되어 있는지를) 분석한다. 반대로, 같은 공간을 연구하더라도 행위자-네트워크 이론가들은

다양한 '행위자들'의 범위와 네트워크를 낱낱이 드러내는 데 초점을 두고 이들이 공간의 구성과 어떤 관련성을 갖고 있는지를 분석하되, 경험이 어떻게 젠더화되어 있는지에 대해서 반드시 초점을 두지는 않는다.

사회적 구성이 장소의 형성에 어떤 역할을 하는지 알아보기 위해 다시 그림 2.1 하드리아누스 방벽으로 되돌아가자. 로마가 영국을 점령했던 시대에, 이 방벽 일대는 수천 명의 로마 군인들이 주둔했던 활발한 접경지대였다. 당시 '로마인'은 로마라는 도시에서 온 사람을 말하는 것이 아니라, 출신지역과 상관없이 로마제국의 **시민권**을 가진 사람을 일컫는 용어였다. 로마시민권은 오늘날 국적에 따라 시민권이 계승되는 것과 마찬가지로 후세대에 상속되었지만, 일정한 노동을 제공하거나 돈을 지불한 대가로 취득할 수도 있었다. 이처럼 로마시민권은 모든 민족들에게 개방되어 있었다. 당시 하드리아누스 방벽 인근에 거주하며 일했던 사람들은 로마시민권을 가진 아라비아인들과 아프리카 출신의 흑인들이었다. 오늘날 남아 있는 사료에는 당시 이곳 주민들의 피부색이 어떠했는지 기술되어 있지 않다. 그 이유는 당시 로마인들이 피부색을 특별히 중요하다고 여기지 않았기 때문이다. 로마인들도 문화적 차이에 대한 고정관념을 갖고 있었지만, 이는 피부색과 관련된 것은 아니었다. 곧, 하드리아누스 방벽 일대의 사회에서는 오늘날 우리가 '인종'이라고 부르는 것이 존재하지 않았던 것이다. 사실 **인종**은 17~18세기에서야 비로소 등장한 개념이다. 당시 서양의 과학자들은 동식물을 체계적으로 분류하면서, 이 분류체계가 인간에게도 동일하게 적용

될 수 있는지를 연구했다. 지리학자 디비아 톨리아-켈리(Divya Tolia-Kelly)는 포스트식민주의 이론을 토대로, 고고학자들과 역사학자들이 하드리아누스 방벽을 해석할 때 인종 개념을 어떻게 적용했는지를 연구한 바 있다. 이 연구에 따르면, 근대 고고학 및 역사학 연구자들은 로마인을 백인으로 묘사하면서 당시 방벽 인근의 사회가 인종적으로 매우 다양했다는 사실을 은폐했다. 곧, 그들은 인종이라는 '아이디어' 그 자체를 생산해낸 것이다. 특히, 백인 유럽인들이 다른 지역들을 정복하는 것은 지극히 자연적이라는 자신들의 믿음을 정당화하는 데 로마제국이 훌륭한 증거로 사용될 수 있었다. 로마제국은 이후 19세기에 세계를 지배했던 유럽 제국들을 포함한 권력의 관점에서 지리적 차이를 설명하는 데에도 이용되었다(Tolia-Kelly, 2011). 따라서 유럽 제국들과 이들이 만들어낸 독특한 사회지리는, 하드리아누스 방벽이라는 특정한 공간과 인종이라는 사회적 차별화가 상호구성되어 만들어진 결과물이라고 할 수 있는 것이다.

3. 사회지리학의 이론을 읽고 사용하기

마지막으로 사회지리학 분야의 다양한 이론을 어떻게 읽고 사용할지 간략히 알아보자. 일부 지리학자들은 자신의 연구에서 사용한 이론을 분명하게 제시하곤 한다. 곧, 자신의 분석을 '페미니즘', '마르크스주의', '비재현적' 등의 용어를 사용해서 이름 붙이는 경우다. 가령, 방글라데시에서 식수 접근성에 대한 젠더의 역할을 연구했던 설타니의

경우, 논문의 도입부에서 페미니즘을 네 차례 언급하면서 자신의 연구가 페미니즘에 위치한다는 것을 명시적으로 밝혔다(Sultana, 2009). 이와 반대로, 어떤 논문들은 특정한 이론 분야보다는 하나의 개념에 초점을 둔다. 가령, 탄(Tan, 2012)의 논문은 싱가포르의 나이트클럽 회원들을 면담조사한 후 그들이 나이트클럽을 파티와 섹스파트너를 만나기 위한 용도로 활용한다고 설명했다. 이때 탄은 어떤 공간이나 사람 또는 사물에 대한 우리의 즉각적인 감정 반응을 일컫는 **'정동**(情動, affect)'* 개념을 집중적으로 활용했다. 그녀의 연구는 이론적 입장을 특정해서 언급하지는 않았지만, 정동은 비재현이론의 주요 개념이다. 한편, 그녀는 페미니즘과 퀴어이론에서 나온 개념들도 사용했다. 이는 사회지리학 이론의 다원주의적 성격을 잘 드러내는 사례다. 왜냐하면 탄의 연구는 거시적으로는 페미니즘이라는 프레임을 갖고 있으면서도 비재현이론이라는 도구상자를 활용했기 때문이다. 이처럼 우리는 어떤 연구가 특정한 이론적 영역에 속한다고 이름을 붙일 때에 각별히 유의해야 한다. 곧, 어떤 연구가 논의하는 핵심 개념이나 아이디어에 주목할 필요도 있지만, 사실 많은 연구들이 상이한 이론적 접근들을 융합하고 있다는 것도 인식해야 한다.

필자는 앞서 이론의 선택이란 정치적이라고 말했다. 모든 연구에는 여러 이론들을 활용할 수 있지만, 우리는 연구자가 왜 하필이면 그 이론을 선택했는지에 대해서도 곱씹어 보아야 한다. 연구

---

* 정동은 쉽게 말해 '정서의 움직임(정서적 동태)'이다. 어린 시절을 보냈던 시골의 옛집과 동네를 방문했다고 생각해보자. 나와 그곳 사이에 흐르게 될 '정동'은 어떠할까? 어른이 된 지금의 나에게 그곳은 얼마나 친숙하고도 낯설면서, 슬프고도 조금은 부끄러운 공간이겠는가? (아마 이 경우에는 정신분석 관점에서 친숙한 낯설음을 일컫는 '언캐니 uncanny 또는 언하임리히unheimlich' 개념을 적용한 분석도 가능할 것이다!) 이처럼 정동은 나의 정동이면서도 그곳 고유의 정동이기도 하다. 그곳을 어느 계절에 또는 어떤 시간대에 방문했는지도 정동과 관계가 있지 않을까? 또한, 그 정동은 나의 위치성, 곧 나의 성, 계급, 섹슈얼리티, 나이, 교육수준, 성장배경 등에 따라서도 다르지 않을까? 한편, 그곳에서 잠시 시간을 보내며 고향 어른들과 담소를 나누고 어울림에 따라 그 정동은 어떻게 달라질까? 그리고 이런 정동의 변화는 나의 사고와 행동에 어떤 영향을 미치지는 않을까? 정동지리(geographies of affect)는 이처럼 흥미로운 질문들을 만들어낸다.

정동에 대한 정의는 분야나 학자에 따라 매우 상이하고 난해하다. 좁은 의미에서 정동이란 어떤 사람이 특정 상황에 맞닥뜨렸을 때의 (또는 특정 상황에서의) 체류, 경험 및 활동을 통해 나타나는 느낌의 무의식적, 육체적, 외재적 표현으로서 기분, 두근거림, 목소리, 표정, 몸짓 등을 총체적으로 일컫는다. 그러나 오늘날 사회과학 및 인문학 분야에서 통용되는 바를 고려해서 폭넓게 정의하자면 '특정 상황(이 때 '상황'이란 특정 공간, 그 공간에 속한 사람과 사물, 그리고 그들의 시간적 궤적을 총칭)에서의 정서의 움직임(정서적 동태)' 정도로 이해하는 것이 유용하다. 정동은 감정(emotion)과 비교할 때 보다 이해하기 쉽다. 감정은 어떤 사람이 자신이 처한 상황을 인식하는 데서 비롯되는 느낌으로 기쁨, 슬픔, 분노, 외로움 등의 개인적·주관적·정신적·지속적 상태를 가리킨다. 감정은 주체의 자기(상황)인식에 후행하므로 이미 범주화된 산물 이자 자기 자신에 의해 재현된 산물이다. 따라서 감정은 그 원인이 분명하며, 그 사람 내부에 속한다. 이에 반해 정동은 어떤 감정이라고 표현하기 이전의 (또는 딱히 표현하기 어려운) 외적으로 드러나는 몸 그 자체의 순수한 느낌이자 반응이다. 정동은 어떤 사람이 자기인식 이전에 육체적, 즉각적으로 나타내는 정서이므로 전(前)인격적(한 개인에 선행하는, prepersonal)이다. 또한 그 사람의 내부가 아닌 특정 상황에서 조성되어 사람과 물질 사이에 흐르고 유동하는 정서의 움직임이므로 초인격적(개인 사이에 흐르는, transpersonal)이다. 따라서 감정과 비교할 때, 정동은 사회적(집단적)이고 물질적(육체적) 영역에서 발생하고 변화한다.

정동은 특정 시공간 속에서 사람과 사물의 관계를 통해 생산되면서도, 반대로 사람의 자기(상황)인식, 행동, 실천, 사고 등에 영향을 미치는 능동적인 '힘' 내지 역량으로 작용한다. 곧, 정동은 사회적 구성물이면서도 사회에 영향을 미치는 능동적 요인이다. 이처럼 정동은 사람(육체)이 공간(사물)과 맺는 관계성과 아상블라주를 관통할 수 있는 도구이기 때문에, 다양한 (비)인간행위자들의 네트워크에 주목하는 ANT 등의 비재현이론, 사회적 실천의 본질과 양상을 해석하려는 실천이론, 범주화된 젠더 및 섹슈얼리티의 경계에 도전하는 페미니즘과 퀴어이론, 그리고 당연하게도 인간의 육체적 경험과 그 본질에 관심을 두는 문학, 예술, 문화 이론가들에게 각별히 매력적일 수밖에 없다. 요컨대 정동은 사람과 사물, 주체와 타자, 정신과 육체, 인지와 지각, 구조와 행위성, 필연과 우연이 마주치는 (사회적 범주로 재현되기 이전의 원초적인 영역인) 인간 실천의 혼성적(hybrid) 영역을 탐구하기에 유용하다. 정동에 관한 연구는 그에 합당한 연구방법이 수반되는데, 대체로 지속적 참여와 심층적 관찰을 동반하는 (비재현적인) 현상학적 연구방법과 글쓰기가 유용하게 활용된다.

자들은 특정한 연구전통을 추종하곤 하는데, 어떤 하위분야의 전통 또는 특별히 영향력이 있는 논문이나 학자를 따른다. 이따금 일부 지리학과에서는 특정한 이론 영역을 집중적으로 발전시키기도 한다. 이 경우 연구자가 속한 대학에 주목하는 것이 연구에 도움이 될 것이다. 바로 이러한 노력들이 '이론의 사회지리'를 만들어낸다. 달리 말하자면, 이론은 대개 강력한 행위자들에 의해서 생산되므로 주변적 집단의 경험을 간과하는 경향이 있다. 이 책에서 소개하는 대부분의 이론은 글로벌북부의 남성들이 고안해낸 것들이다. 질리언 로즈(Gillian Rose) 같은 페미니스트 연구자들은, 남성들의 연구가 보다 이론적이기 때문에 남성이 여성보다 이론적으로 훨씬 진지하고 정교하다는 잘못된 고정관념을 질타한 바 있다(Rose, 1993). 이와 마찬가지로, 아나니야 로이(Ananya Roy)와 같은 포스트식민주의 연구자들은 서양 지리학자들이 글로벌북부 외부의 이론들에 (특히, 그 이론이 글로벌남부를 대상으로 하는 경우에) 더욱 주목해야 한다고 주장한다(Roy, 2016). 이론의 사회지리가 함의하는 것은 이론이란 본질적으로 '편향적'인 것이 아니라, 우리가 이론을 이해할 때 반드시 **'위치성(positionality)'**을 고려해야 한다는 점이다. 우리는 어떤 이론을 사용하는 연구자뿐만 아니라, 그 이론 자체가 지니는 정체성과 입지를 반드시 염두에 두어야 한다. 그 이론이 어디에서 기원했는가? 그 이론은 무엇을 우선시하는가? 어떤 사람들이 그 이론을 사용해왔는가? 이론은 사회적, 지리적 구조에서 독립된 위치에 있지 않다.

대개 지리학자들은 자기 분야의 핵심 개념을 고안해낸 철학자나 이론가를 인용한다. 이따금 이런 인물들의 글을 읽는 것이 어렵기도 하고 두렵기도 할 것이다. 그러나 이런 글은 비전문적인 대중을 대상으로 쓴 것이 아닐 수도 있다. 이 경우 그 책에서 논의하는 개념, 논의, 사례가 우리에게 친숙하지 않은 것은 당연하다. 어떤 철학자들은 자신의 아이디어를 독자들이 보다 쉽게 이해하도록 글을 쓰기도 한다. 페미니즘, 포스트식민주의 이론, 퀴어이론이 특히 그렇다. 그 이유는 이 분야의 저자들이 지식 생산과 이용의 정치성에 각별한 관심을 두기 때문이다. 그러나 지리학자들이 사용하는 일부 개념들은 20세기 이전에 활동한 철학자들의 저술에서 유래했으며, 어떤 경우에는 심지어 고대 그리스까지 거슬러 올라가기도 한다. 그러므로 이런 문헌들을 읽고 단박에 이해하지 못하는 건 그리 놀라운 일이 아니다! 이런 문헌들을 읽을 때에는 무엇보다 여유를 갖는 것이 좋다. 글 전체를 완전히 이해하려고 하지 말라. 이런 철학자들의 문헌을 인용하는 지리학자들조차 그 문헌을 완전하게 이해하고 있을 것이라고 생각하지 말라. 한편, 이와 같이 접근하기 어려운 이론과 철학을 보다 쉽게 설명하는 훌륭한 문헌들도 많다. 가령, 『지리적 사고(Geographic Thought)』(Nayak & Jeffrey, 2011)와 『인문지리학에 대하여(Approaches to Human Geography)』(Aitken & Valentine, 2015)는 지리학자들을 대상으로 쓴 훌륭한 이론적 개론서들이다. 또한, 영국 옥스퍼드대학출판사에서는 '아주 간결한 입문서(Very Short Introduction)' 시리즈를 통해 다양한 이론들을 개괄적으로 이해하기 좋은 책들을 출판하고 있다. 비록 자주 바뀌기는 하지만, 인터넷에서 검색한 글도 이론을 이해하는 데 도움이 된다. 가령,

온라인 버전의 『스탠퍼드 철학백과사전(Stanford Encyclopaedia of Philosophy)』에서는 주요 철학자들과 그들이 사용하는 개념을 소개하고 있다. 또한, '글로벌 사회 이론(Global Social Theory)' 이라는 웹사이트는 글로벌북부 바깥과 주변집단(marginalized groups)의 이론을 집중적으로 소개하는데, 특히 페미니즘과 포스트식민주의 이론에 대한 내용이 풍부하다. 이런 다양한 문헌을 읽을 때에도 기존의 전통적인 문헌을 접할 때와 마찬가지로 언제나 비판적인 시각을 유지해야 한다는 것을 잊지 말자.

 요약

- 사회지리학은 다양한 이론을 사용한다. 이론은 개념이라는 '도구'를 담은 '도구상자'와 같다. 개념은 연구결과를 설명할 때 도움을 준다. 반대로 연구결과는 개념을 만들어내고 보다 정교하게 만드는 데 기여한다.
- 이 장에서는 사회지리학에서 사용되는 핵심 이론을 소개했다. 특히 사회구성주의와 관련된 개념들과 이들이 다른 이론들과 어떻게 연결되어 있는지를 살펴보았다.
- 마지막 절에서는 학생들이 이론적 문헌들을 어떻게 읽고 사용할지에 대한 몇 가지 제안 사항들을 담았다.

 더 읽을거리

Aitken, S., & Valentine, G. (eds) (2015) *Approaches to Human Geography*, 2nd ed. London: Sage.

Blunt, A., & Wills, J. (2000) *Dissident Geographies: An Introduction to Radical Ideas and Practice*. Harlow, UK: Prentice-Hall.

Special Issue, *Environment and Planning D*, 36(3).

1. 사회·공간적 세계의 이해

이 책에서 다루고 있는 다양한 주제는 어떻게 조사하는 것일까? 이 장은 사회지리 연구를 어떻게 수행할 것인지를 소개한다. 2장이 사회지리학 이론을 소개한 '생각하기(thinking)'에 관한 것이라면, 이 장은 '실행하기(doing)'에 관한 내용이다. 그러나 **이론**과 **방법론**은 각기 분리된 활동이 아니라 서로 긴밀하게 연결되어 있다. 브라질의 유명한 교육자, 연구자, 철학자인 파울루 프레이리(Paulo Freire, 1972)는 생각하기와 행동하기의 가치가 동등하고, 연구활동에서 상호의존적이며, 두 활동은 동시에 발생한다는 의미에서 '프락시스(praxis, 실천)'라는 그리스어를 사용한 바 있다. 이와 더불어 많은 사회지리학자들이 동의하는 것처럼, '느낌(feelings)' 또한 본질적으로 새로운

지식의 생산 과정과 밀접한 관련이 있다(Askins, 2009; 12장 감정 참고).

다음 절에서도 언급하겠지만, 사회지리학자들은 우리가 선택해서 사용할 수 있는 풍부하고도 다양한 연구방법(도구)들을 축적해왔다. 그렇다고 해서 사회지리학 연구가 다른 인문지리학과 매우 다른 연구를 수행하는 것은 아니다. 방법론과 관련해서는 인문지리학 그 자체도 절충적이다. 왜냐하면 인문지리학은 사회과학, (자연)과학, 예술, 인문학 등을 넘나들며 다양한 기법들을 끌어들이고 있고, 지리적으로 특수한 기법을 고안할 뿐만 아니라, 이들을 적용하고 통합하는 데 매우 적극적이기 때문이다. 그렇지만 방법론적 측면에서 볼 때, 사회지리학은 단연코 지리학에서 가장 다양하고 혁신적인 분야로 떠올랐다. 사회지리학 연구는 다음의 네 가지 핵심 특징을 공유한다(사회지리학

이 무엇이며 사회지리 연구들의 특징이 무엇인지에 관한 1장의 논의와 직접적으로 관련되어 있다).

- 첫째는 가장 근본적인 특징인데, 대부분의 사회지리학 연구자들은 다른 사람들과 함께 연대하고자 한다. 이 책에서 다루는 다양한 관심사들의 공통 연구주제는 사람으로, 많은 사회지리학 연구방법들은 사람-지향적이고 사람-친화적이다. 덕분에 사회지리학자들은 일상적인 사회적 세계의 다양한 측면에 대한 이야기와 서술과 설명을 이끌어낼 수 있다.
- 둘째, 사회지리학 연구는 장소와 공간의 구체적인 측면에 초점을 둔다. 여기에는 사람들이 살아가는 바로 이곳의 환경뿐만 아니라 더 먼 곳의 환경까지도 포함된다. 따라서 사회지리학의 연구방법은 로컬리티와 이와 관련된 환경의 여러 측면을 도출하고 이들의 상호연계를 타당성 있게 이끌어낼 필요가 있다.
- 셋째, 많은 사회지리학자들은 **사회적 적실성(relevancy)**을 갖춘 연구를 수행하는 데 관심을 둔다. 사회지리학 연구자들은 사회적 현안과 커뮤니티에 긍정적인 변화를 일으킬 수 있는 연구에 주목하며, 이러한 목적에 부합하는 특정한 접근과 연구방법을 선택하고 사용한다.
- 넷째, 사회지리학자들의 방법론적 실천은 윤리와 **위치성**을 지리학의 타 분야들보다 훨씬 중요시하는 경향이 있다. 사회지리학은 지리적 지식의 전통적인 생산양식에 대한 비판 속에서 이러한 실천을 발전시켜왔다.

이 장에서는 현지조사(답사, fieldwork)를 어떻게 수행할지에 대한 가이드를 제시하기보다 사회지리학 연구의 주요 이슈에 대한 큰 그림을 보여주고자 한다(현지조사 방법을 소개하는 좋은 책 중 몇 권을 이 장 끝에 소개했다). 우선, 사회지리학자들이 공통적으로 사용하고 있는 데이터와 연구방법에는 어떤 것들이 있는지 살펴본다. 그다음 인식론과 존재론, 정치, 윤리, 감정 등의 이슈를 포함해서 연구에 대한 일반적 접근을 고찰한다. 셋째, 가정폭력과 소수민족 청소년에 관한 필자들의 연구사례를 검토하면서, 우리가 어떤 데이터를 이용할 수 있었는지, 이 주제를 연구하면서 어떤 사안이 제기되었는지, 현장조사를 위해서 어떤 방법론을 기획했는지에 대해 설명한다. 넷째, 분석과 **의미도출**(의미만들기, meaning-making)을 포함한 전체 연구과정을 검토한다. 마지막으로 연구목적과 관련된 사회지리학의 당면 현안들을 개괄한다.

2. 사회지리학 연구의 데이터와 연구방법

사회지리학이 지금처럼 흥미진진한 분야로 발전할 수 있었던 것은, 그동안 풍부하고 다양한 연구방법이 개발, 사용, 수정, 융합, 평가, 탐구되어왔기 때문이다. 오늘날 사회지리학은 기존의 지리적 탐구방법뿐만 아니라 창조적이고 실험적인 연구방법들로 가득 차 있다. 아마 여러분이 연구를 시작할 때마다 주변에서 숱하게 들었던 말이 있을 것이다. 그것은 다름 아니라, 연구설계에서 가장 결정적인 요소는 방법론이 연구질문에 적합해야 하고 또 대답할 수 있어야 한다는 말일 것이다. 또한, 데이터 수집에 대해 생각할 때에는 현재 적절

그림 **3.1** 예술을 이용한 장소 및 정체성
탐구: 뉴캐슬어폰타인의 사례
(그림: Rachel Pain)

하게 활용할 수 있는 데이터로는 무엇이 있는지, 그리고 우리가 어떤 데이터를 만들어낼 수 있는지를 생각해봐야 한다. 일차적으로 연구방법은 질적 데이터와 양적 데이터 중 무엇을 수집, 사용할 것인가에 따라 결정된다. 이는 인구집단의 한 단면을 대표하는 확장적인(extensive) 데이터세트를 생성해서 일반화하고자 하는지(이 경우 아마 여러분은 양적 연구방법을 선택할 것이다), 아니면 소수의 사례로부터 메커니즘과 의미를 심층적으로 탐구할 수 있는 집약적인(intensive) 데이터세트를 생성하고자 하는지에 따라 다르다(이 경우에는 질적 연구방법을 떠올릴 것이다). 그러나 하나의 연구에서 양자를 결합한 '혼합 연구방법'이 사용되기도 하며, 이는 두 가지 유형의 데이터세트 모두를 생산한다.

표 3.1은 사회지리학 연구방법의 몇 가지 공통적인 특징을 열거한 것이다. 이 표를 참고하되, 실제 연구에서는 서술된 방법이 일부 중첩되거나 개조될 수도 있고, 다른 방법과 함께 사용될 수도

있다는 점에 유의하자(Box 3.1, Box 3.2 참고). 또한, 데이터는 우리가 연구하는 세계에 대해 결코 중립적인 렌즈를 제공하지 않는다는 것도 중요하다. 데이터는 서로 각축하고 경쟁하는 대상으로서 존재하며, 세계를 구성하지만 세계에 의해 구성된 것이기도 하다. 데이터에 관해서는 30장에서 보다 상세히 다룰 것이다.

3. 사회지리학 연구에 대한 접근

대학의 여러 교재와 방법론 강의가 연구방법에 초점을 두는 것은 그리 놀라운 일이 아니다. 왜냐하면 연구방법은 우리가 현장에서 직접 사용하는 실무적 기법이기 때문이다. 연구방법은 연구자와 참여자에게 위험을 야기할 수도 있다. 게다가 우리는 데이터 없이는 연구할 수 없다. 그러나 어쩌면 이보다 더욱 중요한 것은 연구에 대한 우리의 **접근**이다. 접근이란 연구방법의 근간을 이루는 보

표 3.1 사회지리학의 연구방법

종류	특징	사례	참고문헌 등
2차적 방법	기존의 데이터를 사용해서 새로운 질문을 제시함	정부통계, 정책자료	Dunn(2004); Catney(2016)
통계적 방법	방대한 데이터세트를 분석함. 공간데이터를 포함하기도 함	상관관계분석, 회귀분석, GIS	Dorling(2017); 30장 데이터 참고
설문조사 방법	사람들로부터 간략히 일반화할 수 있는 데이터를 수집함. 대개 양적 데이터를 생산하지만, 질적 데이터를 생산할 수도 있음	설문지, 온라인 조사, 우편 조사	Pain(2006)
대화법(개인)	사람들과 1:1로 만나 상세한 질적 데이터를 수집함	심층면담, 서사적 면담, 전기적 면담	Sandberg & Tollefsen (2010)
집단적 방법	사람들과 집단으로 만나 질적 데이터를 수집함	초점집단	Hopkins(2007a); Hyams(2004)
모바일 방법	이동하면서 데이터를 수집함(함께 걷거나 대중교통을 이용)	도보 면담	Warren(2017)
관찰법	현장의 상황과 사람들을 관찰함(연구자가 관계하는 정도에 따라 상이함)	문화기술지, 자기문화기술지, 참여관찰	Longhurst(2011); Olson(2006)
감각적, 내적 방법	연구자 또는 참여자의 감각, 느낌, 신체를 이용해서 세계를 분석함	정신지리학, 체화적 방법, 비재현적 방법	Macpherson(2008); Duffy, Waitt & Harada(2016)
온라인 방법	인터넷을 통해 '온라인'상의 자료를 사용함	소셜미디어, 채팅방, 네트노그라피	Kingsley(2013); Cockayne & Richardson(2017)
시각적 방법	시각자료를 분석함	이미지, 그림, 영화 분석	Rose(2004)
텍스트 방법	텍스트를 분석함	현존하는 책, 뉴스기사, 일기, 아카이브 자료의 분석	Meth(2003); Mills(2016)
예술 기반 방법	참여자들과 예술작품을 창작하면서 이를 연구방법으로 이용함	그림, 사진, 드라마, 비디오의 제작	Young & Barrett(2001); Pratt & Johnston(2014); 29장 퍼포먼스(수행) 참고
참여적 방법	데이터 수집과 분석에 참여자들을 포함하고 참여자들이 동참할 수 있는 방법을 이용함(참여적 접근의 일부가 될 수 있음)	참여적 다이어그래밍(그림 3.2), 참여적 지도화, 포토보이스, 참여적 비디오 제작	Kesby(2000); Kindon(2003); Raynor(2019)

다 넓은 차원에서의 지식철학이다. 이와 관련된 몇 가지 중요한 용어는 다음과 같다.

• 존재론: 세계가 존재하는 방식에 관한 이론이나 믿음

• 인식론: 지식에 대한 이론이나 믿음

• 방법론: 일련의 방법과 분석 단계들을 포괄하는 연구과정

- (연구)방법: 데이터 수집 기법

일반적으로 연구자의 **존재론적** 사고방식은 **인식론적** 접근에 영향을 미치고, 인식론적 접근은 **방법론**의 설계와 특정한 **연구방법**의 선택으로 이어진다. 당연히 연구자들이 고립된 상태에서 이런 선택을 하는 것은 아니다. 왜냐하면 우리는 언제나 특정한 학술적, 제도적, 지리적, 사회적 맥락 속에 위치해 있기 때문이다. 어떤 분야에서는 다수의 존재론과 인식론이 경쟁하는 경우가 거의 없으며, 지극히 소수의 연구방법만이 존재하기도 한다. 반면, 인문지리학의 경우 연구방법이 매우 다양하다. 20세기 중반만 하더라도 **실증주의**적 존재론이 사회지리학을 지배했었는데, 당시 많은 연구자들은 객관적으로 알 수 있는 진실이 외부세계에 존재한다고 믿었다(Hoggart, Davies & Lees, 2002). 당시의 인식론은 이 세계가 아무 편견 없이 관찰 가능하다는 사고방식을 토대로 했기 때문에, 연구 결과는 객관적인 사실로 받아들여졌다. 그리고 대부분의 방법론은 지도화, 통계, 설문 등 양적, 확장적 방법을 활용했다. 오늘날에도 이는 특정한 연구문제에 대한 대답을 찾아내는 데 여전히 유용한 방법이다. 그러나 실증주의적 가정은 그동안 거센 비판을 받아왔다(이에 대한 보다 상세한 내용은 30장의 데이터 참고).

보다 최근의 접근으로는 오늘날 사회지리학 전반에서 인기를 얻고 있는 **참여행동연구(PAR; Participatory Action Research)**를 들 수 있다. PAR은 지난 20여 년 동안 방법론의 급격한 변화를 보여주는 대표적 사례다. PAR은 문제적 상황이나 이슈를 연구할 때 그에 영향을 받는 사람들과 협력

하는 것을 특징으로 한다. 달리 말해, 기존에 '연구되던' 사람들을 연구자로 재위치시키는 것이다(Kindon, Pain & Kesby, 2007). PAR은 지식 공유의 잠재력을 믿고, 집단적이되 비위계적인 지식 생산을 목적으로 하는 인식론이다. 이는 (항상 그렇지는 않지만) 대개 포스트식민주의와 페미니즘 세계관에서 비롯된 존재론을 토대로 한다. 따라서 PAR은 참여자들과 함께 연구를 계획, 설계, 수행, 분석하는 특수한 방법론을 동반하는데, 이는 연구대상 이슈에 변화를 일으키기 위한 행동을 위해서다(Cahill, 2017a 참고). PAR에서는 이를 달성하기 위해 참여적 연구방법을 사용한다(표 3.1 참고). 물론 이 외에도 설문조사나 면담과 같은 기존의 연구방법이 사용될 수 있다.

또 다른 새로운 사례로 사회지리 연구에 대한 **비재현**적 접근을 들 수 있다. 이 접근은 세계란 끊임없는 행동과 실천에 의해 만들어진다는 존재론을 토대로 한다(2장 사회지리학 이론 참고). 인식론적 측면에서 비재현적 접근은 이러한 실천을 탐구하는 것만이 세상을 알 수 있는 유일한 방법이라고 보기 때문에, 신체적 관습과 수행을 드러내려는 방법들을 구사한다(Latham, 2003).

한편, 토착적 연구(indigenous research)는 토착민에 대한 세계관이 연구에의 접근과 연구수행에 영향을 미친다는 존재론을 기반으로 한다. 이 접근은 토착민이 지식을 소유하고 연구 의제와 결과를 통제할 수 있도록 하는 데 초점을 둔다(Howitt & Stevens, 2010; 8장 토착성 참고).

우리가 연구를 설계하고 수행할 때 정말로 중요한 세 가지 측면이 있다. 이들은 상호연관되어 있는데, 사회지리학자들은 언제나 자신의 실제 연구

그림 3.2 참여적 다이어그래밍은 PAR에서 핵심 이슈를 찾아내기 위해 일반적으로 사용하는 방법이다. (그림: Hazel Edwards)

에서 이를 면밀히 고려하는 경향이 있다.

① 연구의 정치: 앞서 살펴본 것처럼, 지식은 지난 수 세기 동안 치열한 경쟁의 장으로서 사회의 지배적 권력관계를 반영해왔다. 1장에서 우리는 서양 국가들이 (특히, 앵글로아메리카) 사회지리학 분야를 학술적으로 지배하고 있음을 살펴보았다. 토착적 접근은 연구의 정치를 변혁할 수 있는 중대한 주장을 제시하고 있다. 정착민 식민주의(settler colonialism)에 대한 기억과 현재의 유산, 그리고 연구라는 미명하에 토착민에게 가해졌던 엄청난 해악은, 오늘날 토착적 접근을 통해 생산된 연구데이터를 누가 소유, 통제, 사용하는가에 대한 문제의식으로

발전했다(Smith, 2007). 이러한 문제의식은 잠재적으로 방법론적 설계에 영향을 미친다.

② 연구윤리: 전통적으로 연구윤리 규약(proto-cols)은 연구 참여자들을 의도치 않은 위해(危害, hazard)로부터 보호하기 위해 만들어졌다. 특히, 페미니즘 방법론은 참여자들의 복지와 권리에 대한 보호 조치들과 관련하여 적극적인 목소리를 내고 있다. 이는 연구대상 커뮤니티에 대한 아무런 혜택이 없는 이른바 '신속 간편한(quick and dirty)'* 데이터 수집 행위를 비판하면서, 연구과정을 인간화하는 데 기여하고

* 어떤 일을 주도면밀한 계획 없이 편의만 쫓아서, 목적은 달성하지만 그로 인해 해악과 부작용이 야기되는 것을 의미한다.

있다(Moss et al., 2002). 그러나 대부분의 연구자들은 대학 내에서 정해진 윤리 절차에 따라 연구를 수행해야 하는데, 때때로 이는 페미니즘적 접근과 충돌하기도 한다. 가령, 최근 점차 많은 기관들은 연구 중 무엇이 잘못되었을 때 (연구윤리 제도를 통해 해당 기관의 책임을 면제받음으로써) 자신을 우선적으로 보호하려는 경향을 띠고 있다.

③ 연구에서의 감정: 연구자와 연구대상자 모두에게 감정은 '연구 만남(research encounters)'을 만드는 강력한 요소다(12장 감정 참고). 페미니스트 접근과 더 최근의 비재현적 접근은 연구의 모든 단계마다 감정이 작동한다는 점에 주목한다. PAR의 경우 감정은 연구의 주제와 동기를 창출할 뿐만 아니라 사회변혁을 위한 동력을 만들어낸다(Cahill, 2007b).

4. 연구과정: 사회지리학 연구하기

이제까지 인식론, 존재론, 방법론, 데이터와 연구방법을 집중적으로 살펴보았지만, 사회지리학 연구에는 이외에도 수많은 중요한 고려사항들이 있다. 이상적으로 말해서, 연구자는 특정 이슈에 타당한 개념과 사회적 분리가 무엇인지를 인식하고 있어야 할 뿐만 아니라, 그 이슈와 관련된 주요 논점도 분명히 이해하고 있어야 한다. 이를 통해서 연구자들은 구체적인 연구문제와 연구를 통해 대답하려는 질문을 세련되게 다듬어나가게 된다.

위 작업이 선행된 후에는 구체적인 윤리 문제에 대해서 고민해보아야 한다. **연구윤리**의 목적은

좋은 것은 더욱 촉진하고 위험한 것은 최소화하는 데 있다. 영국 경제사회연구위원회(ESRC; Economic and Social Research Council)는 연구윤리의 여섯 가지 원칙을 다음과 같이 제시하고 있다.

- 연구는 개인과 사회의 이익을 최대화하고 위험과 위해를 최소화하는 데 목표를 두어야 한다.
- 개인 및 집단의 권리와 존엄은 마땅히 존중되어야 한다.
- 참여는 가능한 한 자발적이어야 하고 적절한 정보를 제공받아야 한다.
- 연구는 정직하고 투명하게 수행되어야 한다.
- 책임과 의무의 한계가 분명히 정의되어야 한다.
- 연구의 독립성이 지켜져야 하며, 불가피한 이해의 충돌이 있다면 이는 숨김없이 제시되어야 한다.

모든 대학은 자체의 윤리 승인 절차를 마련하고 있고, 연구자가 지켜야 할 중요한 사항들을 안내하고 있다.

연구에 필요한 참여자나 데이터에 어떻게 접근할 것인지도 연구과정과 연구윤리에서 중요하게 검토해야 할 사항이다. 물론 공개적으로 사용할 수 있는 데이터도 있다. 그러나 참여자에 접근하려면 학교의 교장이나 커뮤니티의 대표와 같은 게이트키퍼를 통과하는 것이 필요할 때도 있다. 그 사람들은 여러분이 무엇에 관해 연구하는지, 왜 그것을 연구하는지, 연구 결과 이로울 점은 무엇인지 알고 싶어 할 수도 있다.

접근에 대해 양해를 얻은 후에는, 자신의 연구를 잠재적 참여자들에게 설명해서 참여 여부를

스스로 결정할 수 있게 해야 한다. 이때 가장 중요한 것이 바로 사전동의(informed consent)이다. 사전동의란 참여자들이 여러분의 연구에 대해 충분히 알고 있는 상태에서 연구참여에 동의하는 것을 일컫는다. 곧, 연구의 참여자들은 연구, 질문, 동기, 그리고 연구결과를 어떻게 사용할 것인지에 대해 가능한 한 충분히 이해하고 있어야 한다. 대개 동의서 작성으로 사전동의가 이루어지는데, 참여자에게 빠짐없이 정보를 제공하려면 연구정보를 담은 인쇄물을 배포하는 것이 좋다.

그다음 작업은 데이터 수집 과정이다. 때때로 이 과정은 오랜 기간 지속되므로, 데이터를 어떻게 기록하고 그 과정을 어떻게 지속할지를 면밀히 조직해야 한다. 가령, 면담기록물에 라벨을 붙이는 것, 사전동의서를 꼼꼼히 챙기는 것, 답사노트의 내용을 정리하는 것, 참여자들과 연락을 유지하는 것 등은 모두 이와 관련된 활동이다. 주요 데이터 수집 단계를 마무리 짓고 나면 마침내 '현지'를 떠나 집으로 되돌아올 것이다. 귀환 후 수집한 데이터를 정리한 다음에는, 보다 형식화된 데이터 분석 단계로 이행하는 작업이 필요하다. (물론, 데이터를 수집할 때 데이터를 분석하고 비판적으로 고찰하는 것이 가장 이상적이다.) 만일 여러분이 참여적 접근을 따르고 있다면, 이런 다양한 단계들은 여러분 혼자가 아니라 참여자들과 함께 수행하게 될 것이다.

Box 3.1

현장 속 연구
가정폭력에 대한 페인(필자)의 연구

가정폭력 생존자에 관한 필자의 연구는 **폭력의 지리를** 새로운 방식으로 이해하고(Pain, 2014a), 생존자의 정치적 행위성을 검토하며(Pain, 2014b), 트라우마의 사회·공간적 경험을 탐구하는(Pain, 2020) 데 목표를 두고 있다.

가정폭력에 관한 현존하는 데이터에는 경찰당국의 통계, 형사사법시스템(CJS; Criminal Justice System), 국민보건서비스(NHS; National Health Service) 등 여러 종류가 있지만, 이는 각 사건의 실재를 심각할 정도로 과소평가하고 있다. 이런 데이터를 통해서는 통계의 배후에 숨겨진 가족들의 실제 경험을 알 수 없으며, 가정폭력에 대한 인식과 대처를 제고할 수 있는 서비스 제공에 필요한 정보도 얻기 어렵다.

필자는 페미니즘적 존재론과 참여적 인식론을 토대로 자선단체 및 생존자모임과 함께 연구를 계획, 수행, 분석, 해석했다(Kindon, Pain & Kesby, 2007). 그리고 면담, 집단토론, 참여적 다이어그래밍 등의 방법을 사용했다. 또한, 트라우마에 관한 최근 연구에서 참여자들이 말로는 표현하기 어려운 경험을 드러낼 수 있도록 그림 그리기, 사진 찍기, 노래 만들기 등 예술 기반 방법들을 사용하기도 했다. 이 연구를 통해 학술적 출판물 외에 보고서와 예술작품까지 결실로 얻었고, 이는 지난 수년 동안의 입법운동과 여러 사회적 실천에 큰 도움이 되고 있다.

가정폭력에 대한 필자 자신의 경험 또한 이 복잡한 분야를 이해하는 데 일정한 도움이 되었다. 비록 필자의 연구가 타마스(Tamas, 2001)의 기념비적 연구처럼 자서전적이지는 않았지만, 필자의 경험은 연구 만남에 큰 도움이 되었다. 또한, 연구윤리 이슈를 완화하고 참여자들의 감정적 안정을 보호하기 위해서, 필자의 연구에 심리치료 접근을 끌어들이기도 했다(Bondi, 2013).

Box 3.2

현장 속 연구

소수민족 청소년에 관한 홉킨스(필자)의 연구

필자는 **소수민족** 청소년을 연구하면서 이들의 다양한 생활 속 핵심적인 공간과 시간을 탐구하는 데 목표를 두었다. 특히 이들의 가족관계(Hopkins, 2006a), 국가적 또는 종교적 소속감(Hopkins, 2007a), 다문화적 만남에서의 타협(Hopkins, 2014) 등에 초점을 두고 연구했다.

소수민족 청소년에 관한 기존의 데이터는 거의 없는 편이다. 물론 스코틀랜드 센서스데이터에서는 소속된 종교 집단과 같이 이 집단의 단면을 알 수 있는 데이터를 제공하고 있고, 스코틀랜드사회태도조사(SSAS)나 종단연구인 '스코틀랜드 학령조사(Growing Up in Scotland)' 같은 전국적인 조사의 데이터도 있다. 그러나 이런 자료들은 맥락적으로는 유용한 데이터이지만, 소수민족 청소년에 관한 독창적인 질적 연구로 획득할 수 있는 심층적인 통찰을 얻기에는 부족하다.

필자의 연구는 페미니즘과 반(反)인종차별주의를 존재론적 기반으로 한다. 필자는 백인성과 남성성이 여성이나 소수민족이 접근할 수 없는 일련의 특권들을 제공한다고 생각한다. 또한 사회구성주의 인식론을 사용하는 경향이 있다. 왜냐하면 연구 참여자들의 생활 세계를 이해함으로써, 그들이 세계 내에서 장소를 어떻게 이해하고 다른 사람과 어떻게 상호작용하는지를 탐구하려고 하기 때문이다. 연구방법으로는 초점집단 및 면담 등을 사용하며, 이따금 일기나 참여적 다이어그래밍 기법을 동원할 때도 있다.

필자는 민족적(ethnic)으로 백인에 속하기 때문에, 내 연구의 참여자들은 필자를 외부인으로 간주하는 경향이 있다. 그렇지만 필자는 글래스고에서 규모가 큰 다문화고등학교에 다녔을 뿐만 아니라, 오랫동안 글래스고 사우스사이드의 격리된 주거지에서 살았다. 이 두 경험을 통해 필자는 이 연구주제에 대해 일정한 통찰을 얻을 수 있었다. 더군다나 우리 모두는 여러 상이한 위치를 점유하고 있기 때문에(이와 관련하여 상황적 지식을 다룬 1장 4절 참고), 우리가 연구하려는 위치성 간에는 광범위한 유사성과 차이가 동시에 존재한다(Hopkins, 2009). 달리 말해, 백인으로서 필자의 민족성은 많은 연구 참여자들과 다르지만, 필자의 계급적 배경, 스코틀랜드다움(Scottishness), 그리고 젠더는 얼핏 생각한 것보다는 그들과 훨씬 많은 공통점을 갖고 있다.

마지막 단계인 분석과 의미도출에서는 실제 어떤 활동들이 필요할까? 페인은 연구수행 과정이 아이를 낳는 것과 같다고 학생들에게 말하곤 한다. 달리 말하자면, 실제 출산 시점에 도달하기 전까지는 일정한 기간이 소요되기 때문에, 그 사이 가능한 한 충분히 훈련을 받고 출산 이후에 도움이 될 많은 책과 웹사이트를 갖추어두는 것이 유리하다. 그러나 일단 데이터가 수집된 후 (곧, 일단 아이가 태어난 후) 호들갑을 떨고 난 다음에는, 본격적으로 해야 할 일들이 산더미 같아서 그제야 도움이 될 정보를 찾으려고 한다면 쉽지 않다.

데이터 분석은 이따금 지루하게 여겨지지만, 이는 연구결과를 도출하고 해석하기 위한 연구의 핵심단계다. 실증주의 존재론과는 반대로, 오늘날 대부분의 사회지리학자들은 지식이 다중적이고 상황적이라고 이해한다(1장 사회지리학의 번영을 위하여 참고). 달리 말해, 우리가 연구하려는 세계에 대한 유일한 렌즈, 즉 때 묻지 않은 유일한 '진실'을 제공해주는 과학적 과정이란 결코 존재하지 않는다. 그리고 바로 그렇기 때문에 확실하고 엄격한 분석 체계가 더더욱 중요하다. 이는 우리가 통계분석을 수행하든 아니면 면담 녹취록을 코딩하든 간에 마찬가지다. 그리고 1장에서 논의했던 것처럼 자신이 **누구**고 **어디**에 있느냐에 대한 성찰은 이러한 분석절차가 투명하고 설명 가능하며, 자신의 연구가 지식세계에 기여한다는 것을 분명히 밝히는 데 매우 중요하다. 사회지리학자들이 연구 참여자들과의 관계에서 자신의 위치성을 면밀히 고려하고 현장에서의 권력관계와 데이터 분석 과정에 대한 성찰을 그토록 강조하는 것은 바로 이러한 이유 때문이다(England, 1994; Nagar & Geiger, 2007).

5. 핵심은 무엇인가? 사회지리학을 연구하는 목적

사회지리학 연구는 다른 지리학 분야들에 비해 어떻게 해서라도 사회에 영향을 미치려는 경향이 강하다. 특히 영국에서는 이 추세가 최근 더욱 큰 인기를 얻고 있다. 왜냐하면 영국 정부가 '연구영향력(research impact)'이라 불리는 지표를 도입해 연구의 영향력을 측정하고, 이를 연구비를 지원할 때 반영하고 있기 때문이다(Pain, Kesby & Askins, 2011). 그러나 사회지리학자들이 대학 밖의 커뮤니티, 정책입안자, 기관 및 연구소와 함께 연구하고 사회문제 해결을 위해 적극적인 변화를 함께 모색해온 역사는 이보다 훨씬 길다(Bunge, 1971; Pain, 2003 참고). 이런 노력이 모든 사회지리학 연

구에서 의무적인 것도 아니고 경우에 따라 연구의 성격에 부합하지 않을 때도 있지만, 이 책의 집필진들과 이 책이 인용한 현대의 많은 사회지리학자들은 이런 책임감을 마음에 간직하고 있다.

연구를 통해 사회에 변화를 일으키려는 이러한 열정은 아래와 같이 다양한 형식으로 나타난다.

- **연대(Engagement):** 연대는 학술연구자들과 다른 조직 간의 상호작용과 협력을 지칭한다. 이런 조직에는 일반 대중뿐만 아니라 공공부문(제1섹터), 민간부문(제2섹터), (자발적인) '제3섹터' 등이 포함된다. 지리학자들이 사회적 논쟁을 가르치고, 알리고, 창출하는 대안적 방식으로서 예술 기반의 연구방법을 사용하거나 예술가들과 협력하여 연구결과를 전시물로 만들어내는 사례가 급속히 늘어나고 있다(가령 Dwyer, 2015).

- **정책연구:** 이는 정책입안에 관여하거나 영향을 미치는 연구를 지칭한다. 정책연구에는 특정 정책의 고찰, 정책 개선책 제시, 또는 새로운 정책제안 등 다양한 유형이 있다. 가령, 크롤리(Crawley, 2007)는 가족과 분리된 난민신청아동의 복지정책에 연령분쟁(age dispute)이 미친 영향을 연구했는데, 이 연구는 아동들의 연령을 판단하는 방식이 천차만별이고 그 과정에 문제의 소지가 많은 기법들이 사용된다는 점을 지적했다. 크롤리가 연구결과로 제시한 정책제안 덕분에 영국에서는 구체적인 가이드라인을 만들어 사회복지사와 변호사를 대상으로 교육 프로그램을 실시했고, 그 결과 연령분쟁 건수가 큰 폭으로 감소하게 되었다.

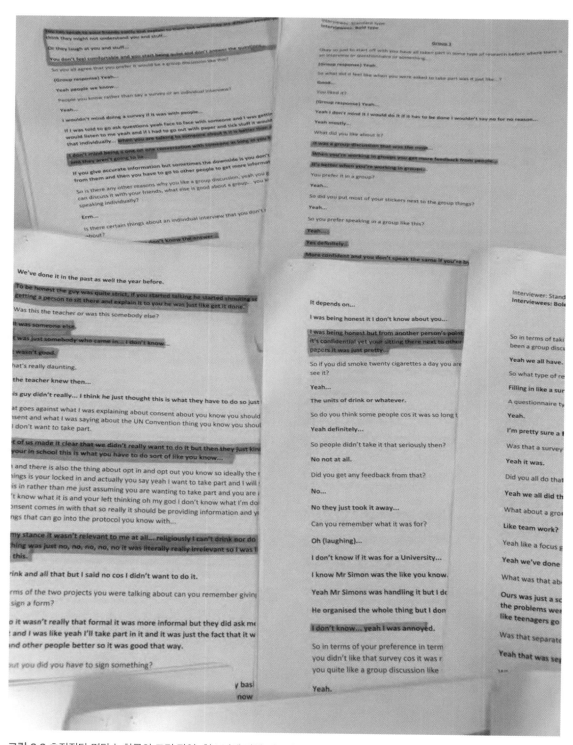

그림 3.3 초점집단 면담 녹취록의 코딩 작업: 청소년에 관한 연구사례 (출처: Peter Hopkins)

- **참여연구**(participatory research): 앞서 설명했던 것처럼 어떤 이슈에 직접 영향을 받는 커뮤니티나 집단과 함께 연구과정을 수행함으로써 보다 실질적인 성과를 달성하려는 연구를 지칭한다. 아스킨스(Askins, 2018)는 지난 25년간 페미니즘 지리학 분야에서 PAR을 기반으로 장소와 사람을 탐구했던 문헌들이 무엇을 발견했고 어떤 성과를 달성했는지 검토한 바 있다.
- **학자행동주의**(scholar activism): 이는 연구자들이 특정 정치적 주장과의 적극적인 공조를 추구하거나 사회운동을 지원하는 것을 지칭한다. 『ACME』 특별호에서는 식품불공정(food injustice) 이슈에 맞서기 위한 학자와 활동가의 (양자 간 이분법을 넘어선) 공동 노력을 집중 조명한 바 있다(Reynolds, Block & Bradley, 2018). 환

경정의에서의 학자행동주의에 대해서는 33장 Box 33.1에서 자세히 다룬다.

1장에서 제시한 바와 같이, 많은 사회지리학자들은 단순히 사회적인 것을 연구할 뿐만 아니라, 그 연구를 통해 사회에서 '행동하는' 데도 관심이 있다. 그렇지만 사회에 변화를 일으키려는 접근들이 언제나 개선으로 이어지는 것은 아니며, 오히려 잠재적 위해를 가하는 경우도 있다(Smith, 2007). 사회지리학자들은 불평등한 권력관계에 관한 사회지리학 지식을 보다 일상적으로 생산해야 하고, 이런 불평등은 공간과 사회적 세계뿐만 아니라 대학과 연구자의 연구수행 방식까지 왜곡한다는 것을 완전하게 인식해야 한다. 이런 점에서 우리가 앞으로 나아가야 할 길은 여전히 멀다.

 요약

- 인문지리학에서 사회지리학은 방법론적으로 가장 다양하고 혁신적인 분야다.
- 사회지리학은 다양한 데이터를 수집하는 질적, 양적 연구방법을 통해서 사람과 장소의 관계를 연구한다. 어떤 연구방법을 선택할 것인가는 존재론적, 인식론적 접근에 따라 다르며, 접근은 여러 전통을 바탕으로 한다. 접근은 연구지역, 맥락, 사회관계를 신중하게 고려해야 한다.
- 사회지리학 연구에서는 연구의 정치, 윤리, 감정의 주요 이슈를 명시적으로 제시하는 경우가 많다.
- 사회지리학자들은 학문과 지식 생산의 목적에

대해 풍부한 논의를 전개해왔으며, 연구수행을 통해 사회에 긍정적인 영향을 미치기 위해서 노력하고 있다.
- 이 장에서는 '현장 속 연구' 사례를 통해 사회지리학자들이 어떤 연구방법을 사용하는지를 소개했다. 독자들은 이 사례를 통해 연구자가 왜 특정 연구방법을 선택했는지, 그 방법의 장점과 단점은 무엇인지를 비판적으로 생각해주기 바란다. 연구설계에서 완벽한 방법이란 존재하지 않는다. 우리의 실천은 복잡한 현실 속에서 늘 상황적이고 변동 중에 있기 때문이다.

Flowerdew, R., & Marin, D. (2005) *Methods in Human Geography: A Guide for Students Doing a Research Project*. Harlow, UK: Longman.

Hay, I. (2016) *Qualitative Research Methods in Human Geography*. Oxford: Oxford University Press.

Hoggart, K., Davies, A., & Lees, L. (2002) *Researching Human Geography*. London: Arnold.

Kindon, S., Pain, R., & Kesby, M. (2007) *Connecting People, Participation and Place: Participatory Action Research Approaches and Methods*. London: Routledge.

Limb, M., & Dwyer, C. (2001) *Qualitative Methodologies for Geographers: Issues and Debates*. London: Hodder Arnold.

PART 2

기초

1999년에 제작된 기네스 맥주의 TV 광고는 해변에서 파도를 기다리는 서퍼들의 장면으로 시작된다. 그리고 내레이터가 다음과 같이 말한다. "그는 기다린다. 그가 하는 건 기다림이다. 말해줄까? 똑딱 똑딱 똑딱 똑딱." 잠시의 기다림 후에 서핑을 하기에 완벽한 파도가 몰아친다. 그러나 여러 서퍼 중 오직 한 명만이 그 파도를 완벽하게 탄다. 친구들은 그의 승리를 축하하며, 광고는 다음의 슬로건으로 끝을 맺는다. "좋은 것은 기다리는 자의 것." 러닝 타임 100초가 넘는 이 광고는 TV 광고치고는 유난히 길다. 이는 기다림의 가치를 강조하기 위해서다. 이 광고는 기네스 맥주가 다른 맥주보다 거품이 풍부하기 때문에 1파인트(약 570밀리리터) 맥주컵에 따를 때 다른 맥주보다 시간이 오래 걸린다는 것을 함축한다. 기네스를 마시기 위한 기다림이 상품에 가치를 더하는 것이다.

사회지리학자로서 이 광고가 흥미로운 것은, **자연** 세계와의 관계맺음과 관련해서 자연을 느림의 대명사로 묘사하기 때문이다. 자연과 관련된 취미를 가진 많은 이들에게, 느림이나 기다림은 그 취미가 지닌 매력의 일부이다. 서핑에 딱 맞는 파도를 기다리는 것, 딱 좋은 물고기가 미끼 물기를 기다리는 것, 딱 원하는 새가 나타나기를 기다리는 것처럼 말이다. 느림과 기다림은 자연과 시골에 대한 대중적 상상력과 관련되어 있다. 사실 우리는 모든 장소를 느림이나 빠름과 연관시키는 경향이 있다. 그림 4.1의 이미지들을 비교해보자. 왼쪽의 이미지는 졸릴 정도로 나른한 아주 작은 마을이라는 이름을 붙여야 할 것 같고, 오른쪽의 이미지는 정신없이 바쁜 도시의 쇼핑가라고 이름 붙여야 할 것 같다. 공간과 장소 개념을 적용해보면, 종종 장소와 로컬은 느린 것으로 이미지화되

그림 4.1 속도가 다른 장소들 (그림: Rob Shaw)

는 반면, 공간과 글로벌은 빠른 것으로 이미지화된다.

이처럼 속도와 지리적 개념을 관련시키는 것은 지리학과 **시간**의 문제를 교차하는 첫 번째 방식이다. 두 번째 방식은 시간을 개인적 경험과 관련지어 생각하는 것이다. 우리는 어떻게 시간을 인식하고 경험하는가? 우리는 모두 시험장에서의 시간을 경험해보았고, 여느 때보다 훨씬 느리게 느껴지는 밤에 침대에 누워 있는 시간도 경험해보았다! 지리학자들은 하루 단위, 주 단위, 연 단위 등에 걸친 개인의 경험을 지켜봤고, 이 경험이 장소와 사회적 위치에 따라 어떻게 달리 나타나는지도 검토해왔다. 시간에 접근하는 세 번째 방식은 반복과 리듬에 대한 고찰이다. 가령, 하루나 계절 단위의 자연적 리듬에서부터 근무시간 (working day, 28장 사회적 재생산 참고)처럼 사회적으로 구성된 반복과 리듬이 있다. 이 장에서는 시간을 이해하는 이러한 세 가지 방식에 대해 하나씩 살펴보고자 하며, 지리학자들이 이 시간요소를 공간과 장소 연구에 어떻게 통합해왔는지 탐색할 것이다.

1. 빠른 도시, 느린 시골: 공간, 장소, 속도

초창기 사회지리학자들은 시간과 공간이 밀접히 연결되어 있다고 상상했다. 유명한 지리학자 폴 비달 드 라 블라슈(Paul Vidal de la Blache, 1926)는 장소와 그곳의 주민은 근본적으로 연결되어 있다고 주장했다. 비달에 따르면 인간은 장소와의 관계에서 '적극적이면서도 수동적'이라서, 적극적으로 장소를 변화시키면서 동시에 수동적으로 외적 변화를 경험한다. 이런 변화는 장소와 인간 모두를 형성하고, 비달은 이 과정이 현재를 그 이전의 역사와 연결하면서 늘 천천히 그리고 점진적으로 진행된다고 설명했다. 비달 이후로도 장소를 이처럼 느린 것으로 이해하는 현상은 지속되어왔다. 가령, 지리학자들은 글로벌화의 국면에서 활동가들이 국지적 특색을 지켜내기 위해 이 '느림'의 사고를 어떻게 이용하려 했는지 연구했다. '슬로시티(치타슬로, Cittaslow)'와 '슬로푸드' 운동은 이의 단적인 사례로, 1990년대 이탈리아에서 보다 지속가능하고 장소 기반적인 소비를 주장하는 차원에서 시작되었다(Pink, 2009). '느림'이란 단어는 패스트푸드, 특히 맥도날드 같은 초국적 체인

스토어의 확산에 대항하는 캠페인에서 영감을 받아 사용되고 있다. 슬로푸드 운동은 패스트푸드가 환경적으로 많은 위해를 끼치며, 지역의 경제와 건강에도 부정적이라고 주장한다. 이와 대조적으로 각 고장에서 생산한 상품을 이용하고 집에서 요리하는 일은 좀 더 느리긴 하지만, 사회적, 경제적, 환경적으로 이점이 훨씬 많다고 주장한다(32장 지속가능성 및 34장 음식 참고). 이런 사고를 도시생활에 적용한 슬로시티 운동은 "국지적 고유성을 유지하고, 지속가능한 도시경제를 지원하며, 국지적 삶의 질 향상을 목적으로 하는 도시의 국지적 거버넌스에 대한 어떤 표준"을 찾고자 한다(Pink, 2009: 453; 21장 주거 참고). 나아가 '슬로' 운동은 이러한 정신적 각성뿐만 아니라 '슬로패션'과 '슬로뷰티' 같은 형태로도 나타났다(Lea, Cadman & Philo 2015). 이처럼 활동가들은 느림을 정체성, 지속가능성, 그리고 '장소'와 연결해왔다.

이와 대조적으로 속도는 장소와 정체성의 상실과 연관되어왔다. 철학자 발터 베냐민(Walter Benjamin)은 20세기 초 파리의 풍경변화가 도시의 역사적 특성을 파괴한다고 우려했다. 중세부터 만들어진 도시의 길거리가 파괴되어 광대한 (샹젤리제와 같은) 가로망으로 대체되었고, 이를 자동차와 오토바이가 가득 채워 보행자들을 쫓아내고 있다고 했다. 베냐민 이후 일부 학자들은 장소의 '속도가 빨라지면서' 장소 정체성을 잃어가고 있다고 주장했다. '비장소(nonplace)'는 이런 장소들을 지칭하는 개념으로서, 슈퍼마켓이나 고속도로 휴게소처럼 자동화되어 있고 1인 활동이 지배적인 곳들을 가리킨다(Auge, 1995). 그러나 대부분의 지리학자들은 속도가 장소의 정체성을 파괴

한다는 생각에 동의하지 않는다. 다시 파리를 예로 들어보면, 베냐민이 도시를 파괴할 거라고 우려했던 광대한 가로망은 현재 파리지앵 생활의 상징이자 필수요건이 되었다. 가로망의 널찍한 포장도로로 거리의 카페가 활성화되었고, 덕분에 사람들이 카페에 앉아 보행자들을 구경하고 관찰할 수 있는 새로운 느림의 모습이 만들어졌다. 따라서 장소가 우리를 전통적이고 보다 느린 삶의 양식과 연결한다고 해서, 장소를 정적이거나 불변적이라고 이해해서는 안 된다. 빠른 변화 또한 장소 정체성의 진화 과정을 구성하는 일부이기 때문이다.

2. 사적 시간: 시간지리학과 일상생활

> 끊임없이 지속되는 현재 속에 기억, 감정, 지식, 상상, 목적을 지닌 살아 있는 신체 주체(a living body subject)가 있다.
>
> – 헤예르스트란트(Hägerstrand, 1982: 324)

토르스텐 헤예르스트란트(Torsten Hägerstrand)의 주장은 너무 당연해 보인다. 인문지리학에서 우리의 연구대상인 개인은 살아 있는 사람이기 때문에, 모두 주관적 특질을 갖고 있다. 그러나 1980년대 당시만 하더라도 유럽과 북미에서 이루어진 인문지리학 연구의 대부분은 연구의 핵심이 살아 있는 사람이라는 것을 간과하는 실수를 저질렀다. 데이터는 사람들로부터 분리되어 '추상화'되었고, 기억, 느낌, 감정을 가진 사람들의 삶이 지도 위의 점으로 환원되었다. 헤예르스트란트는 이런 연구가 사회세계에 대한 중요한 세부사

항을 놓치고 있다고 지적했다. 그는 세계 속에서 일어나는 사람들의 일상 경험을 고려하지 않는다면, 사회관계와 사회의 조직화를 이해할 수 없고 이에 내재된 불평등과 권력도 이해할 수 없다고 주장했다(Hägerstrand, 1970: 8). 헤예르스트란트가 말한 것처럼 사람들의 삶의 경험은 '영속적 현재(persistent present)'에서 발생한다. 이는 우리가 항상 **지금**의 세계를 경험한다는 의미이다. 우리는 절대 과거에 있지도, 미래에 있지도 않다. 헤예르스트란트는 바로 이 '현재'에 더 주목함으로써 일상생활을 더 잘 이해할 수 있다고 생각했다. 그는 이런 사고를 토대로 공간과 나란히 시간의 문제를 제기했고, 그 결과 **시간지리학**으로 알려진 접근법을 발전시킬 수 있었다. 시간지리학은 "'보통의(normal)' 환경적, 사회적 배경 위에서 사람

과 사물의 '거기 있음(thereness)'을 포착하려 했다"(Gregson, 1986: 189). 다시 말해 시간지리학자들은 사람들이 살아가는 삶의 물리적, 사회적 맥락을 자세히 살피면서 사회적 세계를 기술했고, 이것은 공간과 시간을 나란히 연구함으로써 가능했다. 시간지리학의 주요 도구는 지리학에서 전통적으로 사용해온 재현적 도구를 개조한 것이었다. 구체적으로 말하자면, 시간지리학자들은 공간뿐만 아니라 시간 속에서 개인들의 움직임을 보여주는 **시간-공간 다이어그램**을 만들어냈다. 원론적으로 시간-공간 다이어그램은 개인의 시공간 경로를 보여주고 그 경로가 시공간 속에서 어떻게 만나고 갈라지는지를 보여주는 데 이용될 수 있다. 그림 4.2는 이 시간-공간 다이어그램의 사례인데, 이는 어떤 개인이 근무하는 날의 시공간 경

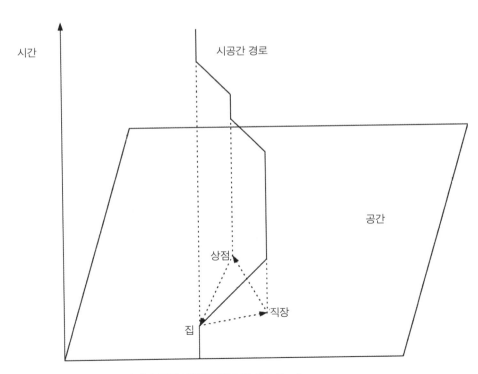

그림 4.2 헤예르스트란트식으로 그린 시간-공간 다이어그램 (그림: Rob Shaw)

로를 단순하게 나타낸 것이다. 이날 이 사람은 집에서 직장까지, 직장에서 상점까지, 상점에서 집까지 이렇게 세 번의 여행을 했다. 시공간 경로는 실선을 따라 그려져 있는데, 공간을 가리키는 x축의 사각형 위와 시간을 가리키는 y축을 따라 '여행'하고 있다.

시간-공간 다이어그램은 시간 축을 추가함으로써 기존의 '편평한' 지도가 전달하지 못했던 데이터를 전달할 수 있었지만, 여전히 상당히 추상적이었다. 이런 점에서 인본주의와 페미니즘에 기반을 둔 학자들은 시간지리학도 여전히 사람들의 개별성을 충분히 설명하지 못한다고 주장했다. 앤 버티머(Anne Buttimer)는 헤예르스트란트를 겨냥해서, 시간지리학은 "오케스트라 연주의 온전한 떨림을 전달하지 못한 채, 뼈들이 덜거덕거리는 으스스한 죽음의 무도(danse macabre)를 멀찍이 떨어져 구경하는 관찰자의 기록" 같다고 말한 것으로 전해진다(Buttimer, in Hägerstrand, 2006: xii). 이는 버티머가 탐구하려고 했던 사회적 삶의 생동감을 시간지리학이 간과했음을 의미한다(Buttimer, 1976). 몇 년 뒤 질리언 로즈(Gillian Rose)도 시간지리학 프로젝트를 비판하면서, 생동감 넘치는 삶의 경험이 다이어그램상의 한 점으로 환원됨으로써 젠더화된 차별적 경험을 설명하는 데 실패했다고 주장했다(Rose, 1993). 이러한 비판은 오늘날 널리 수용되어 과거의 시간-공간 다이어그램은 사회지리학에서 거의 사용되지 않는다. 그레고리(Gregory, 1994: 252)와 라탐(Latham, 2003) 같은 학자들이 사진과 인터뷰 데이터를 추가함으로써 시간지리학의 설명력에 생

현장 속 연구
시간-공간

사람들은 하루 중 언제 샤워나 목욕을 할까? 저녁식사 준비는 보통 언제 할까? 소파에 앉아 TV를 시청하는 시간은 언제일까? 지리학자와 사회학자들은 이러한 활동을 하는 시간이 사람마다 대체로 비슷한 이유가 무엇인지 탐구해왔다. 집에서 생활하는 모습은 사회규범, 타인과의 조율, 그리고 핵심 활동(이는 시간지리학의 용어를 빌리자면 '페이스메이커pacemaker'라 불리는데, 사람들의 공통적인 활동 시간을 정한다)에 의해 형성된다. 주요 페이스메이커에는 학교의 수업 시간, 주요 TV 프로그램 편성표, 대중교통 운행시간 등이 있다(Shove, 2009). 이는 꽤 분명한 사실이지만 그 중요성이 간과되곤 했다. 사람들은 집 안에서 틀에 박힌 비슷한 일상을 따르기 때문에 에너지 수요의 피크(peak)가 발생한다. 그런데 이 피크 수요에 맞춰 에너지를 공급하는 것은 하루 내내 일정 수요를 유지시켜 에너지를 공급하는 것보다 효율이 떨어진다. 따라서 사람들의 행태를 바꾸어 에너지 수요의 피크를 '편평하게' 만든다면 탄소배출을 줄일 수 있다.

파월스(Powells) 등(2014)은 가내 활동 중 무엇이 보다 유연한지를 탐구하기 위해 시간과 리듬에 관한 지리학 이론을 활용한 바 있다. 그 결과 저녁식사와 같이 보다 많은 사람과 '외부의' 영향을 조율해야 하는 활동이 청소처럼 대개 한 사람이 할 수 있는 활동보다 유연하지 않다는 점을 발견했다. 따라서 파월스 등은 사람들이 집에서 사용하는 1일 에너지가 보다 고르게 분산되도록 행태의 변화를 촉진하려면, 여러 사람이 함께하는 공동활동보다 청소처럼 혼자서 하는 활동에 집중해야 한다고 주장했다(32장 지속가능성도 참고).

명을 불어넣으려고 시도했음에도 불구하고 말이다. 그럼에도 시간지리학은 연구자들이 일상생활 연구에 주목하게 만들었다는 유산을 남겼다.

시간지리학은 이처럼 한계가 있었지만, 페미니즘 지리학의 새로운 연구들과 더불어 일상생활을 보다 촘촘히 연구하려는 사회지리학의 포문을 열어젖히는 데에 기여했다. 딕(Dyck, 2005)은 시간지리학이 사회지리학을 강화시킨 두 가지 이유를 제시했다. 첫째, 시간지리학은 주류적 시간-공간의 바깥에 존재하는 주변 집단의 공간에 주목하게 했다. 둘째, "집, 근린지구, 공동체에서 틀에 박히고(routine) 당연시된 활동으로 이루어진 일상생활을 추적함으로써, '국지적'인 것이 보다 광범위한 권력과정과 권력관계에 의해 어떻게 구조화되어 있는지를 알 수 있을 뿐만 아니라, 사회적, 문화적, 경제적 변화를 촉진하려면 일상이 어떤 역할을 해야 하는지를 파악할 수 있다"(Dyck, 2005; 234). 중요한 사회변동이 발생하는 곳은 바로 이러한 틀에 박히고 당연시된 일상생활의 공간이다(6장 사회변동 참고).

3. 장소 생산하기: 리듬

그림 4.3처럼 도시의 분주한 교차로에 앉아 하루를 보낸다고 상상해보자. 이곳에 도착한 건 오전 5시라서 매우 조용하다. 날씨는 춥지만 막 동이 트려는 새벽이다. 가로등이 깜빡거리기 시작하지만 아직까지 이 거리를 지나는 사람들은 많지 않다. 몇몇 배달기사들이 갓 구운 빵을 베이커리에 실어 나르고, 야간 근무자들이 일과를 마친 후 집으로

돌아가려고 운전 중이다. 오전 6시 30분쯤부터 서서히 거리가 바빠지기 시작한다. 날이 밝아오면서 통근자들이 나타나기 시작하더니, 결국 정장을 입은 사람들의 무리가 핸드폰을 켜고 이어폰으로 무언가를 들으며 직장을 향해 바쁘게 움직인다. 오전 9시가 지나자 길거리는 러시아워에 비해 훨씬 조용해진다. 그리고 길거리에 한낮의 활동들이 펼쳐진다. 길거리음식을 파는 노점상도 있고 길거리공연을 하는 사람도 있을 것이다. 저녁이 되면 퇴근하려는 사람들로 오전과 똑같은 과정을 역순으로 목격하게 될 것이다. 이른 저녁시간에는 교차로 모서리에 있는 카페와 바가 사람들로 채워지기 시작한다. 젊은이들은 낮보다 훨씬 캐주얼한 옷차림이다. 기온이 떨어지기 시작하고 다시 어둠이 내려앉는다. 캄캄해지자 훨씬 조용해졌지만 여전히 길거리에는 사람들이 있다. 어떤 사람이 카페 테이블 사이를 오가며 꽃다발을 팔고 있고, 술을 마시거나 저녁식사를 하는 사람들을 위한 뮤지션의 연주소리도 들린다. 한밤이 되자 사람들이 줄어들기 시작한다.

이런 **리듬**은 참 자연스러워 보이지만, 리듬에 관한 연구는 시간과 공간 연구에서 제3의 핵심요소인 리듬의 구성방식을 분석한다. 사회지리학자들은 앞에 묘사된 것처럼 리듬이 특정 장소와 그곳에 사는 사람들의 생활을 어떻게 생산하는지 탐구해왔다. 철학자 앙리 르페브르(Henri Lefebvre)는 특히 리듬에 관심을 가졌던 인물이다. 르페브르는 리듬을 **반복**과 **차이**라는 두 핵심요소로 정의했다. 의심할 바 없이 '반복'은 리듬의 일부이다. 왜냐하면 반복된 행동이 없다면 리듬이라는 감각이 존재할 수 없기 때문이다. 그렇지만 "절대

그림 4.3 로스앤젤레스의 혼잡한 교차
로 (그림: Rob Shaw)

적으로 동일한 반복"은 아니다(Lefebvre, 2004: 6). 어떤 행동이 반복될 때 그것이 결코 똑같지는 않기 때문이다. 이번 주는 다음 주와 결코 똑같지 않으며, 매일 아침의 전철역 통근도 전날과는 늘 조금씩 다르다. 르페브르는 바로 여기에서 차이가 도출된다고 본다. 곧, 리듬은 반드시 차이를 내포해야 한다. 차이가 없다면 단지 반복된 행동일 뿐이지 리듬이라 할 수 없다. 이 차이가 중요한 이유는, 리듬이 변화할 가능성을 만들어내기 때문이다. 르페브르는 리듬의 지배를 사회의 지배로 이해한다. 왜냐하면 "어떤 사회집단이나 계급 또는 계층이 시대에 '변화'를 일으키려면 그 시대에 개입해 리듬을 새겨야 하기 때문이다"(Lefebvre, 2004: 14, 작은따옴표는 원문 강조). 이런 맥락에서 르페브르는 휴식, 수면, 여가의 리듬에 대한 자본주의적 통제가 사람들의 생활을 지배하고 자본이 장악한 권력이 단단히 자리 잡게 만드는 방식을 분석했다.

르페브르의 분석은 리듬에 대한 여러 접근 중

하나지만, 리듬과 권력의 관계를 강조하는 지리학에 큰 영향을 끼쳤다. 페미니즘과 비재현적 연구도 신체 리듬의 문제에 관심을 가져왔다. 이들은 다양한 사람들의 신체 리듬이 어떻게 특정 장소와 공간과의 관계 형성에 영향을 주는지를 연구했다(Duffy et al., 2011). 일부 학자들은 시간지리학 연구를 발전시켜서 리듬에 관한 논의를 보다 풍부하게 만들었다. 가령, 에덴서(Edensor, 2011)는 통근이 연속적, 반복적 실천을 통해 한 장소 이상의 여러 곳을 연결시킨다는 점에 주목해 통근의 리듬 특성을 연구했다. 이 외에도 한 장소보다는 여러 실천들의 집합에 초점을 둔 리듬 연구도 있다. 가령, 케르홀름(Kärrholm, 2009)의 연구는 쇼핑이라는 실천이 다수의 사람들과 다수의 장소를 한데 묶는다는 것을 보여주었다. 이처럼 리듬 연구는 다양하지만, 일상생활과 장소를 생산하는 자연스럽고 반복적인 연속적 사건들을 분석, 탐구한다는 점에서는 공통적이다.

- 비달(1926)이 살았던 당시에는, 장소와 그곳에서 살아가는 사람들의 느린 진화가 매우 '자연스러운' 과정이었다.
- 사회지리학자들은 빠름과 느림의 지리, 시간에 대한 생생한 경험, 사회적 리듬에 대한 연구를 통해 이러한 시간과 공간의 관계가 결코 자연적이지 않다는 것을 보여주었다.
- 오히려 시간은 구성되는 것이다. 특히 사람들의 일상생활과 그들이 살아가는 장소의 생산에서 시간이 작동하는 방식은 매우 강력하다.
- 지리학자들은 시간의 문제에 초점을 맞춤으로써 우리의 생활을 형성하는 사회구조의 근원을 파헤칠 수 있다.

 더 읽을거리

Edensor, T.(ed.) (2016) *Geographies of Rhythm,* London: Routledge.

Latham, A. (2003) Research, performance, and doing human geography: Some reflections on the diary-photograph, diary-interview method. *Environment and Planning A: Economy and Space,* 35(11): 1993-2017.

Mountz, A., Bonds, A., Mansfield, B., Loyd, J., Hyndman, J., Walton-Roberts, M., Basu, R., Whitson, R., Hawkins, R., Hamilton, T., & Curran, W. (2015) For slow scholarship: A feminist politics of resistance through collective action in the neoliberal university. *ACME: An International E-Journal for Critical Geographies,* 14(4): 1235-59.

Chapter 05 | 스케일

스케일은 공간, 장소, 시간 등 지리학의 핵심 개념들과 더불어 지리학자들이 사회적, 공간적 관계를 이해하기 위해 활용하는 기본적인 개념이다(4장 공간과 시간 참고). 스케일 개념은 우리의 지리적 상상을 구성하는 한 요소이다. 따라서 우리는 이 개념을 통해 우리를 둘러싼 세계가 어떻게 공간적으로 차별화되어 있는지를 이해할 수 있다. 그러나 지리학을 비롯한 관련 학문에서 스케일이 갖는 의미는 상당히 논쟁적이다. 가령, 전통적인 스케일 구분인 국지적(로컬), 지역적, 지구적(글로벌) 스케일은 각각 독자적인 물질적·사회적 과정이 발생하는 자연적 범주가 아니다.

이 장에서는 스케일을 개관한다. 우선, 스케일의 여러 의미와 상태 그리고 스케일에 관한 인식론을 살펴볼 것이다. 스케일이 실재로서 존재하는 것인가에 관한 일치된 합의는 없다. 달리 말해, 스케일이 물질적·구체적 현현(顯現, manifestation)인지 아니면 단순히 우리에게 부여된 관념일 뿐인지에 대해서는 아직까지 합의가 되지 않았다. 두 번째로는 스케일에 대한 이론과 논쟁 현황을 검토한다. 이 장에서는 특정 관점을 논박하기보다 우리가 사회지리학으로 경험 연구를 할 때 어떻게 스케일적 상상을 활용할 수 있는지에 초점을 둔다.

1. 스케일의 의미

1) 지도학적 스케일

우리는 대개 스케일을 단순한 의미에서 지도학적 개념이라고 생각한다. 이런 생각은 스케일에 대한 가장 오래된 정의로 그 유래는 18세기 지도학으로 거슬러 올라간다. 이를 따르자면 스케일은 지도상 거리와 지표상 실제 거리 간의 비율을 의미한다. 앤드루 세이어(Andrew Sayre, 2009)에 따르면, 이런 의미에서 **지도학적 스케일은 크기(size)**라고 할 수 있다. 곧, 어떤 **대상**이나 현상이 지닌 (가령, 길이, 용량이나 질량과 같은) 특성을 드러내기 위한 양적 측정단위이다. 공간과 시간을 양적으로 관찰하려면 반드시 특정한 단위로 나누어 측정해야만 한다. 따라서 지도학적 스케일은 우리가 세계를 이해하는 하나의 방식이자 우리를 둘러싼 세계를 지각(知覺)하고 인지(認知)한 결과이기도 하다. 따라서 지도학적 스케일은 우리가 어떤 개념을 채택했는가에 따라 결정된다. 실제 지도학적 스케일은 우리에게 개념적 도구를 제공하며, 이를 통해 우리는 지각한 것을 공간적·시간적 방식으로 조직화하여 현상을 이해한다. 결국, 지도학적 스케일은 우리가 세계를 어떻게 공간적·계량적으로 지각하는가에 관한 것이다. 그러나 관찰 결과는 사용된 스케일에 따라 가변적이다. 가령, 특정 지구나 도시 내의 소수민족이나 이주민의 주거지를 연구한다면, 이들의 주거지 집중 패턴을 지도로 재현할 때 특정 거리, 구역, 근린지구, 우편번호구역, 도시, 대도시권역 등 다양한 스케일을 고려할 수 있다.

2) 위계적 스케일

위계적(hierarchical) 스케일은 지도학적 스케일보다 질적인 척도로서 사회적 실천이나 물리적 과정이 발생하는 **수준(level)**을 가리킨다. 위계적 스케일은 매우 흥미로운 질문을 만들어낸다. 사회적·물리적 과정은 국지적·지역적·지구적 스케일 같은 여러 수준과 범주에서 작동하고 있는가? 또 이러한 수준과 범주로 분류될 수 있는가? 이 질문에 답하기 위해 우리는 앎의 방식으로서의 위계적 스케일과, 사회적·물리적 현상의 실제 관계로서의 위계적 스케일을 구별해서 생각해야 한다.

우선, 위계적 스케일은 지도학적 스케일과 마찬가지로 인식론의 한 종류로 우리가 세계를 지각하는 방식이다. 하지만 지도학적 스케일보다 질적이고 수직적인 범위를 채택한다. 지리학자들은 복잡한 현상을 포착하기 위해 **의도적으로** 여러 스케일로 분류하고 차별화해서 명료하게 관찰, 측정하고자 한다. 인문지리학에서 사용하는 위계적 스케일은 신체에서부터 지구에 이르기까지 매우 다양하다(그림 5.1 참고). 피터 테일러(Peter Taylor, 1982)는 이매뉴얼 월러스틴(Immanuel Wallerstein)의 **세계체제론**에 착안하여 스케일에 대한 초창기 사회이론을 제안했다(그림 5.1 참고). 테일러는 세계체제론이 세계의 지정학을 설명하기에 부족하다고 보았다. 왜냐하면 세계체제론은 세계가 어떻게 상이한 수준에서 작동하는가의 문제보다는 주로 공간과 권력을 수평적으로 이해하는 데 주목했기 때문이다. 이를 토대로 테일러는 스케일을 세 가지의 수직적 수준으로 분류하는 정치경제학적 모델을 제안했는데, 이는 '**실재의 스케일**(지구), **이데올로기의 스케일**(국가), **경험의 스케일**(도시)'로 구성되어 있다(Taylor, 1982: 24). 테일러는 자본주의적 축적은 지구적 스케일의 현상인 반면, 우리가 살고 있는 사회적 환경은 경험의 스케일이라고 주장한다. 또한, 이데올로기 기구로서 국

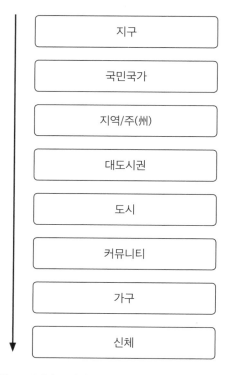

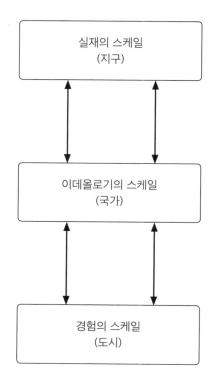

그림 5.1 위계적 스케일과 스케일에 대한 사회이론 (그림: Quan Gao)

가는 경험을 실재(현실)로부터 분리시켜서 자본주의적 축적을 강화하고자 한다. 가령, 글로벌화 시대에 남미에서 카카오를 재배하는 농부는 마을 수준에서 자신의 삶의 경험을 지각하겠지만, 실제로 그들은 지구적 스케일의 상품사슬에 얽매여 있다.

위계적 스케일은 사회지리학에서 특히 중요하다. 밸런타인(Valentine, 2001)은 신체에서 지구에 이르는 위계적 스케일은 특정 종류의 사회·공간적 활동을 분석하기 위한 플랫폼이라고 주장한다. 가령, 주택이나 가구는 가족관계와 성불평등 같은 미시적 스케일에서의 사회적 동태(動態, dynamics)를 분석하기에 적합한 수준이다(16장 젠더 참고). 반면, 커뮤니티는 대개 근린활동, 민족집단

의 응집, 문화적 갈등이 발생하는 수준이다. 그러나 사회관계는 다양한 스케일에 걸쳐서 발생한다는 점을 반드시 기억해야 한다(이는 장 후반부 스케일의 사회적 구성에 관한 내용에서 보다 상세히 다룬다).

3) 관찰 스케일과 작동 스케일

스케일은 관찰(observational) 스케일과 작동(operational) 스케일로 분류될 수도 있다. 먼저 **관찰 스케일**은 특정 현상을 관찰하고 측정하기 위한 일정한 **범위**(extent)와 **해상도**(resolution)를 지칭한다(Sayre, 2009). 여기서 범위란 어떤 연구가 다루려고 하는 전체의 영역과 기간을 의미한다. 가령, 미

시적 스케일의 연구는 대개 도시 내 근린지구나 블록과 같이 작은 영역 안에서 이루어진다. 해상도는 그 연구가 사용하는 기본적인 측정단위로, 연구가 포착할 수 있는 정확도를 결정한다. 가령, 도시 내 빈곤을 조사하려면 블록이나 센서스 구(區)보다는 가구를 최소 단위로 사용하면 더 정확하고 상세한 정보를 포착할 수 있다.

다음으로 **작동 스케일**은 지리적 과정이 발생하는 공간적·시간적 스케일을 가리킨다. 즉, 작동 스케일은 우리의 관찰 방식과는 관계없이 실제로 존재한다. 작동 스케일은 사회적·경제적 과정에도 적용될 수 있다. 가령, 제조업체들이 교외로 이전하면 저소득층 주거지역과 이에 적합한 일자리 간에 부조화(불일치, mismatch)가 발생하는데, 이러한 공간 부조화 현상은 저소득층 주거지역을 단위로 관찰되지만 실제로는 대도시 스케일에서 작동한 과정의 결과이다.

2. 관계와 네트워크로서의 스케일

작동 스케일과 위계적 스케일에 대한 논의와는 매우 대조적으로, 일부 학자들은 여러 스케일들이 선형적(linear)이거나 독립적인 함수가 아니라 관계적(relational)이라고 주장한다. 이 관점에서 보자면 스케일을 위계적 실체나 순차적인 공간구조로 이해하는 것은 지나친 단순화이다. 왜냐하면 스케일은 사회적, 생물리적(biophysical) 공간*

---

* 생물리적 공간이란 생명체들이 서식하는 물질적 차원의 공간을 지칭한다.

에 걸쳐 있으며 위계적 공간을 가로질러 뻗어 있는 **네트워크**처럼 기능한다고 보기 때문이다. **관계적 스케일**에 대한 대표적인 은유로 호위트(Howitt, 1998)의 음악 스케일에 관한 연구가 있다. 호위트는 교향곡의 품질이 모든 음표들의 기계적인 결합을 통해 결정되는 것이 아니라, 각 음표의 개별 특성과 아울러 한 음표가 다른 음표와의 관계에서 어디에 자리하는가에 따라 결정된다고 했다. 따라서 어떤 음표에서 발생하는 변화는 교향곡이라는 전체 스케일에 영향을 끼친다. 호위트는 스케일을 각기 분리되어 있는 개별 요소들의 합이 아니라, 복잡한 시스템과 네트워크 내의 관계적 요소로 이해해야 한다고 주장한다.

3. 사회지리학의 스케일 이론과 논쟁

앞에서 살펴본 바와 같이, 스케일은 다면적이고 논쟁적인 개념이다. 사회지리학에서는 스케일이 무엇을 의미하며 스케일을 어떻게 조작적으로 정의할 것인지에 대한 합의가 이루어지지 못했다. 지난 20여 년간 스케일이 문제적인 개념이라는 것이 입증되면서 이른바 '**스케일 논쟁**'이 계속되었다. 지리학에서의 '스케일 논쟁'은 세 가지 문제로 집중되었는데, 여기에는 ① 스케일이 실제로 존재하는가, ② 스케일이 어떻게 생성되는가, ③ 스케일적 사고가 왜, 얼마나 가치가 있는가가 해당된다. 이를 둘러싼 논쟁은 왜 '지리학이 중요한지'를 정당화하는 데 결정적인 역할을 한다.

구조주의 접근을 따르는 사회지리학자들은 스케일의 실존을 인정하기 때문에 스케일이 공간과 사회를 구성하는 실존적 요소라고 본다. 구조주의 관점에서 볼 때, 사회적·물질적 현상은 어떤 개인이나 대상보다 우위에 있는 예측 가능한 규칙성에 따라 구조화되어 있다. 따라서 사회적 현상은 다른 현상과의 관계 속에서, 그리고 체계적 구조 내에서 이해해야만 한다. 가령, 구조주의자들은 사회를 사회적·경제적·정치적·문화적 차원으로 각각 해체한 후 각 영역은 다른 영역과의 상호작용을 통해서만 의미를 갖는다고 이해한다. 피터 테일러와 닐 스미스(Neil Smith) 같은 스케일 이론의 핵심 이론가들은 이 접근의 영향을 받았다. 이들은 자본주의의 생산 활동과 조직화는 스케일에 따른 시스템에 의해 구조화된 것이라고 본다. 테일러의 스케일 이론은 자본주의가 조직되는 도시, 국민국가, 지구(세계)와 같은 다양한 수준의 스케일에 관심을 둔다.

스케일 논쟁에 기여한 또 다른 학자로는 닐 스미스를 들 수 있다. 스미스(1984)는 테일러의 주장을 발전시켜 다양한 스케일이 어떻게 실재하는지를 정교하게 설명했다. 스미스(1984: 135)에 따르면 스케일은 자본주의의 불균등발전의 결과물이다. 곧, "자본은 이미 복잡한 공간적 패턴으로 차별화된 지리적 세계를 상속받았다. 경관은 자본의 지배를 받기 때문에 … 이 패턴은 더욱 체계화되어가는 공간 스케일의 위계를 따라 그룹별로 나뉘어 있다". 스미스에 따르면 자본주의는 상호 대립적인 요구 간의 지리적 긴장관계에 항상 사로잡혀 있다. 곧, 자본은 축적이 가능한 특정 입지에 고정되어 있으려 하면서도(가령, 자본주의는 반드시 로컬 노동력을 이용해야 한다), 이와 동시에 광범위한 입지들을 넘나들며 경제공간을 균등화하여 다양한 자원을 최적으로 배분하고 이윤을 극대화하려고 한다. 이런 의미에서 여러 스케일의 실존을 낳는 것은 바로 자본주의 구조 자체이다.

스미스의 영향을 받아 인문지리학에서는 경제적·사회적·정치적 과정이 어떻게, 왜 스케일을 생산하는지에 대해 더욱 주목하게 되었다. 따라서 많은 인문지리학자들은 스케일을 외부에서 주어진 범주라기보다는 **사회적 구성**의 결과물이라고 해석한다. 이러한 사고는 압도적으로 사회구성주의자들의 접근을 반영한다. 그러나 많은 인문지리학자들이 사회구성주의 틀을 수용하고 있지만, 이들이 스케일의 실재적 지위에 대해 일치된 견해를 가진 것은 아니다. 이미 구성주의 자체가 다양한 입장들로 구성되어 있기 때문이다(Box 5.1 참고).

Box 5.1에서 보듯 정치경제적 접근과 포스트구조주의적 접근은 스케일의 본질에 대해 상이한 입장을 갖고 있다. 정치경제학은 스케일을 물질적 관계와 구조의 집합이라고 보지만, 포스트구조주의는 스케일을 사회적 재현과 담론이라고 본다. 따라서 일부 지리학자들은 과연 스케일이 가치 있는 분석틀인지 아닌지의 문제 그 자체를 숙고하기 시작했다. 스케일에 대한 가장 포괄적인 논평은 마스턴 등(Marston, Jones & Woodward, 2005)이 논문 「스케일 없는 인문지리학(Human Geography without Scale)」에서 제시한 바 있다. 이들은 스케일이 인과관계에 기반을 둔 개념이 아니기 때문에 분석개념이 아니라고 본다. 스케일의 수직적 지리와 수평적 지리 네트워크 간 주요 차이는 연구자들의 다양한 인식론과 공간적 상상의 일부만을 반영한 것이다(표 5.1 참고).

스케일에 대한 정치경제적 접근과 포스트구조

Box 5.1

스케일의 사회적 구성이란?

사회구성주의

사회구성주의는 우리가 세계에서 경험하는 것들이 사회적으로 구성된 것이므로, 사실과 실재에 대한 가정은 우리의 사고와 개념에서 비롯된다고 주장한다. 가령, 인종과 민족집단(ethnicity)은 생물학적으로 이미 결정된 범주가 아니라 사회에 의해 구성된 것이다(13장 인종 참고). 그러나 사회구성주의에는 약한 사회구성주의와 강한 사회구성주의가 있다. 약한 사회구성주의는 사실적 지식의 존재를 인정하지만, 강한 사회구성주의는 실재마저도 순수하게 사회적 구성물이라고 본다.

스케일의 사회적 구성

스케일을 사회적 구성물로 보는 입장은 공간의 생산에 대한 앙리 르페브르(Henri Lefebvre, 1992/1974)의 이론에서 비롯된 것으로 보인다. 그는 공간은 물리적 컨테이너가 아니라 사회관계의 산물이라고 주장했다. 이와 마찬가지로 스케일은 세계를 질서화하는 선험적인 위계적 구조라기보다는 사회적·경제적·정치적 과정 자체의 산물이다. 마스턴(Marston, 2000)에 따르면, 스케일의 사회적 구성에 대한 초창기 연구들의 주장은 다음의 세 가지로 요약할 수 있다. 첫째, 스케일의 차별화(분화, differentiation)는 "사회적 상호작용의 지리적 구조"(Smith, 1992: 73)를 생산하며 역으로 이를 통해 생산되기도 한다. 왜냐하면 스케일은 구조의 산물이기 때문이다. 둘째, 스케일의 생산은 실세계에서 물질적 결과를 야기한다. 스케일은 현실에 대한 실체적 개념은 아니지만, 사회적·물질적 세계가 조직화되는 방식에 실질적인 영향을 끼친다. 셋째, 스케일의 틀(framing)은 고정되어 있거나 지속적이지 않으며, 사회적·물질적 과정과의 관계에 따라 언제나 가변적이다.

스케일의 사회적 구성에 대한 다양한 접근
① 정치경제적 접근
이 접근은 정치경제적 과정이 스케일을 어떻게 물질적 실체로 구성하는지에 초점을 둔다. 이는 스케일의 실재를 부정하지 않지만, 스케일을 인간 활동이 일어나는 선험적 컨테이너로 보는 관점을 거부한다. '어떤 것이 사회적 구성물이다'라는 말은 그것이 실재하지 않음을 의미하는 것은 아니다. 사회적 구성물은 실세계 내에서 물질적 결과나 현현을 야기할 수 있다(약한 구성주의). 이 접근의 핵심 인물은 닐 스미스(1984, 1992)와 에릭 스윙에다우(Erik Swyngedouw, 1997, 2007)이다. 가령, 스윙에다우(1997)는 글로벌화라는 정치경제적 힘이 '국지적(로컬)', '지역적', '지구적(글로벌)' 같은 스케일을 형성했다고 주장한다. 글로벌 자본은 지구적 스케일과 대도시권 스케일 모두를 자본 축적에서 더욱 중요하게 만들었지만, 국가적 스케일의 중요성은 이전보다 약화되었다. 한편, 특정 행위자, 조직, 운동 등이 스케일을 만들 수도 있다. 국지적·지역적 행위자들은 '참여의 공간(spaces of engagement)'(Cox, 1998)을 형성해서 보다 우월한 제도적 수준과 연계함으로써 '의존의 공간(spaces of dependency)'에 저항할 수 있도록 보다 강한 권력과 자원을 얻을 수 있다.

② 포스트구조주의적 접근
기본적으로 이 접근은 스케일이 특정한 사회·공간적 관계와 질서화에 대한 관념적 재현물이라고 이해한다(Moore, 2008; MacKinnon, 2011). 곧, 이 접근은 스케일에 대한 선험적 의미도 부정하고 스케일의 실재도 거부한다. 이는 광범위한 정치경제적 구조에 관심을 갖기보다는, 사회적 실천과 **담론**이 어떻게 스케일을 만들어내는지에 초점을 맞춘다. 가령, 데카(Deckha, 2003)는 스케일이란 다양한 행위자들이 특정 형태의 권력과 인식을 획득하기 위해 활용하는 담론적 도구라고 주장한다. 그는 도시재생에서 공동체와 정부의 스케일 내러티브 논쟁을 연구하면서, '로컬한 것'을 보다 광범위한 글로벌 자본에 편입하려는 정부의 어젠다에 로컬 행위자들이 어떻게 저항하는지에 주목했다.

표 5.1 수평적 공간조합과 수직적 공간조합

수평적 지리	수직적 지리
네트워크(network)	골격(Scaffold)
확장적(Extensive)	중층(다층)적(Layered)
지평(Horizon)	정점(Summit)
거리(Distance)	고도(Elevation)
환경(Milieu)	통제권(Dominion)
분산된(Dispersed)	누적된(Stacked)

(출처: Marston, Jones & Woodward, 2005: 420)

주의적 접근은 정말로 양립 불가능한 것일까? 대니 매키넌(Danny MacKinnon, 2011: 33)의 최근 연구는 스케일을 "물질적 관계의 집합체로 보고, **비판적 실재론**(critical realism)을 토대로 특정한 사회적 재현과 담론이 스케일에 대한 인식을 어떻게 만들어내는지에 주목함"으로써 두 접근을 화해시키고 결합하려 한다. 비판적 실재론은 사물과 관계가 사회적 행위자, 담론, 재현에 의해 구성된다고 보면서도, 이와 동시에 사회적 구성물이 개인의 관념과는 독립적으로 존재하는 규칙성이나 물질적 차별화를 생산할 수 있다고 주장한다[비판적 실재론에 대한 개관은 세이어(2010) 참고]. 곧, 스케일은 단순한 '인식론적 구성물'로 국한되지 않는다. 사회적 구성물 자체가 스케일을 권력관계와 권력구조에 대한 물질적 표현으로 고정할 수 있기 때문이다. 결국, 사회적 구성의 결과는 실재로서 존재한다. 따라서 매키넌(2011: 21)은 스케일에 관한 보다 양립 가능한 이론화를 제안한다. 달리 말해, "연결의 일차적 대상이 반드시 스케일 그 자체가 아니라 스케일별로 차별화되어 있는 구체적 과정과 제도화된 실천일 수 있다"는 것이다.

끝으로 스케일적 사고가 사회지리에 얼마나 영향을 끼치는지에 대해 생각해보자. 스케일이 실재하는 것이든 아니든, 우리는 스케일이 사회적 세계를 바라보는 방식에 영향을 끼치는 **지리적 상상**이라는 사실을 부인할 수 없다. 더구나 우리의 지리적 상상은 그 자체로 스케일에 따라 조직화되어 있다. Box 5.2에서 보듯, 스케일적 상상은 우리가 세계를 바라보는 방식에 영향을 줄 뿐만 아니라 실세계에서 실질적·물질적인 영향력을 행사한다. 이는 도시계획가와 정책입안자들이 관여하는 도시 개발에서 뚜렷이 확인할 수 있다. 이들의 생각은 불가피하게도 스케일 관점으로 조직화되어 있다(10장 도시와 촌락 참고). 결국 스케일적 사고는 우리의 사회적 상상에 내재되어 있고, 이는 우리의 공간적 지각에 본질적 요소를 이룬다.

Box 5.2

현장 속 연구
스페인과 중국에서의 스케일과 사회적 구성

사례 1: 스페인 빌바오의 스케일 내러티브(González, 2006)

곤살레스(González)는 빌바오의 도시재생 프로젝트를 연구하면서 사회행위자들이 스케일 관념을 어떻게 이야기하는지, 그리고 이러한 스케일 내러티브(narratives)가 어떻게 도시 개발의 물질적 과정을 만들어내는지를 생생하게 묘사했다.

스페인의 오래된 산업도시 빌바오에서는 1990년대부터 2000년대 초반까지 광범위한 **도시재생**사업들이 진행되었다. 이 과정에서 시의회를 포함한 정책행위자들, 다양한 수준의 정부, 도시계획업체들은 기업가적 도시정책을 정당화하고 글로벌 경제에서 빌바오의 경쟁력을 강화하기 위해 스케일 내러티브를 동원했다. 로컬정책입안자들은 빌바오에 대한 세 가지 형태의 스케일 내러티브를 생산했다. 첫째, 스케일 정치 프로젝트는 담론적으로 '글로벌 바스크(Basque)* 도시 지역'을 건설하고자 했다. 그에 따라 정부는 도시경관의 재설계를 통해 빌바오를 하나의 로컬 도시에서 글로벌 스케일의 도시로 마케팅하려고 했다. 둘째, 로컬리티의 가치는 글로벌 경제에서 경쟁하기 위한 핵심 자원으로 강조되었다(이는 '빌바오의 글로컬화' 내러티브로 나타났다). 이에 따라 도시 빌바오는 독특한 '로컬' 가치를 생산하려고 했다. 셋째, 정책입안자들은 '흐름의 공간'과 '네트워크' 같은 스케일 내러티브를 채택해서 정보기술 시스템과 이를 지탱하는 허브와 노드(결절) 등 여러 층위의 물질적 하부구조를 구축하고자 했다.

이 사례연구는 다양한 행위자들이 특정 권력과 자원을 추구하는 과정에서 스케일을 사회적으로 구성해낼 뿐만 아니라, 일단 만들어진 특정한 스케일 내러티브는 도시의 물질적 형태를 창출한다는 것을 보여준다.

사례 2: 중국의 다중스케일 세속화(Gao, Duo & Zhu, 2018; Gao, Qian & Yuan, 2018)

세속화는 사회에서 종교적 신념과 실천이 쇠퇴하고 점차 개인화되어가는 사회적 과정이다. 그러나 중국에서 세속화는 국가가 승인한 정책이자 정치엘리트들이 주도하는 이데올로기적 과정이다. 가오(Gao)와 동료 연구자들은 세속화 과정이 차별적으로 스케일화되어 있고 그 효과 또한 국가적 스케일과 로컬 스케일에 따라 다르게 나타난다고 주장한다.

연구자들은 '복음주의 마을(gospel village)'(이곳 마을 사람들 대부분은 서구에서 온 선교를 받아들였다)을 사례로 하여, 국민국가 스케일에서의 이데올로기적 운동이 주도하는 세속화가 로컬 스케일에서 등질적이지 않으며 로컬 커뮤니티 구성원들에 의해 협상된다고 지적했다. 로컬 커뮤니티 스케일에서 대부분의 마을 주민은 세속적 이데올로기를 받아들여 기독교적 신념에는 무관심해졌지만, 기독교 신자들인 농촌 출신의 이주노동자들의 유입은 쇠퇴해가던 교회에 새로운 활력을 불어넣었다. 곧, 이주민들은 자신이 처한 세속적 조건(거대한 산업화와 노동자에 대한 착취) 때문에 기독교에서 의미를 찾으려 했고 로컬 스케일에서 종교를 다시 활성화했던 것이다. 이처럼 스케일 관점은 광범위한 사회적 과정과 그에 따른 사람들의 국지적 실천 사이에 다양한 가능성과 긴장이 있다는 것을 파악하는 데 도움이 된다. 이 사례는 국가적 스케일의 세속화가 로컬 커뮤니티에 모순적인 영향을 미친다는 것을 보여준다.

---

* 빌바오는 스페인으로부터의 분리독립을 주장하는 바스크족이 밀집한 바스크 지역을 대표하는 대도시로, 바스크 정체성이 매우 강하다.

요약

- 스케일은 크기, 수준, 관계의 관점에서 특정 현상을 관찰, 측정할 수 있는 수단을 제공하지만, 절대적 현현으로 나타나지는 않는다.
- 스케일은 사회적 과정과 사회관계에 의해 생산되므로 늘 가변적이며 수정될 수 있다. 따라서 세계를 구조화하는 고정된 스케일이란 존재하지 않는다.

- 스케일은 사회적으로 구성되면서도 물질적 결과를 낳는다. 사회지리학자들은 보통 사회적 과정이 어떻게 스케일별로 차별화되는지에 관심을 갖는다.
- 스케일이 실재하는가에 대한 일치된 견해는 없지만, 우리의 사회적 상상이 스케일적 관점에서 조직화되어 있다는 사실을 부정할 수는 없다.

 더 읽을거리

Gao, Q., Qian, J., & Yuan, Z. (2018) Multi-scaled secularization or postsecular present? Christianity and migrant workers in Shenzhen, China. *Cultural Geographies,* 25(4): 553-70.

MacKinnon, D. (2011) Reconstructing scale: Towards a new scalar politics. *Progress in Human Geography,* 35(1): 21-36.

Marston, S. A. (2000) The social construction of scale. *Progress in Human Geography,* 24(2): 219-42.

Moore, A. (2008) Rethinking scale as a geographical category: From analysis to practice. *Progress in Human Geography,* 32(2): 203-25.

사회변동

이 장에서는 사회적 변화와 전환의 사회지리를 살펴본다. 우리는 특히 **글로벌화, 환경, 인종화된 도시**(racialised cities)라는 세 가지 지리적 주제를 중심으로 이를 고찰한다. 마지막 절에서는 급속한 사회변동이 야기한 결과물인 '노스탤지어'의 사회지리에 대해 살펴본다.

이 네 가지 주제는 사회적 변화와 전환을 이해하는 데 지리적 관점이 중요하다는 점을 잘 드러낸다. 사회지리학은 단순히 **'사회변동'**의 사회학을 가져와서 거기에 세련된 공간적 설명을 몇 개 덧붙이는 것이 아니다. 오히려 사회지리학은 사회변동이라는 개념을 확장하고 재구성하여, 장소와 환경을 중요시하는 학문으로 새롭게 재탄생한다. 많은 사회지리학자들은 사회변동의 국제적·초국적 성격에 주목한다. 그리고 세계 곳곳에서 관찰되는 사회변동의 국제적·초국적 성격뿐만 아니라 개별 장소가 지닌 로컬 특성도 함께 포착하려 한다. 이와 같이 사회지리학자들은 사회변동을 특정한 입지와 장소에 위치시키고, 그에 대한 우리의 지식도 변화시키고자 한다.

이 장에서는 필자의 의도를 잘 드러낼 수 있는 한 가지 사례를 소개한다. 사회변동으로 인한 상실감(sense of loss)을 노스탤지어(nostalgia)라고 하는데, 이는 그리스어로 향수병을 뜻한다. 노스탤지어는 단순히 집(고향)에 대한 것만은 아니며, 경관(풍경), 거리, 들판과 같이 지금은 사라졌지만 과거에 애착을 가졌던 크고 작은 모든 장소와 환경을 아우른다(12장 감정 참고). 따라서 노스탤지어에서 지리는 단순한 '틀'이나 '맥락'이 아니라 필수요소다. 지리는 노스탤지어의 부속물이 아니라 본질이다.

1. 글로벌화와 사회변동의 스케일

스케일은 가장 작은 것에서 가장 큰 것에 이르기까지 모두 사회적으로 구성되어 있다(5장 스케일 참고). 신체라는 친밀한 지리에서부터 성간(星間) 거리(interstellar distances)에 이르기까지, 스케일의 의미와 그에 대한 우리의 이해는 오랜 세월에 걸쳐 변동해왔다. 그리고 매우 갑작스레 변동하기도 했다. 코스그로브(Cosgrove, 2001)는 아폴로17호가 1972년 12월 7일 지구에서 2만 9,000km 떨어진 곳에서 지구 전체를 처음으로 촬영했던 사진이 사회적·과학적·문화적 대전환이었다고 말했다. 사진에서 우리의 행성은 칠흑 같은 공허함 속 작은 '푸른 구슬(blue marble)'에 불과했으니까. 이 '푸른 구슬' 이미지는 막 태동기에 있던 **환경운동**을 촉발시켰다. 이 사진으로 지구의 유한한 자원을 소모하는 데 골몰해 있던 사람들에게 엄청난 비난이 쏟아졌기 때문이다. '또 다른 지구별(Planet B)'이란 존재하지 않는다.

대부분의 사회지리학자들은 스케일 중에서도 국지적·지역적·국가적·국제적·초국적 스케일 등 보다 익숙한 스케일에 관심을 두어왔다. 사회지리학자들은 이주 패턴(King, 2012a)이나 사회적 차별화·주변화에 맞서는 **행동주의**의 부상(Wright, 2008; Routledge & Cumbers, 2009)과 같은 현대 사회변동을 광범위하게 연구하면서 이러한 스케일을 상호연결하고 있다. 지난 40년 동안 사회지리학에 가장 큰 영향을 미친 화두는 단연 글로벌화이다. 글로벌화는 흔히 신자유주의적 거버넌스, 경제 및 행태의 전개 방식과의 관련 속에서 이해되어왔다. 사회지리학자들은 글로벌화를 행성적(planetary) 과정으로 상정하고, 글로벌화가 보다 작은 스케일에서 어떻게 채택, 적용, 저항되는지에 주목해왔다. 최근의 사회지리학은 글로벌 자본주의의 결과와 한계를 사람들이 어떻게 재편하거나 거부하는지를 연구하는 데 초점을 둔다. 예를 들어, 라우틀리지와 컴버스(Routledge & Cumbers, 2009)의 연구서 『국제정의네트워크: 초국적 연대의 지리(Global Justice Networks: Geographies of Transnational Solidarity)』는 '초국지적(translocal)이자 초국가적(transnational)인' 현상으로서 국제정의운동(GJM; Global Justice Movement)의 부상을 다루고 있다(Perrons, 2004 참고). 이 책은 아시아와 라틴아메리카 곳곳의 사례를 중심으로 토지 자원을 둘러싼 원주민들의 투쟁을 검토하면서, 제각기 다른 개별 운동들이 서로 연결되고 있음을 입증한 바 있다. 그리고 "여러 운동들의 글로벌 수렴이 더욱 강화되면서, 이전까지 고립적이었던 로컬 투쟁에 스케일 전환이 촉발되고 있다"고 말했다(Routledge & Cumbers, 2009: 11). 그러나 라우틀리지와 컴버스는 '로컬한 것'은 여전히 중요할 뿐만 아니라, 오히려 이전보다 그 중요성이 더욱 강조되고 있다고 말한다. **'글로컬(glocal)'**이라는 용어는 이러한 역설적 결합을 강조하기 위해 고안된 개념이다. '글로컬한 것'에 대한 많은 연구들은 '로컬한 것'을 지리적 근접성의 측면에서 다루는 반면, '글로벌한 것'은 인터넷으로 접근, 참여하는 가상적인 것으로 다루는 경향이 있다. 가령, 슈넬(Schnell, 2016)의 연구에서는 이스라엘 텔아비브의 글로컬한 '생활양식(lifestyle)'에 '육체적 일상생활'과 '가상공간'이라는 두 가지의 뚜렷한 공간 스케일이 있음을 확인했다. 슈넬은 집공간(home spaces)에 대한 소외감은 사람들이 보다 쉽게 거주지를 옮기게 한다고 보았다(Schnell, 2016: 58).

2. 사회변동과 환경변화의 연계

환경변화가 사회변동에 미치는 영향은 그동안 사회지리학의 전면적인 주제는 아니었다. 왜냐하면 사회지리학은 대체로 인간중심적 성향을 띠면서, '사회적인 것'은 순수하게 인간적인 범주로서 '자연세계'로부터 분리되어 있다고 보았기 때문이다(Demeritt, 2002; 33장 환경정의 참고). 그러나 최근 환경변화와 사회변동을 연결해서 이해하려는 연구가 큰 주목을 받고 있다. **환경위기**가 과거 어느 때보다도 사회에 심각한 영향을 끼치고 있기 때문이다. **기후변화**로 인한 국제이주는 핵심 사안이 되었고, 이 이슈가 지역갈등과 연루된 경우에는 더더욱 그렇다(Selby et al., 2017; Farbotko, Stratford & Lazrus, 2016). 환경변화와 사회변동의 연계에 관한 연구에서 가장 중요한 문제는 이 '변화'를 어떻게 개념화할 것인가이다. 쇼브(Shove, 2010)는 환경변화를 최소화하기 위해 사회변동을 어떻게 개념화하는 것이 최선인지 폭넓게 검토했다. 그리고 영국 환경정책지침들의 제목이 환경변화에 대한 개인주의적 패러다임을 드러낸다고 지적했다.

영국 환경식품농무부(DEFRA, 2008)가 발간한 '환경친화적 행태 지침'은 생활방식, 행태, 환경변화의 이슈를 다루는 많은 보고서 중 하나다. 이 외에도 '습관의 창조물: 행태 변화의 예술', … '지속가능한 소비에 대한 동기부여', … '지속가능한 생활방식을 위한 공공행태의 전환' 등이 있다. (Shove, 2010: 1274)

대개 사람들은 환경위기에 대한 우리의 (무)반응을 개인의 행태적 변화나 죄책감과 관련시킨다. 그러나 우리가 재활용을 하고 유기농제품을 구매하며 비행기 이용을 거부한다고 해도, 분명 환경위기에 대한 대응은 이것으로 충분치 않다. 쇼브의 주장은 사람들이 자신의 행태를 변화시켜서는 안 된다는 것이 아니라, 개인의 행태적 변화에만 초점을 두는 것은 충분하지도 생산적이지도 않다는 것이다(32장 지속가능성 참고). 이런 개인적 측면에 대한 강조는 "여타의 대안적 분석들에 대한 심각한 책임을 주변화하고 배제한다"(Shove, 2010: 1274). 오히려 "제도, 하부구조, 일상이 상호작용하는" 방식을 모델화하는 것이 보다 중요할 수도 있다. 이와 아울러 "일부 [에너지] 수요는 불가피하게도 전력 및 상수도 하부구조의 계획과 운영 그리고 주택의 건축구조에 의해 이미 결정되어 있다"(Shove, 2010: 1274)는 사실도 중요하다(21장 주택 참고). 따라서 환경위기에 대한 사회적 반응을 마치 개인의 선택에 기초한 것처럼 상정할 것이 아니라, 보다 넓은 프레임에 위치시키자고 쇼브는 말한다. 그녀는 "타당한 사회혁신"이란 "이를 통해 현행의 게임 규칙들을 무력화하고, 현 상황(status quo)을 문제시하고, 보다 지속가능한 기술, 일상적 루틴, 지식의 유형, 관습, 시장, 기대의 레짐(regimes)이 일상생활의 모든 영역에 뿌리를 내리게 하는 것"이라고 말한다(Shove, 2010: 1278).

쇼브의 일부 주장은 환경파괴와 기후변화에 대한 커뮤니티의 '회복탄력성(리질리언스, resilience)'과 적응에 대한 사회·환경지리학 연구들에 반영되고 있다. 코트와 나이팅게일(Cote and Nightingale, 2012: 484)은 사회변동과 환경변화의 연계성에 대한 인식이 중요하다고 보고, "[위와 같은] '불편한' 정치보다는 사회·생태적 결과를 야기하는 중대한 정치적·윤리적 문제"를 이해하려는 전환이 필요하다고 주장한다. 한편, 브라운(Brown, 2014)은 쇼브의 논의를 보다 확장시켜 사회적 회복력과 생태적 회복력이 '공진화적(co-evolving)' 성격을 갖는다는 애드가(Adger, 2000)의 주장을 인용하면서, 환경위기 대책이 환경위기 자체에 의해 급격히 불안정해지고 어려워질 것이라고 본다. 브라운은 "글로벌 환경변화가 (특히 기후변화의 충격을 통해) 급진적이고, 비계획적이며, 치명적인 변동을 일으킬 것"이라고 말한다. 오만불손한 오늘날의 시대에, 우리는 '변화와 전환'을 마치 우리가 관리, 조정할 수 있는 어떤 대상으로 상상하고 있다. 인간과 환경의 관계에 대해서라면, 우리의 지식과 힘의 한계를 인식하는 것이 현명하다는 브라운의 지적을 염두에 둘 필요가 있다.

3. 도시변화의 인종화

도시는 흔히 사회변동과 전환이 일어나는 자연적인 무대로 간주되곤 한다. 분명, 신문 헤드라인을 장식하는 시위, 폭력, 사회적 실험 등 많은 사건들의 진앙이 도시임은 틀림없다. 그러나 사회지리학자들에게 도시는 단순한 무대 이상이다. 변화와 전환은 일반적인 맥락에서의 '도시'뿐만 아니라, 특정 도시, 특정 동네, 특정 거리와 밀접한 관계를 맺고 있다. 이 장에서는 도시공간의 **인종화**라는 이슈를 통해 사회변동을 살펴본다. 도시공간의 인종화는 세계 곳곳에서 연구되고 있지만, 영어권 사회지리학자들은 주로 자국의 도시들에 주목해왔다. 이러한 초점이 이 이슈의 지리적 범위를 제한하기는 하지만, 이런 사실이야말로 이 이슈가 지닌 정치적 속성을 드러낼 뿐만 아니라 바로 우리 주변의 사회정의 문제에 개입하려는 열망을 반영하는 것이기도 하다.

1970년대 이후 영국은 (미국의 경우 조금 더 일찍부터) 코언(Cohen, 1993: 7)이 말한 '인종의 공간화(spatialisation of race)'로 인해, **내부도시(inner city)**에서 일반적인 '다양성' 수준이 높아질 뿐만 아니라 특정 소수민족집단에 의한 영토화(영역화)가 나타나고 있다(13장 인종 참고). 와트(Watt, 1998: 688)는 인종의 공간화 과정이 "도시 지역의 인종화된 병리(pathology) 그리고 일부의 경우에는 인종차별주의적 병리를 반영한다"고 주장했다. 스탠턴(Stanton, 2000: 129)은 미국을 대상으로 "개념적으로 말해 도시는 가난한 인종적 주변집단의 손아귀로 넘어갔다"면서, "국가 의식의 척도인 미디어를 보면 미국의 도시들은 바야흐로 '검은 도시'가 되었다"고 말했다. 스탠턴에 따르면 내부도시의 인종화된 이미지는 도시의 가치절하와 연관되어 있다. 도시는 희망 없고 불합리한 경관으로 격하되었다. 그는 이의 사례로 다음의 일화를 말한다. "내가 뉴올리언스에 도착했을 때, 백인 주민들은 도시의 활력 넘치는 다운타운인 커넬스트리트(Canal Street)를 '죽었다'고 표현했다. 원기

왕성한 '제3세계' 출신 이민자들과 흑인들로 북적이는 내부도시의 상가(商街)는 살아 있는 것으로 간주되지 않았다"(Stanton, 2000: 129). 물론 스탠턴의 평가는 단순화된 측면이 있다. 왜냐하면 미국의 많은 도심부들은 부분적으로 재생되어 활성화되어 있고, 교외화가 비백인계 미국인들에 의해 주도되는 현상도 나타나기 때문이다. 그러나 이러한 도시재생이나 교외화가 유색인종의 공간적 고립이 약화된다는 신호는 아니다. 실제 로건(Logan, 1988: 352)의 연구에 따르면, "전체 교외지역 중 흑인들의 교외지역의 지위는 전체 내부도시 중 흑인 게토의 지위와 너무나도 흡사하다".

보다 최근의 연구들은 **젠트리피케이션**과 인종화 간의 충돌이나 연계에 초점을 두고 있다. 로즈와 브라운(Rhodes and Brown, 2019)은 영국의 도시에 대해 기술하면서, "기존에는 '내부도시'를 '제도적 조절양식에 영향을 받는 병리적이고 인종화된 공간'"으로 보는 인식이 지배적이었지만, 최근에는 "도시재생과 '인종' 및 '민족집단'의 공간적 양상의 변화로 인해 … '내부도시'의 상대적 분절화 현상이 나타난다"고 지적했다. 로즈와 브라운에 따르면, "인종화된 젠트리피케이션의 엔클레이브(enclave)*"와 "인종화된 빈곤한 엔클레이브"가 서로 맞닿을 정도로 붙어 있는 복잡한 패턴이 나타난다. 한편, 쇼(Shaw, 2001, 2007)는 이러한 근접성에 주목하여 시드니의 젠트리피케이션에서 나타나는 **백인성(Whiteness)**의 권력을 연구한 바 있다. 쇼는 백인의 도시 정체성은 유색인종의 게토와 대비됨으로써 가시화된다고 말한다. 시드니의 경우 이 현상은 애버리지니(오스트레일리아 원주민)들이 거주하는 도심지역인 '더블록(The Block)'에서 나타난다. 쇼는 "더블록 근처의 공간들을 유심히 관찰한 결과, 백인성이 얼마나 더블록의 현존(presence)과 대비됨으로써 강화, 결집되는지를 알 수 있었다"고 말한다(Shaw, 2001: 8). 그녀에 따르면, 시드니의 부동산 가격은 더블록으로부터 얼마나 떨어져 있느냐에 따라 결정되고 있었다. 뿐만 아니라 부동산 가격에 대한 '협상'은 "더블록을 애버리지니들이 사는 곳이라고 낙인찍고 희생양으로 만듦으로써 일어났다"(Shaw, 2007: xx). 또한, 일부 사회지리학자들은 미국 도시들의 경우 젠트리피케이션이 흑인과 라티노 주민에 끼치는 영향을 연구하면서, 부동산 가격의 상승과 커뮤니티의 인종화가 어떻게 융합되고 있는지에 주목했다(Glick, 2008; Brenner & Theodore, 2002; Wyly & Hammel, 2004; Maharawal, 2018).

이와 동시에 사회지리학에서는 치안의 인종화와 인종차별에 반대하는 **행동주의(activism)**가 젠트리피케이션 발생 지역에서 부상하고 있음에 주목한다. 2014년 미주리주의 퍼거슨시에서는 흑인 용의자에 대한 경찰의 총격으로 소요사태가 발생했는데, 데릭슨(Derickson, 2017: 231)은 이 사건에 주목하면서 "정치적으로나 문화적으로나, 이 퍼거슨의 시대는 잠재적으로 '포스트-민권운동의 [1960년대 이후의] 인종적 데탕트'가 여전히 '불충분'하다"는 것을 의미한다고 했다. 이런 점에서 BLM(Black Lives Matter)** 운동은 새로운 형태의 집단 결속을 보여주는 좋은 사례다. BLM 운동이

---

* 사회·문화적 성격이 다른 다수집단에 의해 둘러싸인 고립된 영토나 지구를 의미한다.

** '흑인의 생명은 소중하다'는 뜻의 BLM 운동은 흑인을 대하는 미국 경찰의 잔인함과 폭력성에 항거하는 인권운동이다. 2013년 플로리다

미국 전역 외에도 런던 등 해외의 도시로 널리 확산되는 현상은, 미국의 반인종차별주의적 행동주의가 수많은 도시 맥락에서 채택, 적용되고 있음을 보여준다.

4. 변화에 대한 저항: 노스탤지어의 사회지리학

'백인의 탈주(white flight)'*와 출입통제커뮤니티(gated communities, 폐쇄공동체) 등 자발적 격리는 도시의 다양성과 변화에 대한 여러 대응의 결과 중 하나다. 이는 공간적 이동 현상이지만, 상실된 공동체감을 목적의식적으로 재창조하려 한다는 점에서 시간적 이동 현상이기도 하다. 그러나 이러한 **노스탤지어**의 지리는 정치적으로 다양한 경로를 갖고 있다. 다양성, '외국인', 전입자를 배척하려는 시도로 나타나기도 하지만, 신자유주의적 글로벌화를 거부하는 모습으로 나타나기도 한다.

주 샌퍼드에서 17세 흑인 트레이본 마틴(Trayvon Martin)을 총격 살해한 히스패닉계 자율방범대원 조지 짐머만(George Zimmerman)이 무죄 방면된 이후, BLM 운동은 본격적으로 조직화되어 미국 전역으로 확산되었다. 흑인의 생명을 다른 사람들의 생명보다 특별히 더 소중하다고 여기는 것이 아니라, 흑인의 생명이 소중하게 다루어지지 않는 현실을 비판하는 운동이다. 주로 미국 내 흑인에게 백인 경찰이 행하는 과잉진압과 인종차별에 항의하는 것을 중심으로 한다.
* 1950~60년대에 미국은 소수민족과 이민자가 내부도시로 유입되면서 인종/민족적으로 다양해진 한편, 교외지역에는 신규 주택단지가 개발되었다. 이에 백인 중산층이 내부도시를 벗어나 교외지역을 향해 대규모로 이탈한 현상을 '백인의 탈주'라고 한다. 내부도시에서의 백인의 탈주는 주택가격의 하락, 공교육의 수준 저하, 하부구조의 쇠락, 상가의 공실률 상승, 도시 정부의 재정악화, 빈곤율 및 범죄 증가, 중산층의 이탈 가속화 등 연쇄적 나선형의 도시쇠락을 가져왔다. 이로 인해 미국 정부는 1960년대 말부터 한국을 비롯한 아시아 국가에 이민 문호를 개방, 내부도시로 이민자 유입을 촉진하여 도시쇠락을 극복하려는 정책에 착수했다.

또한, 좌파일 수도 있지만 우파로 나타날 수도 있고, 이도 저도 아닌 경우들도 있다. 최근 많은 사회지리학 연구들은 사회변동에 대한 노스탤지어적인 대응이 다양하고 중요하다고 말한다. 이는 다양한 행동주의와 정치가 단순히 현재에 대한 비판뿐만 아니라 과거의 소중함에서 비롯하기 때문이다(Blunt, 2003; Wheeler, 2017). 이런 연구는 노스탤지어가 단순히 후회에 대한 수동적 탄식에 그치는 것이 아니라, 적극적인 행동을 촉발한다는 사실을 인식하고 있다. 사람들은 '손상되지 않은' 장소들로 이동하면서 '진정한(authentic)' 것들을 구매한다. 이처럼 노스탤지어는 사회경제적 변화의 능동적인 구성요소이다. 이런 점에서 스튜어트(Stewart, 1988: 227)는 오늘날 '노스탤지어는 (경제와 마찬가지로) 도처에 존재한다'고 주장한다.

이 절에서는 노스탤지어를 검토하기 위한 사례로 이주에 동반되는 상실감과 그리움(동경)에 대해 살펴보고자 한다. 자칫 역설적으로 들리겠지만, 이주민과 이주민에 적대적인 사람은 둘 다 상실감으로 연결되어 있다. 이주민들은 많은 것을 남기고 떠난다. 집, 커뮤니티, 언어, 풍경(경관) 등을 남겨두며, 어떤 경우에는 거의 모든 것을 남겨둔 채 떠난다. 고향과 목적지 사이의 문화적 골이 깊으면 깊을수록, 도착지에서 이주민의 경제력은 더 취약해지고 이주로 야기되는 상실의 경험은 더욱 커진다. 많은 연구들이 이주민들의 노스탤지어에 대해 연구하고 있다. 필자는 '기억의 물질적 대상'과 '원거리 민족주의'라는 두 가지 이슈를 살펴보려 한다.

이주민들이 '고향'에서 갖고 떠나는 귀중한 물

건들은 대개 후속 세대에 전승된다. 투란(Turan, 2011)은 튀르키예를 떠난 아르메니아와 그리스 이주민들의 가보(家寶, family heirloom)를 연구했는데, 모계 유산과 혈통(가계)의 특징이 그들의 물건과 기억에 뚜렷하게 남아 있다고 지적했다. 투란의 연구에서 케어린이라는 뉴욕 태생의 42세 아르메니아인은 할머니가 만든 레이스장식에 대해 다음처럼 말했다. "이 뜨개질을 한번 보세요. … 이건 아무 데서나 볼 수 있는 게 아니에요. 할머니는 고생을 많이 하셨지만, 마음은 늘 풍요로운 분이셨죠. 물질적으로는 부족했지만 바위처럼 단단하고 지혜로운 분이셨어요"(Turan 2011: 173). 케어린은 레이스장식을 단지 상실의 상징물로 본 것이 아니라, 그로부터 힘을 얻었고 과거와 연결되어 있다는 느낌과 영감을 받았다. 튀르키예 출신의 부모를 둔 그리스계 아르메니아인 후손인

72세 캐서린의 이야기에서도 이와 비슷한 힘을 발견할 수 있었다. 캐서린이 말한 물건은 할머니가 만든 강판(grater)이었다. "이건 정말 성스러운 물건이에요. 절대 버려서는 안 되죠. … 저희 가족사는 드라마틱해요. 도시가 불타버리는 바람에, 아버지는 열여섯살에 도시를 떠나야만 했어요. 이건 그런 과거를 생각나게 해요. 직접 손으로 만지고 집을 수 있잖아요. 그래서 지나다니면서 이따금 이 강판을 만져보곤 해요"(Turan, 2011: 182). 이 이야기에 기술된 물질성은 노스탤지어를 물질적 현존(presence)으로 바꾼다. 멀리 떨어진 장소와 시간은 손가락을 통해 현실의 느낌으로 실재하는 것이다.

원거리 민족주의(long-distance nationalism)에서는 귀중한 과거에 대해 더 상징적이면서도 덜 물질적인 느낌을 발견할 수 있다. 퍼글러루드

현장 속 연구
노스탤지어, 지리 그리고 모더니티

"노스탤지어는 모더니티를 스토킹하는, 모더니티의 달갑지 않은 쌍둥이"라고 프리체(Fritzsche, 2002: 62)는 말했다. 이는 라투르(Latour, 1993: 76)가 "진보라는 근대와, '전통'이라는 반(反)근대는 서로를 알아보지 못하는 쌍둥이다"라고 지적했던 바를 연상시킨다. 이 두 진술은 과거에 대한 동경이 근대의 산물이라는 인식을 토대로 한다. 오직 '전통'이 사라질 때에만 또는 사라질 위기에 처해 있을 때에만, 비로소 전통의 가치가 가시화되는 것이다. 이런 측면에서 근대는 '전통', '헤리티지', '진정성', '손상되지 않은 것', 그리고 이와 관련된 모든 것을 창조해냈다.

비록 블런트(Blunt, 2003: 735)가 지적한 것처럼

'대개 노스탤지어는 공간적이기보다는 시간적인 것이라고 인식'되지만, 모빌리티, 경관, 환경, 그리고 집이라는 장소에 대한 갈망은 노스탤지어에 대한 상상에서 가장 특징적이면서도 강력한 주제들이다. 보네트(Bonnett, 2015)는 『노스탤지어의 지리(The Geography of Nostalgia)』에서 오늘날 글로벌 경제에 나타나는 환경주의, 이주민의 상실감, 진정성의 상업화 등에 관한 논의에 주목하면서, 지리는 노스탤지어의 조건에 필수불가결하다고 주장했다. 노스탤지어는 현대 지리학에서 각주에 불과한 소수의 관심사가 아니다. 왜냐하면 그것은 우리 모두의 삶을 구성하고 있기 때문이다.

(Fuglerud, 1999)는 노르웨이에서 망명신청자로 체류 중인 스리랑카의 타밀족 민족주의자들을 연구하면서, '진정성이라는 이상'을 토대로 자신들의 자랑스러운 과거를 되찾으려는 의식적이고 명시적인 시도가 어떻게 발전하는지를 주목했다. 보크루나(Boack-Luna, 2007)는 『망명 중인 과거(The Past in Exile)』에서 미국 내 세르비아계 이주민의 민족주의를 세밀히 기술하면서, 1990년대 발칸전쟁으로 세르비아의 민족적 자긍심에 모욕감을 느낀 기억이 모국에 대한 애착심과 세르비아인으로서의 정체성을 불러일으킨다고 지적했다. 보크루나는 자신의 현지답사노트에서 1999년 나토(NATO)의 세르비아 폭격에 대한 연구 대상자들의 반응을 다음과 같이 기술했다.

어떤 성직자의 아내가 내게 … 샌프란시스코의 한 세르비아정교 교회에서 조직했던 시위에 대해 말한다. 그녀는 세르비아의 전통 복장을 하고 시위에 참여했다. 그녀가 당시 사진을 보여주었

는데, 사진 속 그녀는 고개를 치켜든 다부진 모습으로 대로변에서 '나는 세르비아인임이 자랑스럽다'고 적은 현수막을 들고 있었다. 그녀는 내게 "늘 그 시위 현장에 있는 것처럼 느껴요. 그들의 고통을 함께 나누는 거죠. 내 심장은 결코 세르비아를 떠나지 않았어요."라고 말한다(Boack-Luna, 2007: 196).

이 사례들이 대표적인 것은 아니지만(이 외에도 기억의 대상물과 원거리 민족주의는 다양한 방식으로 표현된다), 이들은 이주의 역사에서 노스탤지어가 얼마나 강하고 중요한지를 보여준다. 이주는 사회생활에서 상실감과 동경이 영향을 미치는 여러 영역 중 하나에 불과하다. 급속히 변동하는 오늘날, 우리는 한평생 굉장한 변화를 경험하고 있고 우리의 **모빌리티(이동성)**도 계속 증대되고 있다. 바로 이러한 사회변동으로 인해 노스탤지어의 지리는 중요한 연구의제로 떠오르고 있다.

 요약

- 이 장에서는 사회적 변화와 전환이 근본적으로 지리적이라는 점을 살펴보았다. 사회적 변화와 전환은 순수하게 사회학적 입장에서 접근할 수도 있는데, 이는 장소, 환경, 이주 등의 이슈를 배제하고 사회적 변화와 전환을 관념화한다. 반면 이를 세계에 뿌리내린 것으로 접근하는 것이 훨씬 설득력 있고 흥미롭다. 사회적 변화와 전환은 지리 속에서, 그리고 지리에 의해

서 형성된다.
- 사회적 변화와 전환에 대한 사회지리학의 관심은 지속적으로 진화하고, 적응하며, 또 도전받을 것이다. 사회지리학자들은 절박하고 시의성 있는 이슈에 관심을 갖는다. 1장에서 살펴본 바와 같이, 사회지리학은 지리학 분야 중 '상아탑'을 추구하는 것과는 가장 거리가 먼 분야일 것이다. 이 장에서 논의한 사례들은 사회적 변화

와 전환을 살펴보기 위한 하나의 창에 불과하지만, 우리 모두가 당면한 공통적인 현안이다.

- 이 장에서 검토한 사례들은 사회지리학의 발전이 향후에 추구해나가야 할 방향을 보여준다. 그동안 '사회지리학'에서 '사회'라는 용어는 인간의 관계로만 해석되는 경향이 있었다. 그러나 오늘날에는 '환경'이 광범한 위기의 진원지로 떠오르고 있다. 따라서 '사회적인 것'의 범위를 넓혀 '자연과 인간', '비인간과 인간'의 관계까지 포함해서 연구할 필요성이 높아지고 있다(33장 환경정의 및 34장 음식 참고). 이 점에서 우리는 사회적 환경의 '다종적(multispecies)' 성격을 강조하는 새로운 연구들을 환영할 필요가 있다(Gillespie & Collard, 2017).

- 국제주의(internationalism)는 사회지리학의 발전이 지향해야 할 또 하나의 영역이다(Robinson, 2016; Parnell & Robinson, 2012). 이 장에서는 인종화된 도시에 관한 논의를 살펴보았지만, 이는 다른 사회지리학 연구들과 마찬가지로 주로 앵글로아메리카에 초점을 두었다는 한계가 있다. 이는 지리학은 '세계 학문'이어야 한다는 영어권 사회지리학자들의 지적(知的) 기대에서 비롯된 것이므로, 스스로 자초한 것이기도 하다. 향후 새로운 연구들은 '다른 곳곳의 도시들'을 바라보면서, 사회적 변화와 전환에 관한 이해 그 자체가 어떻게 변화하고 변동할 수 있는지에 주목해야 한다.

더 읽을거리

Perrons, D. (2004) *Globalization and Social Change: People and Places in a Divided World.* London: Routledge.

Shove, E. (2010) Beyond the ABC: Climate change policy and theories of social change. *Environment and Planning A: Economy and Space,* 42(6): 1273-85.

Wheeler, R. (2017) Local history as productive nostalgia? Change, continuity and sense of place in rural England. *Social & Cultural Geography,* 18(4): 466-86.

마르크스주의 지리학자 데이비드 하비(David Harvey)는 '본질적인 의미에서' 정의(justice)란, "상충하는 주장들을 해결하기 위한 원칙(또는 원칙들의 집합)"이라고 했다(Harvey, 1973: 97). 정의란 개인과 집단을 도덕적으로 바르고 독단적이지 않게 대하는 것과 관련되어 있다. 어떤 정의가 지지를 받으려면, 그 정의는 개인과 집단을 어느 때라도 일관성 있게 대해야 할 뿐만 아니라 '사람들 간의' 대우에서도 일관성을 보장해야 한다. 예를 들어, 독자들이 필자들과 똑같은 자격을 갖고 있거나 똑같이 행동한다면, 어떠한 상황이 주어지더라도 그에 대한 보상이나 처벌은 여러분이나 우리나 모두 동일해야 한다(Miller, 2003). 그러나 정의를 정의하기란 쉽지 않다. 정의는 좀처럼 붙박아두기 어려운 개념이기 때문이다. 정의에 관한 두 가지 진술을 소개해 본다.

정의는 결코 우리의 일상적인 의식에서 멀리 떨어진 추상적 관념이 아니다(Davies, 2011: 380).

어떤 곳에서의 부정의(불공정, injustice)는 모든 곳에서의 정의에 대한 위협이다(King, 1963).

정의는 사람, 집단, 사회마다 의미하는 바가 다르며, 역사적·지리적 조건에 따라서도 그러하다. 곧, 정의의 의미는 공간과 시간에 따라 다양하다(4장 공간과 시간 참고). 정의는 옳음과 그름, 도덕과 부도덕, 공정과 불공정, 합법과 불법 등의 구분에 늘 붙어 따라다닐 뿐만 아니라, 이런 구분을 초월하거나 회피하기도 한다. 정의는 올바름, 적법함, 공정함 그 이상이다. 정의는 우리가 느끼고 사유하며 인지하는 대상일 뿐만 아니라, 놀라울 정도로 구체적이고, 체화되어 있으며, 살아내는

(lived) 것이기도 하다. 이는 특히 정의를 위해서 싸우는 사람에게 그러하다(11장 일상 참고).

정의에 대한 지리적 접근은 세상을 있는 그대로 기술하기보다는 어떤 '세상**이어야 하는가**'에 보다 큰 관심을 기울인다. 이런 점에서 알렉스 제프리(Alex Jeffrey, 2016)는 정의의 지리를 세 가지 방식으로 이해할 수 있다고 말한다. 첫째는 공간적 측면에서의 정의에 대한 요구이다. 이 방식은 불평등에 대한 근본적인 문제들과, 전 세계의 다양한 스케일에서 나타나는 자원, 기회, 위해(危害)의 불균등한 분포를 검토한다(5장 스케일 참고). 둘째는 **부정의**와 불평등의 문제를 다루고 갈등을 해결할 수 있는 메커니즘이다. 이는 본질적으로 자원과 위해를 공정하고 평등한 방식으로 재분배하는 것과 관련되어 있다. 셋째는 정의의 지리를 학술적 탐구와 연구방법의 측면에서 사고하는 것이다. 이는 '공정한 지리학은 어떤 모습이어야 하는가, 그리고 이를 실현하기 위해 우리는 무엇을 해야 하는가?'의 질문과 관련되어 있다.

연구주제로서 정의는 지리적 탐구에 핵심적인데, 특히 1960년대 말부터 1970년대 이후 지리학에서 활발하게 논의되어왔다. 도시지리학자이자 도시 탐험가였던 윌리엄 벙기(William Bunge, 1969)와 데이비드 하비(1973)는 지리학에서 사회정의(social justice) 접근으로 알려진 것을 창안한 선구자들이다(표 7.1 참고). 이들의 연구를 비롯한 몇몇 저술들은 이 분야에 활기를 불러일으켰고, 그 이후 50년 동안 지리학자들은 풍부하고 다양하며 상호교차적인 관점을 갖고 정의의 문제에 접근해왔다(20장 교차성 참고). 이런 연구의 흐름은 사회가 어떤 식으로든 (가령, 경제, 사회, 섹슈얼리티, 젠더, 인종, 종교, 세대, 법, 정치의 측면에서) 정의롭지 못하다는 인식에서 촉발되었다(3부 분리 참고).

지리학자들은 다양한 분야의 정의를 연구해왔다. 여기에는 사회정의(Smith, 2000), 불평등과 정의(Dorling, 2018), 도시의 정의, 공포 및 도시권(Pain, 2001; Reynolds & Cohen, 2016), 여성, 젠더 및 정의(Wright, 2010), 자연과 환경정의(33장 환경정의 참고, Swingedouw & Heynen, 2003), 교차성과 정의(Hopkins, 2019) 등이 포함된다. 이 장에

표 7.1 정의에 대한 개념 정의

핵심 용어	실천 중인 개념
정의: 정의는 다양하게 정의되는 포괄적 용어다. 정의는 도덕성(morality)보다는 더 근본적이며, 합법성(legality)보다는 덜 정교하다.	2010년에 연구모임으로 창설되어 2012년에 연구회로서 완전한 지위를 획득한 영국 왕립지리학회(RGS-IBG)의 정의지리연구회(Geographies of Justice Research Group)는, '정의'를 가장 우선적으로 공부하고 가르치고 연구하는 학자들의 모임이다. twitter.com/GeogsofJustice 주요 학자: Jeffrey(2016)
부정의: 부정의감(sense of injustice)은 많은 사회지리학 연구들을 촉진하는 힘이다. 지리학자들은 엘리트주의, 배제, 편견, 탐욕, 절망 등의 문제들과 씨름하고 있다.	조셉라운트리재단(Joseph Rowntree Foundation)은 사회변동을 지향하는 독립단체로서 부정의 근절을 옹호하며, 특히 영국 내 빈곤 이슈에 초점을 둔 여러 프로젝트를 후원하고 있다. www.jrf.org.uk 주요 학자: Dorling et al.(2007)

전환적 정의(transitional justice): 이는 대량 학살, 납치, 강간, 고문 등 과거사를 해결하려는 사회적 시도와 연관된 다양한 (비)법적 과정을 일컫는다. 이는 대개 책임, 화해, 예방 등과 관련되어 있다.	전환적정의국제센터(ICTJ; International Center for Transitional Justice)는 억압이나 갈등으로 대규모 인권유린 사태를 경험한 40개국 이상에서 정의를 추구하는 활동을 하고 있다. ICTJ는 주로 희생자, 시민단체, 그리고 희생자들에 대한 배상이나 재발 방지에 책임이 있는 각종 국내·국제단체들과 협력하는 사업을 추진하고 있다. www.ictj.com 주요 학자: Nagy(2008)
법률상 정의(justice in law): 정의와 법률은 동일하지는 않지만 서로 깊이 관련되어 있다. 정의는 법률이 지탱하려는 도덕적 이상(理想)으로서 권리를 보호하고 잘못을 처벌한다. 법률상 정의의 문제는 법률지리학에서 다루며, 대개 법률을 정의를 방해하거나 달성하려는 여러 수단 중 하나로 인식한다.	1978년에 설립된 국제인권감시단체인 휴먼라이츠워치(Human Rights Watch)는 인권을 옹호하고 관련 이슈에 대한 보고서를 발간하는 비영리단체다. www.hrw.org 한편, 아랍어로 '정의'를 뜻하는 '아달라(Adalah)'는 아랍 소수민족의 인권을 위한 법률센터로 이스라엘에 있다. 아달라는 이스라엘 전체 인구의 20%에 달하는 약 150만 명의 팔레스타인인들의 권리를 옹호한다. www.adalah.org 주요 학자: Blomley, Delaney & Ford(2001)
사회정의: 마르크스주의 철학에 뿌리를 두고 있으며, 지리학자들은 주로 장소 기반의 불평등을 타파하고자 한다. 사회정의는 이 목적을 달성하기 위해 특정 지역에 적용되는 개념이다.	영국 더럼대학의 사회정의·커뮤니티 행동센터(Center for Social Justice and Community Action)는 사회정의 촉진을 위해 연구자, 커뮤니티 구성원, 자발적 부문의 협력으로 구성된 조직이다. 주로 참여행동연구를 가장 우선적인 방법론으로 채택하고 있다. greendurham.org.uk/listing/centre-for-social-justice-and-community-action/ 주요 학자: Harvey(1973); Smith(2000)
공간정의: 공간정의는 주로 자원이 분배되는 방식에서 나타나는 불평등과 관련되어 있다(분배의 정의). 또한, 이와 아울러 공간정의는 누가 무엇을 얻을지를 우리가 어떻게 결정할 것인가의 문제에도 주목한다(절차적 정의).	홍콩 공공공간 이니셔티브(Hong Kong Public Space Initiative)는 2011년에 설립된 비영리자선단체로, 주로 연구, 교육, 참여 활동을 통해 공공공간에 대한 권리와 확보가 중요하다는 인식을 확산하는 데 주력하고 있다. www.hkpsi.org 주요 학자: Massey with the Human Geography Research Group(2009)
환경정의	33장 환경정의 내용 참고

서는 정의라는 문제에 대한 지리학의 전통적 접근을 살펴보는 한편, 정의/부정의와 관련된 위치와 공간 두 곳을 살펴본다. 첫째는 민주주의운동인 홍콩점령운동(Occupy Hong Kong)이 벌어진 홍콩이고, 두 번째는 이와 반대로 점령당한 곳인 팔레스타인 점령지(Occupied Palestine)로 정의를 찾고자 하는 투쟁이 진행 중이다. 이 두 사례는 연구자에게 동기를 부여하는 위치들일 뿐만 아니라, 점령의 공간과의 관계 속에서 정의의 문제를 흥미롭게 탐색할 수 있게 한다. 33장의 환경정의에 관한 내용을 이 장과 함께 읽는다면 보다 유익할 것이다.

1. 정의와 홍콩점령운동?

우리는 이 절에서 민주주의운동인 홍콩점령운동에 대해 살펴본다. 최초의 글로벌점령운동(Occupy movement)은 2011년 뉴욕 월가(Wall Street)에서 사회경제적 부정의에 항의하던 시위였다. 이 월가점령운동은 **반자본주의** 및 **반글로벌화** 운동이라는 보다 오랜 역사에서 시작되었는데, 2010년에 발생한 '**아랍의 봄**'*과 스페인의 긴축에 반대했던 인디그나도스(*indignadous*, '분노한 사람들'이라는 뜻)운동**과 같은 특수한 정치적 분위기 속에서 일어났다(Abellán, Sequera & Janoschka, 2012).

* 중동과 북아프리카에서 2010년 12월부터 일어난 대규모의 반정부 연쇄 시위로서 파업, 광장 점거, 행진, 집회를 동반하였고, 각종 소셜미디어를 이용한 소통, 조직화, 운동전개가 특징이었다. 아랍의 봄의 영향으로 튀니지에서는 정권 교체 후 민주정부를 수립하였으나, 다른 대부분의 국가에서는 이집트처럼 다시 독재정부가 들어서거나 시리아처럼 내전을 겪으며 대규모 난민이 양산되었다.
** 스페인의 마드리드 푸에르타 델 솔 광장에서 2011년 1월 시작된 정치운동으로 사회당 정부의 긴축정책 반대, 금융권에 대한 공적 지원 중단, 실업 해결, 대중의 정치 참여 확대 등을 주장했다. 직업, 이념, 세대, 지역을 초월한 청년 중심의 국민운동으로 광장 점거의 형식을 띠었다. 이 운동은 '아랍의 봄'과 무바라크 대통령을 퇴진시킨 이집트 혁명의 영향을 받았다.

우선, 홍콩의 민주주의 역사에 대해 간략히 살펴보자.

홍콩은 1984년에 체결된 「홍콩반환협정(Sino-British Joint Declaration)」에 따라 1997년에 영국의 식민 통치를 끝내고 중국으로 반환되었다. 그 이후 홍콩의 민주주의는 계속해서 문제시되어 왔다. 이에 홍콩 시민들은 700만 명이 거주하는 도시에서 단 1,200명의 선거인단이 홍콩의 최고 지도자(행정장관)를 선출하는 방식을 변혁하여 보통선거(직선제)를 쟁취하려는 운동을 꾸준히 벌여왔다. 홍콩점령운동은 2014년의 우산혁명(Umbrella Revolution)으로 불리기도 하는데, 이는 오랫동안 지속되어온 민주화 과정에 깊이 뿌리를 내리고 있다.

2014년 9월 말 대학생의 동맹휴학은 이른바 '사랑과 평화의 센트럴점령(OCLP; Occupy Central

현장 속 연구
사회정의와 홍콩

공간에 대한 주장에는 늘 권력이 수반되어 있다. 홍콩에서는 다양한 집단들이 부정의에 항거하는 과정에서 공간 점거를 시도해왔다. 홍콩의 사례는 과연 누구를 위해 정의를 추구하는 것인가라는 질문을 제기한다.

가령, 일부 문헌들은 이주민 가사노동자의 시민권 결여에 문제를 제기하고 있다(Constable, 2009). 이들은 법적으로 보장된 최저임금의 절반에도 못 미치는 임금을 받으며, 영주권을 신청할 자격도 없다(9장 민족과 민족주의 참고). 역설적이지만 이들은 노동조합을 결성하고 공적으로 항의할 수 있는 권리를 갖고 있다(이 점은 외국인 가사노동자의 비율이 높은 싱가포르, 타이완, 말레이시아, UAE와는 다르다). 또한, 이들은 쉬는 날인 일

요일마다 **공공공간** 한곳에 모여 시간을 보내는 전통이 있다. 이처럼 많은 노동자가 모인 모습은 아시아의 글로벌 도시에서 일상생활의 한 부분을 이루고 있다.

물리적으로 공간을 점령하는 것은 사회정의운동의 오랜 전략 중 하나다. 이는 스콧(Scott, 1985: xvi)이 말했던 "억지로 일하기, 시치미 떼기, [도구]버리기, 잘못 알아들은 척하기, 좀도둑질하기, 속이기, 무시하기, 험담하기, 불 지르기, [도구]망가뜨리기 등"과 같은 이른바 "약자의 무기(weapons of the weak)"를 쏟아내는 통로의 구실을 한다.

보다 최근에 들어 마이클 리처드슨(Michael Richardson)은 2014년 홍콩의 우산혁명을 주로 중산층

중국인들이 추동했다는 점을 지적했다(Richardson, 2018). 이 요인으로 우산혁명은 탄력을 받았는데, 그 이유는 정치적 성향을 지닌 전문직 중국인들이 집단적으로 행동하면서 권력구조를 바꾸어 이러한 점령을 '교육수준이 높은 자들의 무기(weapons of the well-educated)'로 전환할 수 있었기 때문이다(Richardson, 2018: 489). 또한, 정의를 요구했던 이들은 홍콩에서 태어난 시민들이었고 이 중 많은 사람들은 홍콩에서 대학에 다니는 대학생들이었다. 이로 인해 행정당국의 입장

에서는 우산혁명을 무시하거나 잠재우는 것이 훨씬 어려웠다. 「홍콩 송환법(Chinese Extradition Bill)」을 둘러싼 시위는 2019년에 시작해서 2020년까지 지속되는 동안 홍콩 내의 비중국인 지식인들뿐만 아니라 영국 정부의 지지도 받았는데, 이로 인해 영국 정부와 런던의 중국대사 간에 긴장이 조성되기도 했다.

이에 대한 보다 상세한 사항은 리처드슨(2018)을 참고하라.

그림 7.1 홍콩의 물리적·육체적 점령 시위 (그림: RL Visuals)

with Love and Peace)'으로 전개되었는데, 이는 홍콩 정부가 보통선거 실시를 거부할 경우 홍콩의 상업·금융지구 중심가를 점령하겠다는 구상이었다. OCLP 이후에는 시민들의 대중 토론회가 연이어 개최되었고, 비록 비공식적이기는 하지만 자체

적으로 국민투표를 실시해서 큰 호응을 이끌어냈다. 그리고 시민 불복종운동을 시작으로 마침내 전례 없는 대규모의 시위로 발전하게 되었다(그림 7.1 참고).

2. 공간정의와 홍콩

2014년 홍콩의 시위대는 비폭력과 시민불복종을 선언하며 도시 내 여러 구역을 점령해나갔다. 공식적으로 이 운동은 2014년 9월 28일부터 12월 15일까지 총 79일 동안 지속되었다. 그러나 홍콩 점령운동의 흔적은 여전히 남아 있고, 그 유산은 이 책을 쓰는 동안에도 계속 기록되는 중이다.* 이 운동은 보통선거에 대한 권리, 공정하고 투명한 선거 제도, 그리고 개방적인 민주주의 절차에 초점을 두었다. 페퍼스프레이와 최루탄을 사용하는 경찰의 공격에 맞설 대응책으로, 시위대는 평화주의를 구현한 상징물인 노란 우산, 보호 마스크, 보호 고글을 사용했다. 그 결과 홍콩점령운동에서 우산혁명이 탄생하게 되었다. 민주주의로의 변화를 갈망하는 시민들의 정치적 요구 저변에는 정의가 중요하다는 의식이 깔려 있었다. 또한, 이 운동은 사회경제적 불평등을 시정하려는 요구를 대변하기도 했는데, 특히 적정한 주택의 부족과 사회적 이동의 기회 제약을 둘러싼 세대 간 이해관계가 두드러졌다(21장 주택 참고). 결국 우산혁명은 투표권 쟁취를 위한 투쟁을 활용하여 부와 자원에 대한 보다 적극적인 분배를 달성하려는 움직임이었다(28장 사회적 재생산 참고).

'Occupy(점령)'는 트위터의 혁명가들과 전통적인 길거리 투사들을 통해 세계 전역으로 확산되어 서로 다른 정치적 풍토를 초국적으로 넘나든다(31장 디지털 참고). '점령'은 용어이기도 하고 해시태그이기도 하며, 행동에 나설 것을 촉구하는 전 세계적 사회운동의 동의어이기도 하다. 이 운동은 시민성과 인권에 질문을 제기하면서 상이한 스케일을 넘나들고 있다(5장 스케일 참고). 가령, 대학생의 등록금 인상 반대 투쟁과 같은 로컬 이슈에도 점령운동이 역할하고 있다(이와 관련하여 Hopkins, Todd & Newcastle Occupation, 2012 참고). 이런 점에서 볼 때, 글로벌 스케일에서나 로컬 스케일에서나 정의에 대한 요구는 점령운동과 같은 구체화된 실천을 통해서만 현상 유지에 대항할 수 있다. 비록 이런 운동이 (가령, 보통선거의 실시나 대학 등록금 철폐와 같은) 그 본연의 목적을 완전히 달성하지는 못한다고 할지라도, 시민 투쟁에 불을 댕기는 것은 보다 정의로운 사회를 위한 욕망을 분명히 대변하는 것이다. 홍콩에서의 정의감은 민주주의, 표현, 그리고 도시에 대한 권리를 토대로 하며, 보다 일반적으로 점령의 지리는 가능성의 지리를 재현할 수 있다.

3. 팔레스타인 점령지에서의 정의?

이 절에서는 '팔레스타인 점령지'에서의 정의의 문제를 사회적·법적 정의라는 분석 렌즈를 통해 고찰한다. 우리의 질문은 다음과 같다. 팔레스타인 점령지에서 정의는 어떤 모습을 띠는가? 팔레스타인-이스라엘 갈등에 대한 '정의로운' 해결을 위해서는 무엇이 필요한가?

우선, 간단히 맥락을 살펴보자. 이스라엘이라는 국가는 제2차 세계대전과 홀로코스트 이후인

* 2021년 3월 기준 홍콩점령운동(2019년 시작된 홍콩민주화운동)은 사실상 실패로 종결되었고, 중국 정부는 기존의 일국양제를 폐지하여 홍콩을 제도적으로 완전히 예속하였으며, 시위 관련자들의 대대적 구속과 처벌이 전개되었다.

점차 사라지는 팔레스타인

UN은 팔레스타인의 난민 인구를 500만 명으로 추산한다.

그림 7.2 점차 사라지는 팔레스타인: 1946~2012년까지 팔레스타인이 이스라엘 속으로 사라지는 모습을 보여주는 지도이다.
(출처: Palestine Awareness Coalition, http://palestineawarenesscoalition.wordpress.com)

1948년에 건국되었다. 2018년 이스라엘은 '독립' 70주년을 기념했으며, 미국도 이를 표시하듯 대사관을 텔아비브에서 예루살렘으로 옮겼다. 팔레스타인인들은 이를 축하하지 않았다. 이들은 예루살렘이 자국의 수도라고 주장하며, 1948년을 '재난'을 의미하는 알나크바(Al-Nakba)라고 부른다. 왜냐하면 이들은 70년 전에 고향에서 강제로 축출된 이후 아직까지 되돌아가지 못하고 있기 때문이다(Pappé, 2007). 1967년 이스라엘은 인접한 아랍 국가들과 전쟁을 벌여 이집트로부터 가자지구와 시나이반도를, 요르단으로부터 서안지구(West Bank)와 동예루살렘을, 그리고 시리아로부터 골란고원을 탈취했다. 시나이반도는 1982년에 다시 이집트로 반환되었고 골란고원은 이스라엘에 실효적으로 합병되었지만, 가자지구, 서안지구, 동예루살렘은 여전히 점령지 상태로 남아 있다. 1980년대와 1990년대에 계속해서 평화회담이 개최되었지만 2000년을 끝으로 중단되었고, 이는 팔레스타인의 제2차 인티파다(intifada)로 이어졌다(인티파다는 아랍어로 '항쟁'을 뜻한다). 그 이후 이스라엘은 자국과 팔레스타인 점령지가 전쟁상태에 있다고 선언하면서 가자지구에 끊임없는 폭격과 고통스러운 제재를 가하고 있다(Jones, 2015). 팔레스타인인들은 자살폭탄테러, 로켓 공격, 기타 (비)평화적 투쟁을 통해 이에 맞서고 있다. 서안지구와 가자지구의 점령은 지속되고 있고, 70년 이상이 지난 오늘날 이 갈등에 대한 실행 가능한 해결책은 여전히 마련되지 않은 상태다. 부정의에 대한 외침이 계속되고 있지만, 정의를 달성하기란 쉽지 않다.

4. 사회정의와 팔레스타인

팔레스타인과 관련해서 독자 여러분은 어떤 입장에 있는가? 팔레스타인 출신의 미국 포스트식민 이론가인 에드워드 사이드(Edward Said)는 이를 "뻔뻔스러울 만큼 도발적인 질문"이라고 했지만(Said, 1986: 29-30), 이 질문에는 중요한 진실 한 가지가 내포되어 있다. 그것은 "팔레스타인과 관련해서는 중립성이나 객관성이란 결코 존재할 수 없다"는 사실이다. 이는 모든 위치가 동등한 정당성을 갖고 있음을 말하는 것이 아니라, 팔레스타인은 이데올로기적·정치적 충돌의 공간임을 의미한다. 가령, 우리가 이 갈등에 관해 토론을 한다면, 이를 '이스라엘-팔레스타인 갈등'이라고 부를 것인가 아니면 '팔레스타인-이스라엘' 갈등이라고 부를 것인가? 이러한 문구의 순서마저도 정치적이다. 또한, 정의는 정치적일 수밖에 없다. 이는 1970년대 이래로 사회정의에 관한 지리학적 연구들이 줄곧 강조해왔던 핵심적인 주장이기도 하다.

사회정의에 관한 지리학 문헌들이 공통적으로 전제하는 바는, 우리가 살아가는 세상은 자원, 기회, 위해가 불균등하게 분배되어(분포하고) 있다는 점이다. 따라서 사회정의의 임무는 '누가 무엇을, 어디에서, 어떻게 얻어야 하는가?'의 문제를 비판적으로 사고한 후(Smith, 1974: 289), 다양한 스케일에서 인류사회가 어떻게 '정의로운 분배'에 도달할 수 있는지를 제안하는 것이다(Harvey, 1973: 116-17, Smith, 2000: 1149에서 재인용, 5장 스케일 참고). 물론 여기에는 어떠한 자원, 필요, 권리가 재분배될 수 있고 재분배되어야 하는가를 둘러싼 여러 복잡한 문제들이 개입되어 있다. 그럼에도 불구하고 많은 지리학자들은 사회정의가 '최악의 상태(이는 여러 방식으로 정의될 수 있겠지만)에 처한' 사람들에게 힘을 주거나 지원하거나 은혜를 베풀기 위한 것이어야 한다는 점에 동의하고 있다. 결국, 사회정의는 완전한 의미에서의 평등을 달성할 수는 없을는지 모른다. 그럼에도 불구하고 사회정의는 닐 스미스(Neil Smith, 2000: 1156)가 일컬었던 '균등화(평준화, equalization)'를 위한 매개물이어야 한다.

팔레스타인-이스라엘 갈등에 대한 정의로운 해결책은, '누가 무엇을 어디서 어떻게 얻어야 하는가'의 문제에서 역사적으로 결정적인 역할을 해온 권력관계에 책임을 묻는 것이다. 이 갈등의 오랜 역사는 에드워드 사이드가 말한 바 있는 "전적으로 비대칭적인 … 파괴의 기록"이다(Said, 1992: xxxvi). 따라서 팔레스타인-이스라엘 갈등을 둘러싼 정의는 결코 '중간 지점에서 만나는 것', 곧, 영토, 자원, 인구를 50:50으로 분할하는 것일 수는 없다. 정의로운 해결이란 반드시 양쪽의 불평을 충분히 다루어야 하지만, 반드시 동등해야만 하는 것은 아니다(표 7.1의 '전환적 정의' 참고). 사회정의에 관한 교훈을 따르자면, 정의를 복원하거나 창출하려는 어떤 시도이든 간에 가장 큰 불이익을 본 사람들이 가장 많은 것을 얻을 수 있어야 한다. 에드워드 사이드(1986)가 말했듯이, 팔레스타인 문제에서 공평이란 불가능할는지 모른다. 그러나 이 사실 때문에 부정의가 무엇인지를 확인하고 그것을 치유하려는 시도조차 하지 않아서는 안 된다. "억압하는 자의 정의와 진실은 억압당한 자의 정의와 진실과는 서로 교환할 수도, 도덕적으로 동등할 수도, 인식론적으로 일치할 수도 없음을 우리는 깨달아야 한다"(Said, 1986: 33).

5. 법적 정의와 팔레스타인

법과 정의는 서로 관련되어 있지만 동일하지 않다. 이상적이라면, 법적 체계는 정의를 염두에 두고 계획되어야 하고, '정의로운' 것의 달성에 도움이 되어야 한다. 그러나 법은 불공정할 수도 있고, 법으로 인해 부정의가 창출되거나 지속될 수도 있다. 역사적으로 배타적이고 불공정하며, 옹호될 수 없는 법률의 사례는 무수히 많으며, 이는 오늘날에도 그러하다. 특히, 팔레스타인의 사례를 통해서도 우리는 법과 정의와 관련된 첨예한 이슈가 무엇인지를 확인할 수 있다.

어떤 영토가 점령되면, 그 영토에는 국제법상으로 「전시점령법(Laws of Belligerent Occupation)」이라는 특별법이 적용된다. 이 법은 1967년 서안지구와 가자지구에 발효된 이후 오늘날까지 지속되고 있다(Ben-Naftali, Gross & Michaeli, 2009). 「전시점령법」의 핵심 내용 중 하나는 서안지구와

가자지구에 거주하는 팔레스타인인을 통치하기 위한 이스라엘 군사법원을 운용하는 것이다. 이 법원은 여러 측면에서 일반적인 민간법원과는 다르다. 우선, 군사법원은 군사규칙을 적용하므로 군 수뇌부의 명령이 곧 법률이다. 따라서 경우에 따라 사람을 재판 없이 무한정 구금할 수 있다. 그러나 이는 신속하고 공정한 재판을 받을 수 있는 권리인 '인신보호청원(habeus corpus)'의 기본 원칙을 위반하는 것이다. 사회학자 리사 하자르(Lisa Hajjar, 2005)에 따르면, 1967년부터 "수십만 명의 팔레스타인인들이 이스라엘군에게 체포되었고 이 중 90~95%가 유죄판결을 받았다. 유죄판결 중 약 97%가 사전형량조정제도(plea bargaining)에 따른 것이었다"(Hajjar, 2005: 3). 이는 놀라울 정도로 높은 비율이다. 그러나 「전시점령법」의 영속에 따른 부정의는 비단 군사법원에만 한정되어 있지 않다.

이스라엘군의 여러 활동은 이스라엘의 최고 사법기구인 이스라엘대법원(ISC; Israel Supreme Court)의 재심과 감독을 받게 되어 있다. 이는 이스라엘 군사규칙을 적용받는 서안지구와 가자지구의 팔레스타인인들에게 ISC에 청원할 수 있는 권리가 있음을 의미한다. 가령, 이스라엘군이 자신들의 집을 파괴하거나, 가족을 죽이거나 상해를 입히거나, 자신의 땅을 지나가는 장벽을 건설한다면, 팔레스타인인은 ISC에 이의를 제기할 수 있다. 이스라엘은 이러한 법적 진전이 자국의 사법적 독립과 포용적 민주주의를 보여준다고 자랑한다. 그러나 ISC는 팔레스타인인들의 권리를 보호하기는커녕 청원된 사건 중 99%를 기각하고 있다. 이런 이유로 인해 많은 학자들은 ISC의 핵심 기능

이 팔레스타인 점령지에서 벌어지는 이스라엘의 군사 활동을 적법한 것으로 정당화하는 데 있다고 비판한다(Ben-Naftali, Gross & Michaeli, 2009: 44). 나이머 설태니(Nimer Sultany, 2007: 84-85)는 다음과 같이 주장한다.

팔레스타인 점령지에는 정교한 억압체계가 발달해왔다. 토지 몰수와 식민화 … 같은 영토에 거주하는 두 인구집단에 (곧, 팔레스타인 주민들과 특권을 지닌 이스라엘 정착민 각각에) 달리 적용되는 두 가지 법률체계 … 오랫동안 지속되어온 광범위한 주거 파괴정책, 법정 밖에서의 처형 … 감금과 고문 등 비인간적인 조건, 통행금지와 폐쇄, 그리고 처벌받지 않는 살육 등이 바로 이 억압체계의 특징들이다.

독자들은 팔레스타인-이스라엘의 맥락 내에서든 밖에서든, 법적 억압체계에 대해서 더 많이 공부할 수 있고 또 그래야만 한다(이 장 말미의 더 읽을거리 참고). 우리가 여기에서 강조하고 싶은 바는, 법과 정의가 항상 호응하지는 않는다는 단순한 사실이다. 오히려 이들은 상충하는 경우가 많다. 따라서 정의를 추구하기 위해 우리는 반드시 법과 법률체계에 관여해야 한다. 그리고 이와 동시에, 법의 한계를 인식하고 정의가 법에 의해 달성되지는 않는다는 사실을 깨달아야 한다.

요약

- 홍콩점령운동은 공간이 해방을 목적으로 점령될 수 있고, 부정의에 항거하기 위한 매개물이자 촉매로 작동할 수 있다는 점을 보여준다.
- 지난 몇 년간 전 세계적으로 점령운동이 활발했던 것처럼, 불공정한 로컬 이슈들은 글로벌 불평등과 체계화된 부정의와 상호융합되고 있다. 이 운동은 전 세계의 많은 활동가, 대중, 사회지리학자로 하여금 '우리는 99%이다'라는 공동의 슬로건으로 부정의에 맞서 싸우게 한다.
- 이와는 반대로 점령은 부정의의 원인이자, 부정의를 영속화하고 증식시키는 도구로 이용되기도 한다. 우리는 이 장에서 팔레스타인과 팔레스타인들의 삶에 대한 점령이 어떻게 법에 의해 강화되고, 실행되며, 정당화되는지에 대해서 살펴보았다.
- 정의로운 법(law with justice)과 법적인 정의(justice with law)를 등치시켜서는 안 된다. 우리는 '정의가 누구를 위한 것이고 어떤 조건하에 있는가?'에 대해 늘 비판적으로 사고해야 한다.
- 억압과 해방의 연속체, 그리고 배제와 포용의 연속체는 사회·공간 연구에 근본적으로 내재되어 있다. 따라서 이 장에서 살펴본 바와 같이 정의에 대한 탐구는 사회지리를 이해하는 데 근본적으로 중요하다.

더 읽을거리

Jones, C. (2015) Frames of law: Targeting advice and operational law in the Israeli military. *Environment and Planning D: Society and Space,* 33(4): 676-96.

Pickerill, J., & Krinsky, J. (2012) Why does Occupy matter? *Social Movement Studies,* 11(3-4): 279-87.

Richardson, M. J. (2018) Occupy Hong Kong? *Gweilo* citizenship and social justice. *Annals of the American Association of Geographers,* 108(2): 486-98.

Sadurski, W. (1984) Social Justice and legal justice. *Law and Philosophy,* 3(3): 329-54.

Smith, D. M. (2000) Social justice revisited. *Environment and Planning A: Economy and Space,* 32(7): 1149-62.

넓은 의미에서 '**토착성**(indigeneity)'이란 '토착적인 상태'의 고유한 특성을 말한다(Radicliffe, 2017a). 그러면 토착적이라는 것은 정확히 무엇을 **의미**할까(곧, 토착적인 상태에 해당하는 명확한 특성은 무엇일까)? 토착성을 정의하는 것은 누구일까? 이런 특성은 장소나 시간에 관계없이 동일한 것일까? 이 장에서는 복잡하고 논쟁적인 개념인 토착성이 역사적 궤적, 그리고 민족과 문화 간 권력관계에 뿌리내리고 있음을 살펴본다. 아울러 이 장에서는 토착성이 어떤 방식으로 연구되어왔는지, 그리고 토착성에 관한 이해와 연구가 어떤 이슈에 직면해 있는지를 고찰한다.

토착성은 정체성, 문화, 앎의 방식, 존재방식 등을 지칭하는 데 사용된다(Zimmerer, 2015). 이 장에서는 이 모든 특성을 다루지만, 특히 사회지리학에서는 정체성과 앎의 방식이 가장 중요하게 다뤄져왔다. '토착성'이라는 용어는 권력획득에 사용되기도 하지만, 억압하고 주변화하기 위해서도 사용될 수 있다(Postero, 2013). 역사적으로 볼 때 '토착성'이라는 용어는 본질상 정치적이다. 특히, 토착성은 **식민주의**와 제국의 권력관계에 얽혀 있는데, 이는 식민화된 민족집단의 땅을 차지하고, 그들의 자원을 전유하며, 그들의 앎의 방식과 존재방식을 '문명화'하려는 자들이 그 민족집단을 재현해온 맥락에서 가장 뚜렷이 나타난다. 전 세계에 걸쳐 발생한 이런 현상은 뉴질랜드의 마오리족, 캐나다의 토착민(First Nations)*, 안데스의

---

* First Nations란 캐나다와 미국의 토착민을 가리키는 용어다. 이 용어는 인디언이라는 모욕적인 표현을 쓰지 않기 위해 1970년대 활동가들이 사용하기 시작했으며, 이후 1980년대에 캐나다 정부가 공식적으로 인디언 집단을 대체하는 용어로 사용하기 시작했다. 인디언이라는 용어는 유럽인들의 잘못된 지리적 지식에서 기인했기 때문에, 미국 정부는 '아메리카 원주민(Native American)'이란 용어를 사용했다. 'First Nations'는 미국과 캐나다의 국경을 포괄하여 태평양 북서부 지

잉카인 등 많은 민족에게 영향을 끼쳤다. 요컨대, 우리가 토착성을 논의하려면 언제나 역사적 과정(제국의 형성, 식민화, 예속 등)에 대해 생각해야만 한다. 왜냐하면 민족집단의 관점에서 볼 때 이런 역사적 과정은 '토착적인'/'비토착적인' 같은 분류가 만들어지는 기반이 되었기 때문이다. 그러나 이와 동시에 토착성은 특정 정체성을 대표하기도 했고, 세계의 민족집단들은 이런 특징을 토대로 더 큰 정치적 재현, 자원, 존중을 위해 뭉치고 투쟁할 수 있었다(Lawrence & Adams, 2005).

나아가 토착성은 늘 관계적이라는 점도 기억해야 한다(De la Cadena & Starn, 2007; 1장 사회지리학의 번영을 위하여 참고). 이는 곧 '토착적'이라는 개념이 식민지정착민(settlers)*의 정체성이나 근대성(모더니티)처럼 토착적이지 **않은** 것이나 그러한 사람과의 비교에서 유래했다는 것을 함축한다(Dove, 2006). 따라서 토착성이란 용어의 의미는 결코 정적이거나 고정되어 있지 않다. 오히려 다양한 사람들이 수많은 시대와 장소에 걸쳐 여러 방식으로, 또 수많은 지식의 프레임을 통해 (또는 앎의 방식을 통해) 토착성을 사용해왔다. 이러한 유동성과 다양성은 토착성이 일종의 정체성과 같이 기능한다는 점을 함의한다. 가령, 오늘날 볼리비아에서는 이전보다 훨씬 많은 사람이 자신을 토착민(원주민)이라고 지칭하고 있지만, 이전만 하더라도 농촌 지역에서는 농부로, 도시에서는 도시민으로 자신의 정체성을 규정했었다(Canessa, 2007). 이는 볼리비아에서 최근에 벌어진 정치경관의 변화에 따른 것으로서, 많은 이들이 토착성을 자신의 문화적·정치적 정체성으로 규정하는 유행을 불러왔다(Burman, 2014).

그동안 인문지리학 전반에서는 토착성과 관련된 이슈들이 간과되어왔다. 사회지리학이 '토착성'에 관한 사고를 비판과 탐구의 틀로 설명하고, 인정하며, 정립하려고 시도하기 시작한 것은 최근에 들어서다(Frantz & Howitt, 2012). 이는 식민지정착민의 사회에 살고 있는 토착민들이 사회적 주변화에 직면해 있음을 반영하는 것이기도 하다. 오늘날 많은 연구는 토착민들이 광범위한 사회관계 속에서 어떻게 존재하는지에 주목하고 있다. 가령, 토착민과 토착성에 관한 인문지리학 연구는 근대성(Radcliffe, 2018), 식민성(Barker & Pickerill, 2019), 환경(Kitossa, 2000)을 둘러싼 이슈들을 분석, 비판해왔다. 그러나 토착성 개념과 인문지리학에서 토착성을 다루는 방식이 그 자체로 하나의 근본적인 문제의식으로 인정받게 된 것은 최근의 변화다(Barker & Pickerill, 2019). 토착성 논의를 둘러싼 이러한 변화는 특히 인문지리학 분야에서 토착민을 연구하는 학자들이 부상한 덕분이다(de Leeuw & Hunt, 2018). 이들은 토착성을 정적인 개념으로 취급하는 것이나, 토착성과 토착민을 낭만화하고 본질주의화하는 것이 위험하다는 점을 강조한다(Radicliffe, 2017a).

역 토착민을 가리키는 용어로 사용되기도 한다. 하지만 20세기 후반부터는 이런 포괄적인 명명보다 토착민 자신이 속한 민족명(예를 들어 아이다족)으로 스스로의 정체성을 확립하는 경향이 커지고 있다(출처: en.wikipedia.org).

* 'settler'는 유목민(nomad)의 반의어로 사용되기도 하나, 여기에서는 유럽의 정착민 식민주의(settler colonialism) 맥락에서 식민지에 정착한 유럽인들을 지칭한다. 정착민 식민주의는 본토에서 대규모로 주민들을 식민지로 이주시켜 토착민과 토착문화를 완전히 없애고 새로운 정착민사회를 건설하려는 것을 목적으로 하며, 흔히 대량학살과 같은 잔인한 폭력과 동화주의 정책을 동반한다. 정착민 식민주의는 정치적 지배나 경제적 수탈 및 착취를 목적으로 하는 다른 유형의 식민주의와 대비된다.

Box 8.1

 토착성 연구의 핵심 개념

본질주의화(Essentialisation) 본질주의화란 토착민이 순수하게 '토착적' 특성을 소유한 집단이라고 간주하는 사고로서, 토착민을 특정한 성격으로 환원하는 과정을 지칭한다. 그러나 전 세계의 토착민집단들은 다양하게 존재하며, 하나의 민족집단도 그 자체로서 내적으로 다양하다. 가령, 에콰도르의 토착민집단은 노르웨이, 미국, 캐나다의 토착민과 매우 다르다. 뿐만 아니라 에콰도르 토착민집단 내에는 12개 이상의 토착언어가 존재한다(Haboud, 2009).

전통적인(Traditional) 대개 토착성은 '전통적인' 사회 및 생활방식과 연계되곤 한다(Valdivia, 2005). 이는 토착민족들이 자급자족적 생계를 유지한다는 가정, 곧 발달된 기술을 이용하지 않고 매우 정신적인 문화를 유지하거나 '근대적'이라고 볼 수 없는 사회적 실천을 영위한다는 가정을 포함한다. 그러나 토착적이라는 것이 본질적으로 어떤 사람이나 민족집단이 '근대적'이지 않다는 것을 의미하지는 않는다. 많은 토착민들은 도시화된 지역에서 거주하고, 핸드폰과 컴퓨터를 사용하고, 사업을 영위하며, 사무실 같은 곳에서 일한다.

낭만화(Romanticisation) 이는 비토착민집단(주로 백인이나 식민지정착민 사회)이 토착성과 토착민을 이상적이라고 간주하는 과정을 지칭한다. 낭만화는 토착성을 본질적으로 **전통적**인 것이라고 **본질주의화**하고 근대성 및 후기자본주의의 비참함과 반대되는 것이라고 일반화함으로써 나타난다.

지식(들)(Knowledge(s)) 복수(複數, multiple)의 지식이 존재한다는 사고는 토착성에 대한 인문지리학적 접근의 핵심 원리이다. **토착적 '지식들'**(Indigenous Knowledges; 약어로 IK라고도 함)은 특히 기후변화, 지속가능성, 토지와 권리 등의 맥락에서 언급되어왔다(Watson & Huntington, 2008). 지식의 다원화는 지식이 보편적이고 동질적이며 단일하다는 가정을 거부한다. 모든 지식은 (또는 앎의 방식은) 사람이나 문화 또는 장소마다 다르다.

식민지배자/식민지인(Coloniser/Colonised) 토착성 개념은 정착, 억압, 착취라는 식민의 역사와 복잡하게 얽혀 있다. 이에 따라 많은 사회지리학 연구들은 토착민과 그들에게 권력을 행사한 식민지정착민 간의 관계를 다루기 위해 식민지배자와 식민지인이라는 이분법을 받아들인다. 식민지배자/식민지인의 이분법이 사회지리학의 토착성 연구에서 핵심임을 고려한다면, 포스트식민이론(2장 사회지리학 이론 참고)이 이를 탐구하는 공통의 렌즈라는 점은 놀라운 일이 아니다.

이 장에서는 토착성 연구와 관련된 이슈를 개관한다. 우선, 토착성을 하나의 주제나 개념으로 놓고 접근할 때 유용한 몇몇 용어를 설명한다. 이어 토착성과 식민주의의 관계를 다루는데, 특히 식민지정착민과 토착민의 관계를 특징짓는 착취와 전유의 문제에 주목한다. 그다음으로 토착성과 권력을 설명하는데, 특히 커뮤니티들이 보다 나은 정치적 자원, 재현, 권리에 접근하기 위해 어떻게 토착성을 정체성의 형태로 동원했는지를 강조한다. 마지막으로는 토착성 연구에서 부상한 실제적·윤리적 이슈들을 다룬다. 여기에는 토착민이 직접 수행하는 연구뿐만 아니라, 토착민과 연구자가 공동으로 수행하는 연구도 포함된다.

'토착성' 개념을 잘 이해하려면 지리학에서 사용하는 핵심 용어를 먼저 이해할 필요가 있다. Box 8.1은 이에 대한 설명뿐만 아니라 관련된 문제제기도 함께 다루고 있다.

1. 토착성과 식민주의

유럽의 권력이 아프리카와 아메리카의 대부분을 식민지화할 때, 땅을 점령하고 사람들을 노예화하는 방식은 체계적이고 폭력적이었다. 그 결과 토착인구는 빈곤해졌고, 권력을 강탈당했으며, 주변집단으로 전락했다. 이러한 체계적 폭력의 유산은 오늘날 「토지법」 이슈에서 찾아볼 수 있다. 「토지법」은 토착민으로부터 토지와 영토를 빼앗아 식민지정착민들의 손에 쥐어준 식민시대에서 시작되었는데, 이 토지와 영토는 오늘날까지도 토착민에게 되돌려지지 않았다. 이런 이유로 토지개혁과 관련된 문제는 많은 토착민들에게 매우 중요한 정치적 이슈이다(Johnson, 2011).

토착민이 소유했던 땅과 자원의 전유 외에도, 토착민집단은 극심한 **인종차별주의**의 대상이 되었고 이는 지금도 여전하다. 토착민집단은 백인 이민자 사회에게 '야만인', '비문명인', '미개인'으로 불렸는데, 식민사회에서 상대편 구성원에 해당하는 식민 이주자집단에 비해 발전수준이 낮고, 지적이지 못하며, **인간**으로서의 특성도 부족한 존재로 간주되었다. 이런 인종차별주의는 토착민집단을 지배하고 예속하며 착취하는 것을 정당화했고, 제국의 식민화와 팽창에 윤리적·도덕적 근거를 제공해주는 이른바 '문명화 사명(civilizing mission)'의 서사를 지속시켰다. 예를 들어 19세기와 20세기에 미국, 캐나다, 오스트레일리아 정부는 수십만 명의 토착민 어린이들을 가족으로부터

강제로 격리시키는 일을 저질렀는데, 이런 정책은 토착민들을 돕는다는 생각에 입각한 것이었다(Jacobs, 2005). 이 같은 토착민 가족의 강제 격리는 엄청난 육체적·정신적 트라우마를 야기했고, 토착민의 가족, 문화, 세대를 파편화했다(Palmiste, 2008).

토착민에 대한 인종차별주의는 **백인성**과 차이에 대한 식민주의적 태도에서 비롯된 것이다(13장 인종 참고). 기본적으로 토착민은 유색인이므로 이는 자동적으로 열등한 존재로 간주되었다. 이런 현실은 토착민과 식민지정착민 간 철저한 불평등을 초래했고, 억압적인 식민주의 국가의 시민성, 민족성, **타자성**과 관련된 서사를 통해 유지되고 재생산되었다(Johnson, 2011). 이러한 인종 및 토착성 이슈는 오늘날까지도 지속되고 있다. 특히 식민지정착민들이 세운 국가에서는 토착민에 대한 **인종화(racialisation)**가 지속되고 있다. 인종화란 사회 내에서 더 많은 권력을 가진 집단이 인지한 인종적 특성에 따라 특정 민족집단들이 범주화되는 과정을 지칭한다.

그 결과 토착성은 토착민의 정체성을 구성하는 (특히 우리가 다음 절에서 살펴볼 정치적인 동원을 가능케 하는) 필수요소가 되었고, 반(反)식민주의적 정신을 형성하여 다양한 토착민집단을 하나의 우산 밑에 결집시키는 광범위한 투쟁의 구심점이 되기도 했다. 이런 반식민주의 입장은 국제적으로 토착민운동을 발흥시킨 핵심 추동력이 됨으로써, 토지에 대한 권리, 문화에 대한 권리, 언어에 대한 권리 등의 이슈를 중심으로 토착 지식을 보호하고 홍보하는 데도 큰 영향을 주었다(Johnson et al., 2007). 이의 연장선에서 다음 절에서는 토착성

이 어떻게 정치적 재현과 자원을 강화하기 위한 토착민운동에 동원되었는지를 탐색해보자.

2. 토착성과 권력

최근 많은 토착민집단은 자신들의 정치권력, 가시성, 영향력을 증대하기 위해 토착성 개념을 적극 동원하고 있다. 이는 토착성에서 비롯된 정체성이 집단적 결속의 잠재력을 지니기 때문에 가능했다. 예를 들면, 최근 수십 년 이상 토착민들의 사회운동은 민족적·국제적으로 발전해나갔고, 그 덕분에 토착민의 권리에 대한 국가적·국제적 인식이 강화되었다(Davis, 2008). 그러나 부분적으로 이러한 단결의 과정은 '토착성'의 (의도적) 구성에 의존해왔는데 '토착적'이라고 언급되는 모든 사람이 그 토착성에 동의하지는 않는다(Burman, 2014). 따라서 '토착성'이 하나의 용어이자 정체성의 형태로 동시에 인식되려면, 고도로 정치적이면서도 주체적인 인식이 요구된다.

국가적 수준에서 한 가지 분명한 사례를 제시한다면 볼리비아를 들 수 있다. 볼리비아의 에보 모랄레스(Evo Morales) 대통령은 코카나무를 재배하던 토착민 출신의 농부였는데, 그가 최초의 토착민 출신 대통령이 되는 데에는 스스로의 토착성에 대한 인식이 중대한 기여를 했다. 2005년 모랄레스는 볼리비아를 '탈식민화'하고 '재수립' 하자는 어젠다로 캠페인을 벌였으며, 토착민에게 권력을 이양하는 것을 정치 신념의 중심으로 삼았다(Postero, 2010). 그러나 모랄레스가 자신의 정치 담론으로 주창했던 토착성은 특수한 형태였

는데, 이는 모든 토착민들이 하나의 등질적 범주로 제시될 수 있으며 공통의 전통과 신념으로 단일화될 수 있다는 가정을 토대로 했다(Canessa, 2014). 그의 주장은 볼리비아의 일부 토착민들로부터 이의제기를 받았는데, 이는 고지대 토착민과 저지대 토착민 사이의 긴장에서 유래한 것이었다(Lopez Pila, 2014). 볼리비아의 많은 토착민들은 모랄레스 정부가 주창하는 토착성이 특정한 유형의 토착문화를 다른 것들보다 우선시한다고 생각했다. 가령, 저지대 출신의 토착민들은 고지대 토착민들의 (특히 코카나무 농부들의) 토착성이 더욱 존중된다고 느꼈다(Canessa, 2014). 이는 토착성이 얼마나 논쟁적이고 역동적이며 근본적으로 정치적인 개념인지를 보여준다. 이처럼 토착성 개념은 정치적 주장을 위해 다양한 사람들에 의해 다양한 방식으로 이용될 수 있다.

글로벌 수준에서 토착성이 정치적으로 동원되는 방식을 보여주는 좋은 사례로는 최근 수십 년 동안 부상해온 국제적인 토착민운동을 들 수 있다. 이 운동은 반식민주의, 반제국주의, 문화에 대한 권리, 물에 대한 권리 등의 이슈를 홍보하면서 글로벌 무대에서 토착민(원주민) 이슈를 옹호하는 세력으로 자리 잡았다(Feldman, 2002). 이 운동은 UN(국제연합)이 토착민집단의 정치적 대표성을 보장하게 만드는 데 영향을 끼쳤다. 여러 토착민들의 국제 네트워크가 발달하면서 점차 그 힘이 강해지자, UN은 1982년 토착민집단과 관련된 워킹그룹(Working Group)을 만들게 되었던 것이다. 그 이후 지금까지 UN 토착민 워킹그룹은 세계 곳곳의 토착민집단 대표들이 모여 자신들과 관련된 이슈를 집단적으로 논의하고 글로벌 무대에서 토

착민을 옹호하는 회합의 장소가 되었다(Muehle-bach, 2001).

2007년 국제적 토착민운동은 UN으로 하여 금 이른바 '토착민 권리 선언(Declaration on the Rights of Indigenous Peoples)'을 채택하도록 만드는 데 성공했다. 이 선언은 토착성 이슈를 국제정치의 전면에 드러낸 것이었다. 그러나 결정적으로 UN은 '토착적'이라는 것이 어떤 의미인지를 공식적으로 정의하는 작업은 거부했다. 이는 국제적 토착민운동 대표들이 요구해온 사항이었는데, 이들은 자체적으로 토착민을 정의하는 시스템을 추구했다(Escárcega, 2010). 이 시스템은 토착민을 "식민지 이전 사회와 식민지정착민 사회의 역사적 연속성, 고국의 천연자원과의 강한 연계, 그리고 별개의 언어, 문화, 신앙을 지닌 사회·경제·정치적 소수민족"과 같은 기준으로 판단했다(Davis, 2008). 이 기준은 포괄적이기 때문에, 매우 광범위한 범주의 민족과 집단이 포함될 수 있어 토착성에 대한 UN의 인식은 상대적으로 여전히 모호

할 수 있다. 그러나 이런 관점을 제시하는 데 최선두에 있던 사람이 토착민이었다는 점이 중요하다. 요컨대 국제적 토착민운동은 글로벌 수준에서 '토착적'이라는 것이 어떤 의미인지 명확한 경계를 세우는 데 핵심 역할을 했으며, 이들이 결정한 토착민의 기준은 글로벌 마인드를 갖고 모든 장소와 문화를 포괄할 수 있도록 의도적으로 선택되었다.

3. 연구와 토착민: 지식 생산의 윤리와 책임

토착성이나 토착민에 관한 연구는 방법론적으로 중대한 함의를 갖고 있다. 아마 사회지리학에서 가장 눈에 띄는 개념은 **'지식의 생산'**일 것이다. 최근 토착성에 초점을 둔 많은 연구들이 저자와 연구자로서 우리가 생산한 데이터와 그 데이터를 생산하는 방식에 대한 책임에 뼈아픈 비판을 해오고 있다(이에 대한 보다 깊은 논의는 1장과 3장 참

고). 토착성 연구는 식민주의의 역사적 유산이 오늘날 우리의 세계를 어떻게 만들어냈고, 지식의 생산이 그 **권력**을 실현하는 도구로서 어떻게 기능했는지를 (그리고 여전히 기능하고 있는지를) 인식하고 있다.

학문으로서의 지리학은 식민주의와 분명한 관계를 맺고 있다. 지리학은 특히 '아직 탐험되지 않은' 그리고 '아직 접촉하지 않은' 땅과 사람에 대한 지식을 생산함으로써 식민주의적 지배와 예속의 도구로 기능했다(Robbins, 2012). 이는 유럽의 **탐험가**들이 타 문화에 대한 경험을 글로 쓰고 자신의 준거 틀과 지식에 의거해서 판단을 내리는 방식을 통해 실현되었다. 또한, 식민주의와 제국의 팽창은 유럽인이 우월하다는 사고를 토대로 했다. 따라서 이런 탐험가들이 생산한 데이터는 유럽 밖의 민족들을 식민권력에 의해 '문명화'되어야 할 사람들로 위치시켰던 서사를 뒷받침했다. 이런 사고방식은 (본질적으로 유럽중심적인) 보편적 지식과 보편적 존재방식에 대한 신념을 토대로 했기 때문에, 유럽의 사고체계와 사회·정치조직은 유럽 밖의 모든 집단들이 벤치마킹해야 하는 대상이었다.

이런 측면에서 볼 때, 학계의 연구자들이 이러한 권력관계의 재생산을 거부하는 것이 중요하다. 이는 토착성과 관련하여 연구자 자신의 **위치성**을 인정하는 것과 관련되어 있다. 곧, 토착민들이 직

Box 8.2

현장 속 연구
오스트레일리아 북부에서의 함께되기와 관계성

컨트리* 등(Country et al., 2016)은 오스트레일리아 북부에서의 함께되기(co-becoming)와 관계성에 관한 연구에서 지식 생산에서의 위계적 **권력**관계를 해체하는 중요한 단계를 이행했다. 이들은 학술지에 게재할 논문을 쓸 때 (인간 및 인간 너머의 형태 둘 다를 포함한) 커뮤니티와 공동 작업을 수행했다. 저자 소개 부분에서 (인간)기여자들은 다음과 같이 글을 썼다.

바와카 컨트리(Bawaka Country)는 본 연구의 적극적인 공동연구자이자 책임자이다. 오스트레일리아의 아넘랜드(Arnhem Land) 북동부에 위치한 바와카 컨트리는 사람, 동물, 식물, 물, 땅을 포함하고 있다. 라클락(Laklak)과 그녀의 가족들을 서로 연결할 뿐만 아니라, 이들을 여러 영적·상징적 영역과 연결시킨 것도 바와카 컨트리다. 이 컨트리는 법률, 관습, 운동, 노래, 지식, 관계, 역사, 현재, 미래, 영적 존재를 모두 아우르고 (재)창조했다. 우리는 바와카 컨트리에게 말을 걸 수 있고, 이 존재를 알게 될 수 있으며, 바와카 컨트리 스스로도 의사소통할 수 있고, 느끼고, 행동할 수 있다.

이러한 접근은 **지식**의 생산과정에서 인간과 인간 너머 세계와의 상호관계에 의존함으로써 지식에 대한 전통적인 **유럽중심주의적** 인식을 전복시킨다. 이 접근은 아넘랜드 북동부에 거주하는 토착민들의 앎의 방식을 존중하고 인식하는 데서 출발했다. 그리고 이 접근을 연구에 사용해서 '연구자'와 '연구대상자' 간의 기존의 이해와 구별을 타파할 수 있었다.

---

* 이 연구논문의 제1저자인 컨트리(Country)는 Box 8.2에서 인용하고 있는 바와카 컨트리(Bawaka Country)로서, 인간이 아니라 오스트레일리아 아넘랜드 북동부에 위치한 특정 장소이다.

접 참여할 수 있는 방법을 사용하고 그들과 공동으로 연구하는 것, 토착적 연구와 지식의 복수성을 인식하는 것, **유럽중심주의**에 입각한 지식의 위계성을 거부하는 것, 연구참여자들에게 이로운 방식으로 연구성과가 확산되도록 할 것을 보장해야 한다(Box 8.2 참고).

요약

- 토착성은 정체성, 문화, 앎과 존재의 방식, 그리고 그 이상이다. 토착성에 대한 인식은 사회지리 연구에 점차 큰 영향을 끼치고 있다.
- 토착성은 사회적 분리와 정치적 주장을 특징으로 하는 정치적 개념이다. 이와 동시에 토착성은 사회행동을 통해 스스로 권력을 쟁취하려는 커뮤니티에 의해 활용될 수도 있다.
- 토착성 연구에서는 장소가 중요하다. 왜냐하면 대개 토착성은 로컬 스케일에서의 사회·정치적 과정, 다양한 정체성, 그리고 땅에 대한 소유권에 의존하기 때문이다.
- 모든 연구자들은 토착성과 토착성 연구의 근간을 이루는 권력의 동태에 대한 감수성을 지녀야 한다. 지식의 생산과 그 과정에서 우리가 하는 역할에 영향을 미치는 과거와 현재의 권력관계 모두를 인정해야 한다.

더 읽을거리

Clement, V. (2019) Beyond the sham of the emancipatory Enlightenment: Rethinking the relationship of Indigenous epistemologies, knowledges, and geography through decolonizing paths. *Progress in Human Geography,* 43: 276-94.

Country, B., Wright, S., Suchet-Pearson, S., Lloyd, K., Burarrwanga, L., Ganambarr, R., Ganambarr-Stubbs, M., Ganambarr, B., Maymuru, D., & Sweeney, J. (2016) Co-becoming Bawaka: Towards a relational understanding of place/space. *Progress in Human Geography,* 40: 455-75.

Radcliffe, S. A. (2017) Decolonising geographical knowledges. *Transactions of the Institute of British Geographers,* 42: 329-33.

Watson, A., & Huntington, O. H. (2008) They're here – I can feel them: The epistemic spaces of Indigenous and Western knowledges. *Social & Cultural Geography,* 9: 257-81.

민족과 민족주의

오늘날 전 세계는 민족 전선을 따라 점차 분열되어가는 상황에 있다. 이 때문에 **민족**과 **민족주의**의 (지리)정치적 이슈들에 주목하는 사회지리학 연구는 나날이 그 중요성이 높아지고 있다. 이 분야의 연구는 시민들의 (다른 민족의 정체성과 구별되는) **민족정체성**을 일깨우는 대상물, 실천, **수행**(performance)에 주목하며, 이와 동시에 시민들이 일상생활에서 민족을 경험하고 민족에 애착을 품는 다양한 방식에도 관심을 기울인다. 민족정체성은 당연한 것도 아니고 획일적이지도 않다. 오히려 민족정체성은 늘 다른 사회적 정체성과 상호교차하고 (지리)정치적 사건들의 영향을 받는다. 이 장에서는 민족주의와 관련하여 지리학자들이 크게 주목하지 않았던 남아메리카(아르헨티나와 칠레)의 사례도 살펴본다.

1. 경계 없는 세계?

오늘날 우리 모두는 진귀한 문화의 사절(使節, emissary)이자, 풍요로운 역사의 사절이며, 지구상 그 어느 곳에서도 찾을 수 없는 우리의 조국을 만들어낸 기억, 전통, 가치로 뭉친 민족의 사절입니다. … 미국은 미국인이 통치합니다. 우리는 세계주의(globalism) 이데올로기를 거부하며 애국주의 독트린을 맞이합니다.

- 도널드 트럼프(Donald Trump) 전 미국 대통령,
UN 총회 연설, 2018년 9월 25일

난 늘 애국적인 미국 시민이라고 생각해왔다. 늘 미국적 생활방식이 옳다고 믿어왔다. 헌법에 새겨진 가치들, 나는 미국을 떠받치는 것이 바로 그 가치들이라고 믿고 있다. 다양성, 종교의 자유,

평등, 정의, 수감자에 대한 인도적 대우 같은 것 말이다. 테러리스트 첩자로 잘못 기소되었지만, 나는 애국적인 미국인이다.

　－ 제임스 이(James Yee), 미 육군 무슬림 군목, 미국의 적국 전투원으로 오인받아 구금되었다가 풀려남; Weber, 2011에서 재인용

미국 대통령이나 영국 총리(수상)와 같은 정치 지도자에게는 세계주의나 세계시민이라는 관념을 버리는 대신 민족에 대한 **애국주의**적 정체성을 지지하는 것이 거의 일상이 되어가고 있다. 이들은 애국주의가 민족에 대한 그리고 민족과 관련된 전통과 가치에 대한 충성심을 표현하는 적극적이고 유익한 수단이라고 찬양한다. 한편, 대중적인 의미에서 민족주의라는 개념은 극단적인 민족 감정의 분출을 연상시킨다. 이처럼 민족주의는 "민족구성원들 사이의 소속감, 연대감, 동질감을 그 민족의 집단적 고향으로 상상되는 영토와 함께 결합하는 근대의 사회·정치적 형성물"이라고 할 수 있으며, 오늘날 이에 관한 학술연구는 지리학자들의 많은 주목을 받고 있다(Sparke, 2009: 488). 이 장에서는 오늘날의 세계에서 민족주의에 관한 지리학 연구가 중요하다는 점을 강조한다. 우선, 민족주의에 대한 비판사회지리학적 접근은 어떻게 민족주의가 (오스트레일리아, 캐나다, 미국과 같은 국가에서 유럽 정착민보다 앞서 살고 있던 토착민처럼) 특정한 사람들을 국민 구성원의 일부로 포함하거나 배제하는지를 드러낼 수 있다(8장 토착성 참고). 또한, 사회지리학적 접근은 왜 어떤 사람(신체)들은 민족구성원으로 인정받고 다른 이들은 그렇지 않은지, 그리고 다양한 사람들이 민족과 관련해서 어떤 정체성이나 감정을 갖는지를 세심하게 이해하는 데도 도움이 된다.

21세기 초반만 하더라도 바야흐로 '경계 없는 세계'가 도래할 것이라는 성급한 예상이 팽배했었다. 그러나 오늘날 이런 예상은 점차 빗나가고 있다. 왜냐하면 민족의 주권과 정체성과 관련된 문제들이 현대의 지정학적 논의와 담론을 지배하고 있기 때문이다(Antonsich & Skey, 2017). 서두의 인용문은 민족과 민족주의에 관한 이 절의 내용을 전체적으로 조망하는 데 유용하다. 우선, 첫번째 인용문은 정치투쟁의 장에서 (트럼프 대통령과 같은 엘리트의 정치적 발언이나 트윗을 통해) 민족이 어떻게 재생산되는지를 보여준다. 이와 아울러 사회지리학자들은 민족의 구성원에게 민족성(nationhood)을 일깨우는 일상적인 실천, 수행, 대상물에도 주목해왔다. 두 번째 인용문은 이른바 '테러와의 전쟁'이 일어난 시기에 미국 정부 때문에 잘못 구금되었던 제임스 이의 발언 일부로, 사람들에게 국민적 일체감을 불러일으키는 여러 사회적 조건과 민족에 대한 사람들의 경험을 이해하는 실마리를 제공한다. **민족정체성**은 추상적이지도 보편적이지도 않으며, 국민국가의 경계 안에 있는 모든 시민에게 고정불변인 것도 아니다. 젠더, 섹슈얼리티, 민족집단(종족, ethnicity), 종교, 연령과 같이 체화된 사회 정체성은 민족에 대한 사람들의 경험을 직접적으로 형성할 수 있다(3부 분리 참고).

둘째, 위의 두 인용문은 민족과 민족주의에 관한 지리적 논의에 주목하고 있다. 그동안 지리학자들은 미국의 민족주의에 대해서 별다른 주의를 기울이지 않았다. 왜냐하면 미국의 경우 민족 감

정을 어떻게 그리고 어디에서 가시적으로 확인하고 조사할 수 있는지에 관한 가정 자체가 문제이기 때문이다. 따라서 민족주의에 관한 지리학 연구는 미국이나 영국처럼 '확고부동한' 국가보다는 발칸반도와 같이 민족주의 갈등이 뜨거운 지역들에 주목해온 것이 전형적이었다(Billig, 1995). 물론 이런 경향이 변화하고 있지만, 여전히 세계 곳곳에는 민족주의 연구자들의 주목을 받지 못한 지역들이 남아 있다. 이런 맥락에서 이 장 4절에서는 남아메리카에 대해서 살펴보고자 한다(훌륭한 연구사례로 Radcliffe & Westwood, 1996 참고).

2. 민족의 (재)생산

우리의 민족정체성(national identities)은 자연적인 것처럼 보이곤 한다. 왜냐하면 우리 대부분은 특정 국가에서 태어났고 특정 국적을 부여받았기 때문이다. 어떤 학자들은 이처럼 자연적으로 형성된 (언어, 종교, 관습, 전통을 통해서 공유되고 표현되는) '종족적(민족집단적) 유대와 감정(ethnic ties and sentiments)'과 '대중의 종족적 전통'을 강조하여 민족의 생산을 이론화한다(Smith, 1998: 12). 이는 이른바 **종족적 민족주의(ethnic nationalism)**라고 불리는데, 일반적으로 **시민적 민족주의(civic nationalism)**와 대비되어 사용된다. 시민적 민족주의에서는 민족성이 (몇몇 문화적 특징으로 결정되기보다는) 국가 내에서 공유된 시민권을 기반으로 하며 정치제도에 따라 결정된다고 본다. 이러한 보다 자유주의적 해석을 따르는 연구자들은 민족이란 필연적인 것이 아니며 지속적으로 (재)생산

된다는 점에 주목해왔다. 국가는 국민에게 민족에 대한 충성과 복종을 재확인시켜야 하므로, 국민으로 하여금 언제나 자신의 민족성을 상기하도록 만들어야 한다. 그리고 이는 수많은 일상적인 루틴과 실천을 통해서 이루어진다. 마이클 빌리그(Michael Billig, 1995)의 유명한 저술인 『일상적 민족주의(Banal Nationalism)』는 국민에게 (그리고 국민에 속하지 않은 사람들에게도) 민족이라는 '깃발이 펄럭이도록' 만드는 이러한 세속적이고 평범한 방식에 주목했다. 오늘날 지리학을 비롯한 많은 사회과학 연구자들은 민족적인 것이 담론, 대상물, 실천을 통해서 (공공건물에 휘날리는 깃발처럼 일상생활에서 잘 알아채지 못하는 특징까지 포함해서) 생산되고 유포되며 교섭되는 방식에 주목하고 있다. 빌리그가 지적한 것처럼, "펄럭이지 않는 깃발은 쉽게 잊히지만, 이는 깃발이 펄럭이는 잊지 못할 순간만큼이나 중요하다"(Billig, 1995: 10). 지금까지의 여러 연구는 우표, 자동차번호판, 음악, 그 외의 일상적인 대중문화를 통해 어떻게 민족이 (재)생산되는지를 탐구해왔다(예를 들어 Edensor, 2002; Leib, 2011; Raento & Brunn, 2005 참고). 또한, 이런 연구는 교육이나 컵스카우트(Cub Scouts)* 같은 단체를 통해 어린이와 청소년에게 민족에 관한 특별한 이야기들을 선사하는 민족적 대상물(교과서, 교육자료), 실천과 수행(집회, 기념식, 기념물) 등에 주목하기도 한다(Benwell, 2014a; Mills & Waite, 2017; Scourfield et al., 2006).

---

* 보이스카우트나 걸스카우트 연령보다 어린 7~12세 아동들이 주로 참여하는 스카우트활동 단체.

3. 민족주의의 사회지리

민족주의에 관한 연구들은 인간주체의 **행위성**을 간과하거나 사람들이 민족과 민족주의를 수행하는 다양한 방식을 간과했다는 점에서 비판을 받아왔다(Antonsich, 2016). 미국에서는 스포츠 경기 시작 전 국가 연주에 맞춰 국기가 펼쳐지는 시간 동안 어떤 자세와 행동이 적절한지에 대해 열띤 논쟁이 있었는데,* 이는 '당연하다고 생각되던'

....

* 흑인 및 유색인종에 대한 경찰의 과잉진압과 **인종차별**에 항의하는 미국의 **한쪽무릎꿇기운동(kneeling protest)**을 둘러싼 논쟁을 일컫는다. 이 운동은 2016년 8월부터 미국프로풋볼리그(NFL) 선수 콜린 캐퍼닉(Colin Kaepernick)이 흑인에 대한 경찰의 폭력에 항의하는 표시로 풋볼 경기 전 국민의례를 거부하고 한쪽 무릎을 꿇었던 데서 유래했다. 캐퍼닉은 "흑인과 유색인종을 탄압하는 나라의 국기에 존경을 표하기 위해 일어설 수 없다"고 말했다. 2017년 당시 대통령이던 도널드 트럼프는 캐퍼닉을 두고 저 개자식(son of bitch)을 경기장에서 당장 끌어내야 한다고 원색적으로 비난했다. 이에 미국 국가 연주 시 한쪽무릎꿇기운동에 동참하는 진영과 이들을 비난하는 진영으로 나뉘어 논란이 확대되었다. (2018년에 나이키는 캐퍼닉을 자사의 'Just Do it' 30주년 캠페인 광고모델로 발탁하기도 했다.) 그 이후 한쪽무릎꿇기운동은 경기장 밖으로 확대되어 경찰의 폭력과 인종차별에 항의하는 각종 시위현장에서도 진행되었고 심지어 일부 경찰도 이에 동참했으며, 미국 외에 유럽 프로축구리그 경기에서도 이에 동참하는 시위가 벌어지기까지 했다.

민족적 수행이 붕괴될 수도 있음을 보여주는 사례다(Lyons, 2019). 이러한 저항은 미국 경찰의 치안유지 활동에 만연한 인종 불평등에 초점을 두었기 때문에, 사회적 정체성과 민족정체성이 어떻게 교차하는지를 보여주는 사례라 할 수 있다. EU(유럽연합) 탈퇴에 관한 영국의 국민투표는 영국 시민들의 세대 간 분리의 틈이 드러난 사례였다. 이 투표에서 18~24세 인구 중 70%가 '잔류'에 투표한 반면, 65세 이상 인구의 60%는 '탈퇴'에 투표했다. 이는 결과적으로 영국의 민족정체성과 (지리)정치적 미래에 관한 뜨거운 논쟁과 자기성찰을 야기했다. 또한, 일부 연구들은 영국계 무슬림과 시크교도와 같은 소수민족(13장 인종 및 14장 종교 참고)의 경험에 주목하면서, 이들이 일상에서 경험하는 민족성이 지정학적 사건이나 거주국의 외국인정책에 영향을 받는다는 점을 지적한 바 있다(Hopkins et al., 2017; Hopkins, 2007b). 아울러, 어떤 사람들은 이중국적을 갖고 있거나 국경 근처에 거주하므로 두 개 이상의 국가와 경제

그림 9.1 아르헨티나 산타페에 있는 어느 학교의 교복: 포클랜드(말비나) 제도*의 지도가 새겨져 있다.
(그림: Matthew C. Benwell)

....

* 남대서양에 위치한 제도로 영국과 아르헨티나 간의 영토분쟁 지역이다. 현재 실효적 지배를 하고 있는 영국에서는 이곳을 포클랜드 제도라 부르고, 아르헨티나에서는 말비나 제도라 부른다.

그림 9.2 아르헨티나 로사리오의 청소년들이 1982년 포클랜드(말비나) 전쟁 기념식에 참여하고 있다.
(그림: Matthew C. Benwell)

적·사회적·문화적 연계를 형성하고 있는 경우도 있다(Radcliffe & Westwood, 1996). 모든 민족구성원이 획일적으로 민족성을 경험하는 것이 아니기 때문에, 사회지리학자들의 민족주의 연구는 이런 차이들을 확인하고 이해하는 데 도움이 된다.

4. 일상적 민족주의

민족의 일상적(banal) 기표들은 사람들에게 자긍심, 당혹감, 불쾌감 등 다양한 감정과 느낌을 불어넣을 수 있다. 그 감정과 느낌은 사람의 사회적 정체성이나, 민족의 기표가 어떤 맥락에 놓여 있느냐에 따라 달라진다(12장 감정 참고). 최근의 지리학 연구들은 민족주의의 감정적 지시가 어떻게 사람들의 일상생활에 다양한 영향을 미치는지에 주목한다. 이들은 단순히 국기와 같은 대상물이나 전쟁기념식 같은 수행에 사람들이 어떻게 반응하느냐보다, "민족성이 어떻게 '느껴지는지'"에 주목한다. 달리 말해, 이는 "연구의 초점을 우리가 민족 상징물을 어떻게 생각하는가의 문제로부터 이런 상징물이 어떠한 **감정** 반응을 수반하는가의 문제로 옮기는 것이다"(Sumartojo, 2017: 207). 이런 연구는 단순히 민족을 명시적으로 재현하거나 기념하는 대상물, 실천, 수행에만 초점을 두지는 않는다. 오히려, 밀리츠(Militz, 2017)와 같은 연구자들은 아제르바이잔의 전통 무용 같은 수행이 어떻게 그 리듬이나 스텝에 익숙하지 않은 사람들을 소외시키는지, 그리고 이를 통해 어떻게 민족에 대한 집단적 소속감을 영속화하는지를 보여준다. 사회지리학자들은 민족주의의 감정에 주목함으로써 어떻게 민족이 (예기치 않거나 역동적인 방식으로) 재생산되고, 저항되며, 거부되는지를 탐구한다. 이런 연구는 시민이자 연구자로서 우리들에게 큰 놀라움을 선사하곤 한다.

Box 9.1

현장 속 연구
칠레와 아르헨티나의 일상적 민족주의

칠레 파타고니아의 일상적 민족주의와 적극적인 시민 참여

오늘날 우리는 일상생활에서 국기와 같은 민족적 상징물에 익숙해져 있지만, 이들에 대한 사람들의 반응은 결코 당연하거나 영속적이지 않다. 오히려 시민들은 민족적 **기표**를 만들어내거나, 각색하거나, 손상시키거나, 불태움으로써 다양한 청중들을 겨냥한 (지리)정치적 주장을 전개한다. 이는 사회정치적 긴장이 높은 상황에서 특히 그렇다. 우리는 이러한 **전유(專有, appropriation)**를 통해 사람들이 민족정체성을 어떻게 느끼며 그와 어떤 관계를 맺는지를 이해할 수 있다. 그러나 이따금 전유를 둘러싸고 다툼이 발생하기도 한다. 왜냐하면 일부 국가는 국기에 대한 (그리고 국기의 게양에 대한) 사항을 법률로 규정하고 있기 때문이다.

2012년 칠레 파타고니아의 아이센 지역에서는 특별한 국기를 게양하는 일이 벌어졌는데, 사회경제적 불만에 대한 이목을 집중시키기 위해 주민들이 한 행동이었다. 대부분의 지역주민은 중앙집권적인 칠레 정부가 자신들의 현안을 무시한다는 인식을 갖고 있다. 이곳 주민들은 아이센에 인접한 이웃국가인 아르헨티나의 국기를 제작해서 게양했는데, 이는 (부분적으로) 자신들이 아르헨티나의 물적 지원을 받았고 그들과 연대감을 느꼈기 때문이었다. 또한, 지역주민들은 칠레 국기를 거꾸로 매달거나 검은색 깃발 옆에 게양함으로써 칠레 중앙정부가 악화시킨 경제적 쇠퇴에 대한 자신들의 절망감을 표현했다. 국기를 창의적으로 전유했던 아이센 주민들의 시위는 민족(들)에 대한 일상적 동일시가 어떻게 도전받는지 보여준다. 또한, 이는 시민들의 정치적 행위성과 능력이 (특정 정치적 항의에 이목을 집중시키기 위해서) 국가적 예절(규약)을 붕괴시킬 수도 있음을 보여준다(Benwell, Núñez & Amigo, 2019).

아르헨티나의 영토적 민족주의에 대한 참여

대개 민족에 관한 서사는 역사적·지리적 사건들과 연관되어 있다. 많은 국가의 청소년들은 수업시간에 자민족의 전쟁, 독립투쟁, 영토 확장의 역사에 대해 배우며, 각종 기념식에 참석해서 의무적으로 국가를 부르거나 국기에 경례를 하곤 한다(그림 9.2 참고). 가령, 아르헨티나의 어린이들은 국토를 시각화한 지도를 통해서 자국의 영토 확장에 대해 배운다. 이 지도에는 아르헨티나에서 말비나 제도(Islas Malvinas)라고도 불리는 포클랜드 제도(Falkland Islands)도 포함되어 있다. 이 섬은 아르헨티나의 민족사에서 가장 핵심적인 부분으로, 아르헨티나 정부는 이 섬이 영국에 의해 불법 점령된 상태라고 주장하고 있다. 아르헨티나 지도에는 남극도 자국의 영토로 표시되어 있다. 물론 국제법상 남극은 어떤 국가도 영유권을 주장할 수 없는 땅이다(Benwell, 2017). 이처럼 영토적 **민족주의(territorial nationalism)**는 당연하거나 영구불변의 사실이 아니다. 이 맥락에서 일부 연구들은 청소년들이 수업시간에 배우는 민족과 지정학 관련 주제를 얼마나 다양하게 해석하는지를 (아울러 교사는 이런 주제들을 얼마나 다양하게 가르치는지를) 분석하기도 했다. 이와 같이 우리는 (청소년기에 학습하는) 일상적·영토적 민족주의를 다양한 지리적 맥락에서 연구함으로써, 청소년들이 민족에 대해 어떻게 반응하고 느끼는지 잘 이해할 수 있다(Benwell, 2014a). 대개 사회·정치지리학에서는 학교를 청소년들이 민족주의를 접하는 핵심적인 곳으로 상정하지만, 가내공간과 가족의 세대 간 관계도 민족의 역사와 민족성을 배우고 받아들이는 데 중요한 역할을 한다.

연구자들은 질적 연구를 수행할 때 자신의 정체성이 (또는 위치성이) 연구대상자들과의 상호작용과 (보다 궁극적으로는) 연구의 결론에 어떤 영향을 끼칠지에 대해 항상 자기**성찰**을 해야 한다(3장 사회지리학 연구수행 참고). 연구자의 **위치성**을 점검하는 방법론적 설명에서는 젠더, 민족집단, 연령, 섹슈얼리티 등의 정체성 표식들(markers)과 이들의 상호교차를 균형감 있게 되짚어야 한다. 특히, 민족정체성은 연구자와 연구대상자의 관계를 형성하는 데 매우 중요한 역할을 함에도 불구하고, 실제 연구자들은 이에 면밀히 주목하지 않는 경향이 있다. 더군다나 일상적 민족주의에 관한 연구에서는 민족정체성과 민족주의와 관련된 문제가 핵심이기 때문에, 이에 대한 깊은 사고가 더욱 중요하다. 특히, 연구주제가 민족주의적으로 해석되어온 민감한 지정학적 이슈일 경우, 이러한 성찰의 중요성은 매우 도드라지게 나타난다. 필자는 포클랜드(말비나) 제도와 이를 둘러싼 영유권 분쟁을 연구하면서, 영국인 연구자로서의 필자의 정체성에 대해 뼈저린 자기성찰을 하

게 되었다. 우리는 모두 민족정체성을 갖고 있지만 각기 다양한 방식으로 이를 '**수행**한다'. 왜냐하면 민족정체성은 우리가 사용하는 언어, 따르는 민족적 관습, 지정학적 관점 등의 맥락에 따라 상이하게 표출되기 때문이다. 이런 다양성은 우리가 연구를 수행할 때 민족정체성과 연관된 우리의 기대를 강화하기도 하고 무너뜨리기도 한다. 이런 이유로, 연구자와 연구대상자의 민족성과 그 수행은 위치성에 관한 논의에서 절대 간과되어서는 안 된다(Benwell, 2014b). 이런 점에서 연구수행 시 상호작용을 성찰하는 답사노트를 작성하는 것은, 연구자가 정체성의 **상호교차성**에 늘 주의를 기울이면서 민족정체성을 관찰하고 절충하는 과정을 기록하는 데 가장 유용한 방법이다.

5. 결론

이 장에서는 민족, 민족정체성, 민족주의에 대한 사회지리학 연구가 오늘날에도 여전히 중요하다는 점을 살펴보았다. 21세기의 정치담론과 대중담론에서는 민족 간 경계와 구별이 침울하리만큼 빈번하게 언급되는 것이 현실이다. 오늘날 일상적 민족주의를 연구하는 많은 사회지리학자들은 대안우파(alt-right)나 극우파(far-right) 민족주의 단체들의 대항과 더욱 가시화되고 있는 그들의 배타적 수사를 주요 이슈로 연구하고 있다. 이 장에서 소개한 연구들은, 민족의 사회·정치지리에 대한 감수성을 통해 사람들이 자신의 민족성을 얼마나 다양한 방식으로 경험하고 표현하는지를 지적한다. 사람들은 일상생활에서 민족을 다양한 방식으로 마주치기 때문에, 민족적 소속감은 결코 당연하거나 획일적이지 않다. 다양한 공간에 살고 있는 시민들에 대한 지리학 연구들은, 이들이 민족주의나 이와 관련된 서사, 실천, 수행 등을 어떻게 재생산하고, 저항하고, 재구성하며, 심지어 거부할 수 있는지를 보여주고 있다.

- 오늘날에는 배타적 정치의 수사들이 민족주의 전선을 따라 점점 그 수위를 높여가며 표면화되고 있다. 사회지리학은 이런 시대적 상황에서 민족, 민족정체성, 민족주의에 비판적으로 개입하기에 적절한 위치에 있다.
- 사람들은 민족을 다양하게 경험한다. 그리고 사람들은 일상생활에서 민족을 다양한 방식으로 마주치기 때문에, 민족적 소속감은 결코 당연하거나 획일적이지 않다.
- 민족구성원들은 민족주의나 이와 관련된 서사, 실천, 수행을 창조적이고 도발적인 방식으로 재생산, 저항, 재구성하며, 심지어 거부함으로써, 얼핏 자연스럽고 당연해 보이는 민족성이라는 관념을 동요하게 만들 수 있다.

 더 읽을거리

Closs Stephens, A. (2013) *The Persistence of Nationalism: From Imagined Communities to Urban Assemblages.* London: Routledge.

Edensor, T. (2002) *National Identity, Popular Culture and Everyday Life.* Oxford: Berg.

Radcliffe, S., & Westwood, S. (1996) *Remaking the Nation: Place, Identity and Politics in Latin America.* London: Routledge.

Skey, M., & Antonsich, M. (eds.) (2017) *Everyday Nationhood: Theorising Culture, Identity and Belonging after Banal Nationalism.* London: Palgrave Macmillan.

오늘날 우리는 도시의 세계에 살고 있다. 2007년에는 도시인구가 사상 처음으로 촌락인구를 추월했고, 2050년에는 세계인구의 66%가 도시에 거주할 것으로 예측된다(UNFPA, 2017). OECD 회원국의 경우 전체 인구의 4분의 1 정도만 촌락에 거주하며, 촌락 인구 중 80%는 도시 인근에 거주한다. 도시의 성장은 20세기의 두드러진 현상이지만, 최근에는 특히 저개발국가의 도시화가 급속히 진행되고 있다. 가령, 2030년에는 사하라이남 아프리카의 도시인구 비율이 유럽의 도시인구 비율을 능가할 것으로 예측된다(Soja & Kanai, 2007). 이에 미치는 요인은 다양하겠지만, 도시에서 보다 나은 고용기회를 찾으려는 **이촌향도** 이주민의 증가가 가장 중요할 것이다(26장 이주와 디아스포라 참고).

도시와 촌락이라는 범주는 전통적인 **이분법**적 접근에 따른 것이다. **도시성**(urbanity)은 기술적 진보, 개방성, 다양성, 세련된 문화와 삶의 조건 등을 대표한 반면, **촌락성**(rurality)은 배타적이고 편협한 커뮤니티(공동체)와 연관되었다. 한마디로, 촌락은 도시환경의 진보적 성격과 대비되면서 억압적인 공간으로 인식되곤 했다. 촌락과 도시를 구분하는 인식은 그곳에 사는 사람들에게 여러 가지 중요한 영향을 끼친다. 정책적 접근, 궁극적으로 자원에의 접근성을 결정하기 때문이다.

이 장에서 우리는 이러한 경쟁적인 범주화를 간략하게 소개하고 사회지리학의 시각으로 도시 및 촌락과 관련된 핵심 개념을 이해하고자 한다. 그러나 온갖 다양한 내용을 모두 완전하게 다루는 것은 지면상 불가능하다. 단지 도시와 촌락에 관한 이슈들을 비판적으로 생각하는 출발점이 되기를 바란다. 보다 심층적인 탐구를 위한 참고자

료도 제시할 것이다.

1. 도시와 촌락 정의하기?

도시와 촌락의 이분법은 도시학과 촌락연구 양분야에 모두 존재했다. 도시와 촌락이 서로 대립하는 개념으로 이해되었다는 말이다. 세계시민주의(cosmopolitanism), 진보, 자유, 민족적 다양성을 특징으로 하는 도시사회와 대비되면서, 촌락은 편협성, 후진성, 사회적 보수성, 민족적 동질성을 바탕으로 묘사되었다. 그러나 촌락과 도시를 구분하는 것이 더 이상 유용하지 않다는 인식이 확산되고 있다. 많은 학자들의 지적에 따르면, 촌락과 도시를 인위적으로 구분해서 각기 독립적인 개념으로 규정지어버리면 양자 간 흐름을 제대로 설명하지 못한다(Copp, 1972; Hoggart, 1990). 뒤에서 논의하겠지만, 촌락과 도시 지역 모두에는 믿을 수 없을 정도로 다양한 특징들이 나타난다. 광대한 지리적 지역을 포괄적으로 일반화하는 것은 정확하지도 도움이 되지도 않는다.

도시화된 세계가 부상함에 따라 "더욱 밀접하게 관련되고 더욱 다양화된" 도시 지역을 이해하기 위해서 "느슨한(relaxed) 도시이론"에 참여하는 도시학 연구가 늘고 있다(Harding & Blokland, 2014: 222-23). 이런 연구는 "도시의 '뾰족함(spikiness)'에 대한 포괄적·종합적 설명"을 양산하기보다는, "다양한 시간적 맥락에서 특정 도시에 어떤 양상이 발생한 원인과 결과에 대해 경험적으로 증명된 설명을 제시"하고자 한다(Harding & Blokland, 2014: 223). 가령, 오늘날에는 전 세계적인 급속한 도시화로 인해 비공식적 거주지 문제가 불거지고 있다(Box 10.1). 이는 "인구의 퇴출과 교체, 그리고 행위성, 협상, 재결합, 재전유(reappropriation)의 전술과 궤적에 대한 질문을 야기한다"(Bach, 2017: 162). 이와 유사하게, 약 25년 전 할파크리(Halfacree, 1993: 34)는 선행문헌 검토 결과 모든 촌락을 포괄하는 단일한 정의를 찾아내는 것은 가능하지도 바람직하지도 않다는 공감대가 있음을 지적했다. 오히려, 특정한 촌락의 로컬리티에서만 발견되는 유의미한 구조들이 있는지, 그리고 이는 도시와 어떻게 다른지를 파악하는 것이 훨씬 유익하다.

도시를 정의하기란 악명 높을 정도로 어려운 일이다. 수많은 정의 중 인구밀도가 도시 지역을 정의하는 도구로 주로 사용되곤 했다(Bluestone, Stevenson & Williams, 2008). 그러나 도시라고 정의내릴 수 있는 보편적인 인구규모란 존재하지 않는다. 이에 따라 도시적 삶을 개념화하고 특성화하는 데 주목하는 이론가들도 있다. 가령, 카프 등(Karp, Stone & Yoels, 1991)은 도시사회학의 고전 개념인 루이스 워스(Louis Wirth, 1938)의 '생활양식으로서 어바니즘(urbanism)'을 비롯해 도시적 삶에 대한 고전적 개념들을 검토한 바 있다. 워스(1938)는 도시인구의 규모, 밀도, 이질성을 도시화의 세 가지 핵심 속성으로 인식하며 도시에 대한 일반적인 정의를 제시했다. 이 속성은 도시적 생활양식의 특성을 연역하기 위한 독립변수로 기능한다(Karp, Stone & Yoels, 1991; Knox & McCarthy, 2014; Parker, 2015).

그러나 이러한 연역적 접근은 비판받아왔다(Knox & McCarthy, 2014; Pacione, 2009). 우선, 워

스의 업적은 특정한 도시화의 국면을 기초로 제시되었다(Knox & McCarthy, 2014). 그의 논의는 서양의 맥락에 한정되어 있고, 집필 시점의 영향*을 받았다(Karp, Stone & Yoels, 1991). 오히려 "도시의 모자이크가 수없이 다양한 '생활양식들'을 지탱한다"고 볼 수도 있다(Knox & McCarthy, 2014: 366). 이와 마찬가지 맥락에서 카프 등(1991: 108)은 도시가 "크고 밀집되어 있으며 생활양식이 이질적인 여러 집단으로 구성되어 있다"고 말한다.

예전에 영국 환경부는 촌락성의 의미를 정의하고 촌락의 유형을 구분하기 위해 잉글랜드와 웨일스의 촌락성지수(index of rurality)를 기초로 한 분류체계를 사용했었다(Cloke, 1977, 1978; Halfacree, 1993). 그러나 최근 정책결정자들은 촌락–도시 이분법 때문에 지역 간 이데올로기적·실천적 연계가 은폐되고 (도시의 영향력이 미치는) 배후지 내의 관계와 여러 배후지 간 관계를 파악하기 어려워졌다는 점에 주목한다. 유럽의 연구자들은 인구밀도의 한계를 깨닫고 '인구잠재력(population potential)'**이라는 개념을 만들어 일정 거리 내에 거주하는 인구수에 따라 지역을 유형화하고 있다(Gløersen et al., 2006; Copus & Hopkins, 2017). 이는 인구밀도 외에 인근 인구까지 알 수 있다는 점에서 중요하다.

스칸디나비아 국가, 잉글랜드, 스코틀랜드, 독일 등 여러 국가에서는 도시-촌락 연계성(linkage)을 이해하는 데 도움이 되는 개념을 채택하고 있다. 가령, 2011년 잉글랜드 센서스에서는 주요 광역도시권(연담도시, conurbation), 읍(town)과 그 주변부, 마을과 고립된 주거지 등을 비롯한 10개의 범주를 사용했다. 그러나 도시-촌락 연계성을 인식하는 것과 정치적 책임을 위해 행정구역을 유지하는 것 간에는 긴장관계가 있다(30장 데이터 참고). 이러한 긴장을 해결하는 방안 중 하나는 로컬 수준에서 정보를 수집하는 것이다. 이는 로컬리티에 대해 섬세한 이해를 제공하며, 정책 입안자가 (정책 실행의) 기본 단위를 결정하는 데 도움을 준다.

OECD(2011)는 이 접근을 채택하여, 로컬 수준의 인구밀도가 150명/km^{2}보다 작은 지역을 촌락으로 정의한다. 또한, 로컬 수준의 데이터를 조합해서 도시 지배적 지역, 중간지역, 촌락 지배적 지역으로 구분하고, 각 지역 내에 도시 중심부가 있으면 재조정한다. OECD(2016)의 분류법에는 세 가지 유형의 촌락 지역이 있다. 그림 10.1에 나타나는 것처럼 **기능적 도시 지역**(FUA; Functional Urban Area) 내에 있는 촌락, FUA 가까이에 있는 촌락, 그리고 FUA와 멀리 떨어져 있는 촌락이 여기에 해당된다.

---

* 워스가 이 논문을 집필한 1930년대 미국은 대공황 시기로 많은 사람이 실업과 빈곤을 겪고 있었다. 뿐만 아니라, 전형적인 밀재배 농촌 지역인 프레리는 1930년대 중반 가뭄, 식생파괴, 모래폭풍으로 토지가 완전히 황폐화되어 이른바 황진지대(黃塵地帶, Dust Bowl)로 변모했다. 이에 1930년대에는 사람들이 피폐화된 농촌을 떠나 일자리를 구하고 생계를 유지하려 도시로 몰려들면서 도시인구가 급격히 늘었다. 워스가 강조했던 어바니즘의 특성들은 이러한 시대적 배경과 깊이 연관되어 있다.

** 인구잠재력이란 인구학적으로 다수 지점 간에 발생 가능한 상호작용의 강도를 지칭한다. 인구잠재력은 (중력모형을 기초로 하여) 일정한 범위 내 모든 각 지점들로부터의 거리에 따른 인구분포를 계산한다. 따라서 인구잠재력을 계산하면 지도학적으로 일정 범위에서 인구분포(상호작용의 강도)를 단계구분도와 같이 연속적인 면으로 확인할 수 있고, 인구분포의 구심점(중심점)도 확인할 수 있다. 반면, 인구밀도는 도심과 같이 특정한 지점을 선정한 후 그 지점으로부터의 거리 증가에 따른 인구수를 계산하여 일정한 배후지(가령, 도시권역)를 도출한다.

FUA 내부 촌락　　**FUA 인근 촌락**　　**원거리 촌락**

※ 원은 FUA의 범위를, 육각형은 도시화가 집중된 FUA 권역을, 작은 점은 촌락을 나타낸다.

그림 10.1 OECD 분류에 따른 세 가지 유형의 촌락 지역

(출처:https://www.oecd-ilibrary.org/sites/9789264260245-6-en/index.html?itemId=/content/component/9789264260245-6-en)

2. 산업혁명: 도시의 반대말이 된 촌락

촌락과 도시를 인식하는 방식의 변화에도 불구하고 각각에 대한 전통적인 관점은 여전히 지속되고 있다. 이 관점을 이해하는 것은 중요한데, 잠재적 이해관계가 어떻게 상충하는지를 인식하는 데 도움이 되기 때문이다. 오랫동안 촌락은 도시적이지 않은 모든 것으로 간주되었다. 19세기 이래 촌락사회를 둘러싼 논쟁은 세계의 급속한 변화에서 비롯되었다. 대체로 **산업혁명**이 촉발한 것이었다. 산업혁명은 도시 일자리를 창출하여 농민에게 보다 높고 안정적인 임금을 받으면서 좋은 집에 살며 삶의 질을 향상할 기회를 제공했다. 이러한 사회의 변동은 전형적인 이념형(ideal-type) 사회에 대한 광범위한 논의를 일으켰다. 이 과정에서 촌락은 도시의 반대 개념으로 자리 잡았다. 도시는 불쾌하고 악취가 진동하며 더러운 곳으로, 촌락은 아늑하고 향기로우며 깔끔한 곳으로 그려졌다. 영국의 경우, 이러한 전원적(idyllic) 촌락의 구성은 문학과 예술작품에 뚜렷하고 광범위하게 나타났다. 소설가 엘리자베스 개스켈(Elizabeth Gaskell)의 사례를 보자. 개스켈의 작품은 맨체스터의 산업화에 주목했다. 그녀는 공장주와 노동자 간의 긴장관계뿐만 아니라, 촌락의 생활양식이 산업화로 인해 사라져가는 모습도 그려냈다. 19세기 자연주의 예술가들도 촌락의 주민, 활동, 풍경을 감상적이면서도 사실적으로 담았다. 이러한 **노스탤지어**적인 촌락의 전원성(rural idyll)은 시골 특유의 소박하고 단조로운 생활양식과 잘 어울리며, 사람들이 자연과 접촉하는 목가주의(pastoralism)를 토대로 한다. 오늘날 일부 개인과 집단에게는 여전히 촌락의 전원성에 대한 인식이 남아 있다.

페르디난트 퇴니에스(Ferdinand Tönnies)는 19세기 말 산업혁명기의 독일을 배경으로 개인 간 사회관계를 연구했다. 그는 촌락 기반의 사회에서 도시와 산업 중심의 사회로 변동하며 부상한

표 10.1 게마인샤프트와 게젤샤프트에서의 관계

게마인샤프트의 맥락과 관계	게젤샤프트의 맥락과 관계
전통사회의 관계: '유기적, 자연적', 밀접함	사회적 관계의 창출: 느슨함, 인간미 없음, 의례적임
폐쇄적, 동질적 공동체	다양하고 이질적인 공동체
개인은 공공의 이익(greater good)을 고려	개인은 자신의 이익(self-interest)에 따라 움직임
로컬 내에서의 지배	국가에 의한 원격 지배
미신과 불합리	이성과 과학적 탐구(계몽)
가족적 삶, 민속, 종교	관례, 법령, 여론
관습과 가치가 행동을 지배함	국가의 기능으로 개인의 사유재산과 자유 보장
농업이 지배적임	산업이 지배적임
자연적이고 선천적인 본질의지(Wesenwille)의 인간	이성적이고 임의적인 선택의지(Kurwille)의 인간

모더니티(근대성)의 위협을 이해하고자 했다. 그는 **공동사회**를 뜻하는 **게마인샤프트(Gemeinschaft)**와 **이익사회**를 뜻하는 **게젤샤프트(Gesellschaft)**란 용어를 통해, 커뮤니티 기반의 비공식적 사회가 이익을 보다 중시하는 공식적인 사회로 옮겨가고 있음을 축약해서 표현했다. 이 개념화는 촌락 기반의 농업 의존적 사회에서 도시 기반의 상업 중심 사회로의 변동을 반영한 것이기도 했다. 퇴니에스는 게마인샤프트를 통해서 전(前)산업시대 농촌 사회의 **공동체**적 관계를 강조했고, 모더니티에 대한 비판적 관점에서 게젤샤프트 전체를 느슨하고, 인간미가 없으며, 의례적인 관계로 파악했다. 동시에 그는 근대 사회가 어떻게 하면 새로운 세계 질서에서 보다 강력한 게마인샤프트의 관계를 유지할 수 있는지에 대해서도 고민했다 (Tönnies, 2002). 표 10.1은 이 두 가지 개념을 요약한 것이다.

게젤샤프트 관계는 문제적이라고 간주되었다. 가족생활과 로컬 내 친밀한 관계에서 보다 공식화된 사회적 관계로 변동하는 것을 의미했기 때문이다. 퇴니에스는 게마인샤프트 관계가 지배하는 시대가 게젤샤프트 시대를 과도기로 하여 새로운 사회로 진화할 것이라고 보았다. 그는 모든 사회에 두 요소가 공존하지만, 대체로 게마인샤프트 관계는 촌락과, 게젤샤프트는 도시와 밀접하다고 보았다. 그러나 현대 사회에서는 이 두 관계가 모두 나타나고 있으며, 양자가 도시와 촌락의 맥락에 어느 정도 관련되어 있는가는 선험적으로 주어지는 것은 아니다. 지배적인 사회관계의 유형은 로컬리티, 경제, 문화 등 맥락에 따라 상이하므로, 이 맥락을 이해하는 것이 중요하다.

3. 로컬 맥락

도시와 촌락에 공통적으로 존재하는 빈곤과 사회적 불평등 같은 현상의 로컬 뉘앙스를 파악하려면 로컬 맥락을 이해해야 한다. 그러나 촌락 공동체의 사회적 조건에 대해서는 감정적인 반응이 나타나는 경향이 있다(12장 감정 참고). 특히, 강력한 로비집단들은 빈곤과 배제가 촌락의 특징이라는 생각을 적극적으로 개진한다(22장 부와 빈곤 참고). 이로 인해 일부 행정구역에서는 촌락영향평가(rural proofing)*를 실시하는데, 이는 정부의 정책이 얼마나 촌락에 불리한 영향을 끼칠 수 있는지 확인하려는 도구이다(Shortall & Alston, 2016). 빈곤은 촌락과 도시 모두에 존재하지만, 가장 궁핍한(deprived) 지역의 주민은 모두가 궁핍하다는 생각은 '생태학적 오류(ecological fallacy)'임을 알려주는 증거들이 있다(Pateman, 2011). '생태학적 오류'는 상위 수준에서 발견한 결과가 보다 미시적 수준에서도 나타날 것이라는 가정을 지칭한다.** 실제로 궁핍한 사람 중 대부분은 궁핍한 지역에 살지 않는다. 그러므로 지역 간 차이보다 지역 내 차이가 큰 경우가 많다. 다음에서 살펴보겠지만, 사회적 조건은 촌락 내에서든 도시 내에서든 균질하지 않다.

1) 도시사회에 대한 여러 접근

에밀 뒤르켐(Émile Durkheim)이나 루이스 워스 등의 사상가들은 도시사회가 커뮤니티보다 개

체성(individuality)과 연관되어 있다고 강조한다(Pacione, 2009). 그러나 대안적인 관점도 있다. 곧, 도시 내 근린지구에서 긴밀한 사회적 유대의 존재를 확인하거나, 커뮤니티의 개념을 다양한 유형의 사회적 상호작용과 의사소통으로 확장시키기도 한다(Karp, Stone & Yoels, 1991). 가령, **시카고학파(Chicago School)**는 도시공간에 대한 생태학적 연구로 잘 알려져 있다. 이들은 도시가 **자연지역(natural area)**의 형태로 조직되었다고 주장한다. 자연지역은 민족집단 엔클레이브(ethnic enclaves)나 소득집단(income groupings)처럼 특정 집단이 지배하는 거주지를 지칭한다(Knox & McCarthy, 2012). **생태학적 접근**은 (도시 사회를 동식물의 군집과 동일시하며 **침입, 경쟁, 천이, 지배** 등) '다윈주의적 메타포(Darwinian metaphors)'를 동원하는 문제로 비판을 받았다(Jonas, McCann & Thomas, 2015). 하지만 시카고학파의 연구는 (민족 커뮤니티에 대한 심층적 현장 조사를 통해서) '도시적 삶의 풍부한 결(texture)'에도 주목했다(Pacione, 2009: 369). 그 이후의 학자들은 생태학적 접근을 수정하고자 했는데, **사회지역분석(social area analysis)** 접근은 이의 대표적인 사례다(Shevsky & Williams, 1949). 사회지역은 세 가지 요인을 기준으로 구별되었는데, 여기에는 **경제적 지위**(임대료, 교육, 직업 관련 지표), **가족적 지위**(출산율, 비경제활동여성 등의 지표), **인종적 지위**(인종과 출생 지표)가 포함된다. 사회지역분석은 특히 북아메리카 도시의 거주지 분화(residential differentiation) 연구에 큰 영향을 끼쳤다(Pacione, 2009).

앞의 두 접근은 도시 커뮤니티에서 상징과 감

---

* 정부가 촌락개발을 포함한 모든 공공정책을 추진할 때, 해당 정책이 촌락에 불이익을 가져오거나 촌락의 필요와 현실에 부합하는지를 확인하는 과정을 거치게 하는 메커니즘을 지칭한다. 주로 EU의 입법 과정에서 촌락의 장기적 발전과 부흥을 보장, 추구하려는 목적에서 시행되고 있다.
** 생태학적 오류와 반대로 개인이나 하위 수준에서 발견한 결과를 집단 전체나 상위 수준에 적용하여 일반화하는 **오류는 개체주의적 오류**(개인주의적 오류, individualistic fallacy)라고 한다. 한편, 한 가지의 원인(요인)으로 전체를 결정론적으로 해석하려는 편견이나 고정관념은 **환원주의적 오류(reductionist fallacy)**이다.

정의 역할을 설명하는 데는 부적절하다는 비판을 받는다(Knox & McCarthy, 2012). 도시 커뮤니티의 정성적 측면은 **장소감**(sense of place)이라는 개념을 통해 연구된다(Pacione, 2009). 장소감에는 두 가지 의미가 있는데, '장소의 본질적 특성'을 의미하기도 하지만 '사람들이 장소에 대하여 가지는 애착'을 뜻하기도 한다(Pacione, 2009: 374). 가령, 첫 번째 의미와 관련해서, 노스이스트잉글랜드의 도시 뉴캐슬어폰타인에 있는 타인브리지(Tyne Bridge)는 도시의 상징적 이미지로서 뉴캐슬어폰타인의 독특성을 형성한다. 두 번째 의미는 야커(Yarker, 2017)의 연구에서 확인할 수 있는데, 그녀는 뉴캐슬어폰타인의 근린지구를 연구하면서 편안함(comfort)이 장소에 대한 애착의 핵심이라는 것을 발견했다.

2) 촌락의 이익을 둘러싼 교섭

시골은 자신의 견해가 정당하다고 주장하는 다양한 이익집단과 이해당사자들로 둘러싸여 있다. 사람들은 촌락에서 살기도 하고 일하기도 하며 놀기도 한다. 환경단체, 농민, 지주, 노동자, 통근자, 여행객, 은퇴자, 이주민, 기업가 등은 촌락에 영향력을 행사하는 수많은 사람들 중 일부다. 이들은 대화, 보호, 생산, 소비 등과 관련해 촌락에 다양한 이슈를 제기한다. 이 중 어떤 사람들은 오랫동안 촌락에 거주하고 있지만, 다른 일부는 최근에 촌락으로 진입한 사람들이다. 서양의 경우 '**백인성**(whiteness)'은 오랫동안 촌락성의 상징처럼 인식되어왔다(Philo, 1992; Panelli et al., 2009). 이 때문에 많은 연구들은 촌락 내 민족집단의 이질성

이 중요하다는 점을 무시하거나 간과해왔다(De Lima, 2012). 특히 최근 국제 이주민들이 촌락공간으로 많이 유입됨에 따라 백인성이라는 이상(理想)이 도전에 직면한 상태이다(Krivokapic-Skoko, Reid & Collins, 2018).

다양한 이해관계를 둘러싼 교섭은 어려운 일이다. 가령, 촌락생활에 대한 낭만화로 충만해서 은퇴 후 목가적 삶을 추구하려는 새로운 전입자들은 촌락 주민을 위한 주택 건축 등 로컬 커뮤니티의 변화에 반대한다. 또는 촌락 주민들이 전입한 이주민들에게 로컬 서비스나 노동시장에 접근할 수 있는 합법적 권한을 부여하는 것에 반대하는 경우도 있다(McAreavey & Krivokapic-Skoko, 2019). 이런 현상을 토대로 한다면, 과연 촌락을 얼마나 방어적인 장소 또는 포용적인 장소라고 할 수 있을지, 그리고 촌락공간에서 어떻게 보수적 가치와 진보적 가치가 충돌하여 긴장관계로 나타나는지에 대한 질문을 제기할 수 있다.

4. 글로벌 흐름, 모빌리티, 이주

글로벌 흐름은 촌락에도 영향을 미치기 때문에, 촌락과 도시를 이분법적으로 축소해서 이해하기란 더 이상 불가능하다(26장 이주와 디아스포라 참고). 우즈(Woods, 2007)는 '글로벌 시골(global countryside)'이라는 개념을 통해, 촌락을 글로벌화의 영향력에서 단절되어 있는 정체된 벽지(僻地, backwater)로 상정하는 관념을 바로잡고자 했다. 우즈는 촌락의 공간과 장소도 도시처럼 글로벌화의 능동적인 재생산 현장이라고 주장했다. 촌

락 또한 자본의 흐름에 얽혀 있고, 현 세계의 특징이라 할 수 있는 사람들의 이동과 아이디어 교류의 중심이기 때문이다(Woods, 2007). 국제이주는 '글로벌 시골'의 핵심 특징이므로, 이 절에서는 국제이주의 사례를 통해 불균등한 사회관계가 촌락과 도시를 넘나들고 있다는 것을 제시하고자 한다. 사회관계를 도시와 촌락 중 어느 한 가지 유형으로 일반화하는 것이 불가능하다는 것을 말하기 위해서다.

이주민들은 문화적 차이와 초국적 **모빌리티**를 일상적으로 교섭하며 살아간다. 따라서 이주에 대한 반응이 지리적으로 다양한 것은 전혀 놀라운 일이 아니다. 전통적으로 도시는 이주민에게 관문의 역할을 했다. 보스턴의 이탈리아계나 아일랜드계 집단과 같이 주요 대도시에 형성된 거대한 이주민 커뮤니티를 통해서도 이를 알 수 있다. 이런 장소에는 이주민의 정착을 지원하는 네트워크가 발달해왔지만, 이주민 커뮤니티가 직면한 문제들이 없지는 않다. 특히 **거주지 격리**(residential segregation)는 오늘날에도 도시의 정책입안자들에게 중대한 도전으로 남아 있다(Parisi, Lichter & Taquino, 2011). 이주민에 대한 불균등한 반응은 이주민들이 새롭게 정착하고 있는 촌락에서도 뚜렷이 나타난다. 일부 촌락 공동체에서는 신규 이주민들에게 부정적인 태도를 보이며, 항의의 조치로 일자리에 법적 장벽을 만드는 경우도 있다(Popke, 2011; Pruitt, 2009). 반면, 어떤 지역은 국제이주의 역사적 경험이 거의 없고 어떻게 지원할지에 대한 지식도 불충분함에도 불구하고, 새로운 사람들을 따뜻하게 맞이한다(Jensen, 2006; McAreavey, 2012).

촌락에서 나타나는 국제이주에 대한 긍정적인 반응은 **세계시민주의**와 관련되어 있다(Woods, 2018; Krivokapic-Skoko, Reid & Collins, 2018). 대개 세계시민주의는 도시사회와 관련된 개념으로서 세련됨, 개방성, 새로운 아이디어와 사람 및 경험에 대한 관용 등의 관념을 연상시킨다. 그리고 이들은 촌락사회에 대한 고정관념과는 상반되는 것으로 여겨졌다. 그러나 우즈(2018)는 개인과 커뮤니티 수준에서도 세계시민주의가 동원될 수 있음을 보여주었다. 개인은 지방주의적인(parochial) 제도적 하부구조 속에서도 세계시민적 개방성을 결행하는 방식으로 행동할 수 있다. 또한, 촌락 커뮤니티는 집단 간 관계를 긍정적으로 발전시키기 위해서 세계시민주의를 발휘하기도 한다. 세계시민주의를 일종의 윤리로 넓게 해석하는 것은 도시보다 촌락에서 훨씬 강하게 나타나는 독특한 특성이다(Johansen, 2008; Woods, 2018).

현장 속 연구
중국의 선전, 대도시 속의 도시마을

Box 10.1

중국의 선전(深圳, Shenzhen)은 주장(주강, 珠江) 삼각주(Pearl River Delta)에 위치한 도시이다. 선전은 1970년대 후반의 개혁개방정책에 따라 마오쩌둥 시대의 계획경제를 시장지향경제로 개혁하는 과정에서 발전한 도시다. 이러한 전환은 중국의 도시 변화에 중대한 영향을 끼쳤다. 선전은 개방 초창기에 **경제특구**(SEZs; Special Economic Zones)로 지정된 4곳 중 하나였는데, 1970년대에 인구가 3,000명에 불과했던 어촌이 2017년 현재 인구 1,200만 명의 주요 대도시권이 되었다. 선전 통계청에 따르면, 선전은 중국에서 GDP가 가장 높은 도시 중 하나다. 그러나 선전의 **불평등** 수준은 매우 심해서, 중국의 도시 중에 **지니계수**(Gini coefficients)가 가장 높은 편이다(Chen, Liu & Lu, 2017). 선전의 급속한 성장과 도시화는 이 장의 주제와 많이 관련되어 있는데, **비공식 거주지**의 문제도 이 중 하나다. 여기에서는 특히 '도시마을(urban village)'에 주목해서 이를 상세히 살펴본다.

중국에서 이른바 '도시마을'로 불리는 경관은 비공식 거주지의 한 형태로서, 도시의 급속한 팽창이 집어삼킨 촌락의 집단농장 지역에서 나타났다. 원래 거주하던 촌락의 주민들은 거주지를 6~7층 건물로 변형시켜 이주민들에게 저렴한 숙소를 제공한다(그림 10.2). 이곳은 이주노동자들에게 적정가격의 주택을 제공하는 동시에, 이주민들이 활기찬 사회적 네트워크를 형성하는 등 행위성을 발휘할 수 있는 장소의 역할도 한다(Liu, Li & Liu, 2015). 선전에는 200개 이상의 도시마을이 존재하며 전체 도시인구의 절반 정도를 수용하는 것으로 알려져 있다. 그러나 지가 상승으로 도시마을은 늘 재개발 위협에 시달리고 있다. 도시의 엘리트 계급은 이런 도시마을들을 눈엣가시로 여기기도 한다. 최근의 위협은 2017년부터 시작된 선전 정부의 도시마을 개량 계획이었다. 그러나 도시마을 주민들은 정부의 개발 정책에 줄기차게 저항했고 주요 언론이나 소셜미디어에서 이를 다루었다. 이에 2018년 11월 선전 정부는 도시마을이 포함된 수많은 도시재생 프로젝트를 연기한다고 발표했다. 정부의 이러한 입장 변화는 주민들의 저항 때문인 것으로 추정된다.

아나니야 로이(Ananya Roy, 2005)에 따르면, 기존의 연구들은 **비공식성**(informality)을 '위기' 또는 '영웅주의(heroism)'라는 대립물 중 하나로 프레임화하고 있지만, 대개 공식성과는 분리된 것으로 간주하는 공통적인 경향이 있다. 그러나 로이는 비공식성이란 도시화의 한 양식이지 결코 별개의 부문이 아니라고 말한다. 이 점은 선전의 사례에 잘 나타난다. 그렇지만 다양한 형태의 비공식 거주지들이 상이한 지리적 맥락에서 어떻게 진화하는지는 앞으로 지켜봐야 할 것이다. 이와 동시에 극빈층을 몰아내는 국가나 기업 주도의 개발 사업에 대해서 주변화된 집단들이 어떻게 투쟁하고 어떻게 보다 포용적이고 지속가능한 도시 세계를 발전시킬 수 있을지에 대해서도 주목할 필요가 있다.

그림 10.2 선전의 한 도시마을에서 위를 올려다본 모습
(그림: Wen Lin)

5. 결론

많은 연구는 도시와 촌락에 대한 이분법적 관점이 무익하다고 지적한다. 급속한 도시화가 진행되는 오늘날의 세계에서는, 도시와 촌락이 고도로 상호연결되어 있고 영향을 주고받는다는 사실을 인식하는 것이 중요하다. 그러나 도시와 촌락은 각기 독특한 특징을 가지고 있고 뚜렷하게 구분되는 사회관계도 형성한다. 그러나 복잡한 사회관계를 들추어내어 보다 완전히 평가하려면, 로컬 특수성을 반드시 이해해야 한다. Box 10.1에 제시된 도시재생 사례 연구를 통해 도시와 촌락이 복잡하게 얽혀 있다는 점을 확인해보자.

 요약

- 산업혁명은 원형적(archetypal) 사회에 관한 논의를 촉발했다. 서유럽에서는 촌락 전원성이라는 개념이 출현하면서, 촌락은 도시와 대비되는 곳으로 구성되었다.
- 도시-촌락 연구에서는 총체적 일반화를 추구하지 않는 것이 중요하다. 또한, 도시와 촌락을 이분법적 영역으로 다루는 것도 유익하지 않다. 도시와 촌락은 모두 상상할 수 없을 정도로 다양한 사회관계와 상호작용을 망라하고 있다.
- 도시와 촌락은 국내 이주나 개인의 이동만으로 연결된 것이 아니다. 글로벌화의 영향과 흐름도 도시-촌락 연계에서 중요한 역할을 한다.
- 도시와 촌락에서 빈곤과 사회적 불평등을 이해하려면 로컬 맥락에 주목해야 한다.

 더 읽을거리

Fyfe, N., & Kenny, J. (2005) *The Urban Geography Reader*. New York: Routledge.

LeGates, R., & Stout, S. (2011) *The City Reader*, 5th ed. New York: Routledge.

McAreavey, R. (2017) *New Immigration Destinations: Migrating to Rural and Peripheral Areas*. London: Routledge.

Pahl, R. (1966) The rural-urban continuum. *Sociologia Ruralis*, 6(3-4): 299-329.

Chapter 11 일상

많은 사람들은 일상에 대해 생각할 때 우리 '자신'의 일상생활을 떠올린다. 필자는 이 글을 쓰기 시작한 날에 집에 있었는데, 다른 여러 가지 일, 예컨대 딸아이를 학교에 데려다주고, 잠시 조깅을 하고, 집을 방문하기로 되어 있는 서비스센터 직원을 기다리고, 각종 공과금을 정산하고, 먹고 마시는 일까지 곡예하듯 함께 처리하려고 했다. 이 모든 일상은 3km²도 안 되는 범위에서 이루어졌지만, 다양한 관계와 공간을 끌어들였다. 아이의 선생님과 친구들, 친구의 부모님들, 조깅하며 지나친 집 주변의 거리, 조깅을 마치고 집에 돌아오는 길에 계란을 구입한 협동조합, 그곳의 직원과 고객, 우리 집에 출장 나온 서비스센터 직원, 그가 가져온 작업 도구와 자재와 그의 일상 이야기, 우리 집에 가스, 전기, 통신망, TV, 전화 등의 서비스를 제공하는 기업들, 더럼카운티와 인도의 콜센터 직원 등을 말이다.

물론 이것만으로는 나의 일상생활의 지리를 묘사하고 지도화하기에 충분치 않다. **일상**은 지리학자들에게 유용한 개념이기 때문에, 우리는 이를 핵심적인 지리적 논의나 문제와 연결시킬 수 있어야 한다. 우리는 도린 매시(Doreen Massey, 1991b)가 말한 것처럼, 나의 일상이 얼마나 글로벌한지 그리고 어떤 **권력기하**(power geometry)가 나의 일상적인 관계를 만들어낸 것인지 질문을 던질 수 있다(1장 사회지리학의 번영을 위하여 참고). 또는 어빙 고프먼(Erving Goffman, 1959)이 말한 것처럼, 나는 상이한 공간에서 수행하는 상이한 역할을, 가령 엄마로서, 학자로서, 고객으로서, 조깅하는 사람으로서의 역할을 어떻게 물질적·감정적으로 교섭하고 있는지를 물을 수 있다. 또는 여러 세대에 걸친 페미니스트 지리학자들의 연구성과를 기반으로 한다면, 젠더는 나의 일상의 지리를 어떻게 형성했고 이는 나의 글로 어떻게 표현될지 물을 수 있다.

이처럼 대개 일상은 지리적 질문의 출발점으로서 글로벌화, 권력, 정체성, 젠더 등 다른 이슈를 생각하도록 이끈다(Clayton, 2013; Holloway & Hubbard, 2001). 이와 동시에 일상은 공간, 장소, 인간에 관한 특정한 사고에 토대를 둔 존재론을 반영하기도 한다. 이 글은 일상의 감정지리(emotional geographies)를 연구하는 세 명의 박사과정 학생들과 함께 집필했다. 이 장에서는 주로 일상이 우리에게 어떤 의미가 있는지, 일상 연구에 도움이 되는 사고에는 무엇이 있는지, 지리학자들은 일상에 대한 사고로부터 무엇을 도출하고 제시할 수 있는지, 그리고 일상 연구의 정치를 어떻게 이해할 것인지에 대해 살펴본다.

1. 일상이란 무엇인가?

앞에서 말한 것처럼, 우선 우리는 일상을 사적인 것, 친밀한 것, 평범한 것, 당연한 것으로 정의한다. 일상은 별생각 없이 일일 단위로 이루어지는 틀에 박힌 일과 활동으로 이루어지므로, 꽤나 안정적이고 안전하게 느껴지는 스케일과 공간으로 간주된다. 여성인 필자들의 입장에서 보자면, 일상은 작은 스케일에 위치한 여성적인 공간으로서 사회적 재생산에 초점을 두고 있고, 이는 정치와 인프라처럼 누가 보더라도 남성적인 공간과 복잡하게 접합되어 있다(Mitchell, Marston & Katz, 2004). 일상은 개인적이고 친밀한 것으로 여겨지

기 때문에 일상에 대한 경험과 의미는 과도하리만치 사람마다 다양하다고 인식되어왔는데, 여기에는 지리학의 **현상학**적·**인본주의**적 접근이 영향을 미쳤다(Jackson, 1981; Ash & Simpson, 2016). 모든 사람의 일상은 각자의 삶의 역사와 경험, 사적(私的)지리, 교차적 정체성을 반영하므로 상이할 것이다. 그리고 각자의 일상은 매우 평범하고 특별할 것 없으면서도 타자, 다양한 장소, 공간 및 관계와 복잡하고 다채롭게 얽히고 중첩되어 있다. 바로 이 점이 우리의 지적 도전을 자극한다. 달리 말해, 이렇게 많은 관계적 요소들로 구성되어 있는 일상으로부터 우리는 어떤 유용한 사고를 도출할 수 있을까?

일상이 안정적이고 루틴하다면, 일상의 변화란 어떻게 발생하는 것일까? 필자들은 다양한 스케일과 리듬의 변화가 일상에 관한 우리의 사고에 얼마나 상이하게 작동하는지를 탐색해보았다. 우리가 나이를 먹고 성장하면서 우리 일상생활의 공간도 확장된다. 그러나 이 과정에서 우리는 특정 공간에 친숙해지거나 새로운 공간을 일상 속으로 끌어들이므로, 일상생활의 공간들에 대한 우리의 감정적 애착과 경험도 변화한다. 또한, 휴일, 질병, 졸업이나 휴학과 같이 일상의 중단, 파괴, 종료도 일상생활과 공간 그리고 그 내적 관계에 변화를 일으킨다. 또한 집에서 대학이나 시내로 왔다 갔다 하는 하루나 며칠 단위의 작은 시간 스케일에서 발생하는 변화도 일상의 변화와 관련되어 있기 때문에, 일상생활과 **시간지리**와의 얽힘에 대해서도 탐구할 필요가 있다.

2. 일상에 대한 사고

일상(everyday)이라는 관념은 1920년대의 사회 사상에서 출현했다. 이 사고가 지리학계로 통합된 것은 상당히 나중의 일이지만, 일상에 관한 많은 지리학 연구들은 엘리제 르클뤼(Élisée Reclus)와 폴 비달 드 라 블라슈(Paul Vidal de la Blache) 같은 초창기 인문지리학자들의 연구를 뿌리로 삼는다(Smith et al., 2010). 일상에 대한 사고는 죄르지 루카치(György Lukács)와 앙리 르페브르(Henri Lefebvre)의 연구와 밀접히 관련되어 있다. 이 두 마르크스주의 이론가들의 저술은 1920년대와 1930년대 경제적·정치적 위기의 맥락에서 집필되었다. 이들에게 '일상생활(everyday life)'은 공장에 장시간 묶여 있어야 했던 노동자들의 매일매일의 루틴한 일의 한계를 포착하기 위한 개념이었다. 동시에 **시카고학파**의 사회학적 연구들은 이들과 매우 다른 방식으로 일상생활에 대한 특유의 관점을 발전시켰다. 시카고학파는 **동심원 모형**으로 지리학계에 널리 알려져 있지만(Park, Burgess & McKenzie, 1925), 이들은 당시로서는 급진적이고 혁신적인 **문화기술지**적 방법을 통해 도시 내 사회세계를 내부자의 입장에서 이해하려고 했다.

미국의 사회학자인 해럴드 가핑클(Harold Garfinkel, 1967; Laurier, 2009)과 어빙 고프먼(1959)은 훨씬 작은 스케일의 일상생활에 초점을 두고 연구했다. 이들은 신체와 언어 연구를 통해, 일상의 경험을 형성하는 여러 무의식적이고 당연시되는 순간, 행동, 규칙에 주목했다. 이러한 루틴과 습관이 바로 1970~80년대에 피에르 부르디외(Pierre Bourdieu)의 일상생활 연구가 초점을 두었던 분야다(Bourdieu & Nice, 1977; Painter, 2000). 부르디외에 따르면, 우리의 일상적 교섭 역량은 유년기부터 발달해온 **아비투스(habitus)**, 실천적이고 체화된 기능과 지식, 생존방식에 의존하며, 이 역량은 가족사, 계급, 인종, 지리를 반영한다고 보았다. 이와 비슷한 시기에 미셸 드 세르토(Michel de Certeau, 1984)는 개인, 가구, 커뮤니티 등이 강력한 행위자들의 주장에 대항하고, 이를 전복하기 위해 어떻게 생계와 요리(living and cooking) 같은 일상적 실천을 **전략(tactic)**의 일환으로 삼는지를 탐구한 바 있다. 그리고 일상적 실천, 루틴, 규범에 대한 이러한 관점의 발전과 더불어, 일상의 사물(things)에 초점을 둔 연구의 전통도 발전해 왔다. 그 일부는 1960년대에 영국에서 시작된 문화연구(cultural studies)라는 분야와 함께 등장했다(Bell, 2009). 문화연구는 도시의 하위문화(subcultures), 대중문화, 미디어에 초점을 두었는데, 무엇보다 이들은 자동차, 집, 가정, 옷, 음악과 같이 우리가 일상생활에서 늘 함께하며 가치 있다고 여기는 것들이다.

페미니즘 또한 일상생활에 대한 물질적 관점을 강화했지만, 이와 더불어 신체와 감정과 관련된 부분도 강조했다. 페미니스트 연구자들은 남성과 여성의 차별화된 일상 경험을 기록, 설명, 비판하면서 일상생활에 대한 고정관념을 바꾸는 데 기여했다(6장 사회변동 참고). 특히 다음 세 가지가 중요한데, 첫째, 페미니스트들은 개인적인 것이 정치적인 것이라고 주장했다. 곧, 친밀하고 가정적이며 일상적인 공간과 시간에서 발생한 모든 것은 '보다 거대한' 정치적 문제를 반영할 뿐만 아니라 이를 형성하기도 한다(Bowlby & McDowell, 1987). 둘째, 페미니스트들은 일상생활이 **체화된** (embodied) 것이라고 주장했다. 곧, 우리가 누구이며 우리의 신체가 어떤 모습인가는 우리의 일상에 의해 만들어진다는 것이다. 셋째, 페미니스트들은 루틴과 반복의 이점을 주장했다. 일부 페미니스트들은 '일상생활'을 부정적으로 볼 필요가 없고, 오히려 이런 시각이 일상생활의 안정과 안전의 가치에 관한 사고의 지평을 넓힌다고 보았다.

이제까지 언급한 관점들은 공통적으로 장소, 공간, 스케일을 언급한다. 많은 연구들은 일상생활이 이루어지는 (이를테면 집, 거리, 직장과 같은) 로컬 공간을 강조하며, 사적공간과 공공공간의 상호관계에도 주목한다. 또한, 일부 연구는 일상생활의 중심부에서 여러 스케일과 여러 공간이 어떻게 교차하는지를 지도화하기도 한다. 왜냐하면 보다 가깝거나 보다 멀리 떨어져 있는 다양한 사람, 장소, 사물, 제도, 생각이 바로 이러한 일상 공간에서 마주치기 때문이다.

3. 일상생활의 지리

일상생활 연구에 지리학자가 어떻게 기여할 수 있을까? 우선, 지리학자들은 일상생활을 구성하는 여러 부분들을 묶어서 "우리가 짠 얽히고설킨 거미줄"(Jarvis, 1999)의 복잡한 구성요소들을 지도화할 수 있다. 이는 스케일 및 공간의 문제와 연관되어 있다. 왜냐하면 지리학자들은 로빈 롱허스트(Robyn Longhurst, 1994)가 "가장 친밀한 지리"라고 일컬었던 **신체** 스케일에서부터 도린 매시가

말한 "**글로벌 장소감**"(Massey, 1991b)이라는 전지구적 스케일까지 통합하여, 이 스케일 사이에서 벌어지는 생생한 삶의 갈등과 모순에 주목하려고 하기 때문이다. 특히, 매시의 저술은 이러한 여러 스케일을 논리적으로 연결하고자 했고, 그 결과 '함께 내던져져 있음(throwntogetherness)'이라는 개념을 발전시켰다. 이 개념은 "자연적인 것이나 사회적인 것 등의 범주들을 넘나드는 매우 다양한 요소들이 결합하여 특정한 '여기 그리고 지금'을 형성하는 방식"을 일컫는다(Anderson, 2009: 232; Massey, 2005).

초창기 지리학자들은 헤예르스트란트(Häger-strand, 1982)의 **시간지리학**을 토대로 일상생활의 복잡한 지리적 결합을 지도로 표현하고자 했다. 헤예르스트란트는 일상생활의 경로를 사회경제적 구조, 권력, 건조환경이라는 보다 광범위한 맥락 속에서 기록했다. 핵심 위치들(sites)이 개인의 움직임에 따라 연결되어 공간-시간 지도로 재현되었다. 그리고 개별 경로들(paths)이 다른 사람 및 사물과 어떻게 연결되어 있는지도 표현되었는데, 이는 사람들이 일상 환경을 어떻게 항해하는지를 지도화한 것이었다(그림 4.2 참조). 그 이후 헤예르스트란트의 영향을 받은 인문지리학 연구들은 일상생활의 불균등한 경로를 설명할 때 특히 권력과 젠더를 강조했다.

이 시기에 많은 사회지리학 연구들은 보다 광범위한 인본주의적·현상학적 접근의 영향을 받았다(Jackson, 1981). 이 접근들은 "세계의 다원성"(Relph, 1970: 194)을 지도화하고자 했고, 우리의 일상 경험을 형성하는 의미와 가치를 탐색하기 위해 생생한 경험과 생활세계에 주목했다. 나

이절 스리프트(Nigel Thrift)는 이를 비약적으로 발전시켜 시간지리학을 **비재현이론**으로 나아가게 했다. 스리프트는 "특정 장소에서 자신과 타자에 대한 사람의 행위를 형성하는 평범하고 일상적인 실천"에 초점을 두었다(Thrift, 1997: 142; 2장 사회지리학 이론 참고). 달리 말해, "공유된 경험, 일상의 루틴, 순간적인 만남(fleeting encounters), 체화된 움직임, 전(前)인지적 촉발(precognitive triggers), 실용적 기술, **정동(情動)**적 강도(affective intensity), 지속적인 충동, 비예외적 상호작용, 감각적 기질 등이 우리의 일상을 어떻게 형성하고 표출하는지에 초점을 두었다"(Lorimer, 2005: 84). 보다 최근 들어 비재현이론 연구들은 '정동적 분위기(affective atmosphere)'를 지도화하고 해석하는 데 초점을 두는데, 이는 "특정 종류의 기분이나 공유된 신체적 현상"(Gandy, 2017: 353)이라 정의할 수 있다. 또한 이는 정신지리학(psychogeography) 연구에도 수용되었다(Richardson, 2016). 정신지리학자들은 도시를 탐구하는 재미있고 탐험적인 전략을 개발해서 직접 만져보기 어려운 장소의 특성인 분위기, 감정, 향기, 기억, 빛, 소리, 리듬 등을 느끼고 기록했다. 이들은 모두 일상의 비인지적, 감정적, 체화된 특성에 초점을 두려는 보다 광범위한 변화의 흐름에 속해 있다(12장 감정 참고).

4. 교차점

일상에 주목하는 다양한 연구주제 중 가장 오랫동안 존속해온 주제는, 우리의 일상이 다양한 영역과 공간의 결합을 통해 생산되는 방식을 지도화하고 탐구할 필요성과 가능성에 관한 것이다. 앞에서 살펴본 모든 접근은 일상생활을 구성하는 수많은 다양한 요소들, 곧 지나간 것과 현재의 것, 친밀한 것과 멀리 떨어진 것, 사회경제적인 것, 문화적인 것, 그리고 정치적인 것 등에 주목해야 한다고 주장한다. 그리고 지리학자들은 일상생활의 뒤얽힌 경로들을 강조하므로 이러한 관점을 강화하는 데에 기여한다.

일상에 관한 필자들의 대화에서도 실천, 동태(dynamics), 사물, 신체가 서로 뒤얽혀 있다는 사고는 핵심적인 내용이었다. 우리는 이런 사고를 토대로 일상생활의 지리에 주목할 때 뚜렷이 드러나는 다양성과 교차점을 탐구했다. 곧, 우리 각자의 개인사(biographies)와 일상지리의 모습이 서로 어떻게 접합(articulation)되어 있는지는 우리의 논의에서 반복적으로 되돌아오는 핵심 주제였다. 오랫동안 페미니스트 지리학자들이 주장했던 것처럼 공공공간에 대한 남성과 여성의 경험은 상당히 다르며, 이는 젠더 규범, 차별, 건조환경의 본질, 그리고 그 이상의 것들을 반영한다(McDowell, 1983). 보다 최근 들어 지리학자들은 계급, 성정체성, 종교, 나이가 어떻게 공공공간에서 우리의 교섭을 형성하는지를 연구하는데(Pain, 2001), 이런 움직임은 일상적 성차별주의를 낱낱이 기록하는 캠페인을 통해 상당한 대중적 주목을 끌고 있다(Bates, 2015). 또한 이른바 '적대적 환경(hostile environment)'이라는 개념은 학교, 작업장, 병원 같은 일상생활의 공간을 인종 이슈와 긴밀히 연결하고 있다.

이런 연구들은 공통적으로 일상에 관한 탐구를

현장 속 연구
긴축재정과 일상생활 연구

일상생활에 대한 사고는 영국의 **긴축정책** 설계자들에 의해 이용되기도 했다. 2011년 영국의 부총리 닉 클레그(Nick Clegg)는 근면한 생활의 힘들고 반복적인 경험을 묘사하기 위해 이른바 알람시계를 쓰는 영국인들로 이루어진 '알람시계영국(alarm-clock Britain)'에 관한 발언을 했다. 이때는 당시 재무부장관이던 조지 오스본(George Osborne)이 '수당(보조금)생활방식(bene-fit lifestyle)'을 공격했던 시기였다. 수당생활방식이란 "'근면한 가족들'이 일하러 출근한 동안 일부 수당청구자들은 커튼 치고 누워 있을 수 있다"는 생각을 염두에 둔 것이다(BBC News, 2011).

이런 맥락에서 많은 사회지리학자들은 (예산)감축, 경제위기, 복지개혁 등에 대한 일상경험으로 연구의 관심을 돌렸다. 이는 다양한 형태로 나타났는데, 가령 세라 홀(Sarah Hall, 2018)은 '진(zine, 소책자 형태의 독립 출판물)'(issuu.com/everydayausterity/docs/everyday_austerity_full_zine)을 이용해서, 잉글랜드 북서부 지역의 가족들에게 긴축이 어떻게 보이고 느껴지는지를 짧은 순간의 복잡성에 초점을 두어 파악하고자 했다. 에스터 히친(Esther Hitchen, 2019)은 도서관 서비스에 대해 장기간에 걸쳐 세밀한 문화기술지 연구를 수행하여, 노동의 공간, 자원봉사, 예산 감축에 따른 서비스의 재편 속에 긴축에 대한 감정과 정동이 어떻게 현존하는지를 탐구했다. 또한, 샌더 반 래넌(Sander van Lanen, 2020)은 '생활세계(lifeworlds)' 개념을 기반으로 심층면담을 구사하여, 아일랜드의 빈곤한 도시 근린지구 두 곳에 거주하는 청년층의 일상지리를 연구했다. 이런 연구들은 일상생활의 친밀한 공간이 다양한 스케일의 경제·정치와 어떻게 상호작용하는지를 탐구하기 위해서, 지난 100년 이상 발전해온 개념, 이론적 틀, 방법론을 사용하여 일상의 지리가 어떻게 불평등과 교차점을 형성하는지 (그리고 이들에 의해 어떻게 형성되는지를) 세밀히 기록한다.

계급과 연결하기 때문에(15장 계급 참고), 우리는 20세기 초반의 마르크스주의 이론으로 다시 소급하여 연구할 필요가 있다. 이들은 우리 대부분이 많은 시간을 보내는 지극히 평범하고, 당연하며, 보이지 않는 일상의 공간들을 되찾고자 한다. 도린 매시가 지적한 것처럼, "많은 이들에게 일생의 상당 시간은 (심지어 제1세계의 심장부에서조차도) 버스정류장에서 버스를 기다리는 시간으로 채워져 있다"(Massey, 1994/2013: 163). 더군다나 버스정류장에서 기다리는 행위는 젠더, 계급, 나이, 인종 정체성 위에서 일어나며, 이는 결코 간과할 수 없는 권력과 **교차성**의 일상적 문제를 드러낸다

(Moran, 2005; Wilson, 2011).

이제까지 살펴본 관점들은 일상 연구가 그 뿌리에서부터 정치적인 특성을 갖고 있음을 말한다. 이따금 일상생활의 세부사항은 국가정치와 세계경제에 영향을 끼치는 공간들에 비해 덧없고 사소한 문제라는 비판이 제기된다. 그러나 이 같은 일상생활의 세부사항이 일상을 채우고 있으며 그 안에서 우리는 보다 거대한 프로세스에 도전하고, 참여하며 프로세스를 재편하기 위한 질문과 대답을 찾아낼 수 있다. 대중교통의 예산 감축, 외국인 투자의 새로운 물결 또는 EU 체제 등의 의미를 이해하는 것은, 이러한 변동이 일상생활 공간에서

교섭하며 살아가는 사람들에게 무엇을 의미하는 지를 질문하지 않고서는 불가능하다. 일상은 매우 정치적인 공간이다. 왜냐하면 일상은 반론을 제기하는 공간이기 때문이다. 그리고 이 사실이야말로 일상이 페미니즘, 문화연구, 서발턴(subaltern, 하위계층) 연구 등 급진적인 작업의 중심에 위치하는 이유다. 이러한 정치의식으로 무장된 연구들은 불가피하게도 엄청난 책임감을 수반하기 때문에, 우리로 하여금 사람들의 일상 속에서 골치 아프고, 취약하며, 친밀한 공간들을 열심히 연구하도록 자극한다. 그것이 쇼핑습관이든, 돌봄의 루틴이든, (거리에서의) 행동주의든, 아니면 벽난로 위의 장식품이든 말이다.

 요약

- 이 장에서는 사회지리학에서 일상 연구의 핵심적 사고와 관점을 소개함으로써, 일상이란 보다 거시적인 공간 프로세스와 연결된 스케일이라는 점을 설명했다.
- 페미니즘, 인본주의, 현상학 기반의 접근들은 일상의 지리에 관한 사회지리학적 개념에 각별한 영향을 끼쳤다.

- 일상생활의 지리는 다양한 영역들과 공간들을 아우름으로써 생산된다.
- 이 장에서 다룬 여러 접근은, 일상이란 뿌리 깊은 정치적 성격을 내재하고 있으며 따라서 일상을 연구하는 것은 정치적 성격을 갖는다는 점을 강조한다.

 더 읽을거리

Clayton, J. (2013) Geography and everyday life. In B. Warf (ed.), *Oxford Bibliographies in Geography*. New York: Oxford University Press.

Holloway, L., & Hubbard, P. (2001) *People and Place: The Extraodinary Geographies of Everyday Life*. Harlow, UK: Prentice-Hall.

Moran, J. (2005) *Reading the Everyday*. London: Routledge.

Moran, J. (2008) *Queuing for Beginners: The Story of Daily Life from Breakfast to Bedtime*. London: Profile Books.

12 | 감정

이 장은 일상을 다룬 11장과 마찬가지로 일상의 감정지리를 연구한 교수진과 학생들의 토론에 기초하고 있다. 이 장에서는 특히 감정을 **어떻게** 이해할 것이며, 사회지리학자인 우리에게 이것이 **왜** 중요한지를 탐색하는 데 초점을 두었다.

긴 하루가 끝나고 집에 들어오는 순간을 떠올려보자. 어떤 느낌이 들까? 날씨가 춥고 비가 온다면, 아마 빨리 따뜻한 거실에 앉아서 차 한잔을 마시고 싶을 것이다. 어쩌면 친구나 가족과 그날 있었던 일을 나누고 싶을 것이다. 대학에서 받은 스트레스는 뒤로하고, 소파에 앉아 TV에 집중할지도 모른다. 아니면 집 안에 들어가자마자 설거지를 기다리고 있는 그릇들이 눈에 띌 수도 있을 것이다. 그리고 이웃집의 소음에도 불구하고 남은 밤 동안에 보고서를 써야 한다는 사실을 떠올리며 스트레스를 받을지도 모른다.

자 이제, 뉴캐슬어폰타인의 그레이스트리트(Grey Street)와 같은 분주한 거리를 걷는다고 상상해보자(그림 12.1). 다양한 사물들은 보행자들이 어떤 느낌을 갖도록 **의도적으로** 배치되고 설계되었을까? 형형색색의 비주얼과 멋진 음악으로 여러분의 이목을 끌어 안으로 들어오게 만들려는 상점들을 생각해보자. 또한, 잠시 앉을 수는 있지만 편안하게 잠을 자지는 못하도록 고안된 벤치도 떠올려보자. 낯선 도시에서 길을 찾을 수 있게 배치된 표지판도 생각해보자. 그리고 사람들도 생각해보자. 거리 위의 경찰관은 우리들에게 경계심과 안전함을 동시에 느끼게 한다. 거리의 뮤지션은 음악으로 즐거움을 선사하면서, 우리로 하여금 그에게 돈을 얼마라도 줘야 하지 않는지 생각하게 한다. 그리고 우리에게 특별한 감정을 일으키기를 원치 않는 많은 익명의 사람들도 있다. 그들

그림 12.1 뉴캐슬어폰타인의 그레이스트리트 (그림: Matej Blazek)

은 일상적인 용무를 보고 있을 뿐, 어느 누구의 주목도 받지 않고 이곳을 그냥 지나가기를 바랄 뿐이다.

이 예시는 지리학자에게 감정이 왜 중요한지를 말해준다. 우선, **장소가 달라지면 느낌도 달라진다**는 것이다. 이런 느낌의 차이는 물리적 환경(따뜻한 집, 추운 길거리), 사회적 관계(집에서 우리를 기다리는 사람), 일상적인 사물과 활동(소파와 TV라는 편안한 루틴), 뿌리 깊은 정체성(우리가 누구인가는 우리가 속한 장소와 어떻게든 연관되어 있다)과 관련되어 있다.

또한, 이 예시는 **감정과 장소의 연계가 무작위적이지 않다**는 것을 말해준다. 곧, **장소는 어떤 느낌을 이끌어내도록 만들어졌고, 감정은 일정한 정치를 내포한다.** 도시의 길거리는 우리가 거기에서 시간을 (그리고 돈을) 소비하되 주변의 타인에게 너무 많은 관심을 갖지 않도록 설계되어 있다. 이 프로세스가 건물만으로 작동하는 건 아니다. 곧, 감정적 동태(dynamics)는 도시계획가와 사업가부터 우리와 같은 방문객에 이르는 다양한 행위자들에 의해 생산된다. 달리 말해 우리 모두가 이에 기여하고 있는 것이다. 그레이스트리트 같은 공공장소에서 우리는 낯선 사람들에게 예의 바르면서도 그들을 쉽게 잊는 상호작용의 불문율에 따라 행동한다. 그러나 집에는 우리의 흔적들이 도처에 묻어 있다. 우리는 집에서 매일 (부지런히) 일하기 때문에, 집이 편안하고, 안전하며, 행복하다고 느끼는 것이다.

그러나 **우리가 어떻게 느끼는가는 우리가 누구인지에 따라서도 결정된다.** 어떤 사람에게 집은 안락함과 평온함이 아니라 폭력, 트라우마, 상실과 연관되어 있다(Brickell, 2012). 또 어떤 사람에게 분주한 거리는 있고 싶은 곳이 아니라 도망치고 싶은 곳이다. 인종차별적 공격에 대한 두려움(Hopkins, 2016) 때문일 수도 있고, 거리노숙에 대한 처벌 정책(Mitchell, 1997) 때문일 수도 있다. 집이나 분주한 거리는 모두를 환영하는 공간은 아니다. 곧, 거리는 중립적이지 않다. 따라서 **감정지리학**의 연구자들은 우리가 누구이며, 어디에 있고, 어떻게 느끼고, 무엇을 하는지가 어떻게 연계되어 있는지에 관심을 둔다.

이 책을 읽는 독자라면 지리학이 중요하다는 점에 동의할 것이다(Massey & Allen, 1984; 1장 사회지리학의 번영을 위하여 참고). 그렇기 때문에 감정도 중요하다. 감정은 "실제적 효과를 생산하며, 의미를 지니고 있고, 이따금 중대한 결과를 야기한다"(Askins, 2019: 107). 또한, 감정에는 감정의 지리가 있다. 감정은 장소가 지닌 **정동(情動)역량**(affective capacities)을 통해 부상하며, 이와 동시에 사회·공간적 과정에 영향을 끼친다. 이 장에서는 감정과 지리가 왜 서로에게 중요한지 알아본다. 우선 페미니즘, 현상학, 정동이론 등 세 가지 관점을 중심으로 발전해온 핵심 논의를 살펴본다. 물론 이 장의 논의가 감정에 관한 모든 것을 포착하는 것은 아니다. 특히, 3장에서 논의한 정신분석학(Bondi, 2005)이나 참여관찰연구(Askins, 2016)는 감정지리에서 중요하지만 이 장에서는 다루지 않는다. 이 장에서는 감정에 관한 논의를 낱낱이 다루기보다는, 왜 감정이 사회지리학에서 중요한지를 이해할 수 있는 핵심적 아이디어를 제공하는 데 초점을 둔다.

사회지리학은 다른 사회과학과 마찬가지로 "감정이 무엇인가보다는 감정이 무엇과 관련되어 있는지에 관심을 둔다"(Walby, Spencer & Hunt, 2012: 5). 곧, 사회지리학자들은 장소, 사회조직, 일상활동에 착근되어 있는 경험의 맥락 속에서 감정을 탐구한다(11장 일상 참고). 지리학자들은 감정에 대한 단일한 정의를 조심스러워하지만, 원활한 학습을 위해 이 장에서는 감정을 **세계 내에 체화된 현존(embodied presence)**의 **경험**으로 정의해서 논의한다. 감정을 이렇게 정의하면, 이를 출

발점으로 진전된 아이디어를 제시할 수 있다. 이 정의를 구체적으로 설명하자면, 첫째, 감정이란 늘 **신체**를 통해 느낀다는 사실이다. 그렇다고 해서 감정이 신체적 감각과 동일하지는 않다. 곧, 뜨겁다는 느낌은 감정이 아니다.* 그러나 뜨거워서 생기는 불만스러운 느낌은 감정이다. 둘째, 감정은 그 자체로서가 아닌 맥락과의 관계 속에서 탐구되어야 한다. 셋째, 감정을 경험적인 것으로 본다면, 우리는 사고와 감정을 별개의 요소로 다루지 않고 양자의 연계성에 주목해야 한다. 사고는 감정적 반응을 이끌며('행복한 생각'이나 '무서운 생각'), 감정은 성찰적 사고를 유발한다('왜 나는 이웃과 이야기하는 게 두려울까?').

1. 페미니즘의 감정지리학: 이성과 감정의 이원론에 대한 도전

2000년대 초반 지리학에서는 "감정적 불모지, 열정이 없는 세계, [그리고] 합리적 원칙에 의해 질서화된 공간"으로부터 진일보하려는 노력이 나타났다(Bondi, Davidson & Smith, 2005: 1; 1장 사회지리학의 번영을 위하여 참고). 이는 이른바 '**감정적 전환(emotional turn)**'으로 불리는데, **페미니즘**이 이

----

* **지각(知覺, perception)**은 뜨겁다는 느낌이다. **감각(感覺, sensation)**은 어떤 대상물이나 환경 또는 그 변화를 신체기관에 대한 자극이나 반응을 통해 즉각적으로 알아채는 것이다. 반면, 지각은 발생한 감각을 다른 감각에 대한 경험이나 기억과 비교하여 그에 의미를 부여하는 것을 말한다. 곧, 감각을 의식적(conscious)으로 기록하는 행위를 지각이라고 한다. 한편, **인지(認知, cognition)**는 지각을 기반으로 그 대상물이나 환경이 어떠한지 또는 어떻게 변화했는지를 인정하고 이해하는 사고의 과정을 지칭한다. **인식(認識, recognition)**은 인지된 대상물, 환경, 변화 등의 본질이나 원인을 분석하고 온전히 이해하여 판단하는 사고의 과정을 말한다.

러한 전환에 끼친 영향과 역할은 여기에서 다룰 수 없을 정도로 방대하다(Bondi, 2005 참고). 그중 이 장의 논의를 진전시키는 데 각별히 중요한 지점에 주목해보자.

1990년대에 페미니즘 지리학이 핵심적으로 기여한 바는 이원론적(이분법적) 사고에 대한 비판이다(가령, Rose, 1993; 16장 젠더 참고). **이원론**(dualism)은 어떤 대상을 우월한 모델로 정의할 때 그 반대편의 대상은 열등한 것으로 정의한다. 페미니즘은 남성/여성, 문화/자연, 공적/사적, 정신/신체 등의 **이항대립물**을 **해체**함으로써 이러한 이분법의 정치를 공격했다. 왜냐하면 하찮은 존재가 된 대상(여성, 자연, 사적임, 신체)은 지배적인 모델(남성, 문화, 공적임, 정신)과의 관계에 따라 정의되고, 이 지배적인 모델에 정반대되는 것으로 정의되기 때문이다. 이 명쾌한 이분법적 구별은, 이항대립물 중 남성, 문화적 합리성, 공식적 정치와 관련된 한쪽은 중요하고 강한 것으로 자리매김하는 반면, 여성, 자연, 체화, 사적영역과 관련된 다른 한쪽의 중요성은 축소해버린다.

이러한 이원론의 문제 중 하나가 바로 **이성**과 감정의 이분법이다. 전통적으로 서양의 사상은 인간주체성을 이성의 현존과 동일시하는 반면, 감정은 불완전의 표징이자 자연적 힘의 흔적으로서 인간이 통제해야 하는 대상으로 취급했다. 이러한 구별은 다음의 인용문처럼 근본적으로 **젠더화**되어 있다.

정신이 합리성, 의식, 이성, 남성성 같은 긍정적인 측면과 관련되어왔다면, 신체는 감정적임, 자연, 비합리성, 여성성 같은 부정적 측면과 관련되어 왔다. 남성이 감정과 경험으로부터 자기 자신을 분리할 수 있는 존재로 간주되어왔다면, 여성은 "자신의 감정적 변덕스러움의 희생물이자 똑바른 사고가 불가능한 피조물"로 간주되어왔다(Kirby, 1992: 12-13; Valentine, 2001: 17에서 재인용).

페미니즘 지리학은 남성/여성, 이성/감정의 이분법뿐만 아니라 그에 따른 정치적 영향까지 비판하면서, 감정지리학이 왜 발전해야 하는지의 근거를 다음의 세 가지로 제시했다.

1. 페미니즘 지리학은 사회 형성 과정에서 감정의 중요성을 분명히 보여주었다. 나아가 감정지리학은 감정의 중요성을 무시하는 행위가 인식론적 태만일 뿐만 아니라 위계화된 젠더 질서를 강화하는 정치적 행위임을 보여주었다(Bondi, 2005).
2. 페미니즘 지리학은 세계를 이해하는 데 감정이 중요하다는 점에 주목하여 체화되고 감정적인 형태의 지식을 강조했다(Thien, 2005). '객관적 사고'라는 개념은 세계에 대한 우리의 경험을 온전히 압축해서 보여줄 수 없으며, 지식의 생산은 체화된 감정적 지식까지 포함해야 한다.
3. 페미니즘 지리학은 **상호주관성**(intersubjectivity)과 '사람들 사이의' 앞에 주목함으로써, 세계를 탐구하기 위한 전략으로서의 집단적 참여, 상호의존, 돌봄의 윤리에 대한 토대를 마련했다(Askins, 2019).

2. 현상학: 세계, 감정, 신체

광장공포증(agoraphobia)이 있는 여성의 경험에 대한 조이스 데이비슨(Joyce Davidson, 2003)의 연구는, 감정지리학에 대한 페미니즘 접근을 현상학과 연결한다. **현상학**적 전통은 경험의 대상보다는 경험의 과정에 더 관심을 둔다. 데이비슨은 광장공포증의 경험과 집, 거리, 쇼핑몰 같은 공간에 대한 통제 및 그 내부에서의 보안(security)과의 연계성을 탐구했다. 그녀는 이러한 공간들에 대한 지리학적 관심의 부족은, 이들의 성격이 역사적으로 **여성화**되어왔기 때문이라고 주장했다. 또한, 그녀는 광장공포증의 **체화**된 감정적 특성을 이해하려면, 신체의 경험이 사회적 공간에서 일어난다는 점에 주목하는 방법론이 필요하다고 주장했다.

이처럼 데이비슨은 감정, 신체, '삶(lived)'의 공간이 인간 경험의 토대라고 보았다. 현상학에 따르면, 경험이란 생리적 지각도 아니고 정신의 지적 구성물도 아니다. 오히려 경험에는 항상 신체, 정신, 환경이 현재진행형으로 개입하기 때문에, 경험은 체화되어 있고 감정적인(감정화되어 있는) 동시에 합리적이다(합리화되어 있다). 곧, '신체와 세계, 주체와 객체는 살(flesh)로 합쳐진다'(Wylie, 2006: 525). 이의 사례로 글상자 12.1을 참고하자.

3. 정동의 지리: 감정의 전개인적 구조

요가 장소에 관한 레아(Lea, 2008)의 연구는, 감정

현장 속 이론
치료경관

현상학적 지리학의 연구사례는 치료경관(therapeutic landscape)이라는 개념에서 찾을 수 있다(23장 건강 참고). 치료경관은 물질적·사회적·정신적 세계의 교차점에서 출현하는데, 이 지점에서는 신체와 정신이 적극적이면서도 밀접하게 주변의 환경과 얽혀 있다. 데이비드 콘래드슨(David Conradson)이 지적한 것처럼, 신체적·정신적 웰빙의 핵심 특징은 '자아-경관의 만남(self-landscape encounter)'이 갖는 관계적 차원'이다(Conradson, 2003: 346). 가령, 제니퍼 레아(Jennifer Lea, 2008)는 야외 요가 장소들을 연구하면서 개인의 신체적·정신적 실천에서 자연이 갖는 중요성을 다음과 같이 제시했다.

Box 12.1

- 요가를 할 때의 울퉁불퉁한 바닥은 접촉을 통한 감각과 요가 자세의 신체 경험을 증폭시킨다.
- 해 뜰 무렵의 좌선(坐禪)은 신체가 자연의 에너지를 지각하게 하고, 신체에 요가 연습의 시작을 알리는 역할을 한다.
- 바람에 휘어진 나무들과 땅의 형세는 시각적으로 요가 자세 및 몸의 굴곡과 비슷하다.

현상학적 지리학의 초창기 연구들은 체화된 경험의 보편성을 가정했기 때문에 차이와 권력의 문제를 무시했다는 비판을 받았다(Ash & Simpson, 2016). 그러나 '항상 사회적으로 각인되어 있는 신체'라는 비판적 개념과 '상황적이고 체화되어 있는 경험'에 대한 현상학적 섬세함을 결합한다면, 늘 체화된 순간적인 상황 속에 처한 우리의 감정생활을 면밀하게 탐구하기 위한 보다 비판적인 프레임을 만들 수 있다.

이란 신체가 환경과 맞물릴 때 발생한다는 점뿐만 아니라, 같은 상황에서 사람의 느낌은 모두 다름에도 불구하고 여러 힘(force) 중에서도 보다 많은 사람들의 느낌에 영향을 미치는 특정한 힘이 있다는 점을 제시한다. 바로 이 지점에서 우리는 정동 개념을 살펴보아야 한다.

정동에 대한 지리적 이해는 17세기 철학자 바뤼흐 스피노자(Baruch Spinoza)와 관련 있다. 스피노자는 "신체의 행동력을 강화하거나 약화하는" 어떤 힘을 정동이라고 정의했다(Spinoza, 1677/2001: III, 56). 그에 따르면, 경험이란 신체를 통해 나타난다. 왜냐하면 신체의 상태를 전환하면 감정적 경험도 달라지기 때문이다. 그러나 이와 동시에 감정은 개인 내부에서 생겨나는 반면, 정동은 자아의 외부에서 비롯되므로 **전(前)개인적(preindividual)**이다(비록 정동은 개인이 주변 세계와 체화된 상호작용을 함으로써 작동하지만 말이다).

자, 소파에 앉아 TV 코미디쇼를 시청하는 자신의 모습을 상상해보자. 여러분의 느낌에 **영향을 끼치는(affect)** 요소는 무엇일까? 아마도 다음과 같지 않을까?

• 혼자임 또는 타인과 함께 있음
• 긴장이 풀린 상태이며, 긴급한 압박감에서 자유로움
• (TV를 보기 전까지) 당일에 있었던 일
• 소파의 물리적 안락함, 방의 온도, 조명 또는 음향의 정도
• 프로그램 자체
• 배가 고프거나(고프지 않거나) 갈증이 나는(없는) 상태임

이 모든 요소가 정동을 구성한다. 이것들은 전개인적이다. 왜냐하면 이것들이 우리의 신체에 영향을 끼쳐 감정이 생겨나기 전까지, 이것들은 단지 당신의 외부에 존재하기 때문이다. 그러나 이들은 또한 **초(超)개인적(transindividual)**이다. 왜냐하면 이것들은 각기 다른 방식으로 다른 사람에게도 영향을 미치기 때문이다. 다른 누군가가 여러분과 똑같은 시간에, 똑같은 소파에서, 똑같은 쇼를 시청한다면, 그 사람과 여러분은 똑같은 요소의 영향을 받으면서도 서로 다르게 영향을 받을 것이다. 만일 그 사람에게 그 집이 낯설다면, 그가 그 쇼를 싫어한다면, 그가 힘겨운 하루를 보냈다면, 그가 그 쇼의 언어를 이해하지 못한다면, 그의 느낌이 어떠할지 상상해보자.

또한, 정동은 명사이자 동사일 뿐 아니라 형용사로 사용되기도 한다. 우리는 우리 집의 거실이 **정동적 공간(affective space)**이나 **정동적 상태(affective condition)**에 있다고 말할 수 있다. 정동적 상태는 그 종류가 매우 다를 수 있다. 한밤중의 도시가 지닌 정동적 힘이 어떻게 파티의 손님, 택시 운전사, 거리 청소부, 경찰 등 다양한 사람들의 체화된 실천의 **아상블라주(assemblages)***를 통해 나타날지 상상해보자(Shaw, 2014). 한밤중의 도시는 한낮의 도시와는 다른 방식으로 감정적 경험에

....

* 세상은 욕망(desire)과 그 나머지(사회)로 이루어져 있다고 생각했던 질 들뢰즈(Gilles Deleuze)와 펠릭스 과타리(Félix Guattari)의 철학 및 사회이론에서 유래한 개념. 기능적 공조와 공생관계를 맺고 있으면서 존재론적으로 이종(異種)적인, 인간 및 비인간(사물, 관념 등)의 동맹체를 일컫는다. 가령, 복숭아꽃, 복숭아나무, 꿀벌, 여왕벌, 양봉업자와 과수원의 주인 등은 존재론적 위상(位相)이 다른 이종적 개체들이지만 상호 공생관계로 맺어진 아상블라주(assemblages)를 형성한다. 이는 기존의 사회과학적 범주화나 철학적 존재론으로부터의 단절을 선언하는 새로운 유물론이자 지도화(mapping)를 함축한다. 들뢰즈와 과타리 철학의 영어권 전도사였던 브라이언 마수미(Brian Massumi)

영향을 준다. 또한, 어린이들의 사진이 인도주의적 캠페인에 동원되는 공감의 도구로 기능하듯이, '어린 시절(유년기)'이라는 관념이 어떻게 정동의 힘을 갖는지 생각해보자(Manzo, 2008). 한밤중의 도시에서 정동을 구성하는 것은 공간, 신체, 사물, 실천이다. 유년기의 사례에서, 우리를 동요시키며, 느끼고 행동하게 만드는 것은, 도움이 필요한 어린이의 재현이라는 시각화된 관념뿐이다.

페미니즘 지리학은 감정이 정치적으로 중요하다는 것을 보여주었다. 나아가 정동 이론은 감정 생산과정이 전개인적·초개인적 특성을 띠므로, 감정이 거버넌스의 대상이 될 수 있음을 강조한

<hr>

에 따르면, 들뢰즈와 과타리는 1972년의 저작 『안티 오이디푸스(L'Anti-Œdipe)』에서 이른바 '생산을 위한 생산'을 목적으로 삼는 욕망기계 (desiring machines) 개념을 통해 자본주의의 내재적(immanent) 유물론을 전개했다. 그러나 욕망기계가 인간 같은 개체적 범주를 지칭한다고 오독(誤讀)하는 주관주의적 오해(subjectivist misunderstandings) 때문에 1980년 『천 개의 고원(Mille Plateaux)』에서 이를 아상블라주라는 개념으로 대체하였다. 아상블라주와 관련된 지리학계 문헌으로 김숙진, (2016), 「아상블라주의 개념과 지리학적 함의」, 『대한지리학회지』, 51(3), 311-326 참고.

다. 감정은 반드시 개인적 감정에 대한 직접적 통제뿐만 아니라, 사람들이 처한 광범위한 정동적 조건의 생산과 관리를 통해서도 조절, 개조, 조종될 수 있다(Jupp, Pykett & Smith, 2017). 따라서 지리학자들은 정동이 거버넌스에 유용한 도구라고 주장한다.

가령, 재닛 뉴먼(Janet Newman, 2017)은 긴축 거버넌스가 분노의 정치를 토대로 한다고 주장한다. 그녀에 따르면, 영국 정부는 유권자들의 지지를 확보하고 긴축이 그들의 사회경제적 상태에 미친 부정적 영향을 보상하기 위해서, 복지, 관료주의, 무책임한 시민성에 대한 분노를 일으키는 정동적 조건을 생산해왔다고 주장한다. "이민자를 희생양으로 삼고, 복지수당 수급자들을 악마화하고, 안전/불안의 언어를 격렬하게 만듦"으로써 (Newman, 2017: 32), 긴축의 영향에 대한 감정적 반응, 즉 분노가 정부가 아닌 타자를 향하도록 만들고자 했다.

이 장에서는 사회지리학에서 사회와 공간의 상호관계를 이해하는 데 감정이 중요해지고 있음을 소개했다. 이 장은 감정에 대한 페미니즘적, 현상학적, 정동적 접근을 탐색함으로써 다음의 내용을 핵심적으로 살펴보았다.

- 이성(합리성)을 감정보다 무비판적으로 특권화하면 사회의 이원론적 위계를 재생산하게 된다. 이성의 우월성을 문제시하고 "감정적으로 생각하는 것은 규범적, 배타적 구조와 담론에 도전하는 진보적 접근에 핵심 역할을 한

다"(Askins, 2019: 109).

- 감정적 형태의 앎은 신체, 정신, 환경이 합쳐진 현존(presence)에 주목할 것을 요구한다. 감정은 신체를 통해 나타나지만, 세계에 대해서는 관계적이다.

- 감정은 개인의 신체로부터 나타나지만, 광범위한 정동적 조건을 통해 생산된다. 감정은 사회관계에 토대를 이루지만 사회관계에 의해 생산되기도 하므로, 불가피하게도 정치와 거버넌스의 대상이기도 하다.

 더 읽을거리

Askins, K. (2019) Emotions. In *Antipode* Editorial Collective (eds.), *Keywords in Radical Geography*, pp.107-12. Oxford: John Wiley & Sons.

Davidson, J., Bondi, L., & Smith, M. (eds.) (2005) *Emotional Geographies*. Aldershot, UK: Ashgate.

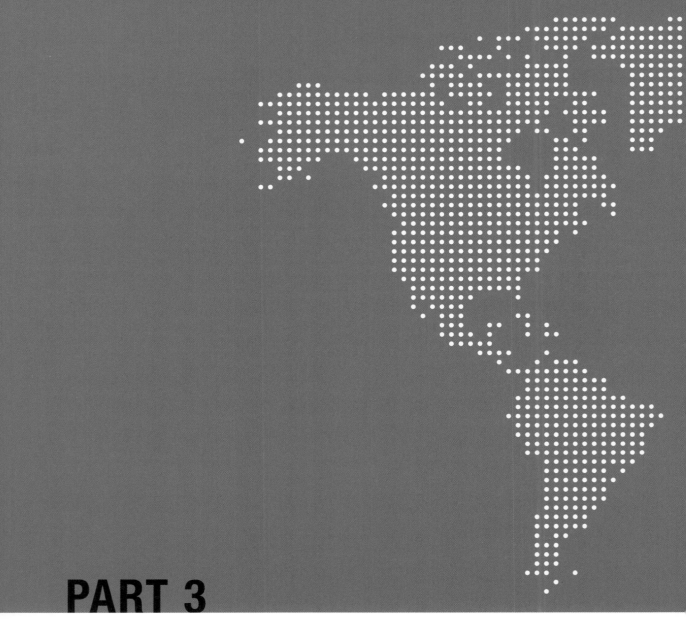

PART 3

분리

Chapter 13 | 인종

인간으로서 우리는 세계에 질서를 부여함으로써 세계를 이해한다. 인류를 분류하려는 초창기의 시도는 피부색과 같은 관찰 가능한 기준들을 근거로 삼았다. 그리고 이는 오늘날까지 가장 질기게도 살아남은 미신(myth)인 '인종(race)'이라는 개념의 발전으로 이어졌다. 이 장에서는 '인종'이 무엇인지, 그리고 왜 인종이 생물학적 범주가 아니라 사회적 구성물인지를 살펴본다. 그리고 인종차별주의(racism)의 개념을 알아본 후 '인종'과 인종차별주의에 관한 사회지리학 연구사례들을 검토한다.

1. 사회적 구성물로서의 인종

서두에서 말한 바와 같이, 과학자들은 '인종'이 인류에 대한 생물학적 범주가 아니라는 점에 대해 만장일치로 동의한다. 이미 1950년에 UNE-SCO(유네스코)에서는 모든 인간은 하나의 종(種, species)에 속하며, 인종은 생물적 사실이 아니라 미신이라고 선언했다. 그러나 여러분 중 일부는 인종적 차이가 가시적으로 존재하지 않냐고 반문할 수도 있을 것이다. 분명 '검은' 피부가 있고, '하얀' 피부가 있고, 그 가운데 여러 피부색이 존재하기 때문에 말이다. 그렇다면 우리는 어째서 '인종'이란 존재하지 않는다고 말할 수 있는 것일까? 과학자들이 '인종'이라는 범주가 존재하지 않는다고 단언하는 것은, 인종 분류의 기준이 되는 **피부색**의 차이가 실질적인 유전학적 차이와 아무 관련이 없기 때문이다. 쉽게 말해 우리가 '인종'을 상호배타적인 범주로 사용하려 한다면, 피부색이 다른 집단 간에 유전학적 차이가 존재한다는 것을 제시해야 한다. 그러나 사실은 이와 다르다. 곧, 인류는 유전적 다양성이 극도로 적어서 인종이라는 구분에 따른 유전학적 차이가 존재하지 않는다. 더군다나 피부색이 비슷한 사람들 간의 유전적 편차가, 피부색이 다른 사람 간의 유전적 편차보다 더 크다는 것이 증명되었다(Tishkoff & Kidd, 2004). 따라서 사람을 인종 구분을 따라 분류해서 어떤 유의미한 목적을 달성하기란 불가능하다. 피부색이 다른 사람들 간의 유전자 차이는 지극히 적으며, 오히려 중복되는 점들이 훨씬 많다.

여기에서 분명히 해야 할 한 가지는, 우리가 논의하는 것이 피부색의 차이가 유전적이냐 아니냐의 문제가 아니라는 점이다. 피부색의 차이는 '당연히' 유전적인 차이로 인한 것이다. 우리 모두 알다시피 피부색은 부모로부터 자녀에게 유전적으로 전달된다. 중요한 점은 피부색과 관련된 유전자가 다른 무엇과 관련되어 있느냐의 문제다. 이와 관련해서 과학자들은 피부색과 관련된 유전자는 지능, 일에 대한 능력, 또는 전반적 행태와는 아무 관련이 없다는 것을 확인했다. 피부색을 결정하는 유전자를 지능과 같은 특징과 관련시키는 것은 생물학적으로 아무런 근거가 없다. 요컨대, 유전자 지도와 게놈 연구의 과학적 발전 덕분에, 그동안 인종적 분류를 인간의 능력이나 잠재력과 관련지었던 이른바 **'인종과학'**은 틀렸다는 것이 증명되었다. 그럼에도 불구하고 우리는 여전히 그 유산 속에 살고 있다. 여전히 오늘날에도 인종 분류가 사회적 범주로 잔존하고 있다.

따라서 '인종'은 **사회적 구성물**이라고 이해하는 것이 타당하다(15장 계급, 16장 젠더 참고). 이는 '흑인', '백인' 같은 인종 범주가 (피부색 이외의) 인간의 능력과 관련된 생물학적 사실을 말하는 것이 아니라, 사회적 맥락의 산물이라는 것을 함의한다. 사람은 자신이 속한 문화나 시대적 배경에 따라 인종적 차이를 이해하는 방식이 다르다. '흑인'과 '백인'의 범주 속에 어떤 사람이 포함되느냐는 역사적으로나 문화적으로나 고정되어 있지 않다. 가령, 19세기에 미국으로 이주했던 아일랜드 이민자들의 경우 언제나 '백인'으로 간주된 것은 아니었다. 역사학자 노엘 이그나티예프(Noel Ig-natiev)는 1995년 저술 『아일랜드인은 어떻게 백인이 되었나(How the Irish Became White)?』에서, 미국에 초창기에 도착한 아일랜드인들은 수년 동안 인종적으로 앵글로계 이민자들과는 다른 대접을 받았다고 말한다. 그 이유는 무엇보다 아일랜드의 종교가 가톨릭으로서 북아메리카의 주요 종교인 프로테스탄트와 달랐기 때문이다. 그리고 이런 종교적 차이가 아일랜드 이민자들의 대규모 유입이 기존 미국 내 미숙련노동자의 일자리를 위협한다는 적대적 인식과 결합되면서, 초창기 아일랜드인은 사회적으로 **유색인(non-White)**으로 분류되었다. 그러나 점차 시간이 지나면서 아일랜드인은 미국 노동시장에서 흑인을 쫓아내고 노예 폐지론자들에 반대하는 등 흑인에 대한 억압에 동참했고, 이 과정을 거치며 서서히 백인 집단으로 받아들여지게 되었다. 오늘날 흰 피부의 아일랜드인을 백인이 아니라고 생각하는 건 상상하기 어렵다. 그러나 이그나티예프의 연구에 따르면, '인종'에 대한 정의(定義, definition)는 시간에 따라 변화하며, 계급이나 종교 같은 다른 사회적 범주와의 복잡한 상호작용 속에 뿌리를 내리고 있다.

아일랜드의 사례가 보여주는 또 다른 중요한 점은, '인종' 범주가 실제 객관적 의미에서는 존재하지 않는다고 해도, '인종'은 여전히 배타적 실천의 토대 마련을 위해 **존재하도록 의도적으로 만들 수 있다**는 사실이다. 인종이 문화적, 정치적 과정을 통해서 존재하도록 만들어지는 과정을 일반적으로 **인종화(racialization)**라고 한다. 인종화는 인종적, **종족**적(민족집단적, ethnic) 관계를 이해하는 데 핵심적인 개념이다. 인종화란 인종 범주를 사회현상을 설명하는 데 이용하고 **인종차별**주의와 같은 이데올로기적 실천과 연관시키는 과정을 일컫는다. 인종은 인종화 과정을 통해 사회적으로 구성되어 유의미한 범주로 나타난다(Murji & Solomos, 2005). 일차적으로 인종화는 그 이전까지 인종적으로 분류되지 않았던 관계를 인종적으로 범주화한다. 위에서 살펴본 아일랜드 이주민도 이의 사례이며, 보다 최근에는 무슬림에 대한 인종차별주의인 **이슬람혐오증**도 그렇다. 무슬림의 경우 '인종' 범주는 아니다. 그러나 이슬람에 대한 비이성적 공포는 인종차별주의와 매우 유사한 방식으로 무슬림을 주변화한다. 우리는 인종화 개념을 통해서 인종적 의미가 어떻게 사회생활에 스며드는지, 그리고 오늘날 글로벌화된 세계에 어떻게 '인종'이 잔존하는지를 이해할 수 있다.

요약하자면 '인종'은 사회적 구성물이다. 이는 '흑인'과 '백인'의 정의가 변화하는 것에서도 알 수 있다. 인종에 대한 정의는 어떤 사회의 사회경제적, 문화적 변동에 상응하여 달라진다. 그러나 어떤 것이 사회적으로 구성되었다고 해서 그 영향력이 실재하지 않거나 중요치 않은 것은 아니다. 곧, 인종은 사회적으로 구성된 것이지만 늘 신체에 체화되어 있다. 각 신체는 인종차별주의*나 인종차별(racial discrimination)을 경험하며 인종화된 상태로 존재한다. 사실, 인종은 가장 끈덕진 범주다. 인종에 과학적 근거가 없다는 사실은 이미 오래전에 밝혀졌지만, 인종의 사회적 의미는 인종차별주의 이데올로기로 여전히 존속하고 있다. 1981년 잘 알려진 지식인 스튜어트 홀(Stuart Hall, 1983: 269)은 인종이라는 사회적 범주의 중요성을 일깨우면서 다음과 같이 말했다. "우리는 '인종'이라는 문제에 대항하는 것을 마치 착한 마음을 가진 백인이 흑인을 위해서 갖는 일종의 도덕적, 지적, 학술적 책무로 생각할 것이 아니라, '인종'이라는 이슈는 이 사회가 실제 어떻게 작동하고 있고 어떻게 현재의 상태에 도달하게 되었는지를 이해하기 위한 가장 중요한 수단 중 하나임을 기억해야 한다"고 말이다.

'인종'의 사회적 구성은 백인과 피부색이 밝은 사람들을 유리하게 만드는 이데올로기로 뒷받침된다. 가령, 인종 범주는 사회 **불평등**을 정당화하는 구실을 한다. 일부 정치인들은 저소득층 주거지역에 흑인 인구의 비율이 압도적으로 높은 이유를 '인종'의 탓으로 돌리곤 한다. 이런 식의 설명은, 자원에 대한 접근이나 교육 증진의 기회에

---

* 'racism'은 흔히 한국에서 '인종차별주의'라고 통용되어 이 책에서도 그렇게 번역했으나, 엄밀한 의미에서 racism은 '인종에 기반을 두거나 인종중심적인 사고방식, 행위, 태도, 문화, 제도'를 포괄하므로 '인종주의'로 번역하는 것이 옳다. 인종주의에는 인종차별(racial discrimination)이 당연히 포함되며 이외에 인종적인 편견이나 선입관, 인종을 중시하는 문화, 인종에 따라 상이하게 적용되는 법이나 제도까지도 해당된다. (이런 측면에서 보자면 'sexism'을 '성차별주의'로 번역하는 것 또한 이를 상당히 좁게 해석하는 것이다. 이는 문자 그대로 '섹시즘'으로 표현하는 것이 옳다.) 인종차별주의는 성차별주의와 마찬가지로 우리가 인식하는 범위와 정도 이상으로 사회 저변에 폭넓게 개입되어 있다.

그림 13.1 뉴캐슬어폰타인의 그레이 기념비(Grey's Monument) 앞에 서 있는 반인종차별주의 활동가(2019년 1월 12일)

(그림: Raksha Pande)

서 흑인이 구조적 불이익을 받는다는 사실을 인정하는 것에 비해 훨씬 쉽다. 많은 사람에게 인종차별주의는 일상 현실로 존재한다. 다음 절에서는 사회지리학에서 인종차별주의를 어떻게 개념화하는지 살펴보자.

2. 인종이 중요하다: 인종차별주의의 이해

인종차별주의란, **백인성(Whiteness)**과 같은 인종·민족집단적(racial and ethnic) 범주를 사회적 위계(hierarchy)의 근거로 사용하는 이데올로기적 입장이다. 이 범주는 사회적으로 구성되기도 하고 생물학적 결정론의 결과일 때도 있다. 중요한 점은 인종차별주의란 백인과 같은 특정 인종·민족집단이 나머지보다 우월하다는 이데올로기적 입장이라는 것이다. 인종차별주의는 백인의 정체성이 비백인(non-White people)보다 높은 사회적 특권을 지속적으로 보장받는 위치에 있다고 이해한다. 백인성과 그 우월성 또한 사회적으로 구성된 관념으로, 식민주의, 노예제도, 그리고 지금은 신뢰를 잃은 '인종과학' 이론의 유산에서 비롯된 것이다. 인종 범주로서 백인성은 비가시성과 보편성을 통해 작동한다. 다이어(Dyer, 1988: 45)가 지적하는 바와 같이, "범주의 영역에서 검은 것은 언제나 하나의 색깔이므로(이는 'coloured'라는 터무니없는 용어에서도 드러난다), 검다는 것은 언제나 특수성을 띤다. 반면, 하얗다는 것은 실제 어떤 것도 아니고, 하나의 정체성도 아니고, 어떤 특수한 특징도 아니다. 왜냐하면 하얗다는 것은 모든 것(everything)이기 때문이다. 곧, 하얀색은 모든

색깔이므로, 아무 색깔도 아니다". 결국 기준, 규범, 보편으로 간주되면서 얻는 힘이 **백인우월주의(White supremacism)**와 인종차별주의의 치명적인 위력인 셈이다. 인종차별주의는 분류의 기준이 무엇이냐에 따라 다양한 형태로 나뉜다. 사회지리학에서는 인종차별주의를 두 가지 방식으로 나눈다. 첫째는 사회적 분류에 따라 개인적 인종차별주의와 체계적 인종차별주의로 나누는 것이고, 둘째는 역사적 분류에 따라 신인종차별주의와 구인종차별주의로 나누는 것이다.

1) 개인적 인종차별주의와 체계적 인종차별주의

개인적(individual) 인종차별주의는 개인의 인종차별주의적 믿음과 행태를 지칭하는데, 이는 어떤 인종이나 민족집단에 대한 의식적 또는 무의식적 편견에서 비롯된 결과다. 개인적 인종차별주의는 보통 한 개인의 의견으로서, '표현의 자유'를 자신의 권리로 내세우면서 다른 인종이나 민족집단에 대한 편견을 드러내고 차별하는 것을 지칭한다. 큰 소리로 어떤 인종을 모욕하는 것은 개인적 인종차별주의의 가장 전형적인 형태다. 개인적 인종차별주의는 그 자체로 어떤 작용력을 갖는 경우는 거의 없지만, 체계적 인종차별주의를 구성하거나 이것으로 인해 더욱 강화되기도 한다.

체계적(systematic) 인종차별주의는 특정 인종 집단을 차별하거나 특권화하는 인종차별주의 정책이나 실천이 사회의 제도 속에 뿌리내린 상태를 가리킨다. '체계적'이라는 용어에서, 개인적 인종차별주의와는 달리 정치, 교육, 경제 등 광범위

한 제도적·구조적 차별의 토대에 초점을 두고 있음을 추측할 수 있다. 체계적 인종차별주의가 어떤 조직이나 단체의 차별적 행위와 관련되어 있을 경우, '제도적(institutional) 인종차별주의'라 불린다. 또한, 체계적 인종차별주의의 결과로 사회 전체의 체계에 인종적 불평등을 강화하는 사회·문화적 규범과 재현이 존재하는 경우, 이는 '구조적(structural) 인종차별주의'라 불린다. 가령, 영국에서는 거리에서 흑인들이 불심검문을 당하는 경우가 계속 늘어나고 있는데, 이는 경찰력 내부의 제도적 인종차별주의의 사례라고 할 수 있다. 구조적 인종차별주의의 구체적인 사례를 특정하는 것은 이보다 훨씬 어렵다. 왜냐하면 이는 백인의 정체성을 나머지보다 특권화하는 사회·문화적, 역사적 요인들의 광범위한 영향력과 관련되어 있기 때문이다. 구조적 인종차별주의는 비백인 집단의 힘과 기회 그리고 (이에 따른 정책적 영향과 결과로 빚어진) 사회의 전반적인 불평등을 통해 파악할 수 있다.

개인적 인종차별주의와 체계적 인종차별주의의 관계는, 인종차별주의가 단순히 어떤 사람에 대한 공격적, 차별적 의견과 관련되어 있을 뿐만 아니라 권력의 문제와도 관련되어 있음을 보여준다. 곧, 인종이나 민족집단을 근거로 인종차별적 의견을 행동으로 옮기고 특정 사람을 포함 또는 배제하는 (제도나 광범위한 사회구조를 통해서 부여받은) 권력의 문제가 핵심이다. 가령, 교사는 어떤 학생의 인종이나 민족집단 정체성과 관련해서 개인적 편견을 가질 수도 있다. 이는 개인적 인종차별주의의 사례다. 그러나 만일 그 교사가 학교의 교육제도를 통해 (곧, 제도적 인종차별주의에 의해)

그 학생을 수업에서 배제할 수 있는 **권력을 부여받았다면**, 이는 체계적 인종차별주의의 사례가 된다. 만일, 시간이 흐르면서 해당 인종·민족집단에 속한 모든 학생의 교육적 결과가 나빠졌다면, 그 학생들은 사회정치적 제도가 차별을 용인하는 구조적 인종차별주의를 겪고 있다고 할 수 있다.

2) 구인종차별주의에서 신인종차별주의로

한편, 사회과학에서는 **구(舊)인종차별주의**와 **신(新)인종차별주의**를 구별한다. 서양에서는 고정관념화, 공공연한 차별, 인종적 열등성 등 생물학적 인종차별주의가 점차 퇴색하고 있다. 이는 사회의 규범이 변화함에 따라 공개적으로 인종차별적인 관점을 표현하는 것이 더 이상 용인되지 않기 때문이다. 그리고 직장에서도 인종차별적 행태와 관례가 법적으로 제한되고 있기 때문에, 이런 규범은 더욱 강화되고 있다. 반면, 일부 학자들은 보다 미묘한 유형의 새로운 인종차별주의가 부상하고 있다고 지적한다(Barker, 1981). 이른바 '신인종차별주의'라 불리는 이 새로운 경향은 인종적 차이보다는 문화적 차이를 근거로 하는 편견을 지칭한다. 그 결과 '백인 인종'의 생물학적 우월성을 근거로 했던 과거의 인종차별주의는 사회에서 거부되고 있지만, 서양의 문화가 나머지보다 우월하다는 믿음에서 비롯된 신인종차별주의가 새롭게 자리를 잡고 있다. 신인종차별주의는 상징적 형태와 회피적 형태로 나뉜다. 먼저 '근대적 인종차별주의'라고도 불리는 **상징적(symbolic) 인종차별주의**는 미국에서 처음으로 이론화되었는데, 흑인과 소수민족집단에 대해 부정적 감정을 조장하는 믿음을 지칭하며, 평등법이나 차별철폐조치(affirmative action) 등에 따른 인종 관계의 변화에 대항하는 것을 특징으로 한다. 상징적 인종차별주의는, 오늘날 인종차별이 더 이상 문제가 되지 않기 때문에 오히려 소수민족집단이 불공정하게 이런 법률의 혜택을 받는다는 주장으로 정당화된다.

Box 13.1

현장 속 연구
인종과 민족성 연구하기: 용어의 의미에 대해

아마도 여러분은 최근 공적, 학술적 담론에서 사람들이 백인과 비백인을 구별할 때, '인종'이라는 용어의 사용을 점차 꺼리는 대신에 '민족성(ethnicity)'이라는 용어를 더욱 자주 사용한다는 사실을 눈치챘을 것이다. 이 두 용어는 빈번히 혼용되지만, 결코 같은 개념이 아니다.

인종은 피부색의 차이와 피부색과 인간의 행태 및 정신 능력 간의 비과학적 상관관계를 근거로 하는 사회적 구성물이다. 민족성은 문화, 언어, 종교가 유사하고, 공통의 기원(혈연)에 대한 사실이나 인식을 공유하고 있으며, 서로를 동일시하는 사람들을 지칭하는 집단 범주이다. 인종과 민족성 간의 또 다른 차이는 분류의 주체가 누구인가의 문제와도 관련이 있다. 인종은 외부적 범주로서 피부색이라는 관찰 가능한 특성을 토대로 한다. 반면, 민족성은 이런 특성을 포함하면서도, 이와 동시에 공통의 기원이나 문화에 대한 공유된 믿음을 근거로 개인이 스스로에 부여하는 집단 정체성이기도 하다. 따라서 (예를 들자면) 흑인이라고 해서 같은 민족성을 공유하지는 않는다. 같은 흑인이라고 하더라도 가계(家系, ancestry)와 문화에 따라 민족성은 다르다. 흑인의 인종적 정체성은 많은 다양한 민족성을 포함한다. 오늘날에는 인종이라는 용어의 오용과 인종에 대한 이해의 변화로 인해, 과거에는 '인종'이라고 특정되던 집단이 지금은 민족집단으로 간주되고 있다. 예를 들어 나치 독일은 유대인을 하나의 인종으로 간주했지만, 오늘날의 학자들은 유대인을 공통의 민족성을 공유하는 하나의 분명한 민족집단으로 이해하고 있다.

이처럼 '인종'과 민족성은 별개의 범주로 정의되지만, 양자가 상당히 중첩된 것이 사실이다. 심지어 학자들조차 양자를 분명하게 구별해서 사용하는 것이 쉽지 않다. 이 두 범주 간에는 밀접한 관련성이 있다. 첫째, 일부 학자들은 '인종'이 유용한 과학적 범주로서는 이미 사망했다는 점에서 '인종' 대신 '민족성'이라는 용어의 사용을 선호한다. 둘째, 다른 일부 학자들은 인종이 갖는 비과학적이고 문제적인 특성을 표현하기 위해서 인종을 늘 따옴표를 써서 처리한다. 셋째, 또 다른 학자들은 인종의 사회적 구성과 인종화 과정이 인종과 민족성을 서로 밀접하게 얽히도록 만든다고 주장한다. 이에 따르면, 인종차별주의를 포착하는 용어가 '인종'에서 '민족성'으로 바뀐다고 해서 어떤 식으로든 인종차별주의의 해악이 바뀌는 것은 아니다. 나아가 또 다른 일부 학자들은, '인종'이라는 용어의 사용을 신뢰하지 않는다는 이유로 인종적 이슈를 민족적 문제라고 개명(renaming)하는 것은 오히려 인종차별주의의 문제를 탈정치화하는 것이라고 비판한다. 왜냐하면 이러한 개명은 인종적 문제를 불평등과 권력 불균형이라는 측면에서 이해하지 않고 차이의 온화한 표현으로 보게 하기 때문이다.

우리는 연구를 수행하고 글쓰기를 할 때 반드시 우리가 사용하는 용어에 대해 분명하게 알고 있어야 한다. 우리가 '인종'을 사용할 것인지 아니면 '민족성'을 사용할 것인지에 대해서는 어떤 단일한 처방이나 가이드라인이 존재하지 않는다. 그러나 사회지리학에서는 대체로 '인종과 민족성'이라는 용어를 사용함으로써 생물학적 특징과 문화적 특징 간의 차이와 복잡한 관계를 동시에 표현하고자 해왔다. 이와 관련된 문헌으로 구나라트남(Gunaratnam, 2003)을 참고하자.

또한, 미국에서는 이런 믿음이 '흑인 열등성(black inferiority)' 관념과 결합하여, **흑인**은 미국의 전통 가치인 근면이나 자립과는 거리가 먼 집단이라는 인식으로 재현된다. 상징적 인종차별주의는 흑인과 소수민족집단이 속임수를 써서 사회보장 혜택을 받는다는 점을 부각하는 미디어의 보도에서 잘 드러난다. 사회보장 혜택을 부정하게 받는 사람이 다양함에도 불구하고 이 중 흑인과 소수민족의 사례가 빈번하게 보도되기 때문에, 결과적으로 흑인은 다른 사람들보다 사회보장제도를 훨씬 남용하는 것처럼 여겨진다. 신인종차별주의의 또 다른 형태로는 '**회피적(aversive) 인종차별주의**'가 있다(Gaertner & Dovidio, 1986). 회피적 인종차별주의는 사회심리학에서 처음으로 개념화되었는데, 인종차별주의적 경향을 보이면서도 그러한 생각, 태도, 동기가 인종차별주의임을 부인하는 태도를 지칭한다. 회피적 인종차별주의자들은 대개 평등주의적 관점을 표현하지만, 특정 상황에서 마음속에 잠재된 인종차별적 행태를 무의식적으로 드러낸다. 회피적 인종차별주의는 조직에서 어떤 인력을 채용할 때 가장 명백하게 드러난다. 만일 어떤 채용위원이 회피적 인종차별주의자라면, 그는 특정 민족집단을 시종일관 차별하면서도 이를 '인종'이 아닌 다른 이유를 들어 (가령, 기업이라고 한다면 사업상의 필요 때문이라고) 합리화할 것이다. 회피적 인종차별주의는 이따금 '무의식적 편견(unconscious bias)'이라고도 불린다. 상징적 인종차별주의는 당사자가 사회적으로 용인될 만한 인종차별주의적 편견이 무엇인지를 인지한 상태에서 그러한 태도를 보이지만, 회피적 인종차별주의는 무의식적 편견의 결과라는 점에 둘의 차이가 있다.

이상에서 검토한 다양한 유형의 인종차별주의를 통해, 우리는 인종차별주의가 우리 사회에 얼마나 파괴적이고 깊숙이 스며들어 있는지를 이해할 수 있다. 오늘날 사회지리학자들은 '인종'과 인종차별주의에 대한 이론화를 더욱 진척시키고 있고, 여러 시·공간에 걸쳐 '인종'과 인종차별주의와 관련된 일상적 경험을 분석하여 인종 불평등을 폭로하고 있으며, 교육과 연구의 장에서 어떻게 반인종차별주의 지리학을 더욱 진전시킬 것인지를 모색하고 있다.

3. '인종'은 누구인가가 아니라 무엇을 하는가와 관련되어 있다: '인종'과 인종차별주의의 지리

인종과 인종차별주의에 관한 현대 사회지리학 연구서 중 피터 잭슨(Peter Jackson)의 『인종과 인종차별주의(Race and Racism)』는 이 분야에서 가장 선구적인 저술이라 할 수 있다. 이 책은 인종과 인종차별주의에 관해 비판지리학이 나아가야 할 미래의 어젠다를 제시했다. 이 책은 사회지리학 연구가 이주나 거주지 격리에 관한 계량적 또는 기술(記述)적 접근을 탈피하여, 인종과 민족성의 정치적 차원을 다루는 보다 비판적인 시도로 전환하고 있음을 알린 신호탄이었다. 잭슨은 사회지리학자들이 단순히 다양한 '인종'과 민족집단이 어디에 살고 있는지 숫자를 세고 기술하는 것에 머무르지 않고, 왜 그들이 격리된 주거지에서 살고 있는지를 탐구하도록 독려했다. 그는 이런 방식을 통해 사회지리학이 근본적인 예리함을 갖추게 하여, 인종차별주의에 따른 정치적·사회적 삶의 현실을 보다 효과적으로 포착하도록 만들었다. 그 이후 사회지리학은 **지리적 상상**이 어떻게 인종화되어 있는지, 그리고 보다 중요하게는 우리가 어떻게 **반(反)인종차별주의**적 지리학을 더욱 진전시킬 수 있는지의 문제를 다루는 역동적인 분야로 발전해왔다. 인종과 인종차별주의에 관한 사회지리학 연구를 좀 더 알기 위해서, 다음의 두 가지 핵심 이슈에 관한 연구를 살펴보자. 첫째는 인종과 민족성에 대한 이론화이고, 둘째는 '인종'의 삶의 경험(lived experience)에 대한 이해이다. 이 절에서는 이에 기여한 핵심적인 연구성과를 검토한다.

1) '인종'과 민족성의 이론화

오늘날 '인종'의 사회적 구성에 관한 사회지리학의 관심은 백인성(Bonnett, 2016), **포스트인종** 사고(postrace thinking)(Nayak, 2006a), '인종'의 새로운 물질성(Saldanha, 2006)에 대한 비판적 탐구*로 나아가고 있다. 알라스테어 보네트(Alastair Bonnett, 2016)는 '인종'이 출현하는 과정을 비판적으로 검토하는데, 특히 어떻게 백인성이 서양의 문화와 전반적인 **모더니티**(modernity at large)**의 핵심 상징으로 작동하는지, 그리고 이와 동시에 어떻게 인종적 정체성이 이주와 글로벌화의 위협을 받는 것으로 재현되는지에 주목한다. 나약(Nayak)은 어째서 인종이 내재적 분석 가치를 상

실한 공허한 범주인지, 그리고 어떻게 인종차별주의와 인종화가 작동, 발생하는지를 이론화해왔다. 그는 '인종'을 이른바 포스트인종 패러다임 속에서 이론화하면서, 인종은 우리가 누구인가가 아니라 우리가 무엇을 하는가의 문제와 관련이 있다고 주장한다(Nayak, 2006a: 424). 이와 비슷한 맥락에서, 살다나(Saldanha)의 연구는 '인종'을 하나의 물질적 과정으로 개념화하는 이른바 **반근본주의적(antifoundational)** 관점***을 통해 무엇을 새롭게 발견할 수 있는지에 주목한다. 그의 연구는 경제적·신체적으로 다양한 사람들의 신체가 특정 장소에서 어떻게 그룹화되는지, 그리고 이러한 '인종' 기반의 그룹화를 통해 어떤 집단이 이익을 얻는지에 초점을 둔다(Saldanha, 2006). 이러한 세 가지 접근은 사회지리학에서 '인종'을 구체적인 범주로 재생하지 않도록 유의하면서 지속적으로 인종을 연구하기 위해서는 어떻게 해야 하는지에 대한 난제를 풀어나가는 데 기여하고 있다.

2) '인종'의 삶의 경험에 대한 간략한 이해

이와 아울러, 현대 사회지리학자들은 '인종'이 인

---

* 인종을 관념적인 이데올로기로만 보는 것이 아니라, 특정 장소나 상황에서 인종의 물질적 특성(피부색, 머리색, 코의 높이, 눈의 크기, 체형 등)이 어떻게 범주화되는지 탐구하는 것을 의미한다.

** 'modernity at large'는 인류학자 아르준 아파두라이(Arjun Appadurai)가 1996년 출간한 책의 제목(『Modernity At Large: Cultural Dimensions of Globalization』)이기도 하다. 이 책에서 아파두라이는 현대의 모더니티가 글로벌화에 따른 전지구적 스케일에서의 문화적 교류, 생성, 변형으로 말미암아, 국민국가의 근간을 이루는 하나의 고정된 유형을 탈피하여 지리적으로 이질적인 복수의 모더니티들로 변형되거나 새롭게 생성되어간다고 주장했다. 이 책의 한국어판은 2004년 '고삐 풀린 현대성'이라는 제목으로 출간되었으나, 원저자의 의도를 고려하면 'at large'는 '전반적인', '비정형의', '느슨한', '미결정의' 등으로 이해하는 것이 보다 자연스럽다.

*** 인종에는 어떤 고정된, 근본적인 기준이나 차이가 있는 것이 아니라 특정한 장소나 상황 속에서 물질적(신체적) 특징들이 인종으로 범주화된다는 의미로 이해하면 된다. 곧, 인종은 인종적 과정이라는 것이다.

종화의 과정과 인종차별주의 이데올로기를 통해 어떻게 오늘날에도 여전히 일상생활의 스케일에서 사회적 범주로 잔존하는지를 연구해왔다. 가령, 애시 아민(Ash Amin, 2002)은 인종적, 민족집단적 차이가 일상생활에서 어떻게 교섭되는지를 이해하는 것이 중요하다고 주장하면서, 특정 사회에서 '인종'과 인종차별주의가 일상적인 만남과 루틴화된 실천을 통해 작동하는 방식에 주목한다. 또한, 지리학자들은 촌락(Neal & Agyeman, 2006)과 도시경관(Cross & Keith, 2013)에서 인종차별주의가 어떻게 경험되는지를 분석하기도 한다. 그리고 국가적 유산(heritage)과 소속감을 생산하는 데 '인종'이 어떻게 뒤얽혀 있는지에도 관심을 둔다(Tolia-Kelly, 2011). 한편, 9.11테러 이후 무슬림의 정체성이 인종화되는 과정과 관련하여, 지리학자들은 무슬림 여성들의 의상인 베일(veil)

을 둘러싼 논쟁(Dwyer, 1999), 이슬람혐오증의 영향(Najib & Hopkins, 2019), 다문화적 만남에 관한 논의(Wilson, 2014)에 대해서도 연구하고 있다. 또한, '인종'과 민족성의 정치에 대한 비판적 관점을 토대로 지리답사(Abbott, 2006)나 대학이라는 공간 자체에서(Mahtani, 2006) 어떻게 '인종'의 지리학을 연구할 것인지, 그리고 이를 위해서 반인종차별주의 지리학의 미래 어젠다를 어떻게 발전시킬지(Peake & Kobayashi, 2002)에 대해서도 탐구하고 있다.

이제까지 살펴본 '인종'과 인종차별주의에 관한 간략한 논의를 바탕으로, 우리는 '인종'이 어떻게 우리의 생활 속에서 드러나며 또 어떻게 불평등한 권력관계를 계속해서 구조화하는지를 기억할 필요가 있다.

 요약

- 인종은 생물학적 범주가 아니라 사회적 구성물이다. '인종'의 사회적 구성은 백인과 피부색이 밝은 사람들을 유리하게 만드는 이데올로기(인종차별주의)로 뒷받침된다.
- 인종차별주의는 개인적 수준과 제도적 수준에서 나타나며, 인종 범주들은 사회 불평등을 정

당화하는 구실을 한다.
- 사회지리학자들은 '인종'이 어떻게 일상 현실에서 만들어지고 '인종'과 인종차별주의가 일상에서 어떻게 경험되는지를 연구함으로써, 우리가 '인종'과 인종차별주의를 잘 이해하도록 기여하고 있다.

Dwyer, C., & Bressey, C. (2008) *New Geographies of Race and Racism*. London: Routledge.

Mahtani, M. (2006) Challenging the ivory tower: Proposing anti-racist geographies within the academy. *Gender, Place & Culture*, 13(1): 21-25.

Meer, N., Nayak, A., & Pande, R. (2015) Special issue: The matter of race. *Sociological Research Online*, 20(3): 1-5.

Peake, L., & Kobayashi, A. (2002) Politics and practices for an anti-racist geography at the millennium. *Professional Geographer*, 54(1): 50-61.

전통적으로 인종, 민족성, 젠더, 섹슈얼리티는 사회지리학의 일반적인 주제였지만, 종교는 큰 주목을 받지 못했다. 그러나 1990년대 초반 이후 종교가 사회지리학의 연구주제로 주목받기 시작했고, 현재는 사회지리학에서 '급성장 중인 하위분야'(Stump, 2008; Wilford, 2010)로 인식되고 있다. 종교에 대한 관심의 증폭은 수많은 지정학적 이슈와 사건들로 나타난다. 여기에는 9.11 테러, 파리 테러,* 임신중절을 반대하는 폭력시위, 프랑스의 브루카(burka, burqa)착용 금지, 유럽의 '이슬람화'에 대한 반이민 시위, 도널드 트럼프(Donald Trump)의 무슬림 입국 금지 등이 포함된다. 여기에서 종교는 핵심 이슈였다. 더군다나 공공영역에서 종교가 새롭게 부상하면서 일상 공간에서 종교 시설과 신도들의 존재감도 커졌고, 이들은 현대 국가가 더 이상 제공하지 않는 각종 사회적, 공동체적 공급을 담당하고 있다(Beaumont & Baker, 2011).

일반적으로 볼 때, 사회지리학에서의 **종교** 연구는 종교, 신앙, 믿음, 영성의 문제가 사회와 어떻게 상호 연결되어 있고 이로 인해 일상 경관과 공간이 어떻게 형성되는지에 초점을 둔다(Kong, 1990, 2001, 2010). 그런데 최근 사회지리학의 종교 연구들의 중요한 특징은 인종, 인종차별주의, 민족성과 관련된 주요 주제들의 영향을 받으면서 발전하고 있다는 점이다(13장 인종 참고). 이슬람 혐오증이나 반(反)유대주의 같은 종교적 증오범죄의 발흥을 보자면 종교 정체성에 따른 차별이

---

* 2015년 11월 13일 프랑스 파리 시내 공연장과 축구 경기장 등 여러 곳에서 총기난사와 자살폭탄 등 동시다발 연쇄 테러가 발생해 최소 130명이 사망했는데, 발생 직후 이슬람 수니파 극단주의 단체인 소위 이슬람국가(IS)가 자신들의 소행이라고 주장했다. 특히 이날 일어난 테러들의 공통점은 테러에 가담한 행동대원 상당수가 프랑스와 벨기에 국적의 이민자 출신 20대 남성이라는 점이다.

Box 14.1

 종교, 영성, 신앙, 믿음, 세속주의와 포스트세속주의

종교 초인적 지배력, 특히 (유일)신에 대한 믿음이자 경배를 지칭한다. 또한 종교는 특정 신앙과 숭배의 실천적 집합체이기도 하다. 요컨대, 종교는 특정 신에 대한 공유된 믿음의 공동체, 그리고 신을 숭배하는 공유된 실천과 신앙과 관련되어 있다.

영성(靈性, spirituality) 본질적으로 인간의 정신과 영적 상태를 말한다. 종교와 마찬가지로 영성은 알려진 것과 알려지지 않은 것, 실재적인 것과 비실재적인 것의 관계에 질문을 던지며, 이런 질문은 전통 종교의례와 성스러운 공간에만 한정되지 않는다(Bartolini et al., 2017).

신앙(faith) 종교의 영적 교리에 대한 믿음을 말한다.

믿음(belief) 종교의 관점에서 믿음이란, 특정 신과 특정 종교의 영적 측면이 존재한다는 것을 받아들이는 것을 지칭한다.

세속주의(secularism) 사회에서 종교적 믿음과 실천이 사라지거나 축소되는 것을 말한다. 정치적 관점에서 세속주의란, 종교적 제도와 믿음을 국가 및 정부 제도로부터 분리하는 것을 의미한다(Wilford, 2010).

포스트세속주의(postsecularism) 종교가 공공영역에서 새로워진 역할을 수행하는 것을 말한다. 이는 종교적 특징이 적었던 세속의 시대로부터 종교가 사회적으로 새로운 목소리를 내고 역할을 하는 시대로의 변화를 지칭한다(Beaumont & Baker, 2011).

상당히 증가하고 있다. 일부 학자들은 소수민족집단과 관련된 그동안의 핵심 주제가 인종과 민족성에서 이제는 종교로 대체되었다고 본다(Peach, 2006b; Gale, 2013). 실제 최근 수십 년 동안 종교 정체성과 관련해서 차별, 격리, 정체성 형성에 초점을 맞춘 지리적 연구들이 눈에 띄게 많아졌다. 특히, 이슬람의 정치화로 많은 연구가 무슬림의 정체성에 초점을 두는 경향이 있다. 그러나 종교는 오늘날 사회와 일상 공간에 광범위한 영향을 끼치기 때문에, 이 외에도 다양한 이슈와 주제들이 사회지리학의 종교 연구에서 다루어지고 있다. 가령, 대안적 영성, 종교의 젠더화, 종교와 관련된 건조환경(built environment), 이민과 종교적 소속감 등이 이에 포함된다. 이 장에서 사회지리학의 종교 연구를 모두 다룰 수는 없지만, 이 분야의 핵심 개념들을 살펴보고 이를 토대로 핵심 주제를

검토해보자.

1. 종교의 공간적 분포와 격리

글로벌 스케일에서 볼 때 몇몇 주요 종교가 상당히 넓은 지역에 분포되어 있다. 가령, 유럽은 기독교, 중동은 이슬람교, 그리고 동아시아 일부 지역의 불교가 그렇다. 그러나 역사적으로 종교는 부단한 이동과 이주를 거쳐왔고(26장 이주와 디아스포라 참고), 그 결과 전 세계 많은 국가에 다(多)신앙공간(다종교공간, multifaith spaces)*을 창출했

---

* 본문의 다신앙공간은 이민자의 유입 등으로 다양한 종교가 공존하는 대도시나 그 내부의 특정 구역을 지칭하지만, 보다 좁은 의미의 다신앙공간은 '번잡한 공공장소에서도 종교가 다른 사람들이 잠시 들러 묵상이나 기도를 할 수 있게 별도로 마련된 조용한 방이나 공간'을 지칭한다.

다. 국가와 도시 스케일에서 볼 때, 뉴욕이나 런던과 같은 대도시는 대개 학술적 연구의 대상이 되는 종교집단의 공간을 포함하고 있다. 그리고 이런 대도시에는 민족적, 종교적으로 격리된 근린지구들이 있으며, 이는 왜 특정 집단이 공간적으로 집중하였는지에 대한 의문을 낳는다. 실제로 일부 근린지구는 특정 종교의 신도와 연관되어 있다. 뉴욕 브루클린의 버러파크(Borough Park)와 파리의 플레츨(Pletzl)은 유대교와 관련 있는 지역이며, 일부 연구는 유대인 인구와 격리 패턴을 지도화하기도 했다(Valins, 2003; Watson, 2005). 이러한 유대인 근린지구는 민족과 종교 기반의 **게토(ghetto)**로 나타났다. 이처럼 종교는 도시공간에서 경계와 격리를 결정하는 주요 요인이 되곤 한다.

상이한 종교집단은 평행적이고 분리된 삶을 살기 때문에 집단 간 사회적 긴장을 유발하는 것으로 알려져 있다. 이러한 서사와 담론은 주로 무슬림 집단을 대상으로 하는데, 특히 2001년 브래드퍼드, 올덤, 번리에서의 폭동을 다룬 영국의 캔틀 보고서(Cantle Report, 2001)가 유명하다. 이 보고서는 무슬림과 백인을 서로 분리된 삶을 영위하는 집단으로 보았다. 그러나 이런 결론을 내리려면, 2001년과 2011년 잉글랜드와 웨일스의 인구 센서스같이 큰 데이터세트의 도움을 받는 것도 중요하다. 왜냐하면 인구센서스는 종교에 관한 새로운 데이터를 포함하기 때문이다. 피치(Peach, 2006a, 2006b)는 이 새로운 데이터를 사용해서 다양한 종교집단의 공간 분포를 지도로 만들었고, 관련된 다른 기준도 이 지도에 중첩시켜서 지도화했다(그림 14.1 참고).

사회지리학에서는 오랫동안 민족집단(민족성)과 종교에 따른 **거주지 격리(분리)**를 연구해왔지만, 격리의 수준을 모니터링하고 지도화하는 작업은 2000년대 초반부터 이루어졌다. 그리고 이는 주로 무슬림 거주지에 초점을 둔다. 이러한 지도학적 분석은 특정 종교의 공간적 패턴과 근린지구를 더 잘 이해하는 데 도움이 된다. 이 덕분에 피치(2006b)는 전체적으로 런던의 무슬림이 시크교도, 유대인, 힌두교도보다 훨씬 덜 격리되어 있다고 분명히 지적했다. 이와 유사하게 필립스(Phillips, 2006)도 영국 브래드퍼드 무슬림의 거주지 선택을 분석한 결과, 무슬림은 스스로 격리를 선택한다는 담론에 이의를 제기했다. 이런 연구를 기반으로 하여, 게일(Gale, 2007)은 두 가지 핵심 경향인 '이슬람의 신성한 지리와 지형(topography)' 그리고 '무슬림 공간의 정치'를 지도로 만들어 이슬람의 공간성에 대한 지리적 분석 결과를 제시했다.

2. 종교적 차별

정치적 리더십의 측면에서 볼 때, 서양의 주요 종교집단은 생각보다 강력한 힘을 발휘하고 있을 수 있지만, 이에 관한 지리학의 연구는 많지 않다. 일부 학자들이 기독교와 그 신자들의 정체성의 지리를 연구했지만, 지배적 중심부보다는 주변부에 초점을 두었기 때문에 이 또한 충분히 탐구되지는 못했다. 사실 소수자의 지위를 갖는 종교집단은 주변화와 배제의 대상이 되어 차별과 폭력을 경험하곤 한다. 이 중 일부 긴장과 갈등은 국제적 성격을 띠며, 결과적으로 영토적, 정치적 분쟁이 발생하곤

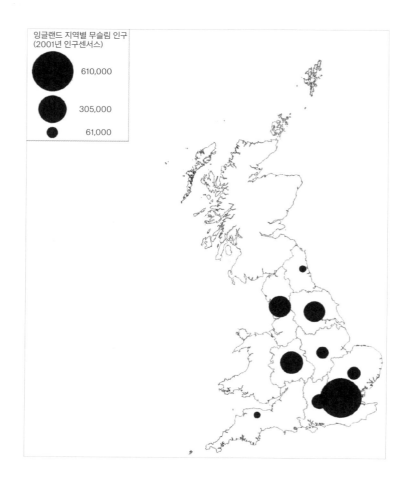

잉글랜드 지역별 무슬림 인구
(2001년 인구센서스)

610,000

305,000

61,000

그림 14.1 2001년 잉글랜드의 무슬림
분포 (출처: Peach, 2006a)

한다. 북아일랜드의 **가톨릭**과 **프로테스탄트(개신교)** 분쟁이나 이라크의 **시아파**와 **수니파**의 분쟁이 그런 경우다.

영국에서의 종교 차별은 주로 **신(新)인종차별주의**의 관점에서 탐구되었는데, 특히 무슬림이나 무슬림으로 오인(misrecognition)되는 사람에 대한 차별이 연구되었다. **이슬람혐오증**은 사람에 대한 **인종화(racialisation)**로 나타나는데, 이는 매우 다양한 사람들을 하나의 종교적 특성으로 본질주의화하는 태도를 지칭한다(Runnymede Trust, 1997; Allen, 2010; Sayyid & Vakil, 2010). 이슬람혐오증에 관한 연구는 주로 사회학과 정치학에서 이론

화되었지만, 반(反)무슬림 공격과 감정이 부상함에 따라 지리학에서 관련 영역이 확대되고 있다. 최근 지리학 저널 『사회·문화지리학(Social and Cultural Geography)』에 게재된 '이슬람혐오증의 지리' 특별호는 이슬람혐오증을 이슬람이나 무슬림에 대한 증오나 편견이라고 정의하고 이의 공간적 차원을 검토하는 데에 초점을 두었다(보다 폭넓은 논의를 위해 Najib & Teeple Hopkins, 2020 참고).

영국 및 서유럽의 무슬림에 연구의 초점을 두었던 이유는 여러 가지가 있다. 첫째는 이슬람혐오증에 따른 **증오범죄**가 주목할 만큼 증가했기 때

표 14.1 텔마마에 기록된 (오프라인) 반무슬림 사건(2016~2017년)

구분	2016년	2017년
모욕적 행동	349	441
신체적 공격	120	149
기물 파손	43	81
차별	46	72
위협적 행동	49	57
반무슬림 인쇄물	32	28
증오 발언	3	11
합계	642	839

(출처: Najib and Hopkins, 2020)

Box 14.2

현장 속 연구
런던과 파리의 이슬람혐오증 지리

사회지리학은 **이슬람혐오증**의 지도화에 중요한 기여를 한다. 왜냐하면 이는 공간을 혁신적으로 읽어냄으로써 반무슬림 행위가 발생하는 여러 공간 유형들을 보여주기 때문이다. 뉴캐슬대학에서 추진했던 반무슬림행위공간(SAMA; Spaces of Anti-Muslim Acts) 프로젝트는 런던과 파리를 대상으로 이슬람혐오증의 공간화를 비교했던 사례연구이다. 이 두 도시는 이슬람혐오증 행위가 매우 빈번한 곳으로 알려져 있고, 특히 최근에는 (샤를리 에브도 테러*와 런던 브리지 테러**와 같은) 테러리스트의 공격 이후 더욱 그러하다. 이 프로젝트는 양적, 질적 연구 방법을 모두 사용해서, 반(反)이슬람혐오증 단체들과 도시 경찰국의 통계자료를 조사했고 이슬람혐오증의 피해자 60명과 개별 인터뷰를 진행했다.

이 프로젝트가 만든 지도를 보면, 파리의 경우 반무슬림 행위는 도시 중심부에서 많이 발생하고 교외로 갈수록 점차 줄어든다. 런던에서는 이 현상이 파리보다 공간적으로 확대되어 있고, 지도를 보면 반무슬림 행위의 발생 장소들은 대체로 수평적, 수직적 선형(線形, lines) 패턴을 보이고 있다. 실제로 영국에서 반무슬림 행위는 대체로 일상 공간(공공장소나 교통 허브)에서 발생하는 반면, 프랑스에서는 대개 공공기관이 밀집한 지구에서 발생한다. 또한, 이 프로젝트는 이슬람혐오증이 일상 공간과 사람들의 일상생활에 영향을 끼친다고 지적했다. 이 영향은 특히 베일을 착용한 무슬림 여성에 집중되기 때문에, 이들은 차별적 상황을 모면하기 위해 새로운 모빌리티를 찾아내도록 강제당하고 있다(Najib & Hopkins, 2019).

* 프랑스의 주간 풍자 신문 『샤를리 에브도(Charlie Hebdo)』에 실린 만평에서 신성모독을 했다는 이유로 발생한 테러다. 2015년 1월 7일 이슬람근본주의 테러리스트 두 명이 오전 11시에 프랑스 파리에 소재한 『샤를리 에브도』의 본사를 급습하여 총기를 난사한 사건으로, 12명이 사망하고 10명이 부상했다.
** 2017년 6월 3일 밤 런던 브리지와 인근 버러 마켓에서 발생한 불특정 시민 대상 테러로 6명이 사망했다. 같은 해 9월 15일에는 연이어 런던 지하철 폭탄 테러가 발생했다.

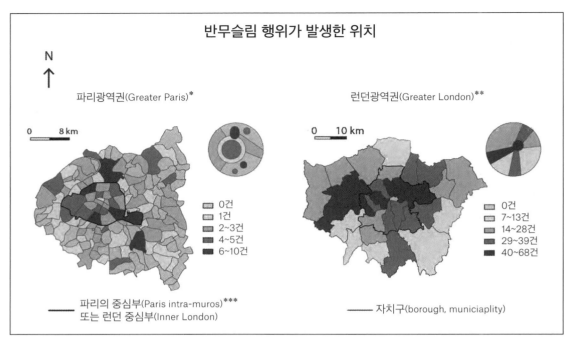

반무슬림 행위가 발생한 위치

N ↑

파리광역권(Greater Paris)*

0 ⎯⎯ 8 km

런던광역권(Greater London)**

0 ⎯⎯ 10 km

□ 0건
□ 1건
□ 2~3건
■ 4~5건
■ 6~10건

□ 0건
□ 7~13건
□ 14~28건
■ 29~39건
■ 40~68건

⎯⎯ 파리의 중심부(Paris intra-muros)***
또는 런던 중심부(Inner London)

⎯⎯ 자치구(borough, municiaplity)

* 2016년 파리시(City of Paris)와 이를 둘러싸고 있는 지역들로 이뤄진 131개 코뮌을 묶어 메트로폴리탄 파리(Métropole du Grand Paris)가 구성되었고, 주로 파리광역권 또는 그랑파리라 불린다. 이 책의 원서에서는 'Greater Paris'라고 표현했다.

** 1965년 런던시(City of London)와 32개의 런던 자치구(London boroughs)를 합친 행정구역으로 우리말로 런던광역권 또는 대(大)런던이라 부른다.

*** intra-muros는 '요새화된 도시 내부'라는 뜻의 라틴어에서 유래했는데, 여기서는 파리광역권 중 외곽에 위치한 자치구(borough)를 제외한 도시 중심부(도심)를 의미한다.

그림 14.2 반무슬림 행동이 발생한 위치 (출처: CCIF and Metropolitan Police, 2015)

문이다. 이는 대개 테러리즘 같은 전 지구적인 정치적 사건과 연계되어 있다. 텔마마(Tell MAMA, 2017, 2018)*의 보고서 두 건에 따르면, 영국의 경우 2016년부터 2017년까지 종교적 증오범죄가 30% 증가했고 이 중 모욕 행위가 가장 높은 비중을 차지했다(표 14.1 참고). 둘째는 유럽에서 무슬림 인구가 큰 폭으로 증가했기 때문이다. 오늘날 무슬림은 유럽에서 최대의 소수집단이다(Peach, 2006a). 셋째는 많은 무슬림 이주민들이 주변부

출신이어서 사회경제적으로 취약하고, 남성의 실업률이 높으며, 여성의 노동시장참여율이 매우 낮아 곤란한 처지에 있기 때문이다(Peach, 2006b). 이런 요인들이 무슬림을 종교적 차별에 쉽게 노출되도록 내몰고 있으며, 그 결과 이슬람혐오증은 사회지리학의 종교 연구에서 중요한 주제가 되었다.

3. 정체성, 소속, 시민성

종교 정체성 그리고 여러 위치와 맥락에서 종교 정체성이 어떻게 수행되고 재현되는지는 사회지

---

* 'Tell MAMA'는 'Tell Measuring Anti-Muslim Attacks'의 약칭으로, 영국 정부가 반무슬림 사건들을 기록하고 평가하기 위해 2012년부터 운영하는 정부 프로젝트이다.

리학의 중요한 연구분야이다. 이 연구는 종교 정체성의 다양한 교차, 그리고 커뮤니티, 소속감, 시민성 형성에서 종교의 역할에 주목해왔다(Kong, 2001). **종교지리학**은 대개 민족적, 종교적 소수커뮤니티의 **정체성**을 연구하는데, 특히 무슬림 정체성에 초점을 둔다. 그러나 실제 무슬림의 정체성은 문화적으로 매우 다양하기 때문에, 무슬림 집단 연구는 '종교', '정체성', '소속감', '시민성', '다문화주의', '통합'의 상호관계에 주목해왔다(Nagel & Staeheli, 2008; Dunn, 2005). 나아가 피치(2006a)와 모두드 외(Modood et al., 1997)에 따르면, 영국의 경우 무슬림은 다른 종교에 비해 자신의 삶을 어떻게 살아야 하는가에서 종교적 요소를 훨씬 중요하게 받아들인다. 영국의 무슬림에게는 종교적 믿음과 이의 준수 여부가 정체성에서 큰 부분을 차지하며, 이는 무슬림의 **디아스포라(diaspora)** 커뮤니티 형성에도 중요한 역할을 한다(26장 이주와 디아스포라 참고). 이런 맥락을 고려하면 지리학에서 무슬림의 정체성 연구들이 왜 중요한지를 이해할 만하다. 주목할 만한 사례로는, 스코틀랜드에서 무슬림 정체성을 탐색한 홉킨스(Hopkins, 2017)의 연구와 영국에서 무슬림의 정체성이 인종 및 장소와 어떻게 교차하는지를 분석한 홉킨스와 게일(Hopkins & Gale, 2009)의 연구가 있다. 물론, 이 외의 종교 정체성 연구도 중요하다. 이의 사례로는 청년층 기독교인들에 관한 연구(Sharma & Guest, 2013)와 시크교 남성(Hopkins, 2014)에 관한 연구가 있다.

한편, 페미니즘 지리학의 논의를 토대로 하여 (16장 젠더 참고) 종교 정체성과 젠더의 교차를 연구하는 분야도 주목해야 한다(Morin & Guelke,

2007; Gökariksel, 2012). 우선, 팔라와 네이젤(Falah & Nagel, 2005)의 연구는 모빌리티, 담론, 재현에 관한 논의를 토대로 무슬림 여성을 둘러싼 경합의 지리에 주목했다. 무슬림 여성의 순결성(integrity)은 여러 종교적 실천 중 특히 옷차림과 관련되어 있었는데, 이는 역설적으로 민족적 소속감을 나타내는 것이기도 했다(Bowen, 2007; Listerborn, 2015). 둘째, 무슬림 남성에 초점을 맞춘 일부 연구는 이슬람과 남성성의 교차를 탐색했다(Hopkins, 2006a; Dwyer, Shah & Sanghera, 2008). 마지막으로, 한 개인의 종교 정체성은 자신의 시민성과 사회참여를 둘러싼 타협방식에 영향을 주기 때문에, 시민성, 일상적 참여, 종교 간의 관계성도 주요 연구 의제로 다루어지고 있다. 오늘날 많은 연구가 이주 및 디아스포라 커뮤니티와 소수종교집단이 일상적 참여와 시민성을 둘러싸고 어떻게 교섭(타협)하며 지내는지에 초점을 두고 있다(예를 들어 Finlay & Hopkins, 2020; Nagel & Staeheli, 2006, 2008 참고).

4. 도시환경, 종교경관, 종교건축물

사회지리학자들은 특히 **도시**의 맥락에 초점을 두고, 물리적 건조환경 조성에 종교가 어떤 역할을 하는지를 탐구해왔다. 많은 연구에서 종교적 신체가 도시와 경합하는 방식을 다루어왔는데, 그 사례로 고카릭셀(Gökariksel, 2012)과 리스터본(Listerborn, 2015)은 각각 튀르키예 이스탄불과 스웨덴 말뫼에서 무슬림 여성의 베일 착용 이슈를 연구했다. 또한, 도시경관은 **종교건축물**(예배당, 문화

건축물, 순례길 등)의 영향을 받기 때문에, 많은 종교지리학자들은 다양한 도시 맥락에서 종교경관과 관련된 이슈에 주목했다. 무슬림 종교단체와 건축물에 관한 연구가 대표적인데, 런던 최초의 모스크에 관한 네일로와 라이언(Naylor & Ryan, 2002)의 연구와 오스트레일리아에서 모스크 건립을 둘러싸고 중앙정부와 로컬 커뮤니티가 인종차별적인 태도로 제동을 걸었던 사건을 조사한 던(Dunn, 2005)의 연구가 그 사례다. 이런 연구는 도시계획과 설계에 관한 논의뿐만 아니라 다문화주의와 시민성에 대한 논의를 확장시키는 데도 기여했다.

이 외에 다른 종교건축물에 초점을 둔 연구도 있다. 에르캠프와 네이젤(Ehrkamp & Nagel, 2012)은 미국 남부지역에서 힌두교 예배당이 어떻게 시민성 형성의 중요 위치로 작동하는지를 연구했다. 또한, 레이(Ley, 2008)는 이주민의 교회가 어떻게 소수종교집단이 새로운 곳에 정착하도록 지원하는지를 연구했고, 샤르마(Sharma, 2012)는 교회 공간에서 여성신자들이 어떻게 가족 및 공동체 의식을 형성하는지를 연구했다.

5. 최근의 이슈들

사회지리학의 종교 연구에서 최근 부상하는 몇 가지 영역들이 있다. 첫째, 종교가 의례, 행사, 실천, 재현을 통해 특정 장소를 성스럽게 만드는 점이다. 대개 **성소(聖所, sacred places)**는 사람들이 여행하고 방문하려는 **순례지(의례 장소)**이다. 주요 순례지로는 이슬람과 관련된 사우디아라비아의 메카,

기독교와 관련된 프랑스의 루르드(Lourdes)*, 유대교와 관련된 예루살렘의 통곡의 벽, 힌두교와 관련된 인도의 갠지스강 등이 있다. 사회지리학 연구는 지리적 특성과 성소 및 순례의 관련성에 초점을 둔다(Scriven, 2014).

둘째, 종교는 장례 장소와 관련된 경관을 형성한다. 종교는 죽음과 슬픔을 환기(喚起)하는 것과 밀접히 연관되어 있기 때문에, 지리학자들 또한 이 주제를 탐구하기 시작했다. 가령, 콩(Kong, 1999)은 묘지, 기념비, 영묘(靈廟, mausoleums)**에 초점을 두고 이른바 **'죽음경관(deathscapes)'***개념을 발전시켰고, 마드렐과 시다웨이(Maddrell and Sidaway, 2010)는 죽음의 공간과 사별(死別)을 통찰력 있게 탐구한 바 있다. 마드렐(Maddrell, 2009)은 스코틀랜드의 증인돌무덤(Witness Cairn)****의 경관에 슬픔과 믿음이 어떻게 표현되는지를 연구했다.

셋째, 최근 종교지리학에서는 특히 도시환경에 초점을 두고 **포스트세속주의(postsecularism)**가 어떻게 형성되는지에 대해 큰 관심을 두고 있다. 이 연구는 주로 '포스트세속주의'라는 용어가 어떤

의미가 있는지를 지도화하거나(Beckford, 2012), 도시에서 떠오르는 **포스트세속 공간(postsecular spaces)**을 탐구한다(Beaumont & Baker, 2011). 특히, 후자의 연구는 도시 내 복지와 자선 활동에서 신앙 및 종교 기반 단체들의 역할이 커지고 있음을 보여준다. 가령, 클로크 등(Cloke, May & Johnsen, 2010)의 연구는 영국의 도시에서 노숙자를 위한 무료급식소를 운영하는 신앙 기반 단체의 역할에 주목했다.

넷째, 최근 부상하는 또 다른 연구분야는 대안적 영성(alternative spiritualities)이다. 영성은 영적 실천과 믿음을 포괄적으로 아우르는 용어인데,

주류 종교나 전통종교에서 필수적 구성요소는 아니다. 이와 관련하여, 홀러웨이(Holloway, 2003)는 영적인 것을 추구하는 뉴에이지운동(New Age)*의 신봉자들이 어떻게 명상, 신체활동, 양초, 향 같은 일상적 사물과 실천을 통해 영적 공간을 창출하는지를 연구한 바 있다.

* 1970년대에 급속하게 성장한 사회문화운동의 일종. 서양의 자본주의와 물질만능주의의 공허함을 비판하는 대신, 정신적 충만과 자연과의 교감 등을 추구하는 혼합종교적·범신론적 성격을 띠는 영적운동이다. 대체로 불교, 힌두교 및 도교, 명상과 요가, 점성술과 꿈해몽, 동양의학의 영향을 받았다.

 요약

- 종교는 사회지리학에서 중요한 연구분야로 떠올랐다.
- 사회지리학에서는 종교적 격리, 종교차별, 종교적 정체성 형성, 종교경관 등 다양한 이슈를 연구해왔다. 특히 무슬림 정체성 연구에 집중해왔다.
- 종교지리학은 지리학 내의 다른 관심들과 상호작용하며 중첩되어 있다. 특히 인종, 민족성과 관련성이 높다.

- 종교는 오늘날 세계 곳곳에서 발생하고 있는 많은 사회정치적 이슈와 사건의 중심에 위치해 있다. 따라서 종교지리학에서는 이런 이슈와 사건이 종교와 어떻게 관련되어 있는지에 관한 연구를 더욱 발전시켜야 한다.
- 오늘날 종교적 증오범죄와 종교차별이 증가하는 상황 속에서, 사회지리학은 이런 현상이 사회-공간적으로 어떻게 드러나는지를 이해하는 데 중요한 역할을 한다.

더 읽을거리

Gale, R. (2007) The place of Islam in the geography of religion: Trends and Intersections. *Geography Compass*, 1(5): 1015-36.

Hopkins, P., & Gale, R. (eds.) (2009) *Muslims in Britain: Race, Place and Identities*. Edinburgh: Edinburgh University Press.

Kong, L. (2010) Global shifts, theoretical shifts: Changing geographies of religion. *Progress in Human Geography*, 34(6): 755-76.

Najib, K., & Teeple Hopkins, C. (2020) Introduction. Special issue: Geographies of Islamophobia. *Social & Cultural Geography*, 21(4): 449-57.

Stump, R. (2008) *The Geography of Religion: Faith, Place and Space*, Lanham, MD: Rowman & Littlefield.

Tell MAMA. (2017) *A Constructed Threat: Identity, Prejudice and the Impact of Anti-Muslim Hatred*. Tell MAMA Annual Report 2016. London: Tell MAMA.

Tell MAMA. (2018) *Beyond the Incident: Outcomes for Victims of Anti-Muslim Prejudice*. Tell MAMA Annual Report 2017. London: Tell MAMA.

계급(class)이란 일차적으로 사람의 사회·경제적 지위를 토대로 하는 사회적 구분이다. 계급은 직업과 문화적 성향을 지칭하기도 하며, 사회관계의 총체이기도 하다. 따라서 계급의 패턴에는 지리적 변이가 있고, 전지구적으로 상이하게 작동한다는 것을 명심해야 한다. 이 때문에 계급에 대한 다양한 해석이 있으며 또 계급의 해석은 치열한 논쟁의 대상이 된다. 가령, 일부 학자들은 계급을 사회 **불평등**과 **권력**이 드러나는 핵심 위치라고 본다. 데이비드 하비(David Harvey, 1989)는 계급관계에 대한 마르크스의 주요 개념들을 사용해 포스트모던 관점을 비판했다. 이와 반대로, 앤서니 기든스(Anthony Giddens)는 자아(self)에 대한 성찰적 프로젝트가 후기모더니티(late modernity)의 특징(조건)이라고 상정하고, 계급을 골동품처럼 한물 지난 범주라고 보았다(Atkinson, 2007). 지리학에

서는 이런 양극단 사이에서 여러 입장이 출현했다. 가령, 도린 매시(Doreen Massey, 1991b)는 비판적 마르크스주의-페미니즘 접근을 통해 계급을 젠더 및 민족집단(민족성)과 동시에 고려했고, 린다 맥도웰(Linda McDowell, 2003)은 남성 청년 실업자에 대한 연구를 통해 계급에 대한 경제적 접근에 젠더 이론과 남성성 연구를 결합했다.

이와 동시에 인종 또한 자본주의와 계급체계의 심장부에서 작동하고 있다. 실제로 상업을 통해 축적된 엄청난 부는 제국주의 무역과 노예무역의 이익에 빚을 졌다(13장 인종 참고). 계급체계는 권력으로 가득하고 착취적이며, 민족국가 간의 글로벌한 상호연결성을 통해 형성된다. 이는 계급, 세계시민주의, 백인의 특권이 교차하는 '**외국인 버블**(expatriate bubble)'*에 대한 최근의 지리적 설명에서 뚜렷이 나타난다(Cranston & Lloyd, 2018).

런던과 같은 **글로벌도시**에서는 민족국가의 영향으로 새로운 '이주의 **노동분업**(migrant division of labor)'이 나타나기 때문에, 민족과 계급의 선분을 따라 커뮤니티(공동체) 간의 **양극화**가 심화되고 있다(May et al., 2007).

'문화적 전환'을 배경으로 지리학자들은 마르크스 이론의 **문화적** 변용에 관심을 두게 되었다. 가령, 중산층은 '**취향**'을 통해서 자신의 지위를 표출한다. 이는 사회학자 부르디외(Bourdieu, 1984)가 '**구별짓기**(distinction)'의 실천이라고 설명한 현상이다. 이는 먹는 음식의 종류, 시청하는 프로그램, 집을 꾸미는 방법, 읽는 책, 듣는 음악, 입는 옷, 스포츠와 레저 활동 등을 포괄한다. 신선한 커피, 수제 에일 맥주, 언더그라운드 음식 등을 즐기는 오늘날 도시의 힙스터들(hipsters)처럼, 취향과 소비는 계급 가치를 겉으로 드러내는 중요한 수단이 되었다. 이를 두고 부르디외(1984: 6)는 "취향은 계급화되어 있고, 분류자(분류의 주체)를 [다시] 계급화한다(Taste classifies, and it classifies classifier.)"**고 표현했다. 무엇이 '좋은' 취향이고 무엇이 '천한' 취향인지의 구별은 임의적일 수 있지만, 취향은 바로 부르디외가 일컬었던 이른바 '계급 아비투스(class habitus)'를 형성한다. 부르디외는 **아비투스**를 우리의 관점, 인지, 취향, 행동을 형성하는 '암묵적 성향체계(system of tacit disposi-

tions)'라고 말했다. 주체는 이를 통해 자기가 만들어낸 특징들을 구별해냄으로써 자기가 누구인지 그리고 누구가 아닌지를 구별해낸다. 이런 실천은 시간이 흐르면서 습관적, 잠재의식적 반응으로 변화하고, 이는 우리가 걷고 말하며 옷을 입는 방식으로 체화되어 나타난다.

이 장은 우선 19세기부터 지금까지 계급이라는 관념이 변화해온 과정을 짤막하게 살펴본다. 그 다음 가정, 근린지구, 교육, 체화된 소비행태로부터 어떻게 사회적 계급의 지리를 추적할 수 있는지를 검토한다. 또한, 계급을 둘러싼 보다 심층적, 비판적 사고를 발전시키기 위해서, 보다 감각적이고 유의미하게 연구할 수 있는 윤리적, 분석적, 방법론적 이슈를 고찰한다(Box 15.1). 계급을 연구, 이해하는 방법은 다양하지만, 지리학에서 계급은 마치 프리즘처럼 사회·공간적 불평등을 굴절, 분별하는 비판적 개념이라는 점을 염두에 두자.

1. 계급의 형태변화

산업혁명의 결과 뚜렷한 계급의 층화(層化, stratification)가 나타났다. 가령, 부를 상속받아 대토지를 소유한 사람들은 귀족이나 **상류층 엘리트**로 불리는 계급을 형성했고, 상공업에 종사하는 기업가와 여러 전문직 종사자는 신흥 **중산층**이나 **부르주아**계급을 형성했다. 노동계급 또는 **프롤레타리아트**라 불리는 사람들은 노동력을 파는 것 외에는 달리 가진 게 없었다. 이 세 번째 계급에는 가정부, 하인, 공장노동자, 유모, 마부 등 다양한 사람들이 포함되었다. 그리고 노동계급, 중산층, 상류

---

* **외국인 버블**이란 해외에 체류하는 특권적 이주민들이 현지 사회 및 문화와 어울리려고 노력하지 않고 자신들끼리만 교류하며 뭉쳐 지내는 장소나 현상을 지칭하는 용어이다.

** 부르디외의 1979년 저작 『구별짓기(La Distinction)』에 등장하는 유명한 구절이다. 취향은 사회적 주체의 계급적 지위를 드러내며, 사회적 주체는 자신의 취향을 표현(노출)함으로써 자신의 계급적 지위를 구별짓는다는 의미를 담고 있다. 곧, 취향은 계급적 실천의 결과이자 계급적 표현의 수단이다.

층 외에도 또 다른 층위의 계급이 존재했는데 바로 도시빈민이었다. 이들은 '일용직 잔류층(casual residuum)'이나 '**최하층계급(underclass)**'으로 불리기도 했다. 여기에는 떠돌이, 거지, 극빈자, 고아, 거리의 악사, 노점상, 세탁부, 그리고 '진흙종달새(mud-lark)' 등이 있었다. 진흙종달새란, 무릎 높이의 수로를 샅샅이 뒤져 버려진 물건을 찾아내서 쓰거나 팔아 살아가는 넝마주이를 말한다 (Mayhew, 1985). 이러한 초창기의 계급 해부를 통해 계급체계의 위계(hierarchy)를 이해할 수 있다. 빅토리아시대의 부르주아는 최하층계급을 아종 (亞種, subspecies)*이나 별개의 인종으로 여겼다 (Steadman Jones, 1992).

19세기 말에 이르러 사회 개혁과 노동의 변화로 (육체노동자와 상인을 포함한) '**블루칼라**' 노동자와 (관리자, 전문직 종사자, 사무직원 등) '**화이트칼라**' 노동자의 구별이 생겨났다. 그러나 이 유형화는 제2차 세계대전 이후에 모호해졌다. 광업, 조선업, 공업 및 거대한 조립공장 기반이 무너지고, 탈산업화의 서비스경제와 기술혁신 분야로의 변동이 나타났기 때문이다. 세비지 등(Savage et al., 2013)에 따르면, 계급은 직업과 경제적 부에 대한 것만은 아니고 문화적 지식, 취향, 사회적 네트워크와도 관련되어 있다. 이들은 2011년 '영국 계층조사(Great British Class Survey)'에 대한 분석을 토대로, 영국의 사회 계층을 일곱 가지로 구분했다. 여기에는 부유한 '엘리트'(wealthy 'elite'),

안정적 중산층(established middle class), 기술적 중간층(technical middle class), 신부유층 노동자 (new affluent workers), 전통 노동계급(traditional working class), 신흥 서비스노동자(emergent service workers) 그리고 취약한 '**프레카리아트**'(**불안계급**, precariat)로 구성된다. 이 연구는 사회학적 비판을 받으며 많은 논란을 일으켰지만(Bradley, 2014; Dorling, 2013; C. Mills, 2014), 여전히 영국에는 계급이 현저히 두드러진 현상으로 존속한다는 것을 말해준다. 가령, 사회적 스펙트럼 한쪽 극단에는 이른바 '**슈퍼리치(super-rich)**'가 존재한다. 이들은 웨버와 버로스(Webber & Burrows, 2013)가 일컬었던 이른바 '**알파영토(Alpha territory)**'**를 쫓아가고 있고, 이 과정에서 **세계도시**들을 빠르게 재편하면서 기존의 엘리트층을 대체하고 있다 (22장 부와 빈곤 참고). 그러나 다른 한쪽 극단에는 이른바 '0시간 계약'으로 고용되어 무급이나 저임금의 연장근무에 참여하는 프레카리아트가 늘어나고 있다. 돌링(Dorling, 2014a)은 다중통계지수 (multiple statistical indices)를 사용하여 상위 1%의 소득을 올리는 '슈퍼리치'가 나머지 99%의 삶

---

* 아종은 근대 서양의 생물 분류학에서 종의 하위단계를 일컫는데, 같은 종에 속하지만 어느 지역에 분포하느냐에 따라 일정한 차이를 보이는 생물을 가리킨다. 여기에서는 인간에 속하지만 인간의 변종임을 뜻한다.

** 알파영토의 대표적 사례로 영국 런던의 노팅힐(Notting Hill)을 들 수 있다. 알파영토는 상당한 부를 소유하고 공공 및 민간 부문 모두에서 상당한 영향력을 행사하면서 세계도시 내 특정 지구에서 공간적으로 배타적인 커뮤니티를 형성하는 집단을 가리킨다. 여기에는 기업소유주, 정치인 및 고위층 관료, 금융업 및 법조계의 실력자, 연예계 및 스포츠계의 셀럽(celeb) 등이 포함된다. 버로스 등(Burrows, Webber and Atkinson)은 2017년의 논문 「웰컴 투 피케티빌?: 런던 알파영토의 지도화(Welcome to 'Pikettyville'? Mapping London's alpha territories)」에서 알파영토의 슈퍼리치를 '글로벌 파워 브로커(global power brokers)', '권위의 대변인(voices of authority)', '비즈니스계급(business class)', '엄청난 갑부(serious money)'의 네 가지 유형으로 구별했다. 슈퍼리치는 토마 피케티(Thomas Piketty)가 말한 이른바 **세습자본주의(patrimonial capitalism)**의 혜택을 누리는 집단인데, 알파영토는 슈퍼리치 집단이 시민의 다수를 이루는 도시인 이른바 '피케티빌(Pikettyville)'의 심장부를 점유하고 있다.

에 피해를 준다고 주장하면서, 불평등은 단순한 격차(gap)를 넘어 깊은 골짜기(chasm)처럼 심각해지고 있다고 말한다. 그리고 이런 불평등은 글로벌 스케일에서 나타나기 때문에, 사회지리학 연구의 핵심 부분인 기후변화, 주거, 교육, 건강, 식량 및 빈곤의 문제를 전 세계적으로 악화하고 있다. Box 15.1은 노동계급 주체들과 현대의 계급관계를 연구하기 위한 방법론적, 개념적 도구를 개발하기 위해 등장한 새로운 접근을 소개한다.

현장 속 연구
계급 연구

계급 연구는 수치데이터, 설문조사, 면담, 문화기술지 등 다양한 방법으로 이루어진다. 그러나 계급 연구는 매우 민감한 연구분야이기도 하다. 계급을 유의미하게 연구하기 위해서는 윤리적 보호와 방법론적 엄밀성이 요구되기 때문이다. 다음에 소개하는 사례는 계급 연구를 수행할 때, 연구방법 및 실행 계획이 얼마나 중요한지를 보여준다. 무엇보다도 연구자는 노동계급에 속한 사람들을 객체화하지 않고, 그들이 자신의 경험을 이끌어내도록 연구에 참여시키는 것이 중요하다.

아서슨 등(Arthurson, Darcy & Rogers, 2014)은 계급 연구에 혁신적인 방법론을 제시했다. 이들은 시드니 동부의 **사회주택**(공영주택) 세입자들이 계급의 **재현**을 어떻게 받아들이는지를 연구했다. 연구자들은 계급에 대한 반응을 자극하기 위해 오스트레일리아의 TV 코믹 시리즈물인 〈하우저스(Housos)〉의 일부 장면들을 골라서 제시했다. 이 프로그램은 가상의 장소인 서니데일(Sunnydale)의 주택단지를 배경으로 하여 '하우저스'라는 공영주택 세입자들의 일상생활 이야기를 풍자적으로 패러디한 것이었다.* 연구자들은 이들이 '**최하층계급(underclass)**'의 재현이라고 보았다. 이 드라마는 범죄, 마약, 실업급여 등과 연관된 내용을 반복적으로 그려냄으로써 최하층계급의 재현을 형상화했다. 또한, 이 드라마는 최하층계급의 캐리커처를 다자, 샤자, 프랭키와 같은 전형적 등장인물로 체화시켜 재현했다. 연구자들은 실제 공영주택 세입자와 지역사회 활동가로부터 이 드라마에 대한 반응을 조사, 분석했다.

이 프로젝트의 목적은, 공영주택 세입자에게 장소와 불이익의 상호관계에 대해 자신의 지식을 표현할 수 있는 기회를 증진하는 것이었다. 이를 위해 세입자와 연구자가 협력할 수 있는 팀을 구성하여, 세입자들 스스로 연구에 참여할 동네 주민들을 모집하고 **초점집단(focus group)** 토론을 위한 기초적인 질문도 스스로 구성하도록 만들었다. 참여자에게는 〈하우저스〉 1회 분량의 영상과 질문지를 보내서, 글이나 목소리 또는 영상으로 응답할 수 있게 했다. 이처럼 이 연구는 참여적 접근(participatory approach)을 토대로 한 것으로서, 이를 활용해 세입자들은 연구의 초점을 만들어냈고, 참여자들을 모집했으며, 자신과 다른 참여자의 목소리들이 명확하게 드러나게 할 수 있었다. 아서슨 등(2014: 1347)은 자신의 방법론을 돌이켜보며, "〈하우저스〉에서 의도적으로 과장한 등장인물들과 시나리오는 연구팀에 속한 주민연구자들이 드라마의 재현에 대한 자기 자신의 반응을 탐구하게 만드는 매우 훌륭한 통로"였다고 말했다. 요컨대, 연구자들은 사회적 계급관계에 대한 보다 풍부하고 다층적인 이해를 도모하기 위해 '참여·**시각적 유도 기법**(participatory visual elicitation techniques)'을 사용한 것이었다.

---

* 이 프로그램은 흔히 오스트레일리아에서 '**보건(bogan)**'이라 일컫는 사람들의 일상을 보여주는데, 보건은 세련미와 교양이 없고, 더럽고 게으르며, 하루 종일 빈둥거리거나 맥주를 마시는 최하층계급을 경멸적으로 부르는 말이다. 미국에서 가난하고 보수적인 백인노동계급을 일컫는 '**레드넥(redneck)**'이나 영국에서 교육 수준이 낮고 저급한 하위문화를 즐기는 청년층을 지칭하는 '**차브(chav)**'에 상응하는 용어다.

그러나 계급에 대한 사람들의 응답 분석과 관련해서, 계급은 여전히 포착하기가 까다로운 주제이며 윤리적으로 복잡한 영역에 속한다. 이는 잉글랜드 북부의 백인 노동계급 여성에 대한 스켁스(Skeggs, 1997)의 연구에서도 뚜렷이 확인된다. 이 연구에 참여한 사람들은 자신의 계급을 묻는 질문에 대부분 중산층이라고 응답했다. 곧 이들 대부분은 자신이 빈곤층이 아니라 '중간 어딘가쯤'에 속한다고 생각했는데, 이런 반응은 계급욕망(class desire)에 이끌려 '존중받을 만해' 보이려는 행위와 관련된 것이었다. 연구 참여자들은 연구자가 제시한 가시적 사회지표들이 모두 노동계급의 특징임을 간파하고 있었다. 따라서 스켁스는 의도적으로 참여자의 경험을 '결을 달리해서(against the grain)' 읽어냈다. 이는 연구자의 입장에서 분명 윤리적 어려움을 안겨주지만, 스켁스는 숙련된 솜씨로 완수해냈다. 곧, 그녀는 어떻게 그리고 어떤 이유에서 참여자의 삶을 노동계급의 경험이라는 렌즈를 통해 해석했는지를 투명하게 제시했다. 그리고 이와 관련해서 다음과 같이 말했다.

사회계급과 관련된 인식론적 책임과 해석 과정의 윤리적 문제가 뚜렷이 드러났다. 참여 여성들은 자신들의 행동이 계급 반응(class response)으로 해석되는 것을 원치 않았다. 왜냐하면 그런 해석은 여성들이 벗어나고 싶어 하는 위치를 그대로 재생산하기 때문이었다. 하지만 그들이 자신의 계급을 거부한다고 해도, 나는 그 응답을 내다버리지 않았다. 실은 정반대였다. 그 여성들의 행동 때문에 오히려 나는 계급의 편재성(遍在性, ubiquity)을 더욱 섬세하게 인식할 수 있었고, 그들의 응답을 설명할 이론을 구상할 수 있었다(Skeggs, 1997: 30).

스켁스는 계급을 가시적으로 드러내야 한다는 윤리적 책무에 대해 언급하면서, '계급의 감정 정치(emotional politics of class)'라는 정신적 부분을 형성하는 숨겨진 불안, 양면적 감정(ambivalence), 분노를 조명했다(Skeggs, 1997: 162; 12장 감정 참고). 그녀에 따르면, 노동계급의 정체성이 오명(汚名)을 쓰고 있기 때문에, 실제 많은 응답자들이 노동계급 정체성으로부터 자신을 떼어놓은 것이다. 스켁스(1997: 94)는 "그들은 계급을 모르는 체 시치미를 떼지만, 오히려 이런 행위야말로 계급을 통해 생산되는 것"이라고 설명한다. 결국 이 여성들의 삶의 이야기를 통해 계급을 드러내는 작업은, 계급이란 구조적임을 인식하게 하고, 연구자가 면담 과정을 충분히 이해하여야 하며, (풍부한 경험적 증거를 토대로 개념적, 이론적 성찰을 도출할 수 있도록) 분석이 보다 형성적(formative)이어야 한다는 것을 말해준다.

2. 계급의 공간성

계급투쟁은 공간에 새겨진다.
— 르페브르(Lefebvre, 1992/1974: 55)

1) 집과 근린지구

계급투쟁이 공간에 어떻게 각인되는지에 관한 훌륭한 연구사례로는, 뉴욕의 **젠트리피케이션**을 다룬 샤론 주킨(Sharon Zukin, 1989)의 저서 『로프트 리빙(Loft Living)』이 있다. 주킨은 창조예술 분야의 많은 노동자들이 어떻게 소호지구(SoHo district)의 로프트 작업실(studio loft)*에 세입자로 살게 되었는지를 탐구했다. 로프트는 넓은 공

---

* 사전적 의미에서 로프트는 건물의 지붕 바로 밑에 있어 사다리를 타고 올라가 각종 물건을 쌓아두는 창고나 고미다락을 지칭하지만, 넓게는 창고나 공장 건물의 내부를 개조한 아파트까지 포괄하는 의미로도 사용된다. 대개 로프트는 구획되지 않고 탁 트인 개방형 공간구조, 벽돌이나 골조가 그대로 노출된 벽면, 높은 천장고 등을 특징으로 한다.

간을 비교적 저렴한 가격에 임대할 수 있고 햇빛도 많이 드는 장점이 있었다. 이러한 아파트는 대체로 바닥이 매끈한 콘크리트로 되어 있었고, 벽돌과 주철로 이루어진 벽면이 그대로 노출된 채로 있었다. 이는 수공예 디자이너, 노동자, 예술가에게 아주 적합한 기능의 디자인이었다. 이런 **창조계급(creative class)**은 먼지, 소음, 그리고 상점가로부터 멀리 떨어져 있는 불편함 등을 기꺼이 감내하는 사람들이었다. 주킨 자신도 그리니치빌리지(Greenwich Village)*의 로프트에 거주하는 세입자였기 때문에, 이런 공간이 자본과 만나 상호작용하면서 나타난 급격한 변화를 목격할 수 있었다. 시간이 지남에 따라, **보헤미안**적 생활방식**

....

* 뉴욕 맨해튼섬 남서부에 위치한 저층 벽돌건물 위주의 커뮤니티로 1930~40년대부터 음악가와 미술가들이 집결하다가 1960년대 말 반체제 문화운동의 발원지로 부상했다. 1969년 당시 경찰 당국이 성소수자의 단골 술집인 스톤월인(Stonewall Inn)을 급습하여 이른바 '스톤월 항쟁'이 발생했는데(17장 Box 17.1 참고), 오늘날에도 도로변 가로수길을 따라 무지개 깃발들이 걸려 있다. 또한, 제인 제이컵스(Jane Jacobs, 1961)가 그리니치빌리지에서의 거주 경험을 토대로 출간한 기념비적 저작 『미국 대도시의 죽음과 삶(Death And Life of Great American Cities)』이 유명하다. 지금은 주거지로서의 기능은 약화되고 카페, 바, 레스토랑 중심의 상업지구로 변모하였으며, 동쪽의 워싱턴스퀘어 및 뉴욕대학교 방면으로 재즈클럽과 오프브로드웨이극장(브로드웨이 연극의 상업주의에 반대하는 연극 중심의 저렴한 소규모 극장) 거리가 있다.
** '보헤미안'은 틀에 박힌 사고나 관습 그리고 주변의 시선에 아랑곳하지 않는 자유분방한 사고, 낭만주의적 태도, 검소한 생활을 즐기고 추구하는 (주로 문학인, 미술가, 음악인 등을 포함하는 젊은층의) 문화를 지칭한다. 어원은 15세기 프랑스에서 집시(오랜 세월에 걸쳐 인도 북서부 라자스탄에서 유럽 쪽으로 유입된 유랑민을 뜻하며 로마니라고도 불림)를 지칭하던 용어에서 유래하는데, 당시 프랑스로 유입된 집시들이 주로 보헤미아(프라하 중심의 체코 서북부 지역) 출신이었기 때문이다. 이 문화는 19세기 초에 이르러 부르주아계급과 물질주의에 대한 파리 예술가들의 저항운동인 '보헤미안운동'을 거치면서 새로운 의미를 획득했다. 보헤미안의 저항성은 이후 1960~70년대 반체제 운동의 흐름 속에 재탄생한다. 한편, 보헤미안 문화는 1990년대 이후 젠트리피케이션을 야기한 **여피족(Yuppies; Young, Urban, Professional)**의 자유롭고 방탕한 생활스타일과 결합되었다. 이렇게 부르주아계급과 결합되어 변질된 보헤미안 문화를 원래의 의미와 구별하기 위해 '보보스(BOurgeois BOhemianS)'라고 부른다.

을 추구하는 일부 중상류층이 이런 장소로 전입해 들어왔다. 그리고 그들은 조각가, 디자이너, 공예가를 비롯한 여러 창조계급과 어울리며 지냈다. 실용적인 미니멀리즘의 디자인은 새로운 도시미학으로 떠올랐고, 이는 그녀가 일컬었던 이른바 '부르주아시크(bourgeois chic)'로 변모해갔다.

이러한 전입인구의 증가로 인해 점차 임대료가 상승함에 따라, 결과적으로 창조예술 분야의 종사자들은 자신의 작업 공간을 떠나게 되었다. 이에 대해 주킨(1989: x)은 "제조공장 로프트(manufacturing lofts)가 주거용도로 전환되는 현상은 도시 중심부에서 제조업이 사멸한 결과이자 그 상징"이라고 말했다. 이 사례로 우리는 서로 다른 사회 행위자들이 갈등을 빚는 공간이 자본축적을 통해 형성될 수 있음을 확인했다. 특히 독립 예술가와 디자이너, 중산층 세입자, 소규모 제조업자, 부동산 개발업자, 지역 정치인과 금융업자 간의 갈등이 선명하게 드러났다. 오늘날 이와 유사한 형태의 젠트리피케이션과 **도시재생**은 서양 대부분의 산업도시에서 찾아볼 수 있다. 이처럼 계급투쟁은 우연적이지만 강력한 방식으로 사람들의 이동성(모빌리티, mobility)에 영향을 주며 공간에도 새겨진다.

도시경관이 계급분리의 토대가 되는 과정의 또 다른 생생한 사례로 에덴서와 밀링턴(Edensor & Millington, 2009)의 연구가 있다. 이 연구는 영국 맨체스터와 셰필드를 대상으로 크리스마스 장식을 조사해서 특정한 '조명의 지리(geography of illumination)'를 발견했다. 연구결과에 따르면, "중산층 주거지에는 절제되고 세련된 하얀색과 푸른색 계열의 조명이 많은" 반면, "노동계급 주거지

그림 15.1 계급에 따라 달라지는 조명: 영국 로얄레밍턴스파 중산층 근린지구의 은은한 백색 조명 장식 (그림: Anoop Nayak)

그림 15.2 영국 버밍엄의 노동계급 교외지역의 형형색색으로 깜박이는 크리스마스 장식 (그림: Anoop Nayak)

에는 보다 다채롭고 화려한 장식이 우세한" 사실을 확인했다(Edensor & Millington, 2009: 104). 연구자들은 크리스마스 장식의 선택방식에서 취향의 **표식**(markers)*을 확인할 수 있었고, 이를 통해 특정한 심미적 품목들이 생산되고 소비되는 방식과 이런 물질적 대상이 영국 사회의 경합적 계급 경관을 드러내는 방식을 알 수 있었다(그림 15.1 및 그림 15.2 참고).

로프트 생활의 미적 특성과 크리스마스 조명에 대한 상이한 선호도는, 취향을 계급의 표현이라고 보았던 부르디외의 사상을 연상시킨다. 가령, 에

* 표식은 최근 영국 사회과학 연구자들이 '정체성 표식(identity markers)'이라는 단어로 즐겨 사용하곤 하는데, 이는 한 개인이 지닌 정체성의 넓은 스펙트럼이 사회적으로 유의미한 범주로 드러난 성, 계급, 나이, 국적, 민족성 등을 일컫는다. 따라서 취향의 표식이란 취향의 넓은 스펙트럼 중 연구자가 확인할 수 있는 (사회적으로 유의미하게 드러나는) 취향의 범주를 지칭한다.

덴서와 밀링턴(2009)에 따르면, 인터넷 포럼 등에서 많은 사람들은 천박하고, 과도하며, 환경파괴적인 조명과 장식에 대한 계급적 혐오를 표현하고 있었다. 이런 불평은 중산층의 계급적 가치와 아비투스를 드러낸 것이었다. 그러나 연구자들은 노동계급 주민에 대한 면담조사를 통해, 그들이 조명과 장식을 친절함, 따뜻함, 관대함의 유쾌한 표현으로 생각한다는 점을 발견했다. 에덴서와 밀링턴(2009: 103)은 인터넷 포럼에서 떠도는 이야기들과 실제 장식을 꾸미는 사람들의 관점 간의 불일치를 지적하면서, '크리스마스 경관의 공간적 경합'의 모습을 확인했다.

2) 교육

영국에서 계급적 특권이 재생산되는 주요 방식은 교육시장에서 나타난다(24장 교육 참고). 볼(Ball, 2003)의 주장에 따르면, 역사적으로 공교육은 중산층의 필요와 이해관계로 형성되었다. 그는 중산층 학부모와 학생을 인터뷰하여, 중산층이 어떻게 교육을 통해 자신의 사회적 이익을 추구하고 강화하는지를 밝혔다. 교육에 의한 계급적 특권의 재생산은 **사회자본(social capital)**을 증진하고, **사회적 봉쇄(social closure)***의 표식들을 구축하며, 특정한 계급 가치(class values)를 제고시킴으로써 이루어진다. 실제 많은 중산층 가정에서 '학교 선택'은 중차대한 결정 사항이다. 교육 수준이 높은 부

모들은 자신이 확보한 정보를 토대로 자녀의 학교 교육을 결정한다. 볼은 영국의 공교육을 연구하면서, 중산층 부모들은 각 학교의 학업 성취도 지표를 찾아보고, 성취도가 높은 학교 인근으로 이사하며, 자녀의 포괄적인 발달 과정에 중요한 역할을 한다는 것을 발견했다. 또한, 이들은 자녀의 숙제나 개별학습에 관한 규칙을 세워 강제하고, 과외교사를 고용하고, 자녀의 학업 발달 과정을 모니터링하며, 학교 운영위원회의 구성원으로 참여하려는 경향을 보인다. 또한, 중산층 부모의 성공은, 공교육을 완전히 벗어나 자녀를 사립 기숙학교로 진학시키는 방식으로 달성되기도 한다.

학교 선택이 계급 재생산에서 중요한 역할을 하는 것은 사실이지만, 레이 등(Reay, Crozier & James, 2011)은 보다 특이한 집단을 조사했다. 이들의 연구는 무료로 운영되는 도시 학교에 자녀를 입학시킨 백인 중산층 학부모에 초점을 두었다. 일부 학부모들에게 이는 무료 학교를 지지하는 정치적 행동이었다. 또한, 다른 일부 학부모에게는 자녀를 로컬 커뮤니티에서 빼내지 않고 참여시키는 행동이었다. 또 다른 부모들은 자녀를 소수민족집단 및 백인 노동자계급 아이들과 어울리게 만듦으로써, 자녀의 경험에 일종의 '세상적(세계적)' 자본('worldly' capital)을 부가하는 수단으로 여기기도 했다. 연구자들은 이러한 행동이 백인성과 중산층의 수행방식이라고 보았다. 가령, 어떤 부모는 자기 아들에게 '유익한' 또래집단에 대해 이렇게 말했다. "놀라울 정도로 다양한 민족적 배경을 가진 친구들이 있다는 건 엄청나게 유익하죠. 저희 세대 대부분은 이런 걸 상상조차 못했거든요. 작년 아들의 열다섯 살 생일파티에

---

* '사회적 봉쇄'는 막스 베버(Max Weber)가 사용한 용어로서, 어떤 집단이 자원을 배타적으로 독점하고 다른 집단에 대해 진입장벽을 높여 집단적 이익을 도모하는 것을 말한다. 사회적 봉쇄의 대표적 전략은 '배제(exclusion)'인데, 각종 협회, 조합, 조직, 단체에 가입하는 데 요구되는 자격과 절차가 배제의 대표적 사례이다.

친구들이 열아홉 명이나 왔는데, 다들 세계 곳곳에서 태어나서 무려 아홉 인종이 있었어요. 정말로 감동적이었죠."(Reay, Croizer & James, 2011: 85). 일부 중산층 부모들은 자녀의 **세계시민**적(cosmopolitan) 경험에서 학교의 가치를 찾기도 했다. 이들은 이런 경험이 자녀를 세계시민으로 키워서 인종화되고 계급화된 타자들과 함께 살아갈 수 있게 만드는 수단이라고 생각했다. 그러나 모든 아이들이 이러한 학교생활에 만족하는 것은 아니었다. 이처럼 연구자들은 사회적 구조를 공고히 하는 수단으로 학교 선택이 복잡하게 이용되는 양상을 드러냈다. 이 연구는 중산층이 상징적, 지리적 경계를 정하는 데 얼마나 능숙한지 그리고 학교 교육이 어떻게 계급 형성과 경합의 위치가 되는지를 잘 보여준다.

3) 신체와 소비

이제까지 우리는 계급이 여러 시간과 공간에서 어떠한 행위로 나타나는지를 이해하기 위해, 계급의 분류방식이 시대에 따라 어떻게 변해왔고, 가정, 학교, 근린지구, 도시에서 어떻게 공간적으로 표출되는지를 살펴보았다. 계급을 포괄적으로 설명하기 위해서는, 계급이 어떻게 육체적 삶에 내재하는지 그리고 어떻게 민족, 젠더, 섹슈얼리티, 장애 등 다른 정체성과 교차하는지도 고려해야 한다. 특히, 현대 지리학의 분석에서 신체는 젠더와 남성성, 장애, 임신, 인종화, 성화(性化, sexed)된 신체 등을 해석하는 데 가장 중요한 스케일이다(Rose, 1993; McDowell, 1997; Hansen & Philo, 2007; Longhurst, 2001; Tolia-Kelly, 2011; Cream,

1995).

신체, 계급, 연령의 교차성은 나약과 케일리(Nayak & Kehily, 2014)의 연구를 통해 살펴볼 수 있다(20장 교차성 참고). 이들은 두 가지 부류의 주변화된 청년층을 연구했다. 첫째는 청년층 남성 실업자로서 정책적으로는 '니트(NEET; Not in Education, Employment or Training)'로 불리지만 사회적으로 '차브(chav)' 또는 '차버(charver)'*라는 오명으로 낙인찍힌 부류다. 또 다른 집단은 10대(미혼)모와 임산부로서 '**프램페이스**(pramface)'**로 지칭되는 여성들이다. 이들 두 집단은 계급 낙인(class stigma)을 특정한 방식으로 체화하고 있기 때문에 대중적 경멸을 받기 쉽다. 연구자들은 이러한 '조롱적인 명칭' 기저에 무엇이 깔려 있는지를 분석함으로써 이 청소년집단에 대한 계급 분석을 진척시켜 나갔다.

차브와 프램페이스는 관계적 구성물로서, 서양의 후기모더니티에 나타나는 사회적 변화와 빈부격차의 확대 속에서 출현한 집단이다. 차브와 10대 미혼모는 이른바 '**비체**적(卑體的) 타자(abject other)'***라는 재현의 영역에 존재하는데, 이는 마치 백인의 근엄성과 사회계급 이동성의 몰락에 대한 공포와 불안의 저장소와 같다. … 따라서 이런 낙인은 '규범적인 것'의 경계를 수호하는 데

---

* 영국에서 '차브(차버)'는 대개 낡은 공영주택에 거주하면서 싸구려 상품과 하위문화를 향유하는 최하층계급 출신의 비행 청소년들을 경멸적으로 일컫는 용어이다. 영화 〈킹스맨(Kingsman)〉의 주인공인 에그시는 영화 초반부에서 차브의 전형적 캐릭터로 묘사된다.
** 영국에서 '프램페이스'는 공영주택에 거주하는 가난한 10대 미혼모를 경멸적으로 일컫는 용어이다. 이는 2012년에 영국 BBC에서 방영한 드라마 제목이기도 한데, 드라마의 주인공인 18세의 로라는 졸업파티에서 16세의 제이미와 하룻밤을 보내고 임신, 출산의 과정을 겪는다.

동원되면서, 계급, 민족, 젠더의 결합체가 허물어지지 않고 제자리에 있도록 단단히 부여잡는다(Nayak and Kehily, 2014: 1335).

이 연구에 따르면, 사람들은 **차브**의 특징을 '거친 말투'와 '유인원처럼(knuckle-dragging)' 절름거리며 흐느적대는 걸음이라 여기며, 옷차림으로도 차브를 쉽게 판별할 수 있다고 생각했다. 차브 중 많은 이들은 리복 운동화, 카파 운동복, 나이키 러닝반바지 등 브랜드 스포츠웨어를 즐겨 입지만, 이로 인해 웃음거리나 조롱을 받는 것에 분개했다. 왜냐하면 값비싼 브랜드 옷을 입으며 점잖아 보이려 해도, 그들이 탈피하려는 계급의 부정적 표식을 오히려 더 분명히 하는 꼴밖에 되지 않기 때문이었다. 여기에서 우리는 특정 계급의 **아비투스**가 어떻게 말투, 행실, 복장 및 태도로 체화되는지를 알 수 있다. 이와 동시에 이러한 계급의 표식들은 심층적으로 인종화되어 있다. 일부 '차브'들은 금화 모양의 놋쇠반지, 큰 원형 귀걸이, 그리고 집시 등의 유랑민에게서 유래한 옷과 장신구를 자랑스럽게 차고 다닌다. 미국에서 유랑민 커뮤니티는 '트레일러공원 쓰레기(trailer park trash)'나 '백인쓰레기(white trash)'로 불리는데, 이는 집을 소유하지 못했다는 계급적 지위를 함의하는 용어다. 이런 테마는 '차브'에게도 동일하게 적용되어, 차브는 복지급여에 의존하고 공영주택에서 거주하는 세입자로 간주되었다. 또한 '차브'의 어원은 집시어로 '작은 어린이'를 뜻하는 'chavvy/chavi'에서 유래하기 때문에, 이러한 계보는 백인성이라는 존엄의 경계에서 차브를 더욱 멀어지게 만든다. 뿐만 아니라 많은 '차브'가 범죄와 연관되어 있고, 식구가 많으며, 무책임하다는 인식으로 인해 이런 편견은 더욱 가중되고 있다. 그 결과 대체로 차브는 영국의 어두운 그늘 속에 존재하는 '오물(filth)', '인간쓰레기(scum)', '더러운 백인', '백인 같지 않은 백인' 등으로 인종화되어 있었다.

마찬가지로 여성잡지에서 새로운 엄마됨(모성, motherhood)은 여성다운 성취와 로맨틱한 부부

*** '비체'란 '비참한, 비굴한, 더러운, 혐오적 존재(신체)'를 일컫는다. 불가리아 출신의 프랑스 페미니스트이자 정신분석 이론가 줄리아 크리스테바(Julia Kristeva)가 저서 『공포의 권력(Powers of Horror)』(1980)에서 사용한 개념이다. 국내에서는 원어 그대로 아브젝트(비체, abject)나 아브젝시옹(비체화, abjection)이라고도 한다. 비체 또는 비체적 타자란 어떤 주체(지배적 사회)의 성립에 필수불가결한 요소이면서도 더럽고 혐오적이라고 간주되는 비가시화된 존재를 가리키며, 그러한 공간은 **비체적 공간(abject space)**이라고 한다.

크리스테바에 따르면, 상상계의 유아는 자신이 신체적으로 엄마와 육체적으로 연결된 한 몸이라고 상상하지만, 주체 형성의 시기(거울단계)를 지나면서 자신의 육체적 독립성을 자각하여 기존에 자신과 연결되어 있다고 생각하던 액체적, 유동적, 또는 모성적인 것(가령, 젖, 대소변, 음식물의 찌꺼기 등)을 혐오하고 배제함으로써 상징계로 나아간다. 곧, 주체는 늘 자신의 신체적 잔여물을 밀어내고자 하며, 자아의 일체성과 순결성을 유지하기 위해 신체의 경계를 불순한 것으로부터 방어하고자 한다. 이는 깨끗함과 더러움, 질서와 무질서, 주체와 타자, 우리와 그들을 분리하려는 '육체적' 충동이며, 이러한 비체와의 분리 충동을 통해 주체가 탄생한다. 따라서 크리스테바의 입장에서 보자면, 오이디푸스 콤플렉스라는 정신적 작용 이전에 출산과 수유기라는 육체적 관계 및 작용이 선행하며, 가부장적 아버지가 구축한 세계(기표의 세계, 상징계) 이전에 어머니의 세계(육체의 세계, 기호계)가 존재한다. (이렇게 본다면 부성담론은 아버지가 창작한 소설인 반면, 모성담론은 어머니가 기록한 수기手記가 아니겠는가?)

한편, 비체(비체적 공간)로부터의 분리는 궁극적으로 달성될 수 없는 까닭에 주체는 늘 불안에 시달린다. 왜냐하면 '나'라는 존재는 결코 어머니와 분리할 수 없듯, 모든 주체는 비체와 불가분의 관계로 연결되어 있기 때문이다. 따라서 모든 사회적 가치는 늘 매춘부, 동성애자, 소수민족집단 등 특정 사회집단 및 그 공간을 더럽거나 혐오적인 비체(비체적 공간)로 간주하여 사회의 순수한, 통일된, 지배적 가치를 옹호하고자 한다. 곧, 비체(비체적 공간)는 언제나 주체(지배적 사회)를 어지럽히고 더럽힐 수 있는 혐오적인 것으로 간주되며 늘 경계의 주변부를 어슬렁거린다. 지리적 시각에서 화장실, 유곽(집창촌), 게이바, 나환자촌, 쓰레기장, 공동묘지 등은 비체적 공간 개념으로 접근하기에 충분히 매력적이다. 이와 관련해 푸코디언(Foucauldian)적 국내 지리학계의 연구사례로 오정수(2013)의 「일본 식민주의 시기 '나병 담론'을 통한 소록도의 사회적 생산」(전남대학교 교육대학원 지리교육과 석사학위논문) 참고.

생활의 최고봉으로 축하를 받지만, 10대(미혼)모들은 그렇지 못하다. 그들은 여성잡지나 육아잡지에서 절대 찾아볼 수 없으며, 조기임신은 철저히 노동계급에서만 벌어지는 것으로 간주된다. 그러나 10대 임산부에게 "임신한 배는 수치스러움의 잠재적 근원이자, 주목과 판단의 대상이 된다"(Nayak and Kehily, 2014: 1339-40). 이 연구에 참여한 응답자들은 산모교실이나 대중교통에서 만난 익명의 사람들로부터 도덕적 판단을 들었던 경험을 말했다. 그들은 이 여성들의 임신한 신체를 노골적으로 쳐다보거나 이러쿵저러쿵 코멘트를 했다고 한다. 계급을 토대로 한 이러한 사회적 낙인으로부터 벗어나기 위해서, 어린 엄마들은 곧 태어날 아이를 위해 값비싼 용품을 사들이는 경향이 있다. "[연구 참여자] 멈타즈(Mumtaz): 저는 제일 좋은 유모차를 살 거예요. 정말 끝내주는 것으로 말이죠. 낡은 유모차를 끌고 길거리를 다니고 싶지는 않아요. 내가 내 아이를 양육할 수 있는 형편이 못 되는 것처럼 비치고 싶지는 않거든요. 물론, 저는 정말로 잘 키울 자신이 있어요." 이 여성의 발언은 유아용품 물려받기를 거부하는 젊은 노동계급 엄마들의 반응과 매우 유사했다. 한편, 중산층 엄마들은 많은 육아용품을 이베이(eBay), 친구, 가족, 빈티지 숍(vintage shop) 등에서 구입하거나 다른 사람들로부터 물려받았다. 왜냐하면 이들은 가난해 보이거나 '나쁜 엄마'로 취급될 가능성에 대한 부담이 거의 없기 때문이었다.

 요약

- 계급은 권력과 불평등이 그은 경계선이다. 계급은 금전적 권력, 지위, 소비자 취향, 문화와 연계된다. 무엇보다도 계급은 시간과 공간에 걸쳐 살아 움직이는 구조적 힘이다.
- 교육, 주택, 노동 및 소비의 사회지리는 금전적 소득뿐만 아니라 계급을 통해서도 신체와 공간에 각인된다.
- 학계에서는 불평등이 심각한 사회일수록 사람들이 받는 피해의 정도가 크다고 말한다.

더 읽을거리

Arthurson, K., Darcy, M., & Rogers, D. (2014) Televised territorial stigma: How social housing tenants experience the fictional media representation of estates in Australia. *Environment and Planning A: Economy and Space,* 46: 1334-50.

Dorling, D. (2014) *Inequality and the 1%.* London: Verso.

Edensor, T., & Millington, S. (2009) Illuminations, class identities and the contested landscapes of Christmas. *Sociology,* 43(1): 103-21.

Nayak, A. (2006) Displaced masculinities: Chavs, youth and class in the post-industrial city. *Sociology,* 40(5): 813-31.

오늘날만큼 **젠더*** 연구가 중요한 적은 없었다. 2018년 헝가리 수상 빅토르 오르반(Viktor Orban)은 대학에서의 모든 젠더 연구프로그램을 금지했다. 같은 해에 브라질 대통령으로 선출된 자이르 보우소나로(Jair Bolsonaro)에게는 여성의 권리를 심각하게 위협한다는 꼬리표가 붙었다. 한편, 2016년 도널드 트럼프(Donald Trump)의 성공적인 대통령 선거운동은 (그리고 당선 이후 대통령 집무실에서도 계속된 그의 언행은) **성차별주의**와 여성혐오로 먹칠되었다. 보다 거시적으로 볼 때, 이러한 우파 정치의 발흥은 공적 어젠다에서 젠더를 후퇴시켰고, **성불평등**(gender inequality)과 성

에 기초한(sex-based) 차별과 폭력의 오랜 전통이 더욱 강화될 수 있는 위험을 초래했다. 이 장에서 우리는 젠더에 기반한 분리와 이로 인해 파생되는 불평등이 어떤 공간적 함의를 갖는지를 탐색한다. 그리고 사회지리학 연구가 왜 우리가 사는 젠더화된 세계를 이해하는 데 그토록 중요한지를 설명한다.

젠더와 지리는 굴곡진 역사를 겪어왔다(가령 Maddrell, 2011 참고). 영국 왕립지리학회가 다른 나라의 발견과 탐험을 목적으로 설립된 것은 1830년이지만, 이사벨라 버드(Isabella Bird)가 최초의 여성 회원으로 받아들여진 것은 1913년이 되어서였다. 1980년대 이후 여성·지리연구그룹(WGSG; the Women and Geography Study Group, 1997/2014)은 지리학계에 만연한 성차별주의(sexism)를 폭로하면서, 여성들이 얼마나 조직적

---

* 이 장에서는 'sex'와 'gender'를 가급적 '성'과 '젠더'로 구별하고자 하였으나, 성평등(gender equality)이나 성역할(gender role)과 같이 우리말의 관용적 표현을 따른 경우도 일부 있으며 이 경우에는 영문 병기를 하였다.

으로 지리학 연구에서 배제되어왔고 지리학계에서 주변화되어왔는지를 드러냈다(가령 McDowell & Peake, 1990; Rose, 1993 참고). 오늘날 사회지리학계에서 젠더 및 페미니즘 연구는 1980~90년대와 비교할 때 훨씬 일반화되었고, 지리학계에 몸담은 여성 지리학자도 많이 늘었으며, 사회지리학을 선도하는 여성 지리학자도 많다. 그러나 여전히 상당한 젠더 격차가 지리학계에 남아 있다(Maddrell et al., 2016).

『공간, 장소, 젠더(Space, Place and Gender)』(1994)를 비롯한 도린 매시(Doreen Massey)의 선구적 기여는 사회지리학 분야의 성공을 크게 진척시켰다(1장과 Box 1.1 참고). 그 이후 WGSG는 젠더·페미니즘지리연구그룹(GFGSG; the Gender and Feminist Geography Study Group)으로 개명해서, 보다 포괄적인 접근을 반영하고자 했다(4절의 남성성에 관한 내용 참고). 이처럼 여성의 진입과 **페미니즘**의 도입으로 지리학이 불가역적으로 변했다는 점은 명백하다. 이 책 또한 1장에서 밝힌 것처럼 **페미니즘 지리학**에 크게 빚지고 있다.

1. 성불평등

젠더 분리는 기존의 **권력**관계를 통해 실행된다. 이는 무의식적인 편견뿐만 아니라 노골적인 차별의 형태로도 표출된다. 우리는 이런 관계를 '**가부장제(patriarchy)**'라는 남성 지배 시스템으로 총칭한다. 실비아 왈비(Sylvia Walby, 1990)에 따르면, 가부장제는 다음 여섯 가지 구조에 의해 지탱되고 이를 통해 분명히 드러난다. 곧, 유급 고용, 가계생산(household production),* 문화, **섹슈얼리티**, 폭력, 국가가 그것이다. 사회 제도에 미치는 이들의 영향은 학교, 미디어, 일터 등에서 겪는 우리의 경험을 형성한다.

가부장제 개념에 관한 흔한 오해 중 하나는, 가부장제란 모든 남성이 모든 여성을 억압하는 데 연루되어 있다고 생각하는 것이다. 하나의 집단으로서 남성은 (그리고 여성 또한) 권력에 접근할 특권을 저마다 다르게 가진다. 성불평등은 남성과 여성 모두에 영향을 끼친다. 왜냐하면 모든 사람이 젠더에 의해 부과된 역할, 즉 **성역할(gender role)**에 순응하는 것은 아니며 이에 저항하는 이들도 많기 때문이다. 최근의 **성평등운동**(가령, everydaysexism.com과 #미투MeToo운동 참고)은 '모든 이를 위한 존엄성, 공정성, 정의'라는 사고를 토대로 한다. 이처럼 페미니즘은 '남성에 대한 증오'에 관련된 것이 아니라 **구조적 불평등**을 바로잡으려는 것이다. 또한, 페미니즘은 여성이 여전히 이러한 사회적 억압을 받고 있고, 특히 가부장적 체제에서 그 고통이 더욱 크다는 점에 주목한다. 이는 남성이 고통받지 않는다는 것이 아니다. 분명 남성도 고통을 받는다. 그러나 가부장제의 억압 시스템은 본질상 다면적이기 때문에, 우리는 그에 따른 불이익을 고르게 느끼지는 않는다(Rose, 1993 참고).

그림 16.1과 같이 젠더는 여전히 중요하며, 사회지리학자에게는 이와 더불어 **장소**도 중요하다. 사회지리학의 젠더 연구는 젠더 관계의 지리적 차

---

* 가족구성원이 가계를 위해 효용을 창출하는 활동으로, 그 대가가 화폐로 지급되지 않으며 가족구성원 외의 타인에게 위임될 수 있는 생산 활동을 지칭한다.

그림 16.1 성별임금격차
(출처: https://www.fawcettsociety.org.uk/close-gender-pay-gap)

이와 그 결과에 초점을 둔다. 왜냐하면 공간, 장소, 환경, 사회적 차이는 성차별주의에 따른 영향과 교차하고 있기 때문이다. 따라서 **교차성**(intersectionality)이라는 개념은 젠더가 인종, 계급, 연령 등과 어떻게 상호관련성을 맺고 있는지를 보여준다(20장 교차성 참고). 우리가 누구냐에 따라 젠더가 다르게 작동한다는 사실은, 젠더와 인종의 교차를 보면 분명히 이해할 수 있다. 영국의 경우 평균적으로 여성은 남성과 비교할 때 18.4%의 임금격차를 보이지만, 흑인 여성은 백인 남성과 비교할 때 24%의 격차를 보이며 파키스탄 및 방글라데시 출신 여성은 26%의 격차를 보인다(Fawcett Society, 2017).

성편견(gender bias)은 성불평등의 원인이다. 성편견은 우리가 성차별주의를 비롯한 여러 억압에

Box 16.1

 성별임금격차

성별임금격차란?
성별임금격차(gender pay gap)는 남성과 여성 간 중위 임금의 차이를 가리킨다. 전 생애에 걸쳐 여성의 소득은 남성보다 확실히 적다. 이는 성별임금격차에 의한 것이다.

성별임금격차는 얼마나 될까?
영국통계청에 따르면 2019년 성별임금격차는 18.4%이다. 이는 동일 부문에서 일하더라도, 남성이 100유로를 받을 때 여성은 81.60유로를 받는다는 의미이다.

성별임금격차가 왜 생길까?
영국의 성평등운동 단체인 포셋소사이어티(Fawcett Society)에 따르면, 성별임금격차는 남성과 여성의 사회적 역할 및 노동시장과 연관된 다음의 요인들이 복

합적으로 작용한 결과이다.

① **차별**: 불법이기는 하나, 여전히 일부 여성은 똑같은 일을 하고도 남성보다 임금을 적게 받는다. 특히, 임신과 출산 휴가를 둘러싼 차별이 가장 흔하다. 많은 여성은 엄마가 되고 나면 직장을 떠날 것을 강요받는다.

② **돌봄 책임의 불평등**: 여성은 아이를 돌보는 데 더 많은 역할을 한다. 그 결과 많은 여성이 파트타임으로 일하고 있고, 이런 직종은 대개 기회가 제한된 저임금의 일자리이다.

③ **노동시장의 분리**: 여전히 여성은 저임금, 저숙련 직종에 취업할 확률이 높다. 여성은 저임금의 돌봄 및 레저 부문의 노동에 치중되어 있지만, 남성은 임금 수준이 양호한 숙련노동시장에서 다수를 차지한다.

따른 불평등에 맞서는 것을 매우 어렵게 만든다. 영국의 국회의원 스텔라 크리시(Stella Creasey, 2008)의 연구에서도 이를 확인할 수 있다. 크리시는 영국 의회에서 여성이 어떻게 취급되는지를 폭로했다. 가령, 성평등운동을 해온 그녀에게는 '까다로운(difficult)' 사람이라는 딱지가 붙었다. 또한, 성불평등 사안들은 (개별 사안이 무엇인가와 상관없이) 모두 '여성의 문제'라고 불렸다. 이미 정치 시스템과 논쟁이 가부장적으로 규범화되어 있기 때문에, 논쟁 그 자체가 이미 젠더화된 것이다. 페미니즘이 구조적 불평등을 지적하면서 한 개인이 아닌 시스템과의 씨름을 옹호하는 것은 바로 이런 이유 때문이다.

성편견은 무의식적이든 아니든 다른 많은 곳에서도 발견된다. 대학 강의에 대한 학생들의 강의평가마저도 젠더화되어 있음이 보고되었다. 가령, 프랑스와 미국에 관한 연구에서 여성 교수자에 대한 부정적 편견이 통계적으로도 확인된 바 있다. 특히 이 연구의 지적이 뼈아픈 것은 (학생들의 성편견이 어찌나 심했던지) '잘못된(wrong)' 젠더의 교수자*에게는 강의를 효과적으로 하지 못한 다른 교수자보다도 강의평가 점수를 낮게 주었다는 점이다. 이는 학생들이 어떠한 지식과 전문성을 기대하는지, 그리고 대학당국의 강의평가 방법이 무엇에 중점을 두는지에 대해 심각히 재고해볼 필요가 있음을 의미한다(Boring, Ottoboni & Stark, 2016 참고).

* 여기에서 '잘못된' 젠더의 교수자란 주류적 성역할에 대한 학생들의 관념에 부합하지 않는 교수자를 뜻한다. 예를 들어, 공학 관련 분야의 여성 교수나 간호학 분야의 남성 교수는 주류적 성역할에 위배된다고 여겨지는 경우가 많다.

2. 젠더(그리고 성) 정의하기

'젠더'를 정의하려면 우선적으로 젠더가 자연적 범주가 아니라 **사회적으로 구성**된 범주라는 점에 주목해야 한다. 'gender'는 gen이라는 고대 인도유럽어를 어원으로 하는데, 이는 'generate', 'genesis', 'oxygen'에서와 같이 '생산하다' 또는 '자식을 낳다(beget)'는 의미를 갖고 있다. 뿐만 아니라 'gen'은 라틴어의 'genus'와 프랑스의 고어(古語)인 'gendre'와 관련되어 있는데, 이런 용어는 유사한 특징을 공유하는 종류나 집단을 의미한다. 생물학적, 사회적 과정이 어떻게 정체성을 형성하는지에 대한 지식이 변천해온 것처럼, '젠더'라는 용어의 용법 또한 이와 마찬가지로 변해왔다. 곧, 초창기에는 'engender'와 같이 '생산하다' 또는 '발생시키다'라는 의미로 사용되었지만, 근대 이후 오늘날에는 여성과 남성의 문화적 차이(곧, 남성성과 여성성)를 지칭하는 용어로 사용되는 것이 일반적이다.

사회지리학에서 '젠더'는 하나의 사회적 변수(social variable)로서, 남성과 여성의 정체성을 구별하는 이해방식과 재현을 지칭한다. 젠더를 사회적 변수로 보는 까닭은, 젠더가 남자(male)와 여자(female)라는 성(性, sex)에 고정관념을 덧입히고, 그에 따라 남자와 여자의 삶을 구조화하며, 남자와 여자에 대한 기대감을 형성하기 때문이다. 오늘날에도 여전히 남성과 여성이라는 젠더가 일자리에 투영되고 있어서, 일부 일자리는 남성적인 또는 여성적인 직종으로 간주된다. 가령, 대부분의 사회에서 간병인의 성은 남성보다 여성이 많고 은행의 고위직에는 여성보다 남성이 많은 것도 이 때문이다. 이러한 분리는 생물학적 차이보다 사회적 통념과 의미를 기반으로 한다. 또한, 젠더는 인간 정체성의 핵심적인 특징이기도 하다. 곧, 사람들의 자아감(sense of self)은 기본적으로 자신이 남성인가 아니면 여성인가와 연관되어 형성되고, 이 과정에서 트랜스젠더 등 제3의 성(non-binary) 정체성은 배제된다.

성과 젠더의 차이는 상당히 논쟁적이다. 대개 일상적 언어생활에서는 '젠더'와 '성'이 혼용된다. 그러나 서양에서는 대개 '성'은 생물학적 특성을, '젠더'는 남성성과 여성성과 관련된 사회적 특성을 지칭한다. 곧, 성은 '자연적' 범주인 반면, 젠더는 **사회적 구성물**이다(13장 인종 참고). 이는 곧 사람들이 **성정체성**을 시간이 지남에 따라 '획득한다'는 것을 함의한다(WGSG, 1997/2014). 프랑스의 페미니스트 시몬 드 보부아르(Simone de Beauvoir)는 "여성은 태어나는 것이 아니라 만들어진다"라고 이를 간단명료하게 말했다. 따라서 여성과 남성은 늘 '**생성**(되어가기, becoming)'의 상태에서 활발하게 구성되는 중에 있다. 또한, 젠더에 대한 자신의 자아감은, 특정 사회와 지리적 위치 속에서 무엇이 남성적이고 여성적인가에 관한 문화적 해석에 따라 다르다. 이 해석은 역사적, 정치적 변동에 따라 함께 변동한다. 그중에서도 제국주의와 식민화는 이런 변동의 핵심 열쇠였다(Box 16.2 참고).

Box 16.2

현장 속 이론
젠더 식민성

주류 젠더이론은 글로벌북부의 문화적, 사회적 경험을 토대로 한다. 페미니스트 지리학자들은, 주류 젠더이론에서 그동안 누가 배제되었고 어떻게 그 잃어버린 목소리를 회복할 수 있는지를 질문하며 주류 젠더이론의 우선권과 어젠다를 재고할 것을 요구해왔다(Raju, 2002; Johnston, 2018a). 이들의 주장은 단순히 글로벌남부와 관련된 이슈에 젠더 분석과 연구를 기계적으로 끼워 넣자는 것이 아니라, 근본적으로 젠더이론의 선진국 편향성을 허물고 젠더 지식의 창출 방식을 재고하자는 것이다.

이 작업을 주도적으로 수행했던 이론가로는 아르헨티나의 페미니즘 철학자인 고(故) 마리아 루고네스(Maria Lugones)를 들 수 있다. 루고네스는 이른바 '젠더 식민성(coloniality of gender)' 개념을 통해 젠더가 식민적 구성물이라고 주장했다. 흔히 식민성(coloniality)이란 과거 식민주의에서 유래한 현행의 논리, 문화, 구조라고 정의되는데, 그녀는 식민성이 사회적 존재의 모든 측면에 스며들어 있으므로 (젠더가 인종, 계급, 섹슈얼리티, 민족성, 지리적 위치 등과 교차하여 형성된) '**젠더화된 정체성**'에도 식민성이 내재하고 있다고 본다. 루고네스에 따르면, '젠더 식민성'은 단지 인종의 구분선을 토대로 여성과 토착민에 가해지는 폭력적 억압이 식민주의의 현재적 유산으로서 지금까지 계속되고 있다는 점에서만 발견되는 것은 아니다(8장 토착성 참고). 오히려 근대 **자본주의**에서 유래한 **이성애** 기반의 **가부장제** 시스템의 헤게모니가 지금까지도 공고히 지속되고 있다는 점에서 젠더 식민성이 명백히 드러난다는 것이다. 루고네스는 "식민화와 달리, 젠더 식민성은 여전히 우리 곁에 있다. 곧, 젠더 식민성은 자본주의 세계 시스템의 권력을 구성하는 핵심으로서 젠더, 계급, 인종의 교차점에 위치해 있다"고 말했다(Lugones, 2010: 746).

젠더를 식민적 구성물이라고 상정하면 여러 도전적인 질문을 제기할 수 있다. 가령 루고네스의 연구는, 식민주의 시대 이전에 존재했던 성정체성과 신체 및 자아에 대한 지식이 얼마나 다양했는지 그리고 이런 지식이 어떻게 식민주의와 **모더니즘(근대화)** 프로젝트로 인해 완전히 억압되었는지를 살펴보았다. 그녀는 이런 작업을 통해 남성과 여성이라는 성정체성에 대한 유럽중심적, 이분법적 이해방식에 도전했다. 이런 접근을 통해, 우리는 성불평등을 경제, 인종, 젠더 시스템들의 복잡한 상호작용으로 이해할 수 있다(20장 교차성 참고). 또한, 그녀의 연구는 젠더와 페미니즘에 관한 사고를 지식 생산 위치의 다양성이라는 측면에서 새롭게 재고하고 작업할 수 있게 해주었다. 루고네스(2010: 747)는 "그것(젠더 연구와 페미니즘)은 사람에 대한 '배움'을 필요로 한다"고 말했다. 또한, '젠더 식민성' 논제는 모든 젠더 분석이 **신식민주의(neocolonialism)**에 따른 글로벌 권력관계에 주목해야 한다는 점도 강조한다. 이 신식민주의적 권력관계는 글로벌북부와 글로벌남부 **모두에서** 남성과 여성의 삶을 형성하고 있다. 끝으로, 루고네스의 연구는 **페미니즘의 탈식민화(decolonisation of feminism)**를 요구한다. 이는 현재에도 지속되는 식민주의적 억압의 유산들과 이들이 우리의 젠더 사고에 미치는 영향을 올바로 인식함으로써, **유럽중심주의적** 젠더 사고의 지배를 해체하는 것을 가리킨다.

그러나 페미니즘과 퀴어이론뿐만 아니라 의학에서의 연구가 발전함에 따라, 위에서 제시한 성에 대한 정의가 흔들리고 있다. 왜냐하면 성은 사회적으로 구성되지만 생물학적으로도 구성된다는 사실이 점차 분명해지고 있기 때문이다. 흔히 성은 아이가 태어날 때 음경이나 질 중 무엇을 가지고 있느냐를 기준으로 결정되지만, 염색체, 생식기관, 재생산기관, 호르몬, 2차 성징 등 생물적 특징이 훨씬 다양하다는 것이 밝혀지고 있다. 따라서 성은 우리가 남성과 여성이라고 명명하는 젠더에 항상 들어맞지는 않는다. 최근 남자와 여자의 두 형질을 모두 갖춘 운동선수에 관한 논란*이 이 점을 잘 보여준다.

이러한 성/젠더의 구분을 둘러싼 논쟁이야말로 페미니스트 정치의 토대이다. 왜냐하면 이런 논쟁 자체는 우리가 성에 의해 정의되지 않는다는 것을 말하기 때문이다. 그럼에도 불구하고 한번 정해진 성을 바꾸기란 어렵다. 더 나아가, 성 역할은 사람들의 삶과 특정 공간에 대한 접근을 문제적이고 차별적인 방식으로 형성하는 데 이용되곤 한다. 그러나 이러한 성역할이 사회적으로 구성되어왔기 때문에, 역설적이게도 우리는 이에 도전하고 이를 해체할 수 있다. 따라서 남성과 여성 간의 **권력** 불균형은 언제나 변화의 가능성에 열려 있다(Massey, 1994/2013). 우리는 젠더를 이분법적으로 다루는 것을 넘어서야 하고, 성정체성을 복수적이며 복잡한 것으로 이해해야 한다. 그리고 젠더란 공간과 시간을 가로지르는 변화와 변형 그리고 변수에 개방되어 있다는 점을 염두에 두어야 한다.

----

* 남아프리카공화국 육상선수 캐스터 세메냐(Caster Semenya)를 둘러싼 논란을 말한다. 세메냐는 여러 세계육상선수권대회에서 여성 선수로 출전해 우승했는데 성별 논란 때문에 검사를 받았고, 검사 결과 자궁과 난소가 없고 잠복고환이 있으며 일반 여성보다 테스토스테론(남성을 남성답게 하는 성호르몬) 수치가 세 배 이상 높은 것으로 나왔다. 이로 인해 세메냐를 여성이 아닌 간성(間性, intersex)으로 보아야 한다는 주장이 제기되었다. 또한 이와 관련하여 세메냐가 여성선수로서 대회에 참가할 자격이 있느냐를 둘러싼 여러 차례의 판결이 있었다.

3. 젠더다양성의 지리

최근 '젠더다양성 지리학(gender-diverse geographies)'이라 불리는 하위분야가 페미니즘 사회지리학에서 발전하면서, 앞에서 논의했던 사고를 더욱 진전시키고 있다. 우선, 젠더다양성 지리학은 '지리학 내 젠더(gender in geography)' 연구들에 뿌리를 두고 있다. 가령, 공공공간에서의 여성의 두려움에 관한 질 밸런타인(Gill Valentine, 1989)의 연구와 일터(작업장)의 젠더화에 관한 린다 맥도웰(Linda McDowell, 2003)의 연구는 여성의 신체가 어떻게 지리적 영향을 받으며 공간화, 젠더화되는지를 보여주었다. 둘째, 젠더다양성 지리학은 LGBTQ 지리에 대한 연구도 포함한다. 그 사례로, 버틀러(Butler, 1990)의 수행으로서의 젠더에 대한 **포스트구조주의** 사고를 적용한 벨 등(Bell et al., 1994)의 연구가 있다(17장 섹슈얼리티 참고). 섹슈얼리티, 젠더, 페미니즘지리학 연구는 서로 접점을 형성하면서 젠더뿐만 아니라 젠더에 대한 지각(perceptions)도 공간 속에서 신체들이 상호작용하는 방식을 변화시킨다는 점을 강조한다.

최근 사회지리학의 젠더 연구는 젠더가 다양한 공간에서 각기 다르게 수행되는 방식에 초점을 맞춰왔다. 단순히 남성이냐 여성이냐에 초점을 두기보다는, **남성성**과 **여성성**이 다양한 신체 안에 내재하며 그 신체를 통해 남성성과 여성성이 경험된다는 점에 주목한다(Bain & Nash, 2007; Noble, 2002). 또한, 일부 사회지리학 연구는 다양한 공간에서 트랜스신체(trans bodies)의 특수한 경험들에 주목했다(Doan, 2010). 뿐만 아니라, 과소(過少) 연구된 집단으로서 '제3의 성'의 출현도 주목받고 있다. 존스턴(Johnston, 2018a)은 깔끔하게 양분되지 않는 젠더를 지닌 사람들에게 공간이 얼마나 핵심적인 역할을 하는지를 탐구했다. 이런 연구를 통해 젠더와 성에 대한 기존의 범주화는 더 큰 도전을 받고 있다. 가령, 젠더에 대한 기존의 정의에서는 간성(間性, intersex)인 사람이나 트랜스젠더를 충분히 고려하지 않는다. 만일 어떤 남성이 의학적으로 (교차 성호르몬을 투입하거나 외과 수술을 통해) 여성으로 성전환(transition)을 했다면, 즉 트랜스여성(trans woman)이 되었다면 그 사람의 젠더는 여성이다. 그러나 생물학적으로 현재 시스젠더(cis-gender)* 남성보다 시스젠더 여성에 더 가까워졌다고 표현할 수도 있다. 이처럼 성과 젠더의 경계는 더욱 흐려졌다. 이 연구가 보여준 것처럼, 젠더를 하나의 스펙트럼으로 보아야 한다는 주장은 성에 대한 사고에도 동일하게 적용되어야 한다.

도앤(Doan, 2010)과 존스턴(2018a)의 연구는 남성이냐 여성이냐의 문제를 포함하여 젠더를 지나치게 단순하게 이해하는 관행에 의문을 제기한다. 도앤은 자문화기술지(auto-ethnography) 접근을 통해 자신의 성전환 사례를 연구대상으로 하여, 자기 신체가 '충분히 여성적인지 아닌지'가 공간에 따라 어떻게 달라지는지를 연구했다. 존스턴은 이른바 '젠더-퀴어' 지리 연구라는 개념을 제안했다. 이 두 학자는 인간의 삶의 경험을 통해 젠더가 형성되며, 젠더란 남성성/여성성에

---

* 생물학적으로 타고난 성(지정성별, assigned sex)과 자신의 성정체성(gender identity)이 일치한다고 여기는 사람을 시스젠더라고 한다. 트랜스젠더는 양자가 불일치하는 사람을 말한다.

관한 복잡하고 다양한 사고를 아우르는 스펙트럼이라고 제안한다. 또한, 이들은 젠더가 드러나고 해석되는 방식이 고도로 공간화되어 있다고 주장한다.

그러나 브라운 등(Browne, Nash & Hines, 2010)은 우리가 경계해야 할 점도 강조하면서, 특히 성전환자들에 관한 일부 젠더 연구에서 종종 젠더에 대한 더 폭넓은 관점을 주장하기 위한 일종의 도구로 트랜스신체를 이용한다고 지적한다. 곧, 트랜스신체가 시스신체(cis bodies)에 어떤 영향을 끼치는가에 몰두한다는 것이다. 이의 대표적 사례는 드래그(drag)*에 주목하는 지리학 연구들이다. 한편, 매스미디어도 이와 똑같은 경향을 보여준다. 가령, 여성으로 성전환한 사람들이 사용하는 화장실은 왠지 시스젠더 여성들의 안전을 위협한다는 근거 없는 생각이 그 사례이다. 앞으로 사회지리학자들은 트랜스젠더 이슈 그 자체를 흥미로운 연구주제로 삼아 탐구를 심화해나갈 것이다. 그리고 트랜스젠더들을 단순히 젠더와 젠더 수행성을 이해하기 위한 전략처럼 여기지 않고, 그 이상으로 나아갈 것으로 생각된다.

그림 16.2 성중립(gender-nentral) 화장실 (그림: Ged Ridley)

4. 남성성의 사회지리학

규범적 성역할과 수행은 가족, 학교, 미디어, 직장 등 제도의 맥락 안에서 사회화를 통해 획득된다.

– 고먼머리, 홉킨스(Gorman-Murray & Hopkins, 2014: 6)

사회지리학자 앤드루 고먼머리(Andrew Gorman-Murray)와 피터 홉킨스(Peter Hopkins)가 쓴 책 『남성성과 장소(Masculinities and Place)』의 서문에서 인용한 이 구절은 두 가지 점에서 중요하다. 첫째는 젠더에 대한 이해가 어디에서 비롯되는지를 지적하고 있고, 둘째는 이 책이 남성과 **남성성**에 관한 저서라는 점이다. 너무나도 흔하게,

---

* 자신의 성정체성을 위반하거나 그에 반대되는 모습으로 치장하는 행위를 지칭하는 은어. 드래그의 기원은 서양의 경우 고대 그리스와 셰익스피어 시대의 극장까지 소급할 수 있으며, 지리적으로도 폭넓게 관찰된다. 이 용어는 19세기 중·후반 빅토리아 시대에 연극 및 오페라 공연에서 (여성 역할을 맡은) 남성배우가 긴 치마나 망토를 입고 무대를 휩쓸며 지나가는 것을 드래그로 지칭하던 데서 유래했다. 오늘날 드래그는 지배적인 성적 고정관념이나 틀을 (곧, 주류적 남성성과 여성성을) 벗어나기 위한 의도적 퍼포먼스나 엔터테인먼트의 일부로 클럽, 축제, 공연, 시위 등에서 광범위하게 나타난다. 상대 성별의 화장, 목소리, 몸짓, 태도보다 의류(옷) 자체에만 초점을 둘 경우 크로스드레싱(cross-dressing)이라고 한다. 페티시즘과 같은 성적 흥분과 쾌감을 목적으로 하는 병리적 행태는 복장도착증(服裝倒錯症, transvestism)이라고 별칭한다.

Box 16.3

현장 속 연구
성정체성과 '성중립' 화장실을 둘러싼 논쟁

제드(Ged)의 박사논문은 트랜스젠더의 정체성과 공중 화장실에 대한 연구를 통해 젠더와 지리에 관한 탐구를 확장시켰다. 이 연구는 25명의 트랜스젠더, 성역할과 규범을 따르지 않는 젠더비순응자(GNC; Gender Nonconforming People)를 대상으로 성중립 화장실의 공급과 경험에 대한 인터뷰를 포함했다. 성중립 화장실은 트랜스젠더뿐 아니라 훨씬 다양한 성정체성과 신체를 지닌 사람들의 생활 편리를 증진하고 그들의 공공간 접근성을 제고하기 위해 마련되었다. 페미니즘 지리학의 관점에서 볼 때, 화장실이라는 공간은 미지의 상이한 신체와의 우연한 만남에 대한 사회적 두려움을 압축적으로 보여주는 소우주(microcosm)로 기능할 뿐만 아니라, 공적참여에 대해 보다 많은 것을 말해준다. 초창기 페미니즘 지리학 연구(Pain, 1991)는 공공공간이 (특히 화장실의 경우는 더더욱) 얼마나 여성의 신체에 적대적으로 기능하는지를 조명한 바 있다. 모든 신체를 위한 공중화장실이 적절하게 공급되지 않

는다면, 공적생활과 공공공간에 모든 사람이 완전하게 참여할 권리는 박탈당하고 제한받게 된다.

제드의 연구가 트랜스젠더와 GNC의 신체에 초점을 맞추었지만, 성중립 화장실은 다른 사람들에게도 영향을 미친다. 가령, 남성과 여성의 이분법으로 분리되지 않은 화장실은 노동분업을 보다 평등하게 만들 수 있다. 아기가 있는 아버지들은 종종 적당한 화장실을 찾으려고 애쓰지만, 실제 많은 남성 화장실에는 아기 기저귀 교환대가 없다. (이는 #SquatForChange와 같은 소셜미디어 운동을 일으키기도 했다.) 또한, 간병인의 경우 자기와 성이 다른 환자를 돌볼 때 두 사람이 함께 이용할 수 있는 화장실을 찾는 것도 쉬운 일이 아니다. 모든 신체가 쉽게 접근할 수 있는 공간을 보다 많이 창출하는 것은, 포용과 사회정의에 관심이 있는 사회지리학자들이 특별히 관심을 쏟아야 할 과제다(Cavanagh, 2010 참고).

젠더에는 여성의 관심 분야라는 꼬리표가 붙어 있다. 그러나 앞에서도 언급했듯이, 이런 편견은 젠더에 대한 논의나 성평등운동이 더 이상 진전되지 못하게 만든다. 사회지리학에서 남성성에 대한 연구는 최근 몇 년 동안 빠르게 성장했다(이 분야에 대한 개관을 위해서는 Berg & Longhurst, 2003; Hopkins & Noble, 2009; Hopkins & Gorman-Murray, 2019; Van Hoven & Horschelmann, 2005 참고). 이 책은 사회지리학의 남성성 연구가 교차성과 관계성(20장 교차성 참고), 집(21장 주거 참고), 그리고 가사 노동, 장소와 돌봄, 가족, 건강과 웰빙, 일(28장 사회적 재생산 참고) 등 다양한 이슈를

포괄한다는 점을 인식하고 있다. 보다 구체적인 사례로서 남성성의 사회지리학 연구 중 일에 주목했던 연구를 들자면, 노동계급의 남성성 연구(McDowell, 2003), 이주민의 남성성 연구(Datta et al., 2009), 서핑보드 산업과 관련된 남성성 연구(Warren, 2016) 등이 있다.

젠더 이론가 레이윈 코넬(Raewyn Connell, 1995)의 연구는 가부장제의 범위와 권력을 이해하는 데 도움이 된다. 코넬은 '헤게모니적 남성성 이론(hegemonic masculinity theory)'을 연구했고, 나중에 사회지리학자 제임스 메서슈밋(James Messerschmidt)과 함께 '헤게모니적 남성

성(hegemonic masculinities)' 개념을 더욱 발전시켰다. 이들에 따르면, "통계적으로 헤게모니적 남성성은 정상적인(normal) 특징이 아니었다. 오직 소수의 남성들만이 헤게모니적 남성성을 발휘할 수 있었다. 그럼에도 불구하고 헤게모니적 남성성은 확실히 규범적(normative)이었다. 헤게모니적 남성성은 당대에 가장 명예로운 남성의 모습을 체화한(embodied) 것으로서, 다른 모든 남성들이 이와의 관계 속에서 자신을 위치시키도록 만들었으며, 이데올로기적으로 남성에 대한 여성의 전지구적 복종을 정당화했다"(Connell & Messerschmidt, 2005: 832). 이러한 권력과 통제의 위계는 단지 남성성과 여성성을 분리했을 뿐만 아니라, 남성 집단 내부에서도 지배의 패턴을 만들어냈다. 헤게모니적 남성성 개념에 대한 비판도 있다. 이는 주로 이 개념이 지나치게 환원주의적이고 이틀에서 미묘하게 벗어나는 사람들의 뉘앙스를 무시한다고 본다(이와 관련하여 포용적 남성성 이론 inclusive masculinity theory의 연구사례인 Anderson & McCormack, 2018 참고). 그러나 여전히 이 이론은 적실성을 갖고 있다. 실제로 가부장적 권력과 통제는 세계 곳곳의 주요 국가와 제도에 여전히 존재한다. 사회적으로 구성된 젠더 규범 속에서 헤게모니적 남성성은 여전히 작동하고 있다. 헤게모니적 남성성은 인종(백인성), 계급(중산층의 열망), 섹슈얼리티(결혼과 자녀를 통해 이상理想으로 확고부동해진 이성애), 나이(늙지도 어리지도 않은 노동인구), 육체성(키, 힘, 근육으로 대표됨)의 체화를 통해 신체에 각인됨으로써 지배를 공고히 한다. 우리는 교차성이라는 개념을 통해 이러한 중층적, 교차적 층위를 더 잘 이해할 수 있다(20장 참고). 코넬과

메서슈밋의 연구는 그 이후로도 더욱 발전했는데(물론 그에 상응하여 비판도 뒤따랐지만), 이 연구과정에서 가장 중요한 점은 다양한 형태를 띤 남성성에 대한 다원적 인식이다. 보다 다양해진 이러한 접근이 헤게모니적 남성성을 부인하는 것은 아니다. 중요한 것은, 사회지리학자들도 지적하는 것처럼 헤게모니적 남성성이 로컬화되어 있다는 관점이 등장했고, 이러한 남성성의 특정 위치들을 지도화하는 여러 경험적 연구가 현재 진행되고 있다는 사실이다(이와 관련하여 학술저널 *Gender, Place & Culture* 참고).

또한 소위 남성성의 위기(crisis in masculinity)에 초점을 맞춘 연구도 있다. 남성성의 위기란, 현대 서양 사회에서 남성(소년)이 여성(소녀)에 비해 뒤처지고 있다는 사고이다. 가령, 학교와 대학에서 여성의 성취가 남성을 능가하고 있고, 여기에는 의학과 법학 등 전통적으로 남성의 학문 영역이었던 분야도 포함된다. 또한, 이러한 남성성의 '실패'는 이따금 남성의 타고난 생물학적 '사실'에 의해 정당화되곤 하는데, 이는 예전의 젠더 이데올로기를 반영한 것이다. 그러나 아눕 나약(Anoop Nayak, 2003)과 맥도웰(2003)의 연구를 비롯한 많은 사회지리학 연구는 남성의 '실패'를 여성의 '성공' 탓으로 돌리는 이런 프레임이 얼마나 무익한 것인지를 조명하고 있다. Box 16.1의 성별임금격차의 사례에서도 알 수 있듯, 젠더 차이에 대한 이분법적 접근은 그 폐해가 크고 위험하다. 이 장은 이러한 이분법적 사고의 한계를 이해하고, 현재 통용되고 있는 개념들과 연구분야를 강조하고자 했다.

요약

- 젠더는 우리의 일상적 공간 경험을 구조화하는 불평등의 주요 근원이다. 젠더에 대한 사고는 여성뿐만 아니라 남성에 대한 통제를 작동시키는 데 이용된다. 페미니즘은 모두를 위한 성평등운동에 중요하다.
- 젠더 구분은 사회적 환경, 건조환경, 제도 등 수많은 위치에 걸쳐 존재한다.

- 젠더는 이원적이지 않다. 젠더는 복합적이고, 시간과 공간에 따라 다양하다. 젠더는 다른 사회적 차이와 교차하면서 다양한 장소에서 억압을 창출한다.
- 현대 사회지리학에서 여성의 경험에 관한 연구는, 최근 부상하고 있는 남성성의 지리학 및 젠더다양성의 지리학과 접점을 형성하고 있다.

 더 읽을거리

Datta, A., Hopkins, P., Johnston, L., Olson, E., & Silva, J. M. (2019) *The Routledge International Handbook of Gender and Feminist Geographies*. London: Routledge.

Massey, D. (1994/2013) *Space, Place and Gender*. London: Wiley-Blackwell.

Oberhauser, A. M., Fluri, J. L., Whiston, R., & Mollett, S. (2018) *Feminist Spaces: Gender and Geography in a Global Context*. London: Routledge.

또한 학술저널 *Gender, Place & Culture: A Journal of Feminist Geography* 참고.

1980년대만 하더라도 '섹슈얼리티와 공간'이란 문구는 흔히 **성(性)소수자**(sexual minorities) 주거지역의 지도화와 관련된 분야를 일컬었다(Adler & Brenner, 1992). 카스텔(Castells, 1983)은 샌프란시스코 캐스트로지구(Castro District)에서 레즈비언과 게이의 거주지와 사업체가 공간적으로 밀집된 **클러스터**를 확인했으며, 이 장소에 대한 편견, 법적 억압, 정치적 폭력에 대해 상세히 기술했다. 중요한 것은 가시성(visibility)이다. 벨(Bell, 1991: 323)이 주목했듯이, 가시성은 우리로 하여금 "공공공간을 이성애적(heterosexual), 동성애차별적(heterosexist), 이성애규범적(heteronormative)인 곳으로 구성하는 규준(규범, norms)을 인식하게 만든다". 1990년대에 들어 **섹슈얼리티 지리학**은 하나의 독립적 연구분야가 되었고, 이는 부분적으로 **문화적 전환**의 영향을 받았기에 가능했다(1장 사회

지리학의 번영을 위하여 참고). 섹슈얼리티 지리학은 성소수자를 '단순히' 지도화하는 것을 넘어, 다양한 성정체성이 공간 속에서 그리고 공간을 넘나들며 어떻게 수행, 타협, 경합하는지에 관한 이해를 진척시키고자 했다.

워너(Warner, 1993)는 대부분의 사회 제도에 뿌리 깊이 내재된 (그리고 종종 비가시적이고 불가피한) **이성애**의 규준을 조명하기 위해 이른바 '**이성애규범성**(heteronormativity)'이라는 개념을 창안했다. 이성애규범성은 이성애를 '정상적인' 것으로 재생산하는 과정이다. 이는 이성애와 남성/여성 이분법을 엄격하게 고수하면서, 이 시스템의 바깥에 존재하는 삶을 (곧, LGBTQ로 약칭되는 레즈비언, 게이, 양성애자, 트랜스젠더, 퀴어의 삶을) 평가절하한다(Binnie, 2007). Box 17.1은 1969년 성소수자에 대한 낙인찍기에 대항했던 스톤월(Stonewall)

Box 17.1

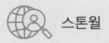

스톤월

스톤월은 1969년 6월 28일 뉴욕의 한 술집인 스톤월인(Stonewall Inn)에서 일어난 항쟁의 약칭이다. 남성, 여성 및 트랜스젠더는 (이 사건의 역사에서 지워진 트랜스흑인 성노동자들과 함께) 경찰의 불시 단속에 대항해서 싸웠다. 스톤월 사건 전까지만 하더라도 '클론(clones)'*, '마초(machos)', '레더(leather)'를 비롯한 다양한 **게이문화**는 특별한 바(bar), 다크룸(darkroom),** 영화관, 사우나, 체육관 등에 갇혀 있었다. 그러나 평등을 외치는 스톤월 사건을 통해 이러한 비가시적인 게이문화가 가시화되었다. 이들은 오랫동안 가족, 친구, 이웃, 제도 등으로부터 위협을 받아왔기 때문에, 성적이고 로맨틱한 관계들의 조각보(patchwork)를 만들어 냄으로써 외부 세계로부터의 압력을 차츰차츰 줄여나

갔다. 스톤월은 LGBTQ에 대한 차별 종식을 목표로 하는 인권단체의 이름이기도 하다.

---

* 클론은 '캐스트로 클론(Castro clones)'의 약칭으로서, 1970년대에 샌프란시스코의 게이 커뮤니티인 캐스트로지구에서 육체노동계급의 복장과 스타일을 추종하는 게이 남성들을 일컬었다. 1985년 런던의 웸블리스타디움에서 열린 라이브에이드 공연에서 그룹 퀸의 프레디 머큐리가 '보헤미안 랩소디'를 부를 때의 모습(청바지, 흰색 러닝셔츠, 징이 박힌 가죽벨트, 콧수염 등)이 대표적인 차림이다.
** 다크룸은 미국에서 1960~70년대에 술집, 클럽, 공중목욕탕, 서점 내에 부속되어 은밀한 성행위가 이루어지던 공간을 일컫는데, 암실처럼 어둡거나 옅은 조명을 사용해서 비밀스러운 분위기를 풍겼다.

사건을 소개한다.

데이비드 벨(David Bell)과 질 밸런타인(Gill Valentine)이 1995년 출간한 『욕망의 지도(Mapping Desire)』를 생각해보자. 이 책은 섹슈얼리티의 지리를 다룬 최초의 책으로, 젠더와 섹슈얼리티에 대한 규범적 사고에 도전하기 위해 퀴어이론을 활용한 여러 페미니스트 지리학자들의 성과를 담아냈다. 이 책은 당시 레즈비언과 게이의 인권담론에 내재되었던 이성애규범적 사고를 전복하기 위해 '퀴어'라는 범주를 '파괴적(와해적)' 개념으로 사용했다(Oswin, 2008). 『욕망의 지도』의 출간 20주년 기념 리뷰에서 피크(Peake, 2016)는 이 책이 이성애적 신체의 특권화를 조명했다는 점을 강조했다. 또한, 이 책은 섹슈얼리티의 유동성을 고찰하는 데 버틀러(Butler, 1990)가 제시한

'**수행성**(performativity)'의 타당성을 명백히 밝혀냈고, 성별 신체(sexed bodies)를 가지고 '남성성'과 '여성성'을 깔끔하게 구분짓는 경직된 사고를 비판했다(16장 젠더 참고).

요컨대 지난 30여 년간 지리학자들은, 섹슈얼리티가 어떻게 불평등한 권력관계를 재생산하고 사회적, 공간적으로 권력관계를 뚜렷이 드러내는지를 이해하고자 해왔다. 최근 들어 성소수자를 위한 긍정적인 정치·사회적 변화가 있었지만, 여전히 차별은 남아 있고 지리적으로 고르지도 않다. 또한, 새로운 규범이 형성되고 있어서, LGBTQ는 아직도 명시적, 암묵적 소외, 폭력 및 학대를 경험하고 있다. 따라서 이 분야는 단지 LGBTQ의 삶에 '만' 초점을 두는 것이 아니라 이성애규범성, 다시 말해 규범적·일반적인 것으로

간주되는 이성애의 문화적 지배에도 주목한다.

이 장에서 우리는 섹슈얼리티 사회지리학의 핵심 개념과 관련 논쟁을 소개한다. 지금까지 이 영역을 프레임화해온 핵심적인 정치적 긴장을 다루기 전에, 우선 이성애규범성을 검토해보자.

1. 이성애규범적 공간, 신체 및 규율

이성애규범성은 이성애 및 이와 관련된 실천의 규범화를 지칭한다. 이 개념은 신체란 남성과 여성 중 하나에 해당되고, 이성에 대한 욕망이 '정상'이며, 동성 간 성교, 성행위, 사랑은 '비정상'이거나 '일탈'이라고 가정한다(Weeks, 1995). 곧, 이성애는 '자연적'이라고 가정되기 때문에 규범이 **생성된다**. 이성애가 성의 디폴트라는 사고를 강화하는 것은 젠더에 대한 이원론적 기대와 연관되어 있다. 이성애규범적 담론은 특정한 여성성과 남성성을 찬미하며, 지정성별(assigned sex)에 부합하는 젠더적 삶의 방식을 정의한다(Cream, 1995). 가령, 남성은 여성과는 다르게 걷고, 말하고, 옷을 입어야 하는 것이다. 이성애규범성은 일상생활을 조직하고, 신체, 집, 제도, 국민국가 및 글로벌화를 통해 재생산된다. 우리의 육아활동, 아동도서, 성교육 등을 살펴보자(19장 나이 참고). 이성애규범성은 규범적 정체성뿐만 아니라 성적 실천(sexual practices)도 형성한다. 섹스는 일부일처의 개인적 관계에서 두 사람 사이에만 발생하는 것으로 규정된다. 세 명 이상이 함께하는 성행위, 집단성교, 야외성교, 클럽성교, 그리고 일부일처 이외의 관계는 비도덕적이고, 일탈적이며, 혐오스럽고, 부끄러운 실천으로 간주된다. 이런 성적 실천과 연관된 이성애자는 이성애규범성을 파괴한다는 말을 듣는다(Hubbard, 2008).

이와 마찬가지로 공간 또한 '성별화(sexed)'되어 있다. 이는 곧 공간도 이성애적인 또는 동성애적인 것 중 하나로 상상된다는 것을 의미한다. 가령, '게이 바'를 '이성애 바(straight bar)'와 반대되는 공간으로 설정하는 것이다. 이러한 공간적 현현(顯現, manifestations)은 유동적이어서 젠더와 섹슈얼리티가 수행, 협상, 경합하는 위치로 작동한다(Bell et al., 1994). 대체로 야간경제(nighttime economy)에서 '게이'공간은 주어진 공간이 아니라 '주장하는(claiming) 공간'이다. 뉴캐슬어폰타인의 퀴어 나이트클럽인 포케(Poke)도 이와 마찬가지다(그림 17.1 참고). 달리 말해, **공간의 섹슈얼화**(sexualisation)는 '자연적인' 것이 아니라 사회화의 산물이다. 지리학에서는 이런 과정이 어떻게 특정 신체를 공간에서 비(非)가시화하거나 아니면 초(超)가시화(hyper-visible)하는지를 이해하려고 한다(Box 17.2 참고). 이는 영국의 경우 '게이 빌리지(gay villages)'*의 상업화나 프라이드공간(Pride space)**에서 찾아볼 수 있으며(Valentine & Skelton, 2003), 이외에도 집, 체육관, 화장실, 사우나, 시골의 공간에서도 나타난다(가령 Nash &

----

* 본문에서는 게이 빌리지를 동성애자를 비롯한 성소수자 밀집지역(근린지구)을 지칭하는 보통 명사로 사용하였다. 게이 빌리지의 사례로는 미국 샌프란시스코의 캐스트로지구, 뉴욕의 첼시, 영국 맨체스터의 게이 빌리지(커낼스트리트, Canal Street), 런던의 소호 등이 대표적이다. 게이 빌리지를 고유 명사 'Gay Village'로 사용할 때에는 맨체스터 도심부의 번화가인 커낼스트리트를 중심으로 하는 게이 근린지구를 일컫는다. 맨체스터의 게이 빌리지는 1990년대의 **도시 재활성화**(revitalization)로 캐주얼한 카페와 게이 바가 즐비한 상업공간으로 변모하였으며 **게이투어리즘**으로 유명해졌다. 맨체스터 프라이드행진(축제)은 주로 8월 말에 개최된다.

그림 17.1 뉴캐슬에서 가장 오래된 퀴어 나이트클럽

(그림: Adrian Martin)

Bain, 2007; Waitt & Gorman-Murray, 2008 참고).

이처럼 그간 섹슈얼리티 연구가 상당히 축적되어왔음에도 불구하고, 학문으로서의 지리학(그리고 지리학계의 학술적 실천)은 이성애규범적이라고 비판받아왔다. 초창기 지리학은 섹슈얼리티의 형성에 도전하지 않고 이성애가 규범으로 통용되게 했다. 섹슈얼리티와 퀴어 지리학은 그간 당연시되어온 지리학을 '퀴어하게' 만든다(Brown & Browne, 2016). 달리 말해, 이런 지리학은 LGBTQ의 생활양식을 전면에 드러냄으로써, 이성애규범성이 어떻게 일상생활을 조성하고 있는지를 분명히 조명하고 지식의 생산방식을 해체하고자 한다('퀴어 지리학' 참고). 그러나 성 그 자체의 물질적,

***** '프라이드'는 1972년 처음으로 조직된 이후 매년 여름 영국 런던에서 대규모로 개최되는 '프라이드런던 페스티벌'의 약칭이다. 프라이드런던 페스티벌 이후, 성소수자들이 사회적 인정, 법적 권리 쟁취, 자긍심 회복을 위해 개최하는 야외 이벤트를 흔히 보통 명사와 같이 프라이드행진(축제)이라고 부르게 되었다. 프라이드공간은 이런 이벤트가 일어나는 공간을 지칭한다.

Box 17.2

 현장 속 연구
노스이스트잉글랜드의 섹슈얼리티 지리

노스이스트잉글랜드는 제조업 중심의 '노동계급' 정체성이 지배적이었지만 서비스업, 문화, 관광 부문으로 중심 산업이 변동함에 따라, 젠더적, 성적(sexual) 삶이 체화되는 방식에도 변화가 나타났다(Casey, 2010). 일부 도심은 **이성애적 남성성**이 지배적이어서 젊은 퀴어에게는 편안하지 않은 곳이었다(Coleman-Fountain, 2014). 도시의 게이경치(gay scene)를 상징하는 '분홍삼각형(Pink Triangle)'* 또한 배제를 일으키는데, 이런 곳에서는 젊은 백인 게이의 문화를 상품화하여 기념하기 때문이다. 이는 노년층 동성애자나 트랜스젠더

및 그 외의 '반갑지 않은 퀴어' 등 다양한 정체성을 배제하는 것이기도 하다. 프라이드행진도 상업화됨에 따라 여러 논란을 일으키고 있다. 레즈비언 및 게이 정체성에 대한 공식적인 치안 유지가 이루어지고 있고, 이들에 대한 규범적인 사고가 상업적으로 착근되어 있기 때문이다. 분홍삼각형과 프라이드 행사 모두 관광

***** 무지개 깃발과 함께 동성애의 상징으로 쓰이는 표식으로, 독일 나치 수용소에서 동성애자 수감자를 식별하기 위해 분홍색 삼각형을 뒤집은 모양의 표식을 사용한 데서 유래했다.

객을 끌어들이기 위한 '스펙터클'로 사용되어왔다. 섹슈얼리티와 도시 재브랜드화(rebranding)의 상호얽힘은 젊고 건강하며 백인의 신체를 가진 부유한 남성을 이상화하는 경향을 더욱 심화할 수 있다. 보너톰프슨(Bonner-Thompson, 2017)은 최근 뉴캐슬을 사례로, 게이 데이팅 앱 '그라인더(Grindr)'에서 남성성이 어떻게 나타나는지를 탐색한 바 있다. 섹슈얼리티의 지리는 뉴캐슬 외에도 영국의 많은 다른 지방 소도시를 사례로 연구되고 있다.

육감적 특성에 관한 연구와 성이 어떻게 장소를 통해 이성애규범성에 도전하는지에 관한 연구는 여전히 부족하다.

2. 정치적 긴장

섹슈얼리티에 대한 이해, 평등의 실현, 그리고 이성애규범성의 해체는 간단한 과제가 아니다. 이 중 가장 핵심적인 긴장은 LGBT와 퀴어 간의 정체성의 **정치**이다. LGBT의 정치는 섹슈얼리티를 게이, 레즈비언, 양성애자, 트랜스젠더라는 꼬리표에 관한 것으로 이해하면서, 이러한 정체성 표식(identity markers)이 어떻게 변화를 일으키는 데 이용될 수 있는지에 주목하는 경향이 있다. 이와 대조적으로 퀴어의 정치는 그 본질적 특성상 이런 꼬리표와 범주를 와해하려고 한다. 퀴어이론가들은 범주를 해체하고 범주의 형성에 대항한다. 이 절에서는 이러한 긴장을 살펴본다.

더건(Duggan, 2002)은 특정한 비이성애적 LGBTQ 정체성(일반적으로 젊은 백인에다 부유하며 장애가 없는 게이 남성)을 규범화하는 현상을 포착하기 위해 '**동성애규범성**(homonormativity)'이라는 용어를 만들어냈다. 이는 이성애규범적 이상(곧, 일부일처제, 동세대 간 교제, 결혼 등)을 LGBTQ 문화에 동화시켜서, **특정한** 퀴어 정체성을 규범화하는 과정과 연관되어 있다. 일부 이론가들은 이 개념에 회의적이다. 이들에 따르면, 동성애규범성은 LGBTQ에 일반화된 방식으로 꼬리표를 붙임으로써 양성애혐오증, 동성애혐오증, 트랜스젠더혐오증에 주목해야 할 시선을 딴 곳으로 돌리게 만들기 때문이다(Brown, 2008). 그럼에도 불구하고 동성애규범성 개념은 다양한 퀴어가 어떻게 부지불식간에 이성애규범적, 가부장적, 인종차별적 제도에 '연루되는지를' 성찰하는 데 유용하다(Oswin, 2008).

혼인(결혼)에 관한 상반된 주장은 LGBT의 옹호자와 퀴어 정치 간에 상당한 긴장을 유발했다(Podmore, 2013). 이는 거칠게 표현한다면 이성애규범적 섹스, 연애, 사랑을 하는 비이성애 커플은 '정상적인' '착한 게이 시민'이 되는 반면, 반대로 주류적 성·섹슈얼리티에 순응하거나 해당하지 않는 커플은 '나쁜 퀴어'로 간주되는 것과 관련되어 있다(Bell & Binnie, 2000).

동화(assimilation)는 규범적 성·섹슈얼리티에 순응하는 비이성애자를 지칭할 때 사용된다(Bell & Binnie, 2000). 동성혼(同姓婚)*을 둘러싼 논쟁이 이와 관련되어 있다. 왜냐하면 동성혼은 이성애

Box 17.3

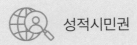

성적시민권

'성적 시민(sexual citizen)'은 섹슈얼리티의 권리를 주장해온 사람들 사이에 널리 통용되는 개념이다 (Weeks, 1998). 이는 자신의 섹슈얼리티를 합법적으로, 그리고 복수의 공간에서 실천할 권리를 가진 시민을 의미한다. 가령, 허버드(Hubbard, 2013)는 두 게이 남성이 공개적인 장소에서 키스했다는 이유로 런던 소호의 한 술집에서 쫓겨난 사례를 검토하면서, 영국의 맥락에서 법적 허용 범위(성관계 승낙연령*, 혼인적령, 입양 가능연령 등)가 바뀐다고 해서, 공공장소에서의 우호적인 대우도 반드시 그에 걸맞게 바뀌는 것은 아니라

는 점을 강조했다.

---

* 형법상 본인 스스로 성관계에 동의할 수 있다고 보는 연령으로, 성관계 동의연령이라고도 하며 영어로는 'age of consent'라고 한다. 성관계 승낙연령 미만인 자와의 성관계는 상대방이 승낙의 사를 밝혔더라도 의제강간으로 간주하고 형법이 정한 처벌을 받는다. 대개의 국가에서는 성관계 승낙연령을 16~18세로 정하고 있다. 한국은 종래 만 13세였으나 이른바 'n번방 사건' 이후 2020년 5월부터 만 16세로 상향조정되었다. 이란, 리비아, 아프가니스탄, 예멘 등 이슬람권에서는 별도의 연령 기준 없이 모든 혼외 성관계가 형법의 적용을 받는다.

규범성을 분열시키지 않고 오히려 이를 확장하는 것일 수 있기 때문이다. 이런 맥락에서 볼 때 '위반(파계, transgression)'은 이성애규범성을 분열시키고 그 규제로부터 벗어나려는 시도이다. 비일부일처의 관계는 이런 시도의 한 사례이다. 여기에서 중요한 것은 성적시민권(sexual citizenship)이다(Box 17.3 참고). 이성애규범성에 '동화'한 게이는 거의 틀림없이 '보다 나은' 성적시민권을 누릴 수 있고(그리고 그는 '착한 게이'가 될 것이고), 성 정체성도 '적법한' 것으로 인정받을 수 있다. 그러나 동화하지 않고 저항하는 자들은 똑같은 권리를 향유할 수 없고 '나쁜 게이', 곧 일탈적이고 비도덕적이며 부끄러운 존재로 간주된다(Bell & Binnie, 2000).

---

* 동성혼은 영어로 'equal marriage', 'gay marriage', 'same-sex marriage' 등 여러 가지로 표현된다.

비규범적인 성적 실천과 정체성에 관한 연구는 성적시민권에 관한 연구, 특히 레즈비언과 게이 (Browne & Ferreira, 2015), 양성애자(Maliepaard, 2015), 트랜스젠더(Stryker & Whittle, 2006), 간성(intersex)인(Grabham, 2007)에 관한 연구를 중심으로 이루어져왔다. 오늘날에도 여전히 '규범적' 집단은 성적으로 보지 않고(탈섹슈얼화), 비규범적 집단은 성적으로 보는(섹슈얼화) 경향이 있다. 이로 인해 혼인과 핵가족의 구성(만)이 적법한 (정당한, legitimate) 성인의 관계라고 정의된다. 드레어(Dreher, 2017)는 바로 이런 이유 때문에 혼인을 비롯한 **제도**적 변화를 촉구하는 운동을 LGBTQ 옹호활동에 대한 정부의 재정삭감에 항의하는 것보다 더 우선시해야 한다고 본다. 이성애자와 동등한 권리를 추구하면서 무엇을 얻었고 무엇을 잃었는지에 대한 논쟁은 계속되고 있다. 이런 점에서 이성애는 성적시민권 연구에서 여전히 중요하다(Beasley, Holmes & Brook, 2015).

페미니즘과 **포스트식민주의**(2장 사회지리학 이론 참고) 접근을 취하는 퀴어 연구자들은 서양에 토대를 둔 성-젠더 범주를 비서양 세계에 적용할 때의 한계를 지적하면서, 성적시민권을 뒷받침하는 여러 개념, 이론, 연구활동을 비판했다(Sabsay, 2012). 이런 연구의 상당수는 레즈비언·게이의 '글로벌' 정치라는 어젠다에 의문을 던진다. 왜냐하면 이는 대체로 미국과 유럽에서 '성소수자'라는 문구에 '보편'이라는 단어를 끼워 넣어 만든 것이기 때문이다. 이는 (패션, 기호, 이미지 등에 관한) 레즈비언·게이 대본(script)을 서양 밖의 세계에 '적용(adapt)'하는 것이 아니라 그대로 '수용(adopt)'되도록 하는 것이다. 따라서 올트먼(Altman, 1997)이 주장하는 것처럼, 이는 동질적인 '글로벌 게이' 문화를 재생산하여 대안적, 혼성적 정체성과 정치화를 억누르고 그 위에 올라서려는 것이다(Binnie, 2004). 성적 권리를 찾으려는 투쟁에서 특정한 국민국가가 이를 보장하는 방식에 주목하는 태도는 이러한 보편화의 과정을 더욱 공고히 한다. 가령, 급진적인 성적 민주주의를 도구적으로 이용하는 국가는 '진보적인' 국가라고 해석되어, 그렇지 않은 다른 '비관용적인' 국가와는 뚜렷이 구별된다. 그러나 이는 신(新)**오리엔탈리즘**과 신식민주의와 연관된 실천을 은폐하는 것일 수 있다(Kulpa & Silva, 2016). 다음 절에서는 '동성애규범성'의 지리에서 나타나는 불균등성과 LGBTQ가 여전히 직면하고 있는 여러 차별을 검토해보자.

3. 섹슈얼리티의 지리적 불균등과 표현의 제약

1980년대에 레즈비언과 게이의 공간적 가시성은 암스테르담, 베를린, 파리, 뉴욕을 중심으로 크게 제고되었다. 이에 따라 지리학자들은 '게이 문화'의 표식이 어떻게 도시의 경제적 활력을 강화하는 데 이용되어왔는지를 탐구해왔다. 이는 섹슈얼리티를 도시지리학, 경제지리학, 정치지리학 속으로 밀어 넣어서, '범세계주의(코스모폴리탄) 도시(cosmopolitan city)'가 어떻게 레즈비언과 게이를 '**딩크족(DINK)**'*과 동등한 부유층으로 정형화하는지에 초점을 두었다. 그러나 레즈비언과 게이는 미디어와 기업에 의해 부와 '잉여(excess)'의 이미지로 정형화되고 있지만, 영국의 앨버트케네디재단(AKT; Albert Kennedy Trust)** 등 자선단체에 대한 수요를 보면 LGBTQ의 빈곤율과 무주택 비율이 여전히 지나치게 높다는 사실이 증명되고 있다(Hollibaugh & Weiss, 2015).

비니와 스켁스(Binnie and Skeggs, 2004)의 연

---

* 딩크족(DINK)은 자녀가 없는 맞벌이(Double Income No Kids) 부부를 일컫는 용어이다. 사회문화지리학자 데이비드 레이(David Ley)는 딩크족을 젊은 도시 전문직(young urban professional)를 뜻하는 **여피족**(yuppie)과 함께 **신흥중산층**(new middle class)의 핵심 구성원으로 소개했다. 신흥중산층은 기존의 중산층(이성애 부부와 자녀로 구성)과 차별화된 라이프스타일을 향유한다. 레이는 신흥중산층이 야간경제, 포스트모던 소비 등 도시화된 어메니티(amenity)를 추구하는 반면, 기존 중산층은 잔디밭이 딸린 이층집, 안전한 학교, 자동차와 고속도로, 쇼핑몰 등 **교외화**된 어메니티를 추구한다고 구분하여 설명했다. 그리고 **소비**에 초점을 맞춘 사회문화지리학 관점에 따라 신흥중산층을 **젠트리피케이션**의 원동력으로 파악하는 '**수요측**(supply-side)' 설명도 제시했다. 이에 대한 상세한 설명은 21장 주거 참고.
** 1989년 영국에 설립된 자선단체로 집이 없거나 적대적 환경에서 살아가는 16~25세의 젊은 LGBTQ를 돕는 활동을 한다. 이 단체의 이름은 1989년 맨체스터에서 의문사한 16세 게이 소년 'Albert Kennedy'의 이름을 딴 것인데, 2019년에 단체명을 AKT로 개명했다.

구는, 오늘날 영국 정부가 긴축 상태에 처해 있음에도 불구하고 새로운 주민, 관광객, 사업체를 유치하기 위해 글로벌 방문객에게 보여줄 도시 이미지를 기획할 때, 맨체스터의 '게이 빌리지'를 **도시 마케팅** 및 **도시재생** 전략에 얼마나 활용했는지를 조사했다. 이런 프로젝트는 게이 빌리지에 대한 태도를 보다 긍정적으로 바꾸는 데 기여하기도 했지만, 다양성을 축소하는 결과를 초래하기도 했다. 영국은 동성혼을 완전히 또는 부분적으로 허용하는 25개 국가 중 하나임에도 불구하고, 많은 성소수자들은 여전히 아웃팅을 하거나 자부심, 가시성을 획득하는 것이 불가능하다. 물론 이런 지리적 불균등성은 빠르게 변화하고 있다. 그러나 과연 지금보다 더욱 포용적인 '성적시민권'이 미래에 가능할 것인지는 여전히 의문이다. 왜냐하면 이런 대도시의 퀴어 정체성과 신체는 소비자 구매력과 접합된 상태에 있기 때문이다.

4. 고난의 시기: 섹슈얼리티 지리학의 미래

롱허스트와 존스턴(Longhurst and Johnston, 2014)은 오늘날 섹슈얼화·젠더화된 신체에 관한 지리학 연구가 주류로 올라섰지만, 성차별적, 인종차별적, 동성애혐오적 구조는 여전히 건재하다고 주장한다. 존스턴(Johnston, 2018a)은 남성주의적 지식 생산의 문제는 특히 감정에 주목할 때 더욱 부각될 수 있다고 본다. 그녀는 '불안정성(precarity)'*이라는 렌즈를 통해 사람들을 불편하고, 짜증스럽고, 화나게 만드는 순간을 강조하면, 성과 젠더에 관한 담론 범주들이 어떻게 특정 신

체를 배제하는지가 드러난다고 주장한다. 이 장에서는 이와 유사하게 세 가지의 도발적인 주제를 제시해본다.

존스턴(2015)은 젠더를 '교란하기(trouble)' 위해서 지리학에서 사용하는 주요 접근을 상세하게 열거하면서, 트랜스-주체성(trans subjectivities)이 이제서야 주목을 받기 시작했다고 말했다(16장 젠더 참고). 지리학 저널 『젠더, 장소, 문화(Gender, Place & Culture)』에 게재된 도앤(Doan, 2010)의 논문은, 젠더와 섹슈얼리티의 불안정성을 드러내기 위해 퀴어이론을 사용할 때 어떤 한계가 있는지에 주목했다. 도앤은 이 논문에서 '트랜스(trans)'라는 범주는 일상적인 삶의 경험을 탐색하기보다는 해체의 도구로만 사용되었다고 비판했다(Browne, Nash & Hines, 2010). 왜냐하면 트랜스-주체들(trans people)은 불안정한 신체로서만 살아가는 것이 아니기 때문이다. 오히려 중요한 것은 이들이 물질적으로 공간과 장소를 일상적으로 어떻게 경험하는지에 주목하는 것이다. 도앤(2010)은 대부분의 장소는 젠더 이분법을 토대로 구성되었기 때문에, 트랜스신체(trans bodies)의 취약성을 부채질해서 '이곳에는 맞지 않는' 신체로 만든다고 주장한다. 트랜스-지리 연구가 더욱 탄력을 받음에 따라, 연구자들은 성과 젠더가 불일치하는 사람들이 특정 장소를 어떻게 경험하는지 그리고 그 장소가 이성애적 규범과 기대에 순응하거나 저항하는 데 어떻게 작동하는지에 주목

---

* 고용 안정성, 경제적 예측가능성 그리고 물질적·정신적 복지가 취약한 상태를 지칭한다. 흔히 신자유주의적 자본주의 체제하에서 저임금의 단기고용이나 정부수당에 의존하는 계급인 **불안계급(프레카리아트, precariat)**의 특징을 의미한다.

하고 있다(Nash, 2010).

섹스에 관한 연구와 글쓰기에 '역겨움(squeam-ishness)'을 보이는 주류적 태도 또한 비판받고 있다. 롱허스트(Longhurst, 2004)는 지리학에서 성의 '섹시하고', '더럽고', '어지러운' 물질성에 더욱 초점을 두어야 한다고 주장하는 학자 중 하나다. 그는 이러한 성의 물질성을 통해 신체와 장소가 다양하게 지각, 경험되는 방식을 더 잘 이해할 수 있다고 본다. 비니(Binnie, 2004)와 롱허스트(2004)에 따르면, 지리학은 성정체성을 다루면서도 (이성애자가 비정상으로 여기는) 이른바 '변태적 섹스(pervy sex)'에 대해서는 침묵함으로써 이성애규범성을 재생산하는 위험을 감수하고 있다. 일부 학자들은 섹스를 전면에 내세우면서 연구 실천을 통해 이런 침묵과 이성애규범성에 도전했지만, 이는 여전히 주변적이다. 가령, 브라운(Brown, 2008)은 게이 남성들이 파트너를 찾아다닐 때 이용하는 냄새, 촉감, 소리를 연구한 바 있다. 신체 접촉으로 매개되는 촉감과 촉각(햅틱)의 지리 (touch and haptic geography)를 넘어, 미스개브와 존스턴(Misgav and Johnston, 2014)은 육체의 분비물을 지리학 내부로 끌어들이는 것이 적절하다고 강조한다. 사람들은 침대에서만 섹스하지 않으며, 여러 장소에서 섹스한다. 곧, 섹스에는 공간성이 있다. 페미니즘과 퀴어를 포함한 여러 지리학 연구들은 장소와 사람의 성생활(sex lives)이 어떤 관련이 있는지를 이해하고, 어떻게 이성애규범적 담론에 저항하거나 이를 재구성할지를 모색할 수 있는 장비를 갖추고 있다.

5. 섹슈얼리티 지리학의 탈식민화

지리학이란 학문은 이성애규범적일 뿐만 아니라 **백인**의 기획이자 **식민주의적** 기획이다(Lennox & Waites, 2013)(13장 인종 참고). 섹슈얼리티 지리학과 퀴어 지리학 또한 그 일부에 속한다. 섹슈얼리티 지리학 연구의 대부분은 글로벌북부의 관점이자 글로벌북부에 관한 연구들이다. 페미니즘, 반인종차별주의, 포스트식민주의 이론가들은 글로벌북부에 기원을 둔 학문들이 가정하는 경험적 동일성에 도전하면서, 퀴어디아스포라, 퀴어유색인, 퀴어종교성 등에 관한 연구로 나아가고 있다(Valentine et al., 2016). 그럼에도 불구하고 섹슈얼리티 지리학은 지배적인 인식론과 철학적 관점을 옹호함으로써 결과적으로 **'지리하기(doing geography)'**의 방식을 식민화하는 결과를 초래할 수도 있다(Maria & Jorge, 2014).

LGBTQ라는 범주는 글로벌북부를 통해 생산된다. 따라서 LGBTQ가 글로벌남부의 섹슈얼리티를 온전히 이해하기 위한 지도가 될 리는 없다(Brown & Browne, 2016). 로도드자레이트(Rodó-de-Zárate, 2016)는 '퀴어'가 파괴적인 도구를 대표하는 것이 아니라 오히려 자신의 페미니즘 연구토대를 무력화하는 식민주의적, 엘리트주의적 도구를 대표한다고 주장한다. 이처럼 섹슈얼리티 지리학 연구는 일종의 식민화 방식으로 작동하여 글로벌북부의 인식론을 재생산할 수 있다(Maria & Jorge, 2014). 지리학자들은 **위치성**과 학술적 실천을 **성찰**함으로써 타자의 경험, 지식, 욕망 및 신체를 민감하게 인식해야 한다. 이런 점에서 많은 학자들은 **포스트식민주의** 연구자들과 교류하면서 섹슈얼리티의 '글로컬(glocal)'한 표현들을 접합하고자 한다.

6. 결론

오늘날의 정치풍토를 고려하면, 섹슈얼리티의 사회지리학은 그 어느 때보다도 사회 현안과의 관련성이 높다. 서양의 여러 국가경제에 몰아닥친 2008년 금융위기와 그 이후의 긴축은 엄청난 파국을 초래했다. 그 결과가 퀴어의 삶에 어떤 영향을 끼쳤는지는 아직도 온전하게 이해하지 못하고 있다. 또한, 많은 국가에서 벌어진 정치적 우파의 득세(이는 브렉시트의 전조였다) 또한 퀴어의 삶에 악영향을 끼쳤다는 점에서 이와 마찬가지다(Nash et al., 2019). 잉글랜드와 웨일스에서는 LGBTQ에 대한 증오범죄 신고 건수가 증가했다. 그리고 각종 미디어에서는 (LGBTQ의 삶에 대한 이해증진과 관계 개선을 위해서 학교 커리큘럼의 다양화를 추진하는 프로젝트인) #노아웃사이더스(NoOutsiders)에 대한 반발이 연일 중요하게 보도되고 있다. 이는 섹슈얼리티 지리학에서 연구할 수 있는 현안 이슈 중 단 몇 개를 뽑아낸 것에 불과하다.

이와 동시에, 모바일데이팅이나 섹슈얼네트워킹('훅업hook up')* 앱을 비롯한 각종 디지털 기술이 사람들의 일상 속으로 침투함에 따라(31장 디지털 참고), 공공영역의 이성애규범성이 당초 알려진 것보다 취약하다는 것을 '입증'할 수 있는 사회공간의 재지도화가 설득력을 얻고 있다(Ferriera & Salvador, 2015). 페미니즘과 퀴어이론에 입각한 연구들은 사회의 이성애규범성과 지리적 지식에 대한 도전을 시작했다. 그리고 그 이후 지금까지 섹슈얼리티 지리학은 많은 공간, 장소 및 신체의 탐색으로 확장되고 있다. 평등을 가장 효과적으로 달성할 수 있는 방법을 둘러싸고 LGBTQ와 퀴어 정체성 사이에는 여전히 긴장이 남아 있다. 그러나 이러한 '어수선함(messiness)'은 오히려 논쟁의 활력을 유지하므로 섹슈얼리티 지리학의 강점이기도 하다. 젠더다양성과 탈식민화는 젠더와 섹슈얼리티를 이해하는 서양의 방식에 도전하는 데 핵심적이며, 이는 다른 사회지리학 연구에도 영향을 끼쳐 보다 흥미롭고 새로운 연구영역을 창출할 것이다.

....

* 훅업은 감정을 나누거나 사귀지는 않고 성관계만 맺는 캐주얼한 만남을 지칭한다. 특히, 미국 대학가에는 서로 간 감정(관계)을 정의하거나 그에 집착하지 않는 성관계를 '쿨(cool)'한 것으로 간주, 장려하는 '훅업문화(hook-up culture)'가 존재한다. 일부에서는 훅업문화가 여성 및 여성성(femininity)에 대한 가부장적 통념에 대한 도전이자 자기 신체에 대한 정당한 자주권 행사라고 옹호한다. 하지만 또 다른 일부에서는 훅업문화가 그에 참여하는 다수 남성의 여성혐오(misogyny)를 토대로 하며, 감정에 얽매이지 않는 냉담한('칠chill'한) 남성을 이상적으로 보는 가부장적 남성성(masculinity)을 (남녀 모두가) 재생산하는 것이라고 비판한다.

- 섹슈얼리티의 지리는 다면적이며, 신체로부터 외부에 이르는 수많은 위치와 스케일에서 작동한다.
- 그동안 섹슈얼리티 지리학의 핵심은 도시 속의 레즈비언과 게이였지만, 오늘날에는 이성애규범성에 도전하는 데 초점을 두고 있다.

- 섹슈얼리티 지리학이 비규범적인 성적 실천, 포스트식민적 맥락에서의 섹슈얼리티, 디지털 공간에서의 젠더와 섹슈얼리티의 표현 등에 전면적으로 관여하기 시작하면서 트랜스-지리학이 매우 중요해지고 있다.

 더 읽을거리

Bell, D., & Valentine, G., (1995) *Mapping Desire: Geographies of Sexualities*. London: Routledge.

Binnie, J., & Valentine, G. (1999) Geographies of sexuality–A review of progress. *Progress in Human Geography*, 23(2): 175-87.

Brown, G., & Browne, K. (2016) *The Routledge Research Companion to Geographies of Sex and Sexualities*. London: Routledge.

Johnston, L. (2015) Gender and sexuality I: Genderqueer geographies? *Progress in Human Geography*, 50(5): 668-78.

만일 자신이 휠체어 사용자거나 시청각 장애가 있다면, 교통시설, 관공서, 거리, 공원 등 주요 사회공간에 얼마나 쉽고 확실하며, 효율적이고 안전하게 접근할 수 있는가가 자신의 사회참여 능력에 큰 영향을 끼칠 것이다(Gaete-Reyes, 2015). **장애인**은 이처럼 사회공간에서 직면하는 여러 어려움으로 인해 교육과 취업 부문에서는 과소 대표되는 반면 빈곤과 범죄 피해에서는 과대 대표되고 있다(Smith, 2016). 접근성에 대한 투자 확대, 법적 보호조치, 도시계획·건축 규제의 변화로 장애인이 겪는 일부 문제는 점차 줄어들고 있다. 그럼에도 불구하고 사회지리학에서 장애가 사람의 경험에 어떤 영향을 미치는지를 연구하는 것은 여전히 중요하다. 여러 이유가 있지만, 그중 두 가지 문제에만 주목해보자. 첫째, 글로벌북부와 남부의 접근성 향상 수준이 균등하지 않다. 극단적

빈곤이 만연하고 공공투자가 낮은 지역에서는 공공공간의 인프라가 제한적이고 **장애인 접근성**에 대한 공공의 책임감도 낮다(22장 부와 빈곤 참고). 게다가 극단적인 기후, 전쟁, 폭동 등의 위기는 새로운 장애를 일으킬 뿐만 아니라 기존 장애인에게 심각한 피해를 끼친다. 2005년 8월 뉴올리언스를 강타했던 허리케인 카트리나의 경우와는 달리, 글로벌남부에서 장애인들이 극단적 기후현상 같은 환경위기에 정면으로 맞서는 일을 발견하기란 어렵다(National Council on Disability, 2006). 둘째, 장애인을 위한 접근성 제공의 상징으로 가장 흔한 것은 그림 18.1의 휠체어 기호인데, 이는 장애란 그저 휠체어 사용자와 동일하다고 인식하게 한다. 달리 말해, 장애인 접근성이란 마치 경사로와 자동문을 갖춘 건물 출입구 가까이 마련된 장애인 전용 주차공간과 같다고 생각하게 한다. 물론 이

런 시설들이 중요하기는 하다. 그러나 장애의 범위는 매우 넓을 뿐만 아니라, 장애의 다양한 유형에 조응할 수 있는 사회공간들은 엄청나게 부족하다. 이러한 이슈는 매우 복잡하며, 신체적 장애는 휠체어의 사례보다 훨씬 다양하다. 또한, 실제로 특정 장애인을 위한 자원이 다른 장애인에게는 오히려 어려움을 가중시키기도 한다. 가령, 시각장애인이 도로와 인도를 안전하게 구별하게 돕는 보행자도로의 요철은 휠체어 사용자들의 통행을 어렵게 만드는 장애물이 되기도 한다. 나아가, **환경과 장애의 관계**를 이해하는 것은 단순히 신체적 장애를 이해하는 것 이상의 문제이다. 왜냐하면 사회적 환경은 학습장애(learning disabilities)를 가진 사람들에게 많은 문제를 유발할 수 있기 때문이다. 가령, 도로의 표지판을 모든 사람이 이해할 수 있는 것은 아니다. 뿐만 아니라 학습장애인이 공공공간에 접근하기도 쉽지는 않다. 왜냐하면 어떤 사람들은 학습장애인이 이해할 수 있는 의사소통방식을 배우려고 굳이 시간을 들이지 않으며, 심지어 학습장애인에게 편견과 폭력으로 반응하는 사람도 있기 때문이다. 학습장애인이 직면한 문제는 사회지리학의 핵심 전제, 곧 **모든 공간적 사건은 그 공간의 물질성과 그 안에 있는 사람들의 상호작용의 산물**이라는 점을 상기시킨다.

이 장은 환경이 얼마나 다양한 장애를 일으킬 수 있는지를 탐구한다. 이를 위해 사회지리학에서 장애지리학이 어떻게 주요 하위분야로 부상했는지를 살펴본다. 특히 장애연구가 사회지리학의 발전에 큰 영향을 주었다는 점을 강조한다. 이를 위해 우선 장애연구가 어떻게 장애를 개념화하는지를 간략히 검토한 후, **장애지리학**에서 **장애의 생산**

그림 18.1 접근성 상징 (그림: Janice McLaughlin)

과 관련하여 사회공간의 중요성이 어떻게 다루어져왔는지를 살펴본다.

1. 장애연구

장애연구(disability studies)에서 사용되는 개념들은 장애지리학의 토대를 이룬다. 이 중 가장 핵심적인 것은 이른바 '사회적 모델(social model)'이라는 개념이다(Barnes, 2012). 사회적 모델은 1970~80년대에 영국의 장애 정치에서 기원했지만 국제적으로 잘 알려져 있다. 당시 많은 (특히 신체적 손상impairments을 입은) 장애 활동가들은 장애를 새롭게 정의하기 위해 마르크스주의에 주목했다. 그들은 장애인이 직면한 문제를 신체적 제약과 연관시키는 의학적 설명을 거부했다. 왜냐하면 이러한 접근은 장애인을 비극적 인물로 다룸으로써 약물치료를 받게 하거나 일부 억압적인 제도에서는 사회로부터 고립시켰기 때문이다. 1976년에는 '분리에 반대하는 신체장애인 연맹(UPIAS; Union of Physically Impaired Against Segregation)'이라는 단체가 조직되었는데, 이를 이끈 핵심 활동가로는 켄 데이비스(Ken Davis), 리즈 핀켈스타인(Liz Finkelstein), 빅 핀켈스타인(Vic Finkelstein), 폴 헌트(Paul Hunt) 등이 있다. 이 단체는 '장애의 기본 원리(Fundamental Principles of Disability)'를 제안했다. 이 문서는 **손상과 장애(disability)**를 구분했다. 손상은 신체적 기능에 제약이 있는 상태를 지칭하며, 장애는 손상이 환경에 조응하지 못함으로써 야기되는 사회적 불이익을 지칭한다.* 따라서 "신체적 손상이 있는 사람을 장애인으로 만드는 것은 사회다. 장애는 우리의 신체적 손상 위에 덧입혀진 것이며, 우리는 장애 때문에 어쩔 수 없이 사회에 완전히 참여하지 못하고 고립, 배제되어 있다"(UPIAS, 1976: 4). 이는 다음과 같이 간단히 이해할 수 있다. 휠체어 이용자는 이동할 때 휠체어가 필요하므로 사회적 약자이다. 곧, 그들은 계단이나 쉽게 열리지 않는 출입문 때문에 사회적 약자가 되는 것이다. 이런 맥락에서 영국의 장애연구는 '**장애를 지닌 사람**(people with disabilities)' 대신에 '**장애에 처한 사람**(disabled people)'이라는 용어를 빈번히 사용한다. '장애를 지닌 사람'은 미국과 같은 일부 국가의 장애 정치에서 선호되는 용어지만, 영국에서는 '지닌(with)'이라는 표현이 여전히 장애를 사회적 환경이 아닌 사람의 문제로 설정한다고 주장한다. Box 18.1은 사회적 모델의 핵심 특징을 요약한 것이다.

사회적 모델은 장애연구 안팎에서 비판받았지

* 오늘날 장애지리학을 비롯한 장애연구나 특수교육 분야에서는 손상, 장애, 핸디캡(handicap)을 엄밀하게 구분해서 사용하는 경향이 있다. 우선, 손상은 질병이나 사고로 인한 육체적 손상·손실로, 병리적 상태의 외현화(현현, manifestation)를 일컫는다. 장애는 손상으로 인해 일상적인 활동이나 기능 수행에 제약을 받거나 부족함을 겪는 상태를 지칭한다. 핸디캡은 손상이나 장애 때문에 실제로 겪는 사회적 불리함이다. 손상은 의료적 치료나 재활이 필요한 반면, 장애는 기능적 한계를 극복하기 위해 잔존(잠재)능력을 극대화할 수 있는 교육 및 훈련이 요구된다. 핸디캡은 사회적 공감대(합의)를 바탕으로 한 사회복지의 차원에서 법적, 제도적 지원을 필요로 한다. (이와 관련된 특수교육 분야의 개론서로 고은 외, (2014), 『특수교육의 이해』 공동체 참고.)

Box 18.1

 '장애의 사회적 모델'의 주요 특징

- 장애는 개인의 특성이 아니다. 오히려 장애는 사회의 수많은 장벽이 생산해낸 **사회적 구성물**이다.
- 사회는 사람들에게 장애가 없다는 가정하에 설계되었다. 이는 장애의 정치란 개인적 태도나 편견뿐만 아니라 물질적, 구조적, 경제적, 제도적 문제라는 것을 함축한다.

- 따라서 고쳐야 할 대상은 손상을 지닌 개인이 아니라 사회적 장벽이다.
- 장애인은 독립적으로 살 수 있는 권리가 있고 국가는 이를 지원해야 한다.
- 장애인은 자신에게 영향을 미치는 요인에 대해 더 큰 목소리를 낼 수 있어야 한다. (가령, 어떠한 지원이

더욱 독립적인 생활을 가능케 하는지에 대해 더욱 강한 발언권을 가져야 한다). 이런 차원에서, 장애인을 대변하고 지원하는 단체에서도 장애인이 핵심 역할을 해야 한다. 이는 흔히 "우리 없이 우리를 논하지 말라(Nothing about us without us)"*는 문구로 표현된다.

----

* 이 슬로건은 대개 정책의 영향을 받는 사람이나 집단의 온전한 참여 없이는 어떤 대리인이나 대표자도 정책을 결정할 수 없다는 것을 주장할 때 사용되는 표현이다. 장애의 정치에서는 이를 '장애인 당사자주의'라고도 한다.

만 그 저변이 널리 확대되어왔다. 장애연구자들은 장애의 생산과 연관된 관계적, 문화적 측면을 이해하기 위해 구조적인 부분에 초점을 두었다(Garland-Thomson, 2011). 또한, 이들은 사람들이 사회에서 장애를 경험할 때 젠더, 인종, 민족성, 연령, 섹슈얼리티 등 다른 측면들이 어떻게 함께 작동하는지에도 주목한다(Thomas, 1999). 오늘날에는 장애연구에 대한 인식이 확대됨에 따라 학습장애도 손상이자 사회적으로 생산된 장애로 보고 있다[학습장애를 '손상'이라는 상태로 간주해야 하는가는 별도의 논쟁 중이다(Goodley, 2001)]. 장애지리학은 사회적 모델을 중요하게 다루어왔고 이의 발전에도 크게 기여해왔다.

2. 장애의 사회지리학

환경이 장애를 생산한다는 점을 생각하면, 1990년대 이후 사회지리학이 줄곧 사회적 모델을 채택해온 것은 그리 놀랍지 않다. (이 분야의 발전을 요약한 훌륭한 문헌으로 Hansen & Philo, 2007; Imrie & Edwards, 2007 참고). 브렌던 글리슨(Brendan Gleeson)은 이 연구의 초창기 핵심 인물인데, 그는 다음과 같이 주장하면서 사회적 모

델에서 지리의 중요성을 강조했다.

장애는 결코 인간의 자연스러운 경험이 아니다. 오히려 각 사회가 장애를 사회-공간적으로 생산하기 때문에, 손상이 장애라는 상태가 되어버리는 것이다. 손상과 장애 사이에 필연적 상응이란 존재하지 않는다. 오직, 사회가 자신을 (재)생산하는 과정에서 억압적으로 최초의 자연적 손상을 무능(disablement)으로 변환하는 역사적-지리적 상응만이 존재할 따름이다(Gleeson, 1996: 391).

그 이후 지금까지 장애지리학에서는 다양한 주제들이 발전했다. 여러 사회활동에 참여하려는 사람들에게 **건조환경**이 얼마나 중대한 장벽으로 작동하는지에 관한 연구, 전 지구상의 대중교통*이 지닌 광범위한 제한점들에 관한 연구(Lubitow, Rainer & Bassett, 2017; Pyer & Tucker,

----

* 우리나라에서도 대중교통은 장애인의 접근성과 건조환경을 둘러싼 논쟁의 장이 되었다. 예를 들어, 전국장애인차별철폐연대(전장연)는 2021년 12월부터 2023년 2월 현재까지 장애인의 접근성 개선과 이와 관련된 국가 예산의 증액을 요구하며 지하철 탑승 시위를 벌이고 있다. 이 과정에서 서울교통공사는 고의 열차 운행 지연에 대한 손해배상 청구소송을 제기했고, "전장연이 사회적 약자라고 생각하지 않는다"는 오세훈 서울시장의 발언이 논란을 빚기도 했다(BBC코리아, 2023년 2월 2일자, 「지하철 시위: 드디어 마주 앉은 전장연과 서울시장, '22년 기다렸다' vs. '예산 반영 시간 필요」 참고).

Box 18.2

학습활동
장애의 관점에서 주변 환경을 살펴보자

대학 캠퍼스를 한번 둘러보면서 다음 질문을 생각해 보자. 각 건물의 장애인 출입구가 (특히 낮은 건물의 경우) 건물 뒤편에 있거나 다른 출입구에서 멀리 떨어진 경우가 있는가? 강의실에는 (청력이 손상된 사람을 위한) 청각감응장치(induction loops) 시스템이 갖추어 져 있는가? 이 장치는 제대로 작동하고 있는가? 캠퍼스의 도로표지판은 시각장애나 저신장 장애(restricted growth)가 있는 사람에게도 읽기 쉬운가? 이런 여러 질문을 토대로, 대학 캠퍼스의 잠재적 이용자는 어떤 사람들로 설정되어 있는지 생각해보자.

2017), 장애인들이 부적절한 환경과 '비장애인중심주의(ableisms)'에서 어떻게라도 살아남기 위해 무슨 일을 하는지에 관한 연구(Blewett & Hanlon, 2016), 장애인이 경험하는 금융상 불이익에 관한 연구 등이 이의 사례다. 이런 이슈는 장애인의 교육 및 취업 기회에 장벽으로 작동할 뿐만 아니라, 그들이 사회생활을 헤쳐나가는 과정에서 부가적인 비용을 부담하도록 강제한다. 장애지리학은 이러한 연구를 통해 "(소수가 아니라) **많은 사람들**이 장애적(disabling) 설계나 공간조직 등의 문제를 공유하고 있다"는 것을 강조한다(Freund, 2001: 693). 프룬드(Freund, 2001: 695)는 "근대 경관(景觀)은 자가용을 소유한 40세의 건강한 남성에 맞춰 설계된 듯하다"는 에드워드 렐프(Edward Relph)의 관찰을 인용한다(Relph, 1981b: 196). Box 18.2에서 좀 더 자세히 살펴보자.

3. 화장실

접근 가능한 화장실을 찾는 것은 장애인이 맞닥 뜨리는 가장 큰 문제 중 하나다. 주류 화장실은 (그리고 장애인이 이용 가능하다는 표시가 있는 화장실조차) 다양한 손상을 지닌 사람들의 필요에 부응하지 못하는 경우가 많다. 대개 장애인 화장실은 휠체어 사용자에게 적합하게 설계되어 있다고 생각하지만, 이들의 어려움이 완전히 해소되지는 않는다. 흔히 장애인 화장실은 휠체어에서 변기 위로 몸을 옮겨 앉을 수 있는 능력이나 장애인을 변기 위로 들어 올릴 수 있는 능력을 전제로 설계되어 있다. 장루주머니(colostomy bag, 대변을 받아내는 주머니) 착용자들은 변기와 세면대 외에 이를 위생적으로 교체할 수 있는 선반이 필요하다. 대소변을 못 가리는 아이의 보호자는 기저귀를 안전하고 위생적으로 교체할 수 있는 공간이 필요하다. 그런 공간이 없는 화장실에서는 더러운 화장실 바닥 위에서 기저귀를 갈아야 한다(Timms, 2017). 글로벌북부에서 화장실과 연관된 주요 문제는 자유롭게 이용할 수 있는 공중화장실이 급속히 줄어들고 있다는 점이다. 이러한 공중화장실 공급의 쇠퇴로 공공공간에 대한 장애인의 접근성이 약해지고 있다. 영국의 경우 적절한 공중화장실에의 접근성 쇠퇴는 대중교통 시스템에서도 문제를 일으킨다. 소셜미디어와 대중매체에는, 기차 내부에 화장실이 운영되지 않기 때문에 일부 장애인이 앉은 자리에서 용변을 볼 수밖에 없었던 일화들이 공유되곤 한다(BBC News, 2017). 또한, 여성장애인의 경우 외출이나 여행 중 이용할 수 있는 공중화장실 부족으로 이른바 '사회적 실금(失禁, incontinence)'에 처할 수 있다는 두려움 때문에 체내에 카테터(catheter, 의료용 얇은 관)를 삽입하는 시술을 '선택하는' 수가 늘어나고 있다(Ryan, 2018). 이 사례는, 손상된 상태가 문제라기보다는 동등한 참여를 가능케 하는 시설을 제공하지 못하는 사회공간의 실패가 문제라는 점을 명확히 보여준다. 마지막으로 대개 장애인 화장실은 휠체어 사용자를 가정하고 설계되었기 때문에, 휠체어를 사용하지 않는 다른 장애인은 여전히 어려움을 겪고 있다. 가령, 저신장 장애가 있는 사람이 장애인 화장실을 이용할 때 (휠체어 사용자를 염두에 두고 설계된) 낮은 세면대는 도움이 되겠지만 높은 변기는 여전히 어려움이 될 수 있다. 이 사례는 사회공간에서 장애가 생산되는 과정에서 다양한 사람들과의 만남이 얼마나 중요한지를 보여준다.

4. 사회적 만남

이 책을 꿰뚫는 공통 주제는, 공간이란 건물과 물리적 환경만으로 구성되는 것이 아니라 사람의 공간이자 사람 간 만남(encounter)의 공간이라는 점이다(J. Allen, 2004; 27장 만남 참고). 장애인들은 이러한 만남을 통해 자신이 사회적으로 소외된 타자임을 확인할 수도 있고, 사회적 인정을 받기 위한 투쟁과 저항의 순간에 참여할 수도 있다. 최근 사회공간에서의 만남에 관해 관심이 증가한 것은 특히 장애지리학 분야에서 시사점이 크다. 왜냐하면 그간 장애지리학에서 '사회적 모델'이 지나친 구조주의적, 보편적 접근으로 비판을 받아왔기 때문이다. 에드워드 홀과 로버트 윌턴(Edward Hall and Robert Wilton, 2017)이 주장하는 것처럼, 근래 장애지리학은 장애의 관계적 생산에 초점을 두면서 장애의 지리가 갖는 교차적, 상호주관적, 체화적 차원을 탐구하는 데 초점을 맞춘다.

관계성(relationality)이라는 개념은 경제 불평등과 대중교통 시스템의 부족과 같은 광범위한 사회구조의 중요성을 인정하면서도, 이런 이슈가 현실에서 나타나는 방식은 특수하고 다양하다는 점을 포착하는 데 활용된다. 관계성은 사람과 사회공간의 물질성 간의 교차적 상호작용에서 사회구조의 영향력이 어떻게 매개되는가에 따라 다르다. 가령, 베라 쉬나드(Vera Chouinard, 1999: 150)는 남성 비장애인을 전제로 한 공간에서는 여성장애인이 신체적 규범 밖의 '탈장소적(out of place, 제자리에 맞지 않는)' 존재로 자리매김된다고 지적한 바 있다. 루이스 홀트(Lousie Holt, 2004, 2007, 2010)는 영국의 주류 학교환경 속에서 장애아동의 경험을 관찰하면서 어떻게 차이의 '사회공간적 구성'(Holt, Bowlby & Lea, 2017: 1362)이 나타나는지에 주목했다. 홀트의 지적에 따르면, 공식적인 교육정책은 장애학생을 주류 학교교육에 통합하고자 하지만, 교육공간과 그 속에서 이루어지는 상호작용은 오히려 '미시적 배제'의 동태(動態)를 생산해냈다. 이런 구체적 사례에는 (교실에서 장애학생과 떨어져서 앉는) 경계 정하기나 (운동장에서 장애학생을 괴롭히거나 욕하는) 사회적 상호작용 등이 있었다.

장애지리학은 관계적 관점을 수용함으로써 주류 공간에서 규범이 도전받거나 재발견되는 순간을 더욱 잘 포착할 수 있게 되었다. 아넬리스 커스터스(Annelies Kusters, 2017)는 인도를 사례로 청각장애인들의 대중교통 이용방식에 관한 문화기술지 연구를 수행했다. 이 연구결과에 따르면, 청각장애인들은 장애인을 위한 특정 공간을 이용해서 '모바일 커뮤니티'를 (가령, 한군데에 모여서 출퇴근하는 방식으로) 만들어냈다. 곧, 이들의 출근길은 단순한 이동이 아니라 동료애, 연대감, 소속감을 얻을 기회를 창출하는 것이었다. 사회적 만남은 학습장애에 관한 연구에서도 중요한 이슈이다(Cresswell, 1996; Hall, 2005; Wiesel & Bigby, 2016). 파워와 바틀릿(Power and Bartlett, 2018)은 오늘날 영국의 복지 서사(내러티브)가 장애인을 마치 복지구걸자처럼 규정하고 있어 학습장애인을 증오범죄의 표적으로 만든다고 지적했다. 그들에 따르면, 이런 범죄는 학습장애인이 공간을 '점유'할 수 있는 권리에 대해 이의를 제기하기 때문에 발생한다. 윌턴 등(Wilton, Schormans & Marquis, 2018)은 캐나다를 사례로 하여 지적장애인이 공공공간에서 쇼핑할 때 사람들이 자신을 대하는 태도에 따라 포용이나 배제의 순간적 경험이 달라진다고 지적했다. 가령, 쇼핑점 직원은 지적장애인을 단골이라고 인식하거나 물건을 고르고 값을 치를 때까지 충분히 기다림으로써 친밀하고 포용적인 공간을 만들어낼 수 있었다. 세

라 라이언(Sara Ryan, 2005)은 미국의 맥도날드 같은 대형 체인 음식점들이 자폐성 아동에게 훨씬 환대적인 공간이라고 강조했다. 왜냐하면 이런 공간에서는 고유의 혼잡한 특성으로 인해 사람들이 자폐성 아동들의 독특한 상호작용 태도를 문제라고 인식하지 않기 때문이다.

5. 합리적 조정과 유니버설 디자인

영국 등 여러 나라에서는 평등 입법(equalities legislation)을 통해 여러 기관이 환경 측면에서 장애인의 접근 가능성을 보장하기 위해 준수해야 할 필수요건을 제시한다(영국은 관련 입법으로 2010년 「평등법(Equality Act)」 제정). 영국에서 사용되는 핵심 용어는 이른바 '합리적 조정(reasonable adjustments)'이다. 그러나 어감에서 알 수 있듯, 건축가나 계획가는 이를 훌륭한 디자인의 필수요소로 생각하기보다는 부수적(추가적) 작업 사항이라고 간주한다. 이에 따라 합리적 조정에 대한 보다 포용적이고 대안적인 개념으로 건축, 도시계획, 디자인 분야 등에서 부상한 것이 바로 '유니버설 디자인(보편적 설계, universal design)'이다. 유니버설 디자인은 1980년대에 출현한 후 지금까지 계속 사용되는 개념인데, 이는 (제품이나 시설 또는 서비스의) 디자인에서 포용(inclusion)의 문제를 추가적(보완적)인 사항으로 인식하기보다는 디자인의 핵심으로 간주한다. 즉, 유니버설 디자인은 시작 단계에서부터 광범위한 이용자를 중심에 두고 설계하는 것이 훨씬 포용적이라는 가정을 토대로 등장했다. 이는 특히 스칸디나비아와 네덜란드 같은 유럽 국가에서 실제 디자인으로 구현되

Box 18.3

현장 속 연구
공유도로환경의 도전

롭 임리는 장애지리학 분야에서 중요한 연구자다. 그는 1960년대에 네덜란드에서 처음으로 사용된 도시설계 개념인 '공유도로환경(shared space environments)'*에 주목해왔다(Imrie, 2012b). 이 개념은 오늘날 글로벌북부에서 널리 차용되어 도시재생이나 젠트리피케이션의 한 부분으로 적용되고 있다. 공유도로환경은 도로와 인도의 구별을 모호하게 만들어 공공공간의 다양한 이용자를 통합하고 미적으로도 좀 더 만족스러운 공간을 창출하려는 활동이다. 계획가들은 자동차와 보행자가 도로와 인도의 구분 없이 공간을 공유하게 하는 것이 (도로와 인도를 흉측한 표지판이나 차단물로 구획하는 것보다) 이동을 둘러싼 이들 간 협상을 촉진할 수 있다고 믿는다.

임리는 2009년과 2010년에 영국을 사례로 이 주제를 연구했다. 그는 도시계획에 관여하는 중앙정부 및 지방정부의 담당자들과 장애 접근성 이슈에 주목하는 NGO를 대상으로 문화기술적 관찰과 질적 면담을 수행했다. 임리의 주장에 따르면, 기존 도시계획(예를 들어 도로와 인도의 명확한 구분 등)은 정상인의 신체와 차량을 최우선시하기 때문에 그 과정에서 '자동(차)-장애(auto-disabilities)'를 생산한다. 그리고 이런 공간은 "마을과 도시에서 새로운 장애화의 공간(spaces of disablement)을 잠재적으로 조성하는 (특히 노인과 시각장애인 등 취약층 보행자의 입장에서는 더더욱) 자동차 지배적 환경을 재생산하는" 데 기여한다(Imrie, 2012b: 2261). 공유공간은 사람들이 그동안 의존해온 흔한 표지판과 차단물이 취약성과 장애를 유발하므로, 이를 제거하고 안전한 이동을 위한 협상의 책임을 개인이 지도록 한다. 이 같은 혁신은 협소한 범주의 이용자에게만 혜택을 부여함으로써 규준에 맞지 않는 사람들이 그동안 얼마나 지속적으로 주변화되어왔는지 보여준다.

-----

* 'shared space'는 우리나라에서 '공유도로'로 번역된다. 공유도로는 도로와 인도를 명확히 구분했더니 보행자보다는 자동차 중심의 도로가 만들어져, 교통사고가 더 많이 발생한다는 반성에서 고안된 용어다. 자동차 도로와 보행자의 인도를 구분하지 않고 공유한다는 의미를 갖고 있어 우리나라에서는 '보차공존도로'라고도 불린다.

었다. 유니버설 디자인에는 일곱 가지 핵심 원칙이 있다(Story, 1998). 여기에는 공평한 이용, 이용의 융통성, 단순하고 직관적인 디자인, 쉽게 인지할 수 있는 정보, 실수에 대한 관용, 물리적 노력의 최소화, 접근과 이용에 적절한 크기와 공간이 포함된다. 사회지리학자들은 유니버설 디자인이 포용에 대한 열망에서 비롯되었다는 점을 인정하면서도, 실제 사회적으로 얼마나 포용적일 것인가에 대해서는 의문을 제기한다. 특히, 롭 임리(Rob Imrie, 2012a)는 장애의 사회적 모델이 장애의 사회적 생산을 강조하는 것으로는 충분치 않다고 주장하면서, 이러한 설계적(디자인적) 접근이 장애인의 당면 문제를 기술적으로 해결할 것이라고 보는 태도를 비판한다. 임리의 시각은 장애지리학의 핵심 개념을 수면 위로 끌어올린다. 즉, 장애란 사회적 상호작용과 환경 간의 관계성의 산물이라는 점을 인식하게 한다. 같은 공간이라고 해도 그곳에서 어떤 일이 발생하느냐에 따라 해당 공간이 포용적일 수도 있고 배타적일 수도 있다. 공간의 특정 환경이 어떤 실제적 이슈를 해결하거나

그림 18.2 장애인 승객 공간에 적재된
수화물 (그림: Janice McLaughlin)

특정한 상호작용의 동태를 조장할 수는 있지만, 이 환경적 장치가 단독적으로 어떤 공간에서 장애가 나타날지 아닐지를 보장하는 결정요인이 되지는 않는다. 가령, 버스와 기차에 마련된 경사로와 휠체어 공간이 그런 사례다. 기술과 공간은 휠체어 이용자의 이동성(모빌리티, mobility)을 향상할 수 있는 잠재력이 있지만, 실제 현실에서 이는 다른 이용자들과의 사회적 상호작용 속에서 논쟁적 공간이 되곤 한다. (가령, 버스의 휠체어 공간은 유모차에 아이를 태운 성인들이 차지하고 기차의 휠체어 공간은 그림 18.2와 같이 수화물로 채워지곤 한다.) 버스 운전사나 기차의 직원이 이 공간에 대한 휠체어 사용자의 권리를 확고히 보장해주지 않는다면, 장애인들은 실제 사회의 현실에서 모빌리티의 접근성 문제에 직면할 때 여전히 2등 시민으로 머물게 된다. 유니버설 디자인에 의한 기술적 또는 물질적 해결책이 그 기저의 가치를 창출하려면, 포용적 공간 속에서 펼쳐지는 디자인(설계)과 생활(삶) 사이의 사회적 동태를 함께 탐구해야 한다. 또한, 이 책 곳곳에서 언급하는 것처럼, 장애와 관련된 설계를 하거나 연구를 수행할 때에는 가급적 장애인들이 함께 참여해서 우선순위를 정하는 것이 중요하다.

요약

- 사회지리학은 현대 사회에서 장애를 생산하는 것이 무엇인지를 이해하는 데 크게 기여하고 있다.
- 장애지리학은 비교적 새로운 연구분야이지만, 사회적 세계에서 어떤 사람들이 환대받는지를 숙고하도록 요구한다는 점에서 중요하다.

- 사회지리학은 주변화에 관한 연구에서 젠더, 인종, 민족과 더불어 장애를 함께 탐구하며, 다양한 사회적 공간을 아무 제약 없이 다닐 수 있는 '정상적인' 인간 행위자는 그것을 간절히 바라는 사람들을 대표할 수 없음을 알려준다.

 더 읽을거리

Chouinard, V., Hall, E., & Wilton, R. (eds.) (2010) *Towards Enabling Geographies: 'Disabled' Bodies and Minds in Society and Space.* Farnham, UK: Ashgate.

Gleeson, B. (1999) *Geographies of Disability.* London: Routledge.

Imrie, R. (1996) *Disability and the City.* London: Chapman.

Watson, N., Roulstone, A., & Thomas, C. (eds.) (2012) *Routledge Handbook of Disability Studies.* London: Routledge.

여러분은 몇 살인가? **나이(연령)**는 여러분이 세상을 경험하는 데 어떤 영향을 끼칠까? 이 책에서 다루는 여러 정체성 중 특히 **나이**에 대해 사회지리학에서는 큰 관심을 기울이지 않았다. 사람이 전 생애에 걸쳐 겪는 중요한 변화가 '나이'라는 정체성과 깊이 관련되어 있음을 고려한다면 정말 놀라운 일이다. 신디 캐츠(Cindi Katz, 2004)는 『글로벌하게 자라기(Growing up Global)』라는 책에서, 뉴욕과 수단의 어린이들에게 아동기가 의미하는 바는 매우 다르지만, 두 장소를 연계하는 글로벌 과정이 이들의 장소 경험을 구조화하고 있음을 보여주었다. 지난 수십 년 동안 사회지리학자들은 소득과 같은 요인이 생활기회(life chances)*를 결정하는 데 핵심적이라고 주장해왔다. 그러나 캐츠를 비롯한 많은 연구자가 제시해왔듯, 나이는 고정된 사회적 범주가 아니라 역동적인 의미를

내포하고 있고 문화적, 공간적 맥락의 영향을 받는다. 곧, 나이는 공간과 장소에 깊이 뿌리내리고 있다. 이 장은 사회지리학의 나이 연구를 개관한다. 그러나 우리는 나이 자체를 광범위하게 검토하는 데 초점을 두기보다는 청소년에 관한 연구에 특히 주목한다. 또한, 다양한 연령집단의 지리적 경험을 간략하게 살펴본 후, 우리가 생애 전반

---

* 생활기회(생애기회)는 1920년대에 막스 베버(Max Weber)가 언급했던 개념(독일어로 'Lebenschancen')으로, 어떤 사회집단에 속한 구성원이 삶의 질 향상을 위해 기대할 수 있는 기회(물질적 이익)를 의미한다. 베버는 마르크스와 마찬가지로 생활기회가 계층화(stratification)되어 있다고 보았지만, (생활기회가 계급에 따라 구조적·객관적으로 결정되어 있다고 보았던 마르크스와 달리) 이를 계급 이외에 사회적 지위(신분) 및 정치적 소속(정당)과의 관계 속에서 이해하고자 했다. 생활기회는 개인이 성취하는 것이라기보다는 집단 소속의 결과 개인에게 귀속되는(주어지는) 것이다. 이런 점에서 생활기회는 가치관, 태도, 신념, 사교성 등 개인이 의지적·의식적으로 통제하는 생활품행(life conduct, Lebensführung)과 대비된다. 베버는 생활기회와 생활품행이 개인의 생활양식(lifestyle, Lebensstil)을 결정한다고 보았다.

Box 19.1

 연령을 이해하는 네 가지 접근

① 생활연령

생활연령(chronological age)은 사람들이 실제로 살아온 햇수, 즉 태어난 해 이후의 시간적 길이를 말한다. 이는 나이를 범주화하는 가장 기본적인 형태로서 사회조사분석에서 가장 널리 쓰이는 연령 유형이다. 생활연령은 다양한 연령층의 사람들이 어디에서 살고 있고 어떻게 상이한 공간을 이용하는지에 관한 통일된 (그렇지만 실제로는 상당히 제한적인 수준의) 기술적(記述的) 정보를 제공한다.

② 체화연령

체화연령(embodied age)은 신체적 상태를 지칭하는데, 타인에게 '젊음'이나 '늙음' 등을 나타내는 표식으로 읽힌다. 체화연령은 종종 차별의 근거가 되는데, 특히 늙었다고 인식되는 사람들에게 적대적으로 작동한다. 서양 문화에서는 젊은 신체를 나타내는 가시적 기호와 젊은 신체의 지속적인 유지를 높이 평가한다.

③ 사회연령

사회연령(social age)은 특정 연령집단에 속한 사람들에 대한 사회적 가치, 태도 및 믿음을 가리킨다. 이는 나이가 실제적, 구체적 특징이라기보다는 사회적으로 구성되는 것이라고 본다. 사회연령에 기반을 둔 접근은 어떤 공간에 대한 연령적 장벽(가령, 교육, 일자리, 여가공간에 대한 접근을 제한하는 장벽)을 연령차별주의(노인차별주의, ageist)라고 문제시하며 사람의 능력과 욕망을 고려하지 않는다고 비판한다.

④ 성인화

성인화(being/becoming aged)를 강조하는 접근은 과연 성년기를 다른 연령집단과 뚜렷이 구별 가능하고 완전하게 형성된 규범으로 볼 수 있는가의 문제에 주목한다. 많은 아동지리학자들은 아동을 단순히 성인이 '되어가는(생성, becoming)' 과정이 아니라 그 자체로 연구의 가치가 있는 사회적 '존재(being)'라고 상정하고 연구한다. 실제로 모든 사람들은 어떤 연령집단에 속하더라도 특정 공간과 장소와 관련된 뚜렷한 생활세계, 문화, 애착, 관계를 형성하고 있다. 케스비(Kesby, 2007)가 지적한 것처럼, 성인과 아동 간의 차이를 확실하게 규정지으려 계속 노력하기보다는 성인과 아동 모두를 '존재'이자 동시에 '되어가는' 사람으로 보는 것이 보다 현실적이다.

에 걸쳐 나이를 어떻게 통합적으로 이해할 것인지를 검토하고자 한다.

우선, '연령'이 무엇을 의미하는지를 생각해보자. 연령에 대한 이해와 가정은 언제나 주관적이며, 이는 우리가 일하고 살아가는 맥락에 의해 생산된다. 사회지리학자들이 연령에 대한 질문에 몇 년 이상 적용해온 몇 가지 핵심 접근들이 있다. Box 19.1은 이 중 네 가지를 요약한 것이다(그리고 다섯 번째 접근은 이 장의 뒷부분에서 자세히 다룰 것이다).

Box 19.1에서 소개하는 접근들은 연령에 관한 지리학 연구들이 무엇에 초점을 두고 탐구하는지를 제시한 것이다. 이는 "사람은 연령에 따라 공간과 장소에 대한 접근도 다르고 그에 관한 경험도 다르다"는 것을 보여준다(Pain et al., 2001). 따라서 사회지리학자들은 연령과 관련하여 다양한 범위에 걸쳐 공간과 장소를 탐구해왔다. 보다 구체적으로는 은퇴자 커뮤니티의 마케팅에서부터 학교 운동장에서의 상호작용 그리고 초·중등학교에서부터 대학, 직장, 보육원에 이르기까지 사람의 생애주기별 상이한 공간과 장소를 탐구했다. 다음 절에서는 아동, 청소년, 노인에 관한 주요 학술적 영역을 간략히 살펴본다. 마지막 절에서는 연령과 관련된 현행의 논의를 검토하는데, 이는 연령에 관한 다섯 번째 접근이라고 할 수 있는 이른바 '관계적 접근'을 중심으로 한다.

1. 아동지리학

지리학의 하위 분야인 아동지리학(children's geographies)은 1990년대와 2000년대 초반에 출현했다(Matthews & Limb, 1999; Holloway & Valentine, 2000). 아동지리학은 아동학 분야의 아이디어를 끌어들이면서(James, Jenks & Prout, 2001 참고), '아동기'란 사회적 구성물이고 아동은 행위성이 있으며, 각종 연구와 의사결정은 이런 관점을 적극적으로 수용해야 한다고 본다(Punch, 2003). 사회적 분리에 관심을 두는 사회지리학과 성역할, 가족, 사회 불평등에 관심을 두는 페미니즘 지리학은 아동지리학이 발전하는 데 영향을 끼쳤다. 아동지리학자들은 사회가 성인중심주의(adultism)를 토대로 한다고 본다. 곧 성인이 사회를 지배하고 형성하기 때문에, 특정 공간에서 아동은 규제를 받거나 배제된다(Matthews, Limb & Taylor, 1999). 이와 같은 아동지리학 내부에서의 지배적 주장이나 인식 틀에 대한 도전이 없지는 않았으나(Ansell, 2009; Horton & Kraftl, 2005; Vanderbeck, 2008 참고), 아동지리학의 개념적 초점은 지난 20여 년 동안 상당한 일관성을 유지해오고 있다.

아동지리학은 상당히 방대한 연구영역을 포괄하지만, 아동의 일상생활에서 공간, 장소, 시간이 중요하다는 점을 공통적으로 강조하면서 특히 아동기의 구성과 장소에 대한 이해가 상호작용하는 방식에 주목해왔다. 이 연구들은 아동의 행위성을 '성인이 되어가는' 것으로 간주하기보다는 '현 상태 그 자체'를 강조하는 경향이 있다(Box 19.2 참고). 그리고 이는 교실 공간에서 또는 학교에서 집까지의 이동 경로에서 아동들이 어떻게 공간적으로 타협하는지, 그리고 특정 장소에서 아동의 행위성이 어떻게 표출되는지에 주목해왔다(Hem-

---

Box 19.2

학습활동
나의 아동기 지도화하기

자신의 아동기를 '지도'로 그려보자. 여러분은 어떻게 어떤 경로로 학교에 다녔는가? 누구와 함께 다녔는가? '놀이'의 장소는 어디였는가? 왜 하필 그곳이었는가? 매일, 매주, 격주로 다녔던 곳은 어디인가? 또래 아동이나 나이 차이가 나는 사람들과 그곳에 함께 있었는가? 다음 절에서 다루는 청소년지리학의 내용을 읽으면서, 아동기에서 청소년기로 넘어가면서 자신에게 어떤 변화가 생겼는지 생각해보자. 그리고 노년기를 다룬 절에서는 미래에 자신의 지도가 어떻게 바뀔 것인지에 대해 상상해보자.

ming, 2007; Ross, 2007; 24장 교육 참고). 아동에 관한 또 다른 지리적 연구들은 특정 맥락에서 이탈한(탈장소적, out of place) 아동들에 초점을 두고 이들에 대한 지배와 통제의 방식에 주목하기도 했다. 가령, 반 블렉(Van Blerk, 2013)은 도시정부가 케이프타운의 길거리 청소년에게 어떠한 영향을 끼치는지를 연구했고, 비즐리(Beazley, 2015)는 동남아시아에서 일자리를 구하기 위해서 독립적으로 이주한 아동들의 경험을 조사한 바 있다.

지난 몇 년 동안 아동지리학은 아동들의 다양하고 복잡한 공간에 대한 탐구를 지속적으로 발전시켜왔다. 이 중 일부 연구는 그동안 아동기와의 관계를 간과해오거나 그 관련성을 인식하지 못했던 이슈와 맥락을 다루었다. 아동과 정치적 이슈와의 관계가 대표적인 사례이다(Wood, 2012). 보다 구체적으로 지정학과 아동의 관계(Benwell & Hopkins, 2016), 국경과 아동의 관계(Spyrou & Christou, 2014), 기후변화 논쟁과 아동의 관계(Stratford & Low, 2015)에 대한 연구들이 그러한 사례 연구에 포함된다.

2. 청소년지리학

청소년기는 생애단계에서 아동기와 성인기 사이에 끼어 있다(Aitken, 2001; Skelton & Valentine, 1998; Hopkins, 2010). 영국의 경우 청소년기는 16~25세로 정의되지만, 이는 나라와 지역마다 상당히 다르다(Evans, 2008). 청소년은 전체 인구에서 다양성이 매우 높기 때문에 연령과 관련된 법적 정의와 권리를 깔끔하게 지도화하는 것이 어

렵다. 이따금 청소년지리학은 아동지리학의 일부로 여겨지기도 하는데, 이는 아동지리학의 인식틀과 접근법을 공유하기 때문이다. 그러나 일부 연구자들은 청소년을 아동기와 뚜렷이 구별하여 접근하면서 청소년 이행(전환기, youth transition)과 청소년의 하위문화에 초점을 두는 경향이 있다. 사회지리학자들은 성인기로의 복잡하고 다양한 이행을 연구할 때 주거, 교육, 고용, 개인적 관계의 이행까지도 포괄해서 연구한다(Bennett, 2000, Henderson et al., 2007; Holdsworth & Morgan, 2005). 이와 대조적으로 청소년의 하위문화에 관한 연구들은 고스(goth),* 이모(emos),** 스케이트보딩, 스킨헤드 등 청소년들의 특정한 스타일, 행태, 관심사에 초점을 두었다. 연령의 사회지리학에서 청소년 이행에 관한 연구는 상당히 이루어졌지만(Hopkins, 2006b; Van Blerk, 2008 참고), 상대적으로 청소년의 하위문화에 대한 연구는 적은 편이다.

사회지리학에서는 청소년들의 공간과 시간 그리고 이와 연관된 특정 실천들에 주목했다. 이의 사례로 나이트클럽이나 야간경제(nighttime economy)에 관한 연구(Chatterton & Hollands, 2003)와 도시 및 촌락의 맥락에서 다양하게 젠더화된

---

* 그로테스크하고 기괴한 메이크업의 고스 룩(look)이나(영화 〈가위손〉, 〈언더월드〉, 〈더 크로우〉 참고) 호러, 종말, 우울, 사탄 등을 주제로 하는 고스 록(rock) 등 1980년대 고스문화에 심취한 사람을 지칭한다. 한국에서는 고스족이라고 한다. 고스의 어원은 스칸디나비아에서 로마제국 방면으로 유입된 게르만족인 고트(Goth)족이다. 한편, 르네상스 시대의 예술가들은 중세 유럽의 예술, 건축 등을 야만적이라는 의미에서 '고딕'이라 지칭했다.
** '감상적인'이라는 의미의 'emotional'을 어원으로 하며, 개인의 불안, 우울, 상처, 나약함 등을 주제로 하는 하드코어 펑크 음악과 이와 연관된 문화를 지칭한다. 날 선 머리카락, 짙은 눈 화장 등의 패션은 고스와 유사하나, 검은색과 흰색 계열보다는 컬러풀하고 퇴폐적인 느낌이 좀 더 강하다.

청소년의 음주문화에 대한 비판적 성찰(Leyshon, 2008)을 들 수 있다. 또한 일부 연구자들은 청소년의 자원봉사에도 주목했는데, 여기에는 우드크래프트 포크(Woodcraft Folk)*(S. Mills, 2014), 국제자원봉사(Hopkins et al., 2011), 학생자원봉사(Holdsworth, 2010) 등의 활동들이 포함된다. 또한 '학생지리(student geographies)'도 10여 년 전부터 주요 연구영역으로 떠올랐다(D. P. Smith, 2009). 이에 해당하는 사례로 학생들의 상이한 모빌리티(Waters, 2017)나 학생 전용 숙박시설(Kenna, 2011)에 관한 연구와 학생의 소속감과 정체성에 관한 논쟁 연구(Holton & Riley, 2016)를 들 수 있다.

최근의 일부 연구에 따르면(Smith & Mills, 2019), 청소년은 특정 도시근린지구에서 뚜렷하게 분리된 패턴을 보이고 있고, 지역적 또는 국제적으로 보다 향상된 모빌리티를 경험하고 있다. 아울러 청소년을 대상으로 한 라이프스타일의 상품화가 더욱 고도화되는 경향도 나타나고 있다. 이에 따라 청소년에게는 자신이 이용하고 창조할 공간이 더욱 많아지고 있다. 현대 서양의 경우 청소년은 의사결정의 당사자로서 사회참여가 확대되고 정치화되고 있다. 이는 향후 사회지리학에서 청소년과 관련된 핵심적인 이슈가 될 것이다.

3. 노인의 공간

노인이라고 하면 (편의상 노인을 60세 이상으로 상

──────────

* 1920년대에 영국에서 시작된 어린이 및 청소년 교육운동으로 스카우트(Scout)운동과 비슷하게 야외활동, 봉사, 협동, 평화 등을 강조한다.

정하자) 여러분의 머릿속에는 누가, 무엇이, 어디가 떠오르는가? 그런 인식은 미디어 때문인가, 자신만의 고유한 경험에 의한 것인가, 아니면 주변 사람들의 영향 때문인가? 여러분이 배운 지리교육에서는 노후생활과 연관된 이슈를 얼마나 다루었는가? 그 지식은 노인에 대한 여러분의 고정관념(가령, 노인은 노쇠하고 취약하며 도움이 필요하다는 인식)을 강화했는가 아니면 오히려 그에 도전하게 만들었는가?

사회지리학에서 노년층에 관한 연구는 지극히 적은 편이다. 따라서 서양 사회는 노년인구와 연관된 주요 이슈들과 경제, 복지, 돌봄의 위기에 관한 사회적 논의가 매우 시급한 상황이다(Harper, 2005). 그러나 노인을 인구학적 문제로만 다루는 것은 서양 특유의 정치경제를 반영하는 노인차별주의적 태도이다. 왜냐하면 서양에서는 노동인구로서 참여할 수 있는가의 여부가 가치를 결정하며, 그 여부는 앞에서 살펴본 생활연령(chronological age)이라는 장벽에 의해 조절되기 때문이다(Harper & Laws, 1995).

어떤 노인은 젊은이처럼 모빌리티가 높지만, 많은 노인들에게는 나이가 듦에 따라 가까운 공간이 훨씬 중요해진다. 일부 연구(Buffel, Phillipson & Scharf, 2013)에 따르면, 노인들의 포용과 배제의 경험에서 언제나 중요한 것은 근린지구이다. 왜냐하면 범죄와 안전, 커뮤니티의 변화, 로컬 공간의 거버넌스에 영향을 미치는 요인 중 근린지구가 가장 중요하기 때문이다. 또 다른 연구들은 '성공적인' 노후생활에서 건축물, 행정기관, 공공기관의 계획이 중요하다고 지적했다. 이러한 계획은 환경적 포용뿐만 아니라 사회적 포용까지도 달성하는 것을 목표로 한다. 가령, 여러 세대가 공존하는 공간은 청년층에게도 혜택을 줄 수 있어야 한다(Rowles & Bernard, 2012).

연령 기반의 분리(격리, segregation)는 다양한 스케일에서 나타난다. 올리버 등(Oliver, Blythe & Roe, 2018)은 연령 기반의 분리를 스페인의 은퇴 거주지와 런던 중심부의 노인거주지 두 사례에서 비교하면서, 이러한 상이한 환경에서 노인들이 어떻게 같음과 다름에 대해 교섭하는지를 살펴보았다. 또 다른 연구는 은퇴자 커뮤니티(Laws, 1995), 여가공간(Pain, Mowl & Talbot, 2000) 등 노인과 연관된 장소들의 의미와 재현에 초점을 두었다. 이런 연구를 통해 사회지리학자들은 특정 장소에서 노인차별적(연령차별적) 과정이 어떻게 작동하는지, 그리고 이 과정이 편안함과 참여에 대한 감정을 어떻게 차단하는지를 확인했다. 무엇보다 중요한 점은 나이에 대한 우리의 인식이 고정되어 있지 않으며, 광범위한 사회·정치적 맥락과 우리가 어디에 있고 누구와 있느냐에 따라 늘 변동한다는 사실이다(Laws, 1995).

1990년대와 2000년대부터 이러한 연구 아이디어가 발전해왔지만 노년에 관한 사회지리학 연구는 놀라울 정도로 정체된 상태다. 최근 일부 연구들은 노년 공간의 이해를 위한 보다 많은 개념적 발전, 감정지리 연구와 관련된 노년 연구(Pain & Hopkins, 2010; 12장 감정 참고), 체화(체현, embodiment)에 관한 이론(Schwanen, Hardill & Lucas, 2012), 비재현이론(Horton & Kraftl, 2005; Skinner, Cloutier & Andrews, 2015; 2장 사회지리학 이론 및 11장 일상 참고)이 필요하다는 주장을 제기하고 있다. 또한, 사회지리학자들은 노년 연구가 아동·청소년 연구와 비교할 때 주목을 받지 못하는 이유를 탐구하면서(Pain et al., 2001; Skinner, Cloutier & Andrew, 2015), 최근 아동지리학 연구의 폭증은 우리가 노인과 대비시켜서 젊은이에게 부여하는 사회적 가치를 반영한 것이라고 지적한다.

4. 연령의 관계적 지리

앞서 살펴본 연구들은 특정 연령집단의 사회지리적 경험을 토대로 한다. 이것들은 앞서 Box 19.1에서 소개했던 네 가지 접근 중 어느 것과 관련이 있을까? 아마 여러분은 이제까지 소개했던 연구사례들이 나이를 체화된 것으로 보는 접근(체화연령), 나이를 사회적으로 구성된 것으로 보는 접근(사회연령), 아동과 청소년을 그 자체로 '실재'하는 존재로 보는 접근(성인화)에 해당됨을 알아챘을 것이다. 그러나 지리학 연구에서 첫 번째 접근인 연령에 대한 연대적 접근(생활연령)을 완전히 무시할 수는 없다. 왜냐하면 생활연령은 여러 접근과 연구의 기본적인 분석범주를 생산하기 때문이다. 한편, 2000년대 중반 이후 연령에 관한 사회지리학 연구에서 다섯 번째 접근이 새롭게 출현해서 인기를 얻고 있는데, 우리는 이를 연령에 대한 '관계적 접근'이라고 지칭한다.

우리는 연령의 연대적 차이를 '물신화'하는 경향이 있다. 이로 인해 아동과 청소년에 관한 사회지리학 연구는 많지만 노인에 관한 연구는 상대적으로 적으며, 이들 집단 간의 사회지리에 관한 연구는 거의 없다(Hopkins & Pain, 2007). 그러나 연령집단들은 실제 삶에서 서로 분리되어 있지 않고 상호구성적이다. 이 절에서는 사회지리학 연구에서 연령에 대한 보다 관계적인 지리를 달성하기 위한 세 가지 개념을 제시한다. 생애과정, 간(間)세대성(상호세대성, intergenerationality), 교차성이 바로 그것이다.

1) 생애과정

생애과정(lifecourse)은 사람들이 고정되고 안정된 일련의 인생 단계를 경험하는 것이 아니라, 다양하고 역동적이며 유연한 생애과정을 타협하며 살아간다고 인식하는 개념이다. 하키와 제임스(Hockey and James, 2003: 5)는 생애과정 접근*을 소개하면서, "사람의 일생은 기계적으로 돌아가는 바퀴 같기보다는 예측불가능하게 흐르는 강물"과 같다고 표현한다. 가령, 워스(Worth, 2001)는 영국을 사례로 이러한 생애과정 접근을 '생애

* 생애과정이론(LCT; Life Course Theory)은 인간의 발달과정을 발달심리학처럼 개인의 생애에 국한해서 이해하지 않고, 개인이 속한 사회(사회구조 및 사회적 사건)와의 관계 속에서 이해하고자 한다. 왜냐하면 개인의 발달은 그를 둘러싼 사회(생태적 환경)와 상호의존관계에 있기 때문이다. 생애과정 접근의 대표적인 이론가인 글렌 엘더(Glen Elder)는 생애과정을 구성하는 다섯 가지 원리로 수명(life-span) 발달, 인간 행위성, 시간(역사)과 장소(지리), 의사결정의 시점(timing), (가족, 친족 등) 유대관계(linked lives)를 제시하면서, 이에 대한 학제적 접근의 중요성을 강조했다. 관련된 핵심 문헌으로 Elder, G., (1998), The life course as developmental theory, *Child Development*, 69(1), 1-12 참고.

현장 속 연구
젊은 스코틀랜드 기독교인들 그리고 세대 간 관계

필자는 스코틀랜드 기독교 청소년들과 그 부모(후견인) 또는 기타 성인들 사이의 세대 간 관계에 주목하면서, 이 관계가 청소년들의 종교적 정체성, 믿음, 실천에 어떤 영향을 끼치는지를 연구했다(Hopkins et al., 2011). 필자의 연구는 심층면담과 초점집단면담을 수행하여 종교의 세대 간 전승이 단순하게 일어나지는 않는다는 점을 드러냈다. 이러한 연구 맥락에서 도출된 네 가지의 세대 간 관계 양식은 다음과 같다.

- 일치적(correspondent): 청소년들의 종교적 믿음은 자신에게 영향을 미친 성인과 공유되고 있다. (물론 이 성인이 항상 부모인 것은 아니다.) 종교 정체성은 유사하지만, 결코 똑같지는 않다.
- 순응적(compliant): 일부 청소년들은 다른 종교나 영성에 관심을 보이면서도 부모의 종교적 전통에 순응한다. 이들은 전통 종교를 통해 자신이 갈 길을 적극적으로 개척한다.
- 도전적(challenging): 일부 청소년들은 윗세대의 종교적 전통을 따르지 않고, 의문을 제기하고 대안적 입장과 교섭하며 성인의 실천, 가치, 믿음에 적극적으로 도전했다.
- 갈등적(conflicting): 어떤 청소년들은 종교적 문제로 씨름하거나 갈등하고 있었지만, 그 부모들은 자녀의 신앙에 관심이 없거나 노골적으로 반발했다. 종교적 계율의 차이, 개종에 대한 결정, 세속주의 등은 모두 세대 간 갈등의 원인으로 작동했다.

이 연구는 청소년의 신앙에 다양한 요인이 영향을 미치며, 이 중 일부만이 세대 간 관계와 관련되어 있음을 보여주었다. 또한, 세대 내 관계도 중요한 요인으로서 일상적으로 만나는 다른 사람, 장소, 실천 등도 이들의 신앙에 영향을 미쳤다.

지도화(life-mapping)'에 적용하여, 시각장애 청소년의 성년기로의 이행을 연구했다. 또한, 에반스(Evans, 2011)는 탄자니아와 우간다의 청소년가장 가구를 연구하면서, 형제자매 간 관계가 어떻게 돌봄의 관계로 변천하는지, 가족의 역할이 어떻게 변화하는지, 그리고 커뮤니티에서 자신을 어떻게 위치시키는지를 탐구한 바 있다.

2) 간세대성

간세대성은 세대 간 관계에 주목하는 개념으로서, 연령집단 간 상호작용이 우리의 정체성, 조절(regulation), 공간이용을 형성한다고 본다. 연구자들은 2000년대 중반부터 간세대적 접근을 이용해오고 있다(Vanderbeck & Worth, 2015 참고). 애나 태런트(Anna Tarrant, 2013)의 연구가 그 대표적인 사례인데, 그녀는 노스웨스트잉글랜드를 사례로 조손가정의 간세대적 돌봄의 실천을 탐구하면서 남성성의 노령화를 이해하고자 했다. 또 다른 사례로서 Box 19.3에 제시된 필자의 연구를 참고하기 바란다.

3) 교차성

연령에 관한 보다 관계적인 지리학은 교차적 설명을 요청한다. 교차성(intersectionality)은 20장에서 상세히 설명하겠지만, 여기서의 핵심은 같은 연령집단에 속해 있지만 범주가 다른 사람들은 누구이며 이들은 해당 집단의 경험과 의미에 어떤 영향을 미치는지를 질문해야 한다는 것이다. 가령, 부유한 여성이 마주치는 '노년기'는 그보다 부유하지 못한 다른 노년기의 여성과는 본질적으로 다른 의미를 가질 것이다.

지리학자들은 자신이 중년층(장년층) 성인일 확률이 높음에도 불구하고, 역설적이게도 연령을 분석할 때 그러한 배경을 간과해왔다(Hopkins & Pain, 2007). 빈센트 델 카지노(Vincent Del Casino)는 이 불일치를 직접적으로 지적하면서, 중년은 "누구나 알고 있지만 말하기 꺼리는, 지배적인(hegemonic) 방 안의 코끼리이다.* … 성인의 생활, 특히 중년으로서의 실천과 연관된 생활은 절대적으로 자연화된 규범(the naturalised norm)이며, 어린이와 노인 등 다른 사람들의 생활은 이 규범을 중심으로 구성된다"고 말했다(Del casino, 2009: 212). 중년기는 생산 및 재생산 영역 모두에서 집중적인 활동이 이루어지고 가사공간과 공공공간이 교차하는 생애 단계이다. 따라서 중년층은 대개 임금노동과 가사(부양)노동 모두에 깊이 관여하고 있다. 물론 현실에서는 (중년기라고 할지라도) 연령에 따라 분리된 활동들이 보다 복잡한 양상으로 나타난다. 서양 이외의 사회에서는 아동기와 노년에 대한 문화적 기대가 서양과는 다르다(Evans, 2011 참고). 서양에서는 청소년-성년 이행은 주거, 취업, 진학, 친족관계의 변화로 인해 뚜렷한 구별이 더욱 어려워지고 있다. 마이크 케스비(Mike Kesby, 2007)의 지적처럼, 노년기, 중년기, 청소년기는 수행적이고, 뒤얽혀 있으며, 항상 변화 중에 있다. 연령에 대한 관계적 접근은 이러

---

* '방 안의 코끼리(elephant in the room)'는 영어권의 은유적 표현으로 '중대한 문제가 있거나 크게 잘못된 상태라는 것을 누구나 알고 있음에도 불구하고, 그로 인해 발생할 큰 혼란, 논쟁, 위험, 결과 따위가 두려워 말하기를 꺼리는 금기시된 문제(상태)'를 지칭한다.

한 복잡성을 보다 심층적으로 연구할 수 있는 경로를 열어준다. 이를 통해 우리는 연령의 변화가 어떻게 삶에서 경험되며 이런 경험이 발생하는 맥락과 위치가 어떤 의미를 갖는지를 탐구할 수 있다.

 요약

- 연령의 정체성은 항상 문화적이고 지리적으로 특수하며, 특정 연령이 된다는 것이 무엇을 의미하는지에 관한 장기적인 사고와 관념의 영향을 받는다. 따라서 연령의 정체성은 특정 공간과 장소에서의 삶에서 경험되고, 재생산되고, 저항받으며, 재형성된다.
- 연령에 관한 대부분의 사회지리학 연구는 생애과정의 양 극단인 유년기와 노년기에 주목해왔

다. 특히 아동지리학 연구는 노인 등 다른 연령집단에 비해 상대적으로 연구 비중이 높았다.
- 최근의 사회지리학자들은 연령 자체에 대한 비판적, 관계적 접근을 취하고 있다. 이는 연령집단을 고립적으로 연구하기보다는 연령집단 간관계에 주목하고, 교차성을 강조하며, 생애과정의 변천을 고정적 연령범주가 아니라 다양한지리적 맥락에서 성찰할 수 있게 한다.

 더 읽을거리

Ansell, N. (2009) Childhood and the politics of scale: Descaling children's geographies? *Progress in Human Geography,* 22(2): 190-209.

Harper, S. (2005) *Ageing Societies.* London: Hodder.

Hopkins, P. (2010) *Young People, Place and Identity.* London: Routledge.

Hopkins, P., & Pain, R. (2007) Geographies of age: Thinking relationally. *Area,* 39(3): 287-94.

Horschelmann, K., & Van Blerk, L. (2011) *Children, Youth and the City.* London: Routledge.

3부에서 우리는 인종, 종교, 계급, 젠더, 섹슈얼리티, 장애, 나이 등의 구체적인 사회적 분리에 대해 살펴보았다(13장 인종~19장 나이 참고). 이러한 사회적 분리의 복잡성을 이해하고, 이 분리를 유의미하게 만들어내는 배타적 (가령, 인종차별주의, 동성애혐오증, 성차별주의와 연관된) 과정과 상이한 공간적 분리의 방식을 이해하는 것은 모두 오늘날 사회지리학자들이 자신의 연구에서 직면하는 중요한 과제다. 이 장에서는 교차성(intersectionality)이라는 개념을 소개하면서, 이러한 **배제와 지배의 과정**들이 (각각 개별적으로 있는 것이 아니라) 어떻게 복잡하게 교차하고 상호작용하는지를 살펴본다. 예를 들어, 대개 성차별주의는 인종차별주의나 동성애혐오증 또는 계급적 차별과 떨어진 상태에서 단독으로 발생하지는 않는다. 교차성은 사회지리학자들이 이러한 상호작용을 인식하고 분

석하는 데 유용한 개념이다. 곧, 교차성은 성차별주의, 인종차별주의, 동성애혐오증, 계급차별주의 등을 서로 동떨어진 독립적 과정으로 이해하기보다는 이러한 차별의 양식들이 상호작용하면서 어떻게 전개되는지를 이해하려는 개념이다.

이런 의미에서 교차성은 여러 시간과 장소에서 나타나는 사회관계의 복잡성을 이해하기 위한 도구이다. 교차성이라는 개념을 제안한 것은 대개 사회·법학자인 킴벌리 크렌쇼(Kimberlé Crenshaw, 1989)로 알려져 있는데, 그녀는 미국의 흑인여성들이 노동시장에서 경험하는 차별을 분석할 때 이 개념을 적용했다. 당시에는 젠더와 관련된 입법은 백인여성을, 인종과 관련된 입법은 흑인남성을 보호했기 때문에, 흑인여성은 법적 보호에서 배제된다는 것이 연구자들의 일반적인 견해였다. 크렌쇼는 정체성과 권력관계에 대한 이러한

표 20.1 교차성의 핵심 원리

사회 불평등	교차적 연구(intersectional study)는 사회 불평등을 (예를 들자면) 인종, 젠더, 계급 중 어느 하나와 관련해서 파악하기보다는 서로 맞물려 있는 다중적 요인들로 구성되어 있다고 이해한다.
권력	교차성은 (구조적, 개인 간, 규율적, 문화적 영역 등) 여러 권력 영역(domains)과의 관계 속에서 그리고 이들의 교차점을 통해서 어떻게 불평등과 권력관계의 상호구성을 분석할 것인가의 문제에 관한 것이다.
관계성	인종, 계급, 젠더 등 상이한 권력 영역 내부의 관계성과 이들 간의 관계성이 중요하다. 이는 이분법적 사고보다는 여러 범주들 간의 상호연계성과 '모두/그리고(both/and)'라는 분석 틀(준거 틀, frame of reference)에 주목한다.
사회적 맥락	교차성은 특정한 정치적, 제도적, 지식적 맥락에서 사회 불평등을 생산하므로, 이런 사회적 맥락에 주목하는 것이 중요하다.
복잡성	사회 불평등, 권력, 관계성, 사회적 맥락의 원리들은 모두 상호연결되어 있다. 이는 곧 교차적 분석에서는 뚜렷한 복잡성이 있음을 의미한다.
사회정의	사회정의는 대부분의 교차성 연구에서 근본적으로 중요하다. 왜냐하면 교차성 연구는 사회 불평등에 주목하고 공정성을 추구하기 때문이다.

(출처: Collins & Bilge, 2016)

일차원적 접근을 비판하면서, 모든 생활은 인종 및 민족성, 젠더, 섹슈얼리티, 계급 등 사회적 차이의 다중적 축들이 상호의존하는 가운데 형성된다고 보았다(Collins, 1990; Crenshaw, 1991). 그녀에 따르면, 사회적 분리의 (상호)교차는 각 범주가 경험되고 교섭되는 방식을 바꿀 수 있는 잠재력이 있다. 이는 특히 차별에 대항하는 정치적 행동 전략을 탐색할 때 중요하다.

교차성을 복잡한 사회관계를 이해하는 한 방법으로 이해하는 것도 중요하지만, 무엇이 교차성이 아닌지에 대해서도 분명히 이해해야 한다. 교차성은 단순히 복수의 정체성들과 관련된 것도 아니고, 평등과 다양성과 관련된 문제들을 해결할 수 있는 간단한 방법도 아니다. 곧, 교차성은 단지 억압과 주변화와만 관련된 것이 아니라, 남성성, 백인성, 이성애 등과 연관된 지배를 이해하는 데도 적용된다. 교차성은 연구자들로 하여금 단순히 개인보다는 제도적 구조와 배제에 주목하도록 한다

는 점이 유용하다. 뿐만 아니라, 이를 통해 타자의 목소리에 더욱 귀를 기울여서 우리 자신의 특권을 성찰할 수 있고, 어떤 새로운 주장(initiative)이 누구를 배제하는지 (또는 누구에게 부정적인 영향을 끼치는지) 그리고 이를 극복하기 위해 무엇을 해야 하는지를 모색할 수 있다.

지금까지 많은 사회지리학 연구에서 교차성 분석을 통해 다양한 정체성의 구성을 탐구해왔지만, 교차성은 그 이상의 개념이다. 콜린스와 빌게(Collins and Bilge, 2016)는 교차성이 지닌 복잡성을 탐색하면서 그 기저의 핵심 원리를 여섯 가지로 제시했다. 여기에는 사회 불평등, 권력, 관계성, 사회적 맥락, 복잡성, 사회정의가 포함된다(표 20.1 참고).

1. 교차성의 역사와 기원

교차성은 흑인 페미니즘운동 및 학술연구에 기원

을 두고 있다. 교차성은 사회정의를 지향하는 연구와 운동에서 중요한 개념으로 다루어지지만, 일부 학자들은 교차성의 개념적 유행이 교차성 그 자체를 '백인화'하고 탈정치화했다고 비판한다(Bilge, 2013; Hopkins, 2017). 우리는 교차성 개념의 역사적 윤곽을 간략히 검토하면서, 흑인운동과 페미니즘의 역사와 유산을 면밀히 인식해야 한다고 주장한다.

교차적 사고는 크렌쇼가 1980년대에 교차성 개념을 언급하기 훨씬 이전부터 존재해왔는데, 이는 초창기 흑인 행동주의운동과 흑인 페미니즘 연구 속에서 찾아볼 수 있다. 교차적 사고에 기반을 둔 사회·정치적 투쟁의 증거들은 19세기로 거슬러 올라간다. 1851년 오하이오에서 열린 한 여성 인권대회에서 해방노예 출신의 흑인여성인 소저너 트루스(Sojourner Truth)*는, 얼핏 안정적인 것처럼 보이는 '여성임(womanhood)'이라는 범주는 여성들의 투쟁 속에서 재현된 것이라고 비판하면서 자신이 처해 있던 루틴화된 형태의 억압을 강조했다(Collins, 1990). 쿠퍼(Cooper, 1988: 134)는 유색인 여성들이 인종과 젠더가 서로 얽힌 난관에 봉착해 있으며, 그 속에서 유색인 여성들은 '인종과 젠더 모두에서 이해되거나 인정받지 못한 요소'라고 지적했다. 이 사례는 "교차성을 인식하고 이를 문제제기한 **행동**(do-ing)이 우리가 [우리

가 일반적으로 생각하는 것보다] 훨씬 긴 역사를 갖고 있음"을 보여주며(Mollett & Faria, 2018: 567), 크렌쇼(1989, 1991)의 논의에서 유래한 흑인 페미니스트 인식론은 이러한 삶의 경험(lived experiences)을 토대로 한다는 점을 알려준다.

상호교차적 억압과 이의 역사적, 구조적, 정치적 맥락에 대한 삶의 경험은 흑인 페미니즘운동에서 핵심적이었다(Combahee River Collective, 1982/2019). 흑인 페미니즘은 단순히 미국 흑인여성들의 억눌림뿐만 아니라, 주류 학계의 페미니즘과 이와 관련된 지식생산에서의 배제를 강조했다. 왜냐하면 당시의 여성운동에서 흑인여성 이슈가 지니는 특수성은 거의 인정되지 못했기 때문이다(Davis, 1981; hooks, 1981).

교차성에 대한 사고는 사회지리학을 포함한 학계 여러 분야로 확산되면서 새로운 도전들에 직면해 있다. 교차성 프레임을 이용한 많은 분석들은 흑인 페미니즘 비판에서 제기했던 원래의 교차성으로부터 멀어졌다는 비판을 받고 있으며, 특히 인종이라는 범주의 중요성을 반감시켰다는 점에서 더욱 그러하다(Hopkins, 2017). 따라서 교차성이 지니는 복잡한 사고의 기원을 보다 충분하게 받아들이는 것이 중요하다. 곧, 교차성이라는 '이름붙이기(네이밍, naming)' 자체를 넘어선, 그리고 (사회지리학을 포함한) 현대의 사회과학 연구에서 통용되는 수준을 넘어선 충분한 이해가 필요하다(Hancock, 2016).

2. 교차성과 복잡성

복잡성(complexity)은 모든 교차적 분석의 핵심

---

* 소저너 트루스(1797~1883)는 뉴욕주에서 노예로 태어난 후 여러 곳으로 팔려 다니다가, 1826년 탈출하여 기독교로 개종했다. 1843년에 '진실에 머무는 자'라는 뜻을 지닌 현재 이름으로 개명했다. 트루스는 정규교육을 받지 못했으나 1851년 '나는 여자가 아닌가?(Ain't I a Woman?)'라는 제목의 감동적인 즉흥 연설로 유명해졌으며, 그 이후 노예제 폐지와 여성 참정권운동에 헌신하며 큰 족적을 남겼다. 2009년 오바마 대통령 재임 시 흑인여성 최초로 미국 국회의사당에 그녀의 기념 흉상이 설치되었다.

측면이기 때문에, 다양한 구성요소들이 맞물리는 방식을 고려해야 한다. 교차성을 비판하는 이들 중 일부는 교차성을 단순히 복수의 정체성을 관찰하고 분석하는 방식이라고 생각하는데, 이는 대부분 복잡성을 제대로 인식하지 못한 경우이다. 복잡성을 진지하게 고려하는 분석은, 연구자가 검토하는 특정 사례분석에서 발견되는 변수들 외에

도 표 20.1에 제시된 핵심 원리를 포함하고 있어야 한다. 벨기에와 영국의 LGBTQ 무슬림에 관한 필자의 연구사례(Box 20.1 참고)는 다양한 권력의 역동성, 집단 내/집단 간 사회관계, 그리고 교차성 프레임을 적용할 때 발생하는 사회적 맥락과 관련 이슈를 보여준다.

Box 20.1

현장 속 연구
벨기에와 영국에서의 삶의 교차성과 LGBTQ 무슬림

알레산드로와 나타르(Alessandro and Nathar)는 영국과 벨기에의 LGBTQ 무슬림의 삶의 경험을 분석하는 데 교차적 접근을 적용했다(그림 20.1 참고). 이 연구는 LGBTQ 무슬림과의 면담데이터를 교차적 관점에서 분석함으로써, 각 개인들이 다양한 공간을 이동, 경험하는 방식이 어떻게 복잡성에 의해 형성되는지, 그리고 그들이 일상생활에서 마주치는 다양한 집단들과의 관계는 어떠한지를 관찰할 수 있었다. 유럽의 LGBTQ 무슬림은 특정 유형의 억압들을 경험하곤 하는데, 이는 이슬람혐오증, 인종차별주의, 동성애/양성애/트랜스혐오증(homo/bi/transphobia)의 상호 맞물림에 따른 것이었다. 이러한 다중권력 시스템에서 어느 하나만이 유럽 LGBTQ 무슬림의 삶의 경험을 설명할 수는 없다.

우리는 면담조사를 수행하는 동안, 연구 참여자들이 LGBTQ 동호회에서 백인 비무슬림 회원들과 교류하면서 그들로부터 인종차별주의적이고 이슬람혐오적인 고정관념과 편견을 느꼈던 여러 에피소드를 들을 수 있었다. 인종차별적이고 이슬람혐오적 발언들이 난무하는 대표적인 공간은 게이와 남성양성애자를 대상으로 하는 데이트앱이었다. 모로코 출신의 26세 게이 유니스는 브뤼셀에서 대중적으로 사용되는 두 가지 데이트앱인 'Grindr'와 'Planet-Romeo'에 대한 자신의 경험담을 이야기하면서 다음과 같이 말했다. "그 이전에도 사람들은 저를 보고 예를 들면 '더러운 아랍 놈'이

라고 불렀었죠. 아니면 '아랍 별종'이라고도 하고요. … 그런데 제 생각에는, 또 다른 한편으로 볼 때, 벨기에에서는 … 브뤼셀에서는 아랍인을 좋아하기도 하거든요. 아시겠지만, 모로코인을 좋아하는 벨기에 남성들이 있단 말이죠." 우리가 브뤼셀에서 면담했던 많은 게이와 남성양성애자는 이와 유사한 경험이 있었다. 대개 이들과 채팅한 사람들의 반응은, 노골적인 인종차별 발언과 아랍 남성의 신체에 대한 (인종화된) 이국화(異國化, exoticisation) 사이에서 진동하는 것처럼 보였다. 우리는 이러한 이국화를 통해서, 인종차별주의와 젠더 및 섹슈얼리티에 대한 고정관념이 어떻게 함께 맞물려 작동함으로써 아랍 출신의 게이 및 남성양성애자가 일상에서 직면하는 특정한 억압을 생산하는지를 이해할 수 있다. 튀니지/인도 출신의 25세 게이 하미드는 다음과 같이 말한다.

그래서 저는 … 몇몇 바에서는 … 차별을 받았다고 느꼈어요. … 왜냐하면 저는 아랍 사람이잖아요? … 말하자면, 아랍에 대한 판타지를 대표하는 셈이죠. 그래서 제 생각에는, 사람들이 저와 섹스를 할 때마다 … 늘 저를 과격한 사람이라고 생각하는 것 같아요. 그리고 늘 제가 섹스를 좋아한다고 생각하는 것 같아요. … 나머지도 다 그런 것과 비슷하죠. 그래서 제 입장에서는 이런 게 차별이라고 생각돼요. 저를 과격한 섹스를 하기

위한 … 어떤 물건쯤으로 생각하는 거죠. 왜냐하면 전 아랍인이니까요. 저는 이런 걸 용납하기가 어려워요.

우리의 연구에 참여했던 또 다른 사람은 LGBTQ라는 이유로 [출신지가 같은] 동포 커뮤니티에서 거부당하는 것에 대한 두려움을 토로하기도 했다. 이는 곧 그런 집단의 사회관계 규범에 자신이 순응하지 못하는 것에 대한 일반적인 두려움이기도 했다. 브뤼셀에서 만난 바와코라는 이름의 여성은 소말리아 태생의 지부티인인 28세 레즈비언이었다. 그녀는 자기가 거주하는 빌딩에 대해 설명하면서, "빌딩 안에서는 동성애자임을 절대 말해서는 안 돼요. 거기에 이민자들이 많이 사는데 … 잘 아시다시피 그들은 거의 종교가 있는 사람들이에요. 매우 종교적인 사람들이죠. 매우 … 그래서 그 사람들한테 충격을 주지 않으려면, 제가 레즈비언이라는 걸 말해서는 안 돼요"라고 말했다. 하지만 그녀는 백인이거나 또는 이민자 출신이 아니라면 그렇게 걱정할 필요는 없다고 말했다. "백인에게는 좀 더 관용적인 것 같아요. 제가 보기에 그래요. 왜냐하면 백인들은 …. 쉽게 말해 백인이 동성애자인 것은 오케이죠. … 마찬가지로 만약 빌딩에 사는 이민자한테 누가 동성애자인지 알려달라고 물어보면, 그 사람은 십중팔구 백인일 겁니다. 절대 유색인은 아닐 거예요."

LGBTQ라면 백인일 것이라고 상상하는 것은 비단 유색인 이민자 커뮤니티만은 아니다. 일상의 상호작용 속에서 연구참여자들은 자신이 무슬림 이민자 커뮤니티에도 속하지 않고 LGBTQ 커뮤니티에도 속하지 않는다고 느끼고 있었다. LGBTQ 무슬림이라는 그들의 정체성에 대해 사람들은 놀라거나, 충격을 받거나, 아니면 사실로 믿지 않는 반응을 보였다고 한다. 노스런던에 살고 있는 26세 게이 시디크는 "정말 많은 질문을 받아요. … 사람들은 제가 동성애자이고, 무슬림이며, 아시아인이라는 것에 충격을 받죠. … 어떻게 동성애자이면서도 무슬림이기를 원할 수 있는지, 그리고 그게 어떻게 양립할 수 있는지 사람들은 믿지 못해요"라고 말했다. 시디크의 이야기는 무슬림, 소수민족, 비이성애 정체성에 대한 지배적 인식이 어떻게 이 정체성들을 상호 배타적인 범주로 인식하는지를 보여준다. 그러나 이 두 연구에 참여한 많은 사람들에게 이슬람은 힘의 원천이었다. 물론, 초창기에 그들은 이성애중심적인 종교 담론과 씨름했지만, 이슬람을 성찰적으로 채택, 적용함으로써 자신의 신앙을 유지할 수 있었다.

이런 사례들은 LGBTQ 무슬림들의 일상 경험이 단일 범주를 개별적으로 적용할 때에는 이해할 수 없는 것들을 드러낸다. 연구참여자들의 삶은 이슬람혐오증, 인종차별주의, 동성애/양성애/트랜스젠더 혐오증이 교차하는 복잡한 방식으로 형성되어 있다. 이런 범주들이 상호작용하면서 생산해내는 특수한 경험들은 인종차별주의나 동성애혐오증에 대한 단순한 이해를 초월한다.

그림 20.1 2015년 브뤼셀 프라이드를 축하하기 위해 랄프 쾨니히(Ralf König)가 그린 벽화 미술작품으로, LGBTQ 단체들의 네트워크인 레인보우하우스 브뤼셀(RainbowHouse Brussels)과의 협력으로 제작되었다.
(그림: Alessandro Boussalem)

3. 교차성과 권력

콜린스와 빌게(2016)에 따르면, 교차성 기반의 이론, 분석, 행동주의에서 가장 핵심적인 개념은 권력이다. 권력은 인종차별주의, 성차별주의, 이슬람혐오증, 동성애/양성애/트랜스젠더 혐오증(그림 20.1 참고)처럼 서로 상이하지만 맞물려 있는 여러 가지 축(axes)을 **따라** 작동한다. 또한, 서로 상이하지만 중첩된 영역(domains)을 **넘나들며** 작동한다. '권력의 영역(domains of power)'이란, 사회에서 권력이 행사하는 상이한 역할과 우리가 권력의 작동을 관찰할 수 있는 사회생활의 다양한 층들을 지칭한다(Collins & Bilge, 2016: 7). 여기에서 권력의 의미는 여러 가지인데, 개인 및 집단 간의 관계(개인 간 영역), 그런 관계를 통치하되 사람에 따라 달리 적용되는 여러 규칙(규율적 영역), 상이한 집단에 대한 문화적 재현과 사고(문화적 영역), 그리고 특정 집단에 유리하거나 불리하도록 사회가 조직화된 방식(구조적 영역)이 포함된다(Collins & Bilge, 2016: 7-13). 사회지리학자로서

우리는 특히 이러한 상이한 영역들을 넘나들며 작동하는 권력의 체계에 주목함으로써 교차적 정치 프로젝트와 집단 정체성이 어떻게 출현하는지를 관찰하고자 한다.

예를 들어 괴카릭셀과 스미스(Gökarıksel and Smith, 2017)는 도널드 트럼프(Donald Trump)의 대통령 당선 이후 미국 전역의 여성운동 조직화에 초점을 두고, 트럼프의 성차별적, 인종차별적, 이슬람혐오증적 수사들에 항의하기 위해 여성운동에서 활용했던 상징물을 분석했다. 항의 시위에 사용된 상징물의 사례에는 미국 국기 무늬가 그려진 히잡(hijab)을 쓰거나 '핑크색 고양이(pink pussy)'* 모자를 쓴 여성의 이미지가 있었다(그림 20.2). 연구자들에 따르면, 이런 상징물은 정치적 행동에서 교차적 프레임이 얼마나 필요한지, 그리고 미국의 주류 페미니즘에 얼마나 큰 변화가 필요한지를 드러냈다. 이런 이미지에 대해 연구자

....
* 여성의 성기를 지칭하는 은어. 핑크색 고양이 모자는 2017년 미국에서 시작된 미투(#MeToo) 운동에서 본격 등장했다.

그림 20.2 도널드 트럼프 미국 전 대통령 취임식 날이었던 2017년 1월 21일 워싱턴에서는 성평등을 요구하는 시위가 열렸다. 이날 시위에는 약 50만 명의 여성이 모인 것으로 추산되며, 여성들은 'pussy hat'이라고 부르는 고양이 귀 모양 모자를 연대의 상징물로 사용했다. (그림: Julie Hassett Sutton / Shutterstock.com)

들은 말했다. "우리는 [이들의 시위에서] 국민국가의 배타적, 폭력적 정치에 대항하는 어려운 과업을 목격하기보다는, 머리스카프의 종교적 의미를 지우고 국가 **내의** 차이를 덮어버리는 주장을 목격한다."(Gökarıksel and Smith, 2017: 634) 트럼프 전 대통령의 성차별적 표현에 항의하는 상징물인 핑크색 고양이 모자는 유색인 여성과 트랜스여성(trans women)이 일상에서 경험하는 성차별적 폭력과 학대를 대항서사(counternarrative)에서 배제하는 결과를 낳는다. 곧, '핑크색 여성생식기'는 여성다움(womanhood)의 표식으로서, 자신의 신체와 경험이 그런 상징으로 표현되지 않는 많은 여성들을 배제하는 것이다.

이 사례를 통해서 우리는 성차별주의, 인종차별주의, 이슬람혐오증, 트랜스젠더혐오증과 같은 상이한 권력의 체계들이 어떻게 서로 맞물림으로써 트럼프의 말과 행동으로 소외를 느낀 개인과 집단 간에 차이를 생산하는지를 알 수 있다. 그리고 이러한 권력의 범주들은 상이한 영역들을 넘나들며 작동한다. 이 사례의 경우, 콜린스와 빌게(2016)가 말한 권력의 여러 영역 중 직관적으로 가장 눈에 띄는 것은 아마 '문화적 영역'일 것이다.

괴카릭셀과 스미스(2017)의 분석이 초점을 두는 것은 여성다움 그리고 무슬림여성다움에 대한 문화적 재현이다. 이미지와 상징물의 문화적 사용은 이런 시위의 조직화에서도 개인 간 권력관계와 구조적 권력관계가 작동한다는 것을 보여준다. 이 시위에서 백인 시스젠더(cis-gender, 16장 젠더 189쪽 옮긴이주 참조) 여성과 나머지 여성 간의 관계는 전자가 향유하는 특권과 이익에 의해 조정, 형성된다. 이 두 연구자는 이와 같은 부분적, 배타

적인 상징물의 사용 때문에 불거진 이슈와 논의를 극복 불가능한 장애물로 여기기보다는, 트럼프 전 대통령의 성차별적, 인종차별적, 이슬람혐오증적, 민족주의적 담론에 대한 대항서사를 다시 사고하고 수립할 수 있는 중대한 순간이라고 주장한다. 그리고 이러한 과업은 오직 차이를 껴안고 이를 사회 내 권력체계를 붕괴시키는 도구로 활용할 때에만 달성될 수 있다. 곧, "우리가 현행의 정치 상황에서 직면하고 있는 권력의 구조, 고의적 무지함, 가장된 순진함을 발가벗길 수 있는 가능성은 바로 이와 같은 거북스러운 대화와 공간 속에서" 발견할 수 있다(Gökarıksel and Smith, 2017: 640).

이 사례는 교차성이 단순히 이론적 개념으로만 간주되어서는 안 된다는 점도 시사한다. 교차성은 사회관계를 이론화하는 도구이기도 하지만, 사회변동을 일으키기 위해 정치적 행동과 전략을 고안해내는 수단이기도 하다. 이론과 프락시스라는 두 지평은 권력의 축이 사회적 세계를 형성하는 교차적 방식에 관한 우리의 앎을 진척시키는 데 공생관계에 있다.

4. 교차성과 사회적 맥락

사회적 맥락은 교차적 분석에서 또 다른 중요한 개념이다. 이런 관점에서, 교차성은 우리로 하여금 다양한 권력의 축이 상호작용함으로써 특수한 경험들을 생산하는 구체적인 제도적, 정치적, 문화적 맥락을 주의 깊게 보도록 이끈다. 물론, 이처럼 사람들이 살아가는 사회적 맥락, 장소, 입지에

초점을 두는 것은 사회지리학의 핵심이기도 하다 (1장 사회지리학의 번영을 위하여 참고). 실제로 교차성 개념의 기원지는 미국 도시 내에서 민족적으로 격리된 근린지구이다. 교차적 분석은 (연구에서 문제시하려는 맥락이 근린지구나 커뮤니티든, 정치적 운동이나 변동이든, 아니면 그 외에 로컬-글로벌 이슈든 간에) 사회적 맥락이 다중적인 역할을 한다는 점에 항상 주의를 기울여야 한다.

사회지리학자들은 이미 1990년대부터 줄곧 교차적 사유를 활용해왔다. 예를 들어, 고바야시와 피크(Kobayashi and Peake, 1994)는 인종과 젠더 간 관계를 탐구했고, 잭슨(Jackson, 1994)은 젠더, 섹슈얼리티, 인종, 신체에 대해 논의한 바 있으며, 러딕(Ruddick, 1996)은 계급, 인종, 젠더 간 교차성을 연구했다. 보다 최근에는 밸런타인(Valentine, 2007)의 연구가 페미니즘 지리학이 교차성 개념을 좀 더 적극적으로 활용해야 한다고 강조한 바 있다. 또한, 피크(Peake, 2010)는 인종, 젠더, 섹슈얼리티의 교차성에 적용할 수 있는 몇 가지 유용한 의견을 제시했으며, 이외에도 청소년 집단이 어떻게 젠더, 인종, 종교와 교차하는지를 탐구하기도 했다(이와 관련하여 Hopkins, 2007c; Nayak, 2006b를 참고할 것). 보다 최근의 사례로는 남성성, 인종, 민족성과 흑인지리(Black geographies)의 교차성을 탐구한 연구가 있다(이와 관련하여 Hopkins & Noble, 2009; Shabazz, 2015 참고).

사회적 맥락에 주목하는 방식으로 교차성을 연구한 사례로는 영국에서 태어난 그리스 키프로스 출신의 이주청소년들에 관한 안티아스(Anthias, 2001)의 연구를 들 수 있다. 안티아스는 '입지의 서사(narratives of location)'를 언급하면서, 우리가 젠더, 인종, 계급과 같은 범주들을 통해 우리 자신을 어떻게 자리매김하는지에 관해 연구했다. 입지의 서사는 우리가 시간과 공간 속에 장소화된 사회적 맥락에 관한 이야기이다. 또한, 이는 이탈(전위轉位, dislocation)에 관한 이야기이기도 하다. 왜냐하면 대개 사람들은 자신이 누구인가의 문제보다는 누가 아닌지의 문제를 통해 정체성을 형성하기 때문이다. 안티아스는 '초입지적 위치성(translocational positionality)'이라는 개념을 제안하는데, 이 개념은 사람들이 (특히 이주민들이) 여러 장소를 자신과 관련지음으로써, 자신의 사회적 정체성을 형성(확인)하고 일상적 실천을 수행하는 포괄적인 다중적 위치성을 일컫는다.

또 다른 사례로 몰렛(Mollett, 2017)이 제안한 '포스트식민 교차성(postcolonial intersectionality)'이라는 개념은 권력과 불평등의 여러 형태들이 백인우월주의와 유럽 식민주의의 경험 속에서 형성되어 그에 뿌리를 내리고 있다는 것을 지칭한다. 몰렛과 파리아(Mollett & Faria, 2018)는 교차성이 언제나 철저한 공간적 개념이라고 주장하면서, 인종차별주의, 가부장제, 이성애중심주의의 상호연결적 시스템이 공간적 구성물을 형성한다고 지적한다. 나아가, 이들은 교차성이 단지 미국의 흑인여성에 관한 것이라는 사고를 비판하면서, 교차성은 상이한 맥락들을 여행하는 개념으로서 여러 맥락에 적용될 수 있다고 지적한다. 또한, 이들은 교차성 개념을 통해 '글로벌남부를 종횡하는 식민적 과거-현재(colonial past-presents)의 권력'(Mollett & Faria, 2018: 571)을 설명함으로써 '포스트식민 교차성' 개념을 다음과 같이 발전시켜나간다.

이 [포스트식민 교차성이라는] 개념은, 가부장제와 (백인성을 포함하는) 인종화된 과정이 미국 내의 성적, 인종적 위계를 넘어 국가적, 국제적 개발(발전) 실천들과 일관되게 맞물려 있다는 점을 드러낸다. 이 접근은 우리로 하여금 단순히 인종이라는 차이가 아니라 인종이라는 권력에 대해서 말하도록 이끈다(Mollett & Faria, 2013: 117).

몰렛과 파리아는 이 틀을 활용해서 온두라스의 토착민족인 미스키토(Miskito) 여성들이 특권과 억압 그리고 토지 보유권(land tenure) 이슈를 일상 속에서 어떻게 타협해나가는지를 탐구했다. 우리는 포스트식민 교차성 개념을 활용함으로써 백인성을 탈중심화하고, 개발과정에서 나타나는 다양한 폭력의 공간과 그곳에 불평등이 스며드는 방식을 인식할 수 있다. 또한, 이는 라틴아메리카의 커뮤니티가 인종적으로 평등하다는 인식에 도전하고, 유럽의 인종차별주의에 대항하며, 남아시아의 카스트제도가 갖는 각별한 중요성을 인식하는 데도 도움이 된다. 이처럼 포스트식민 교차성은 사회적 맥락의 중요성에 주목하기 위한 매우 유용한 도구이다.

 요약

- 교차성은 특정 장소와 시간에서 사회관계가 갖는 복잡성을 이해하기 위한 방법이다.
- 교차성 개념은 흑인 페미니즘 연구와 사회정의 운동에서 기원한 것이므로, 이 개념을 다른 맥락에 적용할 때에는 그 기원지를 염두에 두어야 한다.
- 교차성은 단순히 다중적 정체성에 관한 것이 아니다. 교차성에는 여섯 가지 핵심 원리가 있는데, 여기에는 사회 불평등, 권력, 관계성, 사회적 맥락, 복잡성, 사회정의가 포함된다.
- 교차성은 사회지리학의 핵심 개념으로 다양한 사회·공간적 이슈들에 폭넓게 적용될 수 있다.

 더 읽을거리

Collins, P. H., & Bilge, S. (2016) *Intersectionality.* Cambridge: Polity Press.

Crenshaw, K. (1989) Demarginalizing the intersections of race and sex: A black feminist critique of antidiscrimination doctrine, feminist theory and antiracist politics. *University of Chicago Legal Forum,* 1: 139-67.

Hopkins, P. (2019) Social geography I: Intersectionality. *Progress in Human Geography.* doi: https://doi.org/10.1177/0309132517743677

PART 4

이슈

Chapter 21 | 주거

주거(housing)는 사회정의 실현의 핵심 이슈다. 사람들 모두가 공정하고 정의로운 상황 아래 거주한다면 노숙자의 한뎃잠(rough sleeping), 과밀하고 비위생적이고 불안전한 거처, 소득에 비해 주거비가 너무 높아 식품 구입비와 임대료 중 하나만 선택해야 하는 이들을 마주칠 일은 없을 것이다. 몇몇 사람들과 지역이 어떻게 '뒤처지게' 되었는지 설명해야 하는 이유가 바로 여기에 있다. 이를 위해 **불평등**의 사회·공간적 구조를 과거에서부터 현재까지 살펴야 한다.

'주거'에는 세 가지 주요한 속성이 있다. 생존을 위한 거처의 기본적 필요성, 투기적 부 창출을 위한 소유권 기반의 자산, 장소에 대한 감정적 애착과 연결이 이에 해당한다. 물론 이들은 서로 연관되어 있다. 사회지리학자들은 주거를 **학제적**(interdisciplinary) 관심의 영역으로 여기면서 이

세 가지 주제 모두를 다룬다. 주거의 다중적인 의미들을 '산업'의 문제로만 축소할 수는 없다. 주거를 건축 상품의 생산과 소비, 소유권, 합법적 점유의 '권리' 정도로 파악해서는 안 된다는 의미다. 이러한 전제하에서 사회지리학자들은 사람들이 이웃과 함께 '어디'에서 '어떻게' 살아가는지 탐구한다. 사회지리학 연구는 총체적 접근을 추구한다는 점에서 직무적 성격이 강한 주거학(주택연구, housing studies)과는 구별된다. 주거학에서는 계획 및 정책 실행에 관한 법적, 행정적 이슈와 기법만을 강조한다.

퍼킨스와 손스(Perkins & Thorns, 2011: 74)가 주장하는 바와 같이, "우리는 어디든 거주해야 하고, 거주지를 통해 다른 사람, 광범위한 공동체, 자연환경과 연결되며, 이를 생계의 기반으로 활용하기도 한다". 그러나 주거, 고용, 복지, 가족의

지원, 공동체의 응집력 간 관계에 대한 연구는 아직까지도 충분히 발전하지 못했고 파편화된 채로 남아 있다. 이런 이유로 국가와 시장에서 주택은 거래 상품으로만 여겨지는 경향이 있다. 삶의 공간과 장소로서 주택의 특성은 훨씬 덜 주목받는다. 생활환경에 대한 논의에서도 박약한 정신 건강, 낮은 사회적 이동성, 고독 및 경제적 배제의 핵심 현안에서 **주거 불평등**은 종종 무시된다. 이와 같이 이 장에서는 주거와 관련된 사회정의의 문제(1장 사회지리학의 번영을 위하여 및 7장 정의 참고), 그리고 주거정의의 다양한 공간적 실태를 핵심적으로 다루고자 한다.

이 장에서는 주거와 거주지에 고정된 '견고한 모든 것(all that is solid)'(Dorling, 2014b)에 주목함으로써 '입지'의 중요성(위상, 낙인, 이웃의 친절함, 고립감 등)과 물질적 생활수준(거주지의 넓이, 접근성, 안락함, 건강, 비용 등)을 사회정의의 차원에서 살펴본다. 이를 위해 우선 영국을 사례로 지난 세기 동안 주택 공급의 변천 과정을 주거, 지리, 사회정의의 관계에 초점을 두고 살펴본다. 그다음으로 주거 위기 담론을 중심으로 주거가 가구경제 및 거시경제에서 수행하는 중요한 역할을 논의하며, 주거가 우리의 생계와 생애 변천과 어떻게 연관되어 있는지를 알아본다. 마지막으로 주거의 **비공식성**(informality)을 주제로 주거에 관한 글로벌한 관점을 제시한다. 이론적 논의는 주로 영국의 맥락을 중심으로 하되, 보완의 차원에서 국제적 사례에도 주목할 것이다. 이를 통해 전 세계적으로 주거가 사회정의, 문화, 경제의 문제와 얼마나 다양한 방식으로 연관되어 있는지를 보여주고자 한다. 이와 아울러 **공공주택*** 정책의 발전과 잔여화(residualisation)** 이슈를 중심으로 영국의 주거 변동을 역사적으로 분석하고, 이를 토대로 오늘날의 주거 위기 속에서 시장 및 국가 주도형 주택에 대한 대안을 살펴본다.

주거 불평등에 대한 사회적, 구조적 분석을 상세하게 진행하기에 앞서, 우선 주거 관련 문헌과 논의에서 사용되는 주요 용어와 개념을 제시하고자 한다. 이는 Box 21.1에 요약되어 있다.

....

* 엄밀한 의미에서 공공주택(공영주택, public housing)은 **사회주택**(social housing)의 대표적 유형이다. 사회주택은 다양한 공적 보조나 지원을 제공하는 주택을 총칭하는 용어로, 주로 유럽에서 공공주택과 같은 의미로 사용된다. 공공임대주택(public rented housing)은 공공주택의 대표적인 유형이다. 1장 사회지리학의 번영을 위하여 19쪽 옮긴이주를 함께 참고할 것.
** 공공주택(사회주택)이 저소득층이나 노년층처럼 사회적 안전망(safety net)에 의존하는 사람들의 주거지가 되어 사회·공간적으로 고립, 침체되는 현상을 지칭한다.

Box 21.1

 주요 용어와 개념

....

퇴거(eviction) 특정 건물이나 토지에서 사람들을 강제적으로 (대개는 법에 근거하지만 종종 물리적 폭력과 감정적 위협을 가하며) 이동시키는 행위를 말한다. 일반적으로 임차인의 힘은 임대인보다 약하다. 퇴거는 주로 임차인이 임대료를 지불하지 못하거나 임대인이 부동산을 매각하는 경우에 발생한다. 후자의 경우는 임대인이 젠트리피케이션을 통해 수익을 실현하는 과정에서 나타나기도 한다.

젠트리피케이션 월등한 구매력을 갖춘 계급이 다른 계급을 압도하고 퇴출시키는 국지적(로컬한) 업그레이드의 과정을 일컫는다. 젠트리피케이션의 특징에는 노후화된 건물의 개량이나 커피숍, 와인바 또는 값비싼 부티크의 번성을 들 수 있다. 역사적으로 볼 때, 경제지리학에서는 평가절하된 토지로 새로운 자본이 유입된 결과 건물의 업그레이드와 **지대격차(rent gap)**에 따른 수익이 발생한다는 '공급측(supply-side)' 설명을 추구하는 경향이 있다. 반면, 사회·문화지리학에서는 '수요측(demand-side)' 관점에서 **신흥 중산층**의 유입에 따른 라이프스타일과 관습의 변동을 강조하는 경향이 있다. 오늘날 젠트리피케이션 과정은 너무나 일반화되어, 연구의 초점이 퇴출당한 사람들의 경험과 결과로 바뀌어가고 있다(Lees et al., 2013).

노숙 영구적 주거에 대한 접근성을 갖지 못한 상태를 말한다. 노숙(homelessness)에는 한뎃잠처럼 가시적 노숙도 있지만, 소파서핑(sofa surfing)*과 같이 잠재적 형태의 노숙도 존재한다. 노숙의 주요 원인에는 퇴거나 적정가격 주택과 공공주택의 공급 부족이 포함된다. 이 외에도 알코올, 마약 등 물질중독, 이혼, 가출 등 가족해체, (실업자나 사회적 약자를 보호했던) 복지국가의 후퇴, 정신질환자의 탈시설화(deinstitutionalisation), (퇴역군인이나 출소자 등) 과도기의 사람들, 이주노동자, (전쟁을 피하려는) 비호신청자(asylum seeker)와 난민(refugee) 등도 노숙이 발생하는 원인이다.

보유권(tenure) 어떤 주택이나 아파트를 점유할 법적 지위나 금융 계약을 뜻한다. 이 용어는 '차지하다(to hold)'를 뜻하는 라틴어 'tenere'를 어원으로 한다. 자산을 '차지하는' 가장 일반적인 방식에는 (단순매입이나 장기 '주택담보대출'을 통한) 소유와 (임차인이 소유주에게 임대료를 지불하는) 임대가 있다. 임대는 계약 대상에 따라 (집주인과 맺는) 민간임대와 (지방정부나 비영리주택조합과 맺는) 공공임대로 구분되며, 계약 기간에 따라 (매년 임대료가 인상되는) 단기임대와 장기간의 안정적인 보증임대(secure tenancy)로 나뉜다. 이와 같이 부동산을 확보, 점유하는 다양한 방식은 사유주의, 개인주의, 물질주의라는 강력한 사회적 규범을 토대로 하며, 이는 공동체, 공유, 협동과 같은 대안적 관념과 대립 관계에 놓여 있다.

....

* 친구나 친척 집에서 일시적으로 묵는 행위를 말한다.

1. 주거의 지리와 사회정의

세계 어느 곳에서든 주거의 규모, 유형, 상태, 보유권, 영속성은 사회적 **계층화**를 드러내는 중요한 표식으로 작동한다. 선진 자본주의 경제권에서는 (주거용 자산의 가치를 의미하는) '부동산(real estate)'이 흔히 세 가지 요인에 좌우된다고 여겨진다. 바로 다름 아닌 '첫째도 입지, 둘째도 입지, 셋째도 입지(location, location, location)'다. 이를 통해 우리는 (영국 런던이나 오스트레일리아 시드니에서처럼) 수요가 높은 '핫스팟'의 원룸아파트가 상대적으로 선호도가 약한 저밀도 지역의 훨씬 큰 단독주택보다 비싸게 거래, 임대되는 기이한 현상을 이해할 수 있다. 이 현상은 소득, 부, 권력의 '사다리'나 계층에 따라 개인과 가족이 공간적으로 집중하는 분포 패턴으로 나타난다.

시장주도의 경제에서는 부(wealth)가 가장 중요한 기능을 (그리고 역기능을) 하기 때문에, **주거 보유권**의 여러 형태 중 자가보유(home ownership)가 적극 권장된다. 이를 위해 세금감면 혜택 등의 재정정책과 개인주의, '선택', 사회적 지위 등의 언어가 동원된다(22장 부와 빈곤 참고). 주거자산은 소유주와 임차인 간, 세대 내/세대 간 물질적 생활수준을 더욱 불평등하게 만든다. 이로 인해 가족의 주택은 마치 현금지급기(ATM)나 '엄마아빠은행(bank of mum and dad)'처럼 기능한다는 대중적 인식이 확고해졌다. 곧, 주거자산은 질병이나 퇴직 시에 사용하거나, 성인 자녀의 교육을 지원하거나, 자신의 노년 돌봄에 쓸 수 있는 현금처럼 여겨지고 있다(Searle & Smith, 2010). 바로 이러한 이유 때문에 우리는 주택, 직업, 부를 상호연결된 하나의 공간 시스템으로 파악해야 한다(물론 주택과 고용이 하나의 장소에서 정확히 교차하는 경우는 거의 없음에도 불구하고 말이다).

주택시장은 사회적으로 계층화되고 분리되어 있는데, 이는 토지 소유의 역사적 패턴과 국가 개입의 정치경제에 영향을 받는다. 대개 국가의 개입은 (임대료 보조금 지원을 받는) 사람이나 (공공주택을 건설하거나 지역 기반의 재생사업을 추진하는) 장소를 대상으로 이루어지며, 두 가지 모두가 복합적으로 나타나는 경우도 있다. 개별 국가마다 복지체제가 다르기 때문에 국가적 개입 또한 각양각색이다. 미국에서는 공공임대주택(사회주택)에 거주하는 가구가 전체 가구의 1%에도 미치지 못한다. 또한, 1960년대에 도심재개발의 일환으로 지어진 공공임대주택의 경우 오늘날 대중들에게 '최후 주거 수단'이라고 낙인찍혀 있다(Pacione, 2009). 반면, 영국 정부는 제1차 및 제2차 세계대전 이후 '영웅에 걸맞은 주택' 건설이라는 대규모 프로그램을 추진함으로써 신도시나 교외전원(garden suburbs)에 일반적 필요(기초생활요구)를 충족하기 위한 양질의 공공임대주택을 공급했다.

영국은 1918년 이래로 줄곧 주거 보유권의 극적인 변화를 경험해왔다. 당시까지 주를 이루었던 민간임대가 슬럼 철거를 통해서 마련된 공공임대로 대체되기 시작했고, 그 이후에는 (공공임대주택을 분양받을 수 있는) '선택적 보유권(tenure of choice)'을 통해 자가 소유가 확대되었다. 1918년까지만 하더라도 국가의 복지정책을 통해 공급되는 주택은 거의 없었기 때문에 잉글랜드의 경우 민간임대는 전체 가구의 70%까지 차지했었다. 그러나 1981년에 이르자 민간임대가구 비율은 10%로 감소했고, 자가 거주는 60% 그리고 공공임대는 30%를 차지하게 되었다. 특히, 마거릿 대처(Margaret Thatcher) 수상하에 마련된 1979년의 입법은 지방정부의 공공주택에 거주하는 임차인들에게 (그리고 나중에는 주택조합에게) 임대주택을 상당히 할인된 가격으로 구매할 수 있는 '분양권'을 부여함으로써 자가 소유의 확대에 지대한 영향을 끼쳤다. 그 결과 매력적인 자산을 점유하던 일부 임차인들은 큰 혜택을 보았다. 그러나 누구도 분양을 원치 않는 곳에 거주하던 임차인도 있었다. 1980년과 1990년 사이에는 무려 100만호에 달하는 공공주택이 분양권 입법을 통해 개인 소유로 전환되었다. 이것이 오늘날까지 계속되고 있는 '잔여화' 과정의 시작이었다. 대부분의 선진 자본주의 경제에서 자가 거주는 2008년 **금융위기** 직전에 최고점에 도달했다. 잉글랜드의 경우 자가보유율은 전체의 70%에 육박했으나 금융위기 이후로 단기계약의 민간임대가 급증하기 시작했다. 이러한 변화는 적절한 가격에 적정한 주택을 보유할 수 있는 적정성 위기(affordability crisis)의 결과일 뿐만 아니라, 저소득층이 주택담보대출에 접근하는 것이 어려워졌기 때문에 나타났다(Box

21.2). 이 패턴은 다른 유럽 국가에서 나타나는 모습과는 분명 다르다. 가령, 독일 인구의 50% 이상은 여전히 임대주택에 거주하고 있고, 임대 제도는 엄격하게 통제되고 있으며, 무기계약이 표준으로 통용되고 있다.

 주거 불평등, 낙인, 긴축

1966년 TV에 켄 로치(Ken Loach) 감독의 드라마 〈캐시 컴 홈(Cathy Come Home)〉이 방영되자, 일반 대중과 정치인들은 인간이 주택 때문에 치러야 하는 비용에 대해 주목하기 시작했다. 영국 인구의 25%가 이 작품을 시청하고 사회적으로 박탈된 비참한 삶의 모습을 목격했다. 이러한 삶은 분명코 개선되어야만 하는 문제였고, 이는 **복지국가**의 설립이라는 이상과 어깨를 나란히 했다.

주인공 캐시는 출세를 꿈꾸며 런던으로 향했고, 그곳에서 레지를 만나 결혼했다. 그러나 캐시가 첫아이를 임신했을 때 레지는 직장에서 사고로 큰 부상을 당해 직장을 잃게 되었다. 이들은 집세를 감당하지 못해 집에서 쫓겨났고 노숙 생활의 나락으로 떨어졌다. 캐시와 아이들은 호스텔을 찾아 머무를 수 있었으나, 레지는 가족을 떠나야만 했다. 결국에는 캐시가 아이들을 지방정부가 운영하는 시설로 보내는 가슴 아픈 장면이 나왔다. 시청자들은 이런 일이 영국에서 발생한다는 사실에 분노를 감추지 못했다(Jarvis, Cloke & Kantor, 2009: 194). 이와 같은 **부정의(injustice)**를 근절하기 위해 주거 위기를 지원하는 자선단체 셸터(Shelter)가 같은 해에 설립되었다.

최근 런던의 그렌펠타워(Grenfell Tower) 참사에서도 **공공주택** 문제가 발가벗은 듯이 분명하게 드러났다. 2017년 6월에 이 24층짜리 공공주택에서 화재가 발생해 무려 72명이 목숨을 잃었다. 희생자 대부분은 소수민족집단이었다. 2017년 9월 화재의 원인과 이에 대한 대응을 조사하는 청문회가 꾸려져 활동을 시작했다. 화재가 순식간에 번져나간 것은 아파트의 플라스틱 외벽 때문이었고, 스프링클러 시스템도 설치되지 않았다는 사실도 밝혀졌다. 방화문이나 제연(除煙)용 환풍시스템 등 다른 안전 문제들도 발견되었다. 역설적이게도 참사 현장은 켄싱턴·첼시왕립구(RBKC)에 있다. 이 구(區)는 영국에서 가장 부유한 지역이지만, 부유층과 빈곤층의 격차도 여기에 견줄 만한 곳이 거의 없다. 이런 맥락에서 그렌펠 참사는 긴축(austerity)과 건설업 부문 탈규제를 상징하는 사건이 되었고(MacLeod, 2018), 더 나아가 이를 '사회적 살인'으로 간주하고 논평하는 이들도 있었다(Chakrabortty, 2017).

그렌펠 참사 이후 주거 위기와 노숙에 대해 미디어의 관심이 증폭되면서, 대중들은 주거를 기본 인권의 문제로 다루어야 한다는 생각을 갖게 되었다. 이는 마치 1960년대 〈캐시 컴 홈〉이 방영된 후의 분위기와 같았다. 전보다 훨씬 많은 사람들이 주택, 불평등, 긴축, 젠트리피케이션, 노숙자와 관련된 오늘날의 당면 문제들을 인식하게 되었기 때문이다. 그 결과 주거와 관련된 많은 활동가 단체들이 조직되었는데, 급진주거네트워크(Radical Housing Network)는 이의 대표적 사례 중 하나다. 이 단체는 주거 **정의**를 위해 투쟁하는 여러 조직들을 규합하고, 주거 문제에 무관심한 문화를 변혁하는 캠페인을 벌이며, 공공주택을 그저 그런 수준이 아닌 품격 있는 곳으로 향상하는 것을 목표로 한다.

2. 주택과 위기 담론

역사가 말하는 한 가지 교훈은, 전 세계적으로 주거는 지금까지 늘 위기 상태였다는 사실이다. 구조적으로 주거시설의 총량은 수요를 따라가지 못한다. 이는 절대적인 숫자에서나, 규모, 상태 또는 입지와 관련해서도 마찬가지다. 주거의 사회적 역사와 지리는 해결되지 않는 불평등의 이야기로 가득 차 있다. 무주택자의 숫자는 늘어나고 있고, 수준 이하의 거처와 불안정한 점유는 계속되고 있으며, 정부는 주택에 대한 책임으로부터 빠져나가려고만 하고 있다. 그러나 주거 위기 담론을 쉽게 단순화하기란 어렵다. 왜냐하면 이는 사회·공간적으로 다양하게 나타날 뿐만 아니라, 실제 삶에서 경험되고 느껴지는 (노숙문제와 같이) 현실적인 문제이면서도 (미디어나 정부정책을 통해서) 사회·정치적으로 구성된 것이기 때문이다.

『주거문제(The Housing Question)』(1872/1997)에서 (카를 마르크스Karl Marx와 함께 현대 공산주의를 창시한) 프리드리히 엥겔스(Friedrich Engels)는 서유럽 노동자의 열악한 주거에 어떻게 대응할 것인지를 논의했다. 그러나 엥겔스가 위기의 상태라고 여겼던 것은 주거 그 자체가 아니었다. 그는 주거의 위기가 광범위한 **자본주의**의 위기 속에서 발생한다고 보았다. 그리고 자본주의의 위기는 쇠퇴, 호황, 불황의 사이클(주기)을 통해 도시환경에 물리적으로 표현된다고 생각했다. (이 견해는 닐 스미스Neil Smith가 1987년에 **지대격차**에 관한 연구에서 재차 언급한 바이기도 하다.) 다시 말해, 주거는 지속적인 위기를 겪는 자본주의 시스템의 일부를 구성하고 있다(Hodkinson, 2012). 따라서 주거는 현대 자본주의의 계급투쟁에서 (그리고 젠더투쟁에서) 훨씬 더 핵심적인 위치를 차지한다(Saegert, 2016). (이런 맥락에서 오늘날 엥겔스의 업적이 새로운 공명共鳴을 얻고 있다.) 더 나아가 오늘날 주거는 연금, 상속, 투자 상품으로 기능하기 때문에 결코 단순한 거처의 문제라고 할 수 없다.

경제적 자산으로서 주택의 역할은 2008년 경제위기에서 가장 분명하게 드러났다. 1980년대에 시작된 모기지 금융, 모기지유동화증권(주택저당증권)*, 모기지 규제완화 등이 과도하게 확대되자, 결국 2007년 미국에서 서브프라임 모기지** 사태가 발생했다. 주택가격이 하락하여 구매가보다 높게 주택을 처분할 수 없게 되자, (주택가격이 대출금에 미치지 못하는 '역자산'*** 이 형성되어) 대출자는 채무불이행 상태에 빠지게 되었다. 그 결과 스페인과 미국을 중심으로 은행의 주택 압류 건수가 폭증했다. 이렇게 미국의 서브프라임 모기지 위기에서 시작된 금융위기는 세계로 퍼져나가 실물경제에 영향을 미쳤다. 생산이 감소하자 실업이 급증했으며, 서구 국가의 대부분은 긴축

---

* 모기지유동화증권(MBS; Mortgage-Backed Securities)은 모기지 대출을 해준 금융기관이 유동성을 확대하기 위해 저당권을 담보(기초자산)로 발행한 자산담보부증권(ABS; Asset-Backed Securities)의 일종이다.

** 미국의 모기지론(주택담보대출, mortgage loan)은 개인의 신용도를 프라임(prime), 알트(Alt)-A, 서브프라임(subprime)의 세 등급으로 구분한다. 이 중 서브프라임 모기지론(비우량 주택담보대출)은 신용등급이 가장 낮은 사람을 대상으로 하며 대출금리도 가장 높다. 따라서 주택경기가 하락하면 서브프라임 모기지는 급속한 부실에 빠지게 된다.

*** 역자산(逆資産, negative equity)은 담보로 잡힌 주택의 가격이 갚아야 할 대출금보다 낮은 상태를 지칭한다. 역자산으로 차입 여력이 줄어들고 소비가 위축되어 경기가 침체되는 현상을 역자산 효과(negative wealth effect)라고 한다. 한편, 기업의 실적악화 때문에 고용 사정이 나빠지고 소득이 감소하여 소비위축과 경기침체로 이어지는 현상은 역소득 효과(negative income effect)라고 한다.

(austerity)을 통해 상황을 모면하려 했다. 일부 연구자들은 긴축이 주거의 상품화, 민영화, 규제완화 및 금융화라는 새로운 통로 마련에 '사용'되었다고 주장했다(Marcuse & Madden, 2016). 그러나 보다 장기적 관점에서 주거 **금융화**(housing financialisation)의 역사는 이보다 훨씬 길며, 영국의 경우 은행 규제완화를 통해 가장 취약한 이들까지도 주택을 구입하게 했고(Malpass, 2005), 주택 소유자를 위태로운 상황으로 내몰았으며, 단기 민간 임대 부문의 급성장을 초래했다.

3. 주택과 삶의 전환

주거는 인구와 밀접하게 연관되어 있다. 특히, (지역 내 주택의 수로 측정하는) 주거의 수와 이들이 수용하는 인구나 가구 수와의 관계가 중요하다. 그런데 최근 들어 이 관계에 변화가 일어나고 있다. 특히 1인 가구의 증가, 출산율 저하, 가족관계의 해체로 인한 가구 규모 축소가 많은 영향을 끼치고 있다. 분리된 가구는 일반적으로 분리된 거처를 필요로 한다. 이것이 주택 수요가 인구 성장을 압도하는 이유다. 특히, 연령집단 양 극단에 속한 사람들 사이에서 홀로 거주하는 경향이 뚜렷하다.

현장 속 이론
탈성장

탈성장(degrowth)이란, 경제성장을 사회적 목표로 삼아 사회적 과정을 화폐적 가치를 지닌 상품으로 전환하는 것을 비판하는 학술·정치운동이다(D'Alisa, Demaria & Kallis, 2014). 탈성장은 기존의 생활방식을 수정하거나 (작은 집을 짓거나 에너지 소비를 줄이기 위해 단열을 개선하는 것처럼) 경제 시스템을 살짝 조정하는 것이 아니라, 자본주의 체계를 급진적으로 변혁하여 훨씬 적은 천연자원을 사용하고 생활을 지금과 달리 근본적으로 다시 재조직하려는 것이다(33장 지속가능성 참고). 따라서 탈성장은 단지 **적은 것**만이 아니라 **다른 것**에도 방점을 찍는다. 이를 통해 탈성장은 기존의 행동 규범과 소비 습관에 정면으로 도전한다.

주거 면에서, 탈성장은 기존과 달리 자원을 덜 소모하면서 살아가는 새로운 기회를 제공할 수 있는데, 이는 협동, 상리공생(相利共生, mutualism)*, '의도적 공유(purposeful sharing)' 등의 과정을 통해 달성될 수 있다(Jarvis, 2017). Box 21.4는 풀뿌리 커뮤니티들이 주도하는 주거가 (협력적 형태의 공동주택cohousing을 포함하여) 얼마나 다양한 맥락에서 탈성장을 실천하는지를 소개한다. 협력적 주거 협약(프로젝트)은 보다 적은 자원의 사용을 목표로 삼고 사회적 공락(共樂, conviviality)을 기초로 한다. 실제적 차원에서 이는 에너지, 음식, 일자리 등 생산의 공유, 카풀, 시설 공유 등 소비의 공유, 그리고 보육, 노인 부양 등 돌봄의 공유와 같은 형태로 나타난다. 이러한 아이디어는 유연성과 적응력을 통해 보다 많은 가정들이 이에 동참하게 만듦으로써 시간에 따른 변화를 더욱 촉진할 수 있다(Till, 2014). 또한, 이는 **참여적 주택** 설계와 건축에도 적용하여 사회 네트워크와 학습 및 교육 기회를 창출할 수도 있고, 물질의 재활용과 로컬소싱에도 도움이 된다(Nelson & Schneider, 2019).

---

* 공생(symbiosis)의 일종으로 상이한 생물 종이 상호작용을 통해 서로에게 이익이 되는 관계를 지칭한다. 이 글에서 상리공생은 넓은 의미에서 '상호부조' 또는 '호혜성'과 같은 의미로 사용되었다고 볼 수 있다. 한편 편리공생(片利共生, commensalism)은 공생의 참여자 중 한쪽만 이익을 받는 관계를 말한다.

Box 21.4

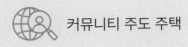

커뮤니티 주도 주택

주류적 주거방식은 공동체적 생활을 영위하려는 사람들의 요구는 물론 공공주택조차도 마련할 수 없는 저소득층의 요구에도 부합하지 못한다. 이런 맥락에서 커뮤니티 주도 주택(CLH; Community-Led Housing)이 대안으로 주목을 받고 있다. CLH는 로컬 주민들이 커뮤니티의 요구에 맞게 계획, 관리하는 주택으로서 사적 이익을 도모하는 기존의 주택과 구별되는 개념이다. 영국의 경우 CLH에 거주하는 비율은 1%밖에 되지 않지만, 스웨덴은 18%, 노르웨이는 15%에 달한다(Commission on Co-operative and Mutual Housing, 2009). 최근 CLH는 빠르게 성장하는 분야이며, 금융 및 거버넌스의 구조, 보유권, 과정 및 결과의 측면에서 다양한 형태로 나타나고 있다. 보다 구체적으로는 커뮤니티토지신탁(CLT; Community Land Trust), 자조주택(自助住宅, self-help housing)*, 공동주택(cohousing), 직접시공(self-build), 협동조합 등이 있다.

CLH에 대한 설명도 다양한데, 주택에 대한 선택과 통제, 개인과 공동체의 웰빙, 생태적 지속가능성, 주택 시장 '실패'의 문제, 주거적정성(housing affordability)** 등이 주를 이룬다. 또한, CLH는 저영향(low-impact)***과 최소의 유지관리비를 고려한 주택 설계와 일상적 상호작용을 위한 공유공간의 마련을 특징으로 한다. 이는 경작공간(텃밭), 공동식사, 문화 다양성 등과 결부되어 잠재적인 커뮤니티 형성의 가능성도 열어젖힌다(그림 21.1).

CLH는 주택이 무엇이고 무엇이 될 수 있는지에 대한 새로운 가능성을 제시하고 있다. 주거는 단순한 상품, 자산 또는 거주공간이 아니라, 건축, 관리, 돌봄 등 삶의 다양한 측면을 아우른다. 우리는 주거를 하나의 '과정'으로 이해함으로써, 주거의 **상품화**와 **금융화**에 맞설 수 있고 주거를 기본적 인권과 사회정의의 문제로 재인식할 수 있다.

---

* 주택 공급이나 개량 사업에 극빈층이나 저소득층 주민이 자신의 노동력을 사용하게 하여, 비용을 낮추고 정서적 안정(만족)도 제공하는 방식이다. 대공황기 미국과 제2차 세계대전 이후의 독일에서 시작되었다. 오늘날에는 주로 글로벌남부의 슬럼(무허가 정착촌)이나 농촌 마을에서 주거취약층을 대상으로 다양한 방식으로 수행된다.

** 주거적정성은 소득 대비 주택가격의 적정성(주거에 대한 접근이 양호한 정도)을 의미한다. 미국에서는 대체로 주택비용(모기지론 상환액이나 임대료 등)이 가구소득의 30% 미만일 경우 적정한 것으로 판단한다. 가구의 주택 구매능력과 관련된 또 다른 지표로 가구소득 대비 주택가격비율(PIR; Price to Income Ratio)이 사용된다. PIR은 주택가격을 가구의 연소득으로 나눈 값으로, PIR이 20이라면 가구(중위소득)의 모든 소득을 지출 없이 20년간 모아야 주택 한 채를 구입할 수 있다는 뜻이다.

한국의 경우 PIR은 (조사 기관, 방법, 시점, 데이터 등에 따라 편차가 크지만) 2022년 6월 현재 대체로 서울이 13~16, 수도권이 10~12, 전국 평균이 9~10, 지방이 6~7 범위에 있다. 미국의 경우 PIR은 1955년(6.5)부터 1990년대 말(4.1)까지 지속적인 하락 추세를 보였으나, 2000년대 이후 급속히 상승하다가 2006~07년 정점(7.0)을 찍은 후 주택버블이 붕괴되어 2013년 4.8까지 하락했다. 2020년 이후 다시 급속히 상승하여 2022년 6월 현재 역사상 가장 높은 수준(7.8)으로 상승한 상태다. (www.longtermtrends.net/home-price-median-annual-income-ratio 참고)

*** 저영향개발(LID; Low-Impact Development)은 도시개발에 의한 불투수층 증가로 야기되는 생태환경 파괴와 피해를 줄이기 위해 생태계(수질) 보호와 지속가능한 물순환체계 구축을 목표로 하는 개발(기법)이다. 주로 강우 유출 발생지에서부터 투수면적을 늘려 침투, 저류를 촉진하여 자연적 수질 정화, 오염물질 유입 감소, 홍수 예방, 친환경적 배수환경 조성 등을 실현하고자 한다.

생애단계에 따라 거주하는 주택의 종류도 다르다. 곧, 부모로부터의 독립, 결혼과 가족 구성, 이직, 은퇴 및 노령화와 같은 일생의 주요 이벤트는 이른바 개인의 '주거이력(housing career)'에 일치하는 패턴을 보인다. 혼자 사는 청년층은 도심 근처의 아파트에 끌리고, 중산층 가정은 '괜찮은' 학

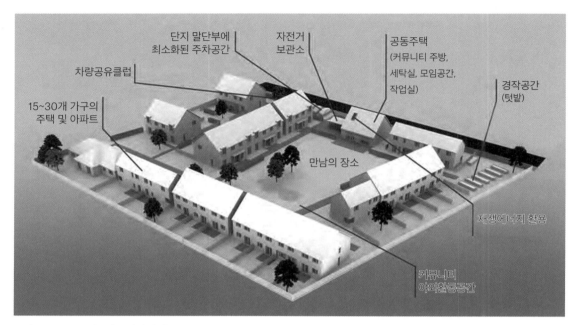

그림 21.1 공동주거클러스터의 사례 (출처: 뉴캐슬대학)

이미지 라벨:
- 단지 말단부에 최소화된 주차공간
- 자전거 보관소
- 공동주택 (커뮤니티 주방, 세탁실, 모임공간, 작업실)
- 차량공유클럽
- 경작공간 (텃밭)
- 15~30개 가구의 주택 및 아파트
- 만남의 장소
- 재생에너지 활용
- 커뮤니티 야외활동공간

군에 접근성이 좋은 교외의 신규 주택단지를 선호한다. 홀로 남겨진 독거노인은 소중히 가꾸어온 단독주택을 떠날 가능성이 높다. 홀로 주택을 관리하는 것이 점점 어려워지기 때문이다(Forrest & Yip, 2012).

이처럼 주택을 우리가 밟고 올라가야 할 일종의 사다리라고 본다면, 우리는 우리 생애를 둘러싼 환경의 변화를 개인의 일대기와 '주거이력' 간의 교차점의 측면에서 생각해볼 수 있다. 그러나 이 메타포는 지나치게 단순화된 측면도 있다. 왜냐하면 오직 위로 올라가는 한 가지 경로만을 가정하고 있기 때문이다. 위험한 주거 환경에 처하거나 그로부터 빠져나가는 것을 가시적으로 표현하자면 오히려 뱀과 사다리 게임과 유사하다.* 결국 주거이력은 사회적으로 구성되는 것이다. 왜냐하면 '정상적인' 주거이력은 결혼과 보육 그리고

생애 전반에 걸친 부의 축적과 긴밀하게 얽혀 있기 때문이다(19장 나이 참고).

4. 글로벌남부의 비공식 주거

글로벌북부의 경우 민간주택 건설은 전성기를 구가하고 있고 정부를 대상으로 하는 강력한 로비 활동도 활발하게 벌어지고 있다. 반면, 글로벌남부의 경우에는 주민들이 이른바 '비공식' 부문을 통해 스스로 주택을 건설하는 양상이 주를 이루고 있다. 이 현상은 특히 유럽 동부에서 크게 증

* 뱀과 사다리(Snakes and ladders)는 보드게임의 일종으로 인도에서 유래하여 영국에서 널리 확산되었다. 게임 참가자는 각자 말을 준비하고 주사위를 던져 나온 수만큼 전진하는데, 뱀을 만나면 뱀을 따라 내려가고 사다리를 만나면 사다리를 타고 올라간다. 가장 먼저 도착하는 참가자가 승리한다.

가하고 있다. **비공식 주택**은 국가가 주택을 공급할 역량과 의지를 상실했거나 국가가 부재한 상황에서, 주택이 필요한 사람들이 건축한 주거시설을 총칭하며 대개 불법적으로 **무단점유(squatting)**한 토지 위에 지어진다. 오늘날 10억 명 이상의 인구가 이러한 비공식 주택에 거주하고 있다. 그러나 비공식 건축물이 국가의 공식적 개입 시스템에서 완전히 분리, 고립되어 작동하는 것은 아니다. 따라서 비공식성을 "무규제라기보다는 탈규제의 시스템"으로 이해하는 것이 보다 적절하다(Roy, 2009b: 83).

대체로 비공식 근린지구는 주요 도시의 주변부에 대규모로 형성된다. 일반적으로 이런 곳은 정상적인 개발압력이 없는 곳이다. 기본 인프라의 결핍과 열악한 주택 품질은 비공식 근린지구의 대표적 특징이다. 이 지역의 주민들은 지속적인 **퇴거**의 압박에 시달리며 **보유권**이 불안정한 채로 살아간다. [이의 사례로 브라질이 월드컵 개최를 앞두고 리우데자네이루의 **파벨라**(favela, 브라질의 슬럼가)를 철거함으로써 발생했던 대규모의 강제 이주를 상기해보자(de Souza, 2012).] 보통 경제적인 이유로 나타나는 대규모의 **이촌향도** 이주가 비공식 근린지구의 성장을 낳는다. 이는 너무나 빠른 속도로 진행되기 때문에 지방정부가 제공하는 기본 인프라, 주택, 서비스가 이를 따라가지 못한다.

비공식 주거에 대해 학자들은 다양한 관점을 제시한다. 마이크 데이비스(Mike Davis, 2006)는 비공식 근린지구의 '비참함과 쇠락'을 강조하며 종말론적 해석을 제시한다. 반면, 로버트 뉴워스(Robert Neuwirth, 2005)는 비공식 지역에서 이루어지는 자기조직화, 자기결정, 인간 행위성을 강조한다. 한편, 거주민의 **행위성**과 비공식 지역의 궁핍을 동시에 주목하는 학자들도 있다(McFarlane, 2021; McGuirk, 2014; Roy & AlSayyad, 2004). 이 관점은 전 세계적으로 비공식 주거의 철거보다는 환경개선과 합법화에 초점을 두는 정부 정책에서 잘 드러난다. 또한, 이는 주거를 문화적 실천과 같은 광범위한 커뮤니티 구축의 일환으로 연결하는 (가령, 로컬 건축 전통을 유지하면서도 고용도 함께 증진하는 사례에서와 같은) 접근이기도 하다.

그림 21.2 알바니아 바소어(Bathore)에 위치한 비공식 주택 근린지구
(그림: Julia Heslop)

- 주거는 사회정의, 건강, 웰빙, 커뮤니티에 관한 논의에서 핵심을 차지한다. 안정된 주거가 없이는 건강하고 행복하게 삶을 영위할 수 없다. 주거는 개인과 가족의 미시경제에도 중요한 역할을 한다. 주택은 더 이상 '집(home)'으로만 정의되지 않는다. 오히려 주택은 금융 담보, 연금, 재산 상속, 그리고 거주자의 경제적 수준과 지위를 나타내는 사회적 기표의 기능도 한다. 대개 주거에 관한 사회 담론은 주거의 위치와 유형을 선택할 수 있는 권리를 중심으로 한다. 이런 선택에는 보다 나은 입지와 보다 큰 부동산에 대한 열망이 섞여 있다. 곧, 생애 단계를 거치며 '주거 사다리'를 타고 오르려는 의지와 관련되어 있다. 그러나 세계의 수많은 저소득층은 선택의 능력이 거의 없다.

- 전 세계에서 사회주택(공공주택)에 찍힌 사회적 낙인은 다양한 '재개발(renewal)' 캠페인을 추동하는 정치적 동력으로 작동하며, 그 결과 철거 캠페인과 국가주도의 젠트리피케이션이 나타난다. 이는 (무)주택에는 사회적 폭력이 관계하고 있다는 점을 시사한다.

- 일부 국가에는 사회주택 정책이 잘 마련되어 있지만, 그 외의 많은 국가에서는 저소득층을 위한 주거지원이 부족하다. 특히 글로벌남부에서는 비공식 주택이 광범위하게 형성되어 있어 많은 사람들이 불량한 위생 상태나 지속적인 철거의 위협 속에서 살아간다. 또한, 역으로 정부정책이 (가령, 철거된 주택을 대체할 수 있는 사회주택의 공급이 부족한 경우와 같이) 주거 불평등을 일으킬 수도 있다.

- 사회-환경정의 투쟁이 널리 확산됨에 따라 **성장** 추구적 도시계획이 점차 밀려나고 있다. 이의 대안으로 커뮤니티 주도의 주거운동과 **탈성장** 주거운동이 급속히 부상하고 있고, 이는 주거 불평등에 대한 해결책이 되기도 한다.

 더 읽을거리

Dorling, D. (2014) *All That Is Solid: The Great Housing Disaster.* London: Allen Lane.

Forrest, R., & Yip, N. M. (eds.) (2012) *Young People and Housing: Transitions, Trajectories and Generational Fractures.* Oxford: Routledge.

Jarvis, H., Cloke, J., & Kantor, P. (2009) *Cities and Gender.* Oxford: Routledge.

Marcuse, P., & Madden, D. (2016) *In Defense of Housing: The Politics of Crisis.* London: Verso.

Chapter 22 부와 빈곤

부(wealth)와 **빈곤**(poverty)에 관한 연구는 학제적이다. 이 장에서는 지리학적 관점이 부와 빈곤의 문제에 어떤 통찰력을 제시할 수 있고, 경제학, 정치학, 사회학의 접근에 지리학이 어떤 가치를 더할 수 있을지를 살펴본다.

사회지리학을 비롯한 사회과학에서는 부보다는 빈곤에 훨씬 많은 관심을 보인다. 많은 연구자들이 사회정의와 고통 완화에 헌신한다는 점을 감안하면, 이해 못할 바는 아니다(7장 정의 참고). 그러나 부와 빈곤 간의 **관계**를 제대로 이해하지 못한 상태에서는 연구의 진실성이 그만큼 약화될 수밖에 없다는 점을 자각해야 한다. 이는 소득과 부의 **불평등**이 심화되고 있는 최근의 현실을 고려하면 더더욱 중요하다. 이런 맥락에서 오늘날 많은 연구자들은 1970년대의 인류학자 로라 네이더(Laura Nader, 1972)가 제안했던 '상층부 연구(study up)'*에 뒤늦게나마 동참하고 있다. 상층부 연구는 빈곤과 무력함의 문화만이 아니라 부와 권력의 문화에도 주목하는 것이다. 이는 최근 부, 엘리트, 권력에 대한 관심의 증가로 이어지고(Davis & Williams, 2017), 특히 부유층과 권력층의 행위가 우리의 사회공간적 **유발성**(誘發性, affordance)**을 구조화하는 방식에 연구자들의 관심

---

* UC 버클리의 문화인류학자 로라 네이더는 1972년에 쓴 짧은 에세이에서, 당시 인류학이 사회 주변집단과 그 **하위문화** 연구에만 몰입한 나머지 권력의 심장부에 관한 연구는 공백 상태라고 비판했다. 네이더는 자본, 관료, 지배층, 국가 등 권력의 장에 관한 심층연구 없이는 주변집단의 관점과 목소리를 개입시켜 사회를 변혁하는 것이 불가능하다고 보았다. 이런 맥락에서 그녀는 당시의 인류학이 은유적 의미에서 '**게토**(ghetto)' 연구에만 치중해왔다고 지적하면서, "식민지인보다는 식민지배자를, 무(無)권력의 문화보다는 권력의 문화를, 빈곤의 문화보다는 풍요의 문화를 연구"하는 방향으로 확장되어야 한다고 주장했다.
** 유발성은 미국의 인지심리학자 제임스 깁슨(James Gibson)이 1966년에 환경과 동물(인간) 간 상보적 관계를 설명하기 위해 창안한 용어로 '(행동 또는 행위)유도성'이라고도 한다. 유발성은 어떤 환경이나 대상이 지닌 속성이 인간이나 동물 등 유기체(행위자)로 하여금 특

Box 22.1

 부와 빈곤에 관한 주요 개념

소득 일이나 투자의 대가로 지속적으로 받거나 벌어들이는 돈이다. 소득은 돈의 흐름이다.

부 생애 과정에서 축적된 총자산을 말한다. 소득과 부 사이에는 상관관계가 있지만, 양자가 동일하지는 않다. 가령, 소득이 낮지만 부유한 사람들이 있다.

빈곤 사회과학에서 가장 논쟁적인 개념 중 하나로서 다양한 조작적 정의가 가능하다. 그러나 일반적으로는 한 개인이나 가구가 이용할 수 있는 소득의 흐름이나

총자산이 소비와 사회활동에 (대부분의 사람들이 필수적이고 적당하다고 생각하는 수준으로) 충분히 참여할 수 없는 상황을 지칭한다.

지리인구통계 인구학적, 문화적, 경제적, 사회적 특성이 유사한 근린지구를 군집화하는 통계분석기법이다. 이는 부와 빈곤의 다양한 유형들이 장소마다 어떻게 나타나는지를 정성적으로 차별화하기 위한 섬세한 분류 방법이다.

을 집중시키고 있다(Atkinson et al., 2017).

이러한 방향으로 연구가 재편되는 데는 토마 피케티(Thomas Piketty)의 『21세기 자본(Capital in the Twenty-First Century)』(2014)이 가장 큰 영향을 끼쳤다. 피케티의 저술은 부와 빈곤의 문제를 기존의 관행적 분석보다 훨씬 더 광범위한 역사적 맥락에서 다루었다는 점에서 큰 업적으로 평가된다. 그는 소득과 부의 **불평등**이 1980년대부터 증가하다가 2008년 이후 급격히 가속화되는 과정과 그 구조적 원인을 설명한다. 이 장의 초반부는 이러한 피케티의 논의를 간략히 검토하는 것에서 출발한다.

그다음으로는 피케티가 지적했던 소득과 부의 집중이 **건조환경**에 어떤 영향을 주는지를 알아본다. 이와 관련된 전형적 사례로 런던을 살펴본다. 그리고 이러한 공간적 독해를 보다 확장하여, 일

반적으로 지리학에서 부와 빈곤을 지도화하는 여러 **방법**도 검토할 것이다. 사회지리학자들의 주장을 진지하게 받아들인다면, 이들이 지식을 생산하는 기술적 토대를 이해하는 것도 유용할 것이다.

이 장에서는 잉글랜드와 영국에 관한 논의를 바탕으로 세 가지 접근에 특히 주목한다. 첫째는 단일 변수를 사용하는 경우이다. 두 번째는 여러 변수를 합쳐서 **박탈**(deprivation)이 가장 '높은' 곳에서 가장 '덜한' 곳까지 장소의 **순위**(ranking)를 산출하는 방법이다. 마지막은 수많은 변수를 종합하여 보다 정성적으로 로컬리티를 분류하는 방법인 이른바 '지리인구통계(geodemographics)'로서, 부와 빈곤의 **다양한 유형들**이 어떠한 공간적 변이로 나타나는지를 기술하고자 한다.

1. 글로벌 불평등: 방 안의 코끼리?

20세기만 하더라도 글로벌북부의 대다수 국가와

정 행동을 유발하는 성질을 뜻한다. 가령, 오렌지의 노란색은 이를 따먹는 행동을 유발하며, 적당한 높이의 푹신한 받침대는 그 위에 앉거나 눕는 행동을 유발한다.

지역에서는 경제성장이 사회적 불평등의 해소로 이어졌다. 물론 주요한 불평등은 존재했지만, 경제규모가 성장함에 따라 그 격차는 줄어드는 듯했다. 발전의 초기에는 불평등이 증가하지만 성숙단계에 이르러 경제가 성장하면 불평등이 줄어드는 이러한 연관관계는 이른바 '쿠즈네츠 곡선(Kuznets curve)'이라고 하며, 적어도 1980년대 초까지만 해도 많은 나라에 나타난 사실이었다. 그 이유는 피케티의 『21세기 자본』에서 분명히 확인할 수 있다. 1918년부터 1980년에 이르는 시기 동안 급여와 임금의 성장(g)은 자본투자의 수익(r)보다 빨랐다. 곧, g>r의 패턴이었다. 그러나 이러한 관계는 '역사적 일탈'에 불과한 것임이 드러났다. 두 차례의 세계대전, 대공황, 재분배를 추구하는 복지국가의 수립, 노동조합의 협상력 강화 등 예외적인 상황이 초래한 결과였던 것이다. 1970년대 중반 이후 탈규제, 민영화, 개인화 등 **신자유주의**란 개념으로 통칭되는 것들이 글로벌 수준으로 확산되면서 반전이 일어났다(Harvey, 2005). 20세기 말엽부터는 r>g의 역사적인 관계가 재등장해 지속되고 있다. 1914년 이전까지 존재했던 패턴이 재등장한 것이다. 그 결과 21세기에는 **불평등**의 확대가 불가피해졌다. 자본투자에 의한 소득의 성장이 급여와 임금으로 발생한 소득을 크게 앞지르기 때문이다.

이는 빈곤과 부의 글로벌 분포에 관한 매우 추상적이고 기술적인 경제적 설명이지만, 그 결론은 아주 명쾌하다. 곧, 더욱 소수의 사람들이 더 많은

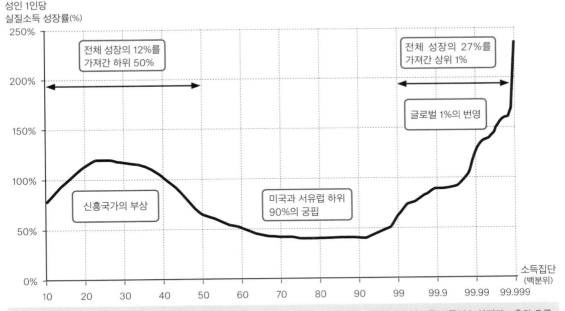

그래프의 x축은 세계 인구를 소득수준에 따라 집단으로 나누어 정렬한 것이다. 왼쪽에서 오른쪽으로 갈수록 소득이 높아진다. x축의 오른쪽 끝부분은 상위 1%를 또 다시 세분한 것이다. 그래프의 y축은 1980년에서 2016년까지 각 집단의 평균에 속하는 사람의 소득성장을 나타낸다. 예를 들어, 소득분위가 99%~99.1%에 해당하는 사람들(즉, 상위 1% 중에서 상대적으로 소득이 낮은 10%)의 소득은 74% 성장했다. 같은 기간 소득집단의 상위 1%는 전체 소득성장의 27%를 가져갔다. 소득의 추정에는 인플레이션과 국가 간 생활비 차이가 반영되었다.

그림 22.1 1980~2016년 세계 소득분위별 총소득의 성장 (출처: WID.world, 2017)

글로벌 소득과 부를 차지할 것이라는 점이다.

이러한 변동 양상을 시각화하려는 여러 시도 중 가장 설득력 있는 것은 아마 '코끼리차트(elephant chart)'일 것이다. 코끼리차트는 경제학자 라크너와 밀라노비치(Lakner & Milanovic, 2016)가 세계은행 데이터를 사용해 처음으로 시각화한 것으로, 1988년부터 2008년까지 세계의 소득 분위에 어떤 변화가 나타났는지 보여준다. 이는 코끼리가 코를 공중으로 치켜 올린 모습과 매우 유사하다! 피케티와 그 동료들은 이 분석을 1980년부터 2016년까지의 기간으로 확대 적용했고, 그 결과를 『세계 불평등 보고서 2018(World Inequality Report 2018)』로 발표했다(World Inequality Lab, 2018). 그림 22.1에 나타나는 것처럼 그래프의 모양은 그 이전에 비해 약간 달라졌지만 훨씬 더 섬세한 통찰력을 보여주고 있다.

그래프에 나타난 36년 동안 모든 소득집단에서 실질소득이 성장한 것은 분명하다. 그러나 그 성장은 결코 균등하지 않았다. 특히 세 가지 사항에 주목할 필요가 있다. 첫 번째로 주목할 점은 글로벌 소득 분포에서 하위 40% 집단이 거둔 80~120%의 실질소득 성장이다. 하위 50% 집단은 전체 실질소득 성장 중 12%를 가져갔다. 이는 글로벌남부의 신흥경제권, 특히 중국과 인도의 부상으로 인한 것이다. 두 번째로 주목할 점은 글로벌 소득 분포에서 상위 50% 집단의 대부분이 처한 상태가 상대적으로 악화되었다는 것이다. 이 집단은 대개 미국과 서유럽에 사는 사람들로, 이들의 실질소득 성장은 대략 50%에 그쳤다. 셋째는 코끼리차트에서 가장 중요한 특징으로, 글로벌 소득 분포에서 상위 1% 집단이 경험한 실질소득의 엄청난 성장

이다. 상위 1%가 전체 소득성장에서 27%를 가져갔다. 보다 상세히 들여다보면, 1% 내에서도 상위 0.1%에 속한 사람들이 (특히 0.01%에 해당하는 갑부들이) 소득 성장의 이익을 가장 많이 누렸다.

한편, 윌킨슨과 피킷(Wilkinson & Pickett, 2009)은 베스트셀러 『평등이 답이다: 왜 평등한 사회는 바람직한가(The Spirit Level: Why Moral Equal Societies Almost Always Do Better)』에서 절대적 빈곤에 대한 논의를 넘어 소득과 부와 관계된 (사회적) 변동에 주목하면서, 범죄, 우울증, 약물남용, 건강악화, 살인 등 모든 종류의 사회적 병리현상이 급증한 사실을 강조했다. 이 책은 (비록 논란이 없는 것은 아니지만) 사회적 병리현상이 소득과 부의 평균 수준보다는 공간적 **불평등**과 훨씬 강한 상관관계를 보인다는 점을 강조했다. 가령, 가난하지만 평등한 국가와 지역에서는 부유하지만 불평등한 곳보다 평균적으로 훨씬 나은 사회적 결과가 나타나고 있다.

2. 글로벌 슈퍼리치

2008년 글로벌 금융위기 이후 소수의 **슈퍼리치**(super rich)가 앞서 나가는 현상은 더욱 가속화되었다. 이를 입증하는 데이터의 질이나 조작적 정의의 적절성을 둘러싸고 의문을 제기하는 사람이 있을 수 있다. 그러나 글로벌 **불평등**의 패턴이 (특히, 글로벌 소득 분포의 상위 50% 집단 내에서) 훨씬 확대되었다는 사실은 충격적일 만큼 분명하기 때문에, 설령 수치에 오류가 있다고 해도 결론은 바뀌지 않는다. 일부에서는 불평등의 격차가 너무

나 커서 이를 **신자유주의적 자본주의**에 근본적인 구조적 결함이 있다는 신호라고 생각하기도 한다 (Streeck, 2016).

어떠한 측정치를 사용하더라도 결론은 거의 동일하다. 2010년 이후 꾸준히 발간되어온 옥스팜 (Oxfam, 2019) 보고서를 보면, 부의 집중은 가히 놀라울 정도다. 2010년 글로벌 인구에서 상위 1%는 세계 부의 44%를 차지하는 것으로 추정되었으나, 2017년 사상 처음으로 추정치가 절반을 넘어섰다. 그리고 2010년에는 388명의 슈퍼리치가 세계 하위 50%의 부를 모두 합친 것과 비슷한 수준의 부를 소유했다. 2013년에는 92명, 2015년은 61명, 그리고 2017년에는 단 26명의 슈퍼리치가 하위 50% 전체에 상응하는 부를 누리게 되었다. 한마디로 말해 **단 26명이 하위 38억 명의 부를 소유하고 있다.**

글로벌 부의 규모를 또 다른 측면에서 포착하려는 시도들도 존재한다. 금융서비스 부문에서는 100만 달러 이상의 '투자 가능한' 자산을 보유한 고액순자산보유자(HNWIs; High-Net-Worth Individuals)에 대한 많은 보고서들이 출간되고 있는데, 여기에 나타난 수치는 매우 인상적이다. 2008년에는 전 세계 고액순자산보유자들이 860만 명으로 추정되었는데(Beaverstock & Hay, 2016: 5), 2017년에는 두 배 이상 증가해 1,810만 명으로 늘었다. 이들의 지리적 집중도 뚜렷하다. 528만 5,000명은 미국에, 316만 2,000명은 일본에, 136만 5,000명은 독일에, 125만 6,000명은 중국에, 62만 9,000명은 프랑스에, 57만 5,000명은 영국에 있다. 영국의 경우 2008년만 하더라도 고액순자산보유자가 36만 2,000명에 불과했다(Capgemini, 2018).

영국에서 대부분의 고액순자산보유자는 런던에 살고 있다. 이 중 50만 명 이상이 벨그라비아, 첼시, 햄프스테드, 패딩턴, 사우스켄싱턴, 노팅힐, 웨스트엔드, 세인트존스우드, 웨스트켄싱턴 등 극히 일부 지역에 거주한다(Burrows, Webber & Atkinson, 2017). 런던은 최근까지도 글로벌 슈퍼리치가 선택하는 도시였다. 『선데이타임스(Sunday Times)』에서 발표한 '부자 리스트'에 따르면, 2017년을 기준으로 런던에는 93명의 억만장자들이 살고 있다(Sunday Times, 2018: 7). 전 세계의 도시 중 런던에 억만장자의 수가 가장 많다. 이 외에 뉴욕에 66명, 샌프란시스코에 65명, 홍콩에 63명, 모스크바에 55명의 억만장자가 살고 있다.

3. 런던의 부와 건조환경

런던의 출렁이는 부는 건조환경에도 엄청난 영향을 미쳤다. 도시 곳곳에 세워진 수많은 '초고층', '최고급' 주거용 빌딩이 이를 가장 명백하게 보여주는 물질적 증거다. 이런 경관은 당연히 글로벌 건축 트렌드의 일부이며, 사회지리학자 스티브 그레이엄(Steve Graham, 2015)은 이를 '사치화된 상공(luxified skies)'이라고 불렀다. 도시의 스카이라인을 바꾸는 데 투입되지 않은 부는 덜 가시적이긴 하지만 여전히 **건조환경**의 사회·공간적 역동성에 중대한 영향력을 행사한다. 특히 지난 10년 동안 이른바 **'슈퍼젠트리피케이션(super-gentrification)'**이 더욱 강렬해졌는데, 이는 기존의 젠트리파이어들이 그들보다 훨씬 많은 부를 소유한 사람들에 의해 대체되는 (심지어 '쫓겨나는') 과정을 지칭했다.* 그러나 이제는 초국적 금권계급의 자본과 권력이 문화적으로 지배하는 거리에 '일반 엘리트'는 말할 것도 없고 심지어 '본래의 젠트리'마저도 더 이상 발을 들여놓을 수 없는 지경이 되어 버렸다(Burrows & Knowles, 2019).

새롭게 전입한 슈퍼리치들은 최고급 건축설계자들을 시켜 오래된 건물의 구조를 잔혹할 정도로 변경하여 '최신식' 주거 공간으로 만들어나가고 있다. 모든 실내공간의 규모를 극대화하고 이를 화려한 외부조명으로 치장하는 것은 하나의 필수사항이 되었고, 사생활 보호와 안전유지를 위해 다양한 설계와 기술적 '해결책'이 등장했다(Atkinson, 2019). 그러나 '슈퍼리치'에게 매력적인 런던의 '최고급' 지구는 기존 건축물의 특성과 도시계획 규제로 인해, 지표에서는 수평적 확장에, 또 상공에서는 수직적 확대에 한계가 발생할 수밖에 없다. 따라서 이런 곳에서 유일한 '해결책'은 지하로 들어가는 방법이다. 그 결과 런던의 가장 부유한 곳에서는 최근 주거용 지하층 개발이 눈에 띄게 증가했다(Baldwin, Holroyd & Burrows, 2019). 2007년부터 2017년까지 런던의 중심부에서 4,600건의 주거용 지하층 건설 사업이 진행되었고, 일부는 아주 큰 규모로 이루어졌다. 이 사업들이 파내려간 지하층을 모두 합하면 (런던뿐만 아니라 EU에서 가장 높은 빌딩인) 더샤드(The Shard)의 50배를 넘는다.

그러나 민튼(Minton, 2017)이 지적한 바와 같이, 런던 내 금권계급의 부유한 지구는 대개 최빈곤층이 사는 지역과 맞닿아 있다. 이 중 가장 충격적인 사례는 노스켄싱턴에서 찾을 수 있는데, 이곳에 위치한 그렌펠타워(Grenfell Tower) 참사 현장에서 지하층 개발지구의 모습이 눈에 들어온다(Shildrick, 2018; Box 21.2). 이 개발지구에 건립된 수영장까지 딸린 단독주택 한 채의 가치는 1,130만 파운드(약 178억 원)에 달하는데, 이는 그렌펠타워의 120개 가구 전체를 안전하게 리모델링하고도 남는 금액이다. [열악한 수준의 그렌펠타워 외벽공사에 투입된 금액이 970만 파운드(약 153억 원)였다.] 런던의 다른 부유층 지구에서는 빈곤층 커뮤니티들이 '재생을 통한 추방(regenerated out)'에 시달리고 있다(Glucksberg, 2014). 이 중 일부 주민은 런던 내의 보다 가난한 지역으로 이사했고, 일부는 아예 런던을 떠나버렸다. 이런 현상은 사회적 주택(공공주택)이 철거되고 난 후, 빈곤층이 감당할 수 없는 상류층 위주의 개발 사업이 이를 대체하고 있기 때문이다. 이와 같은 "국가 주도의 젠트리피케이션"(Watt, 2009)을 통해 런던의 사회적 구성이 변화하고 있다(Minton, 2017). 우리는 런던의 사례를 통해 주거 이슈와 사회정의가 얼마나 밀접한지를 뚜렷이 알 수 있다(7장 정의 및 21장 주거 참고).

4. 부와 빈곤 지리의 지도화와 시각화

런던의 '사치화된 상공과 지하'는 건조환경으로 부가 집중되는 수많은 글로벌 현상 중 하나의 사

---

* 젠트리피케이션은 노동계층의 거주 지역이 중산층 또는 중상층의 거주 지역으로 변모하는 과정을 뜻한다. 이 과정에서 새롭게 진입한 사람을 젠트리파이어(gentrifier), 비자발적·강제적으로 퇴출된 사람을 젠트리파이드(gentrified)라고 한다. 본문에서는 슈퍼젠트리피케이션 때문에 과거의 젠트리파이어가 젠트리파이드로 전락하는 과정을 강조하고 있다.

례에 불과하다. 이러한 현상은 경제 불평등에 관한 학제적 연구가 증가하고 있는 상황에서 지리적 관점도 중요한 통찰력을 제공할 수 있다는 것을 시사한다(Savage, 2016).

소득, 빈곤, 부에 대한 연구는 광범위한 사회-인구학적 분석을 통해 이루어질 수 있다. 곧 데이터를 개인, 가족, 가구 등의 수준에서 분류한 후, 이를 연령, 교육수준, 신체의 장애, 주택 보유권, 인종 및 민족집단, 사회적 계급 등 사회학적 변수들을 교차시켜 종합할 수 있다(Grusky, 2018; 3부 분리 참고). 그러나 이러한 변수들 자체가 공간상에서 매우 가변적이기 때문에, 부와 빈곤은 (거리, 근린지구, 로컬리티, 지역, 국가, 대륙, 세계 전체에 이르는) 스케일에 따라 엄청난 공간적 변이를 보일 것이다(5장 스케일 참고). 더군다나 특정 변수 간의 상호작용에 의한 교차적 과정은 특정 **장소**에서 **근린효과(neighborhood effect)**[*]를 발생시킨다는 점도 중요하다. 이와 관련된 증거는 이미 충분히 축적되어 있다. 소득과 부의 불평등 수준도 (다른 현상들과 마찬가지로) 개별 변수로만 설명되지 않고 근린효과의 작용에 영향을 받는다(24장 교육 참고). 부와 빈곤은 장소의 **물리적** 성격에 영향을 받기도 한다. 가령, 공해는 질병을 유발하고 이

---

[*] 1987년 미국의 사회학자 윌리엄 윌슨(William Wilson)의 『진정한 빈곤: 도심, 최하층계급, 공공정책(The Truly Disadvantaged: the Inner City, the Underclass, and Public Policy)』에서 유래한 용어로, 빈곤의 영향이 심각한 근린지구에 거주하는 것이 그 사람의 경제적 자립, 인지능력, 폭력, 약물 사용 등에 광범위한 영향을 미치는 현상을 지칭한다. 근린효과는 오늘날 사회학 외에 지리학, 정치학, 아동학, 복지학, 교육학, 범죄학 등 다양한 분야의 계량분석 기법으로 발전, 활용되고 있다. 한편, 경제학에서는 이웃이나 또래집단의 재산이나 소비수준에 비추어 자신을 상대적으로 평가하는 경향, 곧 이웃의 경제적 상태가 한 개인이나 집단의 웰빙(행복감)에 미치는 영향을 '이웃효과(neighbor effect)'라고 한다.

는 저소득의 원인이 될 수 있다(23장 건강 참고). 그리고 교통 인프라로부터의 거리 때문에 불이익을 받는 사람들은 고소득 직종에서 고용 기회를 얻기 힘들 수 있다. 특정한 곳에서 자연이 갖는 심미적 성격은 사람들에 대한 **흡인요인**이나 **배출요인**으로 작동하고, 이는 토지, 상업, 부동산 가치에 영향을 미친다(Webber & Burrows, 2018).

부와 빈곤의 상세한 지도화는 사회지리학의 오랜 전통이다. 이는 1889년 처음 발행된 찰스 부스(Charles Booth)의 '런던의 빈곤 지도(Descriptive Map of London Poverty)', 1920~30년대 **시카고학파** 사회학자들이 제작한 혁신적 지도, 1950년대 인간생태학 분야의 업적 등을 기초로 형성되었다(Webber & Burrows, 2018: 31-50). 그러나 어떤 방법이 가장 나은 수단인가는 여전히 논쟁거리로 남아 있다(Dorling et al., 2007). 이 장의 나머지 부분에서는 주요한 세 가지 접근을 살펴보는데, 첫째는 단일 변수를 사용하는 방법, 둘째는 여러 변수를 조합하여 서열척도를 만들어서 '궁핍'의 수준이 가장 '높은' 곳부터 가장 낮은 곳까지 **순위**를 매기는 방법, 셋째는 다수의 변수를 조합해서 로컬리티를 정성적인 명목형 또는 범주형으로 구분하고 **상이한 유형**의 부와 빈곤에 대하여 공간적 편차(변이, deviations)를 설명하는 방법이다.

5. 단일 측정치의 사용

모든 것을 단순화시키기 위해 단일 측정치를 사용하면, 다양한 공간 스케일에서 그 값이 어떻게 변하는지 살필 수 있다. 최근 이러한 방식으로 EU

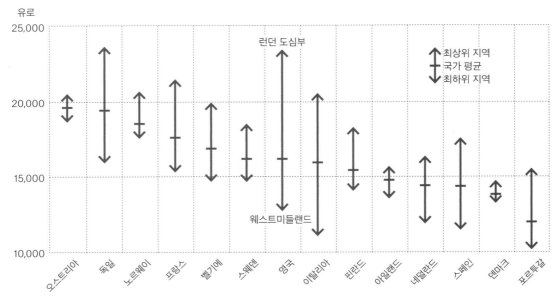

유로

영국의 가장 부유한 지역과 가장 가난한 지역의 평균가처분소득 격차는 다른 EU 국가들의 격차와 확연히 비교된다.

그림 22.2 서유럽 국가의 가구당 가처분소득 최상위 지역과 최하위 지역 (출처: Peat, 2018)

의 가구별 가처분소득* 데이터를 활용해 커다란 반향을 일으키기도 했다. 그림 22.2는 이를 시각화하여 보여준다.

그림 22.2는 상기 연구에 포함된 14개국에서 나타난 가구당 평균가처분소득의 광범위한 변이를 보여준다. 가구당 평균가처분소득에 따른 국가의 순위를 보면, 오스트리아가 가장 높고 포르투갈이 가장 낮으며, 영국은 중간 수준에 위치한다. 그리고 한 국가 **내에서** '가장 부유한' 지역과 '가장 빈곤한' 지역이 국가평균에서 얼마나 멀리 있는지 '거리'가 나타난다. 일부 국가의 경우 가구당 평균가처분소득의 지역별 분포의 격차는 낮다. 오스트리아, 아일랜드, 덴마크의 경우가 그렇다. 이들 국가는 지역 간 소득의 편차가 매우 작다고 할 수 있다. 독일, 프랑스, 이탈리아, 특히 영국과 비교해보

------

* 세금은 제하고 복지수급액은 포함하여 한 가구가 소비하거나 저축할 수 있는 돈의 규모이다.

자. 그러면 국가평균이라는 것은 국가 내 지역 간에 존재하는 엄청난 격차를 숨기는 효과가 있음을 알 수 있다. 영국이 가장 극단적인 사례다. 런던 중심부에 고소득층이 집중해 있기 때문에 현격한 지역 격차가 나타난다. 이 연구에서 확인할 수 있는 것처럼, 가구소득이라는 단일 측정치만 가지고도 공간적 불평등의 지리적 편차를 분석적으로 기술할 수 있다.

6. 순위표

두 번째 접근은 적합한 여러 변수를 조합하여 지표(index)를 개발함으로써, 복잡하지만 최종적으로는 서열척도에 따라 순위표(league tables)를 만들어 지역의 순위를 매기는 것이다. 잉글랜드에는 2000년부터 꾸준히 업데이트되고 있는 다중결핍

지수(IMD; Indices of Multiple Deprivation)*라는 것이 있다(Smith et al., 2015). 가장 최근의 업데이트는 2015년 이루어졌으며, 이는 다양한 공식 기관으로부터 주요 일곱 개 부문에 대한 엄청난 양의 데이터를 수집해 산출되었는데, 여기에는 ① 소득, ② 고용, ③ 건강 및 장애, ④ 교육, 숙련도 및 훈련, ⑤ 주거와 서비스에 대한 장벽, ⑥ 생활환경, ⑦ 범죄 등의 정보가 고려되었다. 이런 데이터는 복잡한 통계적 절차를 거쳐 잉글랜드의 (센서스 단위를 기초로 하는) 3만 2,844개 소지역들의 빈곤 순위를 결정하는 데 이용되었다. 여기에서 주의해야 할 점은, 동일한 점수와 순위를 가진 지역이라고 해도 아주 다른 종류의 장소일 수 있다는 것이다. 하나의 다중결핍 측정치는 매우 다양

한 속성들의 결합으로 나타날 수 있기 때문이다.

7. 지리인구통계

세 번째 접근은 순위표의 한계를 해결하기 위해 유사한 장소를 여러 차원에서 세밀하게 범주화하는 것이다. 이는 '지리인구통계적 분류(geodemographic classification)'로 알려진 것으로, 1970년대 초반부터 미국과 영국에서 발전했고 오늘날에는 상업 및 지방정부 부문에서 널리 활용되고 있다. 학계에서는 활용도가 낮았지만, '빅데이터'(상업 및 행정 분야, 인터넷이나 모바일 활동의 부산물로 산출된 디지털 데이터)의 등장으로 변화의 분위기가 나타나고 있다(Webber & Burrows, 2018). **지리인구통계**에서는 (공식 통계와 상업 자료 모두로부터 수집된) 소득, 채무, 부, 인구학적 정보, 소비성향, 주거특성 등을 포함해 수많은 데이터를 하나의 주소나 우편번호에 연결시켜 군집분석(cluster analysis)에 활용한다. 군집분석은 각각의 지역을 상호배타적 범주로 분류하는 포괄적 과정을 말한다. 군집분석을 통해 고유한 특성을 공유하는 복

* '다중박탈지수'라고도 하며, 영문으로는 IMD와 MDI(Multiple Deprivation Index)가 혼용된다. 여러 지표를 종합한 지수이므로 주로 소규모 지역사회의 박탈 정도를 평가하는 데 활용되지만, 지역 간 또는 국가 간 IMD를 비교하는 것은 무리가 있다. IMD를 구성하는 각 지표의 가중치는 분석 대상 지역에 따라 상이하나, 잉글랜드의 경우에는 소득(22.5%), 고용(22.5%), 건강 및 장애(13.5%), 교육, 숙련도 및 훈련(13.5%), 주거와 서비스에 대한 장벽(9.3%), 생활환경(9.3%), 범죄(9.3%)로 구성되었다.
참고로 박탈(결핍, deprivation)이란 자원과 기회에 접근할 수 없거나 이를 빼앗긴 상태를 지칭하며, 빈곤(poverty)은 박탈의 최종적, 가시적, 물질적 결과로서 생활에 필요한 금전(돈)이 부족한 상태를 일컫는다.

모자이크 그룹	가구 수 비율(%)	모자이크 유형	가구 수 비율(%)
A: 알파영토	3.5	A01: 글로벌 실력자(global power broker)	0.3
		A02: 권위의 대변인	1.2
		A03: 비즈니스 계급	1.5
		A04: 엄청난 갑부	0.6
B: 보상받은 전문가	8.2	B05: 야심찬 중견관리자	2.3
		B06: 탁월한 능력자	1.8
		B07: 뚜렷한 성공	0.5
		B08: 교외 거주자	1.3
		B09: 전원으로 탈출	1.1
		B10: 지역의 수호자	1.0

C: 농촌의 고독함	4.4	C11: 동네의 유지(대지주)	0.9
		C12: 시골을 사랑하는 노인	1.3
		C13: 현대식 기업 영농	1.4
		C14: 파밍투데이(Farming Today)*	0.5
		C15: 고지대의 역경	0.3
D: 소도시 다양성	8.8	D16: 이면도로의 독신자	1.2
		D17: 만물박사(온갖 일에 능통한 사람)	2.0
		D18: 근면한 가정(hardworking families)	2.6
		D19: 선천적 보수주의자	3.0
E: 활동적 은퇴	4.3	E20: 황금은퇴자(부유한 실버세대)	0.7
		E21: 고적(孤寂)한 별장	1.8
		E22: 비치코머(beachcomber)**	0.6
		E23: 집의 크기를 줄이는 사람	1.3
F: 교외적인 사고방식	11.2	F24: 교외의 전원생활	2.1
		F25: 생산 관리자	2.6
		F26: 중급소비시장의 가족	2.7
		F27: 풍족한 생산직 노동자	2.7
		F28: 아시아계인의 성취	1.0
G: 커리어와 어린이	5.8	G29: 자유로운 관리자층	1.7
		G30: 자녀교육에 열성인 부모	1.3
		G31: 안락한 가정	1.1
		G32: 육아(보육)기	1.5
		G33: 군인 가족	0.2
H: 신혼부부	5.9	H34: 임대용 주택 단지	1.8
		H35: 상공업지구(brown field) 전입자	1.4
		H36: 사다리에 첫 발을 올린 사람	2.4
		H37: 신규주택의 첫 전입자	0.4
I: 공공주택 분양자	8.7	I38: 전(前) 임차인의 정착	2.1
		I39: 분양 권리의 행사	1.7
		I40: 노동의 유산	2.7
		I41: 채무 스트레스가 있는 자	2.2
J: 복지수당 의존 문화	5.2	J42: 기진맥진한 노동자	2.3
		J43: 거리를 떠도는 청소년	1.1
		J44: 갓난아이를 둔 가난한 부모	1.8
K: 고층 거주자	5.2	K45: 다가구주택의 독신자	1.8
		K46: 세입자 생활	0.8
		K47: 궁핍해 보임	0.5
		K48: 다문화적(다민족적) 아파트	1.1
		K49: 새집을 마련한 이주민	1.0

* 영국의 공영 방송 BBC의 라디오 프로그램으로 이른 아침에 농어민을 대상으로 시골, 농촌, 음식 등을 주로 다루는 것이 특징이다.
** 비치코머는 해변(가)을 한가롭게 거닐거나 산책하는 사람(주로 노년층)을 뜻하는 영국의 은어. 해변(beach)과 빗질(combing)의 합성어인 비치코밍(beachcombing)은 해변의 조개(껍데기)를 채취하거나 해변으로 떠밀려온 잡동사니를 뒤지며 쓸 만한 물건을 찾는 행위를 지칭한다. 한편, 보다 최근에는 해변으로 밀려온 해양쓰레기를 환경 정화를 위해 제거하는 활동을 일컫기도 한다.

L: 궁핍한 노년	6.0	L50: 연금 수급자	1.3
		L51: 요양원 생활	1.1
		L52: 무료 급식 의존	0.9
		L53: 지출이 적은 노인	2.7
M: 산업유산* (industrial heritage)	7.4	M54: 클로킹오프(Clocking Off)**	2.3
		M55: 뒷마당의 재생(주로 텃밭용도)	2.1
		M56: 저임금의 주택소유자	3.1
N: 계단형주택 용광로	7.0	N57: 단출한 생활	2.0
		N58: 아시아계 정체성	0.9
		N59: 절제된(low-key) 사회초년생	2.7
		N60: 글로벌 융합	1.4
O: 자유주의자	8.5	O61: 생기발랄한 주택소유자	1.7
		O62: 룸메이트가 있는 전문직	1.1
		O63: 쿨한 도시 생활	1.1
		O64: 똑똑한 젊은이	1.5
		O65: 반(反)물질주의자	1.0
		O66: 대학가 주변	0.9
		O67: 학생밀집지대(study bubble)	1.1
영국 전체	100		100

* 쇠락한 공장지대나 구(舊)산업단지의 주택지구를 일컫는다.
** '출근용 타임카드를 찍다'는 의미의 클로킹오프는 영국 BBC에서 2000~2003에 방영한 TV 드라마 제목이다. 맨체스터 섬유공장 노동자의 삶을 여러 에피소드로 그려내 시청자들의 큰 인기를 얻었다.

그림 22.3 2009년판 엑스페리언 근린지구 모자이크 그룹과 유형 (출처: Webber & Burrows, 2018: 120-21)

수의 지역이나 유형을 도출함으로써 정성적으로 유사한 (곧, '이념형'으로 구분될 수 있는) 장소들을 미시적인 수준에서 지도화할 수 있다. 이를 통해 부와 빈곤의 공간적 분포를 상이한 유형별로 파악할 수도 있다. 그림 22.3은 가장 널리 사용되는 지리인구통계적 분류 중 하나로 웨버와 버로스(Webber & Burrows, 2018: 120-21)의 연구를 인용한 것이다. 원자료는 대표적인 신용정보기관인 엑스페리언(Experian)이 소유하고 있으며 상업 및 공공 부문 모두에서 마케팅, 타깃팅(targetting), 계획 목적으로 널리 사용된다. 영국의 주요 정당들도 이 시스템을 적극적으로 활용하는데, 특히 부동층 유권자(swing voters)를 파악하는 데 사용

된다.

그림 22.4와 그림 22.5는 지리인구통계적으로 상이한 두 그룹의 길거리 모습을 보여준다. 이 거리들은 글자 그대로나 은유적으로나 서로 상당히 떨어져 있다. 그림 22.4에 나타난 거리 네 곳은 런던, 바스, 에든버러에서 '알파영토(alpha territory)' 모자이크 그룹으로 분류되는 곳이다. 그림 22.5는 이곳보다 풍요로움이 훨씬 덜한 '산업유산(industrial heritage)' 그룹의 거리인데, 각각 타인사이드, 티스사이드, 동커스터, 프레스턴에 위치해 있다.

이러한 지리인구통계적 분류를 맹신해서는 안 된다. 왜냐하면 부와 빈곤의 성격에 있어서 정성

그림 22.4 알파영토의 거리
(그림: Richard Webber)

런던 햄프스테드 벨사이즈 파크 가든
(우편번호 NW3 4LH)

에든버러 로스시 테라스
(우편번호 EH3 7RY)

바스 그레이트 펄트니 스트리트
(우편번호 BA2 4BP)

런던 사우스켄싱턴 펠햄 스트리트
(우편번호 SW7 2NP)

그림 22.5 산업유산의 거리
(그림: Roger Burrows)

월젠드 컴벌랜드 스트리트
(우편번호 NE28 7SB)

멕스버러 앨버트 스트리트
(우편번호 S64 9BT)

로프터스 칼린 하우코로네이션 스트리트
(우편번호 TS13 4DN)

프레스턴 엘리엇 스트리트
(우편번호 PR1 7XN)

적인 지리적 차이들이 중요하기 때문이다. 이런 점에서 지리인구통계적 분류는 우리가 이러한 차이를 보다 민감하게 인식하게 한다. Box 22.2에서 지리인구통계적 그룹과 유형에 따른 근린지구를

Box 22.2

영국 근린지구 사례
부와 빈곤의 차이로 발생하는 지리인구통계적 특성

1. 런던 W8구역*은 〈그림 22.3〉에서 '알파영토' 모자이크 그룹의 대표적 사례다. 북쪽으로 노팅힐 게이트, 서쪽으로 홀랜드파크, 동쪽으로 나이츠브리지, 남쪽으로는 크롬웰 로드와 맞닿아 있다. 이 지역을 관통하는 켄싱턴하이스트리트를 따라 중심 상업지구가 들어섰다. 이곳에는 2만 명 정도의 성인이 살고 있는데, 세계에서 가장 부유한 사람들에 속한다. 인구의 60% 이상이 알파급 중에서도 '글로벌 실력자'로 분류되는 사람들이다. 이 근린지구에는 영국에서 가장 높은 소득을 누리는 사람들이 살고 있다. 따라서 이 장에서 논의했던 런던 '슈퍼리치'의 중심지라고도 할 수 있다. 이곳에서 알파영토 주민의 비율은 영국 평균 대비 17배 높다. 여기에서 부의 성격과 기능을 보다 잘 이해하고자 한다면, 버로스와 놀스(Burrows & Knowles, 2019)의 최근 연구를 찾아 읽어보자.

2. 런던 N1구역**은 '자유주의자' 그룹의 표본이라 할 수 있다. 이곳에서는 자유주의적인 도시 부유층(metropolitan wealth)의 원형을 찾아볼 수 있다. N1구역은 도시연구의 핵심 지역 중 하나인 이즐링턴을 포괄한다. 바로 이곳에서 사회학자 루스 글래스(Ruth Glass, 1964: xviii)는 '**젠트리피케이션**' 개념을 처음 만들었다. 그 이후 2008년 금융위기가 일어나기 몇 해 전 버틀러와 리스(Butler & Lees, 2006)는 이즐링턴 내의 반스버리에서 '**슈퍼젠트리피케이션**'의 출현을 발견했다. 이들의 데이터에 따르면, 클라우데슬리 스퀘어(광장), 론즈데일 스퀘어, 손힐 스퀘어, (토니 블레어 전 총리 가족이 한때 살았던) 리치먼드 크레센트의 '**전통적인 젠트리파이어**'들은 금융 및 비즈니스 중심지인 더시티(the City, 시티오브런던)에서 일하는 훨씬 더 부유한 전문직 종사자들로 서서히 대체되고 있다.

3. 켄트주의 셰피섬(Isle of Sheppey), 이곳에서도 특히 쉬어니스(Sheerness)는 사회학자 레이 팔(Ray Pahl)이 저술한 『노동분업(Divisions of Labour)』(1984)의 무대였지만, 최근의 연구를 통해 이곳은 이야기가 새로 쓰여졌다(Crow & Ellis, 2017). 『노동분업』은 1980년대 소도시에 대한 연구로, 대처 총리 시대의 현실에 맞선 백인노동자 집단에서 출현한 기업가정신과 자구책을 부각했다. 오늘날에도 쉬어니스에는 여전히 중상류층 계급이 매우 적고, '소도시 다양성' 모자이크 그룹에 속하는 모든 유형들이 많이 나타난다. 그중에서도 (정치 담론에도 많이 등장하는) '근면한 가정' 유형이 두드러진다. 부유한 삶을 누리지 못하지만 '활동적 은퇴'를 추구하는 사람들도 이곳에 많다. 계단이 있는 테라스 주택에서 그럭저럭 살아가는 '계단형주택 용광로' 그룹 사람들도 마찬가지다. '절제된 사회초년생' 유형이 가장 많고, '단촐한 생활' 유형이 그 뒤를 잇는다.

4. 웨스트미들랜드주의 도시 버밍엄에 위치한 스파크브룩(Sparkbrook)은 렉스와 무어(Rex & Moore, 1967)의 고전적인 업적 『인종, 공동체, 갈등(Race, Community and Conflict)』의 장소였다. 이 책은 **주거계급(housing class)**이란 개념을 대중화시켰으며 아직까지도 인종 및 민족 연구에 지대한 공헌을 하고 있다. 그리고 스파크브룩은 모자이크 그룹 중에서 '계단형주택 용광로'로 분류된 사람들이 엄청 많이 사는 곳이다. 영국 전체의 경향에 비하면 거의 11배가 많다. 특히, '아시아계 정체성'을 가진 사람들이 약 80%를 차지할 정도로 많다. 무슬림 인구가 많은 지방의 근린지구에서 나타나는 사회적 역동성을 이해하고자 한다면 무시할 수 없는 곳이다. 파키스탄계와 방글라데시계 주민이 다수를 이루며 다른 소수민족과 함께 살아가고 있다.

---

* 우편번호가 W8로 시작하는 구역으로, 런던 도심부 서쪽 인근의 켄싱턴과 첼시를 포함한다.
** 우편번호가 N1로 시작하는 구역으로, 런던 도심부 북쪽 일대의 이즐링턴 및 엔젤 등을 포괄한다.

네 군데 소개하며 이 장을 마무리하고자 한다. 두 곳은 '부유한' 곳이고, 나머지 두 곳은 궁핍한 곳이다. 이들 지역의 형성과 변천에 영향을 미친 사회·공간적 요인을 보다 잘 이해하려면, 고전적 방법이든 보다 현대적 방법이든 면밀한 지리적 탐구가 필요하다. 다른 장소 유형에 대한 예시와 상세한 설명이 필요하면, 웨버와 버로스(2018: 253-266)의 「지리인구통계 여행기」 부분을 참고하기 바란다.

 요약

- 이 장에서는 빈곤과 부에 관한 지리학 연구가 동전의 양면이라는 점을 분명히 했다. 나머지 하나를 이해하지 않고서는 다른 하나를 연구하기 어렵다. 가령, 오늘날 슈퍼리치들은 우리와 점점 더 멀어져가지만, 이들은 제2차 세계대전 이후 복지정책의 기본 전제를 무력화하기 위해 정치적, 문화적 어젠다를 주도하는 권력을 행사하고 있다.

- 이러한 주장에는 위험성도 있다. 런던을 비롯한 글로벌도시에만 집중하는 경향이 있기 때문이다. 빈곤과 부에 관한 지리적 분석의 개관(Milbourne, 2010), 촌락의 빈곤(Milbourne, 2004), 지방의 탈산업도시의 빈곤(MacDonald,

Shildrick & Furlong, 2014; Schildrick & Mac-Donald, 2013) 등 훌륭한 사회지리학 연구가 있으니 주목해보자.

- 부와 빈곤에 관한 지리적 주장을 정당화하는 방법을 고찰하는 것도 중요하다. 측정, 분류, 통계적 방법, 지도화 기술과 관련된 논의는 무미건조하고 전문가적인 지식처럼 보인다. 그러나 이러한 논의는 '지상(地上)자료(ground truth)'*를 중재하는 데 매우 중요하다(Pickles, 1995).

⋯⋯⋯⋯⋯⋯⋯⋯⋯⋯⋯⋯⋯⋯⋯⋯⋯⋯⋯⋯⋯

* 실측(검증)자료 또는 현장자료라고도 한다. 원격지에서 생산된 정보, 지식, 개념, 이론을 확인, 확증, 검토, 수정, 보완하는 데 필요한 현장 기반의 실제적 사실과 정보를 일컫는다.

 더 읽을거리

Burrows, R., Webber, R., & Atkinson, R. (2017) Welcome to 'Pikettyville'? Mapping London's alpha territories. *Sociological Review,* 65(2): 184-201.

Butler, T., & Lees, L. (2006) Super-gentrification in Barnsbury, London: Globalization and gentrifying global elites at the neighbourhood level. *Transactions of the Institute of British Geographers,* 31(4): 467-87.

Milbourne, P. (2010) The geographies of poverty and welfare. *Geography Compass,* 4(2): 158-71.

Shildrick, T. (2018) Lessons from Grenfell: Poverty propaganda, stigma and class power. *Sociological Review,* 66(4): 783-98.

건강

오늘날 북아메리카에 사는 사람들의 수명은 프랑스나 스웨덴보다 3년 더 짧다. 잉글랜드 북부에 사는 사람들의 수명은 잉글랜드 남부보다 2년 더 짧으며, 런던 안에서도 지하철 주빌리(Jubilee) 노선의 웨스트민스터역에서 일곱 번째 역인 캐닝타운역 일대의 평균 기대수명은 웨스트민스터역 일대보다 7년 짧다(그림 23.1)(Bambra, 2016). 근린지구부터 도시와 국가에 이르는 모든 지리적 스케일에 이러한 건강상의 **불평등**이 나타나는 이유는 무엇일까? **보건지리학**(health geography)에서는 전통적으로 이러한 건강의 분리를 **구성적** (compositional) **요인**(누가 이곳에 사는가)과 **맥락적** (contextual) **요인**(이곳은 어떤 곳인가)의 영향 측면에서 설명해왔다. 구성적 설명은 마을, 시·도, 국가 등 어떤 지역의 건강이 거기에 살고 있는 사람들의 특성(개인 수준의 인구학적 특성, 행위 및 사회

경제적 요인들)의 결과라고 단언한다. 반면에 맥락적 설명은 지역 수준의 건강이 그곳 자체의 특성, 즉 그 지역의 경제적·사회적·물리적 환경에 의해 어느 정도 결정된다고 주장한다.

보다 최근에는 이 두 접근이 서로 배타적이지 않으며, 장소의 보건은 훨씬 광범위한 환경과 사람들 간의 상호작용 결과라는 사실이 받아들여지고 있다(Cummins et al., 2007). 이런 측면에서 이 장에서는 **관계적 접근**(이러한 상호작용을 수용하려는 접근)과 **정치경제적 접근**(국지적인 현상 배후에 있는 국가적, 국제적 수준의 정치경제적 요인이 미치는 영향을 살펴봄으로써 맥락을 재구성하는 접근)을 탐색한다(Bambra, 2016). 우리는 지리학자가 **장소**와 건강의 관계를 개념화하는 방식이 초기의 구성적, 맥락적 접근에서 최근의 관계적, 정치경제적 접근 (Bambra, Smith & Pearce, 2019)으로 변화하기까

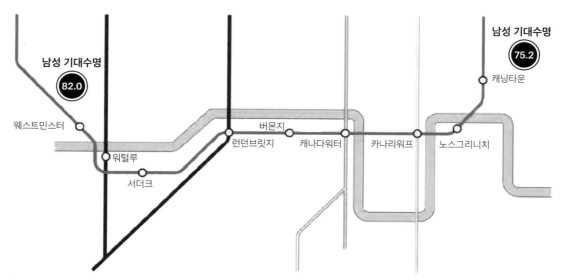

그림 23.1 런던 지하철 주빌리노선을 따라 변화하는 기대수명 (출처: 런던보건국, 2012 자료를 재구성)

지 그 진화의 과정을 추적할 것이다.

1. 누가 이곳에 사는가?: 구성적 접근

구성적(compositional) 관점은 **누가 이곳에 사는가**가 건강의 결과를 결정한다고 주장한다. 곧, 특정 지역(근린, 도시, 지역, 국가)에 살고 있는 사람들의 건강 관련 행위(흡연, 음주, 운동, 식습관, 약물)와 사회경제적 특성(수입, 교육, 직업)이 건강을 좌우한다고 본다. 즉 **가난한 사람**이 **가난한 장소**를 만든다는 것이다. 흡연, 음주, 운동, 식습관, 약물의 다섯 가지 라이프스타일 요인(건강에 위협이 되는 행위)은 건강에 주 영향을 미친다. 선진국의 경우 흡연은 가장 중요하면서도 예방가능한 사망원인으로 암, 심혈관 질환 같은 대부분의 주요 질병과 인과관계를 형성하고 있다(Jarvis & Wardle, 2006). 마찬가지로 과도한 음주는 다양한 종류의 암과 연

관되어 있고, 고혈압 등 다른 주요 위험과도 관련되어 있다. 음주 관련 사망과 질병은 증가하는 추세다. 부실한 식습관과 적은 운동량은 비만을 유도할 수 있고, 비만은 건강을 해치고 수명에도 위험을 가하는 주요 원인이다. 약물남용은 젊은이들의 주요 사망원인으로 그 비중이 커지고 있다(Bambra et al., 2010). 흡연을 하지 않고, 음주도 적당량만 하며, 과일과 채소를 많이 먹고, 규칙적으로 운동하는 사람들은 건강에 좋지 않은 행위를 하는 사람들에 비해 평균 14년 정도 기대수명이 길다(Khaw et al., 2008). 따라서 모든 조건이 동일한 지역이라고 해도, 평균적으로 건강에 해로운 행위를 하는 사람들의 비율이 높은 지역(국가, 지역, 도시, 근린)은 건강 상태가 더 나쁘다.

어떤 지역에 살고 있는 사람들의 사회경제적 지위도 건강에 큰 영향을 미친다. '사회경제적 지위'란 직업적 계급, 수입, 교육수준을 가리키는 용어이다(Bambra, 2011; 15장 계급 참고). 직업의 지

위가 높은 사람(가령, 교사나 법률가 같은 전문직)은 비전문직 노동자(가령, 육체노동자)보다 건강이 더 좋다. 가령, 기계적으로 반복적인 일을 하는 노동자나 육체노동자의 자녀는 전문직과 관리직 노동자의 자녀보다 유아 사망률이 16% 더 높다(Marmot, 2010). 수입이나 교육수준이 높으면 건강 예방 효과를 얻을 수 있는 반면, 수입이나 교육수준이 낮으면 건강에도 부정적인 영향을 미친다. 빈곤한 사람일수록 양질의 주택에 거주하기 어렵고, 여가활동에 시간과 돈을 쓰기 어렵고, 집이나 직장에서 안정감을 느끼기도 어렵고, 양호한 직장을 얻기 어렵고, 건강에 좋은 음식을 먹기도 어렵다. 이 모두가 건강을 결정하는 사회적 요인이다(Marmot, 2010).

2. 이곳은 어떤 곳인가?: 맥락적 접근

구성적 관점은 지역 건강에서 **누가 여기에 사느냐**의 문제가 중요하다고 (결국 **가난한 사람들은 필연적으로 건강이 좋지 못하다고**) 주장하는 반면, 맥락적 접근은 **이곳이 어떤 곳인가**도 건강에 중요하다는 점을 강조한다. 건강은 장소마다 다른데, 건강은 한 장소의 경제적, 사회적, 물리적 환경에 의해 결정되기 때문이다. 곧 **가난한 장소가 좋지 못한 건강을 낳는다**. 장소는 개인이 건강과 관련된 사회적, 경제적, 신체적 과정을 경험하는 방식을 중재한다. 곧, 장소는 건강이나 질병을 유발하는 환경이 될 수 있다. 장소가 보건 생태계로 작동하는 것이다. 이러한 장소의 영향은 건강과 관련된 여러 사회적 결정요소들의 **집합적(collective)** 효과로 나타날 수 있다. 전통적으로 장소의 맥락적 특성 세 가지가 건강에 중요하다고 보는데, 바로 경제적, 사회적, 물리적 특성이다.

구성적 관점은 개인의 사회경제적 지위가 건강 상태에 미치는 영향을 설명한다. 반면, 지역경제학에서는 (개인의 사회경제적 지위와는 별개로) 지역의 경제적 환경이 건강에 미치는 영향에 주목하므로, 건강에 영향을 미치는 요인들은 대개 경제적 박탈(deprivation)로 요약된다. 이런 요인에는 지역의 빈곤율, 실업률, 임금, 일자리 유형 등이 포함된다. 로컬 경제의 특징이 건강에 영향을 미치는 메커니즘은 다양하다. 가령, 로컬 경제는 한 개인이 (자신의 사회경제적 지위와 무관하게) 그곳에서 접근할 수 있는 일(노동)의 특성에 영향을 미친다. 또한 해당 지역에서 이용할 수 있는 서비스에도 영향을 미친다. 가령, 보다 부유한 지역은 빈곤한 지역보다 운동할 기회도 많고 섭취 가능한 식품의 종류도 다양할 수 있다. 이는 각 지역마다 소비자의 수요에 맞는 사업이 들어서기 때문이다. 빈곤과 같은 지역 수준의 경제적 요인은 심혈관 질환, 사망률, 만성질환 등 그 지역 사람들의 건강 상태를 예측할 수 있는 핵심 지표이다(Macintyre, 2007).

장소에는 건강에 영향을 주는 사회적 측면들이 있다. 우선, 지역의 사회적 구성 특징을 나타내는 **기회구조**(opportunity structure)*는 건강을 증진할 수 있는 잠재적 가능성을 내포한다(Macintyre, Ellaway & Cummins, 2002). 기회구조에는 공공과 민

....

* 기회구조란 어떤 행위자가 (자신의 목표나 이익을 달성하기 위해) 이용할 수 있는 수단(방법, 권한)을 부여하거나 제약하는 구조화된 외생적(exogenous) 요인 또는 환경을 지칭한다.

간에서 제공하는 서비스가 포함되는데, 여기에는 보육, 교통, 식품접근성, 의사나 병원에의 접근성 등 일상생활을 지원하는 서비스뿐만 아니라 주거 (주거의 질, 접근성, 적정성; 21장 주거 참고), 일(양질의 일자리), 교육(학교의 질적 수준; 24장 교육 참고) 부문에도 건강에 유리한 환경이 조성되어 있는지를 포괄한다. 가령, 로컬 환경은 건강에 이롭거나 해로운 재화와 서비스에 대한 접근성을 조성하기 때문에, 흡연, 음주, 과일·채소 섭취, 운동 등에 대한 우리의 참여도에 영향을 미친다. 육체활동을 위한 기회(가령, 공원이나 체육관이 있는가? 야외환경이 보행하기에 좋고 안전한가?)뿐만 아니라 건강에 이롭거나 해로운 음식에의 접근성 같은 로컬 식품환경(food environment)은 비만을 유발하는 환경의 중심적 구성요소이다. 최근 일부 연구는 저소득층 지역의 **식품사막**(food desert)에 주목한다. 식품사막이란, 지역 내에 열량이 높은 정크푸드나 즉석식품을 판매하는 편의점과 패스트푸드점은 많지만 적정가격의 신선식품을 판매하는 상점이나 슈퍼마켓이 부족한 곳을 일컫는다(Pearce et al., 2007; 34장 음식과 인간 너머의 지리학 참고). 특히, 도시 중심부의 저임금 근린지구는 운동을 할 수 있는 기회도 적다. 영국, 미국, 뉴질랜드를 포함한 여러 선진국에서는 근린지구 내에 패스트푸드점의 접근성과 비만율과의 관계가 밝혀지고 있다(Pearce et al., 2007; Burgoine, Alvanides & Lake, 2011).

장소의 두 번째 사회적 측면은 집단적 사회기능이다. 건강에 이로운 집단적 사회기능과 실천은 커뮤니티의 강한 사회적 응집력과 높은 수준의 **사회자본**(social capital)을 포함한다. 사회자본, 곧 '조직화된 행위를 촉진하여 사회적 효율성을 향상시킬 수 있는 신뢰, 규범, 네트워크와 같은 사회조직적 특성'(Putnam, 1993: 167)은 특정 장소에서 하나의 사회적 메커니즘으로 작동함으로써 사람들의 사회경제적 지위와 건강 간의 관계를 매개한다(Hawe & Shiell, 2000). 그 결과 일부 연구에 따르면, 사회자본이 풍족한 지역은 사망률, 자가진단, 정신건강, 건강에 유익한 활동 등에서 상당히 건강한 상태를 보인다. 한편, 지역의 평판과 역사는 훨씬 부정적인 집단효과를 일으킬 수도 있다. 가령, 사회적 **낙인**이 찍힌 장소나 인종차별의 역사적 경험이 있는 장소는 해당 주민들에게 소외감이나 무가치감(feeling of worthlessness)을 야기한다. 이와 대조적으로 **장소애착**(place attachment), 곧 개인이나 집단이 특정 장소에 갖는 감정적 유대는 건강을 보호하는 효과를 발휘할 수 있다(Gatrell & Elliot, 2009). 어떤 장소는 그 정체성이 한번 손상을 입으면 지속적으로 주변화되고 낙인찍히곤 한다. 대기오염이나 먼지와 같은 환경적 낙인이 가장 대표적이다. 뿐만 아니라 노스이스트잉글랜드의 웨스트컴브리아에 위치한 코플랜드(Copeland)는 영국의 비만 수도 (obesity capital)*라는 사회적 낙인이 찍힌 사례이며, 이 외에 값싼 부동산으로 인한 경제적 낙인도 있다(Bush, Moffatt & Dunn, 2001). 낙인찍힌 곳의 주민들은 해당 장소의 특정 때문에 수치스러움을 경험하기도 한다. 이런 장소의 대표적 사례로 과

---

* 영국 보건당국의 2014년 조사결과에 따르면, 코플랜드는 체질량지수(BMI) 기준 과체중(overweight) 또는 비만(obese) 인구의 비율이 75.9%로 전국 지자체 중 1위였다. 반면, 영국에서 가장 부유한 동네인 켄싱턴과 첼시는 이 비율이 45.9%로 가장 낮았다.

거에 유독성폐기물 처리장이었던 주택단지인 뉴욕의 러브커낼(Love Canal)*을 들 수 있다. 이러한 **장소 낙인**은, 호흡기질환과 같이 대기오염이 건강에 미치는 영향 외에도 수치스러운 감정이나 정신적 스트레스로 주민들의 건강 상태를 악화시켰다(Airey, 2003). 또한, 지역의 태도(local attitude)도 (가령, 흡연을 대하는 태도처럼) 건강과 건강 관련 행동에 부정적 또는 긍정적 영향을 줄 수 있다(Thompson, Pearce & Barnett, 2007).

물리적 환경은 건강의 불평등에서 핵심적인 요인이다(WHO, 2008). 대기오염 외에도 폐기물처리장, 버려진 공업지대, 오염된 토지 등은 건강에 부정적인 영향을 끼치며, 녹지공간에의 접근성 등은 건강에 긍정적인 효과가 있다(Bambra, 2016). 부정적 효과로 악명 높은 사례로 암(癌)회랑(Cancer Alley)**을 들 수 있는데, 이는 미시시피강에 인접한 미국 최대 규모의 석유화학단지로서 루이지애나주의 배턴루지에서 뉴올리언스에 이르는 87마일(140km)의 구간이다(Markowitz & Rosner, 2003). 한편, 2016년의 보고에 따르면, 런던은 대기오염으로 인해 매년 1만 명의 사망자가 추가로 발생하는 것으로 추정되고 있다(Walton et al., 2015).

지역의 물리적 환경이 얼마나 다양한지를 보여주는 또 다른 사례로 토양오염을 들 수 있다. 미국 볼티모어의 경우, 암(폐암)과 각종 호흡기 질환으로 인한 사망률이 오염되고 버려진 공업지대 인근에서 상당히 높다고 보고되었다(Litt, Tran & Burke, 2002). 이와 유사하게 영국의 경우에도 오염되고 버려진 산업단지에 인접한 근린지구 주민들은 다른 지역과 비교할 때 건강 상태가 좋지 않거나 장기질환에 시달리는 주민 비율이 더 높았다(Bambra et al., 2014).

보건지리학에서는 자연이나 녹지공간이 건강을 촉진하는 **치유경관**(therapeutic landscapes)으로서 기능한다는 연구도 있다(Box 23.1 참고). 가령, 도시환경보다 자연환경에서 걷는 것이 스트레스 수준을 낮추며, 녹지 인근에 거주하는 사람들은 다른 지역에 사는 사람들보다 건강 상태가 나빠질 확률이 적다는 연구도 있다(Maas et al., 2005). 또한 녹지공간이 주의력 회복, 스트레스 감축, 긍정적 감정의 고양을 통해 건강에 영향을 준다는 연구도 있다(Abraham, Sommerhalder & Abel, 2010). 장소마다 이러한 요인이 어떻게 다른지에 관한 논의를 토대로 '**환경박탈**(environmental deprivation)' 개념이 부상했는데, 이는 건강에 이롭거나 해로운 물리적 환경의 핵심 특징에 노출

....

* 세계적, 역사적으로 유명한 환경재난 사례. 미국의 사업가 윌리엄 러브(William Love)는 1892년부터 나이아가라 폭포 인근에 운하를 건설하는 사업을 추진했으나 경제불황 등으로 1910년 사업이 중단된다. 그 바람에 길이 1.6km, 깊이 3~12m인 웅덩이가 남았고 러브커낼(러브운하)이라 불렸다. 1920년대에 나이아가라시에서 러브커낼을 매입해 화학폐기물 매립지로 활용했고, 1942년에는 이를 매입한 후커케미컬(Hooker Chemical)사가 1952년까지 248종의 유독성폐기물을 매립했다. 1953년 후커케미컬사는 이곳을 점토와 콘크리트로 덮은 후 나이아가라시에 단돈 1달러에 매각하는 형식으로 기증하여, 이 매립지 위에 초등학교와 주택단지가 건설되었다. 1970년대 들어 지역주민이 각종 질병과 악취에 시달리면서 오염물질로 인한 폐해와 원인이 수면 위로 드러났다. 1978년 제임스 카터(James Carter) 행정부는 이곳을 미국 역사상 최초의 환경 재난지역으로 선포하고, 240여 가구 전체를 다른 곳으로 이주시켰으며 학교를 폐쇄했다.

** 루이지애나주의 배턴루지에서 미시시피강을 따라 뉴올리언스까지 무려 150여 개의 석유화학 및 정유 공장이 밀집해 있는 회랑지대. 미국 석유화학 생산의 25%를 차지하는 곳이다. 조사 결과에 따르면 암회랑에서의 암 발생률은 100만 명당 46명으로 미국 평균인 30명보다 과도하게 높은 편이다. 암회랑은 환경정의와 관련해서 잘 알려진 대표적 환경 희생지역(희생구역, sacrifice zone)이다. 희생지역이란 유독성 화학물질이나 핵 폐기물 등에 의해 (반)영구적으로 환경이 손상되어 사람이 거주하기 어려운 지역으로, 흔히 루루(LULU; Locally Unwanted Land Use)의 결과로 나타난다.

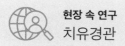

Box 23.1

현장 속 연구
치유경관

1992년 윌 게슬러(Wil Gesler)는 어떤 장소나 상황이 치유적인 곳으로 간주되는지를 설명하기 위해 '치유경관(therapeutic landscapes)'이라는 용어를 고안했다. 치유경관의 사례로는 바스(Bath)의 온천마을에서 볼 수 있는 광천(鑛泉, mineral springs)이나 산장이 있다. 광천이나 산장에 비해 전통성은 덜하지만 병원이나 원주민의 토착의술이 이루어지는 오두막도 치유경관에 포함될 수 있다. 게슬러(1992: 735)는 "치유 과정과 연관된 환경적, 개인적, 사회적 요인은 전통경관과 비전통경관 모두에 존재한다"고 주장했다. 많은 보건지리학자들은 치유경관에 관한 연구를 지속해오고 있다. 앨리슨 윌리엄스(Allison Williams, 2017)는 최근의 단행본 『치유경관(Therapeutic Landscapes)』을 통해 이 분야의 주요 연구성과를 포괄적으로 정리한 바 있다. 흔히 치유경관은 정신건강과 웰빙의 증진과 연관되어 사용된다. 정신건강은 많은 사람들에게 여전히 사회적 낙인을 야기하기 때문에(Thornicroft et al., 2016; 12장 감정 참고), 그에 대한 인식과 감정적 웰빙에 대한 요구

가 최근 전면에 떠오르고 있다. 헤스터 파(Hester Parr, 2008)와 같은 지리학자들은 이의 공간적 맥락을 탐구한 바 있다.

세라 커티스 등(Sarah Curtis et al., 2007)은 런던의 신축 정신병원 설계를 탐구하면서 치유경관 이론을 적용했다. 과거의 환자, 상담의, 간호사를 대상으로 인터뷰를 진행하면서 정신건강에 유익하거나 해로운 병원 설계의 특징에 대해 질문했다. 여기에서 도출된 주요 주제는 환자와 직원 모두의 프라이버시 보호 요구와 이들의 안전 보장을 위한 감시의 필요성 간의 충돌, 집처럼 가정적인 환경과 자연과의 접촉에 대한 요구, 그리고 지속가능한 환경으로의 통합 능력 등이 있었다. 이 연구자들이 주목한 점은, 건축가와 계획가들이 병원 설계에서 물리적 환경을 고려할 때 위와 같은 충돌이나 사회적 환경을 소홀히 하는 경우가 많다는 것이었다. 이 연구는 치유경관이론이 어떻게 치유공간의 설계에 영향을 미칠 수 있는지에 대한 실제적 사례이다.

된 정도를 지칭한다(Pearce et al., 2010). 환경박탈은 사망률과 관련이 있다. 곧, 환경박탈이 가장 적은 곳에서 사망률이 가장 낮고, 환경박탈이 심각한 곳에서 사망률이 가장 높다. 환경박탈의 불균등한 사회공간적 분포는 **환경정의**(environmental justice) 개념의 발전을 이끌기도 했다. 환경박탈이 심각한 근린지구일수록 대기오염과 토양오염이 심하며 녹지공간이 적은 것은 사회적 불평등의 한 단면이다(Pearce et al., 2010; 33장 환경정의 참고).

3. 가난한 사람과 가난한 장소: 관계적 접근

장소와 건강의 관계에 관한 맥락적 설명과 구성적 설명은 상호배타적이지 않다. 또한 이 둘을 분리하는 것은 양자의 상호작용을 무시하는 과잉단순화이기도 하다(Macintyre, Ellaway & Cummins, 2002). 개인의 특성은 그 지역의 로컬 특성에 영향을 받는다. 가령, 직업적 계급은 로컬 학교의 질, 지역노동시장의 일자리 가용성, 아이들을 위한 마당의 소유 여부와도 관련될 수 있고(**구성적** 자

원), 공공 공원의 조성 여부나 공원으로의 교통 접근성과 관련될 수도 있으며(**맥락적** 자원), 아이들이 뛰어노는 것이 적절하다고 여기지 않는 지역사회의 인식과 관련될(**맥락적** 사회기능) 수도 있다(Macintyre, Ellaway & Cummins, 2002). 이와 마찬가지로 경제적으로 보다 성공적인 (가령, 고임금 직종이 많은) 구역은 사회경제적 지위가 낮은 주민이 적을 것이다.

나아가 집합적 자원(collective resources) 모델은 주민들이 (특히 저소득층 주민들이) 사회적, 경제적 집합적 자원이 많고 좋은 구역에 거주할 때 훨씬 나은 건강을 누릴 수 있다고 주장한다. 집합

적 자원이 저소득층에 더 중요한 이유는 로컬 서비스에 대한 이들의 의존도가 높기 때문이다. 마찬가지로 빈곤한 구역에서는 집합적 자원과 사회구조가 제한적이기 때문에 저소득층의 건강이 더욱 악화될 수 있다. 이런 현상은 이른바 '박탈증폭(deprivation amplification)'이라 불리는데, 이는 사회경제적 지위가 낮은 개인의 경우 박탈에 의한 건강 악화가 지역박탈(구역박탈, area deprivation)에 의해 더욱 **증폭된다**는 것을 지칭한다(Macintyre, 2007). 그림 23.2는 잉글랜드 동부를 사례로 이러한 상호작용 효과를 나타낸 것으로서, 라이프스타일의 건강도(점수)는 개인의 직업(구성

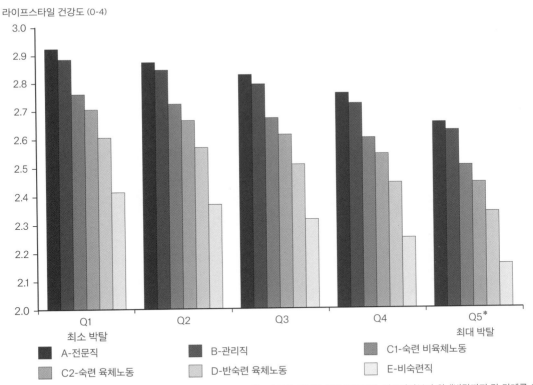

라이프스타일 건강도 (0-4)

* 지역박탈지수를 보통 5단계로 구분하기 때문에 5분위(Quintile)라는 단어의 이니셜 Q를 사용하여, 최소박탈부터 최대박탈까지 각 단계를 Q1, Q2, Q3, Q4, Q5로 구분한다.

그림 23.2 5단계로 분류한 근린지구 박탈의 정도 및 6개 범주의 직업별 사회계급의 라이프스타일 건강도
(자료: Lakshman et al., 2011)

표 23.1 스톡턴온티스의 건강격차를 설명하는 구성적 요인과 맥락적 요인의 상대적 역할

구분	건강 측정		
격차의 설명률(%)	척도 1 (SF8PCS)	척도 2 (EQ5D)	척도 3 (EQVAS)
구성적 요인	47%	47%	47%
맥락적 요인	8%	11%	3%
상호작용	18%	30%	24%
설명된 전체 비율	73%	88%	74%
설명되지 않은 비율	27%	12%	26%

(출처: Bhandari et al., 2017을 재구성)

적 자원)과 지역박탈(맥락적 자원) 모두의 영향을 받는다는 것을 알 수 있다. 곧, 직업적 배경이 어떠하든 부유한 구역에 거주할 때보다 박탈된 구역에서 거주할 때 건강이 더 악화된다(Lakshman et al., 2011).

이처럼 구성과 맥락은 각기 별개이거나 경쟁적인 설명이라기보다는 서로 얽혀 있는 것으로 보아야 한다. 두 가지 접근 모두 건강과 장소(곧, 사람, 시스템, 구조로 구성된 하나의 생태계) 간의 복잡한 관계를 이해하는 데 기여한다. 커민스 등(Cummins et al., 2007: 1826)은 "사람과 장소 간에는 보강(補强)관계가 있다"고 말한다. 따라서 구성적, 맥락적 요인들이 어떻게 상호작용하여 건강의 지리적 불평등을 생산하는지를 이해하려면 관계적 접근을 택해야 한다. 표 23.1은 노스이스트잉글랜드의 더럼주에 위치한 도시인 스톡턴온티스를 사례로 가장 궁핍한 근린지구와 가장 부유한 근린지구 간의 건강 불평등을 설명하면서, 구성적 요인과 맥락적 요인의 개별적 또는 집합적 역할이 어떠한지를 보여준다. 스톡턴온티스의 두 근린지구를 비교하면 기대수명 격차가 무려 남성이 17년,

여성이 11년에 달하는데, 이는 잉글랜드의 지자체 중에서 최대 격차이다. 표 23.1은 이 도시의 건강 격차(health gap)를 어떻게 구성적, 맥락적 요인과 그 상호작용으로 설명하는지를 나타낸 가계동향조사자료의 모델링 결과이다. 구성적 요인으로는 개인의 사회경제적 요인(소득, 실업 등), 심리사회적 요인(고독, 고립 등), 행태적 요인(흡연, 음주, 체중, 운동)을 사용했으며, 맥락적 요인은 주로 물리적 환경(소음, 오염, 먼지, 범죄, 안전, 주거의 질)과 관련이 있다. 건강의 척도로는 보편적 웰빙(EQ5D 및 EQVAS)*과 신체적 건강(SF8PCS)**을 사용했

....

* 유로퀼(EuroQol; European Quality of Life) 그룹에서 개발한 건강 관련 삶의 질(HRQL; Health-Related Quality of Life)을 평가하는 척도이다. 먼저 EQ5D(EQ-5D)는 조사대상자가 자신의 건강을 운동능력(mobility), 자기관리(self-care), 일상활동(usual activities), 통증/불편(pain/discomfort), 불안/우울(anxiety/depression)의 다섯 가지 차원(5-Dimensions)에서 평가한 설문조사를 토대로 결과값을 산출한다. 다음으로 EQVAS(EQ-VAS)는 시각아날로그척도(VAS; Visual Analogue Scale)로, 조사대상자가 '상상가능한 가장 건강한 상태(100)'와 '상상가능한 가장 건강이 나쁜 상태(0)'를 양극단으로 한 수직선상에서 자신의 건강 상태를 스스로 판단하고 평가하게 만든 척도이다.
** 미국 질병통제예방센터(CDC)에서 개발한 건강 관련 삶의 질(HRQL) 평가척도 중 하나로, 8번 조사표(SF8; Short Form 8)에 포함된 여덟 가지 항목을 설문조사하여 산출한 육체건강종합점수(PCS;

Box 23.2

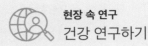

현장 속 연구
건강 연구하기

이 장에서 논의한 스톡턴온티스에 관한 연구(Bambra, Smith & Pearce, 2019)는 '실세계'를 대상으로 경험연구를 할 때 발생할 수 있는 수많은 방법론적 도전 문제를 쏟아냈다.

이 연구에는 '다층모형(multi-level models)'이 사용되었는데(Mattheys et al., 2016), 이는 두 가지 이상(예를 들면 개인과 커뮤니티)의 수준에서 작동하는 요인들을 다루는 통계 모형이다. 스톡턴온티스의 연구에서 라이프스타일과 같은 구성적(개인) 요인의 건강효과는 박탈과 같은 맥락적(지역) 요인의 건강효과 내에서 모형화된다. 그럼에도 불구하고 이 접근은 이른바 '생태학적 오류(ecological fallacy)'*를 야기할 수도 있다. 왜냐하면 이 분석은 사람을 한 개인으로 다루는 것이 아니라 집단으로 간주하고, 해당 집단이 인위적으로 구획한 지리적 단위(LSOA)**에서 살아간다고 가정하며, 이 단위의 특성으로부터 그 영향을 추론할 수 있다고 전제하기 때문이다(Robinson, 1950). 이런 전제에서라면 박탈된 근린지구에서 살아가는 모든 사람은 박탈되어 있다.

나아가 (나이와 성별에 따른 응답률이 상이하기 때문에) 특정 집단을 대표하는 샘플 모집이 어렵다보니, 이 연구의 샘플은 노년 여성이 대부분이었다(Akheter et al., 2018). 따라서 이 연구 결과를 스톡턴 인구 전체나 다른 지역으로 일반화할 수는 없다. 또한, LSOA와 같은 지리적 경계는 인위적으로 구성된 것이기에 사람들이 이 경계 내에서 생활하는 것은 아니며, 이 경계 너머의

다른 지역이나 보다 광범위한 지역의 영향을 받을 수도 있다(Fortheringham & Wong, 1991). 이러한 문제는 이른바 **가변공간단위문제**(MAUP; Modifiable Area Unit Problem)라고 지칭된다. 이를 완화할 수 있는 한 방법은 이동평균을 사용해서 연구대상 근린지구를 둘러싼 근린지구들의 특성을 모형에 포함하는 것이다. 이 연구에서는 샘플의 편향성을 완화하기 위해 나이와 젠더 외에 데이터상 근접효과를 보이는 모든 군집을 조정하고자 했다(Bhandari et al., 2017).

이 사례는 아무리 엄밀하게 설계된 연구일지라도 그 결과에 대한 해석에는 세심한 주의가 필요하며, 연구자가 아무리 훌륭한 계획을 세우더라도 언제나 '실세계'의 문제로 방해받을 수 있음을 보여준다.

---

* 상위 수준에서 발견된 결과가 하위 수준에서도 나타날 것이라는 가정을 지칭한다. 10장 도시와 촌락 128쪽 내용도 함께 참고하자.

** OA(Output Areas)는 영국(잉글랜드와 웨일스만 해당) 센서스의 기초 단위로 약 170개에 달하는 우편번호 구역들을 인접한 곳끼리 묶어 약 18만 개로 만든 것이다. LSOA(Lower Super Output Areas)는 OA의 차상위단위로 최소인구 1,000명 이상, 평균인구 1,500명 정도가 되도록 OA 4~6개를 묶은 것으로 개수는 약 3만 5,000개이다. LSOA의 공식적인 명칭은 LLSOA(Lower Layer Super Output Areas)이다. 한편, MSOA(Middle Layer Super Output Areas)는 LSOA의 차상위단위다. LSOA를 비롯한 이러한 범위는 통계적 목적을 위해 임의적으로 구획되었으므로, 맥락적 요인이 작동하는 지리적 범위로 보기에는 무리가 있다.

Physical Component Summary)를 지칭한다. SF8에 포함된 여덟 항목은 육체기능(physical functioning), 육체역할(role-physical), 통증(bodily pain), 일반건강인식(general health perception), 활력(vitality), 사회기능(social functioning), 감정역할(role-emotional), 정신건강(mental health)으로, 각 항목에 가중치를 두어 합산한다. 참고로 SF8MCS는 SF8을 토대로 산출한 정신건강종합점수(MCS; Mental Component Summary)를 의미한다.

다. 단연 구성적 요인이 기대수명 격차에서 가장 많은 47%를 설명했다. 맥락적 요인은 3~11%를 설명했다. 물론 건강격차의 여러 원인은 군집을 형성하는 양상을 보이기 때문에, 물질적 요인이 불리한 사람이 심리사회적 요인과 환경 요인도

빈약하며 건강에 해로운 행동을 하는 경향이 강하다. 이러한 구성적 요인과 맥락적 요인의 상호작용은 표 23.1에서 나타나는 것처럼 기대수명 격차의 18~30%를 설명했다(Bhandari et al., 2017).

대부분의 통계적 모델이 그렇듯 격차의 상당 부분은 설명되지 않았으며, 참여자 모집의 어려움이나 인위적 경계설정의 효과로 분석 결과가 왜곡될 수 있다(Box 23.2 참고). 그럼에도 불구하고 이 분석은 맥락적 요인과 구성적 요인 모두가 중요할 뿐만 아니라 이들의 상호작용이 건강의 지리적 불평등의 중요한 원인이라는 점을 보여준다는 점에 의의가 있다. 이 모델은 건강과 장소에 대한 관계적 접근을 지지한다(Bhandari et al., 2017).

4. 개인과 로컬을 넘어: 정치경제적 접근

정치경제적 접근은 건강격차(health divides)*를 설명하기 위해 개인이나 로컬 지역의 통제력을 넘어서는 사회적, 정치적, 경제적 구조와 관계에 초점을 둔다(Krieger, 2003). 사실 주거, 소득, 고용 등 개인과 집단에 작용하는 사회·정치적 요인은 (그리고 정치적 삶을 지배하는 많은 이슈는) 건강과 웰빙에 핵심적인 영향을 끼친다(Bambra, Fox & Scott-Samuel, 2005). 왜 어떤 장소나 사람이 항상 주변화되어 있거나 반대로 항상 특권화되어 있는가의 문제는 정치적 선택의 영역이다. 곧, 권력이 어디에 있고 누구의 이해에 따라 작동하는가에 관한 것이다. 따라서 정치적 선택은 건강의 지리적 불평등에 대한 '원인의 원인의 원인'이라고 해석할 수 있다(Bambra, 2016).

일례로 뇌졸중이나 심장병의 원인을 생각해보자(Bambra, 2016). 이의 즉각적인 **임상적 원인(clinical cause)**은 고혈압일 수 있다. 고혈압을 야기하는 **근접원인(proximal cause)****은 부실한 식단과 같은 구성적 라이프스타일 요인일 수 있다. 그리고 부실한 식단은 저소득층 근린지구에 거주한다는 **맥락적 원인(contextual cause)**으로 인한 것일 수 있다. 이러한 맥락적 원인은 정치적이다. 왜냐하면 저소득층 근린지구의 존재는 정치경제적 시스템에 의한 것이기 때문이다. 가령, 생활임금을 보장함으로써 임금을 높일 수 있다. 식료품 가격도 규제나 보조금 지원을 통해 조절이 가능하다. (가령, 미국에서는 과일이나 채소가 아닌 고기와 옥수수 식용유에 보조금을 지원한다.) 마찬가지로 EU에서는 농부에게 낙농제품 생산을 장려한다. 뿐만 아니라, 근린지구에 대한 식료품 공급도 변덕스러운 시장에 내버려두지 않음으로써, 가난한 동네가 양호한 식품을 공급받는 데 불리하지 않게 할 수도 있다.

이런 의미에서 보자면, 건강과 질병의 지리적 패턴은 정치경제적 시스템의 구조, 가치, 우선순위에 의해 형성된다(Krieger, 2003). 구역수준

----

* 'health divides'는 인구의 건강 상태가 사회적으로 양극화되는 현상을 지칭하는 용어로, 집단 간 건강 상태의 차이를 일컫는 'health gap'과는 구별할 필요가 있다. 본문에서는 번역의 한계로 두 용어를 모두 '건강격차'라고 옮기되 영문을 병기했다.

** 주로 생물학, 진화심리학, 생태학 등에서 사용하는 용어로 어떤 상태나 행동에 직접적으로 영향을 미친 환경적, 생리적 원인을 지칭한다. 'proximate cause' 또는 '근인(近因)'이라고도 한다. 반면, 오랜 시간에 걸쳐 작용해온 (장기적, 진화적, 또는 간접적) 원인은 '궁극원인(ultimate cause)'이라고 한다. 한편, 보건, 의학 분야에서는 (궁극원인이라는 용어가 부적절하므로) 질병이나 건강에 대한 직접적인(downstream) 원인을 '근인'이라 하고 이와 간접적으로 연관된(upstream) 원인을 'distal cause' 또는 '원인(遠因)'이라고 한다. 본문의 맥락에서 어떤 사람의 건강상태에 대해 식생활이나 식단이 근인이라고 한다면 그 사람의 소득수준은 원인이라 할 수 있다(globalhealth.harvard.edu/the-proximal-distal-paradigm 참고).

(area-level)의 보건은 (국지적, 지역적, 국가적 수준 등에서) 적어도 부분적으로는 보다 광범위한 정치적, 사회적, 경제적 시스템, 국가(정부)의 행위, 그리고 국제적 수준의 행위자(EU 같은 상위국가적 기구, 범대서양무역투자동반자협정TTIP 등의 국가 간 무역협정, 대기업)의 행위에 의해 결정된다. 결국, 정치는 우리를 아프게 만들 수도 있고 건강하게 만들 수도 있다(Schrecker & Bambra, 2015; 5장 스케일 참고). 정치와 주요 정치집단 간 (특히 노동과 자본 간) 권력 균형은 국가와 그 외의 건강과 관련된 여러 행위주체들의 역할을 결정한다. 그리고 건강을 향상시키고 건강 불평등을 줄이기 위해 집단적으로 개입할 것인지 그리고 이러한 개입의 초점을 개인, 환경, 구조 중 무엇에 둘 것인지의 문제 또한 정치와 정치집단에 의해 결정된다. 이처럼 광범위한 의미에서 정치는 우리의 건강격차(health divides)를 결정하는 근본적인 요인이다. 왜냐하면 정치는 광범위한 사회적, 경제적, 물리적 환경을 형성할 뿐만 아니라 집단적, 개인적 수준 모두에서 건강과 행복에 영향을 미치는 요인들의 사회공간적 분포를 결정하기 때문이다(Bambra, 2016).

그림 23.3은 건강에 대한 정치의 영향을 보여주는 사례를 제시한 것이다. 이 그림은 박탈이 가장 심한 근린지구와 가장 적은 근린지구 간의 격차가 1980년대와 1990년대에 걸쳐 어느 정도 증가했는지를 보여준다. 콜린스와 매카트니(Collins & McCartney, 2011)에 따르면 이 변동은 영국 대처 정부(1979~1990)의 신자유주의적 경제·사회 정책의 결과인데, 노동계급을 정치적으로 공격하면서 특히 스코틀랜드를 (그중에서도 글래스고와 스코틀랜드 서부 지역을) 표적으로 삼았다(Collins & McCartney, 2011). 대처 정부는 기존의 사회적 합의를 급진적으로 바꾸었다. 탈산업화를 겪으면서

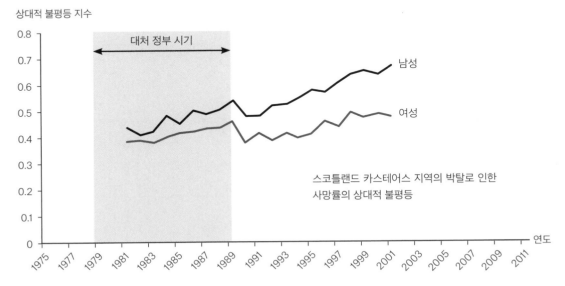

그림 23.3 1981~2001년 스코틀랜드 건강 불평등의 지리적 경향(카스테어스Carstairs 지역의 박탈 기준)
(출처: Scott-Samuel et al., 2014)

대규모 실업이 일반화되고 노동조합과 노동자의 권리가 약화되었다. 복지혜택의 감축으로 빈곤이 심화되고 임금이 줄었으며, 사회주택의 이용가능성도 크게 감소했다(Scott-Samuel et al., 2014). 신자유주의는 1980년대에 많은 부유한 국가들로 확산되었지만, 특히 영국에서는 다른 EU 국가들과는 달리 매우 급진적이고 강렬한 방식으로 전개되었다. 영국의 신자유주의 정책은 실업, 빈곤, 소외를 낳고 건강에 해로운 행위들을 증가시켜 건강에 악영향을 끼쳤다. 예를 들어, 영국에서는 탈산업화가 '쇼크 독트린(shock doctrine)'*의 방식으로 시행됨에 따라 몇 년도 채 걸리지 않는 매우 빠른 속도로 고용이 줄었다. 반면 다른 서유럽 국가들은 보다 점진적이면서도 대체로 (탈산업화된

지역에 고용서비스나 새로운 산업을 유치하는 것 등) 안전그물망을 설치하면서 고용을 단계적으로 줄여나갔다. 보다 최근의 사례로는 긴축의 영향과 그에 따른 복지혜택 및 공공서비스의 축소를 들 수 있다. 이 또한 사회지리와 건강 불평등에 영향을 끼치고 있다(Pearce, 2013).

....

* 이 용어는 캐나다의 사회활동가이자 학자인 나오미 클라인(Naomi Klein)이 2007년 출판한 『쇼크 독트린: 자본주의 재앙의 도래(The Shock Doctrine: The Rise of Disaster Capitalism)』에서 유래했다. 이 책에서 클라인은 신자유주의적 자유시장정책이 몇몇 선진국에서 크게 부각된 이유가 '쇼크 독트린' 같은 의도적인 정책 때문이라고 주장했다. 즉, 재난이나 동란 같은 갑작스러운 국가적 위기로 국민들이 혼란에 빠져 적절한 대응이나 저항을 하지 못하는 상황을 조성한 후 이를 이용하여 논쟁적이고 문제가 있는 정책을 만들어 밀어붙이는 현상을 쇼크 독트린이라고 명명했다. 그녀는 이 책에서 이라크 전쟁을 쇼크 독트린의 사례로 언급했다(출처: en.wikipedia.org).

 요약

- 지금까지 보건지리학은 건강 불평등이 현저하게 나타나는 원인을 구성적 접근과 맥락적 접근을 통해 설명해왔다.
- 최근 이 두 접근은 장소와 건강을 관계적으로 이해하는 방식으로 결합되었다. 나아가 정치경제적 접근이 도입되면서 광범위한 정치경제적, 사회적 맥락의 역할이 탐구되고 있다.
- 건강 불평등은 국지적, 국가적, 세계적 수준에서 관찰된다. 이러한 건강격차(health divides)는 전통적으로 구성적 요인과 맥락적 요인의 측면에서 설명되어왔다.
- 건강과 장소의 관계 또한 개인이나 지역의 통제를 벗어난 국가적, 국제적 스케일의 정치경제적 요인의 영향을 점차 강하게 받고 있다. 이 장에서는 건강과 장소를 상이한 지리적 스케일에서 어떻게 이해할 수 있는지를 살펴보았다.

더 읽을거리

Bambra, C. (2016) *Health Divides: Where You Live Can Kill You*. Bristol: Policy Press.

Bambra, C., Smith, K., & Pearce, J. (2019) Scaling up: The politics of health and place. *Social Science & Medicine, 232*: 36-42.

Gatrell, A., & Elliot, S. (2009) *Geographies of Health: An Introduction*. London: Wiley.

Williams, A. (ed.) (2017) *Therapeutic Landscapes*. London: Routledge.

요해나 워터스(Johanna Waters)가 언급한 것처럼, 초창기 **교육지리학** 연구는 1970년대 영국에서 시작되었다. 이 연구는 교육 접근성에서의 사회적, 공간적 **불평등**을 확인하고, 사회적 배경에 따른 학생들의 교육적 성취의 차이를 강조하는 데 집중했다. 이 연구를 뒷받침한 가정은, 교육이 **사회적 이동성**의 열쇠라는 것과, 그럼에도 노동계급 자녀와 중산층 자녀의 교육 기회는 결코 평등하지 않다는 것이었다. 공간과 장소에 관심을 두는 사회지리학자들은 이러한 연구에 기여할 수 있는 특별한 위치에 있다. 왜냐하면 "교육의 기회부터 결과에 이르기까지, 교육의 과정은 공간에서 차별적으로 그리고 관계적으로 펼쳐지며, 이는 개인과 집단에게 차별적인 결과를 가져오기" 때문이다(Waters, 2018).

그러나 워터스도 언급한 것처럼, 2000년을 전후하여 '교육지리(geographies, 복수형)'는 이러한 초창기 연구에서 벗어나, 교육 시스템에 의한 세대 간 **계급 불평등의 재생산**(Goldthorpe, 2014 참고)과 신자유주의적 자유시장이 교육에 미치는 영향(Pimlott-Wilson, 2017) 등 다양하고 광범위한 이슈를 다루는 분야로 변모했다. 사회지리학자들이 교육지리의 연구에 여전히 중요한 역할을 하지만 연구초점은 더욱 학제적, 국제적 성격으로 변모하고 있고, 교육 접근성과 교육적 성취의 공간적 차이에 대한 해석을 통해 글로벌 스케일에서 광범위한 사회적, 경제적, 정치적 과정을 해석하고자 한다(Thiem, 2009; Holloway et al., 2010). 또한, 이러한 신흥 연구들은 교육을 보다 광범위하게 학교나 대학의 공식적 학습 이상의 것으로 정의하며, 지리와 교육의 관계를 체계적으로 탐구하기 위해서 지리학의 기초 개념인 '**스케일**' 개념을 사용한다(5장 스케일 참고). 크리스 테일러(Chris Taylor)는 교육지리와 관련된 주요 이슈와 스케일을 그림 24.1과 같이 제시했다.

이 장에서는 교육지리학 분야의 이러한 다양성을 고려하면서, 공간과 스케일 등 지리적 개념이 교육지리연구에 어떻게 적용되어왔는지를 제시한다. 이를 통해 학문 분야로서의 지리학과 학문 공동체로서 사회지리학자들은 교육 불평등과 **사회이동성**(social mobility)*에 관한 현행의 논의에 중요한 기여를 할 수 있음을 강조하고자 한다. 이

장에서는 세 가지의 주요 교육이슈를 탐색한다. 첫째는 그림 24.1에서 거시적 스케일이라고 언급된 부분과 관련하여, 잉글랜드의 중등학교가 질적 측면에서 남부와 북부 사이에 격차가 있다는 주장을 검토한다. 둘째는 중간(중범위) 스케일로서, 허버트와 토머스(Herbert & Thomas, 1998)가 영국 내의 학교 접근성과 성취도의 차이를 설명하면서 언급했던 '**근린효과**(neighborhood effect)'의

* 사회 시스템 내에서 개인이나 집단의 계층적 위치 이동의 정도를 (또는 이동이 허용되는 개방성을) 지칭한다.

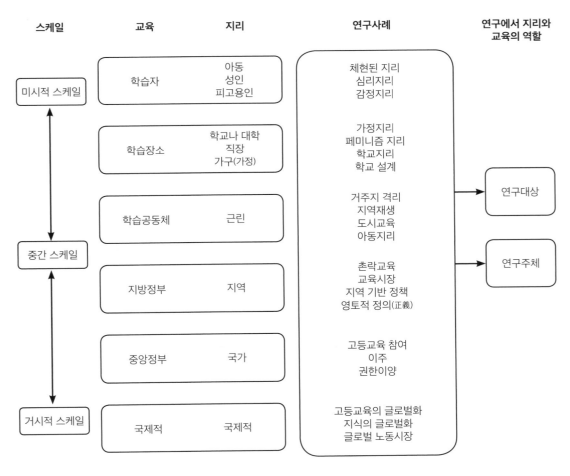

그림 24.1 교육지리를 향하여 (출처: Taylor, 2009: 657)

역할을 탐색한다. 셋째는 미시적 스케일에서 이른 바 '비전통학생(nontraditional students)'*의 대학 진학에 영향을 미치는 의사결정과정을 탐색한다. 그리고 비전통학생의 개인별 의사결정이 집단적으로 생산하는 사회·공간적 격차를 사회지리학자들이 어떻게 지도화하는지 설명한다. 이 장과 연관된 주제로 11장 일상, 15장 계급, 20장 교차성을 참고하면 좋다.

1. 잉글랜드 중등학교의 남북 교육 격차?

잉글랜드의 중등학교에 남부-북부 간 질적 격차가 있다는 인식은, 2015년 당시 영국교육국(Ofsted)** 최고감독관이었던 마이클 윌쇼 경(Sir Michael Wilshaw)이 쓴 연례 보고서를 통해 큰 주목을 받았다. 윌쇼는 잉글랜드 북·중부와 남부의 학교 간 격차가 "11세 이후부터는 분리된 국가나 다름없다"(Ofsted, 2015: 9)고 지적했다. 그 주장의 근거는 영국교육국의 보고서에서 우수 이상의 성취도를 받은 중등학교 비율이 남부는 79%인데 북·중부는 68%에 불과했기 때문이었다(Ofsted, 2015). 또한, 그는 성취도가 미흡했던 16개의 지역을 공개했는데, 이 지역의 경우 우수 이상의 성취도를 보인 학생 비율은 60%를 넘지 못했고, GCSE***에서도 학생들의 성취도와 향상도가 평균 이하였다. 이 16개 지역 중 13개 지역이 북부와 중부에 속해 있는데, 이를 나열하면 반즐리, 블랙풀, 브래드퍼드, 더비셔, 동커스터, 하틀리풀, 노슬리, 러버풀, 미들즈버러, 올덤, 샐퍼드, 세인트헬렌스, 스토크온트렌트다. 나머지 세 개 지역은 남부

에 있는 아일오브와이트, 스윈던, 사우스글로스터셔였다. 마이클 조플링(Michael Jopling, 2019)에 따르면, 잉글랜드 북부의 중등학교가 성취도를 더 높여야 한다는 인식은 2015년 이후부터 강화되었다. 이때는 잉글랜드 정부가 잉글랜드 북부의 경제 생산성을 향상시키기 위해 2014년에 주창했던 정책인 '노던 파워하우스(Northern Powerhouse)'라는 수사(修辭)가 사용되던 시기다(Children's Commissioner for England, 2018; Northern Powerhouse Partnership, 2018 참고). 실제로 잉글랜드 교육에 남북 '격차'가 있다는 인식은 지금까지도 언론과 정부를 비롯한 사회 전체에 널리 퍼져 있는 고정관념이다.

그렇다면 잉글랜드 교육에 남북 격차가 있다는 수사는 얼마나 단순화된 것일까? 사회지리학자들은 지리정보시스템(GIS)을 사용하여 이 문제에 대한 답을 구하는 데 중요한 기여를 할 수 있었다. 이들은 지역 수준에서 다양한 교육통계를 지도화한 후, 잉글랜드의 **교육 불평등**이 매우 복잡한 양상을 보인다고 주장했다. 가령, 그림 24.2와 그림 24.3을 보면, 중등학교의 교육 격차는 노스이스트잉글랜드를 런던과 비교했을 때 최악으로 나타

* 비전통학생은 북미를 중심으로 통용되는 용어로 정의상 모호하게 사용되지만, 대략적으로는 전통적으로 대학 같은 고등교육기관에 진학하는 비율이 적은 노동계급, 소수민족집단, 이주민 가정 출신의 학생들을 포괄적으로 지칭한다.

** 한국교육과정평가원과 유사하게 초·중등학교의 교육과정을 개발, 관리하고, 학업성취도 평가 등을 담당하는 영국 정부 산하의 공공기관이다.

*** GCSE(The General Certificate of Secondary Education)는 중등교육을 제대로 이수했는지 평가하는 영국의 국가검정시험이다. 평가 결과에 따라 1~9등급으로 나누는데, 9등급이 최상위 등급이다. GCSE는 최소 여섯 과목 이상에서 4등급 이상을 받아야 A레벨 과정을 수강할 수 있으며, A레벨은 대학 진학을 목표로 하는 학생만 선택하는 과정이다.

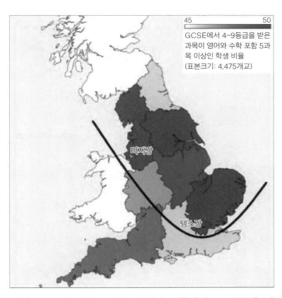

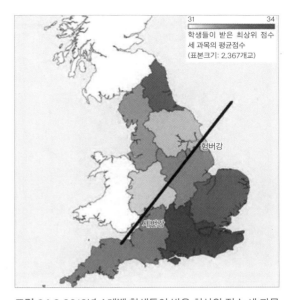

그림 24.2 2018년 GCSE 영어와 수학에서 4~9등급을 받은 지역별 학생 비율 (출처: SchoolDash/reproducable/Contains National Statistics data © Crown copyright and database right 2019)

그림 24.3 2018년 A레벨 학생들이 받은 최상위 점수 세 과목의 평균점수 (출처: SchoolDash/reproducable/Contains National Statistics data © Crown copyright and database right 2019)

난다. 그림에서와 같이 2018년 GCSE 영어와 수학에서 4~9등급 학생 수와 A레벨* 학생의 평균점수에서 런던의 학교들은 노스이스트잉글랜드에 비해 훨씬 높은 성취도를 보였다(다만 A레벨에서는 그 격차가 덜 뚜렷하다). 이러한 차이는 부분적으로는 '런던챌린지'의 유산 탓으로 돌릴 수 있다. 런던챌린지는 2003년 영국 노동당 정부가 추진한 학교 개선 프로그램이었는데, 학업성취도가 낮은 런던의 학교들을 단계적으로 변화시키기 위해 마련된 것이었다. 이 프로그램은 중등학교를 목표로 처음에는 2008년까지 운영할 계획이었지만 나중에 2011년까지 연장되었다. 2014년에 발간된 어떤 정부기관 보고서는 "런던챌린지로 런던의 중

등학교 성취도가 극적으로 향상되었고, 특히 런던 중심부 학교들의 성취도는 잉글랜드 전체 최하위에서 최상위로 껑충 뛰어올랐다"(Kidson & Norris, 2014: 2)고 했다. 또한, 기부금 통계도 런던 학교들의 뛰어난 성취도를 일부 설명한다. 클리프턴 등(Clifton, Round & Raikes, 2016)의 조사에 따르면, 2016년 북부의 중등학교는 학교기금 액수에서 런던과 비교할 때 연간 학생 1인당 1,300파운드(약 200만 원)나 적었다.

그러나 그림 24.2와 24.3을 보면, 학업성취도의 광범위한 패턴은 남부와 북부를 비교하는 데 사용된 자료에 따라 분명히 다르다. 가령, 그림 24.3은 A레벨의 학업성취도의 남북 '격차'는 대략 험버강에서 세번강까지 이어지는 가상의 선을 따른다. 대략적으로 볼 때, 이 선은 남북의 경제적 격차를 논의할 때 보다 일반적으로 회자되는 워시

* 우리나라의 대학수학능력시험에 해당하는 영국의 대입 시험에 응시하기 위한 2년간의 심화 과정으로, Advanced level의 줄임말이다.

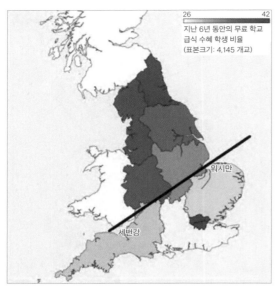

지난 6년 동안의 무료 학교
급식 수혜 학생 비율
(표본크기: 4,145 개교)

워시만

세번강

그림 24.4 2018년 잉글랜드의 지역별 사회적 박탈 수준을 보여주는 지도. 무료로 학교 급식을 먹는 학생의 비율을 지표로 사용했으며, 이 비율은 교육 연구에서 사회적 박탈을 보여주는 대용물로 널리 사용된다.

(출처: SchoolDash/reproducable/Contains National Statistics data © Crown copyright and database right 2019)

만(the Wash)에서 세번강에 이르는 가상의 선을 반영한다(그림 24.4 참고). 그러나 이와 대조적으로 그림 24.2에서 GCSE의 학업성취도 '격차'는 대략적으로 머지강에서 템스강에 이르는 가상의 선을 따른다. 과연 이 선이 남북 격차를 나타내는 선이라고 할 수 있는지는 의심의 여지가 있다. 왜냐하면 그림 24.2는 사우스웨스트잉글랜드보다 노스웨스트잉글랜드에서 GCSE 학업성취도가 높게 나타나고 있기 때문이다. 필자의 고향인 노스이스트잉글랜드는 흥미로운 극단치(outlier)를 보여주는데, 이 지역은 북부의 다른 곳에 비해 GCSE 성적은 낮지만 A레벨 성적은 높다.

조플링(2019)의 연구는 이 패턴과 일치한다. 그는 잉글랜드의 중등학교에서 나타나는 남북 '격

차'는 당초의 수사만큼 의미가 있지는 않다고 지적했다. 나아가 조플링은 초등학교 수준에서는 교육의 질적 차이에 유의미한 지역적 패턴이 없다는 점에 주목한다. 가령, 노스이스트잉글랜드의 초등학교는 학업성취도가 양호하지만, 남부의 웨스트버크셔 지역은 학업성취도가 낮다. 마지막으로 조플링은 영국교육국이 사용했던 데이터에 결함이 있다는 점을 지적했는데, 왜냐하면 이 데이터는 입학생 수나 경제상태(가령 학교기금) 등의 차이를 고려하지 않기 때문이다. 조플링(2019)의 결론은 교육 불평등을 더 잘 이해하려면 우리가 초점을 두는 스케일을 바꾸어야 한다는 것이다. 곧, "지역의 학업성취도 미달에 대해 일반적인 비판을 반복하기보다는 지역 간의 그리고 지역 내의 학업성취도 편차(변이, variations)에 대해 보다 초점을 두는 것이 유익하다"(Jopling, 2019: 40)는 의미다. 사회지리학 연구는 스케일의 전환을 통해 이런 요구에 부응할 수 있다. 이러한 사례 중 하나가 다음 절에서 소개하는 영국 교육 불평등에서의 근린효과에 관한 연구다.

2. 영국 학교 불평등의 '근린효과'

교육지리를 중간 스케일에서 접근할 때(Taylor, 2009), 우리는 초·중등학교와 대학만 고려하면 된다고 생각하기 쉽다. 이와 마찬가지로 집과 동네는 대개 우리가 여가시간을 보내는 곳이라고 가정하기 쉽다. 그러나 사회지리학에서 집은 그 이상의 장소이다. 왜냐하면 집은 "소속감, 소외, 친밀함, 폭력, 욕망, 두려움의 공간으로서, … 인간

생활의 핵심부에 자리하고 있는 의미, 감정, 경험, 관계가 부여된" 공간이기 때문이다(Blunt & Varley, 2004: 3). 따라서 중간 스케일의 교육지리에서 가정은 학교나 대학과 함께 탐구해야 하는 중요한 장소이다. 가정은 학교와 대학과 (그리고 이들이 위치한 지역과) 함께 허버트와 토머스(1998)가 일컫는 '근린효과'를 형성한다. 근린효과는 교육적 결과에 강력한 영향력을 발휘한다. "아이들은 부모와 집의 영향력 외에도, 자신이 사는 동네(근린)에 만연한 가치관과 행태(품행)규약의 영향을 받는다. 근린의 가치는 가정의 가치관을 강화할 가능성이 높기 때문에, 지리학자들은 교육에 미치는 근린효과에 주목해왔다"(Herbert & Thomas, 1998: 202).

사회지리학에서 교육과 '근린효과'의 관계에 대한 주요 접근은 피에르 부르디외(Pierre Bourdieu)의 **문화자본**(cultural capital) 및 **사회자본**(social capital) 개념을 바탕으로 해왔다(15장 계급 참고). 부르디외는 문화자본에 세 가지 유형이 있다고 보았는데, 첫째는 학교가 부여하는 자격증과 같은 '제도화된(institutionalised)' 문화자본이고, 둘째는 개인의 성격, 가치관, 사회적 기능과 같은 '체화된(embodied)' 문화자본이며, 셋째는 개인이 소유하고 있는 '객체화된(대상화된, objectified)' 문화자본이다(Bourdieu, 1986). 이 개념들은 근린효과가 학생의 교육적 열망과 결과에 미치는 영향을 이해하는 데 유용하다. 왜냐하면 아이들은 각자 상이한 수준의 문화자본을 가지고 교육 시스템에 진입하기 때문이다. 우리가 교육을 받기 시작하는 시점부터 우리가 뛰어야 하는 경기장은 평평하지 않다. 오히려 성장 환경의 차이로 일부는 다른 사람보다 더 많은 이점을 누리게 된다. 반대로 일부는 상대적 불이익을 극복하기 위해 더욱 열심히 노력해야만 한다. 이러한 문화자본의 차이는 다음과 같이 발생한다. 우선, 부모, 후견인, 기타 가족 구성원 모두 의식적 또는 잠재의식적으로 문화자본을 통해 자신의 신념과 생각을 후속세대에 전달함으로써 아이들에게 영향을 미친다. 따라서 높은 수준의 문화자본을 가진 부모들은 '높은 교육수준으로 보상되는 기능, 습관, 생활스타일'을 갖고 있기 때문에 자녀가 성공할 수 있는 기본적 자원을 제공할 수 있다(De Graaf, De Graaf & Kraaykamp, 2000: 93). 반면, 낮은 수준의 문화자본을 가진 부모는 그렇게 하는 것이 훨씬 어렵다. 워터스(2006: 180)는 이 분석을 한 단계 심화시켜서, "문화자본의 적극적 축적은 중산층이 세대에 걸쳐 그 사회적 지위를 재생산하는 주요 수단이다"라고 주장했다. 이처럼 문화자본은 계급 시스템의 사회적 재생산을 형성한다(28장 사회적 재생산 참고).

중산층의 사회적 재생산에 관한 워터스의 주장에서 다음 두 가지에도 주목할 필요가 있다. 첫째, 부르디외는 부모가 부유하면 반드시 문화자본도 많다고 가정하지 않았다는 점이다. 부르디외는 "경제자본과 권력의 관점에서 가장 특권화된 지배계급이라고 해서, 반드시 문화자본을 가장 많이 지니는 것은 아니다"라고 보았다(Bourdieu, 1977: 497). 오히려 부르디외는 사회경제적 배경과는 상관없이 부모가 자녀의 문화자본에 관여할 때 (그리고 문화자본을 부여할 때) 자녀의 교육성취도를 향상시킨다고 했다. 둘째, 부르디외의 주장은 결정론적이지 않다는 점이다. 그는 사회경제적 배경이 불리한 아이들이 반드시 학업성취도가 낮다고 주장하거나 임금이 높은 일자리를 구하지 못해 빈곤에 처할 것이라고 주장하지 않았다. 오히려 부르디외는 사회적 상향 이동이 가능하다고 보았다. 시라지블래치포드(Siraj-Blatchford, 2010)는 오히려 경제적으로 취약한 가족이 자녀에게 높은 열망을 가지는 경우가 많고, 이는 결과적으로 긍정적인 가정학습 환경을 형성한다고 보기도 했다.

이상에서 도출되는 한 가지 질문은, 과연 문화자본이나 사회자본이 부족한 가정이나 근린지구를 학교와 대학이 어느 정도 보완해줄 수 있는가의 문제다. 이와 관련해서 인류학자 존 오그부(John Ogbu)가 제안한 개념인 '가상친족(fictive kin)'에 주목할 필요가 있다. 가상친족이란, 어떤 학생과 생물학적 관련성은 없지만 교육의 관점에서 볼 때 학업성취와 교육열에 영향을 줄 수 있는 사람을 지칭한다. 따라서 "가상친족은 … 가족과 같은 역할과 기능을 수행한다"(Braithwaite et al., 2010: 398; Tieryney & Venegas, 2006 참고). 교사나 학교가 어떤 학생이 가정으로부터 받는 후원(지원)의 부족분을 보완해준다면, 이들은 가족의 기능을 가상적으로 대체하여 생물학적 가족의 역할을 수행하고 있는 셈이다.

이에 대한 보다 심층적 논의를 위해, 학교와 대학에서 작동하는 가상친족에 대해 생각해보자. 부르디외의 '사회자본' 개념은 개인 간 네트워크를 가리키는데, 이는 개인으로서의 우리에게 긍정적인 혜택을 창출하는 사회적 유대를 말한다. 우리는 교사, 친구, 형제자매, 가족의 친구, 그리고 동네에서 많은 시간을 함께 보내는 이웃들로부터 사회자본을 얻는다. 부르디외는 "풍요로운 사회자본을 지닌 사람은 경제자본 및 문화자본과 연결될 가능성이 높은" 반면(Tierney & Venegas, 2006: 1689), 사회자본이 적은 사람들은 문화자본도 낮다고 주장한다. 학교와 대학이 학생의 사회·문화자본을 육성할 수 있는 한 가지 방법은 학생의 사회적 네트워크를 강화하는 것이다. 윌리스(Willis, 1977)와 볼(Ball, 1981)의 연구결과에 따르면, 학생들은 친(親)학교적 또는 반(反)학교적 교우관계 중 하나를 택하는 경향이 있다. 곧, 어떤 학생이 친학교적 교우관계를 형성하면 보다 높은 교육열을 갖는 반면, 반대로 반학교적 학생들과 친구가 되면 비교적 낮은 교육열을 갖는다는 것이다. 학교와 대학은 사회적 네트워킹을 강화하도록 학급구성을 조절함으로써 보다 많은 학생들이 '친학교적' 교우관계 집단에 참여하도록 장려할 수 있다. 결국, 지리적 렌즈를 통해서 접근한다면, 사회·문화자본이 높거나 낮은 학생들을 사회적, 공간적으로 분리할 것인지 아니면 통합할 것인지의 문제로 귀결된다. 능력이 다른 아이들을 통합해야 한다고 주장하는 사람들은, '능력'을 기준으로 열등한 학급에 편성된 아이들은 교육을 잘 받는 데 필요한 사회·문화자본이 결여되어 있다고 말한다. 이런 학급에 속하게 된 아이들은 자신들에 대한 타인의 낮은 기대감을 정상적인 것으로 받아들이거나 이를 더욱 강화한다. 교육열이 높은 학생이라도 이런 환경 속에서 잘 생활하기는 매우 어려울 것이다. 반면, 보다 많은 사회·문화자본을 갖춘 우등학급에 속한 학생들은 더욱 열심히 해서 보다 높은 학업을 성취하기 위해 서로 독려할 것이다. 이런 학생들의 태도는 다른 집단과의 격차를 더욱 늘릴 가능성을 갖고 있다. 한편, 역량이 상이한 학생들을 함께 통합한 학급에서는 사회·문화자본이 새로운 사회적 네트워크를 통해 전달되기 때문에 학업성취도의 격차가 감소할 가능성이 있다. 곧, 사회·문화자본이 적은 학생들은 사회·문화자본이 풍부한 학생들과의 사회적 상호작용을 통해 학업성취에 대한 열망을 더 높이도록 자극받을 것이다. 그럼에도 불구하고 학생들을 '능력'에 따라 우열반으로 분리할 것인지 아니면 통합할 것인지는 여전히 논쟁적인 이슈로 남아 있다(Oakes & Guiton, 1995). 이 논쟁의 핵심에는 공간, 포용성(inclusivity), 분리(격리, segregation)의 이슈가 자리 잡고 있다. 이 점에서 사회지리학자들은 중간 스케일에서의 교육지리에 공간적 관점을 통해 중요한 기여를 하고 있다.

3. 고등교육의 사회-공간적 격차

영국 하원의 공공회계위원회(Public Accounts Committee, 2018) 통계를 보면, 영국에서 고등교육 참여율(진학률)이 가장 낮은 지역(이 지역은 사회적 박탈도 매우 심각하다)과 가장 높은 지역 간 격차는 매우 심각하다. 가장 낮은 지역의 참여율은 25%에 불과했던 반면, 가장 높은 지역은 59%에 달했다. 이는 사회이동성의 관점에서 중요하다. 이 위원회 역시 "평균적으로 대학 졸업자는 비졸업자에 비해 소득이 42% 이상 높다"는 점에 주목했다(Public Accounts Committee, 2018: 8). 따라서 테일러(2009)의 미시적 분석 수준에서, 사회지리학 연구는 잠재적 학생들의 대학 진학 의사결정 과정을 탐구하고 이들의 의사결정이 집단적으로 생산하는 사회·공간적 격차를 지도화하는 데 중요한 기여를 할 수 있다.

이 의사결정 과정에서 가장 중요한 요인은 경제자본(비용지불능력)이다. 학생의 입장에서 고등교육에의 참여는 상당한 재정적 투자인데, 학생들은 3년의 학위 과정으로 1인당 평균 5만 파운드(약 8,000만 원)의 빚을 진다(Public Accounts Committee, 2018). 그러나 2018년 하원이 제출한 브리핑 문서는 "역사적으로 진학률이 '낮은' 사회경제적 집단이나 궁핍한 지역의 학생들이 높은 등록금 때문에 고등교육 참여율이 낮다는 증거는 없다"고 결론을 내렸다(Bolton, 2018: 13). 그렇다면 다음의 질문이 제기될 수 있다. 곧, 학생들이 대학에 진학할지 그리고 어떤 대학에 진학할지를 결정할 때 작용하는 주요 요인에는 무엇이 있을까? 이 문제를 생각하기 위해 Box 24.1의 내용을 면밀히 들여다보자.

많은 대학들은 비전통학생들의 고등교육 참여 확대(WP; Widening Participation)*를 위해 여름캠프와 같은 지원활동(outreach)이나 진학프로그램을 시행하고 있다. 학생들이 이러한 프로그램을 성공적으로 이수하면, 해당 대학은 이들에게 완화된 입학자격요건(reduced entry)을 적용한다. 겉보기에 이러한 발전은 긍정적이지만(실제 대부분 긍정적이다), 공공회계위원회는 여기에서도 지리적, 사회적 격차가 나타난다는 사실에 주목한다. 곧, "모든 대학이 이들의 진학 확대를 충분히 지원하는 것은 아니며, … 이러한 참여확대 사업이 일

---

* 영국 교육계에서 언급되는 '참여확대' 정책이란, 불우한 배경, 저소득층 가정, 소수민족집단 등 과소대표집단 학생들의 고등교육 참여율(진학률)을 높임으로써 사회이동성을 확대하려는 정책을 일컫는다. 1990년대 말 노동당 정부의 등장 이후 본격 시행되고 있다.

Box 24.1

현장 속 연구
비전통학생들의 대학 진학

필자는 2011년에 로런 반스(Lauren Barnes), 에이미 버클리(Amy Buckley), 피터 홉킨스(Peter Hopkins)와의 공동연구를 통해 학생들이 대학 진학 여부와 지원할 대학을 결정할 때 어떤 요인이 중요하게 작동하는지를 조사했다. 우리는 이 연구에서 특히 비전통학생들의 의사결정 요인에 초점을 두었다(Barnes et al., 2011). 우리는 이때 비전통학생을 노동계급이나 소수 민족집단 출신으로 대학에 입학하는 첫 세대라고 정의했다(Christie, 2007 참고). 연구결과에 따르면, 비전통학생들이 대학 진학을 선택하는 이유는 다양했다. 부르디외의 **아비투스**(habitus) 개념은 관련 이슈를 사고하는 유용한 도구가 되었다. 아비투스는 우리의 신념, 가치관, 기대가 우리가 자라온 곳과 일상적으로 노출된 사회적 환경의 영향을 받는다는 것을 지칭한다. "개인의 아비투스는 내면화된 또는 '체화된' 사회구조로 형성되어가며, 이는 그 사람이 세계를 이해하고 평생에 걸쳐 '항해'할 때 나침반처럼 기준점을 형성한다"(Almquist, Modin & Östberg, 2010: 33). 아비투스는 우리의 행동 패턴, 열망, 일상적인 선택에 영향을 미치며, **문화자본**과 함께 작동하면서 우리의 일상생활과 의사결정과정을 구조화한다.

연구과정에서 우리가 면담했던 일부 학생들은 대학 진학을 결정한 계기가 대학을 다니는 친구나 대학 진학을 기대하는 부모의 영향과 관련되어 있거나, 아니면 자기 스스로 대학에 진학하는 것이 인생의 당연한

단계 중 하나라고 생각하고 있었다. 이들은 높은 수준의 문화자본을 갖고 있었다(Bourdieu, 1986). 또 다른 일부 학생들은 외부요인의 영향을 받았는데, 이 중 특히 대학 진학을 독려하며 격려해주었던 감동적인 교사들의 영향이 컸다. 한편, 사회자본이 낮은 학생들은 '미지의 세계로의 도약'으로 인식되는 것들에 대해 자신감이 부족한 점이 뚜렷한 특징이었다. 가령, '엘리트주의' 대학에 '맞지 않을' 것이라며 대학에 지원하지 말라고 부추긴 또래친구도 있었고, 러셀그룹대학*에 대한 고정관념을 강화하여 자신감과 자존감에 부정적인 영향을 준 교사들도 있었다. 그 결과 비전통학생들은 러셀그룹대학보다는 포스트-1992대학** 진학에 집중하는 경향을 보여 사회공간적 분리를 만들어냈다. 레이 등(Reay et al., 2001)은 일류급(top tier) 연구중심대학에 중산층 백인 학생이 압도적으로 많은 현상을 통해 사회공간적 위계를 볼 수 있다고 지적했다.

---

* 영국에서 러셀그룹대학(Russell Group universities)은 미국의 명문대 그룹인 아이비리그처럼 연구중심대학들의 연합체를 가리킨다. 1994년 17개 대학총장들이 러셀호텔에 모여 조직된 그룹으로, 현재는 옥스퍼드대학을 포함하여 24개 대학이 이 연합에 소속되어 있다.

** 영국에서 포스트-1992대학은 신(新)대학이나 현대대학이라고도 불린다. 과거에 이 대학들은 전문기술학교(폴리텍대학)였는데, 1992년 고등교육법을 통해 대학의 지위를 부여받은 후 그 이전의 대학과 구별하기 위해 포스트-1992대학이라고 부른다.

부 대학에는 점점 '힘든 일(heavy lifting)'이 되어가고 있다. 수많은 학생들이 지원하는 명문대학들의 입장에서는 이러한 참여확대 사업에 힘을 쏟는 것이 인센티브가 되지 못한다"(Public Accounts Committee, 2018: 10).

한편, 홀턴과 라일리(Holton & Riley, 2013)가 지적한 것처럼, 비전통학생 중 일부는 대학에 입학하더라도 캠퍼스에서의 사회적 분리로 인해 비자발적인 상태에서 대학생활을 사회적, 학문적으로 포기한다. 그러나 많은 비전통학생들이 일단

대학에 들어간 후에는 나름대로 융화(적응)의 방법을 찾아낸다는 보다 긍정적인 연구결과도 있다(Barnes et al., 2011). 또한, 일부 학생은 자신과 유사한 사회경제적 배경의 학생과 친구가 되지만, 다른 일부 학생은 대학이 아니었다면 만날 기회조차 없었을 정도로 다른 배경의 학생과 친구가 된다. 이런 점에서 지리학 전공 학생들은 각별한 이점을 가지고 있다. 왜냐하면 대학의 야외답사 과정이 다른 학생들을 사귀는 데 특히 유용하기 때문이다. 이런 사례는 고등교육의 잠재력이 사회·문화자본의 증가와 이를 통한 사회이동성 증대의 촉매제가 될 수 있음을 잘 보여준다.

우리의 사회지리학 연구는 전도유망한 비전통학생들에게 매력적인 대학의 '유형'을 알려주는 문화자본의 역할을 수행할 수도 있고, 비전통학생들이 어떠한 대학으로 진학하는지를 지리적 관점에서 심층적으로 탐구할 수 있다. 리버풀(Holdsworth, 2006, 2009)과 에든버러(Christie, 2007)를 대상으로 한 연구에 따르면, 많은 비전통학생들은 자신의 사회적 '비이동성(immobility)' 때문에 제약을 받는다고 느끼기 때문에 인근 대학으로 진학하는 경향이 있다. 따라서 집(고향)에 거주하는 것은 그들의 '학생으로서의 경험'에 영향을 미친다. 홀턴과 라일리(2013)가 결론을 내린 것처럼, 학생들은 고등교육 경험을 통해 새로운 기회로 접근할 수도 있지만, 비전통학생들은 대개 가정 형편 때문에 거주지의 지리적 위치에 속박되어 새로운 기회의 가능성을 충분히 활용하지 못한다. 곧, "노동계급 학생들은 경제적으로 보다 우월한 학생들의 내러티브와 비교할 때 훨씬 로컬리즘(지방적 편협성)으로 가득 차 있다"(Reay et al., 2001: 861)는 것이다.

영국 교육부는 공공회계위원회의 보고서에 대한 의회증언에서, 교육 공급의 불평등 해소는 '최우선적인' 과업이어서 사회이동성실행계획(social mobility action plan)을 마련 중이라고 보고했다(Public Accounts Committee, 2018: 10). 그러나 우리가 살펴본 바와 같이 이 이슈는 복잡하고, 공간적이고, 다중스케일적이며, 교차적이다. 따라서 테일러(2009: 651)가 결론을 맺은 것처럼, 이 논쟁의 진전을 위해서는 사회지리학자들의 기여가 '중추적'이고 매우 '중요'하다.

요약

- 사회지리학자들은 다양한 스케일에서의 교육 불평등과 사회이동성에 대한 논의에 중요한 기여를 하고 있다.
- 잉글랜드 중등학교의 남북 격차는 초기의 수사만큼 유의미하지는 않다.
- 부르디외가 제안한 문화자본과 사회자본 개념은 개인 및 근린지구 스케일에서의 교육적 결과에 강력한 영향을 미친다.
- 고등교육은 사회·문화자본의 증가와 그에 따른 사회이동성을 향상할 수 있는 촉매제이다.

더 읽을거리

Christie, H. (2007) Higher education and spatial (im)mobility: Nontraditional students and living at home. *Environment and Planning A: Economy and Space,* 39: 2445-63.

Holton, M., & Riley, M. (2013) Student geographies: Exploring the diverse geographies of students and higher education. *Geography Compass,* 7(1): 61-74.

Jopling, M. (2019) Is there a north-south divide between schools in England? *Management in Education,* 33(1): 37-40.

Waters, J. L. (2006) Geographies of cultural capital: Education, international migration and family strategies between Hong Kong and Canada. *Transactions of the Institute of British Geographers,* 31(2): 179-92.

Chapter 25 도시의 치안

항공우주학을 전공하는 20세의 대학생 스티브 나르바이즈하라(Steve Narvaez-Jara)는 런던 이즐링턴에서 2018년 새해맞이 파티에 참석했다. 에콰도르 출신으로 활동적이고 전도유망했던 이 청년은 자정이 조금 지난 시각에 잔인하게 살해됐다. 그는 2018년 영국에서 칼로 살해된 70건 넘는 사건의 첫 번째 희생자였다. 같은 해 11월까지 런던 대도시권에서 칼과 관련된 폭력사건 기록은 무려 1만 4,721건에 달했다. 전년 대비 21% 증가한 것이고 2010년 이후 최고치였다(Allen & Audickas, 2018: 21). 이 글을 쓰고 있는 지금, '흉기 범죄의 드라마틱한 급증'에 경종을 울리는 발언들은 런던이 (그리고 런던시민들이) 어떻게 안전하게 지낼 수 있는가를 둘러싼 도덕공황을 유발하고 있다. 일부 미디어는 과민 반응하며 영국의 수도가 "통제불능의 소용돌이" 속에서 "전쟁구역"이 되어가고

있다고 말한다. 이런 식의 논평은 어쩌면 틀린 것일는지 모른다. 그러나 이는 도시의 평판이 효과적인 치안역량에 대한 인식에 좌우된다는 사실을 상기시킨다. 곧, **'도시의 치안**(policing the city)'에 대한 발언은 도시의 사회적 가치, 의미, 지위에 관해 (가령, 위협, 위험, 무질서, 안전, 폭력에 관해) 말할 뿐만 아니라, 21세기에 도시의 치안이 어떻게 유지될 수 있고, 유지되어야 하며, **유지되고 있는지**를 둘러싼 복잡한 문제들을 제기하고 있다.

근대 서양에서 (19세기 초반부터 시작된) 치안의 역사는 국민국가의 형성, 산업 자본주의의 출현, 촌락의 인구감소, 대규모 도시화, 도시의 기하급수적 성장과 때를 같이한다(Robinson & Scaglion, 1994; 10장 도시와 촌락 참고). 초창기 자유민주주의 사회에서는 사회적, 경제적, 정치적, 문화적 조직(fabric)의 구조적 변동 때문에 사회질서의 안

정, 사유재산의 보호, 그리고 리(Lee, 1901: 203)가 말했던 이른바 '범행(犯行)의 시대(epoch of criminality)'의 진압을 둘러싸고 많은 관심이 일어났다(6장 사회변동 참고). 이는 전문적이고 관료적으로 조직화된 경찰력을 수립하기 위한 근거가 되었다. 급속하고 불균등한 도시변화의 물결 속에서 경찰에게는 법 집행, 질서유지, 변화무쌍한 인구에 대한 관리와 통제의 임무가 주어졌다. 사회지리학자 닉 파이프(Nick Fyfe, 1991)와 스티브 허버트(Steve Herbert, 1997)는 근대적 치안 활동에서 이동을 제한하고, 경계를 만들고 강화하며, 구획화된 특정 장소 내·외부로의 접근을 통제하기 위해 어떻게 합법적인 강제력을 동원했는지에 주목했다. 파이프(1991: 265)가 강조하는 것처럼 '치안은 태생적으로 **영토적**(territorial) 활동'이다.

실제로 치안이라는 관념은 고도로 **영토화**되어 있다. 이는 도시 내 치안 활동의 조직구조나 작전 전개와 관련해서 사용되는 용어에도 많이 나타난다. 가령, 영국의 경우 치안은 공간적으로 순찰구역(local beats), 구역본부(area commands), 관할구역(force areas)의 순차적 스케일로 조직되어 있다. 도시 경찰에 대한 문화기술지 연구들에 따르면, 경찰은 도시공간을 자기네 '마당(나와바리, ground)'이라 부른다. "[마당은] 경찰의 것이다. … 경찰이 소유한다. 경찰의 영토이며, 다른 경찰서는 남의 마당에 들어가 순찰할 권리가 없다"(Holdaway, 1983: 36)는 것이다. 규제, 금지, 포위라는 권력이 공간적 기준점 없이 존재할 수는 없다. 따라서 그런 권력의 위치를 특정 구역이나 영토 속에서 우리가 찾지 못한다는 것은 말이 되지 않는다(Sack, 1980). 그러나 존 앨런(John Allen, 2004: 19)의 지적대로 우리가 조금만 더 '공간적 호기심'이 충만한 분석을 추구한다면, 치안의 **소재**(所在, whereabouts)에 관해서뿐만 아니라 도시가 뜻하는 바가 **무엇**(what)이고 도시의 치안이 어떻게 유지되는지에 대해 질문할 수도 있을 것이다.

이런 문제의식을 토대로 이 장에서는 도시의 여러 **유형**을 살펴보고, 각 유형별로 상이한 치안의 방식을 검토한다(표 25.1). 도시지리학자들은 오래전부터 도시를 사회적, 정치적, 경제적, 기술적, 물질적 차원에서 범주화하여 유용한 분석도

표 25.1 도시의 치안과 관련된 주요 용어와 서적 소개

주요 용어	주요 문헌
신자유주의 도시	
도시구획화 (urban zonification)	Lippert, R. K., & Walby, K. (eds.) (2013) *Policing Cities: Urban Securitization and Regulation in a 21st Century World*. London: Routledge.
출입통제커뮤니티 (gated communities)	Caldeira, T. (2000) *City Walls: Crime, Segregation and Citizenship in Sao Paolo*. Berkeley: University of California Press.
소비주의 (consumerism)	Hayward, K. J. (2004) *City Limits: Crime, Consumer Culture and the Urban Experience*. London: Glasshouse.
군사화(militarisation)	Graham, S. (2011) *Cities Under Siege: The New Military Urbanism*. London: Verso.

글로벌도시	
흐름의 공간 (space of flows)	Aas, K. F. (2007) *Globalization and Crime*. London: Sage.
초국적 치안 (transnational policing)	Bowling, B., & Sheptycki, J. W. E. (2012) *Global Policing*. London: Sage.
다원적 치안 (plural policing)	Jones, T., & Newburn, T. (eds.) (2006) *Plural Policing: A Comparative Perspective*. London: Routledge.
수직도시(vertical city)	
요새건축 (fortress architecture)	Graham, S. (2016) *Vertical: The City from Satellites to Bunkers*. London: Verso.
감시기술 (surveillance technologies)	Haggerty, K. D., & Ericson, R. V. (eds.) (2006) *The New Politics of Surveillance and Visibility*. Toronto: Toronto University Press.
디지털치안 (digital policing)	Wessels, B. (2007) *Inside the Digital Revolution: Policing and Changing Communication with the Public*. London: Routledge.

구로 삼았다(Bruce & Witt, 1971). 물론, 현실의 도시는 (그리고 도시 치안의 여러 방식들은) 상이한 사회·공간적 구성체들(configurations)이 서로 경쟁, 경합, 교차, 중첩, 공존, 충돌하며 역동적으로 얽혀 있다. 이 장에서 우리는 세 가지 유형의 도시, 곧 신자유주의 도시, 글로벌도시, 수직도시에 관해 면밀하게 살펴본다.

1. 신자유주의 도시의 치안

신자유주의 도시는 비즈니스에 개방적이다. 이런 도시들이 진보적이고 **소비주의**적이며 **기업가적**이라고 말하는 사람들이 있다(Lynch et al., 2013). 브레너와 시어도어(Brenner and Theodore, 2002: 368)는 신자유주의 도시가 "다양한 신자유주의 정책의 실험을 위한 제도적 실험실"이 되었다고 말한다. 한편에서는 기업촉진지구(enterprise zone)와 도시개발회사(urban development corporations)의 설립, 젠트리피케이션 계획, 민관협력, 장소마케팅이 추진되고 있고, 또 다른 한편으로는, 근로복지(workfare) 프로그램의 강화, 복지 예산 축소, 사회적 통제, 치안, 새로운 위험관리 전략, 공간적 **거버넌스**가 추진되고 있다(Herbert & Brown, 2006; Lynch et al., 2013). 이에 따라 신자유주의 도시는 다양한 사회적 분리와 불평등으로 에워싸여 있고, 치안의 방법과 인력 또한 이에 조응하여 다양한 배타적 실천의 양상으로 공간에 표출된다.

일례로 남아프리카공화국 케이프타운의 도시정비구역에서 이루어진 도시재생사업에 관한 파라낙 미라프타브(Faranak Miraftab, 2012)의 연구를 살펴보자. 여기에서 그녀는 '구획화(zonification)'의 패턴이 나타난다는 것을 확인했는데, 이는 고도로 인종화된 방식으로 도시빈민을 소외, 착취, 배척했던 식민주의적 실천을 기초로 한 것이었다. 이와 유사하게 사설경비요원들이 '보이지 않는 경계'를 조성하면서 도시공간을 새롭게 영토화하는 과정에 주목한 연구도 있다(Paasche, Yarwood & Sidaway, 2014: 1565). 이런 경계는 특정 구역에서 '바람직하지 않은 사람'을 추방할 뿐 아니라, 그 경계 안에서 공공치안 활동의 필요성을 제거하는 효과도 발휘한다. 오스트레일리아의 빅토리아에서는 야간경제의 유흥공간을 둘러싼 민간치안 활동이 증가하고 있고 이와 관련된 여러 민법이 제정되고 있다(Warren & Miller, 2012; Palmer & Warren, 2014). 이런 공간에서는 음주를 관리·규제하고 이와 관련된 범죄를 미연에 방지하기 위해서, 통행금지 및 구역관리 제도의 실시와 (신분증이나 소지품 검사, CCTV 설치 등) **감시기술**의 활용이 늘어나고 있다. 이런 장치들은 주류사회의 유흥공간으로부터 "말썽쟁이, 주폭, 난동꾼, 정신이상자, 깡패, 미성년 술꾼"(Palmer, Warren & Miller, 2021: 305) 등 반사회적 인구를 배제하는 데 이용된다. 이런 맥락에서 루시 제드너(Lucy Zedner, 2009)는 치안을 둘러싸고 공공과 민간 사이에 권한 재분배가 일어난다고 말했다. 그 결과 법 집행과 거버넌스가 파편화되고 있다. 뿐만 아니라, 대부분의 불안전한 지역과 극명한 대비를 이루며 도시의 일부에만 형성된 보안의 버블(bubble), 퀼트(quilts), 통로(corridors)의 지대들이 조각보처럼 출현하고 있다.

마이크 데이비스(Mike Davis, 1998)의 역작 『공포의 생태계(Ecology of Fear)』는 로스앤젤레스를 신자유주의 도시로 소개하면서, 신자유주의 도

시의 특징은 모임 장소나 공동 구역이 아닌 방벽(walls)과 **엔클레이브(enclaves)**라고 했다. 이처럼 **출입통제커뮤니티**(gated community)가 확대되는 모습은 도시 세계에서 분리의 양상이 확대되는 경향의 사례이다. 블레이클리와 스나이더(Blakely & Snyder, 1997)는 출입통제커뮤니티를 라이프스타일, 프레스티지, 시큐리티의 세 가지 유형으로 구분한 바 있다. 우선, **라이프스타일 모델**은 신흥 유한(有閑)계급(leisure class)*의 요구에 부응하여 대개 골프코스나 컨트리클럽 등 레크리에이션과 사회편의시설(social amenity)을 포함하는 커뮤니티를 말한다. **프리스티지 모델**은 우수한 위치, 심미적인 경관, 사치스러운 비품과 내부시설을 갖춘 고소득층의 커뮤니티이다. **시큐리티 모델**에서는 지위를 과시하기보다 커뮤니티를 보호하고 '점잖은' 근린지구와 '막돼먹은' 근린지구의 경계를 긋는 데 더 초점을 둔다. 사유화된 주거공간의 치안에서 발생하는 어려운 문제들은 바로 세 번째 유형인 시큐리티에 해당한다. 2012년 2월에 발생한 트레이본 마틴(Trayvon Martin) 사건을 생각해보자. 흑인 고등학생이었던 그는 플로리다 샌퍼드에 위치한 한 출입통제커뮤니티에 사는 친척집

---

* 미국의 경제·사회학자 소스타인 베블런(Thorstein Veblen)이 1899년에 출간한 책 『유한계급론(The theory of the leisure class)』에서 제시한 개념으로, 육체노동을 멸시하고 자산과 불로소득에 의존해 생활하면서 비생산적이고 쓸모없는 (사치스럽고 방탕한) 여가(문화) 활동을 하는 귀족, 지주, 자본가, 금리생활자(rentiers) 등을 지칭한다. 이들은 재산을 명성과 동일시하기 때문에 자신의 명성(위력)을 과시하려고 가격이 높은 상품을 구입하는 이른바 **과시적 소비**(conspicuous consumption)'를 특징으로 한다. 베블런은 사회계급과 소비주의(consumerism)의 함수를 탐색함으로써, 가격이 오르더라도 수요공급의 법칙을 거스르고 오히려 수요가 증가할 수 있다고 보았다. 경제학에서는 이처럼 가격이 올라갈수록 사람들의 선호도(수요력)가 올라가는 현상과 재화(사치품)를 각각 베블런효과(Veblen effect), **베블런재**(Veblen goods)라고 한다.

그림 25.1 캐나다 토론토에서 개최된
2010년 G20 정상회담
(그림: Chris Huggins)

을 방문했는데, 근처 상점에서 물건을 사고 친척 집으로 돌아오는 길에 커뮤니티 청원경찰이었던 조지 짐머만(George Zimmerman)을 마주치고 무단침입자로 오해받았다. 둘 사이에 언쟁이 일어났는데, 무기를 소지하지 않았던 마틴은 결국 가슴에 치명상을 입고 사망했다. 인종화된 신체에 가해지는 폭력의 시스템을 적나라하게 드러내는 이런 사건은 아주 흔하게 발생한다. 마샤 잉글랜드(Marcia England, 2008: 2880)에 따르면, 근린책무화(neighborhood responsibilisation)라는 신자유주의적 전략은 (사회적)분리와 (공간적)분할의 사회·공간적 관계를 촉진하고 근린지구를 "'외부'의 침범으로부터 보호되어야 하는 장소"로 재구성한다. 곧, 일부의 사람들만을 위해서 '시민권의 지리(geographies of citizenship)'를 동원하고, 나머지 사람들에게는 '어느 곳에서도 존재할 수 없는 지리'를 부여한다(7장 정의 참고).

치안은 언제나 군사적이고 사회분열적인 '전쟁 정치(martial politics)'로 존재해왔지만(Howell, 2018), 도시지리학과 정치지리학에서는 특히 신자유주의 도시의 맥락에서 **치안의 군사화(militarisation)**에 대해 비판적이다. 올림픽, G8 및 G20 정상회의, 월드컵, 유럽축구챔피언십 같은 **메가이벤트**는 비즈니스 투자, 문화산업, 세계시민주의(cosmopolitanism), 국가적 명성, 경제 재활성화 등을 촉진하기 위한 것이지만, 이와 동시에 상당한 보안과 감시가 수반된다(Fussey, 2015; Kitchen & Rygiel, 2014; 그림 25.1). 이런 이벤트에서 도시는 행사의 배경막이 될 뿐만 아니라, 때때로 '포위된 도시(cities under siege)'의 '전쟁터'가 되기도 한다(Graham, 2011). 퍼세이(Fussey, 2015)는 2012년 런던올림픽에 대한 논평에서 도시가 보안의 흔적들로 가득한 '감옥의 군도(carceral archipelago)'*가 되어버린 모습을 비판했다. 스티브 그

---

* 미셸 푸코(Michel Foucault)가 1973년 『감시와 처벌(Surveiller et punir)』에서 근대형법제도를 언급하며 사용한 개념으로 지식, 장치, 기술, 메커니즘, 네트워크 등에 의해 다수의 감옥이 연결, 통치되는 체계(상태)를 은유적으로 표현한 것이다. 푸코의 표현은 러시아의 소설가 솔제니친(Solzhenitsyn)이 1973년에 자신의 수감생활을 바탕으로 쓴 『수용소 군도(The Gulag Archipelago)』에서 비롯된 것이다. 굴라그(굴라크, gulag)는 옛 소련 시절에 (대략 1920년대부터 1955년까지) 존재했던 정치범 강제수용소를 지칭한다.

레이엄(Steve Graham, 2012)은 이를 '런던의 봉쇄(lockdown)'라 칭하면서 고층빌딩 옥상에 전개(deployment)되었던 지대공 미사일에 심각한 우려를 표시했다. 도시지리학자들은 이러한 종류의 치안 및 보안 활동의 도시를 "군사무기와 전투 전략의 시험장 역할을 하는 '국내전선(國內戰線, home front)'"으로 간주한다(Kitchen & Rygiel, 2014: 212).

2. 글로벌도시의 치안

존 어리(John Urry, 2002: 59)는 **글로벌화**란 "사회질서가 고정적이고 이미 주어졌으며 정태적이라는 관념을 문제시하는" 미완의(unfinished) 과정이라고 말했다. 글로벌화 과정은 사회의 공간조직에서 두 가지 중대한 변화를 동반한다. 첫째는 **시공간 압축**, 곧 공간의 축소와 그에 따른 이동시간의 단축이다(Harvey, 1989; 4장 공간과 시간 참고). 둘째는 **네트워크** 사회의 등장, 곧 "지식 기반 사회, 네트워크 중심 사회, (부분적으로는) 흐름으로 구성된 새로운 조직사회"의 부상이다(Castells, 1996: 398). 글로벌화된 세계에서 도시는 새로운 중요성을 갖게 되었다. 경제와 정보의 중심에 위치하며, 초국적기업, 글로벌 금융 및 정치 제도, 생산자와 소비자의 국제 사슬에서 거점 역할을 한다. 2000년대 초반부터 도시학자들은 도시를 장소의 공간이라기보다 **흐름의 공간**으로 파악하고 있다(Sassen, 2001). 따라서 **글로벌도시**의 치안은 영토의 통제나 미시적인 현장에서 규제의 문제에 머무르지 않고, 오히려 자본, 상품, 정보, 사람의 **탈영토**적

흐름을 관리하는 것이 더욱 중요해졌다. 특히, 밀수, 테러리즘, 인신매매, 불법이주, 자금세탁, 사이버범죄 등이 글로벌도시 치안의 당면 과제가 되었다.

장소에 고정되었던 로컬 치안이 오늘날 불법적 유통과 **모빌리티**에 대한 개입과 차단 중심의 치안으로 변모하는 양상은 국경통제(border control)에서 잘 찾아볼 수 있다. 최근 지리학자, 보안 분석가, 범죄학자들은 경계를 국가 공간의 '끄트머리에' 물질적으로 (그리고 상징적으로) 놓인 것으로 인식해온 전통적 관점에 의문을 제기한다. 이들의 비판적 분석은 현대의 국경통제 실천들이 갖는 변화된 공간성에 주목하고, 이러한 국경 치안이 원격통제, 생체인식(biometrics), 스마트 기술, 디지털화된 데이터 수집, 그리고 수많은 선제적 감식(filtering), 선별(screening), 검색(scanning)의 기술에 어떻게 의존하고 있는지를 드러내고 있다(Amoore, 2006). 국경이란 정치공동체 영토의 최전선에 지리적으로 고정되어 있다는 기존의 관념은, 바야흐로 국경이란 모든 곳에 있다는 느낌(a sense of its 'everywhereness'), 곧 국경의 유비쿼터스적 특성으로 대체되고 있고, 국경 통제는 도시 중심에 위치한 '철도역, 쇼핑몰, 경기장 등 공공공간' 속에 뿌리를 내리면서 일련의 연속적인 치안 행위들의 일부분이 되고 있다(Amoore, Marmura & Salter, 2008: 96). 이에 따라 도시는 밀수품을 압수하고, "범죄이주민의 신체(crimmigrant bodies)"*(Aas, 2011)를 사회적으로 분류하고, 법적으로 범주화하며, 그에 대한 위험 평가를 하여 추방, 이송(移送, transfer), 해산을 결정하는 중심지 역할을 하게 되었다(26장 이주와

디아스포라 참고).

치안 활동이 공간적으로 더욱 유동적이고 분산적인 경향을 띰에 따라, 법 집행의 책임 또한 여러 행위자들에게로 확산되고 있다. 학자들은 이와 같이 변화된 경관을 '다원적', '네트워크적', '초국적' 치안의 출현이라고 언급하면서(Rogers, 2017), 어떻게 오늘날의 치안이 파편화, 탈중심화, 다위치화, 다부문화되고 있는지에 주목한다. 사이버범죄, 특히 사이버-소아성애(小兒性愛, paedophilia)에 대한 감시는 이러한 트렌드를 반영할 뿐만 아니라 여러 점에서 이의 전형적인 본보기가 되어가고 있다(31장 디지털 참고).

가령, 오늘날 특정 국가의 영토나 이익을 넘어서 초국적으로 활동하는 비국가적 활동가(non-state actors)나 조직, 기구는 (사명감에 의해서든, 법적 의무가 있든 아니면 그 외의 여러 사회적 이유에서) 아동과 관련된 미심쩍은 온라인 활동이나 아동과의 부적절한 성적 대화를 규제, 감시, 보고, 무력화하기 위해 다양한 방식으로 활동하고 있다(Campbell, 2016). 여기에는 인터넷서비스업체나 소프트웨어 개발업체에서부터 교사, 학부모, 자선단체, 소셜미디어 업체에 이르기까지 다양한 행위자들이 포함된다. 이러한 탈중심화된 감시 장치는 새로운 형태와 새로운 공간적 양상으로 발생하는 소아성애 범죄에 대응할 수 있다. 특히 소셜미디어 플랫폼, 다크웹(dark web)*, 디지털기술의 사용 증가로 현실과 가상공간의 장벽을 허물고 양자를 오가는 소아성애 범죄에 효과적으로 대응한다. 이러한 기술적 진보는 전통적인 치안의 범죄통제 역량을 압도하면서, 범죄를 경계하고 우려하는 시민들이 참여할 수 있는 기회까지 창출한다. 시민들은 보호 소프트웨어를 예방적 차원에서 설치하고 의심스러운 온·오프라인 행위를 기록하는 활동에 적극 참여한다. 심지어 크라우드소싱(crowdsourcing)** 활동을 통해서 경찰의 수사 활동을 지원하는 경우도 있다(Trottier, 2014).

이런 상황에서 도시의 치안은 도시라는 공간적 위치와 기준을 점차 잃어버리고 있다. 가령, 2008~11년의 초국적 치안 사업이었던 오퍼레이션레스큐(Operation Rescue)를 살펴보자. 이 사업은 영국의 온라인아동착취보호센터(CEOP), 유로폴(Europol), 미국 이민국, 그리고 오스트레일리아·뉴질랜드·네덜란드·캐나다 경찰이 소아성애자들의 글로벌 네트워크 'boylover.net'을 3년 동안 수사했던 작전이다. 작전 결과 7만 명의 회원이 밝혀졌고, 670명에 이르는 17~82세의 소아성애 피의자가 색출되었으며, 세계 곳곳에서 184명의 범죄자가 체포되었다(Child Exploitation

---

* 슬로베니아 출신의 오슬로대학 범죄학·법사회학과 교수 카챠 아스(Katja Aas)가 2011년 논문에서 언급한 개념으로, 범죄통제(치안)와 국경통제가 수렴되는 현상을 지칭하는 개념이다. 그녀는 감시(surveillance)와 주권(sovereignty)이 초국적으로 수렴되어 가면서 사람들이 '선량한 세계시민/여행자(bona fide global citizen or traveler)'와 '범죄-이민적 타자(crimmigrant other)'로 양분되고 있다고 지적했으며, '글로벌 시민성(global citizenship)' 개념이 표면적으로는 보편성을 내세우지만 실제로는 국적(시민권)을 초월한 새로운 범주화를 통해 통치성을 강화한다고 비판했다.

* 특정 프로그램이나 브라우저를 통해서만 검색, 접근할 수 있는 암호화된 웹페이지로, 마약, 불법 동영상, 개인신용정보, 위조지폐 등이 불법으로 거래되곤 한다.
** 크라우드소싱이란 대중을 뜻하는 '크라우드(crowd)'와 외부 구매를 뜻하는 '소싱(sourcing)'의 합성어이며, 불특정 대중의 자발적인 참여를 통해서 데이터, 정보, 지식 등을 수집하여 활용하는 상황에 쓰이는 용어이다. 여기에서는 일반 대중이 인터넷이나 소셜네트워크 플랫폼을 통해서 범죄 관련 정보를 제공하며 치안유지 활동을 지원하는 상황을 언급하기 위해 크라우드소싱이란 용어가 사용되었다.

Online Protection Centre, 2011). 이처럼 공간 거버 넌스 및 치안 활동은 집, PC방, 직장, 캠프 등에서 발생하는 범죄에 대한 로컬 체포 활동을 넘어, 아동에 대한 성(性)학대를 중심으로 하는 글로벌 시장을 차단, 감시, 방해하는 활동을 포괄하고 있다. 도시의 치안은 점차 뒤로 물러서는 대신, 초국적 흐름, 대륙 간 네트워크, 은밀한 연결, 금전 거래의 유동적 궤적, 온·오프라인 상호작용 등에 대한 감시가 그 자리를 대신하고 있다.

3. 수직도시의 치안유지

미래에 도시의 수직공간에 대한 안전을 확보하려면, 수직적 순찰이나 근린지구 감시 등 전통적인 전략 이상이 필요할 것이다. 이 도전에 대처하려면 정보활동, 작전역량, 커뮤니티 감시와 관련된 전략들이 필요하다. 정보 기반의 치안은 작전구역에 대한 3차원적 평가를 기초로 해야 한다. 왜냐하면 우범지역, 요주의 인물 그리고 (드론과 같은) 이상(異常) 활동 등은 수평적인 길거리에만 국한되지는 않을 것이기 때문이다.

– 라흐만(Rahman, 2017)

라흐만은 싱가포르의 『투데이(Today)』에 실은 논평에서 현대 도시의 '수직화(verticalisation)'에 주목한다. 건조환경의 기하급수적 성장은 지나칠 수 없는 현대 도시의 특징이다. 도시 중심부의 빌딩들은 끝을 알 수 없을 정도로 솟구쳐 있으면서도, 지표면 아래로는 대피소, 인프라, 요새화된 공간 등이 복잡하게 얽힌 지하공간이 만들어지고

있다(McNeill, 2005). 스티브 그레이엄(2016)의 연구를 선봉으로, 3차원의 지리를 보다 잘 이해하기 위해서 도시경관을 넘나드는 것뿐 아니라 위아래를 살펴야 한다고 주장하는 혁신적 연구가 증가하고 있다. 도시연구의 '**수직적 전환**(vertical turn)'은 도시와 치안에 대한 사고에 중요한 함의를 가진다. 이는 건축, 인프라, 기술 분야의 혁신을 자극하여 도시의 감시와 치안 방식을 변화시키고 있다. 아울러 도시가 어떻게 시각화되고, 도시를 어떻게 보호할 것이며, 도시를 어떻게 안전하게 만들 것인지의 문제도 함께 변하고 있다.

건축적 차원에서, 수직적 분석가들은 도시를 '**파편적 어바니즘**(splintering urbanism)'의 공간이라고 이야기한다(Graham & Marvin, 2001). 한편으로는 산사태에 취약한 도시 주변부의 경사면에 도시 빈민이 모여들어 자생적으로 밀집한 **파벨라**(favela) 취락이 유기체처럼 성장하는 모습을 지적하면서도(Perlman, 2010), 다른 한편으로는 부유층 가구가 "부(富)의 보호막과 요새적 보안"(Graham, 2016: 177)을 갖춘 새로운 엘리트 고층빌딩으로 옮겨가는 현상에도 주목한다(21장 주거 및 22장 부와 빈곤 참고). 또한, 일부 연구들은 지하층 개발 사업에 초점을 맞추어, 소위 "빙산주택(iceberg house)",* "억만장자의 지하층", "지하 은신처(subterranean lair)" 등에 주목하기도 한다(Graham, 2016: 313). 이들은 매우 고급스럽고 요

---

* 2000년대 들어 주로 런던에서 나타나는 건축 현상의 하나로, 지상으로 드러난 건축면적보다 지하의 건축면적이 훨씬 넓은 주택을 지칭한다. 지하에는 침실이나 거실은 물론 식당, 수영장, 주차장, 정원, 영화관, 창고 등 다양한 생활시설이 갖추어져 있다. 빙산주택은 도시계획에 따른 각종 건축규제, 까다로운 인·허가 절차, 높은 지가와 부동산중개료, 각종 세금 등을 회피하려는 목적에서 유행처럼 번지기 시작했다.

새화된 지하주택의 미로를 형성한다. 이러한 종류의 방어적 주택 소유와 주거 보안 때문에, 치안 활동은 점점 더 캡슐과 같은 성격을 가지게 되었다(de Cauter, 2005). 결과적으로, "바깥세상과 접촉이 없도록 밀폐된 보안 구역들의 파편화된 조각보(patchwork)"(Klauser, 2010: 326)로 구성된 "요새도시(fortress city)"(Low, 1997)의 모습이 나타나고 있다.

많은 도시지리학자들은 위와 같은 건축 변화와 더불어 현대 도시를 지탱하기 위한 인프라의 변동을 강조한다. 가령, 셔피로(Shapiro, 2016)는 도시 인프라에 관한 연구에서 도시계획가나 치안 관리자의 **판옵티콘**적 시각화(panoptic visualisations)와 일상적인 도시생활의 어지러운 현실(11장 일상 참고) 사이를 매개하는 '중간적 수직성(intermediate verticality)'에 대해 논의한 바 있다. 그는 우선 "수많은 전선, 전봇대, 가로등에서부터 도로표지판, 신호등, 간판에 이르는 감시와 2층의 '훈수꾼들(kibitzers)'(Shapiro, 2016: 293)로 채워진" 도시공간의 '메자닌층(mezzanine strata)*'에 대해 설명한다. 그는 우선 메자닌층 높이에 구축되어 있는 감시 시스템과 이를 지원하는 각종 장치에 주목하면서 "경계(警戒, vigilance)와 가시성(visibility)이 극대화된"(Shapiro, 2016: 302) 치안의 공간을 발견한다. 이 공간은 비공식적이고 불연속적인 "거리의 눈(eyes on the street)**"(Jacobs, 1961: 35)과 치안당국의 공식적인 정보수집기술을 매개하는 공간이다.

그러나 셔피로가 논하는 메자닌층의 장치들보다 훨씬 강력한 디지털 인프라가 있는데, 이는 다름 아닌 '**스마트**' 도시를 지탱하고 촉진하는 기술이다(Thorns, 2002). 이는 센서, 위성통신, 라디오, 안테나, 지하케이블과 광섬유, 추적 장치, 드론, 헬리콥터 등으로 구성된 '두터운 네트워크 연결성'을 갖춘 "제국주의적 인프라"(Holmes, 2004: 2)이다. 도시의 거리 위아래에서 항상 작동 중인 촘촘한 감시망인 것이다. 이에 대해 데이비드 라이언(David Lyon, 2001: 54)은 다음과 같이 말한다.

고속도로 요금정산 시스템, 핸드폰, 지하철 카메라에서부터 사무실의 바코드 잠금장치, 상점의 단골 포인트제도, 직장의 인터넷 사용 모니터링에 이르기까지 도시의 감시망은 두텁게 형성되어 있다. … 반드시 모든 이벤트를 포착하겠다는 목적을 가지고 설치된 것들이라기보다는 … 만일의 사태에 취할 행동을 예상하고 만든 계획들이다.

이는 다소 오웰적인(Orwellian) 전망이지만, 치안과 보안의 디지털화는 이러한 위험성뿐만 아니라 유발성(誘發性, affordance)***도 갖고 있다. 이집트 카이로에서 시작된 해러스맵(HarassMap) 운동을 생각해보자. 이는 익명의 사람들이 성희

---

* 1층과 2층 사이에 라운지나 발코니 공간으로 만들어진 중간층(1.5층)을 지칭하는 이탈리아어. 메자닌층은 1층을 조망할 수 있는 위치에 있다.

** 미국의 도시 연구자이자 활동가인 제인 제이컵스(Jane Jacobs)의 〈미국 대도시의 죽음과 삶(Death and Life of Great American Cities)〉(1961)에서 사용한 표현이다. 거리(street)가 활성화되어 인근 상가를 오가는 주민이나 보행자가 증가하면, 자연스럽게 범죄 행위를 예방할 수 있는 감시의 눈이 많아지면서 거리가 더 안전해진다. 이는 다시 거리의 활성화에 기여한다. 이러한 맥락에서 사용한 표현이 '거리의 눈'이다.

*** 어떤 대상물의 속성이 행위자들로 하여금 특정한 행동을 하도록 유발(유도)하는 성질을 뜻한다. (22장 부와 빈곤 247~248쪽 옮긴이주도 함께 참고)

그림 25.2 디지털 도시
(그림: ItNeverEnds, Pixabay)

롱 발생을 실시간으로 알려서 지도화하는 상호작용형 플랫폼이다(Grove, 2015). 이 크라우드매핑(crowd-mapping) 기술은 "GPS, 이미지 기술, 핸드폰, 우샤히디(Ushahidi) 소프트웨어* 등 여러 기술 장치들의 네트워크화된 아상블라주"(Grove, 2015: 346)와 이집트의 거리에서 마주치는 성폭력의 경험을 연결한 것이다. 그로브(Grove, 2015: 346)에 따르면, 해러스맵은 디지털 기술을 결합하여 창의적으로 사용함으로써 "개입이 필요한 공간"을 창출하고 "다른 보안 프로젝트와 동조하는 특별한 지식"을 생산하는 효과를 낳았다. 해러스맵은 피해자들이 범죄를 적극적으로 알리고 시각적으로 지도화할 수 있는 힘을 부여했기 때문에, 이러한 노력은 치안 기능의 민주화라고 말할 수 있다.

* 다수의 핸드폰·컴퓨터 사용자들이 보낸 시공간정보와 속성정보(유형, 주제 등)를 구글맵 등을 이용해 지도화하여 보여주는 시민참여형 오픈소스 애플리케이션을 지칭한다. 스와힐리어로 '우샤히디'는 '증언(testimony)'을 뜻하며, 2007년 케냐의 대통령 선거에 부정선거 의혹이 일면서 처음 만들어진 것으로 알려져 있다.

4. 결론

사회지리학자들은 도시의 치안을 단순하거나 '자명한' 문제로 간주하지 않는다. 이 장에서 살폈듯이, 치안은 사회의 변화, 정치경제 패러다임의 변동, 기술혁신과 발전의 교차점에서 출현한다. 따라서 치안은 오래전부터 시간에 따라 변화해왔고, 그 핵심 임무와 책임뿐만 아니라 그 방법과 범위도 지속적으로 재창조되어왔다. 이와 마찬가지로 도시도 정적(靜的)이거나 고정되어 있지 않다. 도시의 형태와 성격은 지속적인 적응과 재생의 과정을 통해서 유기체와 같이 점진적으로 변한다. 그래서 도시의 치안을 말하려면 우리는 출발에 앞서 몇 가지 질문을 던져보아야 한다. 치안이 의미하는 바는 무엇인가? 치안의 담당자는 누구인가? 치안은 어디에서 나타나는가? 무엇과 누구를 위한 치안인가? 어쨌거나, 어떤 종류의 도시에서 발생하는가? 이 장에서는 세 가지 종류의 21세기 도시들을 살펴보았다. 신자유주의 도시, 글로벌도시, 수직도시 각각은 치안과 관련된 상이한 도전에 직면해 있고 이에 대한 해결의 우선순위도 다르다. 마찬가지로 새롭게 발생하는 위험과 위협도 다르다. 그러나 도시의 '유형'이란 것은 순수한 상태로 존재하지 않는다는 사실도 명심해야 한다. 실제로, 도시는 (그리고 치안의 접근방식도) 지속적인 형성 과정 중이고, 단일한 **종류**의 도시로 정착

하여 안정화되지 않으며, 세계의 동태(動態)와 인구학적 특성에 항상 적응하며 변화한다. 결국 거버넌스와 통제의 도시사회지리를 어떻게 이해할 것인가의 문제는 언제나 맥락의 문제이다. 곧, 도시의 치안에 관한 이해에 있어 **공간이 중요하다.**

요약

- 치안은 도시생활을 구성하는 결정적인 요소 중 하나이다. 도시의 평판은 얼마나 치안이 잘 이루어지는가에 따라 좌우되기 때문이다. 치안과 도시는 서로 영향을 주고받는다.
- 치안은 기본적으로 영토적 실천이며, 도시의 유형에 적합하도록 공간적으로 조직화된다.
- 신자유주의 도시는 비즈니스, 기업, 소비의 요구를 우선시한다. 이런 요구는 도시공간을 규제, 관리, 통제의 목적에서 접근하는 다양한 치안방식에 배태되어 있다.
- 글로벌도시는 경제와 정보의 허브 역할을 하고, 흐름, 네트워크, 모빌리티의 거버넌스를 우

선시한다. 수많은 행위자들이 치안에 함께 참여하기 때문에, 치안유지는 민간부문, 공공부문, 비영리기구 등으로 파편화되어 이루어진다. 이는 종종 '다원적 치안'이라고도 불린다.
- 수직도시는 다양한 건축, 인프라, 기술적 혁신을 앞세운다. 치안 활동은 도시에 대한 3차원적 평가를 기초로, 곧 지표면 위아래 모두의 도시공간을 고려하여 이루어진다.
- 도시의 치안은 사회적 변화, 정치경제 패러다임의 변동, 기술혁신, 발전 패러다임들을 고려해서 이루어져야 한다.

더 읽을거리

Atkinson, R., & Blandy, S. (2016) *Domestic Fortress: Fear and the New Home Front*. Manchester: Manchester University Press.

Beckett, K., & Herbert, S. (2009) *Banished: The New Social Control in Urban America*. Oxford: Oxford University Press.

Campbell, E. (2016) Policing paedophilia: Assembling bodies, spaces and things. *Crime, Media, Culture*, 12(3): 345-65.

Isin, E. F. (ed.) (2013) *Democracy, Citizenship and the Global City*. London: Routledge.

사람과 집단이 한 장소에서 다른 장소로 이주해 온 역사는 인류의 역사만큼이나 길다. 따라서 이주와 디아스포라는 사회지리학의 핵심 논제일 뿐만 아니라 우리가 살아가는 사회 전반에 걸친 중요한 화두이다. 최근 들어, 누가 이주의 자유를 갖고 있는가, 누가 강제로 이주해야 하는가, 그리고 어디로 사람들이 이주하는가의 문제가 전 세계적으로 활발한 공적 논의의 대상으로 부상했다. 그 결과 '이민(immigration)'은 오늘날 각종 선거에서 핵심 쟁점이 되었다. 그러나 이런 논쟁적 현실과 달리, 2017년 UN이 추산한 국제이주민은 세계 인구의 단 3.4%인 2억 2,800만 명에 불과하다.

이 장에서는 사회지리학자들이 이주를 어떻게 이론화하고 이해하는지를 검토한다. 이를 위해 필리핀의 돌봄이주(care migration)를 사례로 사회지리학 분야의 핵심적인 이주이론을 살펴보는데,

특히 젠더와 이주 간의 관계에 주목하고자 한다. 그다음 논의로 사회지리학자들이 (모국 너머에 형성된 새로운 커뮤니티를 지칭하는) 이른바 디아스포라(diaspora) 개념의 발전에 어떤 기여를 했는지를 검토한다. 마지막으로 이 장에서는 소속, 집, 그리고 디아스포라 정체성의 형성에 대해 살펴보되, 특히 스페인 그라나다에 거주하는 모로코인들의 디아스포라에 주목한다.

1. 이주와 이주민

가장 기초적인 수준에서, '이주(migration)'란 공간과 시간을 넘는 사람(들)의 이동과 그로 인해 발생하는 장소의 변형을 지칭한다(4장 공간과 시간 참고). 초창기 사회지리학자들은 1950년대만 하

더라도 '인구지리학'이라는 보호막 속에서 이주를 연구했지만(Trewartha, 1953 참고), 그 이후 지금까지 이주연구를 선도하는 논의와 개념의 발전에 지대한 공헌을 해왔다. 사회지리학자들은 이주를 촉진하거나 가로막는 정치적·경제적·문화적 요인들에 관심을 두지만, 특히 이주가 사회, 커뮤니티, 가구 및 개인과 형성하는 관계, 곧 이주의 **사회적(societal)** 차원에 각별히 주목한다.

따라서 사회지리학자들은 이주민에 대한 표준화된 분류와 편견에 대항하며, 이주를 야기하는 거시적 환경에 대한 억측이나 오해를 불식시키고자 한다. 가령, 사람들은 이주민이 세계에서 가장 곤궁한 사람들일 것이라고 생각하지만, 실제 전 세계 이주민 중 단 4%만이 저소득 지역 출신이다. 톰프슨(Thompson, 2017: 81)이 지적하는 것처럼, "대부분의 이주민은 교육수준이 높은 중산층으로서 이주에 소요되는 금전적 비용을 감당할 수 있는 사람들이다". 사회지리학자들은 특히 이주민들이 (이주를 하는 동안에 그리고 이주하고 난 후에) 모국과 정착지 양쪽에서의 지위가 얼마나 복잡해지는가를 기민하게 검토한다. 또한, 이주민은 중산층이면서도 동시에 빈곤층일 수도 있다. 모국에서는 사치품을 구입할 수 있을 만큼 중산층이었던 사람도, '타자'로 간주되는 정착지에서는 저숙련 산업에 고용되어 해외의 가족에게 송금을 하기 때문에 그 지위가 낮아질 수밖에 없다.

한편, 예전의 학자들은 이분법적 관점으로 이주에 접근했지만, 오늘날 많은 연구자들은 이주의 역동성과 복잡성에 초점을 둔다. 오늘날에는 더 이상 불법과 합법, 비호신청자·난민과 경제적 이주민, 고숙련과 저숙련, 그리고 강제와 자발 등 이원론의 시각으로 이주민을 바라보지 않는다. 대신, 많은 학자들은 이주민의 경험 및 지위의 다양성과 유동성을 탐구하고, 이주의 과정과 경험에 주목하며, 위의 이원적 범주에 딱 들어맞지 않거나 여러 범주(가령, 배우자, 자녀, 조부모 등)에 속한 이주민에 관심이 있다.

예를 들어, 필리핀의 숙련된 간호사가 영국으로 이주하는 것은 표면적으로 볼 때는 전문기술을 가진 사람의 합법적, 경제적, 자발적 이주 현상이다. 그러나 사회지리학자는 간호사가 이주를 하게 된 사회적 맥락, 이주와 연관된 젠더의 정치, 그리고 목적지의 사회적 맥락을 고려한다. 대개의 경우 필리핀 간호사들은 취업 기회가 부족하고 착취가 만연하기 때문에 이주 외에는 다른 선택의 여지가 없다. 또한, 일부 간호사들은 가족의 압박으로 이주에 내몰리므로 자발적 이주라고 보기 어렵다(Thompson, 2019). 뿐만 아니라, 영국에서 일하는 많은 이주간호사들은 간호사로서의 자격요건이 충족됨에도 불구하고 불완전고용(underemployment)으로 인해 (많은 경우 간호조무사로 일하며) **탈숙련화(deskilling)**되거나, 실업자로 생활하며, 비자가 만료되어 '불법'이민자로 생활하기도 한다(Batnitzky & McDowell, 2011). 또한 처음에는 간호사 단독으로 이주한 다음 가족들이 나중에 뒤따라 이주하는 이른바 가족재통합(가족상봉)이주(family reunification migration)가 나타나기도 한다. 어린 자녀는 이주와 관련된 의사결정능력을 갖고 있을까? 노부모나 조부모가 이주할 경우, 이는 경제적 요인 때문이 아니라 웰빙을 목적으로 이주한다고 볼 수 있을까? 사회지리학자들에게는 사회적 재생산 이슈, 가족 돌봄,

이주 사이의 관계성에 관한 질문들이 매우 중요하기 때문에(28장 사회적 재생산 참고), 많은 경우 페미니즘 이론을 사용해서 분리의 양상에 접근하고 있다(3부 분리 참고).

2. 이주의 이론화

사회지리학자들은 현대 이주의 복잡다양한 양상을 설명할 수 있는 '사회'이론을 발전시켜왔다. 이런 이론적 진전의 맥락을 이해하기 위해서 먼저 주류 이주이론을 간략하게 소개하고자 한다. 초창기에 등장한 리(Lee, 1966)의 배출-흡인모형(push-pull model)은 '미시경제' 이주이론이라고도 불리는데, 이는 모든 이주민이 합리적 인간이고, 사전지식이 있는 상태에서 의사결정을 내리며, 경제적으로 더 선호하는 곳으로 이주한다는 가정을 전제로 한다. 이와 반대로 **마르크스주의**와 **포스트식민주의** 학자들의 '거시경제' 접근은 이주를 글로벌 **불평등**과 **자본주의** 팽창의 결과라고 인식한다(King, 2012b 참고). 곧, 사람이 이주를 선택한다기보다는, 글로벌 불평등, 빈곤, 저개발 등의 구조가 세계의 주변부를 핵심부(중심부)로 끌어들인다고 이해한다. 두 접근 모두 이주에 대한 의사결정은 경제적인 이유에 의해 추동된다. 필리핀 이주간호사의 사례로 다시 돌아가면, 그들은 모국과 목적지에서의 기회에 대한 비용-편익분석(cost-benefit analysis)을 토대로 이주를 결정할 수도 있고, 아니면 신자유주의적, 신식민주의적 자본주의의 힘에 의해 선택의 여지없이 세계 속으로 이끌려 들

표 26.1 이주에 관한 이론

이론	신노동이주경제학	열망 접근	네트워크
개관	신노동이주경제학(NELM; New Economics of Labour Migration)은 배출-흡인모형을 따르면서도, 이주는 가구의 소득을 증대시키려는 경제적 전략이라고 주장한다. 이주는 가족구성원의 노동의 종류와 입지를 다양화함으로써, 질병, 자연재해, 실업에 의한 가구의 위험을 최소화한다(Massey, 1990). 개인이 아닌 가구 단위가 분석의 주요 스케일이다.	열망 접근(aspirations approaches)은 이주의 의사결정이 특정 장소와 관련된 대중문화와 미디어의 재현으로부터 영향을 받는다는 점에 주목한다. 개인은 경제적 기회를 최대화할 수 있는 곳보다는 자신이 적극적으로 욕망하는 곳으로 이동하는 경향이 있다(Carling & Collins, 2018).	네트워크 접근은 이주의 초기는 경제적 측면에서 설명할 수 있어도, 이주패턴의 지속성은 경제적 측면에서 설명하기 어렵다고 본다. 대신, 이주민들의 커뮤니티는 특정 목적지들을 보다 매력적으로 만들어 열망 이주를 촉진한다. 따라서 이런 목적지들은 이주민들에게 친숙한 커뮤니티를 제공한다. 네트워크는 디아스포라에 관한 논의에서 핵심을 차지한다.
경험적 사례	필리핀 이주간호사의 경우 형제자매 중 장녀인 경우가 많다. 왜냐하면 가족에게 보내는 송금액이 가장 많기 때문이다. 반면, 남아메리카의 농촌의 경우 여성이주민이 많이 배출되는 이유는, 여성이 농업노동에 적합하지 않다고 여겨지기 때문이다(Lawson, 1998)	톰프슨(Thompson, 2017)에 따르면, 애니메이션, 비디오게임, K팝을 열렬히 좋아하는 필리핀 간호사들은 일본어나 한국어를 배워 일본이나 한국으로 이주하는 경향이 있다. 반면, 서양의 대중문화에 매료된 간호사들은 북미나 영국으로 이주하는 경향이 있다.	종교시설, 저렴한 여행비, 음식, 언어공동체, 문화 활동, 가족 연계 등은 특정 장소를 보다 매력적으로 만든다. 싱가포르는 필리핀 간호사들에 대한 공공연한 학대로 악명이 높지만, 여전히 많은 간호사들은 싱가포르에서 일자리를 얻기 위해 네트워크를 계속 이용한다.

어가는 것일 수도 있다. 그러나 보다 최근의 사회지리학 연구들은 경제 이외의 차원들을 진지하게 고려하면서, 가구, 문화적 친화성(cultural compatibility)에 대한 고려, 사회적 네트워크 등이 이주의 의사결정에 영향을 미친다는 점에 주목한다. 사회지리학자들이 취하는 다양한 접근을 크게 세 가지로 요약, 제시하면 표 26.1과 같다.

사회지리학자들을 비롯한 많은 사회과학자들은 이주에 대한 사회와 문화의 영향에 주목하면서 다양한 방식으로 이주를 연구하고 이해해왔다. 또한, 사회지리학자들은 젠더와 이주에 관한 논의의 진전에 핵심 역할을 해왔으며, 이주민에 대한 여러 편견을 해소하는 데도 기여해왔다.

3. 젠더와 이주

페미니즘 기반의 이주연구는, 사회지리학 분야에서 이주민과 관련된 기존의 편견이나 범주화를 극복하고 해체하는 데 괄목할 만한 기여를 해왔다(Silvey, 2006). 이주에서 여성과 젠더의 역할에 주목할 필요성이 제기되기 시작한 것은 비교적 최근의 일이다(16장 젠더 참고). 1980년대 이전까지만 하더라도 여성이주민은 대개 남성이주민의 동반자로 (가령, 배우자, 주부, 자녀로) 간주되었기 때문에, 여성의 이주경험은 거의 주목을 받지 못했다. 1980년대와 1990년대에 들어 페미니스트 사회지리학자들은 이주와 관련된 여성들의 현황과 그들의 경험을 분석하는 데 초점을 두기 시작했다(가령, Lawson, 1998 참고). 이는 여성이주민이 전 세계적으로 빠른 속도로 늘어난 것과 궤를 같이하며, 급기야 1990년대 초반에는 여성이주민의 규모가 남성과 비슷한 수준으로 성장했다.

그 이후에는 단순히 여성과 이주라는 이슈를 넘어 젠더와 이주의 중요성에 주목하고 이를 연구하려는 노력들이 계속되고 있다. 곧, 이런 연구들은 여성의 이주를 제시하는 데 그치지 않고, 이주가 젠더와 어떤 영향을 주고받는지에 주목한다. 그림 26.1은 이주민의 고용 실태가 고도로 젠더화된 모습을 보여준다. 그리고 Box 26.1은 오늘날의 젠더 및 이주연구가 관심을 두는 상호중첩적인 두 가지 측면을 보여준다.

사회지리학자들과 비판사회과학자들은 이주민들이 어떤 사람인지에 주목하면서, 이주민에 대한 전통적인 이분법적 범주를 해체하는 데 주력한다. 오늘날 우리는 이주민이라고 하면 젊고 경제적으로 활발한 남성이주민을 떠올리지만, 이주 규모를 보면 남녀가 비슷한 수준이다(United Nations, 2017). 또한, 이주민은 대체로 중산층이어서, 이주민의 복잡한 행위성은 자발적/강제적, 합법적/불법적 이주와 같은 단순한 이분법을 통해서는 잘 드러나지 않는다. 보다 최근 들어, 이주민의 의사결정, 그들의 이주경험, 그리고 그들이 새로운 사회 속으로 통합되는 과정을 보다 면밀하게 이해하기 위해서 교차적 접근(intersectional approach)의 필요성이 더욱 강해지고 있다(Bastia, 2014 참고). 교차적 접근은 단순히 젠더만이 아니라 종교, 인종, 민족성, 섹슈얼리티, 장애, 계급 등 정체성을 구성하는 여타의 요소들이 서로 맞물려 어떻게 이주경험과 의사결정에 영향을 미치는지를 탐색한다(20장 교차성 참고). 일부 디아스포라 연구들 또한 이에 주목하고 있다.

그림 26.1 젠더화된 이주민 고용 실태 (그림: Robin Finlay)

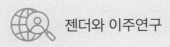
이주는 어떻게 젠더를 구성하는가?
이 연구주제는 이주를 통해서 성정체성이 그대로 유지되는지, 도전을 받는지, 아니면 변형되는지에 주목한다. 예를 들어, 필리핀 간호사의 경우 이주민으로서 직면하는 차별과 해외취업에서 얻는 경제적 독립이 그들의 행위성을 강화하는가 아니면 제약하는가(Salazar Parreñas, 2009)?

젠더는 어떻게 이주를 구성하는가?
이 연구주제는 누가, 왜, 어디로 이주를 하는가에 대한 젠더의 영향력을 이해함으로써, 젠더화된 시스템과 불평등이 이주민의 경험을 어떻게 생산하고 통제하는지를 드러내고자 한다(Nawyn, 2010). 가령, 여성과 모성(motherhood)의 연합적 사고는 여성들이 서비스 부문의 직종에 잘 어울리는 (가령, 동정적이고 붙임성 있는) 특성을 타고났다는 인식을 만들어낸다. 특히, 필리핀 여성들은 '타고난' 돌보미(caregivers)로서 간호업무에 '최적'이라고 홍보된다(표 26.1 참고).

4. 디아스포라

전 세계적으로 이주민이 계속 늘어남에 따라, 사람들의 이동과 재정착과 관련된 상이한 현상들을 이해하기 위한 개념도 다양해지고 있다. **디아스포라** 개념은 최근 사회지리학과 문화지리학 분야에서 큰 인기를 얻고 있는데, 특히 이주민의 생활경험을 연구하는 학자들이 열풍을 선도하고 있다. 디아스포라 연구는 기원지와 목적지 사이의 관계를 지칭하는 **초국가주의**(transnationalism)에 주목한다. 초국가주의는 이주의 물질적 지리(사람과 사물의 실제적 이동)뿐만 아니라 이주에 대한 상상의 지리(문화적, 사회적 관념의 이동)와도 연관되어 있다(Blunt, 2007). 1980년대 이전만 하더라도 디아스포라는 역사적으로 강제 추방당한 사람들을 일컫는 용어로 특히 **유대인**을 언급할 때 사용되었다. 그러나 최근 수십 년간 국제 이주가 급격히 활발해짐에 따라, 디아스포라는 전 세계에 흩어져 사는 일반적인 사람들을 지칭하는 용어로 사용되고 있고 독립된 하나의 연구분야로 발전하였다(Karla, Kaur & Hutnyk, 2005). 고전적 디아스포라의 사례에는 유대인 외에 아일랜드, 중국, 아프리카, 남아시아 디아스포라를 사례로 들 수 있다.

일반적으로 디아스포라는 공통의 역사적 '고국(homeland)'을 공유하는 이주민이나 그들의 조상을 지칭한다. 대개 커뮤니티, 집단적 민족정체성의 지속, 초국가적 연계, 고국에 대한 공유된 지향성 등이 이주민의 디아스포라를 형성하는 것으로 알려져 있다(Grossman, 2018). 나아가 대개 디아스포라는 혼성성(混成性, hybridity)*을 상징

---

* '서로 섞여 있는 또는 섞여서 이루어진 성질'을 포괄적으로 지칭한다. 어원은 집돼지와 야생멧돼지 사이에서 태어난 돼지를 의미하는 라틴어 'hybrida'지만, 18~19세기 식민주의적 인종학의 전성기에 인종 간 혼인을 경멸, 비하하는 용어로 사용되었고 오늘날에는 포스트식민 비판이론에서 자주 사용되는 개념인 문화적 융합까지도 일컫는다.
　　국내에서는 '혼종성', 심지어는 '잡종성'이라고까지 번역되는데 이는 몇 가지 점에서 문제적이다. 첫째, 일단 'hybridity'는 인종적·문화적 맥락에서 많이 사용되는데 문화에 어떤 종(種)이란 존재하지 않는다. 모

으로 하는데, 이는 문화횡단적(cross-cultural) 접촉과 융합을 통해서 형성된 새로운 종류의 정체성과 소속감을 일컫는다(Karla, Kaur & Hutnyk, 2005). 넓은 의미에서 볼 때 디아스포라 개념에 대한 사회지리학자들의 기여는, 공간을 중심에 두고 디아스포라가 장소, 집, 소속감, 정체성, 정치를 어떻게 구성, 수행하는지를 비판적으로 검토한다는 데 있다(Blunt, 2007). 이 절에서 우리는 디아스포라와 관련하여 두 가지의 상호 중첩적인 연구영역을 살펴본다. 첫째는 집, 소속, 장소만들기(place-making)와 관련된 것이고, 둘째는 디아스포라 정체성의 형성에 관한 것이다.

1) 집, 소속, 장소만들기

디아스포라로 살아가는 사람들에게는 집이란 다중적이고 복잡한 관념이다. 왜냐하면 집에는 집과 소속의 감정(a sense of home and belonging)을 전달하는 다양한 장소와 문화가 내포되어 있기 때문이다(21장 주거 참고). 이들에게는 '멀리 떨어져 있는' 고국, 곧 '출신'지에 대한 소속감 그리고 정착지에서 생활하는 집에 대한 소속감이 공존한다(Brah, 1996). 따라서 디아스포라 연구는 정착지뿐만 아니라 떠나온 '모국'에서의 경험과 환경을 동시에 주목해야 한다.

많은 디아스포라 연구들은 '모국' 공간에 대한 디아스포라의 상상, 관계성, 연계에 (가령, 독일에 살고 있는 그리스인의 디아스포라가 모국으로서 그리스를 상상하는 방식과 같은) 관심을 둔다(Christou & King, 2010). 디아스포라가 모국과 연계를 형성하는 데는 역사, 이야기, 물질문화, 기술, 음식, 고향 방문 등 여러 요인이 영향을 미친다. 많은 연구들은 디아스포라와 모국과의 관계가 다양함을 밝히고 있고, 그 관계는 정체성, 국가/지역의 위치, 초국적 궤적, 개인의 생애 등 여러 이슈의 영향을 받는다.

한편, 일부 연구들은 디아스포라가 어떻게 정착지에서 새롭게 집을 만들어 새로운 소속감을 창조해내는지에 대해서도 주목한다. 집 만들기의 과정은 대개 공간적이기 때문에 특정 장소를 생산하거나 변형한다. 특히 지리학자들은 디아스포라의 장소만들기 전략에 관심을 두고, 그들이 어떻게 새로운 의미, 문화, 정체성으로 장소를 물들이는지를 탐구한다. 특히, 도시는 디아스포라 형성의 핵심 입지로 기능한다(Finlay, 2015). 따라서 디아스포라 장소만들기에 관한 대부분의 연구는 도시에 집중하여 디아스포라의 형성과 도시 만들기 간의 상호교차를 검토한다. Box 26.2는 디아스포라 연구의 실제 사례를 보여준다. 그러나 디아스포라에서 집과 소속의 감정을 성취하는 것은 결코 단순한 과정이 아니다. 장소만들기의 스케일은

든 문화는 그 자체로 이미 섞여 있기 때문이다. 또한, 인종적으로 모든 사람은 '호모 사피엔스 사피엔스'라는 단일한 종에 속해 있다. 이 점은 인간을 구분하는 종류를 일컫는 "인종(人種)" 개념이 근본적으로 오류일 수밖에 없는 이유다.

둘째, 이 개념의 주창자인 호미 바바(Homi Bhabha)를 비롯한 **포스트식민주의** 이론가들이 'hybridity' 개념을 사용하는 목적은 종 개념의 허구성을 드러내는 데 있기 때문에, 이를 '종의 섞임'으로 해석하는 것은 모순적이다. 존재하는 모든 것은 근본적인 의미에서 디아스포라적이며, 이런 맥락에서 '순종(純種)'이란 자연적으로 존재한다기보다는 정치적(사회적)으로 만들어진 구성물이다. 따라서 'hybridity'가 "종"이라는 범주화를 부정하려는 정치성을 갖고 있는데, 그걸 혼'종'이나 잡'종'이라고 말하는 것은 부적절하다.

결국, 'hybridity'를 "종" 개념에 의존해서 이해하는 것은 (태초의, 순수한, 오염되지 않은, 본질적인 무엇을 가정하는) 순혈중심주의 관점으로서 'hybridity' 개념이 갖는 포스트식민주의 정치성과 근본적으로 대치된다.

집과 거리에서부터 근린과 그 너머에 이르기까지 다양하다. 또한, 정착지에서의 정부정책, 입지의 정치, 지배집단의 태도도 디아스포라의 집, 소속,

장소만들기의 경험을 구조화한다. 예를 들어, 홀 등(Hall, King & Finlay, 2017)의 연구가 보여준 바와 같이, 영국 버밍햄과 레스터에서는 인종차별주

그림 26.2 스페인 그라나다의 모로코 이주민이 운영하는 찻집
(그림: Robin Finlay)

의와 구조적 불평등이 지속적으로 나타나기 때문에, '새로운' 디아스포라와 이주민들이 도시 내 주변부 인근에 정착하고 집을 형성한다. 이런 근린지구에서는 이주민들의 자율성과 가시성이 뚜렷하게 나타난다.

2) 디아스포라 정체성의 형성

집과 소속과 마찬가지로, 대개 디아스포라 정체성 또한 다중적이고 복잡하다. 디아스포라에서 가장 핵심적인 사실은, 디아스포라는 공유된 정체성을 형성하는 과정이라는 점이다. 곧, 디아스포라의 사람들은 일정한 정체성을 공유함으로써 디아스포라 공동체의 한 구성원임을 느끼며 살아간다. 전통적으로 많은 연구들은 디아스포라 정체성의 구성 과정에서 '고국'과 관련된 민족성(ethnicity)에 우선적으로 초점을 두어왔다. 따라서 언어, 문화, 역사, 음식, 풍습과 같은 '고국'의 민족적 특성은 디아스포라 정체성의 형성에서 핵심으로 간주된다.

종교는 디아스포라 형성에서 또 하나의 중요한 특징 중 하나다. 많은 학자들은 종교적 신앙이 디아스포라 형성과 유지에 중요한 역할을 한다는 것을 강조해왔다(14장 종교 참고). 가령 무슬림 주류 사회에서 기원한 디아스포라의 경우, 이슬람의 종교적 역할은 디아스포라에서 집단 정체성을 형성하는 데 각별히 중요하다(Aitchison & Hopkins, 2007). 또한, 대체로 디아스포라는 소수민족 커뮤니티와 관련되어 있기 때문에, 인종 또한 디아스포라 정체성을 드러내는 표식(marker)이다(Alexander, 2010). 따라서 인종, 인종화, 인종차별주의

는 디아스포라의 형성을 검토할 때 고려해야 할 중요한 이슈들이다(13장 인종 참고). 나아가, 일부 연구자들은 디아스포라 공동체 속에서 젠더, 섹슈얼리티, 계급 등의 이슈와 관련된 정체성의 다양성을 드러내는 데 주목하기도 한다(Campt & Thomas, 2008).

여러 장소와 문화 사이의 여정(journey)과 연계 또한 디아스포라 경험의 핵심 특징이다. 따라서 디아스포라 정체성은 상이한 문화와 장소들 간의 접촉에 의해 형성되고, 이는 새로운 형태의 정체성을 생산하기도 한다. 1990년대 이래로 이러한 융합의 과정과 '새로운' 정체성 형성은 학계에서 많은 주목을 받고 있고, 특히 지리학자들은 새로운 정체성의 형성이 장소와 어떤 관계가 있는지에 초점을 둔다. 혼성성 개념은 디아스포라 정체성의 형성을 기술할 때 핵심 개념으로 사용되는데, 이는 두 개 이상의 문화가 섞임으로써 출현하는 새로운 문화적 양식이나 정체성을 일컫는 용어다(Karla, Kaur & Hutnyk, 2005). 디아스포라적 혼성성은 언어, 음식, 음악, 옷, 예술 등에서 쉽게 발견할 수 있다. 가령, 텍스멕스(Tex-Mex) 음식은 멕시코 음식도 아니고 텍사스 음식도 아니지만, 멕시코와 인접한 미국의 국경지대에서 멕시코 이주민과 미국인의 만남을 통해서 발전된 '혼성적' 음식의 대표적 사례다(Martynuska, 2017). 또 다른 사례로서, 영국계 파키스탄인(British-Pakistani), 자메이카계 영국인(Jamaican-British), 이탈리아계 미국인(Italian-American)과 같이 국적이나 민족성을 하이픈으로 (한국에서는 '~계'로) 표현하는 방식도 국민국가에 대한 사람들의 동질감이 혼성적이라는 것을 드러낸다.

혼성적 정체성은 정체성, 민족, 소속이 고정되고 단일하다는 사고방식에 대항해왔다. 오늘날 많은 학자들은 디아스포라를 진보적 과정이라고 인식한다. 왜냐하면 이는 정체성과 소속감을 고정되고 본질적인 것으로 인식하는 인종차별주의 담론에 대항하기 때문이다. 그러나 일부 학자들은 디아스포라의 진보적 성격에 경각심을 가져야 한다고 주장하기도 한다. 왜냐하면 디아스포라가 의도적으로 경계나 정체성에 대한 고정적 관념을 재생산해낼 때도 있기 때문이다(Carter, 2005). 따라서 디아스포라는 정체성과 소속감이 다중적인 과정임을 파악하는 데 유용하다(Mavroudi, 2007). 연구자의 역할은 이처럼 서로 다른 장소와 시간에서도 상호중첩된 디아스포라 과정에 이주민들이 어떻게 관여하고 참여하는지를 탐구하는 데 있다.

요약

- 사회지리학자들은 이주연구에 지대한 공헌을 해왔으며, 특히 이주민의 생활경험을 탐구하고 디아스포라 개념을 발전시켜온 것은 주목할 만하다.
- 사회지리학자들은 주류 이주이론과 범주에 대해 비판적이며 이는 페미니즘 접근에서 뚜렷하게 나타난다. 이주 과정은 전통적 연구들이 제시한 것보다 훨씬 복잡하고 경합적이라는 사실이 드러나고 있다.
- 디아스포라 개념은 집, 소속, 정체성, 장소에 대한 기존의 관념을 새롭게 상상하고 혼성적 정체성을 이해하는 데 도움이 된다.

더 읽을거리

Blunt, A. (2007) Cultural geographies of migration: Mobility, transnationality, and diaspora. *Progress in Human Geography*, 3(5): 684-95.

Finlay, R. (2019) A diasporic right to the city: The production of a Moroccan diaspora space in Granada, Spain. *Social & Cultural Geography*, 20(6): 785-805.

Silvey, R. (2006) Geographies of gender and migration: Spatializing social difference. *International Migration Review*, 40(1): 64-81.

Thompson, M. (2017) Migration decision-making A geographical imaginations approach. *Area*, 49(1): 77-84.

Chapter 27 | 만남

이 장은 사회지리학 전반에 걸쳐 **만남**(마주침, en-counters)에 관한 연구들을 살펴본다. 만남이라는 이슈는 오늘날 사회지리학자들로부터 많은 주목을 받고 있다. 이는 특히 사회관계, 정체성 및 실천이 공간, 장소, 스케일을 어떻게 형성하고 역으로 그에 의해 형성되는지에 관한 연구에서 잘 드러난다. 이런 연구들은 대개 서양의 도시를 기반으로 하며, 상이한 사회정체성과 커뮤니티를 넘나드는 글로벌화의 과정과 다양성이 높아지는 양상과 연관되어 있다. 이러한 연관성을 탐구함으로써 사회-공간 관계의 복잡성을 이해할 수 있고, 이는 오늘날 세계가 얼마나 긴밀히 연결되어 있는지를 파악하는 데 매우 중요하다.

우선, 이 장에서 우리는 사회지리학에서 만남을 단순히 접촉이나 상호작용의 이슈로 다루는 것이 아님을 강조한다. 만남과 관련하여 지리학자들이 주목하는 것은 윌슨과 달링(Wilson & Darling, 2016)이 소개한 것처럼 네 가지 관심사로 요약할 수 있는데, 이는 표 27.1과 같다. 사회지리학 연구들은 이 관심사가 공간, 시간, 그리고 광범위한 맥락에 의해 형성된 독특한 관계의 양식이라고 파악하며(Wilson, 2017), 이는 공간과 장소가 경험되고 상상되는 방식과 밀접히 관련되어 있다(4장 공간과 시간 참고). 만남이라는 주제는 차이와 사람, 공간, 장소의 관계 자체에 주목하기 때문에 사회지리학 분석에서 매우 가치가 높을 뿐만 아니라, 오늘날 다양한 차이의 형태들이 어떻게 일상적으로 타협되는지를 조명하는 데도 시의성이 높다.

사회지리학자들은 대개 **도시**의 맥락에서 **차이의 만남**(조우)에 초점을 두는데, 이는 (다음 절에서도 살펴보겠지만) 정체성, 차이, 관계성에 관한

표 27.1 만남에 관한 네 가지 관심사

(1) **만남은 차이에 관한 것이다.** 차이는 만남을 통해서 어떻게 만들어지는가? 차이는 어떤 반응을 야기하고 어떤 도전을 받는가? 만남은 차이를 어떻게 구체화하는가?	(2) 만남은 한순간처럼 일시적이면서도 **서로 다른 시간성들의 뒤엉킴에 의해 형성**되기도 한다. 곧, 과거는 현재의 만남을 어떻게 형성하는가? 타자/동물/대상물과의 만남은 미래의 경험과 느낌에 어떠한 영향을 끼치는가?
(3) 만남은 **차이를 바꾸고 불안정하게 만드는 잠재력이 있으며**, 개입의 프로젝트와 정치를 위해서 사용될 수도 있다. 어떤 형태의 만남들이 기획되고 가치를 부여받는가? 우리는 어떤 만남이 유익하고 유의미한 변화라고 가정하는가?	(4) 만남은 **공간과 주체성 형성의 토대이며**, 반대로 공간과 **주체성도 만남의 토대**를 이룬다. 만남은 특정 공간과 위치에서 발생한다. 그러나 만남은 이런 공간과 위치에서의 독특한 경험을 어떻게 만들어내는가? 만남은 도시생활에 얼마나 중요한가? 만남과 만남의 발생 공간은 어떻게 타협되는가?

출처: Wilson & Darling, 2016: 표 1을 수정함.

논의가 만남과 깊이 관련될 수밖에 없는 이유이기도 하다. 이와 아울러 사회지리학자들은 만남을 연구방법의 측면에서 접근하기도 한다(3장 사회지리학 연구수행 참고). 우선, 다음 절에서는 만남이라는 이슈가 차이를 연구하기 위한 분석 프레임일 뿐만 아니라, 장소만들기, 스케일 관계성, 사회적 차이, 공존을 포착하려는 도구라는 점에 주목한다. 그다음 절에서는 런던 소호(Soho)*의 LGBT 바(bar)를 중심으로 흑인·소수민족(BME; Black and Minority Ethnic) LGBT와 그들의 경험에 관한 (필자의) 연구와 뉴캐슬대학의 BME 학생들에 관한 연구를 사례로 **만남의 사회지리**를 소개하고자 한다. 마지막 절에서는 질적(정성적) 연구방법 **내에** 관계에 관한 사고에서 만남이 어떻게 논의되고 있는지를 살펴보고, 이를 토대로 몇 가지 방법론적 고려사항을 제시해보고자 한다.

* 런던 도심부 서쪽에 위치한 웨스트엔드 지역의 번화가로 19세기부터 형성되었고, 오늘날 트렌디한 숍, 레스토랑, 카페, 바, 펍 등이 밀집되어 있다.

표 27.2 만남의 종류

만남의 종류	사례	관련 문헌
사회적 차이의 만남	영국 내 방글라데시 여성의 일상에서 인종과 영국다움(Britishness) 간의 다문화적 만남	Nayak(2017)
인간과 동물의 만남	루이지애나 관광에서 인간-악어의 관계성	Keul(2013)
음식과의 만남	중국 광저우에서 중국의 무슬림 음식 문화	Liu, Yang & Xue(2018)
환경과의 만남	영국 도싯(Dorset)에서 다른 생태계와의 감정적 만남	Conradson(2007)
만남과 물질성	런던 타워햄리츠(Tower Hamlets)의 미술작품 맥락에서 예술과의 만남	McNally(2019)
종교와 만남	가나 아크라에서 종교의 심미적 지리	de Witte(2016)
연구 만남	내부인/외부인 범주와 위치성	Mohammad(2001)

1. 만남에 대한 이해: 차이, 다양성, 관계성

만남에 대한 관심은 도시연구에서 시작되었다(10장 도시와 촌락 참고). 지멜(Simmel, 1950)은 만남이란 사회적 연결, 긍정적인 습관, 그리고 차이의 조정과 협력을 증진하는 토대라고 보았다. 이는 자신과는 다르다고 생각되는 사람과의 만남, 그리고 자신과 다른 가치와 경험과의 만남을 일컫는다. 그 이후의 연구들도 이와 비슷하게 도시의 차이와 사회성(sociality)이 지니는 풍부함과 폭넓음에 대한 이해를 진척시켜왔다(Berman, 1982; Sennett, 1990). 또한, 정의와 차이에 관한 영(Young, 1990)의 저명한 연구는 도시에서 다른 사람과의 접촉이 편협성 완화에 (곧 관용 증진에) 얼마나 큰 잠재력이 있는지를 강조했다. 이와 같이 도시생활의 서사에서 만남이란 차이와 관계되어 있다. 윌슨(Wilson, 2017: 452)은 **만남**을 짤막하게 정의하자면 "적이나 반대세력과의 대면접촉"이라고 말했다. 사회지리학자들은 이러한 관계의 복잡성과 차이의 대면을 끈기 있게 풀어내는 데 유리하다. 왜냐하면 사회지리학자들은 광범위한 사회적, 공간적, 정치적, 역사적 맥락과 이들의 상호교차에 대한 이해를 증진하기 때문이다.

만남을 공간과 관련시켜 생각해보면, 지리학자들이 어떤 점에서 기여할 수 있는지가 보다 분명해진다. 매시(Massey, 1995)에 따르면, **공간**이란 그 위에서 사회적 과정들이 펼쳐지는 정적(static)인 실체가 아니라, 수많은 관계, 네트워크, 과정이 모인 성좌(星座, constellation)로서 우리가 살아가는 세계의 복잡성을 드러낸다(1장 사회지리학의 번영을 위하여 참고). 이런 점에서 공간의 **관**계성(relationality)에 초점을 둔다는 것은, 동시성(simultaneity)과 상호연결(interconnection)이라는 렌즈를 통해서 공간과 장소를 구성하는 다중적 연결에 주목하는 것을 말한다. 즉, 이는 공간, 장소, 관계가 이미 주어지거나 고정된 것이 아니라 늘 구성 중에 있고 유동적이라는 것을 의미한다. 이러한 연결의 "**함께 내던져져 있음**(throwntogetherness)"(Massey, 2005)은, 그리고 그에 따라 공간은 관계성의 다양성, 이런 관계성의 다중스케일적 과정, 그리고 (관계성 속에서 그리고 관계성을 통해 생산되는) 상호작용과 만남의 동태(動態)를 숙고하는 것이 중요함을 시사한다. 이와 동시에 상호작용과 만남이 어떻게 차이의 관계를 만들어내는지를 인식하는 것이 중요함을 시사하기도 한다. 차이와 함께 살아가는 경험, 곧 차이를 만나는 경험은 상이한 맥락에서 발생하지만, 사회지리학자들은 주로 도시에서 이를 탐구해왔다. 이는 다양성의 증대가 뚜렷한 곳이 바로 도시이기 때문이며, 차이와 타협하는 것 또한 도시의 일상생활에서 주요한 특징이기 때문이다(Valentine & Waite, 2012). 서양의 도시는 사회지리학자들이 차이와의 만남을 탐구해온 일차적 장소라고 할 수 있다. 서양의 도시에서는 상이한 사회적 정체성들을 넘나드는 다양성과 사람들이 이러한 **다양성**과 타협하는 양상이 계속 증가하고 있기 때문에, 지리학자들은 차이와의 만남이 갖는 역동성과 차이가 만들어지고 상상되고 느껴지고 반응을 일으키는 방식을 밝히는 데 주목해왔다.

이러한 연구의 상당수는 차이와 다양성에 대한 부정적인 반응이나 입장을 중재할 수 있는 만남의 잠재력에 대해 대체로 희망적이다. 애시 아민

(Ash Amin, 2002)에 따르면, 스포츠클럽이나 도서관과 같은 공유된 공간은 서로 다른 사회집단 출신의 사람들이 상호작용하게 하고, 반복적 만남과 그에 따른 친밀감 상승 그리고 시민적 관여를 통해 새로운 애착심을 갖거나 새롭게 이해하도록 도와준다. 나아가 이런 공간은 일시적 성격의 만남이 이루어지는 곳이 아니라는 점에서 더욱 중요하다. 왜냐하면 도시의 길거리나 큰 쇼핑센터 같은 공간에서는 만남이 지극히 짧고 실질적으로는 아무것도 교환되지 않기 때문에, 차이를 둘러싸고 타협을 하거나 차이에 대한 긍정적 태도를 발전시키는 데는 상대적으로 덜 중요하기 때문이다. 상호작용이 지속적인 공간에서는 사람들이 다양한 문화적 거래를 통해 관계를 형성하려 하고 차이에 대한 타협의 방식을 발전시키고자 한다. 많은 지리학 연구들은 카페(Laurier & Philo, 2006), 학교(Hemming, 2011), 대중교통(Wilson, 2011) 등 **공공공간**이나 준공공공간을 중심으로 사람들의 습관이나 교류를 탐색해왔다. 이들은 이러한 공간에서의 만남이 어떻게 아민(2006)이 말했던 '함께함(being-togetherness)'의 감정이나 친밀함을 형성해서 공간과 장소에 대한 긍정적 의미를 촉진시키는지에 주목한다. 만남은 사회집단 간 경계를 열어젖힐 수 있고, 다른 사람을 이해하고 동정심을 가질 수 있게 한다(Simonsen, 2008).

한편, 일상적 차이와의 만남이 과연 불평등이나 사회적 다양성에 대한 부정적 태도가 형성하는 권력관계에 얼마나 대항할 수 있는지에 대해서는 어느 정도의 (건강한 수준의) 회의론도 존재한다. 공공공간에서 차이에 대해 타협할 때 "친절함과 동정"이 있을 수도 있지만(Thrift, 2005), 과연 그런 만남이 어느 정도로 사회적 차이에 대한 인식으로 진화해서 편견에 대항하거나 장기적 관계를 형성하는지에 대해서는 좀 더 탐구와 이해가 필요하다(Clayton, 2009). 밸런타인(Valentine, 2008)이 주장하는 것처럼, 자신과 사회적 배경이 다른 사람과의 친밀하거나 정기적인 만남이 반드시 해당 사회집단에 대한 긍정적인 태도로 나타나는 것은 아니다. 왜냐하면 **관용**(tolerance)이 수용(acceptance)과 축하의 전제조건은 아니기 때문이다. 따라서 차이와의 만남을 낭만화하려는 시각에 대해서는 늘 비판적인 시각을 견지할 필요가 있다. 결국, 밸런타인(2008: 325)은 "실질적으로 가치관을 바꾸는 … 유의미한 접촉"에 주목할 것을 촉구한다. 윌슨(2017: 460-61)은 이러한 관점에 동의하면서도 과연 "실질적인 가치와 믿음"이 무엇이고 "유의미한" 만남이 무엇인지에 대해 비판적이다. 곧, 전자의 경우에는 실질적 가치와 믿음이 "만남으로부터 어느 정도 분리되어 고립적으로 형성된다"는 가정이 내포되어 있다는 점에서 문제가 있다. 또한, 후자의 경우에는 "어떤 만남이 '유의미한' 만남으로 명명되고, 이해되고, 특정되는지"의 문제, 즉 "만남에 대한 가치부여가 다양하다는 점을 망각할 위험성"을 갖고 있다. 이처럼 만남에 대한 여러 관점은 서로 다르면서도 관련되어 있는데, 이는 만남에 대한 사회지리학 연구가 풍부하다는 것과 만남과 만남의 공간 그 자체가 경합적인 성격이 있음을 보여준다. 다음 절에서는 만남과 관련된 보다 구체적인 지리학 연구 사례를 통해서 이를 면밀히 살펴보자.

라이트너(Leitner, 2012)는 미국 미네소타의 어떤 마을의 백인 주민을 사례로, 만남의 순간에 정체성, 공간, 그리고 체화적(embodied) 경험이 상호교차하면서 얼마나 복잡한 관계성이 형성되는지를 연구한 바 있다. 그녀는 이런 관계성이 미국에서 소속(belonging)의 정치와 소속에 대한 인식을 어떻게 훼손하는지를 주목하면서, 비록 만남은 각기 특정 장소와 시간에 발생하지만 이들은 다른 스케일 그리고 이에 대한 담론과 연결된다는 점을 강조했다. 그녀의 연구에 참여한 응답자들과 이주민과의 만남은 영토적이었다. 곧, 응답자들의 만남은 그 마을이 미국 백인 주민들의 것이라는 생각을 지속적으로 각인시켰고, 비백인(유색인)의 신체를 '위험하고' 탈장소적인(장소에 부적합한, out of place) 것으로 특징지었다. 또한, 이런 만남은 국가적 스케일에 호소하는 담론과 재현을 불러일으켰다. 국가의 일부라는 것은 백인아메리카(White America)의 규범적 가치와 습관에 대한 동화를 요구하며 미국의 복잡한 역사와 지리를 배제하는 것이었다. 라이트너(2012: 833)가 설명하는 것처럼, "만남의 공간은 단순히 대면접촉에 의해 감정이 이입된 체화적 경험만이 아니라 구조적인 경험이기도 했고, 이들은 사회적, 공간적으로 중개되고 있다".

따라서 만남은 정적인 해석으로 축소되어서는 안 된다. 오히려 라이트너의 연구에서와 같이, 차이의 만남은 보다 광범위한 권력관계와 얽혀 있으며, 장기적인 (그리고 바람직할 수도 있고 그렇지 않을 수도 있는) 효과를 발생시킨다(Wilson, 2017). 가령, 아스킨스와 페인(Askins & Pain, 2011)은 노스이스트잉글랜드 지역을 사례로 어떻게 커뮤니티 예술프로젝트가 아프리카 출신의 난민 청소년과 영국의 백인 청소년 간의 상호작용을 변화시

킬 수 있는지를 보여주었다. 이들은 참여적 접근을 기반으로 상호작용의 물질성에 주목하면서, 예술작품들이 서로 간의 유사성과 차이를 동시에 드러내고 이들의 관계를 재협상을 통해 변화시킬 수 있음을 보여주었다. 연구자들은 미술재료의 사용이 "초점을 담론에서 행동(doing)으로 옮겼고, 사물과의 촉각적인 만남이 자아를 재협상되도록 만들었다"고 설명한다(Askins & Pain, 2011: 814). 연구자들은 사람과 사물을 통한 만남에 주목하는 것이 가치가 있으며, 커뮤니티 프로젝트 속에서 나타나는 갈등과 긴장이 이해와 탐구의 대상으로 유용하다는 것을 보여주었다. 또한, 이런 프로젝트는 로컬 커뮤니티와 함께 수행될 때 보다 장기적인 관계를 발전시켜서 부정적인 태도를 극복하는 데 활용될 수 있다. 위와 같이, 만남이 개인 간 상호작용에서 보다 넓은 사회적 영향과 변화를 향해 어떻게 '스케일-업(scale up)' 될 수 있는가의 문제는 만남에 관한 연구에서 핵심 이슈이다(Askins, 2016; Darling & Wilson, 2016). 뿐만 아니라, 만남의 지리가 어떻게 소속과 차이의 정치에 영향을 미치는지 또한 중요한 이슈이다. 이런 이슈들은 표 27.1에서 제시했던 관심사와 깊이 관련되어 있다.

홉킨스(Hopkins, 2014)는 만남에 관한 논의를 진척시키면서, 타협(교섭)과 만남의 효과를 이해하는 데는 관계성(1장의 요약 참고), 체화(신체를 물리적, 사회적/정치적 의미에서 사고하는 것), 그리고 감정(12장 감정 참고)을 고려하는 것이 중요하다고 주장한다. 홉킨스는 스코틀랜드의 시크교 남성 청소년들과 함께 연구하면서, 영국의 인종 다양성이나 다문화주의에 관한 논의에서 시크교도

가 잘 언급되지 않는 이유는 도시적, 국가적 상상 속에서 이들이 '이방인'으로 위치되기 때문이라고 지적한다. 연구에 참여한 청소년들은 이민, 스코틀랜드의 독립, 시민권, 그리고 (갈색의 몸을 위험한 것으로 구성하는) 이슬람의 인종화에 관해 열띤 토론을 벌이면서, 다문화적 친밀감(multicultural intimacies) 형성에 도움이 되는 다양한 만남과 전략에 대해 이야기했다. 이런 전략에는 사람들에게 시크교에 대해 교육함으로써 시크교를 이슬람 테러리즘과 연관시키는 잘못된 인식을 바로잡는 것, 어떤 옷을 입을지 전략적으로 결정하는 것, 그리고 '스코틀랜드다움(Scottishness)'의 범위를 보다 포용적으로 확장시킴으로써 자신도 스코틀랜드의 구성원이라고 말하는 것 등이 있었다. 시크교 청소년들은 이러한 관계적, 감정적, 체화적 전략을 통해 자신들의 '이방인화(strangerhood)'에 대항하고, 공적 상호작용과 일시적 접촉을 넘어선 이해와 수용이 중요함을 깨달을 수 있었다. 이 연구를 통해 우리는 만남의 순간이 단순히 시간적 차원만이 아니라 그 속에 지리적 스케일이 중첩, 관계되어 있다는 것을 이해할 수 있다.

이제까지 소개한 연구를 통해, 우리는 시간성, 공간, 정체성, 차이, 스케일에 대해 사고할 때 '만남' 속에서 관계적으로 사고하는 것이 중요하다는 것을 알 수 있다. 만남은 단순한 접촉이나 마주침이 아니다. 만남은 차이와 관계성에 관한 것이기 때문에, 만남은 여러 권력관계와 이의 광범위한 맥락과 관련되어 있다. 만남은 상이한 공간에 맥락화되어 있고 상이한 공간을 (그리고 공간에 대한 상상을) 생산한다. 따라서 사회지리학자들은 만남을 통해 현대생활의 복잡성을 이해할 수 있고, 공간, 스케일, 사람 간의 관계에 대해 그리고 (표 27.2에서와 같이) 다양한 만남에 대해 보다 중요하고 풍부한 질문들을 제시할 수 있다.

2. 다문화적 만남

만남에 관한 사회지리학 연구에서 **다문화**적 만남은 중요한 연구주제이다. 다문화적 만남에 관한 연구는 다양한 신앙을 배경으로 하는 소수민족과 백인의 만남에 초점을 둔다. 다음의 두 Box에서는 다문화적 만남에 초점을 둔 필자의 두 연구사례를 통해서 이를 설명하고자 한다(Box 27.1 및 Box 27.2 참고).

두 연구는 공통적으로 만남이 어떻게 다양한 권력관계와 이해를 공고히 함으로써 차이와 배제를 재생산하는지를 보여준다. 그리고 연구 참여자들이 이런 상황에 대해 어떻게 타협하거나 어떻게 상대의 무관용을 바로잡는지도 알 수 있다. 또한, 차이와 그에 대한 담론이 체화된 모습을 이해하는 데 관계적, 교차적 사고가 얼마나 중요한지를 알 수 있다.

3. 만남 연구에서의 위치성

이 절에서는 우리가 **질적 연구**를 수행할 때, 우리 연구에서 만남에 대해 어떻게 생각할 것인지 살펴본다. 만남은 연구를 **실행할 때(doing)** 중요한 고려사항이 될 수 있다. 왜냐하면 만남은 그 자체로서 우리가 연구주제를 바라보는 방식을 형성하

Box 27.1

현장 속 연구

런던 흑인·소수민족 LGBT 클럽과 펍에서 차이와의 만남

처음에 필자는 연구의 일환으로 흑인·소수민족(BME) LGBT와 만나 런던 소호의 LGBT 바와 펍(pub)에 대한 그들의 경험담을 들었다. 연구 참여자들은 공통적으로 성 욕망으로 은폐된 인종차별을 경험한 적이 있었다. 그 욕망은 영국 식민주의의 유산, 그리고 '타자성(Otherness)'과의 만남과 연관되어 있었다. BME LGBT는 사회적, 문화적, 구조적 압박으로 편견이나 차별 없이 '떳떳하게(openly)' 살아갈 능력이나 욕망을 제약당하고 있었다. 그들은 자신의 민족커뮤니티에서 LGBT로 특정되는 이슈에 맞서야 했고, LGBT 커뮤니티와 공간에서는 인종차별에 맞서야 했으며, 보다 넓은 사회에서는 동성애혐오와 인종차별의 병폐들과 맞서야 했다.

이 연구 프로젝트에 참여한 많은 사람들은 현장에서 만났던 사람들의 성 욕망과 페티시가 해당 공간 내에서의 인종적 불평등과 계층화에 의해 형성, 뒷받침되고 있다고 했다.

제 생각엔 그건 인종차별주의예요. 밖에서 사람들한테 '난 아시아인이나 흑인이 좋다'고 말하고 그런 이유로 그 사람을 찾는다는 건 인종주의적인 것이죠(주나이드, 파키스탄계 영국인).

제 피부색이 저를 돋보이게 하고 페티시로 만들어버려요. … 이 나이 많은 사람은 내가 이국적이라고 생각하니까 나랑 놀고 싶어 했었죠. … 하지만 때때로 제 피부색 때문에 오히려 거절을 당한 적도 있죠(루크, 카리브해계 영국 흑인).

소수민족 신체에 대한 고정관념은 공통적인 경험이었고, 특히 데이트할 때, '꼬실 때' 또는 섹스할 때 두드러졌다. 또한, 남자의 성기 크기, 성역할, 할례에 관한 추측이나 '파키스탄계와 잔 적이 한 번도 없다'(하니, 파키스탄계 영국인)는 폭로에서도 인종적 고정관념이 뚜렷이 나타났다. 연구 참여자들의 신체에 대한 성 욕망은 '타자성'에 대한 대상화(objectification)를 토대로 하고 있었다. 이런 경험은 백인성(whiteness)을 강화하고, 인종, 섹슈얼리티, 욕망의 체화적 관계성을 드러낸다. 연구 참여자들의 위치성은 백인과는 달랐고, 이는 피부색으로 환원되었다. 피부색을 근거로 어떤 사람에 대한 욕망이나 페티시를 표현하는 것이 어떻게 인종차별이냐고 질문하는 사람도 있을 것이다. 그러나 어떤 사람을 인종적으로 대상화하고 그 사람에 대한 선호를 공개적으로 표출하는 것은 불평등한 권력관계를 부각시키고, 복제하며, 재구성하는 것일 수 있다. 나아가 그런 만남이 정상적이라고 인식하는 것은 소수민족을 배제하고 주변화하는 것일 수도 있다. 소호의 사례에서 연구 참여자들은 자신의 인종화된 섹슈얼리티가 이 지역과 LGBT 커뮤니티 그리고 (나아가) 국가에 대한 소속감을 의문시하게 만들었다고 말했다. 우리는 위와 같은 만남을 통해서 차이와의 교섭, 그리고 특정 순간에 그 교섭이 발생하는 방식을 이해하고, 이를 통해 1, 2절에서 강조했던 이슈들 간의 복잡한 관계를 드러낼 수 있다.

기 때문이다. 일반적으로 사람에 관한 연구는 상호작용적이므로, 지리학자들은 연구수행에 대한 자기인식을 강화해야 한다고 생각한다. 잉글랜드(England, 1994)는 이를 '비판적 성찰(critically reflexive)' 과정이라고 말하는데, 이는 연구자로서 자신의 **위치성**과 연구과정 그 자체 내의 권력관계에 대한 자의식적인 조사를 지칭한다(3장 사회지리학 연구수행 참고).

Box 27.2

현장 속 연구
대학에서의 다문화적 만남

필자는 뉴캐슬대학의 흑인 소수민족(BME) 학생들의 경험에 초점을 둔 또 다른 연구를 수행했다. 이 연구를 통해 다양한 만남 속에서 인종적 고정관념, 문화적 도용(문화적 전유, cultural appropriation)*, 그리고 인종적 미세공격(microaggressions)**과 왜곡재현(misrep-resentation)***과 같은 인종차별주의의 여러 형태를 학생들이 얼마나 공통적으로 경험하는지를 알 수 있었다. 필자의 연구는 특히 헤어스타일과 말하기와 관련된 인종적 미세공격에 초점을 두었다. 연구 참여자들과의 면담을 통해, 백인 학생들은 흑인 학생을 만났을 때 그들의 헤어스타일에 관한 질문을 하거나 심지어 일부는 그들의 머리카락을 만지는 경우가 빈번하다는 것을 알 수 있었다.

> 한번은 어떤 남자애가 제 머리카락을 만지면서 "아니 이럴 수가? 마치 우리 집 강아지를 만지는 느낌이야." 라고 했어요. 그래서 제가 "뭐라고?"라고 했더니, 걔는 "아니, 난 우리 집 강아지를 정말 좋아한다고…."라는 식으로 말했어요(젠, 백인과 카리브해계 흑인 혼혈).

-----

* 어떤 집단이 다른 집단의 전통문화를 마치 자기 것처럼 도용(전유)하는 것을 지칭한다. 주로 주류집단이 비주류(소수)집단의 문화를 함부로 도용하는 식민주의적(제국주의적) 관행을 비판적으로 일컬을 때 사용한다. 2022년에 개최된 베이징올림픽 개막식에서 불거진 한복 논란은 문화적 도용 관점에서 접근할 수 있다.
** 미세공격이란 소수집단에 대한 혐오나 차별을 미세(미묘)하고 우회적인 방식으로 드러냄으로써 모욕감을 일으키는 행태를 지칭한다. 예컨대, 교실에서 소수민족 학생이 자리에 앉으면 백인 학생이 멀리 떨어진 자리로 옮기는 행위가 이에 해당된다.
*** 어떤 집단이나 그들의 문화를 의도적으로 오도(誤導)하거나 허위적으로 표현하는 행위를 일컫는 용어로, 언어, 복장, 헤어스타일 등 일상문화에서부터 영화나 드라마 등 대중매체 전반에 적용할 수 있다. 예를 들어, 2018년에 개봉된 영화 〈크레이지 리치 아시안(Crazy Rich Asians)〉은 중국계 아시아인의 일상생활, 가족문화, 유교적 가치 등을 왜곡재현하여 논란을 일으켰다.

그건 마치 내 머리를 만질 수 있는 권리가 없는 것과 마찬가지예요. 어떤 사람이 저한테 그 질문을 한다면, 그 사람은 제가 대답하지 않을 수도 있다는 것을 수용해야 하지 않을까요? 그런 걸 왜 물어볼까요? 제 생각에는 제 [인종적] 배경을 보고 그런 것 같아요. 사람들은 일단 저를 흘끗 쳐다보고, 그다음 제가 흑인이라는 것을 생각하고, 그다음에서야 비로소 제가 한 명의 사람이거나 여성이라고 생각하는 것 같아요(멜리사, 카리브해계 흑인).

이런 사례들은 말도 안 될 정도로 빈번히 발생했고 거북한 일이었다. 연구 참여자들의 억양이나 영어구사력에 관련된 질문이나 건방진 태도들도 이와 마찬가지였다.

> 제 영어구사력이 훌륭하다고 칭찬을 들어왔어요. 그때마다 전 이렇게 생각했죠. '그래, 정말?' 거참 대단하군! 내가 말할 줄 아는 유일한 언어가 영어인데 말이야. 뭐 이런 식이죠(시에나, 그리스계 백인 및 아프리카계 흑인 혼혈).

> 제 억양은 정말 조르디(Geordie)****와 똑같아요. 근데, 늘 재미있게도, 제가 전화를 받은 다음에 제 이름을 말하면, 상대방은 제 억양을 듣고 '이거 참 재미있군, 나라면 이 둘을 합치지 않았을 텐데 말이야!'라는 식으로 생각하죠(아에샤, 파키스탄계 영국인).

수 등(Sue et al. 2007: 273)의 연구에 따르면, 인종적 미세공격은 "우리의 일상 대화와 상호작용에 너무

**** 노스이스트잉글랜드의 뉴캐슬어폰타인 및 타인사이드 일대 출신 주민과 그 방언을 일컫는 속어로, 주로 앵글로색슨계 노동계급의 정체성을 연상시킨다.

나도 만연해 있고 자동적이어서, 마치 순진무구하거나 악의가 없는 것처럼 말끔히 잊히거나 얼버무려지는 경우가 부지기수다". 앞의 발췌문에서도 나타나는 것처럼, 빈번한 상호작용을 통해 켜켜이 쌓여가는 차이와의 만남은 (소속이나 포용을 통제할 수 있는) 타자성에 대한 인식을 점진적으로 들추어낼 수도 있다. 여기에서 중요한 점은, 이러한 만남에서 차이가 강조되거나 만들어지는 방식이다. 곧, 흑인 학생의 머리를 만지거나 만져도 되는지 물어보는 것은 분명히 그들을 대상화하는 것이며, 그들의 억양이나 영어구사력에 대한 놀라움은 소수민족 영국인의 정체성과 위치성을 오인(誤認, misrecognition)함과 동시에 영어의 유창성이 백인의 전유물이라는 인식을 드러낸다.

이런 사고는 공정하고 객관적인 연구자라는 그릇된 가정을 비판해온 **페미니즘** 지리학에 그 뿌리를 두고 있다. 우리는 사회적으로 달리 위치되어 있기 때문에 정체성, 경험, 동기, 정치적 관점 및 열망이 모두 다르며, 그러한 상태로 연구 참여자들과 교류한다. 그리고 이런 요인은 우리의 관점, 신념, 의견에 영향을 미치고, 그 반대도 마찬가지다. 모하마드(Mohammad, 2001)는 영국 내 무슬림 파키스탄 여성을 연구하면서, 어떻게 다중적 위치성이 이들과의 연구 만남을 형성하는지를 강조한다(13장 인종, 14장 종교 참고). 그녀는 자신의 민족적, 종교적 배경으로 인해 자신이 연구하는 커뮤니티의 '내부인'으로 간주되었다. 그러나 그런 위치짓기(positioning)는 복잡한 범주와 위치를 보편화하고 (결과적으로) 지식생산에 영향을 미치는 문제적 가정들을 고정하는 것일 수도 있다.

물론 우리가 연구 만남에서 다중적 위치성에 주목하고 이를 평가한다고 해서, 이와 같은 권력관계로부터 자유로워질 수 있는 것은 아니다. 그러나 적어도 우리는 이를 인정함으로써 우리의 연구를 적절한 방향으로 조정해나갈 수 있다. 연구는 언제나 우리의 개인적 의견과 특성으로부터 영향을 받는다. 그렇기 때문에 연구는 주관적이다. 우리는 모두 세계를 상이한 관점에서 바라보며, 이는 우리가 무엇을 하는지, 우리가 어떻게 사람들과 관계를 맺는지, 그리고 우리가 어떻게 데이터를 분석, 해석, 제시하는지에 영향을 미친다. 따라서 모든 연구 만남에 앞서, 자신의 연구주제를 둘러싼 광범위한 **맥락**이 무엇인지, 어째서 연구 참여자의 입장에서 우리가 **내부인**이나 **외부인**으로 간주되는지, 또는 우리가 외부인이면서 동시에 내부인일 수도 있는 복잡한 관계성이 무엇인지에 대해 생각할 필요가 있다. 또한, 연구 만남과 수집한 데이터를 분석할 때, 우리는 연구 만남 자체에 대해 생각하면서 그 만남이 상이하고 다중적인 위치들에 의해 어떻게 형성되어왔는지 진지하게 성찰해야 한다. 결국, 위치성과 관련된 차이를 생각하는 것은 윤리적 연구자가 갖추어야 할 요소이다. 왜냐하면 우리는 권력관계, 연구에서 우리의 입장, 질적 연구의 주관적 성격 등에 대해 늘 분석적인 태도를 지님으로써 사회적 위치가 어떻게 연구 만남과 연구과정을 반복적으로 조건화하는지를 사고하게 되기 때문이다.

4. 결론

사회지리학자들은 만남을 통해 현대 사회관계의 풍요로움을 성찰할 수 있다. 만남에 관한 연구는 사회적·정치적·역사적 맥락, 사회적 실천, 그리고 차별화의 과정에 의해 공간과 장소가 어떻게 영향을 받으며 함께 구성되는지를 섬세하면서도 친밀하게 보여줄 수 있다. 그러나 이와 동시에 특정한 또는 로컬한 만남의 공간은 다중스케일적 관계성을 잘 드러낼 수 있다. 우리는 정체성과 차이의 교차적 형태(실천)를 지리적으로 연구, 사고하는 데 유용한 이슈들을 만남으로부터 추출해냄으로써, 사회적 응집, 관용, 수용, 배제를 통합적으로 고려하여 이들의 다중적, 상충적 관계를 탐구할 수 있다. 만남에 관한 방대한 연구들은 대개 서양의 도시를 맥락으로 하지만, 최근 세계의 다양한 곳에서 많은 연구가 이루어지면서 보다 다양한 목소리를 내고 있다. 그 결과 사회적 만남의 다양한 유형이 연구되고 있고, 이와 아울러 사회적 만남에 관한 서사가 더욱 풍부하게 발전하고 있다. 차이를 둘러싼 정치적·사회적 풍토가 불안정한 오늘날, 다양한 집단과 만남의 이질성을 이해하는 것이 사회지리학자들에게 그 어느 때보다도 중요하다.

요약

- 만남은 단순한 접촉이나 상호작용 그 이상이다. 만남은 차이의 사회관계가 얼마나 다양하게 도전받고, 강화되고, 타협되는가를 보여줄 수 있다.
- 만남은 차이에 관한 것이고, 상이한 시간성에 의해 형성되고, 관계와 차이를 변형시키며, 공간을 형성할 수 있다(그 반대도 마찬가지다).
- 만남에 관한 대부분의 사회지리학 연구는 다문화적 만남과 차이와의 만남에 초점을 둔다. 물론 동물, 식품, 환경과의 만남에 관한 연구도 있다.
- 만남이 이루어지는 특정한 공간이 갖는 시간성에 대한 사고도 중요하지만, 그 공간이 지리적 연구의 다른 여러 스케일과 어떤 관계를 형성하고 있는지를 생각하는 것도 필요하다.

더 읽을거리

Askins, K., & Pain, R. (2011) Contact zones: Participation, materiality, and the messiness of interaction. *Environment and Planning D: Society and Space,* 29(5): 803-21.

Leitner, H. (2012) Spaces of encounters: Immigration, race, class and the politics of belonging in small-town America. *Annals of the Association of American Geographers,* 102(4): 828-46.

Valentine, G. (2008) Living with difference: Reflections on geographies of encounter. *Progress in Human Geography,* 32(3): 323-37.

Wilson, H. (2017) On geography and encounter: Bodies, borders, and difference. *Progress in Human Geography,* 41(4): 451-71.

Chapter 28 | 사회적 재생산

가장 기초적인 수준에서, 사회적 재생산(social reproduction)은 우리의 삶의 방식에 관한 것이다. … 일터에서의 삶의 방식과 일터 밖에서의 삶의 방식 간의 관계 문제인 것이다.

– 미첼, 마스턴과 캐츠(Mitchell, Marston & Katz, 2003: 416)

진보적인 사회적 재생산을 위한 투쟁은 자원의 통제를 위한 투쟁이자 시간의 통제를 위한 투쟁이다.

– 바커(Bakker, 2007: 548)

사회적 재생산은 1960년대 이래로 페미니즘 학자들이 진보적으로 발전시킨 개념이다. 페미니즘 학자들은 개인, 가족, 공동체, 사회를 유지, 재생산하는 것과 관련된 다양한 사회적 과정, 물질적 재화, 제도, 행위주체, 감정에 관심을 두었다. 사회적 재생산 개념의 핵심부를 탐구하는 연구주제로는 대표적으로 임금노동과 무급노동 간의 관계나 '일터'와 '집'의 시·공간적 경계의 변화가 있다. 사회적 재생산을 연구하던 초창기 학자들은 자본주의 생산체계가 얼마나 여성의 무급가사노동(unpaid domestic labor)에 의존하는지를 드러내기 위해 사회적 재생산 개념을 사용했다. 그들은 **자본주의** 발전에 대한 주류적 설명이 여성의 무급가사노동 활동을 인식하고 그 진가를 인정하기는커녕, 오히려 집을 비생산적이고 가치를 생산하지 않는 곳으로 위치시켰다고 주장했다(Schwiter, Strauss & England, 2018 참고). 가치를 생산하는 활동에는 청소, 다림질, 출산, 쇼핑, 식사 준비, 식구의 돌봄 등이 포함된다. 이는 닫힌 문 뒤에서 일어나는 무보수의, 화폐화되지 않는, 비가시적 노동이지만, 이 활동이 없다면 가족, 노동인구, 회사, 국가는 순식간에 멈춰버릴 것이다. 지난 40여 년 이상 동안 페미니스트 지리학자들은 사회적 재생산이 어떻게 확립되어 작동하며, 어떤 결과를 초래하는지가 장소에 따라 상당히 달라진다는 점을 강조했다. 이처럼 페미니즘 지리학의 활기는 광범위한 사회적 재생산 개념에 토대를 두고 있고, 오늘날에는 사회적 재생산이 노동력 유지 개념을 넘어 집합적, 국가주도적 활동을 포괄하는 개념으로까지 확장되어, 국가의 보건 및 교육 공급이 갖는 지리적 불균등성의 문제까지 아우르고 있다. 또한, 지리학자들은 **글로벌** 렌즈로 사회적 재생산을 분석하는 방법도 발전시켜서, 서양자본의 확장이 글로벌남부 이주노동자들에 의한 사회적 재생산과 어떻게 글로벌 네트워크로 연결되어 있는지에도 주목한다.

사회적 재생산에 대한 지리적 이해를 발전시키기 위해, 페미니스트 지리학자들은 사회적 재생산 활동에 대한 책임의 대부분을 어떻게 여성들이 계속 감당하고 있는지 일관되게 보여주었다(16장 젠더 참고). [지리학자 신디 캐츠(Cindy Katz, 2001: 711)는 사회적 재생산 활동에 대해, "일상생활 속 몸으로 때우고, 너저분하고, 막연한 잡동사니 일"이라고 기억하기 쉽게 표현했다.] 사실 1970년대 이래로 여성들의 유급노동 참여는 상당히 늘어났음에도 불구하고, 기존의 완고한 패턴은 계속 지속되고 있다. 이는 새로운 형태의 어려움을 창출했는데, 여성들은 집, 직장, 가족과의 활동이 서로 경합하는 상황(이는 '워라밸'로 알려져 있다)에서 마치 곡예를 하듯 분투해야 했기 때문이다. 사회적 재생산 연구는 이러한 압력을 줄이기 위해 고용주와 정부가

대안적 형태의 근로조정을 통해 직장인들이 일과 가정을 더 잘 조화시킬 수 있는 방법을 제시해왔다. 또한 지리학자들은 고용주가 유연적 근무시간, 유연적 근무공간, 보육 지원 등을 제공하면 장기적으로 고용주 자신도 얼마나 경쟁우위를 확보하는지 제시하기도 했다(James, 2017). 뿐만 아니라 일과 삶의 갈등을 관리하는 것이 장소마다 다르다는 점도 보여주었다.

사회적 재생산에 관한 연구에서는 가내돌봄 같은 일상활동을 가시화하고 재가치화함으로써 경제이론의 심각한 **남성중심주의** 편향을 비판했다. 이런 편향은 다름 아니라 일에 대한 '주류적' 개념, 곧 일이란 집 밖에서 임금을 대가로, 공적영역에서, 가시적으로, 계약에 의해, 전형적으로 남성에 의해 이루어지는 것이라는 협소한 관점을 지칭한다! 반면 사회적 재생산 개념은 '일'과 '경제'를 훨씬 광범위하고 포괄적으로 개념화하여, 무임금으로 수행되고 애정에 기초하며, 집 안에서 마무리되고, 가족과 친족 네트워크에 의해 조정되는 활동으로 정의한다. 사회적 재생산 연구는 "지리학의 하위분야에서 나타나는 젠더 감수성의 부재와 암묵적으로 남성우위적인 접근"에 강력하게 도전했고(Winders & Smith, 2019: 877), 학부생과 대학원생 등 학문후속세대에 영감을 주면서 이 분야를 계속 확장하여 긍정적인 변화를 낳고 있으며, '보편적인' 경제이론을 "땅바닥으로 끌어내려서 바지를 입혔다!"(Bordo, 1990: 137). 이 외에도 사회적 재생산 연구는 많은 기여를 하였다.

이 장은 후속 연구자들을 위해 비판인문지리학의 핵심 개념인 사회적 재생산을 요약적으로 소개하고, 이 개념이 생산해온 역동적인 연구 의제

중 몇 가지 중요한 것들을 소개한다. 이 장은 사회적 재생산 개념의 의미(그것은 무엇인가?), 중요성(그것은 왜 중요한가?), 핵심적 위치와 행위주체(그것은 어디에서 발생하며 누가 하는가?), 핵심적 동인(動因, 무엇이 이를 발생시키는가?), 진전된 이해(우리는 무엇을 배웠는가?)를 탐색할 것이다. 이 장은 사회적 재생산을 너무나 오랫동안 페미니즘 학자들만의 '배타적인' 영역이라고 간주해왔던 인문지리학의 여러 하위분야에 관해서도 논의할 것이다(보다 심화된 비판을 위해서는 1장 사회지리학의 번영을 위하여 참고). 사회적 재생산과 관련해서는 경제지리학과 사회지리학 분야를 중심으로 더욱 광범위한 개입이 이루어져야 한다. 그리고 이 장은 젠더(16장), 주거(21장), 이주(26장), 일상(11장), 건강(23장)을 다룬 다른 장과도 연결된다.

1. 사회적 재생산의 이론화

가장 광범위한 수준에서 볼 때, **사회적 재생산**을 연구하는 학자들은 공통적으로 "오랜 시간에 걸쳐 개인과 사회를 유지하고 재생산하는 일과 관련된 다양한 프로세스"에 주목한다는 점에서 하나로 묶일 수 있다(Strauss, 2013: 182). 따라서 사회적 재생산은 일종의 '우산 개념'(곧, 상위개념)이라고 할 수 있으며, 그 우산 밑에서 여러 학자들이 인간의 생물적 재생산과 엄마다움(母性, motherhood)과 아빠다움(父性, fatherhood)의 조건들과 그 사회적 구성을 탐구하고 있다. 곧, 경제적 성장을 지원하기 위한 기업의 생산과정에 대한 투입요소로서 노동력, 기술, (훈련, 교육, 생계를 통해 취득된) 전문지식을 재생산하는 것과, 아동, 청소년, 성인 및 노인을 보호하고 보살피고 건강을 유지하도록 하는 돌봄의 공급 모두가 사회적 재생산에 포함된다. 그리고 이러한 일들이 사적인 가족과 친족 네트워크를 통해 이루어지든, 민간시장을 통한 구입에 의해 이루어지든, 아니면 국가의 지원을 통해 관리되든 관계없이 모두 사회적 재생산에 해당된다(Bakker, 2007). 표 28.1은 사회적 재생산에 대한 주요 정의를 정리한 것인데, 이러한 정의가 다양성을 잘 드러내고 있다.

학자들마다 사회적 재생산이 발생하는 주요 지점에 대한 강조점이 다르다. 집이 가장 대표적이지만, 그 외에도 훈련이 이루어지는 작업장에서부

표 28.1 '사회적 재생산' 개념 정의하기

저자	정의
Laslett & Brenner(1989: 382)	세대 간 일상적인 생활을 유지하는 것과 관련된 활동·태도, 행위·감정, 책무, 관계성
Katz(2001: 709)	사람들이 매일매일 그리고 세대에 걸쳐 자신을 재생산하는 수단이자, 자본주의적 사회관계와 물질적 토대의 재생수단으로서의 물질적인 사회적 실천
Bakker(2007: 541)	삶을 유지하고 다음 세대를 재생산하는 일상적 활동
Strauss & Meehan(2015: 1)	신체, 가구, 공동체, 사회, 환경을 재생산하는 유급노동과 무급노동의 상호작용이자, 인간의 번성을 위해 (또는 이를 제한하기 위해) 이 활동들이 조직화되는 방식

터 공공주택, 병원, 학교, 대학, 사회복지프로그램, 아동 돌봄센터, 운동장, 공원, 상점, 농장에 이르기까지 사회적 재생산의 장소는 매우 다양하게 존재한다(Katz, 2001 참고). 이러한 다양성은 윈더스와 스미스(Winders & Smith, 2019)가 주장한 것처럼, 사회적 재생산에 대한 사상 내지 '존재론'(현실이 어떻게 조직되어 있다고 생각하는가에 대한 학자들의 기본적 개념)이 세 가지 상이한 학파에서 유래했기 때문이다.

1) 분리된 영역으로서의 '일' vs '집'

1970년대 사회적 재생산에 대한 논의는, **자본주의** 생산에서 노동력의 재생산에 관심을 두었던 카를 마르크스(1867년의 『자본론(Das Kapital)』)와 프리드리히 엥겔스(1884년의 『가족, 사유 재산, 국가의 기원(Der Ursprung der Familie, des Privateigenthums und des Staats)』)의 초기 저술들의 영향을 받았다(Katz, 2001). 노동자들은 매일 일과를 마치고 귀가하는데, 다음 날 다시 일터로 돌아오려면 집에서 먹고 쉬고 옷 입고 보살핌을 받아야 한다. 따라서 임금은 노동자와 그 가족이 스스로를 레크리에이션(recreation)할 수 있는 사회적 수준에서 결정된다. 이때 레크리에이션은 말 그대로 자본주의 경제에서 노동력의 재-창조(re-creation)를 의미한다.

이런 프레임에서 보면, 사회적 재생산 개념은 공장이라는 공적영역에서의 (경제적) 생산영역과, 가구라는 사적영역에서의 (비경제적) 재생산 영역으로 깔끔하게 경계 그어진 범주적 이원론에 뿌리를 둔다. 이 개념은 역사적으로 세계대전 이후 **포드주의적 대량생산**모델과 강력한 **케인스주의**적 **복지국가**와 밀접히 연결되어 있는데, 이는 기본적으로 노동조합원인 남성 가장이 무급의 여성 전업주부로부터 보살핌을 받는 것을 전제로 하기 때문이다(Bakker, 2007).

마르크스주의의 영향을 받았던 1980년대 페미니스트 지리학자들은 자본주의 체제에서 여성 억압이 노동계급 여성의 모순적 위치 때문에 나타난다고 강조했다. 노동계급 여성들의 가사노동은 공적영역에서 재화와 서비스 생산에 결정적 기여를 함에도 불구하고 무급으로 행해졌다는 것이다.(McDowell, 1986 참고; McDowell & Massey, 1984와 비교할 것). 그러나 사회적 재생산을 자본의 요구에 종속된 것으로만 파악해서는 안 된다. 왜냐하면 일부 학자들은 이러한 관점이 글로벌북부의 도시에 거주하는 백인 노동계급 여성의 경험에 기반하고 있다는 점을 비판하면서, (같은 도시 또는 다른 도시에 살고 있는) 이주노동계급 여성의 경험은 백인 노동계급 여성의 경험과는 다르다는 점을 강조하기 때문이다(Winders & Smith, 2019 참고).

2) 별개지만 중첩된 영역으로서의 일과 집

사회적 재생산에 대한 두 번째 관점의 분석 범위는 가구를 넘어 확대가족(친족), 공동체, 교회, 도서관, 상점, 병원, 농업, 고아원, 빈민구호소, 자선단체, 노동계급의 사교클럽, 복지국가로까지 확장되었다(Katz, 2001). 이 접근은 1980년대 말부터 계속된 '선진' 경제에서의 새로운 사회경제적 현실, 곧 국가의 **신자유주의**적 롤백(후퇴, rollback), 복지개혁, 여성노동의 참여 증가, 맞벌이 및 여성

가장 가구의 증가와 맞물린 것이었다.[*]

이 관점은 사회적 재생산 영역을 생산영역에 종속된 것으로 보기보다는, 두 영역이 모두 복잡하게 중첩된 **동등하고 상호의존적인** 관계로 본다. 또한 개인과 그 가족의 생애에서 중대한 변화가 발생하는 것처럼, 생산과 재생산 간 상호관계도 시간에 따라 변화한다. 가령, 집 밖에서의 여성의 공식적 고용의 증가, 화이트칼라 전문직 노동자의 재택근무 증가, 다른 가정의 사회적 재생산에 저임금노동자의 공식적 고용(가령, 노인, 환자 및 장애인의 돌봄, 육아, 자택 간호 등) 등은 이 두 영역 간의 중첩성을 보여주는 사례이며, 이는 결과적으로 여성 간 계급적, 인종적 분리를 야기하곤 한다. 이러한 중첩은 국제적 스케일에서 이론화되기도 하는데, 글로벌남부의 이주노동자들이 글로벌북부의 고소득층 가구의 사회적 재생산 수요를 충족하는 글로벌 돌봄사슬의 기능에 관한 논의가 대표적이다.

....

[*] 경제지리학자 제이미 펙(Jamie Peck)과 애덤 티켈(Adam Tickell)은 신자유주의의 전개 과정을 '롤백(roll-back)'과 '롤아웃(roll-out)'의 단계로 구분하여 설명했다. 롤백 단계는 1980년대 영국의 대처리즘과 미국의 레이거노믹스로 대표되며, 사회경제적 영역에서 국가의 역할을 축소했던 시대의 신자유주의를 말한다. 이는 글로벌화의 가속화와 이에 따른 재정위기 압박에 대한 국가의 수세적 반응이었다. 반면, 그 이후에 보다 지리적으로 광범위하게 진행된 롤아웃 단계에서 국가는 보다 공세적이고 선제적인 방식으로 탈규제화, 민영화, 개방화, 경쟁력 강화 등의 신자유주의 독트린을 채택하게 된다. 롤백 신자유주의와 구별되는 롤아웃 신자유주의의 또 다른 특징은 신자유주의가 국가의 다스케일화의 과정 속에서 나타났다는 것이다. 롤백 신자유주의가 '국민국가' 스케일에서의 결단과 실행이었다면, 롤아웃 신자유주의는 글로벌화와 로컬화가 동시에 작용하는 국가의 '재스케일화' 과정 속에서 진행되었다. 상위국가 수준에서 WTO, IMF, 세계은행 등이 신자유주의적 정책의 모빌리티(이동성)를 높였다면, 하위국가 수준에서 분권화된 로컬 국가는 재정 압박 속에서 신자유주의를 받아들여 경쟁력 강화와 성장을 지향하는 정책을 받아들였다는 이야기다. 제이미 펙을 비롯한 '스케일' 지리학자들은 '도시' 스케일이 롤아웃 신자유주의의 주요 무대가 되었다고 주장했다. 다른 한편으로, 샐리 마스턴(Sallie Marston)과 같은 페미니스트 지리학자들은 홈(home)과 신체(body) 스케일에도 주목하면서 신자유주의적 전환과 여성이 주도하는 사회적 재생산 간의 관계 변화도 강조했다.

3) 모호한 영역('삶의 일')

세 번째 사회적 재생산 개념은 유급노동과 그 외의 삶이 **근본적으로 구분할 수 없는** 것이라는 관점으로서 전적으로 모호한 삶의 현실에 주목한다. 이는 '삶의 일'(life's work)이라는 기치하에 미첼 등(Mitchell, Marston & Katz, 2003)이 처음으로 제시한 관점이다. 이들은 '일하는 것'과 '일하지 않는 것'의 구분이 모호하고, 사람들은 삶의 '모든' 영역에서 가치를 생산하며, 생산과 재생산이라는 이분법적 사회관계, 공간 및 실천은 (잘못된) 장벽이며 완전히 무너져야 한다고 주장했다(Schwiter, Strauss & England, 2018). 이러한 어젠다의 일부로서 학자들은 불안이 만연한 오늘날의 상태에서 생활의 **모든** 영역이 시장화되고, 사회적 재생산의 책임이 (국가가 사회적 공급을 철회함에 따라) 민영화되고 있음을 지적했다. 이러한 모호함은 디지털 기술의 등장으로 더욱 심화되어 이제는 더 이상 일, 집, 여가의 영역을 구별할 수 없는 시대가 되었다.

알리 러셀 혹실드(Arlie Russell Hochschild, 2003, 2012)[**]는 시장에서 사회적 재생산을 구입하는 현상(가령, 민간 보육, 집 청소서비스, 할머니 대여rent-a-grandma서비스, 심지어 유골을 뿌리고 묘지 관리하는 일의 위탁 등)을 연구하면서 이를 '친밀한 삶의 상업화(commercialization of intimate life)'라고 일컬었다. 이처럼 자본주의 시장관계는 효율성과 수익성 등 시장 기준에 따라 인간생활의 모든 측면을 재편하기 위해 점점 사회적 재생산

....

[**] 혹실드는 저서 『감정노동(The Managed Heart)』에서 처음으로 감정노동 개념을 언급한 사회학자이기도 하다.

에 침투하고 있다(Bakker, 2007). 그 결과 일부 가구나 커뮤니티는 다른 가구나 커뮤니티보다 더욱 불안정한 위치에 놓이게 된다(Strauss & Meehan, 2015). 국가가 복지 공급, 의료서비스, 교육, 공공 공간, 환경을 통해 공적인 사회적 재생산 역량에 투입해오던 것이 여러 장소에서 다양한 방식으로 무너지고 있기 때문이다(Katz, 2001).

2. 삶의 일의 일상적 현실 기록하기

많은 연구자들은 진화 중인 개념인 '삶의 일'에 기대어 오늘날 **사회적 재생산의 지리**가 어떻게 일련의 사회적 불평등과 불공정(부정의)에 뿌리내리고 있고 이를 강화하는지에 주목해왔다. 이러한 일상적인 사회적 재생산 활동은 젠더화, 계급화, 인종화된 상태로 이루어진다(Strauss, 2013). 이 연구는 사회적 재생산의 네트워크가 단지 가구에 한정된 것이 아니라 여러 장소에 걸쳐 있기 때문에, 특정 장소는 다른 장소보다 사회적 재생산이 훨씬 용이하게 이루어지도록 한다는 점을 지적한다.

이 연구의 핵심 주제 중 하나는 사회적 재생산이 현실 속에서 불균등하게 젠더화되어 있다는 점이다. 핸슨과 프랫(Hanson & Pratt, 1995)이 지적했던 것처럼 집 근처의 고용기회는 남성보다 여성에게 훨씬 중요한데, 이는 여성들이 일과 가족을 조화시켜야 하기 때문이다. 연구자들은 근무시간과 그 유연성, 직장-집-어린이집 간 근접성, 배우자의 직장과 학교 일정 간의 조율, 그리고 여성의 구직 활동과 이동성(모빌리티)을 제한하는 가구 내의 남성우월적 젠더 권력관계 등

이 얼마나 중요한 역할을 하는지를 기록했다. 또한, 이들은 맞벌이 가구에서 일종의 2교대 근무라고 할 수 있는 '연속적 일정관리 전략(sequential scheduling strategies)'을 사용한다는 점을 강조했다(Hochschild, 1997). 곧, 아이를 돌보기 위해 부부 중 한 명은 늘 집에 있도록 근무시간을 조정하는데, 이는 결과적으로 직장의 유형과 위치에 영향을 미치게 된다.

또 다른 연구들은 경제위기와 지리적으로 불균등한 긴축의 영향(공공지출의 상당한 삭감, 세금 변동, 복지혜택수급자격의 변화 등이 초래한 결과)으로 인한 가구의 돌봄과 사회적 재생산의 생생한 실태를 연구했다. 세라 마리 홀(Sarah Marie Hall, 2015)은 영국에서 **긴축**이 가족의 일상생활에 미친 영향을 연구했다. 그녀의 연구는, 도덕적, 물질적 지원이 어려운 불경기에 사회적 재생산 유지를 위해 가족이 개인 간에, 세대 내 또는 세대 간에 서로 빌려주고, 공유하고, 소비하는 젠더화된 호혜적인 실천이 얼마나 넓은 범위에서 이루어지는지를 드러냈다. 그녀는 사회적 재생산을 유지하기 위한 필수적 수단으로서 푸드뱅크(food bank)*에 대한 의존도가 증가하고 있으며, 긴축으로 겪는 어려움이 장소에 따라 다르게 나타난다고 밝혔다.

또한 사회적 재생산에서의 새로운 계급 격차로 보육서비스를 구입할 수 있는 가구의 능력 차이가 분명하게 드러나는데, 이는 신자유주의적 국가가 보육서비스에 대한 국가적 역할과 책임을 줄

....

* 푸드뱅크란 식품제조업체, 도소매업체 또는 개인이나 단체 등으로부터 음식을 (특히 음식의 생산, 유통, 판매, 소비 단계에서 남는 먹거리를) 기탁받아 무료급식소 등을 통해 저소득층이나 소외계층에 나누어 주는 단체나 활동을 지칭한다. 1967년 미국에서 '제2의 수확(Second Harvest)'이라는 이름으로 처음 시작되었다.

였기 때문이다. 부모는 소비자로서의 선택을 행동으로 옮길 수 있는 '권한을 부여받은' 것이다. 애슬링 갤러거(Aisling Gallagher, 2018)는 서양 국가에서 '돌봄 사업'의 상품화가 심각한 가구 간 불평등을 야기하고 있으며, 보육시장이 어떻게 자금을 동원하며 구조화되고 조직되어 있는지는 지리적으로 상당히 차별화되어 있음을 보여주었다. 이는 저소득층 가구에 심각한 어려움을 주며, 특히 공동체적이고 협동적인 보육이 쇠퇴하고 있기 때문에 더욱 심각하다. 또한, 노동의 성별 분업이 근본적으로 변화하지 않는다면, 보육서비스, 식품 조리, 가내서비스의 구입이 일부 여성들의 부담을 줄이겠지만 다른 여성들에게는 부담을 늘릴 것이다(Katz, 2001).

이러한 성불평등은 점차 초국가적이고 인종화된 차원으로 나타나고 있다. 특히, 서구 자본주의경제에서는 사회적 재생산이 글로벌남부 출신의 저임금 이주노동자들을 통해 이루어지기 때문이다. 이 '초국가적 돌봄사슬(transnational care chains)'을 뒷받침하는 여성이주민들은 고용주의 아이들을 돌보면서, 멀리 떨어져 있는 (종종 시간대도 다른) 자신의 아이들까지 돌봐야 한다(Madianou, 2012). (따라서 본국의 아이들은 부모가 없는 동안 대개 친족이 돌보곤 한다.) 이런 식으로 가사노동의 **성별 분업**은 글로벌 현상이 되었다. 곧, 가사노동의 성별 분업은 자본축적의 팽창과 심화에 따른 사회적 재생산 시스템과, 이 시스템의 유지를 위해 노동자에게 요구되는 일상생활 간의 투쟁의 위치가 되었다(Bakker, 2007; Strauss, 2013 참고).

3. 사회적 재생산의 위기?

이 장 초반부에서 논의했던 바와 같이, 사회적 재생산을 둘러싼 논의는 더 이상 새롭지 않다. 그러나 일, 가정, 가족 간의 갈등이 마치 '현시대의 문제'라고 보도되고 있는 오늘날, 사회적 재생산은 새로운 도전에 직면해 있다. 어떤 학자들은 다음과 같은 삼중고로 인해 사회적 재생산의 위기가 닥칠 것이라고 경고한다. 첫째는 **새로운 직종의 출현**인데, 이 직종에서 일컫는 '유연성'이란 기업의 노동비 최소화를 위한 업무량 증가, 예측 불가능한 스케줄, 정규 근무시간 외 초과 근무를 특징으로 한다. 둘째는 **가구구조의 변화와 복잡성**인데, 이는 여성 노동력의 노동참여 확대와 맞벌이 가구의 증가, 확대가족 감소, 한부모가구 증가, 노인돌봄의 책임 증가로 유발된다. 셋째는 **사회복지의 신자유주의적 롤백**이다. 신자유주의 정부는 사회적 재생산에 대한 지원을 줄임으로써 돌봄의 책임을 집이라는 '자연적' 수준으로 이전시켰고, 이에 대한 주요 책임은 여성이 떠안게 되었다(Bakker & Gill, 2003). 그 결과 많은 여성들이 집과 일 사이에서, 복잡하고 변수도 많고 젠더화된 곡예를 벌이느라 진을 빼고 있다(James, 2017 참고).

'시간 쥐어짜기', '시간 정돈', '시간 기근', '시간 결핍' 등으로 언급되는 이러한 상황은 '돌봄결손(돌봄결핍, care deficit)'을 둘러싼 관심의 증가를 낳고 있다(Hochschild, 2003). 돌봄결손이란, 리질리언스(회복탄력성, resilience)가 있고 안정된 개인, 가족, 교우관계, 커뮤니티를 육성하는 데 투자할 시간과 에너지가 부족한 상황에서 돌봄에 대한 **요구**도 함께 증가하는 상태를 지칭한다. 이전까지만 하더라도 다양한 관심사에 배분했던 시간을 점차 일에 소모함에 따라, 외로움의 증가, 네트워크를 지원하는 교우관계의 약화, 부모-자녀 관계에의 부정적 영향, 삶의 질 하락 등을 부각하는 연구가 늘어나고 있다. 어떤 연구들은 일-생활(work-life)의 갈등이 어떻게 스트레스를 증가시키고, 심리적, 육체적인 웰빙에 부정적인 영향을 끼치며, 가족 간의 긴장을 고조시키는지를 기록하고 있다(가령, Burchell, Lapido & Wilkinson, 2002; James, 2017 참고). 요컨대, 신자유주의적 복지국가의 예산 감축은 개별 가구가 재생산과 돌봄 비용을 무한히 흡수할 능력이 있다는 가정하에 시행되었지만(MacDonald, Phipps & Lethbridge, 2005), 현실은 그 한계를 여실히 보여주고 있다.

실제로 삶의 일을 조화시킬 가능성은 사람과 장소에 따라 매우 다르다. 달리 말해 사회적 재생산은 매우 공간적 현상이다(Winders & Smith, 2019). 왜냐하면 고용주가 근로자에게 제공하는 제도도 다르고, 도시마다 돌봄 인프라와 정부의 복지 공급 패턴도 다르기 때문이다.

1) 고용주의 가족 친화적 일자리 제공

앞서 언급했던 삶의 일(life's work)의 조화에 있어서 지리적 차이는, 주로 고용주가 얼마나 '가족 친화적 일자리'를, 곧 '일-생활 균형'(워라밸, WLB; Work-Life Balance)을 제공하는가의 영향을 받는다. 고용주가 제공하는 WLB 제도는 대개 네 가지 범주로 나뉘어 있다. 여기에는 ① **시간적 유연성의 확대**(탄력근무제flex-time, 집중근무제 등), ② **공간적 유연성의 확대**(재택근무 등), ③ **전체 근무시간의**

단축, ④ **고용주에 의한 보육지원**(직장어린이집 운영, 보육바우처 제도 등)이 포함된다. 그러나 직장별로 이런 제도가 천차만별이기 때문에 WLB 공급을 개별 사업체에 맡겨두는 것은 회의적이다. 많은 고용주들은 '최종결산'에서 경제적 이득을 확인할 수 없는 한, 이러한 제도를 시행하려 하지 않는다. 현재로서는 경제적 이득을 뒷받침할 경험적 증거가 부족한 상태이기 때문에, 대개 WLB 제도는 일부 근로자에게만 불공정하게 특권을 제공하고 비싼 관리비용이 수반되는 제도로 여겨지고 있다. 이는 '글로벌' 경제침체의 여파로 더욱 악화되었다.

하지만 최근의 연구는 이러한 증거의 공백을 채우기 시작했다. 가령 제임스(James, 2017)의 연구결과에 따르면, 영국과 아일랜드의 첨단기술 직종 근로자들은 가족 및 개인생활과 관련된 폭넓은 활동(육아, 자원봉사, 스포츠, 청소년 선도, 자선활동의 조직화, 홈스쿨링, 반려동물 돌보기)을 하면서도 변덕스러운 시간적 요구, 국제 업무를 위한 협업, (첨단산업 직종 근무환경의 특성인) 고객에 대한 즉각적인 대응을 동시에 잘 해내고 있다(Box 28.1 참고).

2) 일-생활 도시의 한계와 돌봄경관

지리학자들은 삶의 일을 조화시키는 수단이 도시마다 어떻게 다른지를 연구했다. 헬렌 자비스(Helen Jarvis, 2005: 141)가 '일상생활 인프라(infrastructure of everyday life)'라고 정의했던 주택, 일자리, 학교, 교통체계, 여가, 상품화된 돌봄 서비스(노인돌봄시설, 보육서비스, 체육시설, 미용실)의 공간적 분절화는 사회적 재생산의 의사결정

그림 28.1 일과 생활 사이에서의 곡예

(출처: Al James)

현장 속 연구

일-생활 균형을 유지하는 근로자와 기업

Box 28.1

페미니스트 경제지리학은 일-생활 균형(워라밸, WLB)의 이슈를 관리비용으로만 보려는 고용주의 인식 태도를 뒤흔들고 있다. 영국과 아일랜드에서 300명 이상의 IT직종 근로자와 150개 이상의 IT업체를 대상으로 10년에 걸쳐 수행해온 필자의 연구결과에 따르면(James, 2017), 광범위한 WLB 제공은 기업의 혁신역량에 유익한 영향을 주었고 경제적 성과도 냈다. 이러한 이점은 근로자의 참여도 증가, 외부기술과 전문지식에 대한 업체의 접근성 향상, 근로자의 학습 지속가능성 증대라는 결과로 나타났다.

이와 아울러 본 연구에서는, 근로자 중 특정 계급에 대한 WLB 제공이 다른 계급의 일-생활 갈등을 줄이거나 약화시키지는 못했다. 또한, 개인들이 요구하는 WLB의 종류는 시간(결혼이나 출산 등 주요 생애 이벤트)에 따라 가변적이라는 것도 중요하다. 이러한 다양성을 고려할 때, 고용주는 보다 포괄적인 WLB 제도를 제공하는 것이 시급하다.

본 연구는 고용주가 무급노동이라는 불균등한 성별 분업에 맞서 유연한 근무방식을 제공함으로써 남성들이 좀 더 육아분담을 하도록 장려하는 것과, 기존의 불균등한 성별 분업을 그냥 수용한 채 가구의 재생산 노동에서 고질적인 성불평등의 해결과는 무관한 근무방식(예를 들면, 파트타임근무)을 제공하는 것 간에는 중대한 차이가 있다는 것을 조명한다.

을 둘러싼 광범위한 맥락을 이해하는 데 중요하다(England, 2010). 도시의 '돌봄경관(carescapes)' 속에서 이루어지는 일상생활의 조정은, 개인 및 집단 행위자들이 생산 및 재생산과 관련하여 (상이한 시간과 공간을 가로질러) 수행하는 수많은 일에 대한 미세한 조정과 관련되어 있다(Bowlby, 2012). 가령, 서구 산업도시의 포드주의적 **구획화(zoning)**의 사례를 보면, 자본주의적 공업지역은 교외의 주거지역으로부터 분리되어 주로 남성이 차지한 반면 교외의 주거지역은 주로 무급노동에 종사하는 여성이 차지했다. 따라서 도시는 경제적 생산에 요구되는 생산영역과 재생산영역의 뚜렷한 분리뿐만 아니라 젠더 질서를 경관적으로 구현하고 있었던 것이다. 21세기를 살아가는 맞벌이 가구들에게 현재의 도시는 훨씬 양상이 복잡하다. 페론스 등(Perrons et al., 2006)은 오늘날 근로자, 가족, 고용주, 서비스공급자 등이 사회적 재생산과 임금노동을 조화시킬 때 부딪히는 근거리 너머의 일상적인 걸림돌로 통근거리의 확대, 혼잡시간대의 연장과 혼잡도 증가, 자녀의 등하교와 관련된 교통 혼잡 등을 제시했다. 이러한 어려움은 교외지역의 팽창과 대중교통서비스의 민영화로 더욱 가중되고 있다. 이처럼 도시의 배치는 삶의 일이 상연되는 쾌적한 무대 그 이상이며, 그 자체로서 일, 집, 가족의 복잡한 지리를 구성하고 있다.

3) 국가의 젠더화된 복지체제

사회적 재생산에 대한 관점은 국가마다 다르다(Esping-Andersen, 1999). 이는 국가의 전통, 문화, 제도적 맥락, 성역할에 대한 규범적 가정 등

이 모두 상이하기 때문인데, 우리는 이를 집합적으로 아울러 '국가적 **복지체제**(national welfare regimes)'라고 일컫는다. **사회민주주의적** 복지체제의 전통을 지닌 스칸디나비아의 국가정책은 이러한 국가정책 스펙트럼에서 한쪽 극단에 위치해 있는데, 이는 사람들이 일, 집, 가족의 다양한 활동을 잘 조율할 수 있는 가능성을 체계적이고 진보적으로 확대해나가는 것으로 잘 알려져 있다. 이런 정책의 수단은 여성과 남성이 일과 생활을 보다 쉽게 조화시키도록 법제화하는 것인데, 무엇보다도 정부는 근무시간을 줄이기 위해서 노력하는 한편 부모의 역할과 돌봄의 책임에서 성차별을 없애려는 분명한 목표를 갖고 있다. 고용주, 국가 및 노동조합 간의 협력적 발전, 기간도 길고 금액도 큰 유급 육아휴직, 국가의 재정을 지원받는 광범위한 공공보육서비스, 양육수당 지급 등이 스웨덴 근로자들에게 지원되고 있다. 한편, 국가정책 스펙트럼의 다른 한쪽 극단에 위치한 국가는 영어권 국가들인데 **자유주의적** 복지체제를 갖고 있는 영국, 아일랜드, 미국, 오스트레일리아가 여기에 포함된다. 이 국가에서는 유급노동과 무급노동의 조화 문제가 대개 사적인 일로 취급된다(Lewis, 2009). 따라서 가족은 시장에 의존하는 경우가 많으며, 고용주는 **자발적으로** 더 유연한 근무방식을 제공하게 된다. 그러므로 신자유주의적 복지체제에서 삶의 일이 상충하는 것은 당연하고 분명하다. 국가는 여성을 유급노동에 참여하도록 장려했지만, 이를 가능케 했던 국가의 보육서비스는 오히려 후퇴했다. 그러나 여러 연구가 제시하는 것처럼, 이외의 다른 모델도 가능하다!

이 장에서 제시한 문제를 해체하면서 사회적

재생산의 젠더관계를 변혁하려는 연구가 속속 등장하고 있다. 최근의 연구는 보다 많은 남성들이 유급노동 외에 돌봄의 책임을 중요하게 수행하고 있다고 말한다. 이러한 변화의 배경으로는, '적극적인 아버지 노릇(active fathering)'에 대한 사회적 기대감의 강화, 학업에서의 성차별 완화, 여성 가장가구에 대한 사회적 수용성의 증대, 육아비용의 상승, 여성화된 서비스 부문의 고용증가(이 부문에서는 오히려 남성성이 불리하다), 돌봄 분야에서 남성노동의 활용을 촉진하는 진보적인 국가정책의 등장을 꼽을 수 있다(Boyer et al., 2017 참고). 이 외에도 불황기 노동시장의 변동과 복지예산의 감축 또한 가사노동에 대한 가구의 의사결정을 재편하는 데 영향을 끼쳤다. 물론 변화의 사례는 양적으로 여전히 적지만, 그 경향은 고무적이다. 이는 남성이 여성과 뚜렷이 구분되는 새로운 사회적 재생산 방식을 만들어내고 있다는 증거다(Smith, 2009).

 요약

- '일'과 '가정'의 시·공간적 경계는 늘 가변적이다. 사회적 재생산은 유급노동과 무급노동 간의 관계에 초점을 둔 '우산 개념'으로서, 개인, 가족, 커뮤니티, 사회를 유지하고 재생산하는 것과 관련된 다양한 사회적 과정, 물질적 재화, 제도, 행위주체, 감정 등을 포괄한다.
- 사회적 재생산에 관한 세 학파는 일과 집을 별개의 영역으로 보는 관점, 두 영역의 중첩성에 착목하는 관점, 그리고 두 영역의 모호성을 인정하고 '삶의 일'에 초점을 두는 관점으로 구별할 수 있다.
- 사회적 재생산의 조건과 가능성은 지리적으로 불균등하게 분포한다.

- '당연시되어온 것을 거스르는' 일부 남성의 노력에도 불구하고, 여전히 대부분의 여성들은 사회적 재생산을 위한 일상활동의 책임을 지고 있다.
- 사회적 재생산에 대한 페미니즘 학자들의 연구는, 집에서의 일상적 돌봄 활동을 가시화하고 재평가하며 '보편적' 경제이론에 내재된 남성적 편향을 해체하고자 한다.
- 일부 비평가들은 사회적 재생산을 둘러싼 현재의 위기가, 보다 길고 고된 노동, 여성 노동력 참여의 증진, 가구의 복잡성 증가, 기대수명과 노인돌봄의 책임 증가, 사회복지의 신자유주의적 롤백 등으로 인한 결과라고 본다.

더 읽을거리

McDowell, L. M. (2004) Work, workfare, work/life balance and an ethic of care. *Progress in Human Geography,* 28(2): 145-63.

Mitchell, K., Marston, S., & Katz, C. (2003) Life's work: An introduction, review and critique. *Antipode,* 35(3): 414-42.

Strauss, K., & Meehan, K. (2015) New frontiers in life's work. In K. Meehan & K. Strauss (eds.), *Precarious Worlds: Contested Geographies of Social Reproduction,* pp. 1-22. Athens: University of Georgia Press.

Winders, J., & Smith, B. E. (2019) Social reproduction and capitalist production: A genealogy of dominant imaginaries. *Progress in Human Geography,* 43(5): 871-89.

퍼포먼스(수행)

〈피규어스(Figures)〉는 2015년 런던에서 리즈 크로우(Liz Crow)가 선보인 대량조각전시공연(mass sculptural duration performance)이다(http://wearefigures.co.uk 및 그림 29.1 참고). 이 작품은 2010년부터 영국 정부가 추진해온 **긴축**(austerity)이 초래한 인적비용(human costs)을 보여주는 것으로, 긴축이 마치 필연적이고 불가피한 것처럼 연출되었던 것에 대한 항의의 표현이다. 리즈는 자신의 고향인 브리스틀(Bristol)에서 캐낸 진흙으로 650개의 조각상을 제작해서 템스 강둑으로 가져왔다. 이는 긴축의 영향을 받았던 전체 선거구 650곳을 상징하는 것이었다. 리즈는 나중에 이 예술의 일부분으로서 650명의 개인이 겪었던 긴축의 수난사도 보여주었다. 조각을 하는 것은 인내를 요하는 작업이었다. 리즈는 휠체어 사용자였기 때문에 템스 강둑까지 실려 (이 또한 조수潮水 시간에 딱 맞

추어) 와야 했고, 이후 날씨와 상관없이 연속 11일 동안 밤낮으로 작업해서 〈피규어스〉를 만들었다. 이 작품은 인간의 상호의존성, 돌봄 인프라의 상실, 그리고 연약한 신체에 미치는 긴축의 불균등한 영향을 조명했다. 빚어낸 조각상을 말리고 태운 후 다시 가루로 빻아서 브리스틀 앞바다에 흩뿌렸던 것처럼, 이 퍼포먼스는 공간과 시간을 관통하는 여행이었다. 총선거를 앞둔 시점에 이루어진 이 활동가의 예술적 실천은, 긴축에 따른 사회생활을 재현하고 감정적으로 환기시켜 이에 개입하고자 했던 국제적 행동을 요구했다. 템스 강둑, 미술관, 소셜미디어에서부터 블로그, 뉴스 기사, 웹사이트에 이르기까지, 사람들은 〈피규어스〉를 다양한 장소와 시간에서 만났다. 그리고 이런 플랫폼을 통해 녹음 내용과 수기(手記)도 함께 유통되었다. 이렇게 이 퍼포먼스는 '발생(happening)'

그림 29.1 리즈 크로우의 대량조각전시공연 〈피규어스〉(2015) (출처: Matthew Fessey, Roaring Girl Productions)

의 위치와 순간 너머로 확장되었다. 이 작품의 지속성은, 긴축이 하나의 지속적인 사건이었고 사람들이 긴축의 힘겨운 생활로 지쳐버렸다는 것을 의미한다(Wilkinson & Ortega-Alcázar, 2019). 또한, 이 작품에는 사람들이 자신의 통제를 벗어난 사건에 늘 반복적으로 (마치 밀물과 썰물처럼) 대응하며 살아가야 하는 상황이 함의되어 있기도 하다. 퍼포먼스를 했던 예술가, 퍼포먼스를 했던 위치, 조각상의 재료였던 진흙까지 이 모두가 실천을 통해서 긴축의 '재상연(restaging)'을 함께 수행(perform)했다.

우리는 이 사례를 통해 '퍼포먼스(수행)'에 관한 사회지리학 연구가 어떠한지를 가늠해볼 수 있다. 최근 수행이라는 개념은 큰 인기를 얻고 있지만, 이와 관련된 개념과 방법은 다양하다. 이 장에서는 우선 수행과 **수행성**(performativity)에 대해서 살펴본다. 이에 관한 이론은 인간의 행태가 어떻게 조직화되는지, 가능성을 차단하는 '규범'이 어떻게 생산되는지, 그리고 이와 동일한 메커니즘을 통해 어떻게 저항이 일어날 수 있는지를 설명하며, 사회지리학에서 질적(정성적) 방법에 대한 이해를 진척시킨다. 그다음 절에서는 행위예술(performance art)이 공간 창출의 기회를 어떻게 확대하는지를 분석하고, 퍼포먼스가 어떤 느낌들을 창조하는지를 탐구한 연구를 개괄한다. 우리는 행위예술을 통해서 상이한 문화, 개인, 커뮤니티에 대해 무엇을 알 수 있는가? 행위예술에는 누가 포함되고 배제되는가? 행위예술에 의해 포함되고 배제되는 자들은 없는가? 행위예술은 어떻게 규범과 관습을 끌어들이거나 반대로 밀어내는가? 그리고 마지막 절에서는 행위예술이 그 자체로서 사회지리학 연구와 방법론적 탐색을 다양하게 만든다는 점을 살펴본다.

1. 수행과 수행성: 일상적 수행의 무대로서 사회적 장소에 관한 이론

사회과학과 인문학에서 수행은 **일상**생활을 이해하기 위한 일종의 은유(metaphor)로 사용되어왔다. 사회지리학의 초창기 연구들은 수행에 대한 이론적 토대로 오스틴(Austin, 1962), 가핑클(Garfinkel, 1967), 고프먼(Goffman, 1959, 1963)에 주목했었다. 특히 어빙 고프먼(1959)의 '연극학적 분석(dramaturgical analysis)'은 사회행태를 탐구하기 위해 극장공연의 언어를 사용했다. 그는 공유되고 있는 규칙이나 관습에 따라, 무대 앞(frontstage)과 무대 뒤(backstage)에서의 행태가 서로 다르다고 보았다. 쉽게 말해 집에 있을 때 나의 행동은 직장에 있을 때와는 다르다. 우리는 사회적 세계로 나아가기 위해 옷차림을 하고, 소품을 사용하며, 언어 선택을 달리한다. 이러한 '수행'은 사람과 로컬리티 간의 **만남**(encounter)의 결과로서 나타나는 것이다(27장 만남 참고). 따라서 수행을 통해 다른 사람들에 대한 판단과 그 판단을 통제하려는 시도가 어떻게 발생하는지를 이해할 수 있다.

물론, 무대 앞과 무대 뒤 간의 관계, 로컬리티, 수행은 디지털 기술의 개입과 그에 따른 노동패턴의 변화로 빠르게 바뀌고 있다. 고프먼의 이론은 인간행태와 **장소** 간의 관계를 강조했기 때문에, 1990년대부터 지리학자들의 주목을 받기 시작했다. 놀라울 것도 없이 노동지리 분야에서 고프먼의 이론을 가장 먼저 끌어들였다(Nash, 2000 참고). 예를 들어, 1994년 필립 크랭(Philip Crang, 1994)은 런던의 한 레스토랑에서 웨이터로 일했던 자신의 경험을 성찰하면서, 관례(conventions)라는 '골격(skeleton)'을 중심으로 수행이 임시적으로 교섭된다고 기술한 바 있다. 고프먼은 "개인이 맡은 사회적 역할은 항구적인 것이 아니라 어떤 만남에서의 상호작용과 그 만남의 성격에 의존한다"고 했다(Crang, 1994: 686). 이런 맥락에서 볼 때, 레스토랑은 행위자의 수행에 대한 일련의 기대를 프레임화하는 안정적인 배경막(backdrop)으로 생산된 것이다.

2. 수행성: 일상에서의 복잡하고 불안정한 수행

고프먼이 전개한 수행 개념은 '사람들이 일상생활에서 행동하는 방식'을 지칭한 것이었기 때문에, 이는 사회적 행태에 대한 장소의 영향에 관심을 둔 지리학자들에 의해 적극 수용되었다. 그러나 다른 한편으로 **수행성**을 이론화한 주디스 버틀러(Judith Butler, 1990, 1993)의 연구에 주목하면서 **언어**와 **행동**이 **정체성** 형성에 미치는 영향을 탐구하는 지리학자들도 있다(정체성에 관한 보다 상세한 내용은 3부를 참고할 것). 간단히 말해 **수행성**이란 (수행과는 **별개의** 개념으로서) 우리가 말하고 행동하는 방식은 이미 통용되고 있는 (그리고 불안정한) 언어와 문화의 영향을 받는다는 것을 뜻한다. 언어와 사유는 능동적이다. 언어와 사유는 행태, 사건, 경험을 형성하며, 그렇기 때문에 규범이나 이상을 강제한다. 규범의 구성 속에서는 권력이 통용되기 때문에, 규범 밖의 행동방식과 태도의 기회는 차단당한다. 특히, 버틀러의 초창기 저작은 **젠더**와 **섹슈얼리티**가 어떻게 '사회적으로 구성되는지'를 탐구했다(16장 젠더 및 17장 섹슈얼리티 참고). 그렇다고 해서 젠더와 섹슈얼리티가 자유로운 상태에서 선택되는 것은 (또는 수행되는 것은) 아니다. 버틀러(1993: x)의 말처럼, 우리는 아침에 일어나 옷장으로 가서 "그날에 어울리는 젠더를 선택하고" 나중에 "밤이 되면 그 옷을 벗어버리는" 것이 아니다. 하지만 그렇다고 해서 수행성이 어떤 포괄적이고 고정된 사회구조가 모든 것을 사전에 결정하는 결정론적 모델이지는 않다. 만약 그렇다면 변화의 가능성이란 존재하지 않을 것이다. 수행성은 정체성 형성을 이해하는 상이한 방식 사이에서 운동하는 개념이다. 곧, 어느 면에서 수행성은 젠더와 섹슈얼리티가 우리의 현 상태를 표현한다는 생각을 거꾸로 뒤집는다. 대신 젠더와 섹슈얼리티는 일상에서 허용되는 범위를 프레임화하는 말과 행동을 통해 **반복**적으로 수행된다.

보다 중요한 점은 버틀러의 분석이 미끄러짐(slippage)과 **전복**(subversion)의 여지를 포함한다는 점이다. 이는 곧 사회적으로 사전에 규정되거나 규범화된 것들 이외의 **타자**가 되어가는 (비)의도적 방식을 지칭한다. 버틀러는 이를 드러내기 위해, 기존에 경멸적으로 사용되어왔던 용어인 '퀴어(괴상한, queer)'와 '퀴어성(괴상함, queerness)'을 오히려 찬사의 의미로 전복하여 사용한다. 1990년대에 버틀러의 수행성 개념은 장소의 생산 및 점유와 연관된 젠더와 섹슈얼리티의 중요성을 탐구하는 데 활용되기 시작했다. 예를 들어, 맥도웰과 코트(McDowell & Court, 1994)는 런던 금융지구의 노동자들에게 강요적으로 부여되는 젠더 '허구(fictions)'의 물질적 효과에 대해 연구한 바 있다. 벨 등(Bell et al. 1994)의 연구는 초경계적(transgressive) 퀴어 정체성, 립스틱 레즈비언(여성향 레즈비언), 게이 스킨헤드(퀴어스킨) 등을 탐구하며 많은 영향을 끼쳤다(17장 섹슈얼리티 참고). 비니(Binnie, 1997: 223)가 말했던 것처럼, 이 연구들은 "공간이 원래 자연적으로 '비동성애적인(straight)' 것이 아니라 오히려 이성애적이도록 적극적으로 생산되고 섹슈얼화되어 있다"는 점을 공통적으로 지적했다. 이러한 접근은 이성애 중심적, 남성우월적 이해방식과 장소의 생산 및 점유에 대항함으로써 지리학에 큰 기여를 했다. 그러나 그레그슨과 로즈(Gregson & Rose, 2000)가 주장하는 것처럼, 이따금 이 연구들은 (비)의도적으로 버틀러의 수행성 개념보다는 고프먼의 연구에 더 가깝게 접근함에 따라 공간을 고정적이거나 안정적인 것으로 재생산하기도 했다. 이와 비교할 때, 그레그슨과 로즈는 스코틀랜드의 커뮤니티 예술 활동과 노스이스트잉글랜드의 중고품노점판매(car-boot sales)에 대한 연구를 통해 **'공간의 수행성'**을 강조했다. 이들은 정체성을 발생(창발)적이고, (재)구성적이고, 불안정하며, 전복에 열려 있다고 보았던 버틀러의 관점에 주목했다. 또한, 이들은 한 걸음 더 나아가 연구자로서 자신의 위치가 어떻게 규범적, 전복적인 방식으로 펼쳐지는지를 성찰했다. 이들은 연구자가 '내부에 투입되어' 연구를 실천할 때, 연구자 자신의 프레임이 정보수집 과정에 영향을 미친다는 것을 (그리고 그 역도 마찬가지라는 것을) 뚜렷이 보여주었다. (이에 대해서는 후반부에 다시 논의하고자 한다.)

페미니즘과 퀴어이론 중심의 사회지리 연구들에 대한 또 다른 비판은, '이성애'와 '동성애'처럼 사회적으로 구성된 이분법을 사실상 재생산한다는 점이었다. 이것은 버틀러와 같은 학자들이 해체하려 했던 정체성의 (그리고 공간의) 고정성을 수행하는 것에 불과했다(17장 섹슈얼리티 참고). 그레그슨과 로즈(2000)가 수행성은 섹슈얼리티와 젠더의 명시적 생산 범위 밖에 있다고 말했던 것처럼, 오스윈(Oswin, 2008)은 섹슈얼리티와 젠더에 대한 퀴어이론의 한계에 착목하여 이에 내재된 규범적 실천의 재생산을 비판했다. 이는 섹슈얼리티 연구에서 사람과 공간은 늘 '퀴어이거나' '퀴어가 아니거나' 중 하나일 수밖에 없다는 것을 말한다. 이는 결과적으로 안정적이고 이항대립적인 논리를 통해 정체성을 **재생산한다**. 왜냐하면 이런 논리는 결국 모든 것이 이미 고정된 포괄적 사회구조에 의해 미리 결정되어 있다는 인상을 주기 때문이다. 오스윈은 이런 문제의식을 돌파하기 위해 포스트식민주의와 교차성 연구자들의 논의를 함께 끌어들였다(20장 교차성 참고). 그녀는 이른바 '립스틱 레즈비언'과 '게이 스킨헤드'에 주목하면서(Bell et al., 1994), "이 연구자들은 이성애자나 '진짜' 스킨헤드를 게이 '스타일'의 스킨헤드와 대립적으로 위치시킨다. 그러나 왜 파시스트적 이성애 스킨헤드를 '진짜'라고 우선시

하고 게이 스킨헤드는 '나쁜 복제물'이라고 하는가? 왜 이성애 공간은 '진짜'라고 우선시하고 퀴어 공간은 가짜, 모조품, 복제품이라고 하는가?"라고 묻는다(Bell et al., 1994: 37). 오스윈에 따르면, 이는 당시로서는 중요한 주장이었겠지만, "퀴어성(queerness)의 급진적 깃발 아래, 벨 등의 연구자들은 정체성의 다측면적 성격을 무시했기 때문에 게이 스킨헤드도 파시스트일 수 있다는 것을 부정했고", 그 결과 "[게이 스킨헤드들의] 퀴어 역사를 재구성할 때 인종이라는 이슈를 간과했다"(Walker, 1995: 73; Oswin, 2008: 94에서 재인용).

오스윈의 주장은 매우 중요하다. 그녀는 '퀴어 공간(queer space)'이라는 용어를 반대했으며, 그 대신 '공간에 대한 **퀴어 접근**(queer approach to space)'을 주장했다. 이는 곧 규범성의 정치(politics of normativity)란 특정 정체성을 지칭하는 것이 아니라 규범적 가정과 제도가 재생산되는 **과정들**을 지칭한다는 것을 말한다(Duggan, 2003: 50; Oswin, 2008: 94에서 재인용). 만일 어떤 연구의 실천과 문화가 의도적이든 아니든 안정적인 정체성과 그 외의 당연시되는 가정을 강화한다면, 이는 지식생산에 대한 규범적(곧, 비非퀴어적) 접근을 채택하는 것이다. 따라서 **퀴어화**(queering)란 "규범성을 강화하는 권력과 통제 너머에서 일어나는" 행동이다(Browne, 2006: 889; Oswin, 2008: 94에서 재인용). 퀴어화의 **실천들**은 젠더와 섹슈얼리티의 구성과 함께(with) 그리고 젠더와 섹슈얼리티의 구성을 넘어(beyond) 적용되어야 하고 교차적으로 사고되어야 한다(20장 교차성 참고). 맥린(McLean, 2017)의 연구는 인문지리학 분야에서 이러한 주장을 진지하게 고려한 커뮤니티 기반의

비판적 연구사례이다.* 이 연구는 지역사회의 급진 페미니스트들과 퀴어 예술가들이 토론토의 도시정책에 의한 창조성 전유(appropriation)에 대항하기 위해 어떠한 실천을 전개했는지에 주목했다. 이 외의 여러 '행위예술지리학(geographies of the performing arts)' 연구들은, 행위예술의 실천을 통해서 공간이 어떻게 구성되고 때때로 경합되는지를 명시적, 비판적으로 주목하고 있다. 심프슨(Simpson, 2011)의 연구는 인문지리학에서 행위예술을 분석한 또 다른 사례로서 도시공간이 길거리 공연을 통해 어떻게 변동하는지에 주목했다. 또한 로저스(Rogers, 2018)는 캄보디아의 현대무용에 대한 자신의 연구를 토대로, 행위예술 분석은 상호문화미학(intercultural aesthetics)**, 이주민의 모빌리티, 그리고 지정학에 대한 이해를 확장시킬 수 있다고 주장했다.

3. 사회연구 실천에서 수행과 행위예술

그레그슨과 로즈(2000) 및 오스윈(2008)의 연구가 다각도로 제시한 것처럼, 수행과 수행성 이론은 단지 사회생활에서 발생하는 현상을 이해하는 데만 유용한 것이 아니다. 이는 사회연구에 대

한 사회지리학자들의 이해의 폭을 넓힘으로써 일상생활에서 발생하는 현상을 조사하고 재현할 수 있는 연구방법도 함께 제공한다. 이런 점에서, 라탐(Latham, 2003: 1993)은 "만일 사회적 행동을 수행이라고 본다면, 연구과정 그 자체를 하나의 수행으로 재설정하는 것도 중요하다"고 주장했다. 라탐의 주장은 스리프트와 듀즈버리(Thrift & Dewsbury, 2000)의 연구에 토대를 두고 인문지리학의 많은 연구가 생기 없이 죽어버린 주체를 조사한다고 역설했다. 스리프트와 듀즈버리(2000: 422)는 수행과 행위예술 연구에 주목하면서, "육체적이고 감정적인" 지리학 연구 실천을 통해 다양한 방식으로 "세상을 생기 넘치게 만드는" 것이 필요하다고 보았다.

이러한 개입적, **비재현**적 이론은 다른 분야에서도 목소리를 내면서 수행 개념을 사회연구를 위한 하나의 은유로 사용해왔다. 스리프트와 듀즈버리는 '재현'과 '실천'을 구별하면서, '행동하기(do-ing)'라는 생기 넘치고, 환원 불가능하며, **잉여**적(excessive) 경험에 초점을 두고 행위예술을 사례로 분석했다. **비재현지리학**의 목표는 "발견, 해석, 판단 및 최종해석을 기다리고 있는 의미와 가치"를 밝혀내려는 것이 아니다(Lorimer, 2005: 84). 대신, 이는 대개 연구자를 연구의 위치와 실천 속에 몰입시켜 특정 현상을 **경험**하게 함으로써, 참여과정 동안에 발생하는 것들에 연구자들이 동조하도록 만들고자 한다. 맥코맥(McCormack, 2008: 4)이 주장하는 것처럼, 이는 "경험과 실험이 사유의 필수 구성요소라고 가치 매겨온" 오랜 철학적 전통이 있다는 점에서 각별히 중요하다.

따라서 **실천**을 경험의 토대로 하여 '안정된' 정

---

* 매년 6월에 토론토에서 개최되는 종합 문화예술 축제인 루미나토(Luminato) 축제를 사례로 한 창조도시(creative city) 담론과 장소마케팅 정책의 한계를 비판한 연구이다. (지역사회예술가 단체인 라디오드레스(Radiodress)의 오디오 예술작품 상연을 둘러싼 갈등과 논쟁을 통해) 루미나토 축제 당국이 어떻게 소수집단 및 퀴어 정체성을 '시장에서 팔릴 만한 것'으로 전유하려고 하는지, 그리고 이에 대해 라디오드레스 및 관련 예술가들이 어떻게 저항, 교섭하는지를 분석했다.
** 여러 문화 간의 예술적, 미학적 상호교류(교차수정, cross-fertilization)와 문화적 혼성성 및 이질성을 강조하는 미학을 의미한다.

체성의 담론적 재생산에 저항하는 것은 전복의 잠재력을 내포한다. 나아가, 일정한 규범적 프레임이 우리의 생활경험에 영향을 끼치지만, **이와 동시에** 우리가 그 프레임을 초월, 회피할 수 있다는 인식은 전복적 잠재력을 갖고 있다. 따라서 이 연구들의 대부분에서, 참여(participation)란 '행동하기'라는 생생하고 체화적인 **잉여(excess)**에의 접근을 일컫는다. 맥코맥(2014)은 댄스(dance)가 재현의 문제를 복잡하게 만드는 핵심 위치라고 본다. 왜냐하면 댄스는 복제하는 것이 매우 어렵기 때문이다. 댄스는 (또한 그림 그리기도 마찬가지로) "차이에 대한 느낌이 우리의 사고로 기록되는 방식을 실험할 수 있는 변이(變異)의 현장(field of variation)"이다(McCormack, 2014: 11). '어떤 발생(what happens)'을 창조적 실천을 통해 드러내려는 연구실험은 사회지리학과 문화지리학 분야에서도 점차 많아지고 있고, 행동하기와 연구기록하기 간의 경계는 의도적으로 흐릿해지고 있다(Macpherson & Bleasdale, 2012; Veal, 2016 참고). 크로우의 신체, 진흙, 조수, 강기슭이 그녀의 예술 속에서 수행되고 잉여적이었던 것과 마찬가지로, 최근 수행에 관한 이론과 실천은 인간 너머로 확장되고 있다. 이에 따라 '**비인간**' 환경, 경관, 물질, 대상물, 동물의 정동역량(affective capacities)에 관한 이론과 논의가 발전했으며, 이들이 사회연구와 일상생활 모두에서 중요한 역할을 한다는 점도 인정받고 있다.

한편, **정동(情動, affect)**과 행위예술 사이의 관계에 주목하는 문화지리학 연구들이 번성하기 시작했지만, 내시(Nash, 2000)는 이에 대해 유의할 점을 짧막하게 제시했다. 내시(2000: 664)는, 수행과 실천에 대한 이러한 접근이 (앞서 언급했던) 주변화된 공동체나 개인의 공간 창출을 위한 사회적 투쟁을 편평하게 만듦으로써(일반화함으로써), '개인주의적, 보편주의적, 독립적 주체'를 추구할 위험이 있다고 우려했다. 내시는 "수행성에 대한 이론적 통찰을 구체적인 '일상적 실천'의 정치·경제·문화지리에 대한 세밀한 관찰과 결합하는" 연구를 옹호했다(Nash, 2000: 664). 최근 인문지리학 연구들은 수행을 활용하여 일상생활의 맥락적 특수성에 착목하면서도(Nash, 2000), 이와 동시에 공간 속에서 신체적 행위(doing)의 (특이하고 생생하며 살아가는) 잉여를 유지함으로써(Thrift & Dewsbury, 2000에서 재인용), [오스윈(2008)이 주장했던] 공간에 대한 '퀴어적' 접근 채택으로 야기될 수 있는 도전들과 교섭(타협)해오고 있다.

예를 들어, 카리브해계 흑인들의 댄스를 지도화(mapping)의 한 형식으로 보았던 녹솔로(Noxolo, 2015)의 연구는 바로 이 점을 달성하고 있다. 녹솔로에 따르면, 대중문화에서 흑인들의 신체는 유럽적 맥락 속에서 공간을 차지하지 못하고 부인되는 경우가 많다. 이는 식민주의와 인종차별주의라는 역사적, 제도적 형식(genres)의 영향 때문이다(13장 인종 참고). 그러나 카리브해계 흑인들의 댄스는 **지도제작(cartography)** 곧 지도화(mapping)로서의 퍼포먼스이며, 이는 곧 흑인들의 신체가 여태까지 자신들을 주변화시켜왔던 유럽의 장소들을 만들어내고 그 속에 뿌리를 내릴 권리를 갖고 있음을 선언하는 것이다. 또한, 이는 지도화의 **형식(form)**을 전복하는 것이기도 하다. 곧, 공간을 만들고, 고정하고, 소유하려는 식민주의적 형식을 내재적이고, 생생하며, 축제적인 댄스 지도제작의 형식으로 바꾼다. 댄스는 움직임(이동)이다. 그리고 그 움직임을 통해서 만들어지는 공간은 고정된 것이 아니라 살갑고, 감동적이며, 개방적이다. 이런 식으로, 댄스라는 실천은 퍼포먼스를 통한 카리브해계 흑인의 특이성(singularity)을 기록하면서도 **이와 동시에** 흑인들의 신체에 영향을 미치는 공간을 지도화하고 고정하는 수행적 과정에 대항한다. 따라서 댄스는 몸속을 파고드는 공유된 만남(shared encounter)을 촉진한다. 그렇기 때문에 댄스는 포용적이고 긍정적인 행위가 될 수 있고, 사람과 공간에 대한 식민주의적 조직화를 전복할 수 있다.

협력적 사회연구를 위한 필자의 행위예술 실험이 당연히 최초의 시도는 아니다(이와 관련하여 Box 29.1 연극 만들기 참고). 사회지리학을 포함한

사회과학에서는 행동, 포용, 감정을 강조하면서, 여러 창의적 연구방법 중 연극이라는 실천을 통해 그 참여적 잠재력을 펼치려고 해왔다(Houston & Pulido, 2002; Nagar, 2002; Pratt & Kirby, 2003; Kaptani & Yuval-Davis, 2008).

시에리와 매콜리(Cieri & McCauley, 2007)의 연구에서는 연극의 창작과 상연이 **참여행동연구**(PAR; Participatory Action Research)의 위치**이다**(3장 사회지리학 연구수행 참고). 이들의 논문에서는 배우·공동연구자들과 예술가·연구자들이 역사적으로 중요하면서도 논쟁적인 세 가지 사건[곧 1960년대 미시시피의 투표권 투쟁, 1970년대 중반 보스턴의 인종분리철폐(desegregation) 논쟁, 그리고 1969년 흑표범단(Black Panther Party)과 로스앤젤레스경찰국(LAPD)의 갈등]과 관련해서 여태껏 '말

Box 29.1

현장 속 연구

긴축에 대한 참여적 연극

필자의 연구 프로젝트는 영국에서 긴축으로 곤궁에 빠진 여성들의 모임에서 참여적 연극을 만드는 것이었다(Raynor, 2017). 이는 공간에 대한 퀴어 방법적 **접근**을 구현한 것이었다. 이 과정에서 우리는 경제적으로 주변화된 여성들을 악당, 희생자, 영웅으로 돋보이도록 만들지 않았다. 그 대신 우리는 긴축이라는 정치적, 담론적 **실천**의 효과를 '이상하게(strange)' 보이도록 만들었고, 결과적으로 이에 대해 깊이 생각해 볼 수 있었다. 우리는 연극 놀이와 연습이라는 '행위(doing)'를 공유된 경험으로 만듦으로써, 긴축에 의해 '규범성을 강제하는 권력과 통제'가 어떻게 변동하는지 그리고 여성들의 일상적 행위가 그 통제에 어떻게 대처하고 극복해나가는지를 탐구할 수 있었다. 여성들은 연극에

참여하고 이를 상연했지만, 특정 정체성의 위치로 환원되지는 않았다. (사실 이 여성들은 그렇게 환원될 수도 없었다.) 오히려 이 여성들 각자의 살가운, 생생한, 놀랄 만한 잉여야말로 핵심적인 위치였다. 우리는 '긴축의 연극화'를 목표로 했던 우리의 경험을 논문으로 발표함으로써(Raynor, 2017), 우리의 시도를 일종의 은유로 사용해서 ① 우리가 긴축에 대한 개별 여성의 일상경험을 결코 완전하게 '재현'할 수 없다는 것을 보여주었고, ② 이들에 대한 긴축의 감정적, 실제적 영향을 환기하고자 했으며, ③ (공간에 대한 접근 중 하나인) **형식**에 주목해서 여성의 일상경험을 이해, 소통함으로써 상연과 글쓰기라는 퍼포먼스의 은유를 상세히 설명했다.

하지 못했던(알려지지 않은, untold)' 이야기를 수집하기 위해 수행했던 대화 과정을 기술하고 있다. 연구자들과 커뮤니티의 행위자들은 전사본(transcripts)을 서사적 콜라주로 바꾸어 퍼포먼스 속에서 '다시 말하게(retold)' 만들었다. 이때, 특히 '고통과 슬픔, 그리고 투쟁과 승리'에 대해 '다시 말하는' 체화적 순간은 청중이 그들에 공감하는 토대로 작동했다(Cieri & McCauley, 2007: 146). 여기에서 우리는 연극이라는 실천이 특정한 이야기를 (퍼포먼스의 생동감liveliness을 통해) 이를 모르는 다른 이들의 마음속(내적, visceral)으로 어떻게 이입시키는지를 이해할 수 있다.

지리학 분야에서는 프랫과 존스턴(Pratt & Johnston, 2013)과 존스턴과 프랫(Johnston & Pratt, 2019)이 이주와 돌봄에 대한 연구에서 **포럼연극(forum theatre)** 기술을 활용했던 사례가 가장 널리 알려져 있다. 이와 마찬가지로 포럼연극에서 사람들은 당면 이슈를 다루기 위한 (연구자료에 관한) 토론 퍼포먼스에 직접 참여하고 이를 관람할 수 있다. 또한, 포럼이라는 도구는 '입법연극(legislative theatre)'(Boal, 2005/1998; Pratt & Johnston, 2007에서 재인용)을 통해 지역사회의 (정부)당국자들에게 정보를 제공하고 근린지구 계획에 대한 공공참여(Cowie, 2017)를 확대하는 데 사용될 수도 있다. 한편, 연극은 이야기를 협동적으로 만들어나가는 실천에 사용되기도 한다. 예를 들어, 프랫과 커비(Pratt & Kirby, 2003)는 간호사 노동조합의 임금투쟁에 관한 연구프로젝트의 일환으로 간호사들과 협동하여 스토리텔링 워크숍을 개최했던 작업에 대해 기술했다. 이 연구자들에 따르면, 연극은 직무수행과 관련된 실제적, 정치적 압력으로부터 '안전한 공간'을 제공함으로써 보호구를 벗어둘 수 있는 장치가 되었다. 현실과 허구 사이의 공간은 실험을 가능케 했다(Kershaw, 2000). 왜냐하면 "연극대본 중 허구적, 익살적 내용들은 역설적이게도 병원 행정당국에 대한 매우 강력하고도 구체적인 비판의 공간을 만들어냈기" 때문이다(Pratt & Kirby, 2003: 19). 우리는 이런 프로젝트를 통해서 예술적 실천을 수행함으로써 사회연구를 확산하고, 협력자들과 생동감 있고 감동적이며 살가운 방식으로 사회연구를 공동으로 창조할 수 있다.

그림 29.2 모스극장에서 상연된 〈다이하드 게이츠헤드(Diehard Gateshead)〉의 한 장면. 루스 레이노르(Ruth Raynor) 각본. (그림: Matt Jamie Photography, featuring Zoe Lambert and Jessica Johnson)

마지막으로 서두에서 언급했던 리즈 크로우의 작품을 통해서(그림 29.1 참고), 사회지리학 연구가 퍼포먼스와 행위예술을 어떻게 활용할 수 있을지에 대해 다음의 몇 가지 사항을 제시한다.

1. 우리는 크로우의 퍼포먼스를 분석함으로써 긴축에 따른 생활경험을 통찰할 수 있다. 이 분석을 통해 우리는 특정 시간(2008년 금융위기)과 장소(영국)에서의 사회생활을 알 수 있다.

2. 크로우의 개입은 수행하기 또는 '행동하기'의 의미를 인간행위자로부터 진흙, 조수, 그리고 (조각상 만들기, 불에 태우기, 650개 서사 읽기, 이동하기의 행위가 이루어진) 강기슭 등 **비인간**행위자들로 확장했다.

3. 이 퍼포먼스는 긴축과 긴축의 영향 그리고 관련 조절정책의 변동을 **퀴어화**했다. (곧, 이를 눈앞에 보이게 만듦으로써 논쟁할 수 있게 만들어냈다.) 조각상들을 불태우는 동안 일상의 서사를 발표했고, 긴축이 장애인의 몸에 미치는 불평등한 영향을 전면에 드러냈으며, 긴축에 따른 (예산) 삭감, 개혁, (복지정책) 철회에 대한 대응'하기'의 결과 얼마나 기진맥진한 상태가 되었는지를 연상시켰다.

이는 사회지리학 연구에서 수행, 수행성, 행위예술을 어떻게 분석적, 방법론적 도구로 사용할 수 있는지를 잘 보여준다.

 요약

- 사회지리학에서 수행은 사회연구와 일상생활을 이해하기 위한 은유로서 논의되어왔다.
- 수행성은 언어와 행위가 경험과 행태에 미치는 영향력을 이해하기 위한 이론으로 활용되어왔다. 수행성은 언제라도 전복되고 저항될 수 있기 때문에, 공간의 불확정성과 출현에 대해 생각하게 한다.
- 사회연구와 행위예술에서 최근의 관심은 공간을 퀴어화하는 접근에 집중되고 있다.
- 행위예술은 공간을 창조할 수 있는 역량이 있

다는 점에서 주목을 받아왔다. 이는 행동하기가 생각하기에 어떤 영향을 미치는지를 이해할 수 있는 실험으로 수행, 연구되고 있다.
- 행위예술을 분석함으로써 사회·문화생활을 통찰할 수 있다.
- 또한, 행위예술은 참여행동연구의 일환으로 발전하고 있다. 이는 사회연구를 확산하고, 공적 대화를 촉진하며, 행동으로 나아가는 수단으로 사용할 수 있다.

Gregson, N., & Rose, G. (2000) Taking Butler elsewhere: Performativities, spatialities and subjectivities. *Environment and Planning D: Society and Space,* 18(4): 433-52.

Johnston, C., & Pratt, G. (2019) *Migration in Performance: Crossing the Colonial Present.* London: Routledge.

Oswin, N. (2008) Critical geographies and the uses of sexuality: Deconstructing queer space. *Progress in Human Geography,* 32(1): 89-103.

Raynor, R. (2019) Speaking, feeling, mattering: Theatre as method and model for practice-based, collaborative research. *Progress in Human Geography,* 43(4): 691-710.

Rogers, A. (2018) Advancing the geographies of the performing arts: Intercultural aesthetics, migratory mobility and geopolitics. *Progress in Human Geography,* 42(4): 549-68.

Chapter 30 | 데이터

'데이터'를 어디에서 찾아야 할까? 이것은 사회지리학자가 접하는 중요한 문제 중 하나다. 데이터만큼 모든 사회연구 과정에 필수적인 개념은 없다. **데이터**는 모든 분야에 너무나도 보편적인 개념이고, 학문의 영역을 넘어서도 마찬가지다. 우리는 지구의 역사를 통틀어 데이터의 축적이 가장 집약적이고, 그 집약의 강도마저 점점 더 커져가는 시대에 살고 있다. 우리가 잠자리에서 깨어나기도 전에, '스마트워치'는 밤새도록 우리의 심박수를 기록하고 수면 만족도에 대한 피드백을 제공할 준비를 한다. 침대 근처의 핸드폰이 알람 메들리로 우리의 정신을 번쩍 들게 한다. 선곡은 음악 스트리밍 사이트에서 우리가 기존에 선택한 곡을 스스로 학습한 알고리즘이 알아서 제시한 것이다. '스마트 스피커'에 지시해서 불을 켜고 슬리퍼를 신은 다음 방을 나와 화장실로 향

한다. 화장실의 온도는 우리가 이미 손에 움켜쥔 핸드폰의 '스마트 온도조절장치'로 조절된다. 여기에서부터 시작해 하루 종일 핸드폰은 우리 곁에 있을 것이다. 잠이 덜 깬 상태로 치약을 칫솔에 묻히고 입속 여기저기를 대충대충 닦는다. 그러면 핸드폰 앱에서 '딩동'하는 경고음이 울린다. 왼쪽 어금니를 충분히 닦지 않았기 때문이다. 아직까지 아침도 먹지 못했는데, 우리의 신체는 이미 **빅데이터** 축적과 분석의 과정에 동원되고 있는 상태이다.

데이터는 사회지리학자에게 너무나도 중요하다. 데이터는 우리의 **앎의 방식**(way of knowing)을 **재현**한다. 데이터는 우리 주변의 세계를 이해하고 재현하는 방식과도 관련된다. 사회지리학자들은 공간상에서 사람들이 어떻게 상호작용하는지에 관심을 둔다. 사람들 간의 불평등한 관계도

중요한 사회지리적 관심사인데, 이는 상호작용적 동태(動態)의 원인인 동시에 결과다(1장 사회지리학의 번영을 위하여 참고). 데이터는 사회적 세계에 대한 우리의 경험적 발견을 통해서 산출된다. 데이터가 없다면 우리가 가진 것은 추측이나 정보기반추정(informed guesswork)에 불과하다. 우리가 수집하는 데이터의 종류, 데이터가 생산되는 방식, 데이터를 처리하고 분석하는 데 사용되는 방법은 불가피하게 특정 방식으로 세계를 재현한다(3장 사회지리학 연구수행 참고). 무엇을 포함하고 배제하느냐를 결정해야 하므로 하나의 이슈에 대해 기껏해야 일부의 면들만 부각되기 때문이다. 따라서 그러한 결정과 가정은 인간의 **주관성**(subjectivity)에 영향을 받을 수밖에 없다. 데이터를 수집하는 과정과 목적은 절대로 중립적일 수 없다는 말이다.

데이터와 데이터분석은 사회지리학의 핵심적, 근본적 관심사 중의 하나다. 이 점이 간과되고 있기는 하지만, 데이터와의 상호작용은 우리의 일상적인 삶에 체화되어 있다. 이 책은 데이터를 하나의 '이슈', 곧 하나의 연구주제로 다룬다. 왜냐하면 데이터의 생산, 축적, 저장, 처리, 판매, 분실, 분석, 제시, 사용은 당연시되고 있지만 매우 논쟁적인 과정이기 때문이다. 데이터 축적 과정의 규모, 범위, 속도가 가속화하면서, 데이터의 윤리에 관한 문제는 사회지리학의 주요 관심거리가 되었다. '사회'가 무엇인지에 대한 인식 틀과 이해방식은 데이터에 좌우되기 때문이다. 그래서 이 장에서 데이터를 하나의 '이슈'로 살피고자 한다. 데이터의 권력과 잠재력에 대한 오늘날의 이해를 보다 장기적인 역사적 맥락에 위치시킨 다음, 데이터의 미래에 대해서도 고찰할 것이다.

1. 데이터의 역사

이 장의 시작은 새로운 기술에 주목했지만, 데이터는 전혀 새로운 것이 아니다. 영국에서 가장 오래된 문서기록은 빈도란다 태블릿(Vindolanda Tablet)이다(그림 30.1). 이는 1세기에 만들어진 것으로, 하드리아누스 방벽이 축조되기 이전 시대에 로마제국 최북단 변방의 생활에 관한 흥미로운 통찰력을 제공하는 기록이다(Bowman, 1994: 13). 이러한 데이터는 과거를 이해할 수 있는 정보를 제공하기 때문에 매우 중요하다. 실제 방대한 기록물 발굴은 고대 문명화를 밝힐 수 있는 기회를 제공한다. 그러나 "이러한 새로운 유형의 방대한 증거는 단적으로 말해 전례가 없는"(Bowman, 1994: 13) 경우라서, 이를 어떻게 정확히 재현(설명)할 것인가의 문제에 직면한다. 이는 빅데이터에 대한 해석을 둘러싼 현대적 근심과 비슷하다. 무엇을 사용하고, 무엇을 빼야 하는가? 어떻게 분석하는 것이 최상일까? 물론 '오래된' 데이터와 '새로운' 빅데이터 간의 규모의 차이는 있다. 후자는 끝없이 확장 가능하고 꾸준하게 갱신된다(Kitchin, 2014: 1-2). 그러나 사회지리학자들은 역사적으로 오래된 데이터세트와 현대적 데이터세트 간 두 가지 공통점에 주목한다. 첫째는, 방대한 데이터세트를 이해하고 그 의미를 재현하는 방식의 문제다. 둘째는 수집된 자료에 어떤 **방법론**과 재현의 양식을 적용할 것인가의 문제다. 자료는 다양한 형식으로 존재하며, 주관적인 정보와 (피

그림 30.1 하드리아누스 방벽 빈도란다 요새에서 발굴된 로마시대 문서태블릿 (출처: The British Museum)

상적 수준에서 보기에는) 객관적인 정보를 모두 포함하기 때문이다. 빈도란다 태블릿의 사례로 되돌아가보자. 이는 귀중한 정보의 원천인데, 개인적인 편지에서부터 로마제국 변방의 여러 곳의 군사력에 관한 정보까지 포함한다(VTO, 2003). 이러한 종류의 정성적, 정량적 데이터는 당시에 관한 우리의 이해를 **다각화**(triangulation)* 하는 데 사용될 수 있다(Hoggart, Davies & Lees, 2002). 곧, 우리로 하여금 다양한 렌즈를 통해서 사람과 사건을 바라보게 한다. 그러나 이러한 데이터 사용은 생산적이면서 동시에 문제적일 수 있다. 왜냐

하면 데이터의 생산 기저에는 여러 가치와 가정이 깔려 있기 때문이다. 메이슨(Mason, 2006: 20)에 따르면, 이는 '대화적(dialogic)' 긴장으로 이어진다. 그녀는 기저에 깔린 가정과 기존의 의문은 항상 다른 의문을 불러오기 마련이며, 이는 긍정적인 현상이라고 보았다.

데이터 생산의 기저에 놓인 문제의식과 가정은 오랫동안 사회지리학의 논쟁거리였다. 미셸 푸코(Michel foucault)는 '**통치성**(governmentality)'이라는 강력한 개념을 통해서 지리학자들이 데이터의 역할을 생각해보게 했다. 푸코는 통치성을 "통치의 기술(art of government)"이라고 요약적으로 말했다(Gordon, 1991: 3). 곧, 통치성은 국가가 국가에 속한 **인구**의 행동을 통제하여 인구를 관리하

---

* 다각화는 질적 연구방법에서 사용되는 용어로, 어떤 현상을 조사할 때 복수의 정보원(관찰자)이나 조사방법 등을 활용하여 그 결과를 교차 검토함으로써 이해의 타당도(validity)를 높이는 방법을 지칭한다.

고자 하는 수단과 방법을 말한다. 통치성의 효과로 사람들은 본인의 행동을 **자기조절**(self-regulation)하는데, 푸코는 이를 "행위의 행위(the conduct of conduct)"라고 했다(Lemke, 2002: 50-51).

이런 방식으로 인구를 효과적으로 통제하기 위해서는 **권력**이 필요하다. 푸코의 입장에서 권력은 힘(force)인데, 이는 신체적 폭력이나 감금과 같이 위협과 실행에서 나타나는 '잔혹한' 힘만을 뜻하는 것은 아니다. 오히려 힘은 권력을 특정한 방식과 방향으로 이끌어내는 능력과 관련되어 있으며, 이 때문에 국가나 국가를 구성하는 시민들은 권력에 의해 의도된 방식으로 행동한다(Elden, 2007). 푸코는 '**권력/지식**' 개념을 통해서 권력의 행사는 '지식'과 불가분의 관계에 있다고 (사실상 지식에 완벽하게 의존한다고) 말한다(Foucault, 1980). 인구를 통제하려면, 일차적으로 인구에 대해 알아야 한다. 푸코의 국가통치술(statecraft)에 관한 역사적 연구에 따르면, 국가가 인구에 대한 지식을 확대했던 핵심 기간은 18세기 말과 19세기의 후기계몽주의 시대였다. 이는 센서스나 공간의 체계적 지도화 등 새로운 도구가 도입되었기에 가능했다(Huxley, 2007). 이 도구들은 공간에 대한 거시적, 통계적, 기하학적 이해를 추구하는 새로운 형태의 데이터를 창출했고, 공간이 어떻게 구성되어 있는지에 대한 이해도 촉진했다.

이처럼 데이터는 다른 주요 개념, 특히 '영토'와 '통계'와 같은 개념과 별개로 이해될 수 없다. 데이터는 추상적이고, 어쩌면 위험스러우며, 통제 불가능한 개체라고 할 수 있는 '인구'를 알게 하는 수단을 제공했다. 센서스라는 매커니즘을 통해서 영토적 공간 내의 인구를 이해할 수 있게 되었기 때문이다. 이런 지식 덕분에 군주나 국가는 구성원들에게 법률과 질서가 허락하는 범위 내에서 일정한 자유를 부여할 수 있었고, 이러한 제약 조건하에서 사람들은 자기 자신을 지배, **규율**하게 되었던 것이다(Elden, 2007; Foucault, 2004). 역사학자 패트릭 조이스(Patrick Joyce, 2003)는 이를 "자유의 지배(rule of freedom)"라고 지칭하면서, 급속하게 산업화하는 도시를 알고자 하는 욕망은 비단 국가에만 한정된 것이 아니었다는 점을 강조했다. 곧, 새로운 자유주의적인 시민의 문화가 출현함으로써 신흥 박애주의자들과 과학계의 일반인들도 "사회의 '법칙(law)'"을 발견하려 노력했다(Joyce, 2003). 그리고 이를 가능하게 했던 도구가 바로 **통계학**이었다.

센서스나 대규모 조사 등을 통해서 '**빅데이터**세트'가 구축되는 오늘날에도 마찬가지다. 이 데이터는 다양한 '변수'를 제공하고, 각 변수는 연령, 젠더, 고용상태, 생활만족도 등 특수한 속성 값을 가진다. 이 데이터를 분석하고자 한다면, 우선 우리는 데이터의 크기와 폭, 데이터의 분포, 그리고 얼마나 많은 사람들이 각 범주에 해당되는지를 살펴볼 것이다. 그다음으로는 내부의 관계를 이해하려고 할 것이다. 곧 변수x와 변수y는 어떤 관계가 있는가? 변수z를 고려한다면 (또는 통제한다면), x와 y의 관계는 어떻게 변할까? 데이터 분석의 기저에서 가장 중요한 원칙은 아마도 확률일 것이다. '객관적인' 과학적 사실의 창출(구성)은, 선택한 신뢰수준에서 통계모델을 통해 관찰된 변수 간 관계를 임의적이지 않게 설명할 수 있는 능력(곧 합리적으로 설명할 수 있는 능력)에 토대를 둔다.

19세기가 되자 통계라는 권력은 혼돈스러운 세계와 복잡한 사회생활에 질서를 부여하는 수단으로 부상했고, 결정론이나 숙명론 등 원시적 사상을 거부하는 수단으로 기능했다(Hacking, 1990: 1-11). 이런 점에서 볼 때, 후기계몽주의 시대 동안 통계학의 발전에는 근본 모순이 내재했다. 어떤 수준에서 볼 때, 통계학의 근본 동력은 세계에 대한 지식을 추구한다는 점에서 진보적이었다. 개인적 삶의 결과를 더 이상 개인의 고유한 결함이 야기한 필연적 결과라고 인식하지 않게 되었다. 그러나 또 다른 수준에서 볼 때, 이 시기 통계분석은 특정 인구의 지배와 우생학(eugenics)을 정당화하는 데 엄청나게 동원되었다. 특히, 고전파 경제학자 토머스 맬서스(Thomas Malthus, 1999/1798)와 우생학의 창시자 프랜시스 골턴(Francis Galton, 1889)의 연구에 그런 경향이 두드러지게 나타났다. 골턴의 분석을 촉진했던 주요 통계학적 도구는 **다중회귀분석**(multiple regression)이었는데, 이는 여러 독립변수를 사용해 하나의 결과(곧 종속변수)를 예측하는 통계모델이다. 다중회귀분석은 보다 복잡하고 다층적인 형태로 변했지만 오늘날에도 여전히 통계분석의 핵심을 차지한다. 이렇게 암울한 역사적 연관성을 고려하면, 양적 데이터와 데이터분석을 동일한 '이슈'로 인식하는 이유를 이해할 만하다(Barnes, 1998). 한편, 헤플(Hepple, 2001)은 다중회귀분석의 유래와 관련하여 이와 상이한 의견을 제시한 바 있다. 헤플은 다중회귀분석이 생물통계학과는 달리, 인문지리학에서 타당한 방법론으로 정착하는 과정에 보다 진보적인 뿌리가 있었다고 주장했다.

2. 데이터의 사회적 삶: 세계에 대한 개입

우리는 이제까지 사회지리학의 시각에서 데이터의 역사적 윤곽과 강력했던 학문의 흐름을 이해함으로써 왜 데이터를 '이슈'로 간주해야 하는지를 살펴보았다. 그러나 Box 30.1의 사례를 통해서 우리는 이 이슈를 현재의 시점으로 불러들여 **사회계급** 연구를 보다 심층적으로 생각해보고자 한다. 앞서 논의한 바와 같이 데이터 자체도 본질적으로 논란거리이지만, 데이터를 사회계급처럼 민감하고 주관적인 연구주제와 관련시키면 그 문제는 한층 더 복잡해진다(15장 계급 참고). Box 30.1은 최근 BBC에서 '영국계층조사(GBCS; Great British Class Survey)'란 명목으로 수행된 사회계급 조사를 다루고 있는데(BBC News, 2013; Jones, 2013), 이 사례는 데이터의 권력과 함의를 집중적으로 성찰하면서 데이터 자체에 사회적 생명력과 세계에 개입할 수 있는 잠재력이 있다는 측면을 조명한다(Beer & Burrows, 2013).

이 조사결과가 게시되자마자 학계와 일반 대중으로부터 엄청난 반응이 쏟아져 나왔다. 소셜미디어와 디지털 기술의 출현으로 사람들은 조사결과에 즉각적, 직접적으로 반응했지만, 진입장벽이 높고, 전통적이며, 오랜 시간이 소요되어 확산이 느린 학술연구는 뒤로 밀려났다. **사회자본**과 **문화자본**에 대한 '영국계층조사'의 특이한 초점은 그림 30.2와 같은 데이터 수집 과정에 대한 위트 넘치는 패러디를 낳았다. 이런 반응은 유쾌하면서도 이 장에서 다루는 핵심 시사점 하나를 강조하는데, 이는 다름 아니라 이 조사에 녹아 있는 패러디에 웃을 수 있으려면 사람들이 추구하는 일상적

Box 30.1

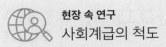

현장 속 연구
사회계급의 척도

'영국계층조사'는 영국에서 사회계급이 현재 시점에서 얼마나 적절하고 중요한지를 가늠해보려는 목적에서 기획되었다. '노동자, 중산층, 상류층'의 전통적인 삼분법적 **계급**구조는, 탈산업화부터 (계급은 인종과 젠더에 따라 다르게 경험된다고 보는) 교차적 접근의 부상에 이르는 사회적, 경제적, 문화적 변동으로 인해 달라지고 있다(Bottero, 2005). 전적으로 직업구조에 의존하던 계급 분류는 계급이 경제로부터 **문화**로 옮겨가는 경향을 반영하지 못한다(Ray & Sayer, 1999). '영국계층조사'가 상정한 사회계급 개념은 프랑스 사회학자 피에르 부르디외(Pierre Bourdieu)의 저명한 업적인 『구별짓기』에서 차용한 것이다. 부르디외는 계급 형성을 상이한 '자본들', 곧 '**사회**'자본, '**문화**'자본 및 '**경제**'자본의 산물이라고 말한다.* 그에 따르면, 계급은 교육적 성취, 사회네트워크, 문화생활, (보다 정통적인) 금융자본의 축적 등 여러 요인들의 복잡한 상호작용으로 형성된다.

* 자세한 내용은 다음 문헌을 참고할 것. 박경환 외 역 (2011), 『경제지리학개론』, MacKinnon, D., Cumbers, Andrew. (2018), An Introduction to Economic Geography: Globalisation, Uneven Development and Place, 사회평론아카데미, 240-241.

BBC는 홈페이지를 통해 일반 대중이 참여할 수 있는 온라인 조사를 실시하여 광범위한 질문에 대한 응답을 구했다. 질문은 세 가지 자본에 대한 것이었고, 추가적으로 응답자의 연령, 젠더, 민족을 조사했다. 2011년부터 2013년까지 무려 16만 명의 사람들이 조사에 참여했다. 그러나 수집된 데이터는 영국 사회 전체를 대표하지 못하고 청년층과 대체로 부유층을 중심으로 편향되었다. 그래서 1,000명 남짓의 대표표본(representative sample)을 기초로 하는 보다 작은 규모의 조사용역을 의뢰하기도 했었다(Devine & Snee, 2015).

이 데이터에 대한 분석 결과 사회계급의 '새로운 모델'이 발견되었는데, 이는 전통적인 노동자, 중산층, 상류층이라는 분류체계를 급진적으로 개선한 것이었다. 구체적으로, '프레카리아트(불안계급)'로부터 신흥 서비스노동자, 전통 노동계급, 신흥 부유층 노동자, 기술적 중간계급, 확고한 중간계급 그리고 '엘리트'에 이르는 일곱 개로 구성된 복잡한 계급구조를 확인했다. 각각은 독특한 수준의 사회자본, 경제자본, 문화자본을 가지고 있었으며, 명백하게 낮거나 높은 집단을 제외하고는 어떠한 척도에 대해서도 상·하위 계층구조가 단순명쾌하게 나타나지는 않았다(Savage et al., 2013).

소비와 라이프스타일의 선택과 연관된 사회·문화적 가치를 이해하고 있어야 한다는 점이다. 그러한 차이를 알고 탐색하는 능력이 바로 부르디외(Bourdieu)가 지칭한 '**구별짓기**(distinction)'의 형태를 창출한다.

이와 같은 데이터와 해석방식에 대해 다양한 학문적 비평과 논쟁이 일어났다. 일부에서는 데이터의 품질 문제나, 새로운 미디어를 통해 참가한 불특정 대중의 문제에 초점을 두었다(C. Mills, 2014). 그러나 이런 반응은 고용이나 부의 관점을 넘어서 계급을 고려하려는 능력이나 의지가 없음을 드러낸 것이기도 했다(Dorling, 2013). 더 나아가 일부 비평가들은 이 데이터가 어떤 함의를 지니는지, 그리고 이와 연관된 분석 틀은 무엇인지에 대해 비판하기도 했다. 곧, 만약 계급이 직업이나 부 그 이상에 관한 것이라면, 계급이란 계급적

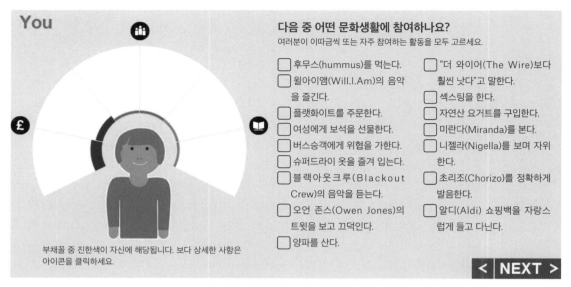

그림 30.2 '영국계층조사'에 대한 온라인 패러디 사례
(출처: @NewsManc, https://www.thepoke.co.uk/2013/04/04/the-best-of-the-bbc-class-calculator-spoofs/)

위치들을 나열하는 것 이상의 문제이자 이런 위치들 간 관계의 문제라는 것이다(Bradley, 2014). 뿐만 아니라 이런 데이터에 대한 정의가 세상에 공개된다고 한다면, 이는 과연 어떠한 윤리적, 정치적 함의를 가지게 될까(Tyler, 2015)? 이는 연구팀이 다루어야 하는 심오한 윤리적 딜레마이다. 문화자본과 같은 새로운 척도로 사람들의 순위를 매기는 데이터를 사용하면, 불평등한 세계의 보이지 않던 현실을 보다 잘 성찰할 수 있을까? 아니면, 그러한 구분의 현실을 구성하고 강화하는 데 일조하는 것은 아닐까(Savage et al., 2015)? 수수께끼 같은 이런 질문에 완벽한 정답이란 있을 수 없다. '영국계층조사'의 실험은 사회과학을 대학의 상아탑 밖으로 전파하려는 의지를 강조했지만(Savage & Burrows, 2007), 동시에 그러한 노력에 수반되는 지극히 현실적인 난관이 무엇인지도 드러냈다.

3. 데이터의 미래

데이터는 국가에게 인구에 관한 '앎'의 권력을 부여하여 인구에 권력을 행사하게 하는데, 이는 부분적으로는 인구를 상이한 집단들로 **범주화**(categorization)하는 능력을 통해서 실행된다. 범주화는 '정치적' 행위이다. 왜냐하면 범주화는 특정 정체성을 중심으로 공동체를 정의하고 창조하는 잠재력이 있기 때문이다(Hannah, 2001). 여기에는 긍정적인 면도 존재한다. 왜냐하면 계급, 젠더, 민족 등의 범주는 **권한신장(임파워먼트)**의 도구로 이용할 수 있고, 각 범주를 바탕으로 한 데이터는 불평등한 시스템을 입증하는 증거를 제공할 수 있기 때문이다. 그러나 범주화는 분열을 초래하고 반목하는 상이한 정체성 집단 간의 경쟁을 자극하기도 한다. 이와 관련해서 북아일랜드의 사례는 너무도 잘 알려져 있다(Anderson &

Shuttleworth, 1998). 북아일랜드에서는 20세기 후반 내내 가톨릭·민족주의자, 프로테스탄트·통합주의자, 그리고 국가의 공권력 간의 경쟁과 반목으로 정치적 폭력이 지속되었다. 이런 상황에서 학계와 일반 대중은 **센서스**에 주목하곤 했는데, 왜냐하면 이는 특정 집단이 (특히 가톨릭 소수집단이) 다른 집단을 잠식하거나 '이종교배(외래교배, outbreeding)' 하고 있다는 두려움을 일으키기 때문이었다. 센서스와 센서스의 해석 방법은 민족집단 간의 사회적 분열을 고착시키기도 했다.

인종과 인종차별주의에 대한 마르크스주의 분석에 따르면, 다양한 집단을 염두에 두고 데이터를 찾아 수집하는 행위와 과정은 '인종화된' 집단을 범주화하는 (실제로는 차이점보다 공통점이 많음에도 불구하고) '허위의식(false consciousness)'을 더욱 조장하기 위해서 고안되었다(Miles, 1989; Carter & Virdee, 2008). 우리가 데이터 수집에 관여하는 국가의 역할에 대해 수용적 입장을 취하든 아니면 이를 회의적인 시각으로 바라보든 간에, 한 가지 분명한 사실은 데이터가 수집되는 순간부터 데이터는 시간에 뒤쳐진 것이 된다는 점이다. 데이터의 정제(精製), 분석, 공개 과정에서 시간은 더 소요되고, 그러면 그럴수록 데이터는 더더욱 낡은 것이 되어버린다. 데이터에 대해 우리가 감을 잡고 이해하려는 순간, 그것은 언제나 과거를 회상하는 것과 마찬가지다. 이런 상황은 '빅데이터'의 출현으로 일부 변하고 있다. 빅데이터를 생산하는 새로운 형식과 기술은 센서스처럼 대규모의 정태적 조사에 의존하거나 그에 국한되지 않는다. 정태적 조사는 특정 시점을 포착하는 스냅사진이지만, 빅데이터는 꾸준한 축적을 통해 새로운 무엇인가를 생성하는 과정이다(Kitchin, 2013). 이런 생각이 매혹적으로 비칠 수는 있겠지만, 우리가 데이터를 생각하는 방식에 엄청난 도전을 야기하는 것이다. 이에 대해 세 가지 문제를 논하며 이 장을 마무리하고자 한다.

첫째, 꾸준하게 업데이트되는 엄청나게 다양한 형태의 데이터세트가 말 그대로 홍수처럼 쏟아진다. 구조화된 데이터도 있지만 (소셜미디어처럼) 그렇지 못한 것도 있고, 집단보다는 개인에 초점이 맞추어져 있다. 이를 두고 어떤 사람들은 더 이상 (회귀분석모델과 같은) 통계학적 모델이나 거대 이론에 기초해 생각할 필요가 없어졌다고 주장한다. 모든 사람들이 데이터의 일부를 차지하기 때문에, 데이터의 일반화가 더 이상 필요하지 않기 때문이다(Anderson, 2008). 이는 사회지리학에 큰 도전이다. 왜냐하면 사회지리학은 사람들이 공간에서 서로 어떻게 관계되어 상호작용하는지에 관심을 가져왔기 때문이다. 오랜 세기에 걸쳐 발전하고 여러 학문세대를 거쳐 축적된 이론과 모델은 사회지리학자들이 데이터를 해석하는 지침과 수단의 역할을 했다. 이런 점에서 빅데이터가 지닌 규모의 매력에 빠져 그러한 전통을 무시하는 것은 위험해 보인다. 빅데이터의 경험적 가능성과 지속되는 개념적 가치 간의 균형과 조화를 이루기 위하여, 아마도 데이터를 이론화하는 새로운 방법이 출현할 것으로 보인다(Kitchin, 2014: 5-7).

두 번째로, 데이터는 우리 자신으로부터 분리된 인간 이외의 것으로 여겨졌지만, 우리는 점점 더 인간과 **비인간**의 상호얽힘의 관계에 대해 생각하도록 촉구되고 있다. 서론에서 언급했던 이야기는 그러한 변화가 이미 일상 수준에서 나타나고 있음을 보여준다. 그러나 사람들은 그 이전부터 인간 주체, 기술, 데이터 간의 관계를 새롭게 개념화하려고 노력해왔다. 이 분야에서 가장 영향력 있는 인물 중 한 명은 캐서린 헤일즈(Katherine Hayles, 1999)이다. 헤일즈는 '포스트인간(posthuman)'의 조건이라는 용어를 제안하면서 그러한 관계를 오랫동안 탐구해왔다. 그녀는 포스트인간의 조건이 물질성보다 (데이터와 같은) 정보를 우선시하는데, 왜냐하면 "신체적 존재와 컴퓨터 시뮬레이션 간의 … 현실적 차이는 없다"고 보기 때문이다(Hayles, 1999: 2-3). 헤일즈는 우리의 일상생활과 '지능기계'가 얽히면 우리의 행동뿐 아니라 생각하는 방식도 변한다고 본다. 그녀의 입장에서 '기술창조(technogenesis)'는 좋은 것이냐 나쁜 것이냐의 문제가 아니라, 단지 급진적인 기술 변화의 물결이 인간의 의미에 (보다 정확하게는 포스트인간의 의미에) 미치는 영향일 따름이다(Hayles, 2012: 81).

마지막으로 인공지능과 알고리즘의 역할도 사회지리학에 중대한 도전을 안겨준다. 과거의 데이터 분석이 확률(probability)이었다면, 미래에는 가능성의 예측(prediction of possibility)이 중요해질 것이다(Amoore, 2013). 인공지능은 머신러닝의 한 형태로, 컴퓨터가 데이터를 받아들여 분석한 후 자신의 행동이나 제안을 그에 적합하게 만드는 과정이다. 이는 미래에 보다 효과적인 해결책을 제공하기 위해 필요하다고 여겨진다. 많은 대학생들에게 적합한 사례로 표절검사 소프트웨어인 턴잇인(Turnitin)을 생각해볼 수 있다. 턴잇인은 오늘날 고등교육에서 수많은 수업과제를 검사하는 데 사용되는 상품이다. 민간기업 턴잇인은 학생들이 제출한 과제를 자사 데이터베이스 및 인터넷 자료와 대조해 검사하고 유사도점수를 제공한다. 이를 통해 대학에서는 표절 여부를 평가한다. 세계 각국의 학생들이 새롭게 제출하는 과제들이 축적되므로 턴잇인의 데이터베이스는 늘 갱신 중에 있다. 그리고 이는 기업의 소유가 되어 성공적인 비즈니스 모델의 기초를 형성한다(Korn, 2019).

알고리즘은 데이터를 분석하고 특정한 방식으로 포착, 분류하는 규칙들의 집합을 말한다. 알고리즘은 표절과 같은 이슈를 다루는 데 훌륭한 수단이다. 왜냐하면 표절이라는 어려운 문제를 사람의 손에 맡기지 않고 의견이나 다른 속셈을 품지 않는 기계에 떠넘겨 결정하도록 만들기 때문이다. 그러나 알고리즘이 자신을 창출한 사회세계에서 분리된 채로 작동하는 것은 아니다. 데이터를 늘리고 기계가 읽도록 할 수는 있겠지만, 이런 차원을 넘어 무엇이 중요하고 그렇지 않은지 그리고 어떠한 분석렌즈를 적용할 것인지에 대한 결정을 내려야만 한다(Hildebrandt, 2013: 6). 데이터를 생산하는 알고리즘은 이론이나 사회적 영향과 무관하게 작동하지 않는다. 그리고 데이터는 "자기 스스로 말하지" 못한다(Kitchin, 2014: 5). 사회지리학자들은 사회문제를 해결하는 알고리즘의 힘에도 관심을 가져야 하지만(BBC News, 2013), 이와 더불어 새로운 형태의 불평등을 창출하거나 재생산하는 알고리즘의 권력에 대해서도 주목해야 한다(Noble, 2018).

요약

- 데이터는 사회지리학의 중심이다. 데이터는 세계를 알고 그 앎을 재현하는 수단이다. 공간상에서 나타나는 사람들의 불평등한 관계도 데이터를 통해서 파악한다. 데이터는 데이터의 분석방법과 분리해서 생각하면 안 된다.
- 데이터는 '관념(idea)'인 동시에 '사물(things)'이다. 사회지리학자들은 데이터가 어떻게 시간에 따라 변화했는지, 그리고 데이터가 어떻게 권력이나 영토의 관념과 연관되어왔는지를 비판적으로 사고한다. 데이터는 역사적 경험과 정치적 요구로 형성되어왔다.
- 데이터는 사회적 생명체이다. 데이터를 생산해서 분석하면 데이터는 의미를 갖게 되며, 이는 동의를 이끌기도 하고 반대에 부딪히기도 한다. 데이터의 분석과 해석은 그 자체로 끝나는 일이 아니다. 데이터의 재현방식과 그 함의는 반향을 일으키고 예상치 못한 결과를 낳기도 한다.
- 새롭게 등장한 빅데이터는 사회지리학 연구에 상당한 잠재력을 제공하면서도 진지한 질문들을 일으키고 있다. 미래에 연구는 어떻게 수행해야 하는지, 이것이 기존의 경험적, 개념적 지식과 어떤 관계를 맺을지의 문제는 근본적인 도전이 되고 있다. 기술의 일상적 사용이 인간 존재에 미치는 영향도 또 다른 도전이다. 일부 이론가들은 우리가 '포스트인간' 시대에 살고 있다고 말한다. 마지막으로, 인공지능과 알고리즘의 출현은 사회적 진보의 큰 잠재력을 제공하지만, 디지털 시대에 새로운 형태의 불평등을 생산하고 강화하는 수단이 될 수도 있다.

더 읽을거리

Beer, D., & Burrows, R. (2013) Popular culture, digital archives and the new social life of data. *Theory, Culture and Society,* 30(4): 47-74.

Elden, S. (2007) Governmentality, calculation, territory. *Environment and Planning D: Society and Space,* 25: 562-80.

Kitchin, R. (2014) Big data, new epistemologies and paradigm shifts. *Big Data & Society,* 1(1): 1-12.

Noble, S. U. (2018) *Algorithms of Oppression.* New York: New York University Press.

IBM이 개인용컴퓨터(PC)를 처음 출시한 것은 1982년의 일이었다. 1985년에는 닌텐도가 그 뒤를 따랐다. 1986년에는 이메일 전송 소프트웨어인 리스트서브(Listserv)가 도입되었고, GPS(위성항법시스템, Global Positioning System)는 1989년부터 지구 주위를 돌기 시작했다. 1990년은 마이크로소프트의 창립 연도이고, 같은 해 월드와이드웹(World Wide Web)이 시작되었다. 1992년 무렵 문자 메시지가 일상화되었다. 1998년부터 사람들은 '구글링'을 시작했다. 페이스북(2004년), 유튜브(2005년), 트위터(2006년), 인스타그램(2010년)은 2000년대를 지배하고 있다. 애플의 아이폰은 2007년 출시되었고, 웨어러블(wearable) 기기 업체 핏빗(FitBit)은 2009년부터 제품을 판매했으며, 2014년에 이르러 '태블릿'의 판매량은 데스크톱컴퓨터를 추월했다. 2018년 무렵까지 아마존의

음성인식 인공지능인 알렉사(Alexa)가 수천 가정에 설치되었고 그 해 8월 애플은 시가총액 1조 달러를 달성한 최초의 기업이 되었다. 이와 같은 일련의 획기적 사건들은 지난 30년 동안 신체, 직장(일터), 가정의 스케일에서 발생했던 **기술** 변동의 스냅사진과 같다.

디지털 변동은 아주 오랫동안 지리학의 관심사였다. 이런 맥락에서 최근에 유행하는 (노트북컴퓨터, GPS, 스마트폰 등) 하드웨어와 (통계 프로그램, 데이터베이스, GIS 등) 소프트웨어는 지리학에서 필수불가결한 것이 되었다. 불과 몇 십 년 전만 하더라도 데이터의 생산, 처리, 분석은 지리학의 인식 밖에 있었다(Rose, 2016a). 다양한 기술들이 노동, 여행, 소비를 비롯한 일상생활의 여러 부분에서 루틴화되면서 경제적 관계, 장소 거버넌스, 지도화 등 여러 공간 현상에도 영향을 주었다. 1990

년대 이후 출생한 사람들은 이러한 변화를 아마도 '노멀(normal)'한 것으로 여길 것이다. 디지털지리학자들은 공간적 관점에서 그러한 변화들을 이해하기 위해 연구한다.

'디지털지리'란 표현은 2000년대 중반까지만 하더라도 사회지리학에서 쓰지 않았던 용어다 (Zook et al., 2004). 이 전환이 있기까지, 디지털지리는 커뮤니케이션 연구, 컴퓨팅, 문화이론, 미디어학, 사회학 등에서만 쓰이던 용어였다(Berg, 2012). 이 장에서 우리는 애시 등(Ash, Kitchin & Leszczynski, 2018)의 논의를 받아들여, '디지털'을 독립된 하나의 분야로 간주하기보다는 이를 연구하는 여러 분과학문을 아우르는 접근과 방법론의 총체로 상정한다. 키친 등(Kitchin, Lauriault & Wilson, 2017)은, 신문이나 잡지처럼 한때 '아날로그'였던 미디어가 디지털화되면서, 지리를 하는 방식(연구의 '실천')과 연구주제(연구의 '대상')가 변하고 있기 때문에 이를 아우를 수 있는 보다 광범위한 정의가 중요하다고 주장한다(DeLyser & Sui, 2013). 디지털은 단순한 소프트웨어 이상

이며, 사회-기술적 생산품, 인공물(artefacts), 질서화(orderings) 뿐만 아니라 기술의 발전과 인간의 수용을 촉진하고 지탱하는 담론까지도 포괄한다. 지리학자들은 '사이버플레이스(cyberplace)', '디지플레이스(digiplace)', '네오지리(neogeography)', '코드/공간(code/space)'에 대한 연구를 통해 디지털지리를 소프트웨어, 데이터, 사람, 장소가 혼합된 것으로서 이론화하고 있다(Kitchin & Dodge, 2011). 이 장에서는 유래를 찾는 것을 시작으로 이 분야의 기초를 소개한다.

1. '디지털' 연구의 동향

사회지리학에서 기술, 사람, 장소의 상호관계에 대한 관심 증대를 자극하는 요인은 세 가지로 요약된다. 첫째, Box 31.1처럼 인터넷을 무장소적, 무공간적인 것으로 여기는 아이디어에 대한 비판이 있다. 지리학자들은 이러한 비판적 연구를 통해 온/오프라인의 단순한 이분법에 도전하고, 신체

측면보다는 현실적이고 안정적인 속성에 주목해서 사이버공간과 지리적 공간의 공존을 강조했다. 가상지리학은 (가상/현실, 인간/기계, 온라인/오프라인 등) 단순화된 이분법을 불식시키고 양자의 불균등한 권력관계에 도전했다. 곧, 온라인 공간과 오프라인 공간은 단순히 중첩되는 것이 아니라 서로 소통하는 것으로 이해했으며, 특히 페미니스트 관점에서 사이보그의 정체성을 이론화하는 데 기여했다(Haraway, 2007). 오늘날 여전히 사이버공간의 지리학과 가상지리학 모두는 중요

하지만, 기술적 레퍼토리는 변화했다. 사람들이 인스타그램, 페이스북, 트위터 등 웹2.0을 구체화하는 플랫폼을 가까운 이들과의 교류에 사용함에 따라 기존의 사고방식은 퇴색하고 있다. '웹2.0'이란 표현은 2000년대 중반에 등장했는데, 이는 공공영역에서의 개인정보 노출의 일반화, 지식의 민주화와 '생산적 소비(pro-sumption)'의 수사(修辭), 온라인콘텐츠에서 생산자/소비자의 이분법 퇴색 등 인터넷의 2차적 변화를 통칭한다(Fuchs, 2011).

가 '보는' 대상에 주목하는 편협한 시각중심적 관심을 넘어서고자 했다(Crang, Crang & May, 1999). 둘째, 기술 '내부'의 사건에 과도하게 집중하는 지리학은 다양한 사용자들이 기술에 참여하며 무엇을 '느끼는지'를 제대로 이해하지 못한다는 성찰이 있었다(Parr, 2002). 셋째, 사람들이 다양한 기술을 사용함으로써 만들어내는 공간들을 이해하기 위해서, 신체, 감정, 장치, 위치 간의 쌍방향적 연계에 주목하는 이론적, 방법론적 접근이 필요하다는 공감대가 형성되었다(Kinsley, 2013).

'코드/공간'의 개념은, 다양한 소프트웨어('코드')와 하드웨어('장치')가 어떻게 공간에 대한 인식, 이해, 경험에 영향을 끼쳐 신체활동을 특정 상황에 맞게 (재)조정하는지를 설명하기 위해 등장했다(Harvard, 2013). 이런 초점이 항상 섬세하게 드러나지는 않았다. 1960년대 **계량혁명**은 통계분석을 지원하는 컴퓨터의 사용을 디딤돌 삼아 이루어졌다. 이는 시간이 흐름에 따라 보다 복잡한 공간 모델링, **지리정보시스템(GIS)**, 원격탐사기술로 발전해 갔다(Sui, 2013). 이러한 변화는 1970년대부터 **마르크스주의**와 **인본주의** 지리학자들의 비

판 대상이었고, 1980년대 **문화적 전환**을 거치며 비판은 더욱 심화되었다(1장 사회지리학의 번영을 위하여 참고). 이 중 가장 날카로운 주장은 브라이언 할리(Brian Harley, 1989)의 비평이다. 할리에 따르면, 지도는 절대로 객관적인 '영토' 구분이 아니라 사람들이 창조한 것이다. 곧, 지도는 지도를 제작한 사람들이 세상을 어떻게 이해하는지, 그리고 (보다 중요하게는) 그들이 어떻게 세상이 이해되기를 원하는지에 기초해 만들어진다.

페미니스트 지리학자들은 공간에 대한 '객관적' 설명에 도전했다. 이는 **비판 GIS**의 발전으로 이어졌고, 컴퓨터 기술을 반헤게모니적 지리학을 위해 전용하려는 시도로 이어졌다. 이런 연구에서는 공간의 질서를 시각적으로 보여주는(illustrate) 기술이 누가, 누구를 위해, **누구의** 지식을 만드는 데 사용되는지에 주목한다(Haraway, 1988). 이런 문제제기는 '빅데이터'에 관한 논의에서도 또 다시 등장했다(30장 데이터 및 Box 31.2 참고). 디지털 자료들은 결정론적 지식보다 상황적, 성찰적, 비남성우월적, 감정적 지식의 생산에 이용되고 있다. 가령, **참여적 GIS**는 여성, 소수민족, LGBTQ와 같이

Box 31.2

현장 속 연구
안타레스로 사건을 지도화하기

빅데이터는 컴퓨터의 도움을 받아 전대미문의 규모, 속도, 다양성, 해상도로 수집, 분석되고 있다(Kitchin, 2014). 지리학자들은 이 학제적 분야의 부상을 심각한 도전으로 받아들이기도 하지만, 기존의 문제를 새로운 관점이나 방법으로 탐구하는 접근으로 받아들이기도 한다(Leurs, 2017). 가령, 초하니와 파노조(Chohaney and Panozzo, 2018)는 2015년 8월에 익명의 해커그룹 더임팩트팀(the Impact Team)이 애슐리매디슨(Ashley Madison) 웹사이트를 '해킹했던' 데이터를 사용해 불륜의 공간 패턴을 설명했다. (이들은 해커그룹에 의해 신상정보가 공개된 사람들을 향한 대중의 모욕행위를 비판하기도 했다.) 한편, 공 등(Gong, Hassink & Maus, 2017)은 2016년에 온·오프라인 세계를 혼합하여 개발된 스마트폰 게임 포켓몬고(Pokémon Go)의 데이터로 증강현실(AR; Augmented Reality)의 지리를 논의한 바 있다. 위의 연구자들은 빅데이터가 어떻게 공간적 이해에 새로운 지평을 제시하는지 보여준다. 이처럼 빅데이터 덕분에 예전에는 발견하지 못했던 패턴이 탐색 가능해졌고, 과거의 문제가 새로운 접근방식으로 탐구되고 있다.

메인스 등(Mearns et al., 2014)은 컴퓨터 과학자, 수학자, 지리학자의 학제적 협력을 통해 빅데이터 연구를 도시과정과 섹슈얼리티의 지리에 관한 연구로 확장하려는 노력을 소개하면서, 데이터 집약적 지리학 **하기(doing)**의 어려움을 설명하며 위와 비슷한 주장을 펼쳤다. 이들은 (지리)소셜미디어에서 추출된 빅데이터를 사회연구에 활용하는 것도 적합하다고 보고, 뉴캐슬의 웨스트엔드 근린을 사례로 트위터 데이터를 수집하여 시먼즈(Simmons, 2016)의 분석 소프트웨어인 안타레스(Antares)를 사용해 연구하였다. 이 예비연구는 정책결정자들이 대규모 소셜미디어 데이터를 이용해 '목소리'가 잘 들리지 않는 지역을 파악할 수 있는 방법을 마련하려는 것이었다. 이를 토대로 수행된 대형 프로젝트에서는 안타레스를 이용해 '국제 성소수자혐오 반대의 날(IDAHOBIT)'에 대한 온라인 반응을 검토했다.

그 결과 글로벌 스케일에서 IDAHOBIT과 관련된 대규모 데이터세트가 마련되었는데, 바로 이 지점에서 학술연구에서의 소셜미디어 데이터 분석과 관련된 (곧, 광범위한 차원에서의 데이터 생산 및 확산과 관련된) 인식론적, 방법론적, 도덕적 문제가 분명하게 드러났다. 한편으로 〈그림 31.1〉에 나타나는 것처럼, 연구팀은 젠더와 섹슈얼리티의 다양성과 관련된 생각과 상상의 흐름을 모든 국가에서 포착할 수 있었고, 이는 후속적으로 대면접촉 기반의 연구, 협력 및 지원 활동에 접근할 수 있는 새로운 수단을 제공했다. 그러나 연구팀은 트위터 데이터에서 동성애혐오, 트랜스젠더혐오, 인종차별주의, 여성혐오의 콘텐츠들이 있음을 발견했다. 다른 사람들의 섹슈얼리티를 고의로 또는 자신도 모르게 '아웃팅'해버리는 사람도 있었다. 특히나 놀라운 사실은, 언론이 트위터의 글을 마치 '대표적인' 의견인 것처럼 제시하거나 해석하는 경우도 많았다는 점이다. 이 장에서 이미 밝혔듯이, 이런 데이터는 절대 인구 전체가 아니라 부분적인 의견임에도 불구하고 말이다.

같은 맥락에서, 그레이엄 등(Graham, Stephen & Hale, 2015)도 빅데이터 '섀도'*가 광고주에게 유익하다고 간주되는 사람들의 정보를 우선시한다고 지적했다. 극단적으로 보자면 이는 정보의 공간적 토대에서 글로벌남부와 글로벌북부 간의 양극화를 초래한다. [이는 경제적 측면에서의 핵심부(중심부)-주변부 관계를 반

* 데이터 섀도(data shadow)는 개인이 온라인에서 일상적으로 활동하며 흘리거나 남긴 흔적들(작은 정보들)을 총칭하는 용어로서, 이메일을 보내고, 소셜미디어 프로필을 업데이트하고, 신용카드를 사용하고, ATM을 사용함으로써 발생하는 데이터이다. 최근 데이터 섀도는 이를 악의적으로 접근, 이용하는 사람이나 조직이 늘어남에 따라 심각한 문제가 되고 있다.

영하고 재생산하는 것이다.] 예를 들자면 위키(Wiki) 문서에는 사람이 거주하지 않는 남극대륙에 대한 내용이 아프리카보다 훨씬 많다(Shelton, 2017). 이러한 불균등한 지리의 모습이 관찰된 것은 불과 얼마 지나지 않았다. 연구자들은 디지털 불균등이 평준화되지 못하고 심화되고 있음을 지적한다. 그리고 디지털로 매개된 지식이 누구에 의해, 누구의 이익에 따라 어떻게 생산되는지에 관한 의문을 제기한다. 결과적으로, 이러한 지식서비스를 추구하는 경향은 (정치나 정책적 의사결정에서와 마찬가지로) 취약집단을 정치담론에서 배제하고 그들의 권력을 (더욱) 약화시킬 수 있다.

디지털 격차의 피해를 입은 집단의 권리신장을 위해 사용되고 있다(Siebler, 2006).

2. 공간과 장소

기술의 진보와 함께 신체와 스크린의 연결이 중요한 탐구문제가 되면서, 공간과 장소의 이해에도 도움을 주고 있다. 워프(Wharf, 2018)는 디지털 환경이 세계 곳곳의 타인들을 상상하는 데 영향을 미친다고 보았다. 이런 논의에서 소셜미디어의 비중이 지배적이지만, 연구자들은 다른 기술의 영향도 검토한다. 가령, 로즈(Rose, 2016b)는 '스마트 시티' 관리시스템이 시장주도형 장소 거버넌스 정치에 뿌리를 둔 남성우월주의적 프로젝트에 기여한다고 주장하면서 이 시스템의 확산을 비판했다.

1990년대 이후부터 연구자들은 디지털이 어떻게 공간관계를 증강시키는지 검토하고 있다. 초창기 연구는 인터넷이 어떻게 경제, 문화, 사회, 정치의 지리를 변화시키는지에 초점을 두었다. 일부 연구는 결정론적 입장에서 네트워크화된 기술을 거리의 '평준화(flattening)'로 간주하면서, 즉각적 정보전달이 가능한 시대에 지리의 적실성은 약화될 것이라고 생각했다. 다른 사람들은 디지털 기술이 **시공간 압축**에 기여하는 점을 강조하면서 지리는 여전히 중요하다고 주장했다. 디지털 서비스는 주변의 사람을 만나거나 혼성적(hybrid) 문화생산에 기여하는 데 사용될 것이라고 보았기 때문이다. 실제로 오늘날 '로컬화된' 팟캐스트 커뮤니티는 도달범위가 글로벌하다.

정치경제학 입장에서 볼 때, '새로운' 정보경제가 고용의 공간적 토대를 바꾸어놓고 있다는 점은 분명해졌다. 이는 상당 규모의 지역 재구조화와 탈산업시대의 경관 창출을 통해서 확인되었다. 지리학자들은 정보집약적 기업들의 집적으로 도시 간 계층구조가 (의사결정이나 부의 축적과 마찬가지로) 더욱 강화되는 현상에도 주목했고, 도시가 투자에 '얽힘'에 따라 기존의 업무지구가 임대료나 노동비가 낮은 도시 주변부나 해외로 밀려나는 현상에도 관심을 두었다(Breathnach, 2000). 또한, 공간의 사유화(민영화)가 지배적인 신자유주의 도시에서는 디지털 시스템에 기반을 둔 실시간 거버넌스가 작동한다는 점도 중요하다. 이처럼 공공재보다 '외형'에 치중하는 신자유주의 도시는 불균등 발전과 인프라의 파편화로 점철된 **파편적 어바니즘(splintering urbanism)**'을 야기하고 있다(Graham and Marvi, 2001).

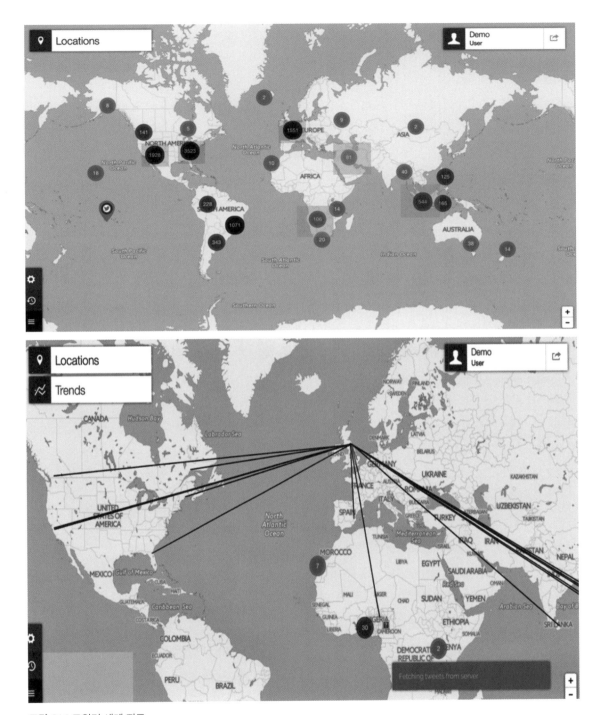

그림 31.1 트위터 세계 지도

(출처: 안타레스 데이터 시각화 소프트웨어를 사용한 분석; Simmonds 2016, Box 31.2 참고)

3. 디지털 격차

디지털 격차(digital divide)는 인터넷의 지리에 관한 초창기 연구에서 생겨난 개념이다. 지리학자들은 디지털 격차 개념을 통해 인터넷 접근성과 이와 관련된 기술이 어떻게 공간적으로 불균등하게 나타나는지를 강조했다. 젠더, 인종, 계급, 능력, 국적, 위치도 디지털 격차와 관련되어 있다. 그러나 최근의 연구는 디지털 '부유층(haves)'과 '빈곤층(have-nots)' 간 격차 이상의 복잡한 문제에 관심을 두고 있으며, 특히 참여의 **층위들**(layers)에 주목한다. 다양한 기술이 일상 공간과 장소로 침투하고 있지만, 기술에 대한 접근성은 글로벌 차원에서 불균등하고 국가 내에서도 차등화되어 있다(Kleine, 2013). 가령, 원격통신의 경우 일부는 최상급 스마트폰을 감당할 수 있지만 값싼 기기를 벗어나지 못하는 (또는, 저렴한 기기에 머무르기로 선택한) 사람도 있다. 이는 사람들이 이용할 수 있는 서비스에 영향을 준다(North, Snyder & Bulfin, 2008). 예를 들어, 사용자가 자발적으로 제공하는 정보에 의존해 확산되는 스마트시티의 경우, 이러한 계층화는 디지털 인프라, 물질적 형태, 자원, 그리고 생산과 폐기의 장소와 연관된 불균등한 지리(가령, 글로벌남부에 전자폐기물e-waste이 집중되는 현상)를 야기할 것이다(Lepawsky, 2015).

4. 연구의 초점

1) 공간과 장소

디지털에 대한 많은 연구는, 빅데이터를 사용해 도시과정을 조성하거나 '도시 계기판(urban dashboard)'처럼 새로운 애플리케이션을 만드는 것에 초점을 맞춰 진행되었다. 이를 통해 시민들과 다양한 공간의 상호작용을 측정함으로써 도시를 계획하는 방식도 재구성되었다. 아민과 스리프트(Amin & Thrift, 2002: 125)는 어떻게 "도시적 실천의 대부분이 코드로 중재"되고 있는지에 주목했고, 도지와 키친(Dodge & Kitchin, 2004)은 이러한 현상을 **'코드/공간'**으로 개념화했는데, 우리는 이를 통해 소프트웨어와 공간이 상호적으로 구성되는 모습을 고찰할 수 있다. '코드/공간'은 네트워크화된 감시나 치안과 마찬가지로 공간에 대한 규제(통제)와 통치성의 체제(regime)를 통해서 형성되기 때문이다. 지리학자들은 이에 따른 부정적인 결과에 매우 비판적인 경향이 있고, 특히 평등과 정의의 문제에 주목한다.

인터넷은 사람과 장소를 계속해서 새롭게 연결하는 힘이 있기 때문에, 지리학자들은 잠재적으로 감시적인(억압적인) 체제에서 사용되던 기술이 역으로 그에 맞서기 위한 목적으로 탈취, 전유될 수 있다고 본다. 네베 샬롬/와하트 앗살람(Neve Shalom/Wāḥat as-Salām)만큼 그러한 기술의 해방적 잠재력이 분명한 곳은 아마도 거의 없을 것이다. 이곳은 1969년 이스라엘의 유대인과 아랍인 300여 명이 모여 상생을 통한 평화의 가능성을 보여주기 위해 형성한 끈끈한 공동체 마을이다. 2001년부터 공동체 구성원들은 소셜미디어를 활용해서 퇴근 후에 대면교류를 활성화하기 시작했다. 그리고 이스라엘, 팔레스타인, 이곳을 넘어 광범위한 공공영역에서 평화를 증진시켜 나갔다. 공존과 **함께** 네트워크화된 네베 샬롬/와하트 앗살람은 칸과 켈너(Khan and Kellner, 2004: 88)가 제안했던 '지구적 시민(planetary citizenry)' 개념이 아주 잘 어울리는 곳이다. 칸과 켈너에 따르면, 지구적 시민은 기술을 사용해 "정보를 얻고, 다른 사람에게 알리며, 새로운 사회·정치적 관계를 형성"하는 사람들이며 장소특수적인 기능도 수행한다.

서로 다른 곳에 위치한 시민-주체들이 (비)의도적인 공간적 상호작용을 통해 서로 뒤얽히는 현상은 불과 20여 년 전만 하더라도 불가능했던 방식이었다. 코드/공간은 그러한 새로운 관계를 일상생활 공간에서 '추적'하고, 그것이 어떻게 개인들에게 집단 소속감 증대의 가능성을 선사하는지를 고찰하는 데 유용한 개념이다(Sutko & de Souza e Silva, 2011). 이러한 기술의 활동은 현재의 위치에서나 아니면 이동 중에서나 실시간으로 나타날 수 있고, 쇼핑, 탐방, 관광, 시위 등 여러 활동을 증진하고 있다. 뿐만 아니라, 이는 공간정보 창출의 전문성을 전환하고 '진리'를 주장하는 여러 인식론적 전략들을 바꿈으로써 지식 정치의 변화도 이끌고 있다(Elwood & Leszczynski, 2011).

2) 신체, 감정, 살갗

디지털에 대한 보다 체화된 접근은 인간의 경험과 감정을 중시한다. 네덜란드 청년들의 마이스페이스(MySpace)* 홈페이지를 검토한 판 도른(Van Doorn, 2011)의 연구를 생각해보자. 마이스페이스에서는 공유된 경험을 온라인에서 회상할 수 있기 때문에, 사용자들은 젠더와 섹슈얼리티 담론이 투영되어 있는 미묘한 뉘앙스를 인식할 수 있다. 마이스페이스의 친구 그룹은 텍스트나 사진을 사용한 친구의 프로필을 서로 확인함으로써 대면접촉의 만남을 회상할 수 있다. 이러한 게시물은 젠더화된 생활에 대한 이해를 재조명할 수 있는 기억의 원천으로 이용되곤 한다. 달리 말하자면, '살갗의(fleshy)' 기억은 디지털을 **통해서** 연결되고 (재)생산된다. 그러나 이 연구는 느끼는 신체(feeling body)에 대해서는 언급하지 않는다.

애시(Ash, 2013)는 모바일 기술을 구현하는 소프트웨어가 공간적 경험에 미치는 영향에 주목한다. 기술이 매개하는 '분위기'는 새로운 시-공간을 창출한다. 달리 말해, 특정 기술에 대한 신체적 경험에 따라 공간과 장소에 대한 '느낌'이 다르다는 것이다. 애시는 '기술성(technicity)'이란 용어를 통해 **인간**과 **비인간** '사물(things)'의 교차가 어떻게 기술 경험의 체화에 영향을 미치는지 살폈다. 여기에서 비인간 사물은 비디오 게임의 (시각, 촉각, 청각 등) 감각적 자극을 지칭한다. 구체적으로 애시는 스트리트파이터IV를 사례로, 게임에 성공하려면 어떤 신체습관을 길들여야 하는지를 살펴보았다. 이와 유사하게, 롱허스트(Longhurst, 2017)는 스카이프(Skype)의 영상통화를 사례로 스크린이 어떻게 특정 장소에 위치한 신체의 방향 감각을 잃게 했다가 다시 돌아오게 하는지를 탐구했다. 그녀는 스크린이 어떻게 가까운 것과 멀리 떨어진 것의 관계를 모호하게 하면서, 신체에 편안함이나 불편함을 느끼게 하는지에 주목했다. 롱허스트는 이런 순간을 통해서 지리학자들

---

* SNS가 등장하기 전인 2000년대 초반에 유행했던 홈페이지 기반 소셜네트워크 서비스로 우리나라의 싸이월드(미니홈피)와 유사하다.

은 다양한 사람들이 어떻게 복수의 정체성을 갖고 기술과 함께 살아가는지를 포착한다고 보았다. 가령, 스카이프상에서 나체(nudity)에 익숙한 사람들은 젠더나 연령대별로 다양하다. 그녀는 (몸이 움직이는 모습이 보이는) 스크린에 감정이 '끈적끈적하게' 달라붙었다고 말한다. 스크린은 (항상 근처에만 있지 않는) 가족이나 친구에 대한 우리의 감정에 큰 영향을 준다. 이런 분석은 신체, 화면, 공간을 넘나들며 권력이 어떻게 생성되고 재생산되는지를 드러내는 데 도움을 준다.

5. 앞으로 나아갈 길

지리학자들이 디지털 이슈에 접근했던 초창기의 방식은 기존 접근을 인터넷과 같은 '새로운' 물질적, 공간적, 기술적 상호작용에 적용하는 것이었다(Ash, Kitchin & Leszczynski, 2018). **'사이버 공간'**은 스크린, 서버, 라우터 등 상호연결된 사물이 신체에 합류한 모습을 보여주는 메타포(은유)였다. 스크린 뒤에서 벌어지는 일에 대한 이러한 관심을 체화된 상호작용과 (직장 및 가정 활동에서의) 사회·공간적 관계의 재조직에 대한 관심으로 옮긴 사람은 페미니스트 지리학자들이었다(Valentine & Holloway, 2002). 이와 관련된 또 다른 연구주제로는 유비쿼터스컴퓨팅*의 물질적 지리를 들 수 있다(Lupton, 2015). 이는 사물인터넷, 가상비서(virtual assistants), 스마트워치 등의 '웨

---

* 어떠한 시간적, 공간적 상황에서든 기기를 통해 컴퓨팅을 할 수 있는 상황을 일컫는 용어로, 'pervasive computing' 또는 'ambient intelligence'이라고도 한다.

어러블' 기술이 야기하는 사회·문화적 변동에 주안점을 둔다. 이런 기술이 우리의 신체와 (특히, 몸매, 체중, 건강과) 어떤 변화된 관계를 형성할 것인지는 탐구해 볼 가치가 있다. 물론 이러한 신흥기술(emerging technologies)과의 상호작용과 관련하여 어떠한 포용과 배제가 나타나는가의 문제 또한 우선순위가 높은 연구문제이다.

사회지리학자들은 이러한 신흥기술에 의존하고 있는 (빅)데이터, 알고리즘, 공유, 플랫폼, 긱(gig) 경제의 정치성을 이론화하는 데 많은 노력을 기울이고 있다. 우버의 공간적 결과는 무엇일까? 에어비앤비의 지리적 영향은 무엇일까? 사회지리학자들은 이러한 질문들에 대한 답을 찾아 나선다. "방대한 양의 정보를 저장, 전달, 조작하는" 능력은 "장소뿐만 아니라 특권과 불이익의 지형도 바꾸고 있다"(Sheppard et al., 1999: 798). 일부 언론에서도 드러나는 것처럼, 이런 변동에 대한 유토피아적, 디스토피아적 서사는 이성애규범성과 남성우월주의(17장 섹슈얼리티 참고)가 기술과 서비스의 설계, 개발, 마케팅에 영향을 끼치고 있다는 점을 명확하게 드러낸다(Datta, 2015). 디지털지리를 연구하려는 사람들은 알고리즘이 어떻게 우리의 인식 형성에 개입하는지에 주목해야 한다. 크로포드(Crawford, 2014)는 공간적 존재, 이동, 행태에 대한 '결정적인' 증거들을 통해 형성되는 이러한 알고리즘 기반의 새로운 인식(론)을 "데이터 주도형 진리체제(data-driven regimes of truth)"라고 명명했다. 이러한 데이터(증거)는 사회·정치·종교적 소속, 시위의 공모 여부, 특정 행동에 대한 경향성 등을 추론하는 데 점점 더 많이 이용되고 있다. 이러한 상관관계는 마땅히 우리가 저항하고

문제를 제기해야 할 사회·경제적 불평등을 드러내고 재생산한다.

요약

- 디지털지리학자들은 하드웨어, 소프트웨어, (새로운 데이터를 포함한) 멀티미디어, 기술 인프라의 공간적 결과를 탐구하며, 이들이 정체성, 행동, 담론에 미치는 영향에도 관심을 둔다.
- 디지털지리와 관련된 많은 연구들은 기술 생산의 지리보다는 사용자들에 초점을 둔다.
- 디지털 격차(접근가능자와 불가능자의 양극화)에 대한 기존의 단순화된 설명은 참여의 등급화(gradations of participation)에 대한 관심으로 이어지고 있다. 예를 들어, 최고급(high-end) 기기를 이용할 수 있는 사람과 보급형(entry-level) 기기만 이용할 수 있는 사람의 참여 능력은 분명히 다르다. 디지털 문화는 평등하지 않고 계층화되어 있다.

더 읽을거리

Ash, J., Kitchin, R., & Leszczynski, A. (2016) Digital turn, digital geographies? *Progress in Human Geography,* 42(1): 25-43.

Ash, J., Kitchin, R., & Leszczynski, A. (2018) *Digital Geographies.* London: Sage.

Elwood, S., & Leszczynski, A. (2018) Feminist digital geographies. *Gender, Place & Culture,* 25(2): 1-16.

Graham, M., Stephens, M., & Hale, S. (2015) Featured graphic. Mapping the geoweb: a geography of Twitter. *Environment and Planning A: Economy and Space,* 45(1): 100-102.

Chapter 32 | 지속가능성

사회와 **환경**의 관계에 대한 이해는 지리학의 DNA에 깊숙이 자리하고 있다. 인류 공통의 미래에 대한 전 지구적 관심이든, 아니면 공원, 숲, 하천처럼 '자연의 한 조각'에 대한 로컬한 관심이든 말이다.

환경과 그 일부로서 인간생활의 관계와 형성과정을 연구하는 분야는 매우 광범위하지만, 그중 지리학 연구와 정치담론에서 20세기 이후 확고하게 부상한 개념은 바로 **지속가능성**(sustainability)이다. 지속가능성은 어떤 과정이나 실천이 지속될 **수 없는**(can't) 이유를 상세히 설명하려는 용어일 뿐만 아니라, 그 과정이나 실천을 지속하기 위해서 **하지 말아야 할**(shouldn't) 것이 무엇인지를 함축하는 용어다. 화석연료를 연소해서 전력을 생산하는 사례를 통해 지속(불)가능성을 두 가지 측면에서 생각해보자. 첫째, 화석연료를 태우는 것은 지속불가능하다. 사용할 수 있는 석유, 석탄, 천연가스의 양이 한정되어 있기 때문이다. 모두 태우고 나면 사라지게 된다. 따라서 에너지원을 화석연료에 의존하는 것은 논리적으로 자족적이지 않고 지속불가능하다. 곧, 화석연료의 사용은 지속될 **수 없다**. 둘째, 화석연료의 연소는 (화석연료에 갇혀 있는) 탄소를 지표에서 (이산화탄소의 형태로) 공기 중에 방출하여 지구온난화를 초래하기 때문에 지속불가능하다. 따라서 화석연료의 연소를 지**속하지 말아야** 한다. 지구온난화가 초래하는 환경적, 사회적, 경제적 피해는 엄청나므로 우리가 해를 입지 않으려면 이를 중단해야 한다. 보다 근본적 차원에서 이러한 질문은 도처에 퍼져 있는 자본주의에 대해서도 제기할 수 있다. 자본주의가 영원히 지속될 수 있을까? 자본주의의 지속은 허용되어야만 하는 것일까?

화석연료의 사례를 통해, 우리는 지속가능성이 논리의 문제임과 동시에 **윤리**의 문제임을 알 수 있다. 그리고 지속가능성이란 개념 속에는, 우리의 생활방식과 이를 지탱하느라 고갈되고 있는 것 간의 본질적 긴장이 내포되어 있다. 우리의 자녀가 우리가 누려왔던 것과 동일한 기회를 가질 수 있기를 바란다면, 지속가능한 방식으로 살아야 한다. 경관과 생태계의 복원이 불가능할 정도로 천연 자원을 채굴해서는 안 된다는 말이다. 그렇다면 우리의 목표는, 부단한 (재)절충을 통해 균형을 유지하며 시간이 흘러도 자연과 우리의 라이프스타일 모두 지속가능하도록 만드는 것이어야 한다. 실제로 지속가능성이란 용어가 동원되는 중요한 방식 중 하나는 우리의 '세대 간 책임'을 알리는 것이다. 세대 간 정의(intergenerational justice)는 지속가능성 연구의 핵심 특징으로, 우리가 누리는 것과 동등한 생애기회의 가능성과 보호를 미래 세대에게 전달하려는 의무와 책임이라 할 수 있다.

이 장에서는 우선 지속가능성의 부상 과정을 개관하고, 지속가능성과 관련된 핵심 문제, 곧 인구와 경제의 무한한 성장이 갖는 문제를 살펴본다. 그다음 절에서는 특별히 인류세(人類世, Anthropocene)의 사회지리에 주목한다.

이 장에서 소개하는 지리학 연구와 실천을 통해서, 과연 우리가 무엇을 창조하고 지속하고 있고, 무엇을 주변시하고 있는지에 대해 독자들이 생각해보았으면 한다. 무엇에 초점을 두는 연구를 할 것인지, 무엇을 구입할지, 어떻게 여행할지, 어떤 사람이 될지, 무엇을 대변할지, 데이터에서 무엇을 볼지의 문제에서는 결국 선택이 중요하다

(3장 사회지리학 연구수행 참고). 요컨대 지리학 연구에서 지속가능성은 늘 우리에게 도발적인 문제이다. 이는 우리가 응해야 하는 도전이자, 우리의 비판적 탐구를 위한 도구이다.

1. 기원

지속가능성에 대한 의문은 20세기 후반 동안 주류의 정치적, 학문적 담론으로 등장했다. 이것은 적어도 두 가지 상황 변화에 대한 반응이었다. 첫째, (먼 곳이든 가까운 곳이든) 환경파괴의 증거가 너무나도 명백해졌다. 산업자본주의와 통신기술의 글로벌화로 인해, 1970~80년대에는 경제의 부정적 효과가 환경에 끼치는 파괴적 영향이 매우 심각하고 도처에 만연했다. 이에 글로벌 스케일에서 '환경'에 대한 경각심이 증폭되며, 도시 인구와 환경파괴의 국지적 사례에 대한 관심이 대두될 수밖에 없었다. 이러한 관심은 **환경정의**(environmental justice)라는 용어를 중심으로 차곡차곡 쌓여갔다(33장 환경정의 참고).

두 번째로 중요한 상황 변화는 많은 사람들이 자연-환경-경제 관계에 대한 논의의 이정표라고 여기는 1992년에 브라질 리우데자네이루에서 개최된 **지구환경회의**(Earth Summit)이다. 유엔환경개발회의(UNCED)라고도 언급되는 이 회의에서는 21세기를 위한 행동으로 로컬 어젠다21(LA21), **기후변화**에 대처하는 글로벌 지침으로 **유엔기후협약**(UNFCCC)이 채택되었다. 전자는 지방정부와 도시정부의 활동을 위해 마련된 것이고, 후자는 지구와 지구상 가장 위험한 서식자인 '바

로 우리 인간!'이라는 거대 위협의 대처 방안으로 제시되었다. 그동안 로컬 수준에서 LA21은 교통, 주택, 대기의 질 등의 이슈에 초점을 두어왔고, 글로벌 수준에서는 **교토의정서**와 **파리협정**과 같은 국제적 협약이 체결되어왔다.

다양한 스케일에서 기후변화를 어떻게 통제할 것인가와 관련하여 지리학자들은 중요한 기여를 했다. 다이애나 리버먼(Diana Liverman, 2018)은 글로벌 환경거버넌스를 마련하는 데 적극적인 역할을 한 인물로서, 글로벌 환경변화에서 인간적 차원에 초점을 두고 연구를 진행해왔다. 또한, 해리엇 벌켈리(Harriet Bulkeley, 2013)는 도시 스케일에 초점을 두고 어떻게 도시가 환경변화에 적응하고 있고, 이런 변화가 시민의 생활에 초래하는 결과는 무엇인지를 연구해왔는데, 이는 기후정의와 환경거버넌스의 도시적 성격을 강조하는 중대한 업적으로 평가된다. 그 외에도 인종 및 젠더의 지리가 지속가능성의 문제와 어떻게 얽혀 있는지에 대한 비판적 연구도 있다(16장 젠더, 17장 섹슈얼리티, 33장 환경정의 참고).

온실가스와 오염물질로 뒤덮인 지구의 모습은 아마도 가장 필연적인 지속가능성의 이미지일 것이다. 한정된 자원이 고갈되고, 무엇보다 인간의 번영을 지탱할 안전한 공간이 더 이상 존재하지 않는 모습 말이다. 바로 이 점이 지속가능성의 중요한 측면이다. 곧, 환경보호는 환경 그 자체만을 위해서 진행되는 것이 아니라, 인류에 대한 우려에서 비롯된 것이기도 하다. 지속가능성은 이러한 이중의 취약성 때문에 20세기 후반 이후 학계와 정책 커뮤니티 모두에서 가장 중요한 담론으로 발전했다.

2. 인구와 경제 성장의 문제

그림 32.1은 유럽의 산업혁명 이후 세계 인구성장과 출산율의 변화를 뚜렷이 보여준다. 20세기의 **인구폭발**은 자원의 남용과 더불어 지속가능성 개념을 출현시킨 핵심 원인일 것이다. 많은 사람들은 인구의 가파른 증가 패턴에 화들짝 놀라겠지만, 연간 인구 성장률의 등락을 감안하면 세계 인구가 한없이 증가하지는 않을 것이다. 대부분의 인구학자들은 세계 인구가 2100년경에 정상(定常)상태(steady state)에 도달할 것으로 전망한다. 물론 부양해야 할 총인구는 지금의 약 80억 명보다 훨씬 많은 110억 명가량이 될 것이다.

유럽의 **산업혁명** 때부터 인간은 수적(數的)으로 지구를 장악하기 시작했다. 파울 크뤼천(Paul Crutzen, 2006)은 이를 새로운 시대, 곧 **인류세(Anthropocene)**의 시작점이라고 말했다. 인간의 식욕과 낭비도 인류세의 중요한 특징이다(Whitehead, 2014). 이 관점에 따르면 우리는 더 이상 (최후 빙기 이후의 지질시대인) 홀로세(Holocene)에 머물러 있지 않고, 인간이 원인이 되어 지구의 상태가 변하는 지구 역사의 새로운 시기로 돌입했다(33장 환경정의 참고).

인류세는 21세기의 삶을 새롭게 사유하고 통치하고 연구하게 만든다. 어떤 사람들은 인류세의 경험에서 지리적 불공정과 차이의 문제가 중요하다고 본다. 이들의 입장에서 인류세란, 글로벌 북부의 앞선 세대들이 초기에는 **식민주의**라는 심히 문제적인 과정을 일으키고 그다음에는 **신자유주의**적으로 산업을 팽창시키면서 창출한 상태이다. 인류세라는 아이디어는 경제의 정치생태에 도

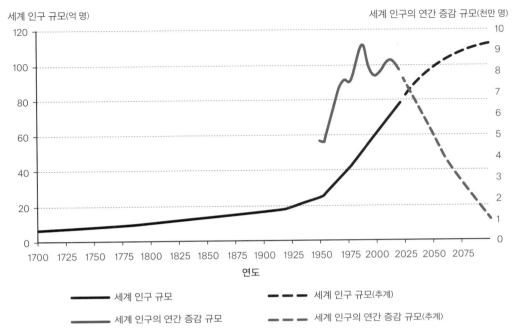

세계 인구 규모(억 명)　　　　　　　　　　　　　　　　　　세계 인구의 연간 증감 규모(천만 명)

연도

───── 세계 인구 규모　　　　　- - - - 세계 인구 규모(추계)

───── 세계 인구의 연간 증감 규모　　　- - - - 세계 인구의 연간 증감 규모(추계)

그림 32.1 산업혁명 이후 세계 인구 증가 (출처: Our World in Data[2019] 자료를 기초로 저자 작성)

전하려는 비판적 에너지를 토대로, 구조적 불평등과 더불어 경관, 해양, 환경, 도시의 취약성과 위험을 드러내고자 한다. 정치생태학자들은, 인류세라는 환경문제를 야기하고 그 해결책도 구축하는 "소용돌이치는 정치경제의 관계성(swirling political economic relationship)"에 주목한다(Robbins, Hintz & Moore, 2014; 서문 참고).

　　그러나 **생태근대화론***에서 볼 때 인류세는 돌이킬 수 없는 현실이다(Mol & Sunnenfeld, 2014). 이들은 어떻게 인류세를 살아갈지의 도전에 대하여 진취적인 입장을 취하며, 기술적·문화적·정치적·경제적 혁신에 관한 새로운 문제도 제기한다. 윤리적이고 지속가능한 21세기를 창출하려면 그러한 혁신이 필수적이라고 믿기 때문이다.

　　이러한 도전에 효과적으로 대응하지 않는다면, 지구상의 생명체들이 여러 번의 종말과 재탄생을

거듭하여 1조 년이 지나서 이런 일이 생길 수도 있다. 지각판(地殼板) 수렴대(tectonic teeth)가 죽은 도시를 삼켜버리고 난 다음 쓰레기가 화석화되어 지층 속에 남겨진 것을 먼 미래의 생명체가 발견하고는 "헉, 이거 인류세 지층이 분명해!"라고 말할지도 모를 일이다.**

---

* 생태근대화론(ecological modernization)은 환경주의(environmentalism)가 산업사회와 근대화에 적대적이라고 인식하지 않고 근대화의 연장선상에 환경주의를 두어 경제와 생태가 상호유익하게 조직될 수 있다고 믿는다. 즉, 생태근대화론은 기술적, 과학적, 제도적 진보를 통해 근대화(산업발전과 경제성장)를 환경(생태)에 맞게 재조직화하려는 정책과 주장을 총칭한다. 예컨대 재생자원의 사용, 친환경에너지원 개발, 차량공유시스템 구축, 패시브하우스(passive house) 시공 등이 환경뿐만 아니라 경제성장에도 유익하다고 본다. 한편, 정치생태학(political ecology)은 환경문제와 생태위기가 근본적으로 자본주의의 정치경제적 모순(교환가치, 계급화와 착취, 이윤동기와 사유재산제, 성장을 위한 성장, 초국적기업의 독점 등)에서 비롯되었다고 보고 거버넌스의 급진적인 변혁을 주장하는 접근이다.
** 플라스틱, 콘크리트, 닭 뼈 등 이른바 '테크노화석(technofossil)'이 인류세 지층의 대표 화석일 것으로 예상된다.

3. 경제성장의 본질

급속한 인구성장이 영원하리라고 생각하지 않는 것처럼, 1960년대 후반부터 1970년대 초반에는 경제성장에도 한계가 있다는 우려가 제기되었다. 이는 **로마클럽**의 『성장의 한계(The Limits to Growth)』(1972) 출간으로 이어졌다. 로마클럽은 경제학자와 과학자로 이루어진 학제적 그룹으로, 당시 이들은 향후 100년간 인구, 산업화, 환경오염, 자원고갈, 토지이용을 모델링하는 보고서를 의뢰받았다. 이 프로젝트에 참여한 연구진은 자신들의 발견에 놀라움을 감추지 못했다. 자본주의 경제 및 사회의 성장과 글로벌화는 지구의 한계를 초과하여 인류가 사회·경제적 붕괴에 직면할 것이라고 예측되었기 때문이다.

지금의 독자들에게 1972년은 아주 오래전처럼 들리겠지만, 로마클럽의 경고는 최근 정부의 담론과 NGO의 시위 때 자주 불거지는 생태적 위기감과 매우 흡사하다. 극단적 위급함을 외치는 목소리는 기후변화의 심각성을 완화하기 위해 대대적인 급진적 행동을 요구했던 2018년 **'기후변화에 관한 정부 간 패널(IPCC)'**[*]의 발표에서도 나타난다

(IPCC, 2018). 2019년에는 세계 곳곳의 도시에서 청년들이 주도하는 환경 시위와 저항운동이 벌어졌다. 이는 환경보호에 대한 절실한 요구가 솟구치는 새로운 시기의 시작점일는지 모른다(그림 32.2).

정부든 시민사회든 위기 선언의 목소리는 경제성장이 우선시되는 것을 문제시한다. 일례로 최근 영국 정부는 2016년 '성장의 한계에 관한 초당적 의원 모임(All Party Parliamentary Group on the Limits to Growth)'[**]을 출범시켰다. 다른 한편, 팀 잭슨(Tim Jackson)과 같은 연구자들은 **탈성장(de-growth)**[***]에 주목한다(D'Alisa, Demaria & Kallis, 2014). 이는 경제적, 물질적 성장 없이 삶의 질과 행복을 어떻게 증진할 수 있는가에 관심을 둔다(Jackson, 2016). 세르주 라투슈(Serge LaTouche,

---

[*] IPCC(Intergovernmental Panel on Climate Change)는 1988년 설립된 UN 산하기관으로, 인간의 활동으로 발생하는 기후변화의 위험성을 평가하는 임무를 수행한다. 여기에는 **기후변화에 관한 유엔기본협약**(UNFCCC; United Nations on Framework Convention on Climate Change)의 실행에 대한 보고서를 발간하는 일이 포함된다. UNFCCC는 지구온난화 방지를 위해 이산화탄소를 비롯한 온실가스의 배출을 줄이자는 협약으로, 1992년 브라질 리우 데자네이루에서 개최된 지구환경회의(유엔환경개발회의, UNCED)에서 채택되었으며 '유엔기후협약'이나 '기후변화협약'으로 불리기도 한다. 이 협약은 '의정서' 형태로 이행 방안의 목표를 제시해왔다. 1997년 발표된 **교토의정서(Kyoto Protocol)**에서는 2008년부터 2012년까지 선진국의 온실가스 배출량을 1990년 수준 대비 5.4%까지 낮출 것을 요구했다. 교토의정서 채택을 통해 기후변화 대처에 대한 국제적 수준

의 공감대가 형성되었지만, 미국, 캐나다, 일본, 러시아 등의 탈퇴로 협약은 무력화되었다. 이에 따라 새로운 국제협약의 필요성이 제기되어, 2015년 **파리협정(Paris Agreement)**이 채택되었다. 이 협정은 지구의 평균 기온 상승을 산업화 이전 대비 2℃ 이하로 유지하면서, 나아가 1.5℃ 이하로 낮출 것을 목표로 한다. 이를 위해 세계 195개국이 온실가스 감축 목표를 자발적으로 정하고, 궁극적으로는 온실가스 배출을 0으로 하는 **탄소 중립**의 추구를 약속했다.

[**] 영국의 모든 정당이 참여하는 이 모임은 환경적, 사회적, 경제적 한계 속에서 영국의 번영을 지속하기 위한 대화와 협력의 플랫폼 역할을 한다. 모임의 목표는 세 가지다. 첫째, 환경적, 사회적 한계와 관련되어 구체화된 경제적 위험에 대한 정당 간 대화를 촉진한다. 둘째, 그러한 한계와 위험에 대한 증거를 평가하고 적절한 대응 방안의 마련을 지원한다. 셋째, 번영을 재정의하기 위한 국제적 논의에 이바지한다.

[***] **탈성장**(역성장, 프랑스어로 décroissance)은 생태위기의 근본 원인인 성장 추구적 패러다임에 대한 반성을 토대로, 경제규모(생산-소비규모)나 경제성장률로 대표되는 사회적 신진대사(societal metabolism)를 줄임으로써 '적은 것이 풍요롭다'는 이상을 달성하려는 운동, 사상, 정책을 총칭한다. 정치생태학과 생태경제학부터 에코페미니즘과 생태사회주의에 이르기까지 다양한 스펙트럼을 아우르나, 대체로 생태근대화론자들의 주장에 회의적, 비판적이다. 탈성장운동의 사례로는 **커먼즈**(commons, 공동체가 규칙에 따라 운용하는 공유 자원)의 확대, **생태발자국**(EF; Ecological Footprint) 축소, 소유에서 사용으로의 전환 등이 있다. 탈성장과 유사하지만 성장의 연속성에 방점을 두는 **포스트성장**(post-growth)의 개념도 알아둘 필요가 있다.

그림 32.2 런던의 멸종저항(Extinction Rebellion) (출처: Alexander Savin)

2004) 등 유럽의 학자들은, 우리의 초점은 경제 속의 평등과 정의여야 한다고 주장했다. 유한한 지구에서 더 많이 쥐어짜내려는 불가능한 목표를 버리자는 것이다. 라투슈는 이를 효율(efficiency)에서 충족(sufficiency)으로 발상을 전환하는 방안이라 보고, 우리가 이미 충족할 만한 부를 가지고 있다고 주장했다. 문제는 부가 제대로 사용되지 않고 공정하게 분배되지 않는 것이다.

이제는 경제성장으로부터 탈피할 시점이라는 생각이 점차 인기를 얻고 있다. 심지어 전혀 동의하지 않을 듯한 OECD(Boarini & D'Ercole, 2013), EU집행위원회(European Commission, 2018), IMF(LaGard, 2013)도 이런 생각을 수용하고 있다. 최소한 두 가지 이유가 중요하다. 첫째, **국내총생산(GDP)** 통계는 경제적 행복을 제대로 평가할 수 없

다. 가령, GDP에는 무기 거래에서 발생한 소득의 가치까지 포함된다. 어떤 국가에서 대량살상무기의 수출을 늘리면, 그 국가의 GDP는 성장한다. 이렇게 GDP는 가치가 있는 경제의 특성과 그렇지 못한 것 간의 차이를 구별하지 못한다. 둘째, GDP 수치는 특정 영토 내에서의 장소나 공동체 간 엄청난 불평등을 은폐하는 효과가 있다.

일부의 지속가능성 연구자들은, 국가나 지역이 얼마나 성공했는가에 대한 척도로서 GDP를 폐기할 시점에 이르렀다고 주장한다. 이런 입장에 따르면, GDP는 좋게 말하면 착각이고, 나쁘게 말하면 성장에 성장을 거듭하기 위해 지속불가능한 경쟁적 충동을 일으키는 중독증이다. GDP 성장 중독은 해롭다. 왜냐하면 인간의 행복에 대해 분명히 생각하고 말할 수 있는 우리의 능력을 방해

하기 때문이다. 또한, 번영, 안녕(웰빙), 행복이 장소마다 다르다는 사실을 파악하지 못하도록 하는 이유도 있다. 대안 지표들은 이미 확립되고 있다. 가령, 참진보지수(GPI; Genuine Progress Indicator)는 다양한 장소에서 나타나는 인간의 진보를 비교분석하는 글로벌 표준을 제공한다. 이는 인간 번영의 정도나 결핍을 드러내는 데 도움을 주며, 전쟁이나 범죄와 같은 것을 가치 있게 판단하는 일탈로부터 우리를 해방시킨다.

4. 일상적 지속가능성의 지리

정성적 접근을 선호하는 지리학자들은 위처럼 성장과 한계라는 거시적 스케일의 아이디어에 맞서면서도, 일상생활에 관한 연구를 통해서 지속가능성의 문제에 대응하고 있다. 이런 연구는 우리의 일상활동이 환경에 주는 함의를 이해하고 다른 사람들에게 알리려는 목적을 갖고 있다. 일부 지리학자들은 태도와 정체성 등 심리(정신)세계에 주목해온 한편, 또 다른 학자들은 우리의 실천, 곧 우리가 무엇을 하는가의 문제에 초점을 두어왔다. 이들이 지속가능성의 사회지리를 연구하는 두 가지 주요 방법에 해당한다. 지구에 대한 우리의 공통된 삶의 문제가 궁극적으로 인간의 문제라는 점을 생각한다면, 인간에 주목하는 이러한 연구들은 지극히 중요하다.

1) 장소애착

기후변화와 같은 환경위험에 대처하는 것은 무 엇보다도 장소와 경관에 중대한 변화를 동반한다. 이런 점에서 볼 때 지속가능성으로의 전환이 감정과 관련해서 부딪히는 주요 이슈 중 하나는 새로운 인프라와 기술의 도입으로 기존의 **장소애착(place attachment)**이 위협받는다는 점이다. 특히 에너지 전환에 따른 변화들은 세계 도처의 공동체들에 정서적 변화를 유발한다(Bridge et al., 2013). 패트릭 디바인라이트(Patrick Devine-Wright, 2013)는 장소애착이라는 감정적 유대가 홍수, 산불, 기상 패턴의 변화 등 기후변화의 영향을 받을 것이라고 주장한다. 또한, 장소는 글로벌 환경변화에 대처하기 위한 홍수 예방, 새로운 농경방식 도입, 재생에너지 기술에 의해서도 변화할 것이다. 이런 측면에서 기후변화와 환경파괴 뿐만 아니라 지속가능성에 초점을 둔 혁신도 (경관, 생계, 사회네트워크의 상실에 따른 슬픔과 트라우마를 통해) 장소애착과 우리의 감정생활을 파괴하는 위협이 될 수 있다(Devine-Wright. 2013).

2) 넛지지리학

최근 지리학자들은 환경의 영향에 대해 우리가 어떻게 사고해야 하는지에 관한 심리적 측면에 관심을 두고 있다. 그에 따라 지리학자들은, 정부와 기업이 사람들의 행동을 보다 지속가능한 방향으로 유도하기 위해 얼마나 적극적으로 '넛지(nudge)'*를 활용하고 있는지에 주목한다. 우리의 행동을 바꾸려는 노력이 새로운 것은 아니다. 실제 우리의 가정과 직장은 오랫동안 환경거

---

* 넛지는 팔꿈치로 툭 치듯이 타인의 행동에 부드럽게 개입하는 것을 뜻하는 용어다.

버넌스의 공간이었다. 왜냐하면 광범위한 환경 변화에 대처하기 위해 우리 개개인도 생활 주변에서 할 수 있는 '작은 실천'을 다하도록 요구받기 때문이다. 그러나 최근 들어 마크 화이트헤드(Mark Whitehead)와 제시카 피켓(Jessica Pykett), 루이스 리드(Louise Reid)와 캐서린 엘스워스크레프스(Katherine Ellsworth-Krebs) 같은 연구자들은 이른바 뉴로지리학(neurogeography) 또는 넛지지리학(nudgeography)이라 불리는 분야의 발전을 이끌고 있다(Whitehead et al., 2019; Reid & Ellsworth-Krebs, 2018). 이 분야의 연구자들은 무의식의 수준에서 형성, 영위하는 일상생활이 어떻게 환경에 영향을 주는지에 주목한다. 이 분야의 연구자들은, 정부와 기업이 개인의 선택을 바꾸기 위해서 넛지를 어떻게 (다소 제한된 방식이기는 하지만) 이용하는지를 비판적으로 검토한다. (우리의 통근방식을 바꾸기 위해 우리의 일상생활에 '넛지'를 심어 넣어 자전거나 버스를 이용하게 만드는 것을 한 사례로 들 수 있다.) 그렇지만 이들은 "광범위하고 급진적으로 사회를 변화시킬 수 있는 잠재력"에 대해 보다 체계적으로 생각하지는 않는다(Barr & Prillwitz, 2014: 5).

3) 행동에서 실천으로

일상생활을 연구하는 지리학자들은 특정 **실천**을 탐구하기도 한다. 가정의 일상적인 에너지의 사용(Powells et al., 2014)이나 음식료품 포장재의 재활용(Barr, 2017)에 관한 연구가 그 사례이다. 최근까지도 지리학자와 정책입안자들은 개인의 선택, 환경시민권, 행동 변화가 소비자와 시민의 일상생활에 어떤 환경적 함의를 갖는지를 찾고자 했다. 그러나 지난 10년 동안 이들의 관심사는 행동(행태, behavior)을 벗어나 실천(practice)으로 이행하고 있다.* 지리학자들은 세계 곳곳의 다양한 실천적 기여를 토대로, 다른 분야의 연구자들과 함께 가정, 직장, 일상적 이동 등에 주목하는 학제적 연구분야를 만들어나가고 있다(Barr, Shaw &Cole, 2011; Macrorie, Foulds & Hargreaves, 2015; Shove, 2010; Walker, 2014)

전술했던 심리학적 연구와 실천 기반의 연구를 비교하면 두 가지의 큰 변화가 있다. 첫째, 실천에 관한 연구는 우리가 무슨 생각을 하거나 무엇을 말하는가의 문제보다, 무엇을 하는지에 훨씬 더 많은 관심을 둔다. 우리가 일상적으로 하는 것들이 어떻게 물질, 기술, 인프라와 관련되어 형성되는지도 중요한 문제다. 한 마디로, 이런 연구는 일상의 '핵심'에 더 세심하게 주목한다. 둘째, 실천 중심의 연구는 '나'가 아닌 '우리'에 관한 것이

---

* 행동(행태)과 실천 모두는 몸의 움직임을 함의하는 용어이지만 중대한 인식론적 뉘앙스의 차이가 있다. 행동이라 함은 개인의 자유의지, 대개는 합리적 사유의 결과로 몸을 움직이는 것을 말한다. 신고전주의 미시경제학이나 논리실증주의 (경제)지리학에서 몸의 움직임을 그러한 행동으로 사유한다. 반면, 실천은 행위자의 관계적 연결망 속에서 나타나는 몸의 움직임이며, 사회적 담론을 수행하는 과정인 경우가 많다. 최근 들어, 실천은 인간을 넘어서 비인간 행위자의 역할까지 고려하는 행위자-네트워크 이론의 영향을 받아 인간-물질-기술의 관계화 과정으로 이해되기도 한다.

가령, 생수를 피하고 수돗물을 마시는 몸의 움직임을 생각해보자. 이를 행동으로 이해한다면, 생수보다 수돗물을 선호하는 개인의 선택에 초점을 두는 것이다. 아마도 신고전주의자나 논리실증주의자들은 이 행동을 시장 가격을 고려한 개인의 합리적 의사결정의 결과로 이해하고 설명하려 할 것이다. 그러나 생수를 거부하고 수돗물을 마시는 행위는 다양한 관계 속에서 형성된 하나의 사회적 실천일 수 있다. 교육, 캠페인, 클럽 활동, 대인 관계를 통해서 형성된 진보적 환경 인식의 신체적 발현일 수 있기 때문이다. 생수병을 비롯한 동남아시아의 플라스틱 쓰레기 더미의 이미지나 동영상을 보고 수돗물을 마시게 되었다면, 이 사회적 실천에서 쓰레기도 하나의 비인간 행위소(actant)로 영향력을 행사한다고 해석할 수 있다.

다. 실천지향적 지리학자들은 느슨하게 사회적으로 공유된 방식의 실천에 주목하며, 이러한 실천이 사회·공간적, 사회·기술적 반복의 과정을 통해 어떻게 재생산되고 어떻게 일상생활에 변화를 일으키는지에도 주목한다(Box 32.1).

Box 32.1

사회적 실천으로서 세탁

세탁을 사례로 실천을 설명하면 다음과 같다.

- 실천은 '느슨하게 사회적으로 공유'된다. 사람들마다 세탁 방법은 다르지만, 사회집단으로서는 일정한 유사성을 공유한다. 가령, 우리는 빨래를 '빨래'라고 부른다.

- 실천은 '반복되는 사회·공간적 과정을 통해서 재생산'된다. 실천은 우리가 매번 '수행'할 때마다 그 이전과는 미묘하게 다르다. 우리가 세탁을 하는 상황(맥락)을 통제하는 것은 불가능하며, 세탁을 하는 사람도 항상 똑같은 상태는 아니다. 맥락과 수행자는 별의별 이유로 변화하기 때문에, 실천 또한 매번 조금씩 변화한다(29장 퍼포먼스(수행) 참고).

- 실천은 오랜 시간에 걸쳐 변한다. 세탁이라는 인간의 실천이 지난 수백 년 동안 거쳐온 장기적 변화를 생각해보자. 수행은 미묘하지만 강력한 변화의 메커니즘을 만들어낸다.

- 실천은 사회·공간적이며 사회·기술적인 과정으로, 건조환경, 물질문화, 가정의 인프라, 직장, 도시, 공간, 장소에 따라 달라진다. 세탁에는 우리가 입는 옷감의 종류, 세제의 종류, 가전제품의 종류 등이 영향을 미친다. 따라서 세탁이라는 실천은 지리적 과정이고, 이는 우리 삶의 지속가능성의 중심에 있다.

- 실천은 하루하루를 기준으로 인식할 수는 없으며, 행동(행태)변화, 태도, 정체성에 관한 이론들로 온전히 포착할 수도 없다. 사회적 실천에 대해 이렇게 생각해보자. 사물(things)이 자원을 이용하는 것일 뿐, 인간은 사물의 수행자에 불과하다고 말이다. 그러면 일상생활이 장기간에 걸쳐 얼마나 많이 변할지를 이해할 수 있다. 그리고 이러한 변화는 환경오염과 자원의 사용에 중요한 함의를 가지며, 지속가능성에 대해서도 마찬가지다.

- 이 장에서는 지속가능성의 개념을 소개했고, 지속가능성이 어떻게 일상생활과 환경 간의 긴장 관계를 보다 명확하게 보는 데 도움이 되는지를 살펴보았다. 이와 더불어 끝없는 경제성장이라는 이상에 대해서도 질문을 제기해보았다.

- 지속가능성이라는 아이디어가 어떻게 우리의 생활에 영향을 주는지를 검토했고, 이와 관련해서 특히 우리에게 새로운 생활방식으로 넛지를 가하는 과정도 살펴보았다. 그리고 장기적 관점에서 일상실천의 변화가 어떻게 환경에 영향을 미치는지도 고찰해보았다.

- 지리학자들은 다양한 스케일에서 지속가능성을 적극적으로 연구해왔다. 그 연구의 범위는 가정에서부터 시작해, 도시, 국가 및 글로벌 스케일에 이른다. 이러한 연구는 우리가 선택할 수 있는 삶의 다양성과 삶 속에서의 (불)공정성, 그리고 (오늘날 인류가 지구에 저질러놓은 골칫거리를 물려받을) 미래 세대에게 이것이 어떤 함의를 갖는지에 공통적으로 관심을 둔다.

 더 읽을거리

Castree, N., Demeritt, D., Liverman, D., & Rhoads, B. (eds.) (2009) *A Companion to Environmental Geography*. Chichester, UK: Wiley-Blackwell.

Robbins, P., Hintz, J., & Moore, S. A. (2014) *Environment and Society: A Critical Introduction*. Hoboken, NJ: John Wiley & Sons.

Whitehead, M. (2014) *Environmental Transformations: A Geography of the Anthropocene*. London: Routledge.

환경정의(EJ; Environmental Justice)는 글로벌 사회·정치운동이자 하나의 학술적 연구집단이며 정책적 목표이다. 예를 들어, 시민사회의 토착민 활동가들은 환경정의라는 개념과 언어를 동원해 자신들의 공동체를 화석연료 채굴로부터 보호한다. 학자들은 어떻게 하면 보다 공정, 공평한 방식으로 인간과 환경의 관계를 구조화할 수 있을지 이론적으로 사고한다. 그리고 정부에서는 건강에 유익한 환경에 대한 대중의 접근성을 보호하기 위한 법령을 제정한다. 환경정의에는 다양한 차원이 있기 때문에, 이를 하나의 정의로 압축하는 것은 불가능한 일이다. 그러나 넓은 의미에서 환경정의라고 할 때에는, 환경에 대한 인간의 경험과 사회 불평등의 관계에 관심을 둔다는 것이 공통점이다. 초창기 환경정의의 관심사는 환경적 혜택과 피해의 불균등한 분포에 집중되어 있었다. 이는 여전히 환경정의의 중요한 구성요소다. 그러나 정의에 대한 순수한 '분포적' 관념은 환경정의를 위한 투쟁에서 제기된 주장들의 폭넓은 스펙트럼 모두를 포착하지 못한다. 이보다 더욱 중요한 것은, 환경정의 운동이 환경적 결과에 영향을 주는 **권력**의 불균등한 분배를 들추어내고 그에 대항한다는 점이다. 불균등한 권력은 인종, 계급, 젠더 등 다양한 사회적 분리(division) 사이에도 나타나고(3부 분리 참고), 공간적으로는 대륙, 국가, 지역, 근린 간에도 존재한다. 다시 말해, 환경정의에서 **정의**는 사회-환경적 불평등의 존재를 단순히 기술하는 데 머물지 않고, 무엇이 **되어야** 하는지에 대한 당위적인 정치적, 윤리적 주장까지 아우른다(Walker, 2012; 7장 정의 참고). 환경정의 이슈는 사회지리학의 관심 대상이다. 환경정의는 환경과 사회의 교차점에 있기 때문이다. 이 장에서는 환경정의 연구에서 두 가지 주요 논점에 주목한다. 하나는 환경정의의 복합적이고 다양한 **공간성**(spatiality)이고, 다른 하나는 **스케일**(scale)이다. 이에 대한 논의를 위해 오늘날 중요한 이슈로 떠오른 기후정의(climate justice) 담론을 그 사례로 살펴본다. 사회지리학자들은 이러한 논의에서 적극적인 역할을 수행하고 있다. 환경정의에 대한 심도 깊은 개념적 논의에 앞서, 우선적으로 이 개념의 발전 과정부터 살펴보자.

1. 환경정의의 기원

환경정의가 흥미로운 이유는 활동가들이 학자들 못지않은 주도성을 발휘하기 때문이다. 대부분의 이론은 학계에서 개발된 후에 사회 현실에 적용되지만, 환경정의는 **풀뿌리**(grassroots)운동에서 출현한 개념이다. 환경정의운동은 1982년 미국 노스캐롤라이나주 워런카운티(Warren County)에서 탄생했다고 알려져 있다. 당시 노스캐롤라이나주 정부는 대형트럭 6,000대 분량의 오염된 독성 흙을 워런카운티에 매립할 계획이었는데(Agyeman, 2002), 그 이유는 이 지역이 노스캐롤라이나주에서 가장 가난한 지역이었고 인구의 65%가량이 흑인이었기 때문이다(Schlosberg, 2007). 트럭의 진입을 비폭력행동으로 막아서는 대규모의 저항운동이 지역사회에서 일어났다. 백인 주민들도 흑인 커뮤니티의 운동에 동참했고, 시위자들 간의 상호 관심사를 통해서 사상 처음으로 인권활동가와 환경활동가의 연대가 결성되었다. 400~500명이 체포되었다는 소식이 보도되면서, 시위는 미국 전역에서 주목받는 사건이 되었다. 학자, 정책입안자, 시민사회단체, 활동가들이 나서서 독성폐기물 처리시설의 입지와 주변 커뮤니티의 인종적, 사회·경제적 실태를 조사했다(Taylor, 2000). 유색인종과 저소득층이 압도적으로 환경오염에 노출되었다는 구체적인 증거가 최종보고서에 기록되었고, 여기에서 '환경적 인종차별주의'와 '환경정의'라는 용어가 처음 소개됐다(Agyeman et al., 2016). 환경정의는 환경주의와 사회정의의 교차점에서 등장해 전혀 새로운 사회·정치적 운동을 동원하는 프레임으로 지속되었다. 미국에서 인종문제에 집중된 초창기의 관심이 확대됨에 따라, 환경정의는 계급과 젠더를 비롯한 여러 다른 축을 따라 환경적 차별을 비판하는 수단을 제공하기도 했다(Bendford, 2005).

2. 환경정의의 공간성

환경정의가 뚜렷하게 등장한 것은 이러한 미국의 지역적 맥락이었지만, 실제 현실에서 환경정의라는 관념은 시간적으로 그보다 훨씬 앞서고 공간적으로도 광범위하게 형성되어 있다.

1) 환경정의와 글로벌남부

호안 마르티네즈알리에(Joan Martínez-Alier, 2002: 172)의 주장에 따르면, "세계의 환경정의 운동은 오래전부터 시작되었고 세계 곳곳에서 다양한 시기에 나타났다". 그는 '환경정의'라는 용어가 나타나기 전부터 전 세계의 농민과 토착민이 자신이 사는 환경에 대한 위협에 저항해왔다고 지적했다. 특히 글로벌남부에서는 글로벌북부의 환경정의 개념에 필적하는 '빈민환경주의(environmentalism of the poor)'와 '대중환경주의(popular environmentalism)'라는 이름이 이미 오래전부터 널리 퍼져 있었다. 따라서 환경정의의 개념적 발전은 미국에서 시작해 외부로 퍼져나간 일방적인 확산이 아니라는 점을 인식하는 것이 중요하다(Rodríguez-Labajos et al., 2019; Agyeman et al., 2016). 환경정의는 지리적으로, 문화적으로 다양한 지식과 실천의 교류로 부단한 과정 속에서 형성되어왔다. 글로벌북부 맥락에서 (특히 미국이 지배하는) 초창기 환경정의 패러다임이 기여한 바는 이미 앞에서 소개했다. 최근의 논의는 도시환경에 나타나는 **불공정(부정의, injustice)**의 측면에 (가령, 양질의 식품, 에너지, 녹색공간에 대한 접근의 불평등, 근린 간 리질리언스의 불균등 문제에) 집중하며 발전하고 있다(Anguelovski et al., 2018; Bulkeley, Edwards & Fuller, 2014). 예를 들어, 아즈먼(Agyeman)은 엄청난 생태적 영향과 이에 따른 자원 접근의 불평등에 대처할 수단으로, 도시의 공간과 자원이 공유의 문화로 귀속되는 이른바 '공유도시(sharing city)'를 주창했다(Agyeman et al., 2016; McLaren & Agyeman, 2015; 32장 지속가능성 참고). 또한, 글로벌남부에서는 초국적기업과 국가가 토지나 자원을 탈취, 파괴하는 행위에 대해 로컬 커뮤니티가 직접적으로 저항하는 행동이 광범위하게 벌어지고 있다. 이의 사례로는 인도의 한 광산에서 벌어지는 채굴에 대한 저항(Temper & Martínez-Alier, 2013)과 브라질에서 기업적 농경이 초래한 삼림파괴와 수출지향형 단일작물재배(모노컬처, monoculture)에 대한 저항(da Rocha et al., 2018)을 들 수 있다. 온라인 매핑 프로젝트인 환경정의아틀라스(EJAtlas)는 전 세계에서 발생한 2,400건의 환경갈등 사례를 기록해두었는데(ejatlas.org; Temper et al., 2018), 이는 오늘날 환경정의 활동의 글로벌 도달범위가 얼마나 넓은지를 보여준다.

2) 환경정의의 해석

환경정의 담론의 글로벌화는 사회지리학자들의 활동 반경을 더욱 넓게 만들고 있다. 환경정의 개념이 새로운 문화적, 정치적 공간들로 확대됨에 따라, 다양한 공간적 맥락이 어떻게 환경정의를 새롭게 재구성하는지에 관한 연구와 분석이 필요해졌다. 가령, 어떤 지리학자들은 대형 에너지 프로젝트에 대한 저항운동을 사례로 환경정의 갈등에서 장소애착(place attachment)이 얼마나 중요한 역할을 하는지를 연구했다(Devine-Wright & Howes, 2010). 그러나 이와 동시에 또 다른 지리학자들은 장소 특수적으로 환경정의를 재구성하는 것이 전복(subversion)의 토대가 될 수는 있지만, 그렇다고 해서 그 재구성이 환경파괴에 대한 단결된 투쟁으로 자동적으로 연결되는 것은 아니라고 지적했다(Holifield, Porter & Walker, 2009). 가령, 마샤스(Marcias, 2008)의 연구에서 미국 뉴멕시코주의 히스패닉 커뮤니티는 환경정의 프레임을 가지고 있었지만 삼림 이용을 둘러싼 분쟁에서 벌목회사와 동일한 입장을 취한 것으로 나타났다. 이는 백인 주도의 환경단체에 반대하는 과정에서 생겨난 결과였다. 이러한 사례는 세계

도처의 환경정의 운동에서 어떻게 '정의'가 서양의 자유주의적 관념과는 상이한 방식으로 해석되는지에 대한 분석의 필요성을 제기한다(Walker, 2009). 정의와 지리는 상호구성적이다(Harvey, 1996). 따라서 환경정의는 공간의 영향을 받고, 이와 동시에 공간을 형성한다. 이런 문제의식을 토대로, 지리학자들은 환경정의 연구의 전통적 공간 관념인 환경피해 근접성(proximity)에 대한 대안적 개념화를 위해서도 노력하고 있다. 이 노력이 중요한 이유는 오늘날 기후변화의 글로벌한 확산이 인공적인 경계를 따르는 것은 아니기 때문이다(Holifield, Porter & Walker, 2009). 이처럼 오늘날 생태압력으로 인해 환경정의 이슈는 새로운 공간과 장소로 진입하고 있고, 이로 인한 여러 긴장관계들은 사회지리학 연구의 비옥한 토양을 형성하고 있다.

3. 환경정의의 스케일화

지리학자들은 환경정의를 **다중스케일(multiscalar)** 개념으로 이론화하는 데 앞장서고 있다. 미국의 전통을 따른 초창기 지리학 연구들은 지역주민이 원치 않는 로컬 토지이용에 저항하는 풀뿌리운동이 환경 거버넌스 체제(레짐)를 둘러싼 보다 넓은 차원에서의 대항과 어떻게 연결되었는지에 주목했다(Towers, 2000; Kurtz, 2003). 또 다른 한편에서, 마르크스주의 지리학자들은 환경정의 투쟁이 '호전적 당파주의(militant particularism)'*로 흘러가는 경향(Harvey, 1996)과 자본주의적 정치경제에 대한 비판을 간과할 위험성이 있다고 경고했

다(Swyngedouw & Heynen, 2003). 21세기에 들어 자본주의의 글로벌화가 기후변화와 더불어 더욱 강렬해짐에 따라, 최근 환경정의의 국제적 모습도 진화하고 있다(Sikor & Newell, 2014). 환경정의운동은 그 기원지인 미국과 인종에 초점을 두었던 과거를 넘어, 오늘날 원주민, 식량, 에너지정의 등 새로운 영토와 이슈에 대한 연구로 확장되고 있다. 이와 동시에 커뮤니티 수준을 넘어서 국가 내·외부의 불균등한 권력관계에도 주목하고 있고, 그 결과 기후정의 개념이 널리 확산되고 있다(그림 33.1). 결국, 기후변화는 역사상 가장 중대한 환경정의 이슈가 될 것이다(Schlosberg & Collins, 2014).

....

* 영국의 좌파 문화이론가인 레이먼드 윌리엄스(Raymond Williams)가 창안한 개념으로 특정한 국지적(로컬) 투쟁(운동)에 기반을 둔 연대(solidarity)가 보다 광범위한(보편적인) 사회 전체에 유익한 동력으로 발전하는 경향을 지칭할 때 사용한다. 윌리엄스는 이러한 투쟁의 확장적 전이(轉移)가 (가령, 특정 사업장의 노동운동이 지역 전체로 확대되는 양상이) 가능한 것은 계급이 처한 상황과 계급적 경험에서 비롯된 감정구조(느낌구조, structures of feeling)라는 공통분모 때문이라고 보았다. 그가 말한 감정구조란 의식화된 정체성이라기보다는 일상적 사회관계 속에서 문화적으로 형성된 정동적(affective) 힘을 말한다. 윌리엄스는 문화연구의 목적이 바로 그러한 감정구조를 확인하고 확장적으로 재구성하는 것이라고 보았다.

한편, 지리학자 데이비드 하비(David Harvey)는 (레이먼드와 정반대의 맥락에서) 전투적 특수주의(당파주의)가 배타적이고 고립적인 집단주의나 파시즘적 경향으로 귀결될 수 있는 위험과 가능성을 지적했다. 즉, 어떤 국지적 투쟁을 보다 넓은 사회운동으로 확장, 연결시키려는 (특히, 지식인의) 개입이나 노력이 국지적 투쟁의 당사자 입장에서는 자유주의적인, 계급적 충성도가 약한, 반동적이고 외래적인 태도로 간주되어 비판받고 거부될 수 있다는 것이다. 이런 비판은 노동조합운동에 관한 하비의 현장연구 경험에 토대를 둔 것이었다.

국내에서는 이 용어의 번역을 둘러싸고 여러 논란이 있으나, 윌리엄스의 입장에서는 긍정적인 뉘앙스에서 '투쟁적 특수주의' 정도로 옮기고 하비의 입장에서는 비판적인 뉘앙스에서 '호전적(전투적) 당파주의(파벌주의)' 정도로 옮기는 것이 큰 무리가 없어 보인다. 본문에서는 후자의 맥락으로 사용되었다.

이와 관련된 문헌으로 Harvey, D. (1995), "Militant Particularism and Global Ambition: The Conceptual Politics of Place, Space and Environment in the Work of Raymond Williams," Social Text, 42, 69-98 참고.

그림 33.1 기후정의의 동원: 셰브론은 "중단하라!"

(출처: Creative Commons, https://www.flickr.com/photos/forsevengenerations/albums/72157622582479986)

1) 기후와 생태부채

기후정의는 환경정의에서 진화해 뻗어 나오는 하나의 가지로서, 구체적으로는 기후변화와 사회정의의 교차점에 관심을 둔다. 이 개념을 뒷받침하는 것은 오늘날 지구 환경의 상태에 대한 '역사적 책임'의 분석인데, 특히 글로벌북부의 부유한 국가가 대기오염의 역사 대부분을 책임져야 한다고 본다. 기후변화의 파괴적 영향으로 가장 피해가 심각한 곳은 글로벌남부에 집중되어 있는 빈곤한 커뮤니티들이다. 따라서 기후정의운동에서는 글로벌북부가 글로벌남부에 빚을 지고 있다고 주장한다. 이 빚은 단순한 온실가스의 방출을 넘어서 보다 광범위한 '**생태부채**(ecological debt)'까지 포

괄한다. 생태부채의 뿌리는 **식민주의**까지 거슬러 올라간다(Gonzalez, 2015). 글로벌북부의 국가들은 식민주의에 토대를 둔 지배관계를 바탕으로, 막대한 화석연료 연소에 의존해 생태적으로 급속하면서도 파괴적인 '발전'의 궤적에 착수했다. 이는 글로벌남부의 (구)식민지 국가들이 스스로의 번영과 행복을 형성할 수 있는 능력에 제약을 가했다(Baptiste & Rhiney, 2016). **기후부채(climate debts)**를 어떻게 갚아야 하는지에 대해서는 다양한 주장들이 있다. 워레니어스(Warlenius, 2018)는 이를 두 가지의 핵심 주장으로 종합했다. 첫째는 배출부채(emission debts)인데, 글로벌북부가 탄소 공유재(carbon commons) 남용의 역사에 대해 보상해야 한다는 것이다. 보다 구체적으로 말

하자면, 지속가능한 총량에서 자기 몫 이하의 수준으로 배출량을 낮추어 글로벌남부가 필요로 하는 '수용량(수용력, sink capacity)'*의 할당량을 늘리자는 것이다. 둘째는 **적응부채**(adaptation debts)인데, 이는 글로벌북부에서 글로벌남부에 금융적 보상을 지불해 기후변화를 회피하거나 그에 대한 리질리언스를 키울 수 있는 수단을 제공하자는 것이다. 그러나 기후부채에 대한 의미 있는 보상이 현실화될 신호는 현재로서는 거의 보이지 않는다.

2) 기후정의에 대한 암울한 전망?

기후정의에 대한 주장은, 오늘날 국제 기후정치의 특징인 견고한 신자유주의적 프레임에서 급진적으로 벗어나야 함을 분명하게 표현한다. 이런 점에서, 기후정의 담론이 유엔기후협약(UNFCCC) 프로세스에 녹아들어갈 수 있었던 것은 전혀 놀랍지 않다(Routledge, Cumbers & Driscoll Derickson, 2018; Okereke & Coventry, 2016; 32장 지속가능성 참고). 그러나 환경정의로 나아가는 길을 막아서는 사회·환경적 물질성도 여전히 뿌리 깊이 박혀 있다. 예를 들어, 글로벌북부에서 산업혁명을 일으키며 막대한 오염을 일으켰던 생산과정이 오늘날에는 글로벌남부로 아웃소싱되어 있다. 이는 저렴한 노동력과 느슨한 환경규제 때문에 나타나는 현상인데, 글로벌남부에서 생산된 제품과 수익은 대부분 글로벌북부의 기업과 국가에게 되돌아간다(Peng, Zhang & Sun, 2016; Grant & Oteng-Ababio, 2012 참고). 글로벌북부의 수요를 충족하기 위한 저렴한 재화 생산과정으로 인도나 중국에서는 엄청난 양의 탄소를 배출하고 있다(Davis & Caldeira, 2010; Sovacool et al., 2017). 이러한 물질성은 국제 기후외교 협상에서 중대한 이슈이다. 왜냐하면 국제 사회에서는 국민국가를 핵심 단위로 하여 온실가스 배출의 책임을 공간적 경계를 설정하여 부과하기 때문이다. 따라서 어떤 수단을 통해서 어떤 행위자들에게 기후부정의(climate injustice)의 책임을 물을 것인지를 확정하기 위해 기본 틀을 마련하는 것은 점점 더 어려워지고 있다. 그럼에도 불구하고 기후정의는 학자와 활동가들의 글로벌 환경정의운동에서 최전선에 위치하고 있다. 가령, 지리학자 바티스트와 라이니(Baptiste & Rhiney, 2016)는 (수 세기 동안의 식민주의적 착취와 글로벌 자본주의 시스템에서 종속적인 위치에 있었던) 카리브해 연안 지역이 경험해온 환경부정의를 조명한 바 있다. 또한, 기후정의는 글로벌남부가 영향력을 발휘해서 환경정의 개념을 확장하고 있는 핵심 영역이기도 하다. 이를 증명이라도 하듯, 글로벌북부에서 탈성장(degrowth)운동을 이끌고 있는 학자 및 활동가들이나(Demaria et al., 2013; Joan Martínez-Alier, 2002; 21장 주거 참고) 그린피스 등의 NGO들은 글로벌남부와 토착민 커뮤니티에서 유래, 발전되어온 환경정의와 기후정의의 관념을 채택하고 있다(Agyeman et al., 2016).

---

* 어떤 외부의 압력이나 스트레스를 감당해내고 스스로 회복할 수 있는 정도의 양(규모)을 의미하며, 'work capacity'라고도 한다.

Box 33.1

현장 속 연구
학자행동주의와 환경정의 연구

환경정의 분야의 초창기 연구는 거의 대부분 정량적(양적) 방법에 의존했지만, 1990년대 중반부터는 보다 정성적(질적), 학제적 접근으로 변해갔다(Agyeman et al., 2016). 이미 1980년대 후반의 통계분석 연구들이 인종적, 계급적 차별의 증거를 찾아냈지만, 다양한 갈등의 장소특수성에 주목하여 인간과 환경의 관계를 더욱 면밀히 이해하기 위해 보다 착근적(배태적, embedded) 연구방법이 연구자들에게 인기를 끌었다.

이러한 연구방법은 다양한 형식으로 나타났다. 가령, 러셀(Russell, 2015)은 풀뿌리 환경정의운동에 '전투적 문화기술지(militant ethnography)' 방법을 도입했다. 러셀은 이를 연구자와 연구 참여자 간의 **한계거리(임계거리, critical distance)***를 완전히 없애는 방법이라고 설명했다. 또한, 레이탄과 깁슨(Reitan & Gibson, 2012)은 **참여행동연구**를 통해서 환경정의운동을

탐구했다. 이 연구자들은 자신들을 학자로서뿐만 아니라 활동가로서 환경정의 네트워크에 착근시켰다.

이처럼 착근적 학자-활동가 연구방법은, 그동안 사회과학에서 당연시되어온 연구자의 **중립성**에 대한 페미니즘 비판의 영향을 받은 것이었다(Harding, 2004; 1장 사회지리학의 번영을 위하여 참고). 이러한 접근은 사회적 현실에 대한 풍부한 설명을 가능하게 했지만, 여러 도전에 직면하기도 했다. 이 중 대표적인 문제는, 이들이 스스로를 연구대상자와 지나치게 동일시하기 때문에 정치적 도그마에 빠진 동료들의 주장을 너무 쉽게 받아들이고, 결과적으로 학문적 엄밀성을 상실할 수 있다는 비판이었다(Apoifis, 2017). 이런 시나리오의 회피를 보장할 방법은 없다. 그러나 리히터만(Lichterman, 2002)은 우리가 '연구자의 모자(researcher's hat)'를 쓰는 순간 심리적, 사회적 거리가 생겨나고, 이는 연구뿐만 아니라 연구 참여자들에게도 이롭다고 말했다. 그럼에도 불구하고 학자-활동가 연구는 정치적 혼란 속에서 계속 번성해나가고 있으므로, 이런 방법을 어떻게 적용하는 것이 가장 효과적인가에 대한 유익한 설명이 앞으로 등장할 것으로 기대된다(3장 사회지리학의 연구수행 참고).

---

* 객관성을 추구하는 정량적 연구방법에서 연구자는 연구대상자와 한계거리를 유지하도록 요구받는다. 이를 통해 가치 판단의 가능성과 권력의 작용을 배제할 수 있다고 보기 때문이다. 이에 반해, 문화기술지, 참여행동연구 등의 연구방법을 활용하는 정성적 연구자들은 한계거리를 연구의 몰입도와 사회정치적 적절성을 방해하는 장애요소로 간주하는 경향이 있다.

4. 사회지리학에서 환경정의의 전망

워커와 벌켈리(Walker & Bulkeley, 2006: 655)는 "환경정의의 개념은 미국의 인권운동 정치에서 출현한 초창기부터 줄곧 지리적이었다"고 말한다. 이 진술은 '환경정의의 지리'라고 제목을 붙인 『지오포럼(Geoforum)』 특집호의 편집자 서문에 등장하는 첫 문장으로, 2000년대 들어 환경정의에 주목하는 지리학 연구가 폭발적으로 증가했

음을 시사한다. 그러나 환경정의 논의는 철저하게 학제적이므로, 다음과 같은 질문을 제기해보는 것도 중요하다. 환경정의 이슈를 사회지리학 렌즈를 통해서 바라보는 것은 어떠한 가치가 있을까? 이에 대한 대답의 일부는 앞에서 제시했다. 사회지리학의 핵심 개념인 공간, 장소, 스케일에 대한 사고를 통해 환경정의 논의가 확대되고 있다는 점을 검토하면서 말이다. 이와 같은 보다 심층적인 이론적 수렴에 더하여, 환경정의와 관련해서

사회지리학자들이 더 활발한 상호작용을 해야 할 시의적절한 이유들도 있다. 이에 대한 논의를 끝으로 이 장을 마무리하려 한다.

1) 인류세의 사회지리학

지리학의 하위학문으로서 사회지리학은 **인간중심주의**(anthropocentrism)에 대한 비판에 취약하다. 인류를 가장 중요한 개체로 재현하고 세상에서 유일한 가치의 보유자로 여길 위험이 있다는 뜻이다. 인간의 경험을 조목조목 파악하려는 끈질긴 노력으로 인해 사회지리학자들은 인류가 동물, 생태계, 식물 등 지구의 생물권을 구성하는 다른 생명체나 물질과 공존하는 상호관계를 간과하는 경향이 있다. 지리학자는 사회와 환경 개념이 맞닿은 곳에서 자신의 학문적 위치를 찾는다는 점을 감안하면, 이 점은 놀라운 일이 아닐 수 없다. 또 다른 한편, 오늘날의 사회지리는 전대미문의 생태적 위기의 시대 속에서 펼쳐지고 있고, 역으로 이는 생태위기에 대한 사회적 원인을 형성하기도 한다. 오늘날 널리 사용되는 '**인류세**'라는 용어는, 인간의 활동이 새로운 지질학적 시대를 만들어낼 정도로 지구의 대기환경에 근본적인 변동을 일으켰다는 것을 함의한다(Crutzen & Stoermer, 2000). 이런 생태학적 어려움을 고려할 때, 향후에도 사회지리학이 계속 인간중심적 경향을 유지하는 것은 아무리 좋게 보아도 환경을 무시하는 것에 지나지 않을 것이다. 그리고 나쁘게 보자면, 사회지리학자들이 인간을 타자화된 '자연'으로부터 위계적 사고를 통해 분리해내는 행태에 공모하는 것이라고 볼 수도 있다. 이런 사고방식이 오늘날 우리가 직면한 위기를 만들어냈다는 점을 명심해야 한다.

사회지리학이라는 분야의 목표가 지금의 위기를 헤쳐나가는 데 유의미한 기여를 하고 사회·환경적으로 정의로운 미래를 만들어나가는 것이라면, **생태적 관점**을 수용하고 이를 강화해야만 한다. '생태적' 관점이라 함은, 사회지리적 현상을 이해할 때, 지구의 생명체, 생태계, 물질이 형성한 거대한 네트워크 안에서 사회지리적 현상의 상황성과 상호의존성을 인식하려는 접근을 말한다. 인류가 지구에서 이탈해 있다거나 인류를 지구보다 '상위'의 존재로 여기지 않는다는 것이다.

사회지리학자들 사이에서 이러한 관점이 결핍된 적은 없다. 이 분야의 선구자 중 하나인 엘리제 르클뤼(Élisée Reclus, 1894)는 **보편지리학**(universal geography)이란 개념을 제시하면서 인류는 자의식을 지닌 자연의 일부라고 주장했다. 그래서 인간의 번영과 광범위한 지구의 번영은 조화를 이룰 수 있고, 또 반드시 그렇게 되어야만 한다고 말했다. 최근의 '**인간 너머의 지리학**(more-than-human geography)'(Lorimer, 2010; 34장 음식과 인간 너머의 지리학 참고), 급진주의 정치생태학(White, 2015; Box 33.2), '비건지리학(vegan geographies)'(Springer, 2021)과 같은 연구방법의 발전과 수용은 사회지리학이 보다 생태적인 관점을 받아들여 새로운 힘을 얻고 있다는 증거로 보인다.

2) 환경정의의 역할

환경정의 이슈는 환경과 사회에 대한 관심의 교

Box 33.2

현장 속 연구

인간 너머의 지리학을 위한 정치생태학

정치생태학은 사회-환경체계를 연구하는 분석적 접근이며, 이 체계가 출현하게 된 광범위한 **권력**관계에 뚜렷이 초점을 둔다. 이는 정치에 무관심한 (문화)생태적 접근과 대비된다.* 왜냐하면 정치생태학은 환경문제의 실태를 단순히 기술하는 데 머물지 않고, 그 근본원인을 비판하고 대안적 조치와 행동을 탐구하기 때문이다(Robins, 2012). 이러한 설명은 얼핏 환경정의와 구분되지 않을 정도로 매우 유사하다. 그러나 홀리필드(Holifield, 2015)는 이렇게 제안했다. 환경정의가 다양한 접근으로 연구되어야 하는 주제나 개념의 하나라면, 정치생태학은 다양한 접근이나 방법론의 하나라는 것이다.

초창기에 환경정의 논의가 환경피해의 불균등한 분포를 로컬 스케일에서 다루었을 때에는 정치생태학과는 거의 접점이 없었다. 그러나 환경정의 논의가 그 스케일을 확장해나가면서 (곧, 기후정의에 대한 관심이 증폭되고 로컬 부정의를 거시적인 불평등 패턴과의 관계 속에서 파악하게 되면서) 정치생태학에 적합한 연구주제들이 폭발적으로 증가했다(Collard et al., 2018). 폴 로빈스(Paul Robbins)에 따르면, 정치생태학이 오늘날 환경

정의 이슈에 접근하기에 가치 있는 렌즈라 할 수 있는 이유는 헤아릴 수 없을 만큼 많다.

정치생태학은 승자와 패자, 숨은 비용(간접 비용, hidden costs), 그리고 사회·환경적 결과를 야기하는 차별적 권력을 드러낸다. 정치생태학 연구는 몇 가지 핵심 질문에서 시작한다. 지역의 숲이 훼손되는 요인은 무엇인가? 야생보호 노력은 누구에게 혜택이 되고 누구에게 손해가 되는가? 로컬 토지이용의 변화로 어떤 정치운동이 성장하고 있는가? 이런 질문에 답하기 위해, 정치생태학자들은 다양한 스케일에서 작동하는 여러 변수들의 영향력을 평가할 수 있는 설명의 틀을 추구한다. 각 스케일의 변수는 다른 스케일의 변수에 포섭되어 있다. 로컬 결정은 지역정책의 영향을 받고, 지역정책은 글로벌 정치와 경제에 좌우된다(Robbins, 2021: 20).

지리학의 **포스트인간 전환(posthuman turn)**으로 자연과 사회의 이분법에 대한 비판은 더욱 가속화되고 있다. 이는 인간의 장소를 네트워크 속에서 동물, 식물, 경관, 기술, 사물 등으로 구성되어 있다고 여기고, 각각은 나름대로의 행위성을 갖는다고 파악한다(Lorimer, 2012; Castree & Nash, 2006). 그러나 **'인간 너머의' 지리학** 깃발 아래 수행되는 연구 중 지구를 환경파괴로 이끄는 구조와 행동에 대해 탐구하는 사례는 많지 않다. 정치생태학은 **포스트식민주의**와 **페미니즘**의 영향을 받아 형성되었기 때문에 인간 너머의 지리학의 '뾰족한 끄트머리를 더욱 날카롭게' 할 수 있는 위치에 있다. 그리고 환경(부)정의라는 이슈에서 인간과 비인간의 역할 모두를 비판적으로 살펴볼 수 있는 방법을 제시할 수 있다(Margulies & Bersaglio, 2018).

---

* 정치생태학은 지리학의 전통적 인간-환경 관계 접근방식인 문화생태학과 대비된다. 문화생태학의 핵심 관심사는 인간 사회가 자연에 어떻게 적응하고 자연을 어떻게 변형하는지, 그리고 이 과정에서 어떠한 문화와 경관이 출현하는지에 초점이 맞춰져 있다. 환경결정론(environmental determinism)과 가능론(possibilism)으로부터 시작해 칼 사우어(Carl Sauer)의 초유기체적(superorganic) 버클리학파(Berkeley School) 문화지리학에 이르기까지 지리학자들은 문화생태학적 관점에 주목했었다. 이러한 접근은 인간-환경 관계에 지대한 영향을 주는 불평등, 정의, 권력, 사회지배 구조, 정치의 문제를 간과한다는 비판을 받았다. 정치생태학은 이러한 문화생태학의 문제점을 해결하기 위해 등장했다.

차점에서 등장했다. 따라서 사회지리학은 생태적 감수성을 지닌 사회과학적 연구방법을 개발하는 데 다른 분야보다 훨씬 풍성한 토대를 갖고 있다. 그리고 오늘날은 이러한 작업이 역사적으로 더없이 중요한 때이기도 하다. 그러나 보장된 것은 없다. 심지어 초창기 환경정의 논의 속에서도, 환경오염은 사회 불평등의 측면에서만 아주 협소하게 다루어졌다. 사회집단 간의 차이만 논의했기 때문이다(Schlosberg & Collins, 2014). 그러나 21세기에 가속화되고 있는 기후변화와 생태적 파괴는 환경정의 학자들로 하여금 인간과 비인간의 관계를 근본부터 재고(再考)하도록 만들고 있다. 이제야 비로소 건강하고 안정적인 환경이 **모든** 형태의 정의를 떠받치는 기초라는 인식이 자리를 잡고 있다(Schlosberg & Collins, 2014). 슐로스버그(Schlosberg, 2004)와 같은 저명한 환경정의 학자들은 환경이슈를 사람 간의 정의로 이해하는 **환경정의**의 개념을 확장하여, 비인간 자연을 지향하는 정의인 **생태정의**(ecological justice)에 대해서도 논의해야 한다고 주장한다(34장 음식과 인간 너머의 지리학 참고). 사회지리학자들은 환경정의의 이 두 측면 모두를 고려해야만 정의롭고 지속가능한 지구의 미래를 창조할 수 있을 것이다.

 요약

- 환경정의는 하나의 운동이자, 학술모임이며, 정책목표이기도 한 다원적 개념이다.
- 사회·정치적 운동으로서 '환경정의' 프레임은 1980년대에 미국에서 인권운동과 환경 행동주의가 결합하면서 출현했다. 그러나 이는 세계 도처에서 (특히 글로벌남부의 토착민과 농민운동으로부터) 영향을 받아 형성된 것이기도 하다.
- 환경정의는 지리적, 개념적으로 확장되고 있다. 환경피해가 소수민족과 저소득층 커뮤니티에 집중적으로 분포하는 로컬 문제뿐만 아니라, 기후정의와 같은 이슈와 연관된 글로벌한 사회−환경적 권력관계에 대한 분석도 이루어지고 있다.
- 환경정의 이슈는 사회와 환경의 교차점에 위치하기 때문에 공간, 장소, 스케일의 측면을 고려한다. 이런 이유로 환경정의 연구자들은 사회지리학에 각별히 주목하고 있다.
- 오늘날의 지구는 인간의 영향으로 심각한 위기에 직면해 있다. 그래서 사회지리학자들은 비인간 세계와 인간이 상호의존하고 있고 사회가 생태적 한계에 착근될 수밖에 없다는 점을 인식하는 '생태적' 접근을 수용해야 한다.

더 읽을거리

Agyeman, J., Schlosberg, D., Craven, L., & Matthews, C. (2016) Trends and directions in environmental justice: From inequity to everyday life, community, and just sustainabilities. *Annual Review of Environment and Resources,* 41: 321-40.

Holifield, R., Porter, M., & Walker, G. (2011) *Spaces of Environmental Justice.* Oxford: John Wiley & Sons.

Schlosberg, D. (2013) Theorising environmental justice: The expanding sphere of a discourse. *Environmental Politics,* 22(1): 37-55.

Temper, L., Demaria, F., Scheidel, A., Del Bene, D., & Martínez- Alier, J. (2018) The Global Environmental Justice Atlas (EJAtlas): Ecological distribution conflicts as forces for sustainability. *Sustainability Science,* 13(3): 573-84.

Walker, G. (2012) *Environmental Justice: Concepts, Evidence and Politics.* London: Routledge.

음식과 인간 너머의 지리학

1. 음식의 사회지리학적 의미

음식과 사회를 생각하면 무엇이 떠오르는가? 일요일 점심? 이드 알피트르(Eid al-Fitr)?* 성탄절 저녁식사? 친구와 먹는 피자? 추수감사절? 로맨틱한 피크닉? 종교적, 상업적 축제에서부터 테이크아웃 커피에 이르기까지, 함께 식사하는 행위, 곧 **식사나눔(공식, 共食, commensality)**이라 불리는 행위는 사회관계에서 윤활유의 역할을 한다. 물론 이 장에서 식사나눔에 관해서도 다루겠지만, 단지 그에 국한되지는 않는다. 이 장에서는 음식지리학(food geographies)의 연구방법을 검토하면서 음식의 사회지리를 논의한다. 특히, 음식하기(the doing of food)에 의해 신체와 사회관계가 어떻게 '중요하게 만들어지는지'를 탐구하는 다양한 음식지리학 연구를 소개한다.

음식지리학은 농식품학(agro-food studies)과 구별되는 분야로, 1997년에 벨과 밸런타인(Bell & Valentine, 1997)이 『소비지리학(Consuming Geographies)』이라는 책을 출간한 이후 활력 넘치는 연구분야로 발전했다. 음식의 생산, 소비, 분배는 기후변화에서부터 비만과 이주에 이르기까지 우리 시대의 중요한 이슈들과 뒤얽혀 있다. 음식지리학자들은 뚜렷한 분과학문을 형성하는 과정에서 촌락지리, 도시지리, 정치지리, 경제지리, 페미니즘 지리, 포스트식민주의 지리, 인간 너머의 지리 등을 한군데로 모으고 있다. 이를 통해 음식의 지식, 실천, 시스템이 무엇을 하고, 어디에 있으며 누구를 위해 기능하는지를 탐구하고 있다.

---

* 이드 알피트르는 라마단(Ramadan)이 끝나는 것을 축하하는 무슬림의 공휴일로, 사원에서 성대한 음식을 장만하고 축제를 연다.

음식은 친밀한 개인적 관계성을 갖는다. 베넷 (Bennett, 2007: 133)에 따르면, "음식은 우리의 생성(되어가기, becoming)에 관여한다". 우리가 먹는 것은 말 그대로 우리의 신체를 재생한다. 그리고 이를 통해 우리는 음식이 만들어낸 동물, 식물, 곰팡이의 몸체들과 연결되며, 이들의 생명 유지와 연관된 지구와 미생물, 식품사슬에서의 인간 노동, 푸드시스템의 경제와도 관계를 맺게 된다. 이처럼 음식의 사회지리는 **비인간**을 포함한다. 그럼에도 불구하고 음식 생산은 동물, 식물, 자원에 대한 의존도가 너무나 크기 때문에 지속가능하지 않으며, 불투명한 글로벌 네트워크와도 너무나 복잡하게 뒤엉켜 있기 때문에 공정하지도 않다 (Herman, Goodman & Sage, 2018). 또한, 각종 미디어는 음식 소비자들이 너무 많이 먹거나 바람직한 음식을 섭취하지 않아 건강하지 않다고 보도하고 있다. 또한, 소비를 감당할 수 없는 사람들은 다른 사람들의 '원조'에 의존해야만 한다. 이처럼 개인의 음식 소비라는 이슈는 자기 자신, 가족, (공공 의료서비스 등) 제도, 국가, 음식재료, 지구의 미래 등에 대한 보살핌의 책임과 깊이 연관되어 있다.

음식은 생물적 필요라는 점에서 다른 상품과는 다르다. 하지만 사람들이 음식으로 섭취하는 것들이 보기만큼 단순하지는 않다. 왜냐하면 음식에는 확연한 사회적, 문화적, 종교적, 윤리적 차이가 내재하기 때문이다. 이런 차이는 음식으로 섭취된 물질의 사멸과 음식 간의 관계에 대한 지식과 긴밀히 얽혀 있다. 곧 음식을 먹는 사람은, 자신의 음식 소비나 섭취 행위뿐만 아니라 소비와 실천의 기초에 의거해서 판단을 하거나 받기도 한다. 가령, 2019년 1월 영국 뉴캐슬어폰타인에 본사를 둔 베이커리체인점 그렉스(Greggs)가 출시한 비건(vegan) 소시지롤을 둘러싼 논란을 생각해보자 (그림 34.1). 비건 소시지롤은 전혀 새로운 것이 아

그림 **34.1** 비건 소시지롤을 둘러싼 문화 전쟁을 다룬 칼럼
(출처: Williams, 2019)

니고, 이미 수십 년 동안 영국에서 존재해왔다. 그러나 그렉스의 비건 소시지롤 출시를 둘러싼 한바탕 소동은 음식과 정체성이 어떻게 얽혀 있는지를 여실히 드러냈다.* 음식과 그 **물질성**은 사회적 규범과 위계 안의 소매구조와 얽혀 있다.

음식은 생존과 건강에 필수적이지만, 자아 정체감이나 복합적 층위의 공동체적 소속감과도 뒤엉켜 있다. 우리가 누구인지, 어떤 사람이 되길 원하는지, 어떤 사회에 살고 싶은지에 따라 음식을 구입하고 요리해서 먹는 방식이 다르다. 각 가정의 음식 맛은 오래되었든 아니면 새로운 것이든 간에, 전통과 소속감, '이국적인 것'에 대한 갈망, 열망하는 식욕, 미래에 대한 상상과 뒤섞여있다. 공익 건강 캠페인과 광고는 특정 음식의 물질성을 이용해서 죄책감, 수치심, 공포에서부터 기쁨, 친밀감, 돌봄에 이르는 다양한 감정적 효과를 만들어낸다. 한편, 지식과 마찬가지로, 음식에 대한 욕망과 기회는 권력관계와 실천의 지리와 얽혀 있

다. 금전적 여유, 시간적 압박, 건강 상태, 동물복지, 아이의 선호도 등 여러 조건과 관심이 음식 선택에 복잡하게 작용한다. 음식과 관련된 신념, 결정, 실천은 시간에 따라 (때로는 갑작스럽게) 변하지만, 이는 일상생활에서 너무나도 뻔할 정도로 루틴화되어 있어서 많은 이들은 이를 인식하거나 문제제기할 필요성을 느끼지 못하고 그냥 지나친다.

이 장에서는 우선 음식 선택이 어떻게 이루어지는지, 그리고 그 선택이 식품사슬(food chains)의 다양한 결절(nodes)에서 음식과 얽혀 있는 것들에 어떤 영향을 주는지에 대한 지리학 연구들을 살펴본다. 그다음 절에서는 음식의 사회지리를 이해하기 위해 지리학자들이 사용하는 두 가지 방법과 각각의 이점과 한계를 검토할 것이다. 세 번째 절에서는 음식 선택에서 여러 가치의 혼재가 소속감, 권력관계, 구조, 실천과 어떻게 얽혀 있는지를 상세히 살펴본다. 네 번째 절은 인간 너머의 사회지리에 관한 것으로, 먹는 관계(eating relations)를 소비라는 틀로 규정짓는 사회규범 속에 어떤 모습들이 숨겨져 있는지를 들추어낸다.

2. 푸드시스템 연구

1) 음식생산 연구

이안 쿡(Ian Cook, 2004)이 고안한 **물건 따라가기(follow the things)**라는 연구방법은 엄청나게 간단한 질문부터 시작한다. "우리가 구입한 것들은 누가 만들었을까?"(그림 34.2) 이는 불투명한 상품생

---

* 2019년 1월 2일 그렉스가 비건 소시지롤을 출시하자, 그날 밤 영국의 방송인 피어스 모건(Piers Morgan)은 역겨운 음식이 출시되었다며 트위터에 혹평을 남겼다. 며칠 후인 1월 7일 모건은 아침 뉴스 TV 프로그램 〈굿모닝 브리튼(Good Morning Britain)〉에 출연해 그렉스의 비건 소시지롤을 한 입 베어 물다가 곧이어 쓰레기통에 뱉으며 누구도 사먹지 않을 맛이라고 했다. 돼지고기가 아닌 식물성 재료를 사용한 소시지롤은 진정한 소시지롤이 아니며, 소시지롤에 내포된 남성적 정체성도 훼손당했다고 모건은 생각했다. (대개 음식은 젠더화되어 있어서 동물성 단백질, 고지방, 고칼로리 음식인 육류, 소시지, 감자튀김, 맥주/위스키 등은 남성의 음식으로 간주되는 반면, 샐러드, 요거트, 다이어트음료, 칵테일 등은 여성의 음식으로 간주된다.) 모건에게 그렉스의 비건 소시지롤은 진정성이 결여된 음식이자 정체성까지 혼란한 음식이었다. 그렉스의 비건 소시지롤은 무슬림의 음식문화와도 관련되면서, 무슬림이 이것을 섭취하는 행위가 타당한가의 논란으로 확산되었다. 뿐만 아니라 소시지 생산업자들은 식물성 단백질로 만든 소시지를 '소시지'라고 명명해서는 안 되며 돼지고기로 만든 소시지만이 소시지에 해당된다고 항의하여 또 다른 논란이 불거졌다. 하지만 이런 분위기가 무색할 만큼 그렉스의 비건 소시지롤은 수많은 사람들이 매장 앞에 줄을 서서 사먹을 정도로 큰 인기를 끌었다.

그림 34.2 우리가 구입한 것들은 누가
만들었을까?

(출처: followthethings.com)

산을 비판하는 **마르크스주의** 이론에서 착안한 것
이다. 마르크스주의자들에 따르면, 상품은 사회관
계를 반영하지만, 이는 소비자에게 **은폐되어** 있다
(Harvey, 2010). 생산부터 소비에 (또는 낭비에) 이
르기까지 '물건들'을 추적함으로써, 그러한 것들
과 뒤엉켜 있는 사람과 공동체의 삶을 탐구할 수
있다. 여기에는 농산물생산자, 상품을 포장하는
공장의 직원, 토지를 뺏긴 사람들, 화물선의 선원,
브랜드 디자이너, 슈퍼마켓 점원 등 다양한 사람
들이 포함된다. 음식을 통해서 이들의 삶을 들여다
봄으로써 이와 연결된 사회적, 정치적, 경제적 구
조의 불균등한 영향을 드러낼 수 있다.

'물건 따라가기'는 문서자료의 한계와 복잡한
삶의 관계성 간의 간극을 메우기 위해 활용되는
연구방법이다. 가령, 우리는 이 접근을 통해 열악
한 복지수준, 노동 착취, 소비자의 안전 간의 관계

를 살펴봄으로써, 우리가 구입하는 물건을 더 잘
이해할 수 있고 현실을 보다 긍정적으로 바꿀 수
있는 개입의 방법을 찾아낼 수 있다.

2) 음식 선택 연구

앞에서 살펴본 바와 같이, 물건 따라가기는 푸드
시스템의 변화를 모색하는 운동을 정당화하고 그
에 힘을 실어줄 수 있는 매우 귀중한 방법이다. 그
러나 소비자들은 여전히 그들에게 제공된 것 중
에서만 선택할 수 있다는 문제가 남는다. 예를 들
어, 거스먼(Guthman, 2003)은 미국에서 유기농샐
러드믹스가 대개 엄청난 자원을 투입해서 재배되
고, 노동 소외에 의존하며, 플라스틱 포장의 개발
을 촉진하는 경향이 있다고 지적했다. 소비자는
그 샐러드를 구입하면서도 친환경적 생산과 노동

자의 권리를 **동시**에 우선시할 수는 없다. 이처럼 곤란한 상황은 지리학과 다른 분야에서 가장 널리 그리고 반복적으로 사용되는 인용문 중 하나인 다음의 글귀에 넌지시 표현되어 있다.

먹어야 하는지 말아야 하는지, 이것은 먹고 저것은 먹지 말아야 하는지, 살아있는 것인지 죽은 것인지, 사람인지 동물인지 등은 중대한 도덕적 문제가 아니다. 그랬던 적도 없다. 그러나 사람은 어떤 경우든 먹어야만 하기 때문에, 맛있고 먹기 좋은 것이 존재하기 때문에, 그리고 좋음에 대한 다른 정의가 없기 때문에, 도대체 어떻게 해야 잘 먹었다 할 수 있는지에 의문이 생긴다. … 어떤 사람도 자력(自力)으로만 먹을 수는 없다. '사람은 잘 먹어야 한다(One must eat well)'는 주장은 바로 이 법칙 때문에 성립한다. 이것이 무한한 환대(infinite hospitality)*의 원칙이다(Derrida, 1991: 115).

물론, 어떤 개인 한 명이 무한한 환대를 제공하는 것은 불가능하다. 거스먼의 유기농샐러드믹스 사례에서와 같이, 소비자는 특정한 신체나 관계성을 우선시할 수밖에 없다. 다시 말해, 음식 소비자는 일정한 수준에서 어떤 음식이 자아감과 책임감에 '가장 적당한지'를 결정하고, 이용 가능한 선택지 내에서 그러한 정체성을 수행해야 한다. 이처럼 소비자가 한정된 방식으로 선택해야 하기 때문에, '선택'은 푸드시스템의 모든 관계에 대해

긍정적으로 작용할 수 없다. 그렇다면, 우리는 무엇을 해야 할까?

음식관계에 대한 두 번째 지리적 접근은 '내장(內臟, the visceral)'을 통한 것인데 이는 프로빈(Probyn, 2000)의 연구를 토대로 한다. 이때 내장은 '소화기관(the guts)'을 지칭하는 것으로서, **내장지리학(visceral geographies)**은 음식의 취향과 '상황적 신체(situated body)'의 소화기관에서 나타나는 반응을 탐구하는 것이다. 이는 내향적 접근으로, 음식 생산-소비의 공급사슬을 따라가며 그것과 얽혀 있는 신체와 관계를 찾는 외향적 접근과 대비된다. 내장연구는 정신과 육체가 분리될 수 없다는 전제에서 출발한다. 인간은 체화된 정신이자 정신화된 육체이며, 이는 커뮤니티의 **상황 속에(situated)** 있다. Box 34.1을 사례로 살펴보자. 이를 통해 음식의 취향은 단순히 정신적이거나 신체적인 반응이 아니라는 것을 알 수 있다. 그것은 다각적인 상황에 처해진 사회·정치적 관계, 신념, 지식, 정체성과 긴밀하게 엮여있다.

식사나눔(공식)은 음식관계의 중심에 있다. 따라서 우리는 음식을 내장과 함께 생각함으로써, 음식의 구입, 요리, 섭취가 자신이 바람직하다고 생각하는 사람이나 사회의 모습, 그리고 그런 사회 속에서의 자신의 상황과 어떻게 엉켜 있는지 이해할 수 있다(Chowbey, 2017). 우리는 내장에 주목함으로써 음식의 사회지리와 지금 현재의 음식관계를 드러내고, 이를 통해 음식의 소비와 가치가 어떻게 사회규범을 재생산하거나 사회규범에 도전할 수 있는지를 이해할 수 있다.

---

* 데리다(Derrida)는 'hospitality'를 극단적 개방성의 의미로 사용했다. 이 용어는 다문화 연구에 많이 사용된다.

Box 34.1

현장 속 연구
음식의 맛과 상황적 신체의 소화기관 반응

마가린의 지리에 대한 필자의 연구 프로젝트에서, 연구 참여자 중 한 명인 루스는 마가린을 먹는 것을 "끔찍하고" "인공적인 가짜"의 경험이라고 묘사했다. 그러나 어린 시절에 대해 물었을 때, 그녀는 "어렸을 적에는 마가린 브랜드인 플로라를 먹었는데 괜찮았어요"라고 말했다. 마가린에 대한 루스의 혐오감은 맛에 대한 반응이 아니었다. 마가린 때문에 아팠던 적도 없었다. 두 시점 사이에 루스가 자신의 입과 혀로 마가린을 경험하는 방식에서 무엇인가 변했던 것이다. 대화가 조금 더 깊이 들어가자, 루스는 버터가 자신의 어렸을 적 시골 모습에 대한 기억을 떠오르게 한다고 느꼈다. "병 속에서 [크림을] 흔들어서" 치즈를 만들었던 그녀의 체화된 지식과 관련되었다. 루스는 마가린을 '자연적' 이미지와 일치시키지 못했고, 그래서 그녀는 마가린을 음식이 아닌 혐오스러운 것으로 경험했던 것이다. 그럼에도 불구하고 루스의 생각은 다음과 같았다. "이중적인 생각이 들어요. … [왜냐하면 버터의 재료가 되는 우유를 생산하기 위해] 소들이 어떻게 다루어지는지 … 저는 알고 있거든요. 윤리적 이슈 말이죠. … [그래도] 마가린을 더 우선시하지는 못하겠어요. 제가 원하는 대로 먹지 못하겠어요." 루스가 마가린을 선호하지 않는 것은 비자발적인 소화기관의 반응이었다. 그렇다고 해서 그것이 익숙하지 않은 음식에 대한 소화기관의 즉각적인 거부 반응은 아니었다. 오히려 루스의 반응은 그녀의 (먹는 사람으로서의) 정체성, 믿음, 세계에 대한 지식, 경제적 상황 등 그녀의 '상황적 신체'와 밀접하게 얽혀 있었다.

3) 연구 주의사항: 전략적 무지

'물건 따라가기'와 내장지리의 두 연구방법은 지리학자들이 음식의 사회지리를 드러내는 데 도움이 되고 있다. 이러한 접근은 음식의 실천이 사회관계와 어떠한 영향을 주고받는지 파악할 수 있게 한다. 필자는 두 가지 방법 모두를 사용해서 어떻게 하나의 상품(마가린)이 만들어지고, 알려지며, 소비자를 만나게 되는지 살펴본 적이 있다(Box 34.1 및 Box 34.2). 연구 참여자 중 한 명인 슈퍼마켓 '자체브랜드' 연구개발 관리자인 에릭(Erik)은 마가린의 모든 성분을 따라가서 완벽한 투명성을 성취하려면 "모든 상품마다 책 한 권씩은 필요"할 것이라 말했다. 상식적 수준의 내러티브에서는, 소비자가 그러한 정도의 지식을 가져야만 자신이 먹는 음식에 대해 확실한 정보를 갖고 결정을 내릴 수 있다고 이야기했던 것이다. 그러나 지리학자로서 생각해볼 때, 만일 무한한 환대가 불가능하다고 한다면, 소비자는 그렇게 많은 정보를 얻었을 때 압도되어 어찌할 바를 모를 것이다. 이 문제를 다스리는 한 가지 방법은, 소비자가 자신의 '선택'을 정동(情動) 자극(stimulation of affect)과 얽히게 하는 것이다. 이 개념의 사례는 Box 34.2에서 소개하고 있다.

오늘날에는 제품에 대한 세부정보를 QR코드로 연결하는 것이 일반화되었기 때문에, 지리학 연구에서 음식하기의 위계와 권력관계에서 지속되는 **전략적 무지**(strategic ignorance)를 연구하고 비판

Box 34.2

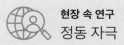

현장 속 연구
정동 자극

필자는 마가린의 생산과 마가린에 대한 인식을 연구하기 위해 현장조사를 하면서, 어떤 다국적기업의 연구개발팀 관리자로 일하는 에릭을 면담했다. 그는 자기 회사에서 당시 18개월 전에 출시한 투명한 마가린 포장용기를 나에게 보여주었다. 그것은 일반적으로 사용되는 하얀색 포장용기를 고품위 용기로 대체하기 위해 개발된 것이었다. 이에 대해 에릭은 다음과 같이 설명했다.

저 사람들이 하는 일을 저는 정말 좋아해요. 마가린을 투명한 용기에 담는 것 말이죠. 이 용기를 개발할 때까지 정말로 많은 고민을 했어요. … 노랗게 변하지는 않을까? 어떤 영향을 미칠까? 맛은 괜찮을까? 산화가 빨리 되지는 않을까? 여러 가지 의문이 들었죠. … 그런데 투명함은 소비자에게 상당히 강력한 메시지를 전달할 것이라고 생각했어요. 이 볼품없는 하얀색 용기에

담지 않고 … 투명한 용기에 담으면 사람들은 자기가 무엇을 사는지 볼 수 있잖아요. … 이건 이미지에 관한 겁니다. 인식에 관한 것이죠. 영향을 주지 않는, 어떤 자연스러움 말이죠. 그래요, 마가린은 뭔가가 더 필요해요. … 공격적인 것은 어울리지 않죠. 하지만 보다 능동적으로 의사소통할 필요가 있죠. 무엇으로 어떻게 만드는지 … 그런 방향이라면 투명한 용기는 정말로 중요한 방안인 것 같아요. 심리적 장벽을 없애는 것이죠. 그래서 투명하게 만든 겁니다. 내부에 뭐가 들어 있는지 보여주는 것이죠.

이와 같은 투명한 용기의 사용은 '정동 자극(stimulation of affect)'의 사례라 할 수 있다. 이 포장은 제품에 대한 소비자 반응을 감정의 수준에서 변화시키도록 디자인되었기 때문이다.

하는 것이 중요하다(McGoey, 2012). 만일 포괄적인 상품정보가 책자로 만들어진다고 해도, 그 속에서 어떤 내용은 중요하다고 (따라서 우리가 알거나 행동할 가치가 있다고) 간주되는 반면 어떤 내용은 묵살되는 사회규범에 뿌리를 내리고 있을 것이다.*

....

* 음식과 관련된 전략적 무지의 사례로 닭 소비문화를 생각해보자. 산업화된 양계 시스템에서 무시당하는 닭의 동물복지는 널리 알려져 있는 사실이다. 식료품이 되기 위해 태어나고, 25×25cm의 협소한 공간에서 살아가며, 식재료가 되기 위해 한 달도 살지 못하고 도축된다. 이러한 환경 때문에 닭은 조류독감을 비롯한 여러 가지 전염병에 취약하다. 인간에 의한 닭의 대학살로 인해, 고생대의 삼엽충이나 중생대의 공룡처럼 인류세 지층의 대표 동물은 닭이 될 것이라는 예측도 있다. 옮긴이를 비롯해 많은 이들이 닭의 일생을 잘 알고 안타까워하지만, 소비의 순간엔 영양 섭취나 식사나눔(공식)의 즐거움을 방해하지 않기 위해 굳이 떠올리거나 언급하지 않는 전략적 무지의 상태에 있으려 한다.

3. 음식과 사회의 일상

1) 가치의 프레임화

먹거리가 충분한 사람에게는 음식이 하찮고 따분한 일상의 일부일 것이다. 그러나 우리가 먹는 것은 자연적인 것도 주어진 것도 아니다. 음식의 선택은 사회·문화적 규범과 얽혀 있는 개인적 욕구와 가치에 뿌리를 내리고 있다. 예를 들어, 이 글을 쓰고 있는 동안에도 미디어에서는 인스타문화(insta-culture) 때문에 소비자들이 음식의 특성보다 표면적 가치, 곧 심미성을 우선시한다고 보도하고 있다. 아보카도의 매혹적인 녹색 빛깔, 설탕

으로 요란하게 장식한 도넛처럼 말이다. 그러나 인스타문화로 어떤 아름다움의 가치는 변했지만, 윤기 흐르는 빨간색 사과든 코카콜라의 아이콘인 유리병이든 '시각적인 것'은 음식 선택에서 늘 중요한 부분을 차지했다.

왜 그런 것일까?

'단순한 상식'에 대해 어른에게 끊임없는 설명을 요구하는 어린이처럼, 지리학자도 '명백함'의 표면 아래를 파 내려가는 것이 중요하다. Box 34.2의 투명한 마가린 용기에 대한 에릭의 발언에서 알 수 있는 것처럼, 식품회사는 포장이나 상품의 진열 같은 시각적인 것에 왜 그렇게 많은 시간과 돈을 쏟아부을까? 우리가 먹는 음식에 대해 무슨 말을 하려고 시각적인 것을 전면에 내세울까? 우리의 시선은 어떤 이야기에 등을 돌리고 있을까? 다시 말해, 음식이 소비자에게 제시되는 방식에는 어떤 사회지리가 배태되어 있거나 숨겨져 있을까?

심미성(aesthetics)은 소비자가 가치를 판단하는 많은 방법 중 하나에 불과하다. Box 34.1에서 루스가 분명히 말하는 것처럼, 호감과 비호감은 음식과의 감각적인 만남으로만 형성되지는 않는다. 음식이 프레이밍되는 방식에 자아가 얼마나 일치하는지도 중요하다(Hocknell, 2016; Hocknell & MacAllister, 2020). 그리고 개별 음식뿐만 아니라 전체 식생활(diet)도 사회규범의 영향을 받는다. 앞서 서술한 것처럼, 비거니즘(veganism)은 오랫동안 하위문화(subculture)로 존재해왔지만 지금은 영국에서 주류로 발돋움하고 있다. 비건 식단은 동물이 포함된 음식보다 더 건강하고 지속가능하며 온정적인 식생활로 인식되고 있다. 이는 표면적으로는 '상식'처럼 보인다. 그러나 지리학자의 비판적 시선을 적용해보면 이야기는 달라진다. 신조류 비거니즘(new-wave veganism)에서는 육류, 어류, 낙농품의 맛과 식감을 모방하기 위해 고도의 공정을 거친 상품에 주력하고 있다. 이 과정에서 야자, 콩, 옥수수, 설탕처럼 해외에서 수입된 자원집약적인 단일재배 작물을 집중적으로 사용한다. 결국, 신조류 비거니즘은 저영향(low-impact) 재배와 싱그러운 계절음식을 추구했던 초창기 비거니즘에서 많이 이탈한 상태이다. 음식을 연구할 때에는 '상식'의 내러티브를 당연시하지 않는 것이 중요하다. 음식과 관련된 프레임, 만남, 가치가 얽혀 있는 경제·사회적 권력관계에 경각심을 유지하고 있어야 한다. 남들이 짜증스럽게 들을 정도로 '왜?'라는 질문을 꾸준히 해야 한다.

2) 가치의 상황적 이해

시간은 오늘날 사회에서 가치 있게 여겨지는 것 중의 하나다. 시간 절약의 필요성에 대한 인식은 널리 퍼져 있다. 간편함은 가치이며, 이와 얽혀 있는 중요한 논의도 있다. 20세기 중반 음식 구입과 준비방식의 변화 덕분에 보다 많은 여성들이 해방되어 가정을 벗어나 일할 수 있게 되었다. 자, 이제 21세기로 돌입한지도 한참이 되었으니, 지금은 우리의 마음 속 아이들도 해방시켜 오늘날 간편식(convenience food)에 대해 질문을 해볼 시점이 아닐까? 오늘날 세계에서 간편식 때문에 간편함을 누리는 사람은 정확하게 누구인가? 상점에서 구입하는 후무스(hummus)를 사례로 생각해보자. 상점에 있는 조리된 후무스는 병아리콩 통조림을 사서 직접 후무스를 만드는 것보다 값도 저렴하고 요리시간은 단 2분밖에 걸리지 않는다. 그런데 정말로 간편한 것일까? 상점에서 구입한 후무스는 플라스틱 용기에 포장되어 있고, 냉장 보관이 필수적이며, 유통기한도 짧다. 기한 내에 팔리지 않거나 누군가 먹지 않으면, 후무스와 포장재 모두 쓰레기가 된다. 환경의 입장에서 음식물 쓰레기는 결코 간편하지 않다. 자신의 몸이 음식거리가 되는 동물, 식물, 곰팡이를 위해서도, 그리고 충분히 먹기 위해 절실히 노력해야 하는 사람들에게도 마찬가지다. 그래서 이것은 환경정의의 이슈가 된다(33장 환경정의 참고). 그러면 상점에서 구입하는 후무스는 정확히 누구를 간편하게 하는가? 어떤 사회지리가 간편함이라는 관념으로 포장되어 있는가?

2013년 UN의 추정에 따르면 생산된 모든 음식의 3분의 1이 폐기된다(FAO, 2013: 6). 이는 경작지에서부터 수송 및 처리 과정을 거쳐 소비자의 가정에 이르기까지 모든 단계에 걸쳐 발생한다. 지리학자 블레이크(Blake, 2018a)는 두 편의 장기적 연구에서 이러한 문제들을 탐구했다. 첫 번째는 음식을 따라가며 무슨 이유로 어떻게 음식이 버려지는지 이해하려는 것이었다. 그리고 두 번째 연구에서는 푸드뱅크 이용자들의 내장 경험에 동참하면서 '낭비된' 음식 재분배 프로그램의 복잡한 사회지리를 심층적으로 이해하려고 했다. 블레이크 내면의 어린아이는 음식이 왜 낭비되는지, 그리고 온전히 먹을 수 있는 음식이 왜 쓰레기로 간주되는지를 알고 싶었던 것이다. 거대기업이 생산해서 판매하는 음식만 '식품'으로 간주되는 이유는 무엇인가? 파머스마켓에서 판매되는 음식은 왜 '대안식품'이라고 불리는가? 이 두 가지의 시스템에서 빠져 있는 음식은 무슨 이유로 "'잉여식품(suplus food)'이나 음식 쓰레기"라고 불리는 것일까? 블레이크(2018b)는 잉여식품이나 음식 쓰레기로 불리는 음식에 '공유식품' 또는 '사회적 식품'이라는 가치를 부여한다면 음식의 사회관계가 어떻게 변화할 것인지에 대해 질문을 던진다.

3) 식품실천의 체화

우리가 음식을 먹을 때에는 건강을 바라거나 환경과 식품생산자를 보호하고 싶을지도 모른다. 하지만 동시에 우리는 금전적 제약에 처할 수 있고, 음식을 개인적으로만 또는 사회관계의 일부분으로만 즐기기를 원할 수도 있다. 우리는 소비의 실천을 통해 이 모든 것의 균형을 유지하려고 하지만, 무한한 환대의 불가능성이라는 함정에 빠지지 않을 수 없다. 따라서 누군가의 선택에서 우선순위는 그 순간 자신의 상황에 제한되어 있다. 예를 들어, 나는 요리를 좋아한다. 원산지에 엄청난 관심을 가지고 있고, 로컬경제도 지지한다. 하지만 가까이 들여다본다면, 내가 **생각**하는 것이 실제로 내가 **하는** 것과 반드시 일치하지는 않는다. 어젯밤 집으로 늦게 돌아오면서 내가 사는 거리 끄트머리에서 24시간 영업하는 초대형 초국적 슈퍼마켓에서 작은 피자 하나를 샀다. 그리고 파머스마켓에서 구입했던 유기농 고추를 썰어 얹었다. 옥수수 사료를 먹이며 놓아기른 영국산 닭을 고급 슈퍼마켓에서 구입했었는데, 일요일 파티에서 먹고 남은 것을 피자 위에 얹었다. 마지막으로 몇 달 전에 만든 김치도 얹었다. 이렇게 만든 피자를 다른 음식과 뒤섞어 놓자, 이탈리아 출신인 옛 하우스메이트는 말 그대로 공포에 질려버렸다. 이밖에도 이 사례에서 명백한 것은 나의 가치와 우선순위는 이래저래 빠져나가고 일관되지 못했다는 점이다. 밤늦게까지 일하고 식사를 빠르고 편하게 해치우려면 그때까지 영업하는 곳을 생각해야만 한다. 가용 예산의 범위 때문에 작은 것을 사는 것도 중요하고 동물복지, 로컬생산을 비롯한 다른 관심사와도 균형을 맞춰야 한다. 이처럼 다각적인 상황적 지식들이 경쟁할 때, 이들은 실천의 상황에서 명백하게 나타나지 않는다.

그렇지만 먹는 개인만이 음식에 대해 가치 판단을 내리는 것은 아니다. 다른 이들도 그 선택에 대해 개인적, 전문적 역량을 모두 감안해 판단을 내린다(Lee, 2012). 먹는 사람의 신체적 외형도 내적 자아에 대해 무엇인가를 말한다. 건강한 몸과 마음을 만드는 보디워크를 할 수 있는 소비자의 능력과 욕망은 계급화, 젠더화, 인종화된 문화적 규범, 판단 및 기회와 얽혀 있다. 콜스와 에반스(Colls & Evans, 2009)와 같은 지리학자들은 비만을 둘러싼 논쟁이 어떻게 사회집단마다 다른지를 연구한 바 있다. 가령, 노동계급이 성취의 결과로 여기는 실천과 지식은 중산층의 입장에서 볼 때에는 사회에 부담을 주며 바로잡아야 할 것으로 여겨진다(15장 계급 참고). 뚱뚱한, 근육질인, 통통한, 건장한 신체는 모두 상이한 사회적 의미를 전달한다. 이에 대한 가치판단은 (그리고 그에 따른 영향은) 관찰자와 관찰대상자의 상황적 **위치성**(positionality)에 따라 다르다. 이리가레이(Irigaray, 2008)에 따르면, 그러한 상황적 판단이 사회규범에 조응할 때에 '상식(common sense)'이 되기 때문에 그 사회적 구성은 (그리고 사회적 구성의 결과

는) 우리에게 보이지 않는다.

4. 음식과 인간 너머의 사회

"음식[을 먹는 것]은 그것의 지리를 먹는 것이다."(Coles, 2016: 257) 토양, 수분, 날씨, 살충제, 노동, 균근곰팡이, 지렁이, 분해자, 수확도구, 교통체계, 방부제 등이 지닌 '**물질성**'은 담론, 경제, 기술, 장소, 시스템, 그리고 음식과 음식을 먹는 사람 내·외부의 권력관계와 함께 포개어져 있다. 이러한 물질성들이 모두 모여서 살(flesh)을 이룬다. 앞서 데리다가 말했듯이 "어떤 사람도 전적으로 자력으로만 먹을 수는 없다". 그러나 수많은 관계 속에서 환대의 향방을 선택하는 사람은 바로 개별 소비자다. 자율적 소비자라는 상식적인 규범에 지장이 생기면 어떨까? 이에 대한 상상을 자극하기 위해 잠시 미생물에 대해 생각해보자. 미생물은 모든 것과 함께 살아가고 대기와 토양 형성에서 핵심적 역할을 한다. 그리고 뒤프레(Dupre, 2012: 165)가 말했듯이, 미생물은 "단일 생명체나 단일 게놈이라는 의미에서, 우리가 독자적 힘만으로 이루지 못하는 신진대사의 필수 프로세스"를 수행한다. 예를 들어, 장내 미생물이 없다면 음식을 소화하는 능력에 제약이 생길 수밖에 없다. 그래서 단일한 주체가 존재하지 않는다면, 다시 말해 미생물로부터 동떨어진 '내'가 존재하지 않는다면, 어디에서 자아(the self)가 끝나고 타자(the other)가 시작되는지에 의문이 생긴다. 미생물과 함께 생각한다면, 우리의 자아를 자율적인 개인이라기보다 고도로 조정되고 공진화하는 다종적(multispecies) 시스템으로 개념화할 수 있다. 이는 "국가라기보다 생태계라는 관념에 보다 가까운" 것이며(Ruddick, 2017: 128), 달리 말해 주체성이 피부의 한계를 넘어서는 "합성적 개체(composite individuals)"라고 할 수 있다(Spinoza, 2002).

우리를 합성적 개체라고 생각하면, 자아와 타자 그리고 먹는 자와 먹히는 것을 서로 다른 종류로 파악하는 소비자들의 상식은 혼란에 빠지게 된다. 기존의 상식적 지식은 소비실천을 통해 구성되고 당연시되며 유지된 것에 불과하다. 앞서 말한 바와 같이 무한한 환대를 한 개인이 제공하는 것은 불가능하지만, 단일 개체를 탈중심적으로 생각해보면 '무엇이 중요한가'라는 질문을 새로운 틀에서 바라볼 수 있다. 어디에서 자아가 끝나고 어디에서 타자가 시작되는지에 대한 확신이 없다면, 우리는 환대를 집합적이고 협상되는 인간 너

지구 돌봄	핵심 윤리는 (호주) 토착민의 (생태적) 실천에 관한 빌 몰리슨(Bill Mollison)의 연구에서 출발했다. 자기 자신, 다른 사람, 지구와 보다 연결된 방식으로 같이 살아가는 것의 중요성에 대해서는 앤 포엘리나(Anne Poelina)가 전하는 영상을 참고하자(youtu.be/NSR_M5jldvU). 모든 생명 시스템이 지속되고 번성할 수 있도록 한다. 퍼머컬처는 자연과 경쟁하지 않고 자연 시스템과 함께 작동한다. 퍼머컬처에서는 지구의 자연환경에 미치는 부정적 영향을 최소화할 방법을 사용한다. 로컬 농산품을 구입하고 계절에 맞는 음식을 섭취하는 일상생활도 필요하다. 무작정 앞으로 나가는 것보다 순환시키는 것을 중시한다. 퍼머컬처는 우리의 선택과도 관련되는데, 특히 우리가 땅을 어떻게 관리하는지가 중요하다. 야생동물 서식지의 파괴와 토양·수질·대기오염을 반대하며, 지구에 위해를 가하지 않고 우리의 욕구에 부응하는 건강 시스템을 디자인하여 창출하는 것도 필요하다. 
사람 돌봄	사람의 생존에 필요한 자원에 대한 접근성을 제공한다. 이 행성의 일부로서 당신은 중요하다! 그래서 개인과 커뮤니티 모두의 웰빙을 보장해야 한다. 개인은 자신과 다른 사람들을 돌볼 필요가 있다. 커뮤니티의 일부로서 환경친화적인 라이프스타일도 개발해야 한다. 가난한 세계에서는 안전한 사회를 조성해 모두가 충분한 음식과 깨끗한 물에 대한 접근성을 가질 수 있어야 한다. 부유한 세계에서는 지속불가능한 시스템을 재설계하여 지속가능한 것으로 대체해야 한다. 이것은 효율적이고 접근성 높은 대중교통을 제공하려는 공동의 노력을 의미할 수 있다. 어린이를 위해 방과 후 클럽 활동을 지원하는 것도 좋다. 사람들이 함께 모이면, 친밀감이 형성되고 지속가능성이 촉진된다. 
공정 공유	우리는 자신의 요구를 관리하고, 한계를 설정하여 생활하며, 의식적인 공동창출(co-create)의 과정에 참여함으로써, 잉여자원을 마련할 수 있다. 이로써 (지구돌봄과 사람돌봄의) 핵심적 퍼머컬처 윤리가 공고해진다. 한계를 설정하는 삶은 자유로운 이동의 제한이나 국경 통제를 의미하지 않는다. 한자녀정책 같은 것도 아니다. 타인의 요구를 존중하며 지구에서 안정적인 인간의 거주를 이룩하려는 의식적인 노력을 뜻한다. 핵심적 전략에는 가족계획에 대한 접근성 보장이나 깨끗한 물, 영양, 거처, 난방과 같은 사람의 기초 욕구에 대한 지원이 포함된다. 또한 필수적인 보건과 교육, 특히 여자아이들의 평등한 교육권 보장이 그러한 전략에 해당한다. 공정공유의 윤리는 지구의 자원이 유한하다는 점과 이러한 자원이 많은 사람들 사이에 공유되어야 하는 점을 인식하는 것이다. 

표 34.1 퍼머컬처협회 홈페이지에 명시된 퍼머컬처 윤리

(출처: Permaculture Association, Knowledge Base, knowledgebase.permaculture.org.uk/ethics를 번역함, 2022년 11월 2일 접속)

머의 것으로 재정립할 수 있다. 이런 맥락에서 루딕(Ruddick, 2017: 132)은 음식 생산에 대한 "퍼머컬처(permaculture) 접근"을 "환대적 실천(hospitable practices)"의 한 사례로 제시했다. 왜냐하면 "여기에서는 (사물의 고유한) **역량**(potentia)과 (사물의 조직시스템인) **능력**(potestas)이 서로 긴밀하게 배치되어 최대 번성을 일으키기 때문이다". 곧, 퍼머컬처 실천가들은 다양한 타자들과 함께 리질리언스를 갖춘 상호연결망을 공동으로 창출함으로써, 환대를 실현불가능한 개인의 문제에서 우리의 공생관계를 강화하는 기회로 새롭게 프레임화하려고 시도하는 셈이다(그림 34.3, 옮긴이 삽입).

그림 34.3 한국의 퍼머컬처 체험 사례 (출처: 서울혁신파크, www.innovationpark.kr)

- 이 장은 '사회지리학을 다루는 책에서 음식은 어떤 의미일까?'라는 의문에서 시작했다.
- 둘째 절에서는 지리학 방법론을 활용하여 음식 실천과 사회관계가 어떻게 서로 영향을 주고받는지를 파악하는 방법들을 소개했다.
- 셋째 절에서는 인간과 비인간 모두를 아우르는 사회관계가 음식지리에 수반되어 있다는 점을 살펴보았다. 이와 아울러, 무엇을 누구와 함께 어떻게 먹는지는 사회·문화적 규범, 구조, 권력관계와 얽혀 있고, 이는 건강, 커뮤니티, 사회정의, 환경에 영향을 미친다는 점도 알아보았다.
- 이를 기초로 넷째 절에서는 '먹는 주체'를 자율적으로 소비하는 개인이 아니라 합성적, 관계적 개인으로 이해하는 방식을 검토했고, 이러한 인식의 변화가 보호(돌봄)의 문제를 어떻게 확장할 수 있는지에 대해서도 고찰했다. 어느 한 명의 개인이 얼마나 많은 환대를 제공하는 것이 가능한지라는 단선적(單線的)인 도덕의 문제에서, 주어진 환대가 무엇을 하는지에 대한 총체적 윤리의 문제로 재구성할 필요성을 강조했다.
- 요컨대, 사회, 문화, 커뮤니티, 개인의 음식과 관련된 행동(doing)은 과거와 현재의 사회지리와 얽혀 있고 미래에도 영향을 줄 것이다.

더 읽을거리

Blake, M. (2018a) Enormous amounts of food are wasted during manufacture: here's where it occurs. *Conversation*, 5 Septem- ber. https://theconversation.com/enormous-amounts-of-food-are-wasted-during-manufacturing-heres-where-it-occurs-1023 10

Blake, M. (2018b) Capitalism has coopted the language of food – costing the world millions of meals. *Conversation*, 1 February. https://theconversation.com/capitalism-has-co opted-the-language-of-food-costing-the-world-millions-of-meals-90780

Chowbey, P. (2017) How women use food to negotiate power in Pakistani and Indian house-holds. *Conversation*, 8 November. https://theconversation.com/how-women-use-food-to-negotiate-power-in-pakistani-and-indian-house-holds-77928

Herman, A., Goodman, M., & Sage, C. (2018) Six questions for food justice. *Local Environment*, 23(11): 1075-89.

Lee, J. (2012) A big fat fight: The case for fat activism. *Conversation*, 22 June. https://theconversation.com/a-big-fat-fight-the-case-for-fat-activism-7743

Williams, Z. (2019) Half-baked: What Greggs' vegan sausage roll says about Brexit Britain. *Guardian*, 7 January. https://www.theguardian.com/lifeandstyle/2019/jan/07/greggs-vegan-sausage-roll-brexit-britain-culture-wars

참고문헌

Aas, K. F. (2011) 'Crimmigrant' bodies and bona fide travellers: Surveillance, citizenship and global governance. *Theoretical Criminology*, 15(3): 331-46.

Abbott, D. (2006) Disrupting the 'whiteness' of fieldwork in geography. *Singapore Journal of Tropical Geography*, 27(3): 326-41.

Abellán, J., Sequera, J., & Janoschka, M. (2012) Occupying the #Hotelmadrid: A laboratory for urban resistance. *Social Movement Studies*, 11: 320-26.

Abraham, A., Sommerhalder, K., & Abel, T. (2010) Landscape and well-being: A scoping study on the health-promoting impact of outdoor environments. *International Journal of Public Health*, 55(1): 59-69.

Adger, W. (2000) Social and ecological resilience: Are they related? *Progress in Human Geography*, 24(3): 347-64.

Adler, S., & Brenner, J. (1992) Gender and space: Lesbians and gay men in the city. *International Journal of Urban and Regional Research*, 16: 24-34.

Agyeman, J. (2002) Constructing environmental (in)justice: Transatlantic tales. *Environmental Politics*, 11(3): 31-53. https://doi.org/10.1080/714000627

Agyeman, J., Schlosberg, D., Craven, L., & Matthews, C. (2016) Trends and directions in environmental justice: From inequity to everyday life, community, and just sustainabilities. *Annual Review of Environment and Resources*, 41: 321-40. https://doi.org/10.1146/annureven-viron-110615-090052

Airey, L. (2003) 'Nae as nice a scheme as it used to be': Lay accounts of neighbourhood incivilities and well-being. *Health & Place*, 9(2): 129-37.

Aitchison, C., & Hopkins, P. (eds.) (2007) *Geographies of Muslim Identities: Diaspora, Gender & Belonging*. Aldershot, UK: Ashgate.

Aitken, S. (2001) *Geographies of Young People: The Morally Contested Space of Identity*. London: Routledge.

Aitken, S., & Valentine, G. (eds.) (2015) *Approaches to Human Geography*, 2nd ed. London: Sage.

Aitken, S., & Zonn, L. E. (eds.) (1994) *Place, Power, Situation and Spectacle: A Geography of Film*. Lanham, MD: Rowman & Littlefield.

Akhter, N., Bambra, C., Mattheys, K., Warren, J., & Kasim, A. (2018) Inequalities in mental health and well-being in a time of austerity: Longitudinal findings from the Stockton-on-Tees cohort study. *SSM Pop Health*, 6: 75-84. https://doi.org/10.1016/j.ssmph.2018.08.004

Alexander, C. (2010) Diaspora and hybridity. In P. H. Collins & J. Solomos (eds.), *The Sage Handbook of Race and Ethnic Studies*, pp. 487-507. London: Sage.

Allen, C. (2004) Bourdieu's habitus, social class and the spatial worlds of visually impaired children. *Urban Studies*, 41(3): 487-506.

Allen, C. (2010) *Islamophobia*. Farnham, UK: Ashgate.

Allen, G., & Audickas, L. (2018) *Knife Crime in England and Wales*. House of Commons Briefing Paper SN4304. http://researchbriefings.files.parliament.uk/documents/SN04304/SN04304.pdf

Allen, J. (2004) The whereabouts of power: Politics, government and space. *Geografiska Annaler*, 86B(1): 19-32.

Almquist, Y., Modin, B., & Östberg, V. (2010) Childhood social status in society and school: Implications for the transition to higher levels of education. *British Journal of Sociology of Education*, 31(1): 31-45.

Altman, D. (1997) Global gaze/global gays. *GLQ: A Journal of Lesbian and Gay Studies*, 3: 559-84.

Amin, A. (2002) Ethnicity and the multicultural city: Living with diversity. *Environment and Planning A: Economy and Space*, 34(6): 959-80.

Amin, A. (2006) The good city. *Urban Studies*, 43(5/6): 1009-23.

Amin, A., & Thrift, N. (2002) *Cities: Reimagining the Urban*. London: Wiley.

Amoore, L. (2006) Biometric borders: Governing mobilities in the war on terror. *Political Geography*, 25: 336-51.

Amoore, L. (2013) *The Politics of Possibility*. Durham, NC: Duke University Press.

Amoore, L., Marmura, S., & Salter, M. (2008) Editorial: Smart borders and mobilities: Spaces, zones, enclosures. *Surveillance and Society*, 5(2): 96-101.

Anderson, B. (2009) Affective atmospheres. *Emotion, Space and Society*, 2(2): 77-81.

Anderson, C. (2008) The end of theory: The data deluge makes the scientific method obsolete. *Wired*, 23 June. https://www.wired.com/2008/06/pb-theory/

Anderson, E., & McCormack, M. (2018) Inclusive masculinity theory: overview, reflection and refinement. *Journal of Gender Studies*, 27(5): 547-61.

Anderson, J., & Shuttleworth, I. (1998) Sectarian demography, territoriality and political development in Northern Ireland. *Political Geography*, 17(2): 187-208.

Anderson, K., & Smith, S. J. (2001) Editorial: Emotional geographies. *Transactions of the Institute of British Geographers*, 26(1): 7-10.

Anguelovski, I., Connolly, J. T., Masip, L., & Pearsall, H. (2018) Assessing green gentrification in historically disenfranchised neighborhoods: A longitudinal and spatial analysis of Barcelona. *Urban Geography*, 39(3): 458-91. https://doi.org/10.1080/02723638.2017.1349987

Ansell, N. (2009) Childhood and the politics of scale: Descaling children's geographies? *Progress in Human Geography*, 22(2): 190-209.

Anthias, F. (2001) New hybridities, old concepts: The limits of 'culture'. *Ethnic and Racial Studies*, 24(4): 619-41.

Antonsich, M. (2016) The 'everyday' of banal nationalism –ordinary people's views on Italy and Italian. *Political Geography*, 54: 32-42.

Antonsich, M., & Skey, M. (2017) Introduction: The persistence of banal nationalism. In M. Skey & M. Antonsich (eds.), *Everyday Nationhood: Theorising Culture, Identity and Belonging after* Banal Nationalism, pp. 1-13. London: Palgrave Macmillan.

Apoifis, N. (2017) Fieldwork in a furnace: Anarchists, anti-authoritarians and militant ethnography. *Qualitative Research*, 17(1): 3-19. https://doi.org/10.1177/1468794116652450

Arthurson, K., Darcy, M., & Rogers, D. (2014) Televised territorial stigma: How social housing tenants experience the fictional media representation of estates in Australia. *Environment and Planning A: Economy and Space*, 46: 1334-50.

Ash, J. (2013) Rethinking affective atmospheres: Technology, perturbation and space times of the non-human. *Geoforum*, 49: 20-28.

Ash, J., Kitchin, R., & Leszczynski, A. (2016) Digital turn, digital geographies? *Progress in Human Geography*, 42(1): 25-43.

Ash, J., Kitchin, R., & Leszczynski, A. (2018) *Digital Geographies*. London: Sage.

Ash, J., & Simpson, P. (2016) Geography and post-phenomenology. *Progress in Human Geography*, 40(1): 48-66.

Askins, K. (2009) 'That's just what I do': Placing emotion in academic activism. *Emotion, Space and Society*, 2(1): 4-13.

Askins, K. (2015) Being together: Everyday geographies and the quiet politics of belonging. *ACME: An International E-Journal for Critical Geographies*, 14(2): 461-69.

Askins, K. (2016) Emotional citizenry: Everyday geographies of befriending, belonging, and intercultural encounter. *Transactions of the Institute of British Geographers*, 41(4): 515-27.

Askins, K. (2018) Feminist geographies and participatory action research: Co-producing narratives with people and place. *Gender, Place & Culture*, 25(9): 1277-94.

Askins, K. (2019) Emotions. In *Antipode* Editorial Collective (eds.), *Keywords in Radical Geography*, pp. 107-12. Oxford: John Wiley & Sons.

Askins, K., & Pain, R. (2011) Contact zones: Participation, materiality, and the messiness of interaction. *Environment and Planning D: Society and Space*, 29(5): 803-21.

Atkinson, R. (2019) Necrotecture: Lifeless dwellings and London's super-rich. *International Journal of Urban and Regional Research*, 43(1): 2-13.

Atkinson, R., & Blandy, S. (2016) *Domestic Fortress: Fear and the New Home Front*. Manchester: Manchester University Press.

Atkinson, R., Burrows, R., Glucksberg, L., Kei-Ho, H., Knowles, C., & Rhodes, D. (2017) Minimum city? A critical assessment of some of the deeper impacts of the superrich on urban life. In R. Forrest, B. Wissink & S. Yee Koh (eds.), *Cities and the Super-Rich: Real Estate, Elite Practices, and Urban Political Economies*, pp. 253-72. London: Palgrave.

Atkinson, W. (2007) Anthony Giddens as adversary of class analysis. *Sociology*, 41(3): 533-49.

Auge, M. (1995) Non-places. Introduction to *Anthropology of Supermodernity*, trans. J. Howe. London: Verso.

Austin, J. L. (1962) *How to Do Things with Words*. London: Clarendon Press.

Autonomous Geographies Collective. (2010) Beyond scholar activism: Making strategic interventions inside and outside the neoliberal university. *ACME: An Internation-*

al E-Journal for Critical Geographies, 9(2): 245-75.

Bach, J. (2017) They come in peasants and leave citizens: Urban villages and the making of Shenzhen. In M. O'Donnell, W. Wong & J. Bach (eds.), *Learning from Shenzhen: China's Post-Mao Experiment from Special Zone to Model City*, pp. 138-70. Chicago: University of Chicago Press.

Bain, A. L., & Nash, C. (2007) The Toronto women's bathhouse raid: Querying queer identities in the courtroom. *Antipode*, 39(1): 17-34.

Bakker, I. (2007) Social reproduction and the constitution of a gendered political economy. *New Political Economy*, 12(4): 541-56.

Bakker, I., & Gill, S. (eds.) (2003) *Power, Production and Social Reproduction: Human In/security in the Global Political Economy*. Basingstoke, UK: Palgrave Macmillan.

Baldwin, S., Holroyd, E., & Burrows, R. (2019) Luxified troglodytism? Mapping the subterranean geographies of plutocratic London. *ARQ: Architectural Research Quarterly*, 23(3): 267-82.

Ball, S. (1981) *Beachside Comprehensive: A Case Study of Secondary Schooling*. Cambridge: Cambridge University Press.

Ball, S. J. (2003) *Class Strategies and the Education Market: The Middle Classes and Social Advantage*. London: Routledge Falmer.

Bambra, C. (2011) *Work, Worklessness, and the Political Economy of Health*. Oxford: Oxford University Press.

Bambra, C. (2016) *Health Divides: Where You Live Can Kill You*. Bristol: Policy Press.

Bambra, C. (ed.) (2019) *Health in Hard Times: Austerity and Health Inequalities*. Bristol: Policy Press.

Bambra, C., Fox, D., & Scott-Samuel, A. (2005) Towards a politics of health. *Health Promotion International*, 20(2): 187-93.

Bambra, C., Joyce, K., Bellis, M., Greatley, A., Greengross, S., Hughes, S., Lincoln, P., Lobstein, P., Naylor, P., Salay, R., Wiseman, M., & Maryon-Davis, A. (2010) Reducing health inequalities in priority public health conditions: Using rapid review to develop proposals for evidence-based policy. *Journal of Public Health*, 32(4): 496-505.

Bambra, C., Robertson, S., Kasim, A., Smith, J., Cairns-Nagi, J., Copeland, A., Finlay, N., & Johnson, K. (2014) Healthy land? An examination of the area-level association between brownfield land and morbidity and mortality in England. *Environment and Planning A: Economy and Space*, 46(2): 433-54.

Bambra, C., Smith, K., & Pearce, J. (2019) Scaling up: The politics of health and place. *Social Science and Medicine*, 232: 36-42.

Baptiste, A. K., & Rhiney, K. (2016) Climate justice and the Caribbean: An introduction. *Geoforum*, 73(July): 17-21. https://doi.org/10.1016/J.GEOFORUM.2016.04.008

Barker, A. J., & Pickerill, J. (2019) Doings with the land and sea: Decolonising geographies, Indigeneity, and enacting place-agency. *Progress in Human Geography*, 44(4): 640-62. https://doi.org/10.1177/0309132519839863

Barker, M. (1981) *The New Racism: Conservatives and the Ideology of the Tribe*. London: Junction Books.

Barnes, C. (2012) Understanding the social model of disability: Past, present and future. In N. Watson, A. Roulstone & C. Thomas (eds.), *Routledge Handbook of Disability Studies*, pp. 12-29. London: Routledge.

Barnes, L., Buckley, A., Hopkins, P., & Tate, S. (2011) The transition to and through university for non-traditional local students: Some observations for teachers. *Teaching Geography*, Summer: 70-71.

Barnes, T. (1998) A history of regression: Actors, networks, machines and numbers. *Environment and Planning A: Economy and Space*, 30: 203-23.

Barnett, C. (2018) Geography and the priority of injustice. *Annals of the American Association of Geographers*, 108: 317-26.

Barr, S. (2017) *Household Waste in Social Perspective: Values, Attitudes, Situation and Behaviour*. London: Routledge.

Barr, S., & Prillwitz, J. (2014) A smarter choice? Exploring the behaviour change agenda for environmentally sustainable mobility. *Environment & Planning C: Government Policy*, 32: 1-19. https://doi.org/10.1068/c1201

Barr, S., Shaw, G., & Coles, T. (2011) Sustainable lifestyles: Sites, practices, and policy. *Environment & Planning A: Economy and Space*, 43: 3011-29.

Bartolini, N., Robert, C., MacKian, S., & Pile, S. (2017) The place of the spirit: Modernity and the geographies of spirituality. *Progress in Human Geography*, 41(3): 338-54.

Bastia, T. (2014) Intersectionality, migration and development. *Progress in Development Studies*, 14(3): 237-48. https://doi.org/10.1177/1464993414521330

Bastian, M., Jones, O., Moore, N., & Roe, E. (eds.) (2017) *Participatory Research in More-Than-Human Worlds*. London: Routledge.

Bates, L. (2015) *Everyday Sexism*. London: Simon & Schuster.

Batnitzky, A., & McDowell, L. (2011) Migration, nursing, institutional discrimination and emotional/affective labour: Ethnicity and labour stratification in the UK national health service. *Social & Cultural Geography*, 12(2): 181-201. https://doi.org/10.1080/14649365.2011.545142

BBC News. (2011) The politics behind Nick Clegg's 'alarm clock Britain'. BBC News, 10 January. https://www.bbc.co.uk/news/uk-politics-12149705

BBC News. (2013) Huge survey reveals seven social classes in UK. 3 April. https://www.bbc.com/news/uk-22007058

BBC News. (2017) Paralympian tells of train toilet 'humiliation'. 3 January. https://www.bbc.co.uk/news/uk-england-essex-38495184

Beasley, C., Holmes, M., & Brook, H. (2015) Heterodoxy: Challenging orthodoxies about heterosexuality. *Sexualities*, 18(6): 681-97.

Beaumont, J., & Baker, C. (eds.) (2011) *Postsecular Cities: Space, Theory and Practice*. London: Continuum.

Beaverstock, J., & Hay, I. (2016) They've 'never had it so good': The rise and rise of the superrich and wealth inequality. In I. Hay & J. V. Beaverstock (eds.), *Handbook on Wealth and the Super-Rich*, pp. 1-17. Cheltenham, UK: Edward Elgar.

Beazley, H. (2015) Multiple identities, multiple realities: Children who migrate independently for work in Southeast Asia. *Children's Geographies*, 13(3): 296-309.

Beckett, K., & Herbert, S. (2009) *Banished: The New Social Control in Urban America*. Oxford: Oxford University Press.

Beckford, J. (2012) Public religions and the postsecular. *Journal for the Scientific Study of Religion*, 51(1): 1-19.

Beer, D., & Burrows, R. (2013) Popular culture, digital archives and the new social life of data. *Theory, Culture and Society*, 30(4): 47-74.

Bell, D. (1991) Insignificant others: Lesbian and gay geographies. *Area*, 23(4): 323-29.

Bell, D. (2009) Cultural studies and human geography. In N. Thrift & R. Kitchin (eds.), *International Encyclopedia of Human Geography*, pp. 437-41. Amsterdam: Elsevier.

Bell, D., & Binnie, J. (2000) *The Sexual Citizen: Queer Theory and Beyond*. Malden, MA: Polity Press.

Bell, D., & Binnie, J. (2004) Authenticating queer space: Citizenship, urbanism and governance. *Urban Studies*, 41(9): 1807-20.

Bell, D., Binnie, J., Cream, J., & Valentine, G. (1994) All hyped up and no place to go. *Gender, Place & Culture*, 1(1): 31-47.

Bell, D., & Valentine, G. (1995) *Mapping Desire: Geographies of Sexualities*. London: Routledge.

Bell, D., & Valentine, G. (1997) *Consuming Geographies: We Are Where We Eat*. London: Routledge.

Benford, R. (2005) The half-life of the environmental justice frame: Innovation, diffusion, and stagnation. In N. D. Pellow & R. J. Brulle (eds.), *Power, Justice, and the Environment: A Critical Appraisal of the Environmental Justice Movement*, pp. 37-54. Cambridge, MA: MIT Press.

Ben-Naftali, O., Gross, A., & Michaeli, K. (2009) The illegality of the occupation regime: The fabric of law in occupied Palestinian territory. In A. Ophir, M. Givoni & S. Ḥanafi (eds.), *The Power of Inclusive Exclusion: Anatomy of Israeli Rule in the Occupied Palestinian Territories*, pp. 31-88. New York: Zone Books.

Bennett, A. (2000) *Popular Music and Youth Culture: Music, Identity and Place*. Basingstoke, UK: Macmillan.

Bennett, J. (2007) Edible matter. *New Left Review*, 45: 133-45.

Benwell, M. C. (2014a) From the banal to the blatant: Expressions of nationalism in secondary schools in Argentina and the Falkland Islands. *Geoforum*, 52: 51-60.

Benwell, M. C. (2014b) Considering nationality and performativity: Undertaking research across the geopolitical divide in the Falkland Islands and Argentina. *Area*, 46: 163-69.

Benwell, M. C. (2017) Argentine territorial nationalism in the South Atlantic and Antarctica. In K. Dodds, A. D. Hemmings & P. Roberts (eds.), *Handbook on the Politics of Antarctica*, pp. 540-54. Cheltenham, UK: Edward Elgar.

Benwell, M. C., & Dodds, K. (2011) Argentine territorial nationalism revisited: The Malvinas/Falklands dispute and geographies of everyday nationalism. *Political Geography*, 30: 441-49.

Benwell, M. C., & Hopkins, P. (2016) *Children, Young People and Critical Geopolitics*. Aldershot, UK: Ashgate.

Benwell, M. C., Núñez, A., & Amigo, C. (2019) Flagging

the nations: Citizen's active engagements with everyday nationalism in Patagonia, Chile. *Area*, 51(4): 719-27. doi:10.1111/area.12517

Berg, L. D. (2013) Hegemonic geographies and their 'others': Towards an interlocking approach to emplacing geographical knowledges. *Dialogues in Human Geography*, 3(2): 200-204.

Berg, L. D., & Longhurst, R. (2003) Placing masculinities and geography. *Gender, Place & Culture*, 10(4): 351-60.

Berg, M. (2012) Checking in at the urban playground: Digital geographies and electronic *flâneurs*. In F. Communello (ed.), *Networked Sociability and Individualism: Technology for Personal and Professional Relationships*, pp. 169-94. Hershey, PA: IGI Global.

Berman, M. (1982) *All That Is Solid Melts into the Air: The Experience of Modernity*. London: Verso.

Bhandari, R., Akhter, N., Warren, J., Kasim, A., & Bambra, C. (2017) Geographical inequalities in general and physical health in a time of austerity: Baseline findings from the Stockton-on-Tees cohort study. *Health & Place*, 48: 111-22.

Bilge, S. (2013) Intersectionality undone: Saving intersectionality from feminist intersectionality studies. *Du Bois Review: Social Science Research on Race*, 10(2): 402-24.

Billig, M. (1995) *Banal Nationalism*. London: Sage.

Binnie, J. (1997) Coming out of geography: Towards a queer epistemology? *Environment and Planning D: Society and Space*, 15(2): 223-37.

Binnie, J. (2004) *The Globalization of Sexuality*. London: Sage.

Binnie, J. (2007) Sexuality, the erotic and geography: Epistemology, methodology and pedagogy. In L. Browne, J. Lim & G. Brown (eds.), *Geographies of Sexualities: Theory, Practices and Politics*, pp. 29-38. Aldershot, UK: Ashgate.

Binnie, J., & Skeggs, B. (2004) Cosmopolitan knowledge and the production of sexualised space: Manchester's gay village. *Sociological Review*, 52(1): 39-61.

Binnie, J., & Valentine, G. (1999) Geographies of sexuality −A review of progress. *Progress in Human Geography*, 23(2): 175-87.

Bissell, D. (2019) Social & Cultural Geography at 20 years: Looking back, thinking forward. *Social & Cultural Geography*, 20(1): 1-3.

Blake, M. (2018a) Enormous amounts of food are wasted during manufacture-here's where it occurs. *Conversation*, 5 September. https://theconversation.com/enormous-amounts-of-food-are-wasted-during-manufacturing-heres-where-it-occurs-102310

Blake, M. (2018b) Capitalism has coopted the language of food-costing the world millions of meals. *Conversation*, 1 February. https://theconversation.com/capitalism-has-coopted-the-language-of-food-costing-the-world-millions-of-meals-90780

Blakely, E. J., & Synder, M. G. (1997) *'Fortress America': Gated Communities in the United States*. Washington, DC: Brookings Institute Press.

Blazek, M., & Kraftl, P. (2015) *Children's Emotions in Policy and Practice*. London: Palgrave Macmillan.

Blewett, J., & Hanlon, N. (2016) Disablement as inveterate condition: Living with habitual ableism in Prince George, British Columbia. *Canadian Geographer-Geographe Canadien*, 60(1): 46-55.

Blomley, N. K., Delaney, D., & Ford, R. T. (2001) *The Legal Geographies Reader: Law, Power, and Space*. Malden, MA: Wiley-Blackwell.

Bluestone, B., Stevenson, M. H., & Williams, R. (2008) *The Urban Experience: Economics, Society, and Public Policy*. Oxford: Oxford University Press.

Blunt, A. (2003) Collective memory and productive nostalgia: Anglo-Indian homemaking at McCluskieganj. *Environment and Planning D: Society and Space*, 21(6): 717-38.

Blunt, A. (2007) Cultural geographies of migration: Mobility, transnationality, and diaspora. *Progress in Human Geography*, 3(5): 684-95.

Blunt, A., & Varley, A. (2004) Geographies of home. *Cultural Geographies*, 11(1): 3-6.

Blunt, A., & Wills, J. (2000) *Dissident Geographies: An Introduction to Radical Ideas and Practice*. Harlow, UK: Prentice-Hall.

Boal, A. (2005/1998) *Legislative Theatre: Using Performance to Make Politics*. London: Routledge.

Boarini, R., & D'Ercole, M. M. (2013) Going beyond GDP: An OECD Perspective. *Fiscal Studies*, 34: 289-314.

Bock-Luna, B. (2007) *The Past in Exile: Serbian Long-Distance Nationalism and Identity in the Wake of the Third Balkan War*. Berlin: LIT Verlag.

Bolton, P. (2018) Tuition fee statistics. House of Commons briefing paper 917, 19 February. researchbriefings.files.

parliament.uk/documents/SN00917/SN00917.pdf

Bondi, L. (1991) Gender divisions and gentrification: A critique. *Transactions of the Institute of British Geographers*, 16: 190-98.

Bondi, L. (2005) Making connections and thinking through emotions: Between geography and psychotherapy. *Transactions of the Institute of British Geographers*, 30(4): 433-48.

Bondi, L. (2013) Research and therapy: Generating meaning and feeling gaps. *Qualitative Inquiry*, 19(1): 9-19.

Bondi, L., Davidson, J., & Smith, M. (2005) Introduction: Geography's emotional turn. In J. Davidson, L. Bondi & M. Smith (eds.), *Emotional Geographies*, pp. 1-16. Aldershot, UK: Ashgate.

Bondi, L., & Domosh, M. (1982) Other figures in other places: On feminism, postmodernism and geography. *Environment and Planning D: Society and Space*, 10(2): 199-213.

Bonner-Thompson, C. (2017) The meat market: Production and regulation of masculinities on the Grindr grid in Newcastle upon Tyne, UK. *Gender, Place & Culture*, 24(11): 1611-25.

Bonnett, A. (2015) *The Geography of Nostalgia*. London: Routledge.

Bonnett, A. (2016) Whiteness and the West. In C. Dwyer & C. Bressey (eds.), *New Geographies of Race and Racism*, pp. 31-42. Aldershot, UK: Ashgate.

Bordo, S. (1990) Feminism, postmodernism, and gender scepticism. In L. Nicholson (ed.), *Feminism/Postmodernism*, pp. 133-56. London: Routledge.

Boring, A., Ottoboni, K., & Stark, P. B. (2016) Student evaluations of teaching (mostly) do not measure teaching effectiveness. *ScienceOpen Research*, 1: 1-11.

Botterill, K., Hopkins, P., Sanghera, G., & Arshad, R. (2016) Securing disunion: Young people's nationalism, identities and (in)securities in the campaign for an independent Scotland. *Political Geography*, 55: 124-34.

Bottero, W. (2005) *Stratification: Social Division and Inequality*. Abingdon, UK: Routledge.

Bourdieu, P. (1977) Cultural reproduction and social reproduction. In J. Karabel & A. H. Halsey (eds.), *Power and Ideology in Education*. New York: Oxford University Press.

Bourdieu, P. (1984) *Distinction: A Social Critique of the Judgment of Taste*. London: Routledge & Kegan Paul.

Bourdieu, P. (1986) The forms of capital. In J. Richardson (ed.), *Handbook of Theory and Research for the Sociology of Education*, pp. 241-58. Westport, CT: Greenwood.

Bourdieu, P., & Nice, R. (1977) *Outline of a Theory of Practice*. Cambridge: Cambridge University Press.

Bowen, J. R. (2007) *Why the French Don't Like Headscarves: Islam, the State, and Public Space*. Princeton, NJ: Princeton University Press.

Bowlby, S. (2012) Recognising the time-space dimensions of care: Caringscapes and carescapes. *Environment and Planning A: Economy and Space*, 44: 2101-18.

Bowlby, S., & McDowell, L. (1987) The feminist challenge to social geography. In M. Pacione (ed.), *Social Geography: Progress and Prospect*, pp. 295-323. London: Croom Helm.

Bowman, A. K. (1994) *Life and Letters on the Roman Frontier: Vindolanda and Its People*. New York: Routledge.

Boyer, K., Dermott, E., James, A., & MacLeavy, J. (2017) Re-gendering care in the aftermath of recession? *Dialogues in Human Geography*, 7(1): 56-73.

Bradley, H. (2014) Class descriptors or class relations? Thoughts towards a critique of Savage et al. *Sociology*, 48(3): 429-36.

Brah, A. (1996) *Cartographies of Diaspora: Contesting Identities*. Hoboken, NJ: Taylor & Francis.

Braithwaite, D. O., Bath, B. W., Baxter, L. A., DiVerniero, R., Hammonds, J. R., Hosek, A. M., Willer, E. K., & Wolf, B. M. (2010) Constructing family: A typology of voluntary kin. *Journal of Social and Personal Relationships*, 27: 388-408.

Breathnach, P. (2000) Globalisation, information technology and the emergence of niche transnational cities: The growth of the call centre sector in Dublin. *Geoforum*, 31: 477-85.

Brenner, N., & Theodore, N. (2002) Cities and the geographies of actually existing neoliberalism. *Antipode*, 34(3): 349-79.

Brickell, K. (2012) 'Mapping' and 'doing' critical geographies of home. *Progress in Human Geography*, 36(2): 225-44.

Bridge, G., Bouzarovski, S., Bradshaw, M., & Eyre, N. (2013) Geographies of energy transition: Space, place and the low-carbon economy. *Energy Policy*, 53: 331-40.

Brown, G. (2008) Urban (homo)sexualities: Ordinary cities and ordinary sexualities. *Geography Compass*, 2(4):

1215-31.

Brown, G. (2012) Homonormativity: A metropolitan concept that denigrates ordinary gay lives. *Journal of Homosexuality*, 59: 1065-72.

Brown, G., & Browne, K. (2016) *The Routledge Research Companion to Geographies of Sex and Sexualities*. London: Routledge.

Brown, K. (2014) Global environmental change I: A social turn for resilience? *Progress in Human Geography*, 38(1): 107-17.

Browne, K. (2006) Challenging queer geographies. *Antipode*, 38: 885-93.

Browne, K., & Ferreira, E. (2015) *Lesbian Geographies: Gender, Place and Power*. Farnham, UK: Ashgate.

Browne, K., Nash, C. J., & Hines, S. (2010) Introduction: Towards trans geographies. *Gender Place & Culture*, 17(5): 573-77.

Bruce, G. D., & Witt, R. E. (1971) Developing empirically derived city typologies: An application of cluster analysis. *Sociological Quarterly*, 12(2): 238-46.

Buffel, T., Phillipson, C., & Scharf, T. (2013) Experiences of neighbourhood exclusion and inclusion among older people living in deprived inner-city areas in Belgium and England. *Ageing & Society*, 33: 89-109.

Bulkeley, H. (2013) *Cities and Climate Change*. London: Routledge. https://doi.org/10.4324/9780203077207

Bulkeley, H., Edwards, G. A. S., & Fuller, S. (2014) Contesting climate justice in the city: Examining politics and practice in urban climate change experiments. *Global Environmental Change*, 25 (March): 31-40. https://doi.org/10.1016/J.GLOENVCHA.2014.01.009

Bunge, W., Jr. (1969) *The First Years of the Detroit Geographical Expedition: A Personal Report. field notes*, discussion paper no. 1: 1-59.

Bunge, W. (1971) *Fitzgerald: Geography of a Revolution*. Cambridge, MA: Schenkman.

Burchell, B. J., Ladipo D., & Wilkinson, F. (eds.) (2002) *Job Insecurity and Work Intensification*. London: Routledge.

Burgoine, T., Alvanides, S., & Lake, A. (2011) Assessing the obesogenic environment of north east England. *Health & Place*, 17(3): 738-47.

Burman, A. (2014) 'Now we are *Indígenas*': Hegemony and Indigeneity in the Bolivian Andes. *Latin American and Caribbean Ethnic Studies*, 9: 247-71. https://doi.org/10.1080/17442222.2014.959775

Burrows, R., & Knowles, C. (2019) The haves and the have yachts: Socio-spatial struggles in London between the merely wealthy and the super-rich. *Cultural Politics*, 15(1): 90-105.

Burrows, R., Webber, R., & Atkinson, R. (2017) Welcome to 'Pikettyville'? Mapping London's alpha territories. *Sociological Review*, 65(2): 184-201.

Bush, J., Moffatt, S., & Dunn, C. (2001) 'Even the birds round here cough': Stigma, air pollution and health in Teesside. *Health & Place*, 7(1): 47-56.

Butler, J. (1990) *Gender Trouble: Feminism and the Subversion of Identity*. New York: Routledge.

Butler, J. (1993) *Bodies That Matter: On the Discursive Limits of 'sex'*. New York: Routledge.

Butler, M. L. (2018) 'Guardians of the Indian image': Controlling representations of Indigenous cultures in television. *American Indian Quarterly*, 42(1): 1-42.

Butler, T., & Lees, L. (2006) Super-gentrification in Barnsbury, London: Globalization and gentrifying global elites at the neighbourhood level. *Transactions of the Institute of British Geographers*, 31(4): 467-87.

Buttimer, A. (1976) Grasping the dynamism of the lifeworld. *Annals of the Association of American Geographers*, 66(2): 277-92.

Cahill, C. (2007a) Doing research with young people: Participatory research and the rituals of collective work. *Children's Geographies*, 5(3): 297-312.

Cahill, C. (2007b) The personal is political: Developing new subjectivities through participatory action research. *Gender, Place & Culture*, 14(3): 267-92.

Cahill, C., Cerecer, D., Quijada, A., Reyna Rivarola, A. R., Hernández Zamudio, J., & Alvarez Gutiérrez, L. (2019) 'Caution, we have power': Resisting the 'school-to-sweatshop pipeline' through participatory artistic praxes and critical care. *Gender and Education*, 31(5): 576-89. doi:10.1080/09540253.2019.1582207

Campbell, E. (2016) Policing paedophilia: Assembling bodies, spaces and things. *Crime, Media, Culture*, 12(3): 345-65.

Campt, T., & Thomas, D. (2008) Gendering diasporas: Transnational feminism, diaspora and its hegemonies. *Feminist Review*, 90(1): 1-8.

Canessa, A. (2007) Who is Indigenous? Self-identification, Indigeneity, and claims to justice in contemporary Bolivia. *Urban Anthropology*, 36(3): 195-237.

Canessa, A. (2014) Conflict, claim and contradiction in the new 'Indigenous' state of Bolivia. *Critique of Anthropology*, 34: 153-73. https://doi.org/10.1177/0308275X13519275

Cantle Report. (2001) *Report of the Community Cohesion Review Team*. Institute of Community Cohesion, led by Ted Cantle, Home Office.

Capgemini. (2018) *World Wealth Report 2018*. https://www.capgemini.com/ch-de/wp-content/uploads/sites/26/2018/06/Capgemini-World-Wealth-Report-19.pdf

Carling, J., & Collins, F. (2018) Aspiration, desire and drivers of migration. *Journal of Ethnic and Migration Studies*, 44(6): 909-26. https://doi.org/10.1080/1369183X.2017.1384134

Carter, B., & Virdee, S. (2008) Racism and the sociological imagination. *British Journal of Sociology*, 59(4): 661-79.

Carter, S. (2005) The geopolitics of diaspora. *Area*, 37(1): 54-63. https://doi.org/10.1111/j.1475-4762.2005.00601.x

Casey, M. (2010) Multiple identities, multiple realities: Lesbian, gay and queer lives in the North East of England. In L. Moon (ed.), *Counselling Ideologies: Queer Challenges to Heteronormativity*, pp. 143-65. London: Taylor & Francis.

Castells, M. (1983) *The City and the Grassroots*. London: Edward Arnold.

Castells, M. (1996) *The Rise of the Network Society*. Oxford: Blackwell.

Castree, N., Demeritt, D., Liverman, D., & Rhoads, B. (eds.) (2009) *A Companion to Environmental Geography*. Chichester, UK: Wiley-Blackwell.

Castree, N., & Nash, C. (2006) Editorial: Posthuman geo graphies. *Social & Cultural Geography*, 7(4): 501-4. https://doi.org/10.1080/14649360600825620

Catney, G. (2016) The changing geographies of ethnic diversity in England and Wales, 1991-2011. *Population, Space and Place*, 22(8): 750-76.

Cavanagh, S. L. (2010) *Queering Bathrooms: Gender, Sexuality, and the Hygienic Imagination*. Toronto: University of Toronto Press.

Chakrabortty, A. (2017) Over 170 years after Engels, Britain is still a country that murders its poor. *The Guardian*, 25.

Chatterton, P., Featherstone, D., & Routledge, P. (2013) Articulating climate justice in Copenhagen: Antagonism, the commons, and solidarity. *Antipode*, 45(3): 602-20.

Chatterton, P., & Hollands, R. (2003) *Urban Nightscapes: Youth Cultures, Pleasure Spaces and Corporate Power*. London: Routledge.

Chen, B., Liu, D., & Lu, M. (2017) City size, migration, and urban inequality in the People's Republic of China. ADBI Working Paper 723. Tokyo: Asian Development Bank Institute. https://www.adb.org/publications/city-size-migration-and-urban-inequality-prc

Child Exploitation and Online Protection Centre. (2011) Hundreds of suspects tracked in international child abuse investigation. Press release, 16 March.

Children's Commissioner for England. (2018) *Growing Up North*. London: Children's Commissioner for England. http://www.childrenscommissioner.gov.uk/wp-content/uploads/2018/03/Growing-Up-North-March-2018-1.pdf

Chohaney, M. L., & Panozzo, K. A. (2018) Infidelity and the internet: The geography of Ashley Madison usership in the United States. *Geographical Review*, 108(1): 69-91.

Chouinard, V. (1999) Life at the margins: Disabled women's explorations of ableist spaces. In E. K. Teather (ed.), *Embodied Geographies: Spaces, Bodies and Rites of Passage*, pp. 142-56. London: Routledge.

Chouinard, V., Hall, E., & Wilton, R. (eds.) (2010) *Towards Enabling Geographies: 'Disabled' Bodies and Minds in Society and Space*. Farnham, UK: Ashgate.

Chowbey, P. (2017) How women use food to negotiate power in Pakistani and Indian households. *Conversation*, 8 November. https://theconversation.com/how-women-use-food-to-negotiate-power-in-pakistani-and-indian-households-77928

Christie, H. (2007) Higher education and spatial (im)mobility: Nontraditional students and living at home. *Environment and Planning A: Economy and Space*, 39: 2445-63.

Christou, A., & King, R. (2010) Imagining 'home': Diasporic landscape of the Greek-German second generation. *Geoforum*, 41(4): 638-46. https://doi.org/10.1016/j.geoforum.2010.03.001

Cieri, M., & McCauley, R. (2007) Participatory theatre: Creating a source for staging an example in the USA. In S. Kindon, R. Pain & M. Kesby (eds.), *Participatory Action Research Approaches and Methods: Connecting People, Participation and Place*, pp. 141-49. Abingdon, UK: Routledge.

Clayton, J. (2009) Thinking spatially: Towards an everyday understanding of inter-ethnic relations. *Social & Cultural*

Geography, 10(4): 481-98.

Clayton, J. (2013) Geography and everyday life. In B. Warf (ed.), *Oxford Bibliographies in Geography*. New York: Oxford University Press. doi:10.1093/OBO/9780199874002-0095

Clement, V. (2019) Beyond the sham of the emancipatory Enlightenment: Rethinking the relationship of Indigenous epistemologies, knowledges, and geography through decolonizing paths. *Progress in Human Geography*, 43: 276-94.

Clifton, J., Round, A., & Raikes, L. (2016) Northern schools: Putting education at the heart of the Northern Powerhouse. Manchester: IPPR North. https://www.ippr.org/files/publications/pdf/northern-schools_May2016.pdf

Cloke, P. J. (1977) An index of rurality for England and Wales. *Regional Studies*, 11: 31-46.

Cloke, P. J. (1978) Changing patterns of urbanisation in rural areas of England and Wales, 1961-1971. *Regional Studies*, 12: 603-17.

Cloke, P., Cook, I., Crang, P., Goodwin, M., Painter, J., & Philo, C. (2012) *Practising Human Geography*. London: Sage.

Cloke, P., Crang, P., & Goodwin, M. (2014) *Introducing Human Geographies*. London: Routledge.

Cloke, P., May, J., & Johnsen, S. (2010) *Swept Up Lives? Re-envisioning the Homeless City*. Oxford: Wiley-Blackwell.

Closs Stephens, A. (2013) *The Persistence of Nationalism: From Imagined Communities to Urban Assemblages*. London: Routledge.

Cockayne, D. G., & Richardson, L. (2017) Queering code/space: The co-production of socio-sexual codes and digital technologies. *Gender, Place & Culture*, 24(11): 1642-58.

Cohen, P. (1993) *Home Rules: Some Reflections on Racism and Nationalism in Everyday Life*. London: University of East London.

Coleman-Fountain, E. (2014) *Understanding Narrative Identity through Lesbian and Gay Youth*. Basingstoke, UK: Palgrave Macmillan.

Coles, B. (2016) Ingesting places: Embodied geographies of coffee. In E.-J. Abbots & A. Lavis (eds.), *Why We Eat, How We Eat: Contemporary Encounters between Foods and Bodies*, pp. 255-70. Abingdon, UK: Ashgate.

Collard, R.-C., Harris, L. M., Heynen, N., & Mehta, L. (2018) The antinomies of nature and space. *Environment and Planning E: Nature and Space*, 1(1-2): 3-24. https://doi.org/10.1177/2514848618777162

Collins, C., & McCartney, G. (2011) The impact of neoliberal political attack on health: The case of the Scottish effect. *International Journal of Health Services*, 41(3): 501-26.

Collins, P. H. (1990) *Black Feminist Thought: Knowledge, Consciousness, and the Politics of Empowerment*. London: Harper Collins Academic.

Collins, P. H., & Bilge, S. (2016) *Intersectionality*. Cambridge: Polity Press.

Colls, R., & Evans, B. (2009) Introduction: Questioning obesity politics. *Antipode*, 41(5): 1011-20.

Combahee River Collective. (1982/2019) A black feminist statement. In G. T. Hull, P. B. Scott & B. Smith (eds.), *All the Women Are White, All the Blacks Are Men, But Some of Us Are Brave*, pp. 13-22. Old Westbury, NY: Feminist Press.

Commission on Co-operative and Mutual Housing (CCMH). (2009) *Bringing Democracy Home*. West Bromwich: CCMH.

Connell, R. W. (1995) *Masculinities*. Cambridge: Polity Press.

Connell, R. W., & Messerschmidt, J. R. (2005) Hegemonic masculinity: Rethinking the Concept. *Gender and Society*, 19(6): 829-59.

Conradson, D. (2003) Landscape, care and the relational self: Therapeutic encounters in rural England. *Health & Place*, 11(4): 337-48.

Conradson, D. (2007) Freedom, space and perspective: Moving encounters with other ecologies. In J. Davidson, L. Bondi & M. Smith (eds.), *Emotional Geographies*, pp. 103-16. Aldershot, UK: Ashgate.

Constable, N. (2009) Migrant workers and the many states of protest in Hong Kong. *Critical Asian Studies*, 41(1): 143-64.

Cook, I. (2004) Follow the thing: Papaya. *Antipode*, 36(4): 642-64.

Cooper, A. J. (1988) *A Voice from the South*. Oxford: Oxford University Press.

Copp, J. (1972) Rural sociology and rural development. *Rural Sociology*, 37: 515-33.

Copus, A., & Hopkins, J. (2017) Outline conceptual framework and definition of the Scottish Sparsely Populated

Area (SPA). RESAS RD 3.4.1, Demographic change in remote areas, Working Paper 1 (Objective 1.1). Aberdeen: James Hutton Institute.

Cosgrove, D. (2001) *Apollo's Eye: A Cartographic Genealogy of the Earth in the Western Imagination*. Baltimore, MD: Johns Hopkins University Press.

Cote, A., & Nightingale, A. (2012) Resilience thinking meets social theory: Situating social change in socio-ecological systems (SES) research. *Progress in Human Geography*, 36(4): 475-89.

Cotton, M. (2018) Environmental justice as scalar parity: Lessons from nuclear waste management. *Social Justice Research*, Open Access: 1-22. https://doi.org/10.1007/s11211-018-0311-z

Country, B., Wright, S., Suchet-Pearson, S., Lloyd, K., Burarrwanga, L., Ganambarr, R., Ganambarr-Stubbs, M., Ganambarr, B., Maymuru, D., & Sweeney, J. (2016) Co-becoming Bawaka: Towards a relational understanding of place/space. *Progress in Human Geography*, 40: 455-75. https://doi.org/10.1177/0309132515589437

Cowie, P. (2017) Performing planning: Understanding community participation in planning through theatre. *Town Planning Review*, 88(4): 401-421.

Cox, K. R. (1998) Spaces of dependence, spaces of engagement and the politics of scale; or, looking for local politics. *Political Geography*, 17(1): 1-23.

Crang, M., Crang, P., & May, J. (1999) *Virtual Geographies: Bodies, Spaces, Relations*. London: Routledge.

Crang, P. (1994) It's showtime: On the geographies of workplace display in a restaurant in South East England. *Environment and Planning D: Society and Space*, 12: 675-704.

Cranston, S., & Lloyd, J. (2018) Bursting the bubble: Spatializing safety for privileged migrant women in Singapore. *Antipode*, 51(2): 478-96.

Crawford, K. (2014) When Fitbit is the expert witness. *Atlantic*, 19 November. https://www.theatlantic.com/technology/archive/2014/11/when-fitbit-is-the-expert-witness/382936/?single_page=true

Crawford, K., Gray, M. L., & Miltner, K. (2014) Critiquing big data: Politics, ethics, epistemology. *International Journal of Communication*, 8(1): 1663-72.

Crawley, H. (2007) *When Is a Child Not a Child? Asylum, Age Disputes and the Process of Age Assessment*. Immigration Law Practitioners' Association (ILPA). https://

pureportal.coventry.ac.uk/en/publications/when-is-a-child-not-a-child-asylum-age-disputes-and-the-process-o

Cream, J. (1995) Re-solving riddles: The sexed body. In D. Bell & G. Valentine (eds.), *Mapping Desire: Geographies of Sexualities*, pp. 31-40. London: Routledge.

Creasey, S. (2018) Calling the male Harriet Harmans: Why equality in politics benefits men as well as women. *New Statesman*, 19 July. https://www.newstatesman.com/politics/feminism/2018/07/stella-creasy-equality-politics-feminism-benefits-women-male-harriet-harmans

Crenshaw, K. (1989) Demarginalizing the intersections of race and sex: A black feminist critique of antidiscrimination doctrine, feminist theory and antiracist politics. *University of Chicago Legal Forum*, 1: 139-67.

Crenshaw, K. (1991) Mapping the margins: Intersectionality, identity politics, and violence against women of color. *Stanford Law Review*, 43(6): 1241-99.

Cresswell, T. (1996) *In Place/Out of Place*. Minneapolis: University of Minnesota Press.

Cross, M., & Keith, M. (2013) Racism and the postmodern city. In M. Cross & M. Keith (eds.), *Racism, the City and the State*, pp. 8-37. Abingdon, UK: Routledge.

Crow, G., & Ellis, J. (2017) *Revisiting Divisions of Labour*. Manchester: Manchester University Press.

Crutzen, P. J. (2006) The Anthropocene. In E. Ehlers & T. Krafft (eds.), *Earth System Science in the Anthropocene*, pp. 13-18. Berlin: Springer.

Crutzen, P. J., & Stoermer, E. (2000) The 'Anthropocene'. *Global Change Newsletters*, 41: 17-18. http://www.igbp.net/download/18.316f18321323470177580001401/1376383088452/NL41.pdf

Cummins, S., Curtis, S., Diez-Roux, A., & Macintyre, S. (2007) Understanding and representing 'place' in health research: A relational approach. *Social Science & Medicine*, 65(9): 1825-38.

Curtis, S., Gesler, W., Fabian, K., Francis, S., & Priebe, S. (2007) Therapeutic landscapes in hospital design: A qualitative assessment by staff and service users of the design of a new mental health inpatient unit. *Environment & Planning C: Government Policy*, 25: 591-610. https://doi.org/10.1068/c1312r

D'Alisa, G., Demaria, F., & Kallis, G. (eds.) (2014) *Degrowth: A Vocabulary for a New Era*. Oxford: Routledge.

Daniels, P., Bradshaw, M., Shaw, D., Sidaway, J., & Hall, T. (2016) *An Introduction to Human Geography*. Harlow,

UK: Pearson.

Darling, D., & Wilson, H. (2016) *Encountering the City: Urban Encounters from Accra to New York*. Abingdon, UK: Routledge.

da Rocha, D. F., Firpo Porto, M., Pacheco, T., & Leroy, J. P. (2018) The map of conflicts related to environmental injustice and health in Brazil. *Sustainability Science*, 13(3): 709-19. https://doi.org/10.1007/s11625-017-0494-5

Datta, A. (2015) 100 smart cities, 100 utopias. *Dialogues in Human Geography*, 5(1): 49-53.

Datta, A., Hopkins, P., Johnston, L., Olson, E., & Silva, J. M. (2019) *The Routledge International Handbook of Gender and Feminist Geographies*. London: Routledge.

Datta, K., McIllwaine, C., Herbert, J., Evans, Y., May, J., & Wills, J. (2009) Men on the move: Narratives of migration and work among low-paid migrant men in London. *Social & Cultural Geography*, 10(1): 853-74.

Davidson, J. (2003) *Phobic Geographies: The Phenomenology and Spatiality of Identity*. Aldershot, UK: Ashgate.

Davidson, J., Bondi, L., & Smith, M. (2005) *Emotional Geographies*. Aldershot, UK: Ashgate.

Davies, A. (2011) (Un)just geographies? Review of Dorling's *Injustice and Soja's Seeking Spatial Justice*. *Geographical Journal*, 177(4): 380-84.

Davis, A., & Williams, K. (2017) Elites and power after financialization. *Theory, Culture & Society*, 34(5-6): 3-26.

Davis, A. Y. (1981) *Women, Race, and Class*. New York: Random House.

Davis, M. (1998) *Ecology of Fear: Los Angeles and the Imagination of Disaster*. New York: Metropolitan Books.

Davis, M. (2006) *Planet of Slums*. London: Verso.

Davis, M. (2008) Indigenous struggles in standard-setting: The United Nations Declaration on the Rights of Indigenous Peoples commentary. *Melbourne Journal International Law*, 9: 439-71.

Davis, S. J., & Caldeira, K. (2010) Consumption-based accounting of CO_2 emissions. *PNAS*, 107(12): 5687-92. https://doi.org/10.1073/pnas.0906974107

de Cauter, L. (2005) *The Capsular Civilization: On the City in the Age of Fear (Reflect No. 3)*. Rotterdam: Nai.

De Certeau, M. (1984) *The Practice of Everyday Life*. Berkeley: University of California Press.

Deckha, N. (2003) Insurgent urbanism in a railway quarter: Scalar citizenship at King's Cross, London. *ACME: An International E-Journal for Critical Geographies*, 2(1):

33-56.

DEFRA (Department for Environment, Food and Rural Affairs). (2008) *A Framework for Pro-environmental Behaviours*. London: Stationery Office.

De Graaf, N. D., De Graaf, P. M., & Kraaykamp, G. (2000) Parental cultural capital and educational attainment in the Netherlands: A refinement of the cultural capital perspective. *Sociology of Education*, 73(2): 92-111.

de la Cadena, M., & Starn, O. (2007) *Indigenous Experience Today*. Oxford: Berg.

Del Casino, V. (2009) *Social Geography: A Critical Introduction*. Chichester, UK: Wiley-Blackwell.

de Leeuw, S., & Hunt, S. (2018) Unsettling decolonizing geographies. *Geography Compass*, 12: e12376. https://doi.org/10.1111/gec3.12376

Deleuze, G., & Foucault, M. (1980) Intellectuals and power. In M. Foucault, *Language, Counter-Memory, Practice: Selected Essays and Interviews*, pp. 205-17. Ithaca, NY: Cornell University Press.

De Lima, P. (2012) Moving beyond class and status-Intersectionality and place/space as a framework for understanding social divisions? Paper presented to QUCAN/TARRN annual meeting, Inverness, Scotland.

DeLyser, D., & Sui, D. (2013) Crossing the qualitative-quantitative divide II: Inventive approaches to big data, mobile methods and rhythmanalysis. *Progress in Human Geography*, 37(1): 293-305.

Demaria, F., Schneider, F., Sekulova, F., & Martínez-Alier, J. (2013) What is degrowth? From an activist slogan to a social movement. *Environmental Values*, 22(2): 191-215. https://doi.org/10.3197/096327113X13581561725194

Demeritt, D. (2002). What is the 'social construction of nature'? A typology and sympathetic critique. *Progress in Human Geography*, 26(6): 767-90.

Derickson, K. (2017) Urban geography II: Urban geography in the age of Ferguson. *Progress in Human Geography*, 41(2): 230-44.

Derrida, J. (1991) Eating well, or the calculation of the subject: An interview. In E. Cadava, P. Connor & J.-L. Nancy (eds.), *Who Comes After the Subject?*, pp. 96-119. London: Routledge.

de Souza, M. L. (2012) *Panem et circenses* versus the right to the city (centre) in Rio de Janeiro: A short report. *City*, 16(5): 563-72.

Devine, F., & Snee, H. (2015) Doing the Great British Class

Survey. *Sociological Review*, 63(2): 240-58.

Devine-Wright, P. (2013) Think global, act local? The relevance of place attachments and place identities in a climate changed world. *Global Environmental Change*, 23: 61-69. https://doi.org/10.1016/j.gloenvcha.2012.08.003

Devine-Wright, P., & Howes, Y. (2010) Disruption to place attachment and the protection of restorative environments: A wind energy case study. *Journal of Environmental Psychology*, 30(3): 271-80. https://doi.org/10.1016/J.JENVP.2010.01.008

de Witte, M. (2016) Encountering religion through Accra's urban soundscape. In J. Darling & H. Wilson (eds.), *Encountering the City: Urban Encounters from Accra to New York*, pp. 133-50. Abingdon, UK: Routledge.

Doan, P. (2010) The tyranny of gendered spaces-Reflections from beyond the gender dichotomy. *Gender, Place & Culture*, 17(5): 635-54.

Dodge, M., & Kitchin, R. (2004) Flying through code/space: The real virtuality of air travel. *Environment and Planning A: Economy and Space*, 26(2): 195-211.

Dorling, D. (2013) What class are you? *Statistics Views*, 11 April. http://www.statisticsviews.com/details/feature/4582421/What-Class-Are-You.html

Dorling, D. (2014a) *Inequality and the 1%*. London: Verso.

Dorling, D. (2014b) *All That Is Solid: The Great Housing Disaster*. London: Allen Lane.

Dorling, D. (2017) *The Equality Effect*. Oxford: New Internationalist.

Dorling, D. (2018) *Peak Inequality: Britain's Ticking Timebomb*. Bristol: Policy Press.

Dorling, D., Rigby, J., Wheeler, B., Ballas, D., Thomas, B., Fahmy, E., Gordon, D., & Lupton, R. (2007) *Poverty, Wealth and Place in Britain, 1968 to 2005*. Bristol: Policy Press.

Dove, M. R. (2006) Indigenous people and environmental politics. *Annual Review of Anthropology*, 35: 191-208. https://doi.org/10.1146/annurev.anthro.35.081705.123235

Dreher, T. (2017) The uncanny doubles of queer politics: Sexual citizenship in the era of samesex marriage victories. *Sexualities*, 20(1-2): 176-95.

Duffy, M., Waitt, G., Gorman-Murray, A., & Gibson, C. (2011) Bodily rhythms: Corporeal capacities to engage with festival spaces. *Emotion, Space and Society*, 4(1): 17-24.

Duffy, M., Waitt, G., & Harada, T. (2016) Making sense of sound: Visceral sonic mapping as a research tool. *Emotions, Space and Society*, 20(1): 49-57.

Duggan, L. (2002) The new homonormativity: The sexual politics of neoliberalism. In R. Castronovo & D. D. Nelson (eds.), *Materializing Democracy: Toward a Revitalized Cultural Politics*, pp. 175-94. Durham, NC: Duke University Press.

Duggan, L. (2003) *The Twilight of Equality? Neoliberalism, Cultural Politics and the Attack on Democracy*. Boston: Beacon Press.

Dunn, K. (2004) Islam in Sydney: Contesting the discourse of absence. *Australian Geographer*, 25(3): 333-53.

Dunn, K. (2005) Repetitive and troubling discourses of nationalism in the local politics of mosque development in Sydney, Australia. *Environment and Planning D: Society and Space*, 23: 29-50.

Dupre, J. (2012) *Processes of Life: Essays in the Philosophy of Biology*. Oxford: Oxford University Press.

Dwyer, C. (1999) Veiled meanings: Young British Muslim women and the negotiation of differences. *Gender, Place & Culture*, 6(1): 5-26.

Dwyer, C. (2015) Photographing faith in Suburbia. *Cultural Geographies*, 22(3): 531-38.

Dwyer, C., & Bressey, C. (2008) *New Geographies of Race and Racism*. London: Routledge.

Dwyer, C., Shah, B., & Sanghera, G. (2008) From cricket lover to terror suspect-Challenging representations of young British Muslim men. *Gender, Place & Culture*, 15(2): 117-36.

Dyck, I. (2005) Feminist geography, the 'everyday', and local-lobal relations: Hidden spaces of place-making. *Canadian Geographer-Le Géographe canadien*, 49(3): 233-43.

Dyer, R. (1988) White. *Screen*, 29(4): 44-65.

Edensor, T. (2002) *National Identity, Popular Culture and Everyday Life*. Oxford: Berg.

Edensor, T. (2011) Commuter: Mobility, rhythm and commuting. In T. Cresswell & P. Merriman (eds.), *Geographies of Mobilities: Practices, Spaces, Subjects*, pp. 189-204. Farnham, UK: Ashgate.

Edensor, T. (ed.) (2016) *Geographies of Rhythm*. London: Routledge.

Edensor, T., & Millington, S. (2009) Illuminations, class identities and the contested landscapes of Christmas.

Sociology, 43(1): 103-21.

Ehrkamp, P., & Nagel, C. (2012) Immigration, places of worship and the politics of citizenship in the US South. *Transactions of the Institute of British Geographers*, 37(4): 624-38.

Elden, S. (2007) Governmentality, calculation, territory. *Environment and Planning D: Society and Space*, 25: 562-80.

Elwood, S., Lawson, V., & Sheppard, E. (2016) Geographical relational poverty studies. *Progress in Human Geography*, 41(6): 745-65.

Elwood, S., & Leszczynski, A. (2011) Privacy, reconsidered: New representations, data practices and the geoweb. *Geoforum*, 42(1): 6-15.

Elwood, S., & Leszczynski, A. (2018) Feminist digital geographies. *Gender, Place & Culture*, 25(2): 1-16.

Engels, F. (1872/1997) *The Housing Question*. Moscow: Progress.

England, K. (1994) Getting personal: Reflexivity, positionality and feminist research. *Professional Geographer*, 46: 80-89.

England, K. (2010) Home, work and the shifting geographies of care. *Ethics, Place and Environment*, 13(2): 131-50.

England, M. (2008) When 'good neighbours' go bad: Territorial geographies of neighbourhood associations. *Environment and Planning A: Economy and Space*, 40: 2879-94.

Equality Act. (2010) London: Stationery Office. http://www.legislation.gov.uk/ukpga/2010/15/contents

Escárcega, S. (2010) Authenticating strategic essentialisms: The politics of Indigenousness at the United Nations. *Cultural Dynamics*, 22: 3-28. https://doi.org/10.1177/0921374010366780

Esping-Andersen, G. (1999) *Social Foundations of Postindustrial Economies*. Oxford: Oxford University Press.

European Commission. (2018) *Beyond GDP*. https://ec.europa.eu/newsroom/env/newsletter-specific-archive-issue.cfm?newsletter_service_id=300&pdf=true

Evans, A., & Miele, M. (2012) Between food and flesh: How animals are made to matter (and not matter) within food consumption practices. *Environment and Planning D: Society and Space*, 30: 298-314.

Evans, B. (2008) Geographies of youth/young people. *Geography Compass*, 2(5): 1659-80.

Evans, R. (2011) 'We are managing our own lives . . .': Life transition and care in siblingheaded households affected by AIDS in Tanzania and Uganda. *Area*, 43(4): 384-96.

Falah, G.-W., & Nagel, C. (2005) *Geographies of Muslim Women: Gender, Religion, and Space*. New York: Guidford Press.

FAO. (2013) *Food Wastage Footprint: Impacts on Natural Resources*. http://www.fao.org/3/i3347e/i3347e.pdf

Farbotko, C., Stratford, E., & Lazrus, H. (2016) Climate migrants and new identities? The geopolitics of embracing or rejecting mobility. *Social & Cultural Geography*, 17(4): 533-52.

Fawcett Society. (2017) *Close the Gender Gap*. https://www.fawcettsociety.org.uk/closegender-pay-gap

Feldman, A. (2002) Making space at the nations' table: Mapping the transformative geographies of the international Indigenous peoples' movement. *Social Movement Studies*, 1: 31-46. https://doi.org/10.1080/14742830120118882

Ferreira, E., & Salvador, R. (2015) Lesbian collaborative web mapping: Disrupting heteronormativity in Portugal. *Gender, Place & Culture*, 22(7): 954-70.

Fincher, R., & Iveson, K. (2012) Justice and injustice in the city. *Geographical Research*, 50(3): 231-41.

Finlay, R. (2015) Narratives of belonging: The Moroccan diaspora in Granada, Spain. In A. Christou & E. Mavroudi (eds.), *Dismantling Diasporas: Rethinking the Geographies of Diasporic Identity, Connection and Development*, pp. 43-55. Farnham, UK: Ashgate.

Finlay, R. (2019) A diasporic right to the city: The production of a Moroccan diaspora space in Granada, Spain. *Social & Cultural Geography*, 20(6): 785-805.

Finlay, R., & Hopkins, P. (2020) Resistance and marginalisation: Islamophobia and the political participation of young Muslims in Scotland. *Social & Cultural Geography*, 21(4): 546-68. https://doi.org/10.1080/14649365.2019.1573436

Flowerdew, R., & Martin, D. (2005) *Methods in Human Geography: A Guide for Students Doing a Research Project*. Harlow, UK: Longman.

Forrest, R., & Yip, N. M. (eds.) (2012) *Young People and Housing: Transitions, Trajectories and Generational Fractures*. Oxford: Routledge.

Fotheringham, A. S., & Wong, D. W. S. (1991) The modifiable areal unit problem in multivariate statistical analysis.

Environment & Planning A: Economy and Space, 23: 1025-44. https://doi.org/10.1068/a231025

Foucault, M. (1980) *Power/Knowledge: Selected Interviews and Other Writings 1972-1977*, ed. Colin Gordon. New York: Pantheon Press.

Foucault, M. (2004) *Security, Territory, Population: Lectures at the Collège de France 1977-78*, trans. Graham Burchell. London: Palgrave Macmillan.

Frantz, K., & Howitt, R. (2012) Geography for and with Indigenous peoples: Indigenous geographies as challenge and invitation. *GeoJournal*, 77: 727-31. https://doi.org/10.1007/s10708-010-9378-2

Freire, P. (1972) *Pedagogy of the Oppressed*. Harmondsworth, UK: Penguin.

Freund, P. (2001) Bodies, disability and spaces: The social model and disabling spatial organisations. *Disability & Society*, 16(5): 689-706.

Fritzsche, P. (2002) How nostalgia narrates modernity. In P. Fritzsche & A. Confino (eds.), *The Work of Memory: New Directions in the Study of German Society and Culture*, pp. 62-85. Champaign: University of Illinois Press.

Fuchs, C. (2011) New media, Web 2.0 and surveillance. *Sociology Compass*, 5: 134-47. ·

Fuglerud, O. (1999) *Life on the Outside: The Tamil Diaspora and Long-Distance Nationalism*. London: Pluto.

Fuller, D., & Kitchin, R. (eds.) (2004) *Radical Theory/Critical Praxis: Making a Difference beyond the Academy?* Kelowna, BC: Praxis E-Series.

Fussey, P. (2015) Command control and contestation: Negotiating security at the London 2012 Olympics. *Geographic Journal*, 181(1): 212-23.

Fyfe, N. (1991) The police, space and society: The geography of policing. *Progress in Human Geography*, 15(3): 249-67.

Fyfe, N. (2006) *Images of the Street: Planning Identity and Control in Public Space*. London: Routledge.

Fyfe, N., & Kenny, J. (2005) *The Urban Geography Reader*. New York: Routledge.

Gaertner, S. L., & Dovidio, J. F. (1986) *The Aversive Form of Racism*. San Diego, CA: Academic Press.

Gaete-Reyes, M. (2015) Citizenship and the embodied practice of wheelchair use. *Geoforum*, 64: 351-61.

Gale, R. (2007) The place of Islam in the geography of religion: Trends and Intersections. *Geography Compass*, 1(5): 1015-36.

Gale, R. (2013) Religious residential segregation and internal migration: The British Muslim case. *Environment and Planning A: Economy and Space*, 45(4): 872-91.

Gallagher, A. (2018) The business of care: Marketization and the new geographies of childcare. *Progress in Human Geography*, 42(5): 706-22.

Galton, F. (1889) *Natural Inheritance*. London: Macmillan.

Gandy, M. (2017) Urban atmospheres. *Cultural Geographies*, 24(3): 353-74.

Gao, Q., Duo, Y., & Zhu, H. (2018) Secularisation and resistant politics of sacred space in Guangzhou's ancestral temple, China. *Area*, 51(3): 570-77. doi:10.1111/area.12512

Gao, Q., Qian, J., & Yuan, Z. (2018) Multiscaled secularization or postsecular present? Christianity and migrant workers in Shenzhen, China. *Cultural Geographies*, 25(4): 553-70.

Garcia-Ramon, M. D. (2003) Globalization and international geography: The questions of languages and scholarly traditions. *Progress in Human Geography*, 27(1): 1-5.

Garfinkel, H. (1967) *Studies in Ethnomethodology*. Englewood Cliffs, NJ: Prentice-Hall.

Garland-Thomson, R. (2011) Misfits: A feminist materialist disability concept. *Hypatia: A Journal of Feminist Philosophy*, 26(3): 591-609.

Gatrell, A., & Elliot, S. (2009) *Geographies of Health: An Introduction*. London: Wiley.

Gesler, W. M. (1992) Therapeutic landscapes: Medical issues in light of the new cultural vgeography. *Social Science & Medicine*, 34: 735-46. https://doi.org/10.1016/0277-9536(92)90360-3

Gibson, C. C., Ostrom, E., & Ahn, T.-K. (2000) The concept of scale and the human dimensions of global change: A survey. *Ecological Economics*, 32(2): 217-39.

Gieseking, J. J., & Mangold, W. (2014) *The People, Place and Space Reader*. New York: Routledge.

Gillespie, K., & Collard, R. (eds.) (2015) *Critical Animal Geographies: Politics, Intersections and Hierarchies in a Multispecies World*. Abingdon, UK: Routledge.

Gillespie, K., & Collard, R. (eds.) (2017) *Critical Animal Geographies: Politics, Intersections and Hierarchies in a Multispecies World*, 3rd ed. Abingdon, UK: Routledge.

Gilmore, R. (2007) *Golden Gulag: Prisons, Surplus, Crisis, and Opposition in Globalizing California*. Berkeley: University of California Press.

Glass, R. (1964) Aspects of change. In R. Glass et al. (eds.), *London: Aspects of Change*, pp. xiii-xlii. London: MacGibbon & Kee.

Gleeson, B. J. (1996) A geography for disabled people? *Transactions of the Institute of British Geographers*, 21(2): 387-96.

Gleeson, B. (1999) *Geographies of Disability*. London: Routledge.

Glick, J. (2008) Gentrification and the racialized geography of home equity. *Urban Affairs Review*, 44(2): 280-95.

Gløersen, E., Dubois, A., Copus, A., & Schürmann, C. (2006) Northern peripheral, sparsely populated regions in the European Union. Nordregio Report 2006: 2, Stockholm. http://norden.diva-portal.org/smash/get/diva2:700429/FULLTEXT01.pdf

Glucksberg, L. (2014) We was regenerated out: Regeneration, recycling and de-valuing communities. *Valuation Studies*, 2(2): 97-118.

Goffman, E. (1959) *The Presentation of Self in Everyday Life*. Garden City, NY: Doubleday.

Goffman, E. (1963) *Stigma: Notes on the Management of Spoiled Identity*. Englewood Cliffs, NJ: Prentice-Hall.

Gökarıksel, B. (2012) The intimate politics of secularism and the headscarf: The mall, the neighbourhood, and the public square in Istanbul. *Gender, Place & Culture*, 19(1): 1-20.

Gökarıksel, B., & Smith, S. (2017) Intersectional feminism beyond US flag hijab and pussy hats in Trump's America. *Gender, Place & Culture*, 24(5): 628-44.

Goldthorpe, J. H. (2014) The role of education in intergenerational social mobility: Problems from empirical research in sociology and some theoretical pointers from economics. *Rationality and Society*, 26(3): 265-89.

Gong, H., Hassink, R., & Maus, G. (2017) What does *Pokémon Go* teach us about geography? *Geographica Helvetica*, 72: 227-30.

Gonzalez, C. G. (2015) Environmental justice, human rights, and the Global South. *Santa Clara Journal of International Law*, 13: 151-95. https://digitalcommons.law.scu.edu/scujil/vol13/iss1/8/

González, S. (2006) Scalar narratives in Bilbao: A cultural politics of scales approach to the study of urban policy. *International Journal of Urban and Regional Research*, 30(4): 836-57.

Goode, J. P. (2017) Humming along: Public and private patriotism in Putin's Russia. In M. Skey & M. Antonsich (eds.), *Everyday Nationhood: Theorising Culture, Identity and Belonging after* Banal Nationalism, pp. 121-46. London: Palgrave Macmillan.

Goodley, D. (2001) Learning difficulties: The social model of disability and impairment: Challenging epistemologies. *Disability & Society*, 16(2): 207-31.

Gordon, C. (1991) Governmental rationality: An introduction. In G. Burchell, C. Gordon & P. Miller (eds.), *The Foucault Effect: Studies in Governmentality*, pp. 1-52. Chicago: University of Chicago Press.

Gorman-Murray, A., & Hopkins, P. (2014) *Masculinities and Place*. Farnham, UK: Ashgate.

Grabham, E. (2007) Citizen bodies, intersex citizenship. *Sexualities*, 10(1): 29-48.

Graham, M., Stephens, M., & Hale, S. (2015) Featured graphic: Mapping the geoweb-a geography of Twitter. *Environment and Planning A: Economy and Space*, 45(1): 100-102.

Graham, S. (2011) *Cities Under Siege: The New Military Urbanism*. London: Verso.

Graham, S. (2012) Olympics 2012 security: welcome to lockdown London. *City*, 16: 446-51.

Graham, S. (2015) Luxified skies: How vertical urban housing became an elite preserve. *City*, 19(5): 618-45.

Graham, S. (2016) *Vertical: The City from Satellites to Bunkers*. London: Verso.

Graham, S., & Marvin, S. (2001) *Splintering Urbanism: Networked Infrastructures, Technological Mobilities and the Urban Condition*. London: Routledge.

Grant, R., & Oteng-Ababio, M. (2012) Mapping the invisible and real 'African' economy: Urban e-waste circuitry. *Urban Geography*, 33(1): 1-21. https://doi.org/10.2747/0272-3638.33.1.1

Gregory, D. (1994) *Geographical Imaginations*. Cambridge, MA: Blackwell.

Gregory, R., Johnston, J. T., Pratt, G., Watts, M., & Whatmore, S. (2000) *Dictionary of Human Geography*. Oxford: Wiley-Blackwell.

Gregson, N. (1986) On duality and dualism: The case of structuration and time geography. *Progress in Human Geography*, 10(2): 184-205.

Gregson, N., & Rose, G. (2000) Taking Butler elsewhere: Performativities, spatialities and subjectivities. *Environment and Planning D: Society and Space*, 18(4): 433-52.

Grossman, J. (2018) Toward a definition of diaspora. *Ethnic and Racial Studies*, 42(8): 1263-82. https://doi.org/10.1080/01419870.2018.1550261

Grove, N. S. (2015) The cartographic ambiguities of Harass Map: Crowdmapping security and sexual violence in Egypt. *Security Dialogue*, 46(4): 345-64.

Grusky, D. B. (2018) *Social Stratification: Class, Race, and Gender in Sociological Perspective*. London: Routledge.

Gunaratnam, Y. (2003) *Researching 'Race' and Ethnicity: Methods, Knowledge and Power*. London: Sage.

Guthman, J. (2003) Fast food/organic food: Reflexive tastes and the making of 'yuppie chow'. *Social & Cultural Geography*, 4: 45-58.

Haboud, M. (2009) Ecuador Amazónico. In S. Inge (ed.), *Atlas sociolingüístico de pueblos indígenas en América Latina,* pp. 333-59. Cochabamba, Bolivia: FUNPROEIB Andes.

Hacking, I. (1990) *The Taming of Chance*. Cambridge: Cambridge University Press.

Hägerstrand, T. (1970) What about people in regional science. *Papers in Regional Science*, 24(1): 6-21.

Hägerstrand, T. (1982) Diorama, path and project. *Tijdschrift voor Economisch en Sociologisch Geografie*, 73(6): 323-39.

Hägerstrand, T. (2006) Foreword. In A. Buttimer & T. Mels (eds.), *By Northern Lights*, pp. xi-xiv. Aldershot, UK: Ashgate.

Haggett, P. (1965) *Locational Analysis in Human Geography*. London: Edward Arnold.

Hajjar, L. (2005) *Courting Conflict: The Israeli Military Court System in the West Bank and Gaza*. Berkeley: University of California Press.

Halfacree, K. (1993) Locality and social representation: Space, discourse and alternative definitions of the rural. *Journal of Rural Studies*, 9(1): 23-37.

Hall, E. (2005) The entangled geographies of social exclusion/inclusion for people with learning disabilities. *Health and Place*, 11(2): 107-15.

Hall, E., & Wilton, R. (2017) Towards a relational geography of disability. *Progress in Human Geography*, 41(6): 727-44.

Hall, S. (1983) Teaching race. *Early Child Development and Care*, 10(4): 259-74.

Hall, S., King, J., & Finlay, T. (2017) Migrant infrastructure: Transaction economies in Birmingham and Leicester, UK. *Urban Studies*, 54(6): 1311-27. https://doi.org/10.1177/0042098016634586

Hall, S. M. (2015) Everyday family experiences of the financial crisis: Getting by in the recent economic recession. *Journal of Economic Geography*, 16(2): 305-30.

Hall, S. M. (2018) Everyday austerity: Towards relational geographies of family, friendship and intimacy. *Progress in Human Geography*, 43(5): 769-89.

Hancock, A. M. (2016) *Intersectionality: An Intellectual History*. Oxford: Oxford University Press.

Hannah, M. (2001) Sampling and the politics of representation in the US Census 2000. *Environment and Planning D: Society and Space*, 19: 515-34.

Hansen, N., & Philo, C. (2007) The normality of doing things differently: Bodies, spaces and disability geography. *Tijdschift voor Economische en Sociale Geografie*, 98(4): 493-506.

Hanson, S., & Pratt, G. (1995) *Gender, Work and Space*. London: Routledge.

Haraway, D. (1988) Situated knowledges: The science question in feminism and the privilege of partial perspective. *Feminist Studies*, 14(3): 575-99.

Haraway, D. (2007) *When Species Meet*. Minneapolis: University of Minnesota Press.

Harding, A., & Blokland, T. (2014) *Urban Theory: A Critical Introduction to Power, Cities and Urbanism in the 21st Century*. London: Sage.

Harding, S. G. (2004) *The Feminist Standpoint Theory Reader: Intellectual and Political Controversies*. New York: Routledge.

Harley, J. B. (1989) Deconstructing the map. *Cartographica*, 26(1): 1-20.

Harper, S. (2005) *Ageing Societies*. London: Hodder.

Harper, S., & Laws, G. (1995) Rethinking the geography of ageing. *Progress in Human Geography*, 19: 199-221.

Harvard, S. (2013) *The Mediatization of Culture and Society*. London: Routledge.

Harvey, D. (1973) *Social Justice and the City*. Baltimore, MD: Johns Hopkins University Press.

Harvey, D. (1989) *The Condition of Postmodernity: An Inquiry into the Origins of Cultural Change*. Oxford: Blackwell.

Harvey, D. (1996) *Justice, Nature and the Geography of Difference*. Cambridge, MA: Blackwell.

Harvey, D. (2005) *A Brief History of Neoliberalism*. Oxford:

Oxford University Press.

Harvey, D. (2010) *A Companion to Marx's Capital*. London: Verso.

Hawe, P., & Shiell, A. (2000) Social capital and health promotion: A review. *Social Science & Medicine*, 51(6): 871-85.

Hay, I. (2016) *Qualitative Research Methods in Human Geography*. Oxford: Oxford University Press.

Hayles, N. K. (1999) *How We Became Posthuman*. Chicago: University of Chicago Press.

Hayles, N. K. (2012) *How We Think*. Chicago: University of Chicago Press.

Hemming, P. (2007) Renegotiating the primary school: Children's emotional geographies of sport, exercise and active play. *Children's Geographies*, 5(4): 353-71.

Hemming, P. (2011) Meaningful encounters? Religion and social cohesion in the English primary school. *Social & Cultural Geography*, 12(1): 63-81.

Henderson, S., Holland, J., McGrellis, S., Sharpe, S., & Thomson, R. (2007) *Inventing Adulthoods: A Biographical Approach to Youth Transitions*. London: Sage.

Hepple, L. W. (2001) Multiple regression and spatial policy analysis: George Udny Yule and the origins of statistical social science. *Environment and Planning D: Society and Space*, 19: 385-407.

Herbert, D. T., & Thomas, C. J. (1998) School performance, league tables and social geography. *Applied Geography*, 18(3): 199-223.

Herbert, S. (1997) Territoriality and the police. *Professional Geographer*, 49(1): 86-94.

Herbert, S., & Brown, E. (2006) Conceptions of space and crime in the punitive neoliberal city. *Antipode*, 38(4): 755-77.

Herman, A., Goodman, M., & Sage, C. (2018) Six questions for food justice. *Local Environment*, 23(11): 1075-89.

Hildebrandt, M. (2013) Slaves to big data. Or are we? Keynote address to 9th Annual Conference on Internet, Law & Politics, 25 June. https://works.bepress.com/mireille_hildebrandt/52/

Hitchen, E. (2019) The affective life of austerity: Uncanny atmospheres and paranoid temporalities. *Social & Cultural Geography*, online. https://doi.org/10.1080/14649365.2019.1574884

Hochschild, A. R. (1997) *The Time Bind: When Work Becomes Home and Home Becomes Work*. New York: Henry Holt.

Hochschild, A. R. (2003) *The Commercialisation of Intimate Life*. Berkeley: University of California Press.

Hochschild, A. R. (2012) *The Outsourced Self*. New York: Metropolitan Books.

Hockey, J., & James, A. (2003) *Social Identities across the Life Course*. New York: Palgrave Macmillan.

Hocknell, S. (2016) Chewing the fat: Unpacking distasteful encounters. *Gastronomica*, 16(3): 13-18.

Hocknell, S., & MacAllister, L. (2020) A sticky situation? Fatty distaste and the embodied performances of class. In E. Falconer (ed.), *Space, Taste and Affect: Atmospheres That Shape How We Eat*. London: Routledge.

Hodkinson, S. (2012) The new urban enclosures. *City*, 16(5): 500-518.

Hoggart, K. (1990) Let's do away with rural. *Journal of Rural Studies*, 6: 245-57.

Hoggart, K., Davies, A., & Lees, L. (2002) *Researching Human Geography*. London: Arnold.

Holdaway, S. (1983) *Inside the British Police: A Force at Work*. Oxford: Basil Blackwell.

Holdsworth, C. (2006) 'Don't you think you're missing out, living at home?': Student experiences and residential transitions. *Sociological Review*, 54: 495-519.

Holdsworth, C. (2009) Between two worlds: Local students in higher education and 'scouse'/tudent identities. *Population, Space and Place*, 15: 225-37.

Holdsworth, C. (2010) Why volunteer? Understanding motivations for student volunteering. *British Journal of Educational Studies*, 58(4): 421-37.

Holdsworth, C., & Morgan, D. (2005) *Transitions in Context: Leaving Home, Independence and Adulthood*. Berkshire, UK: Open University Press.

Holifield, R. (2015) Environmental justice and political ecology. In T. Perreault, G. Bridge & J. McCarthy (eds.), *The Routledge Handbook of Political Ecology*, pp. 585-97. Oxford: Routledge.

Holifield, R., Porter, M., & Walker, G. (2009) Introduction: Spaces of environmental justice: Frameworks for critical engagement. *Antipode*, 41(4): 591-612. https://doi.org/10.1111/j.1467-8330.2009.00690.x

Holifield, R., Porter, M., & Walker, G. (2011) *Spaces of Environmental Justice*. Oxford: John Wiley & Sons.

Hollibaugh, A., & Weiss, M. (2015) Queer precarity and the myth of gay affluence. *New Labor Forum*, 24(3): 18-27.

Holloway, J. (2003) Make believe: Spiritual practice, embodiment and sacred space. *Environment and Planning A: Economy and Space*, 35(11): 1961-74.

Holloway, L., & Hubbard, P. (2001) *People and Place: The Extraordinary Geographies of Everyday Life*. Harlow, UK: Prentice-Hall.

Holloway, S. L., Hubbard, P., Jöns, H., & Pimlott-Wilson, H. (2010) Geographies of education and the significance of children, youth and families. *Progress in Human Geography*, 34(5): 583-600.

Holloway, S. L., & Valentine, G. (2000) *Children's Geographies: Playing, Living, Learning*. London: Routledge.

Holmes, B. (2004) Drifting through the grid: Psychogeography and imperial infrastructure. https://www.scribd.com/document/57872191/Brian-Holmes-Drifting-Through-the-Grid

Holt, L. (2004) Children with mind-body differences: Performing disability in primary school classrooms. *Children's Geographies*, 2(2): 219-36.

Holt, L. (2007) Children's sociospatial (re) production of disability within primary school playgrounds. *Environment and Planning D: Society and Space*, 25(5): 783-802.

Holt, L. (2010) Young people's embodied social capital and performing disability. *Children's Geographies*, 8(1): 25-37.

Holt, L., Bowlby, S., & Lea, J. (2017) Everyone knows me. . . . I sort of like move about: The friendships and encounters of young people with special educational needs in different school settings. *Environment and Planning A: Economy and Space*, 49(6): 1361-78.

Holton, M., & Riley, M. (2013) Student geographies: Exploring the diverse geographies of students and higher education. *Geography Compass*, 7(1): 61-74.

Holton, M., & Riley, M. (2016) Student geographies and homemaking: Personal belonging(s) and identities. *Social & Cultural Geography*, 17(5): 623-45.

hooks, b. (1981) *Ain't I a Woman: Black Women and Feminism*. New York: Routledge.

Hopkins, P. (2006a) Youthful Muslim masculinities: Gender and generational relations. *Transactions of the Institute of British Geographers*, 31(3): 337-52.

Hopkins, P. (2006b) Youth transitions and going to university: The perceptions of students attending a geography summer school access programme. *Area*, 38(3): 240-47.

Hopkins, P. (2007a) 'Blue squares', 'proper' Muslims and transnational networks: Narratives of national and religious identities amongst young Muslim men living in Scotland. *Ethnicities*, 7(1): 61-81.

Hopkins, P. (2007b) Global events, national politics, local lives: Young Muslim men in Scotland. *Environment and Planning A: Economy and Space*, 39: 1119-33.

Hopkins, P. (2007c) Young people, masculinities, religion and race: New social geographies. *Progress in Human Geography*, 10(8): 811-19.

Hopkins, P. (2009) Women, men, positionalities and emotion: Doing feminist geographies of religion. *ACME: An International E-journal for Critical Geographies*, 8(1): 1-17.

Hopkins, P. (2010) *Young People, Place and Identity*. London: Routledge.

Hopkins, P. (2011) Multiple, marginalised, passé or politically engaged? Some reflections on the current place of social geographies. *Social & Cultural Geography*, 12(6) 533-38.

Hopkins, P. (2014) Managing strangerhood: Young Sikh men's strategies. *Environment and Planning A: Economy and Space*, 46(7): 1572-85.

Hopkins, P. (2015) Young people and the Scottish independence referendum. *Political Geography*, 46: 91-92.

Hopkins, P. (2016) Gendering Islamophobia, racism and white supremacy: Gendered violence against those who look Muslim. *Dialogues in Human Geography*, 8(2): 186-89.

Hopkins, P. (ed.) (2017) *Scotland's Muslims: Society, Politics and Identity*. Edinburgh: Edinburgh University Press.

Hopkins, P. (2019) Social geography I: Intersectionality. *Progress in Human Geography*, 43(5): 937-47. https://doi.org/ 10.1177/0309132517743677

Hopkins, P., Botterill, K., Sanghera, G., & Arshad, R. (2017) Encountering misrecognition: Being mistaken for being Muslim. *Annals of the American Association of Geographers*, 107(4): 934-48.

Hopkins, P., & Gale, R. (eds.) (2009) *Muslims in Britain: Race, Place and Identities*. Edinburgh: Edinburgh University Press.

Hopkins, P., & Gorman-Murray, A. (2019) Masculinities and geography, moving forward: Men's bodies, emotions and spiritualities. *Gender, Place & Culture*, 26(3): 301-14.

Hopkins, P., & Noble, G. (2009) Masculinities in place:

Situated identities, relations and intersectionality. *Social & Cultural Geography*, 10(8): 811-19.

Hopkins, P., Olson. E., Pain, R., & Vincett, G. (2011) Mapping intergenerationalities in the formation of young people's religious identities. *Transactions of the Institute of British Geographers*, 36(2): 314-27.

Hopkins, P., & Pain, R. (2007) Geographies of age: Thinking relationally. *Area*, 39(3): 287-94.

Hopkins, P., Todd, L., & Newcastle Occupation. (2012) Occupying Newcastle University: Student resistance to government spending cuts in England. *Geographical Journal*, 18(2): 104-9.

Horschelmann, K., & Van Blerk, L. (2011) *Children, Youth and the City*. London: Routledge.

Horton, J., & Kraftl, P. (2005) For more-than-usefulness: Six overlapping points about children's geographies. *Children's Geographies*, 3: 131-43.

Horton, J., & Kraftl, P. (2013) *Cultural Geographies: An Introduction*. London: Routledge.

Houston, D., & Pulido, L. (2002) The work of performativity: Staging social justice at the University of Southern California. *Environment and Planning D: Society and Space*, 20(4): 401-24.

Hovorka, A. J. (2015) *The Gender, Place and Culture* Jan Monk Distinguished Annual Lecture: Feminism and animals: Exploring interspecies relations through intersectionality, performativity and standpoint. *Gender, Place & Culture*, 22(1): 1-19.

Howell, A. (2018) Forget 'militarization': race, disability and the 'martial politics' of the police and of the university. *International Feminist Journal of Politics*, 20(2): 117-36.

Howitt, R. (1998) Scale as relation: Musical metaphors of geographical scale. *Area*, 30(1): 49-58.

Howitt, R., & Stevens, S. (2010) Cross-cultural research: Ethics, methods, and relationships. In I. Hay (ed.), *Qualitative Research Methods in Human Geography*. Oxford: Oxford University Press.

Hubbard, P. (2008) Here, there, everywhere: The ubiquitous geographies of heteronormativity. *Geography Compass*, 2(3): 640-58.

Hubbard, P. (2013) Kissing is not a universal right: Sexuality, law and the scales of citizenship. *Geoforum*, 49: 224-32.

Huxley, M. (2007) Geographies of governmentality. In J. W. Crampton & S. Elden (eds.), *Space, Knowledge and Power: Foucault and Geography*, pp. 185-204. Aldershot, UK: Ashgate.

Hyams, M. (2004) Hearing girls' silences: Thoughts on the politics and practices of a feminist method of group discussion. *Gender, Place & Culture*, 11(1): 105-19.

Imrie, R. (1996) *Disability and the City*. London: Chapman.

Imrie, R. (2012a) Universalism, universal design and equitable access to the built environment. *Disability and Rehabilitation*, 34(10): 873-82.

Imrie, R. (2012b) Auto-disabilities: The case of shared space environments. *Environment and Planning A: Economy and Space*, 44(9): 2260-77.

Imrie, R., & Edwards, C. (2007) The geographies of disability: Reflections on the development of a sub-discipline. *Geography Compass*, 1(3): 623-40.

IPCC. (2018) *Special Report 15 on Global Warming of 1.5℃*. Intergovernmental Panel on Climate Change.

Irigaray, L. (2008) *Sharing the World*. London: Continuum.

Isin, E. F. (ed.) (2013) *Democracy, Citizenship and the Global City*. London: Routledge.

Jackson, P. (1981) Phenomenology and social geography. *Area*, 13(4): 299-305.

Jackson, P. (1994) Black male: Advertising and the cultural politics of masculinity. *Gender, Place & Culture*, 1(1): 49-59.

Jackson, T. (2016) *Prosperity without Growth: Foundations for the Economy of Tomorrow*. London: Routledge.

Jacobs, J. (1961) *The Death and Life of Great American Cities*. New York: Random House.

Jacobs, M. D. (2005) Maternal colonialism: White women and Indigenous child removal in the American West and Australia, 1880-1940. *Western Historical Quarterly*, 36: 453-76. https://doi.org/10.2307/25443236

James, A. (2017) *Work-Life Advantage: Sustaining Regional Learning and Innovation*. Oxford: Wiley-Blackwell.

James, A., Jenks, C., & Prout, A. (2001) *Theorizing Childhood*. Cambridge: Polity Press.

Jarvis, H. (1999) The tangled webs we weave: Household strategies to co-ordinate home and work. *Work, Employment and Society*, 13(2): 225-47.

Jarvis, H. (2005) *Work/Life City Limits*. Basingstoke, UK: Palgrave Macmillan.

Jarvis, H. (2017) Sharing, togetherness and intentional degrowth. *Progress in Human Geography*, 43(2): 256-75.

Jarvis, H., Cloke, J., & Kantor, P. (2009) *Cities and Gender*.

Oxford: Routledge.

Jarvis, M., & Wardle, J. (2006) Social patterning of individual health behaviours: The case of cigarette smoking. In M. Marmot & R. Wilkinson (eds.), *The Social Determinants of Health*, pp. 224-37. Oxford: Oxford University Press.

Jeffrey, A. (2016) Geography of justice. *Oxford Bibliography*. http://www.oxfordbibliographies.com/view/document/obo-9780199874002/obo-9780199874002-0055.xml

Jensen, L. (2006) New immigrant settlements in rural America: Problems, prospects and policies. *Reports on Rural America*, 1(3).

Johansen, E. (2008) Imaging the global and the rural: Rural cosmopolitanism in Sharon Butala's *The Garden of Eden* and Amitav Ghosh's *The Hungry Tide*. *Postcolonial Text*, 4(3): 1-18.

Johnson, J. T., Cant, G., Howitt, R., & Peters, E. (2007) Creating anti-colonial geographies: Embracing Indigenous peoples knowledges and rights. *Geographical Research*, 45: 117-20. https://doi.org/10.1111/j.1745-5871.2007.00441.x

Johnson, M. (2011) Reconciliation, Indigeneity, and postcolonial nationhood in settler states. *Postcolonial Studies*, 14: 187-201. https://doi.org/10.1080/13688790.2011.563457

Johnston, C., & Pratt, G. (2019) *Migration in Performance: Crossing the Colonial Present*. London: Routledge.

Johnston, L. (2007) Mobilising pride/shame: Lesbians, tourism and parades. *Social & Cultural Geography*, 8(1) 29-45.

Johnston, L. (2015) Gender and sexuality I: Genderqueer geographies? *Progress in Human Geography*, 50(5): 668-78.

Johnston, L. (2018a) *Transforming Gender, Sex, and Place: Gender Variant Geographies*. London: Routledge.

Johnston, L. (2018b) Gender and sexuality III: Precarious places. *Progress in Human Geography*, 42(6): 928-36. doi:10.1177/0309132517731256

Johnston, R. J., Gregory, D., Pratt, G., & Watts, M. (2000) *Dictionary of Human Geography*. Oxford: Blackwell.

Jonas, A. E. G., McCann, E., & Thomas, M. (2015) *Urban Geography: A Critical Introduction*. Oxford: John Wiley & Sons.

Jones, C. (2015) Frames of law: Targeting advice and operational law in the Israeli military. *Environment and Planning D: Society and Space*, 33(4): 676-96.

Jones, E., & Eyles, J. (1977) *An Introduction to Social Geography*. Oxford: Oxford University Press.

Jones, S. (2013) Great British Class Survey finds seven social classes in the UK. *Guardian*, 3 April. https://www.theguardian.com/society/2013/apr/03/great-british-class-survey-seven

Jopling, M. (2019) Is there a north-south divide between schools in England? *Management in Education*, 33(1): 37-40.

Jou, S.-C., Clark, E., & Chen, H.-W. (2016) Gentrification and revanchist urbanism in Taipei? *Urban Studies*, 53(3): 560-76.

Joyce, P. (2003) *The Rule of Freedom: Liberalism and the Modern City*. London: Verso.

Jupp, E., Pykett, J., & Smith, F. M. (eds.) (2017) *Emotional States: Sites and Spaces of Affective Governance*. London: Routledge.

Kahn, R., & Kellner, D. (2004) New media and internet activism: From the Battle of Seattle to blogging. *New Media and Society*, 6: 87-95.

Kaptani, E., & Yuval-Davis, N. (2008) Participatory theatre as a research methodology: Identity, performance and social action among refugees. *Sociological Research Online*, 13(5).

Karla, V. S., Kaur, R., & Hutnyk, J. (2005) *Diaspora and Hybridity*. London: Sage.

Karp, D. A., Stone, G. P., & Yoels, W. C. (1991) *Being Urban: A Sociology of City Life*, 2nd ed. New York: Praeger.

Kärrholm, M. (2009) To the rhythm of shopping: On synchronisation in urban landscapes of consumption. *Social & Cultural Geography*, 10(4): 421-40.

Katz, C. (2001) Vagabond capitalism and the necessity of social reproduction. *Antipode*, 33(4): 709-28.

Katz, C. (2004) *Growing up Global: Economic Restructuring and Children's Everyday Lives*. Minneapolis: University of Minnesota Press.

Kenna, T. (2011) Studentification in Ireland? Analysing the impacts of students and student accommodation on Cork City. *Irish Geography*, 22(2-3): 191-213.

Kershaw, B. (2000) Performance, community and culture. In L. Goodman & J. De Gay (eds.), *The Routledge Reader in Politics and Performance*, pp. 136-42. London: Routledge.

Kesby, M. (2000) Participatory diagramming as a means to improve communication about sex in rural Zimbabwe: A pilot study. *Social Science and Medicine*, 50(12): 1723-41.

Kesby, M. (2007) Methodological insights on and from *Children's Geographies*. *Children's Geographies*, 5(3): 193-205.

Keul, A. (2013) Embodied encounters between humans and gators. *Social & Cultural Geography*, 14(8): 930-53.

Khaw, K., Wareham, N., Bingham, S., Welch, A., Luben, R., & Day, N. (2008) Combined impact of health behaviours and mortality in men and women: The EPIC-Norfolk prospective population study. *Plos Medicine*, 5(3): 39-47.

Kidson, M., & Norris, E. (2014) Implementing the London Challenge. https://www.instituteforgovernment.org.uk/sites/default/files/publications/Implementing%20 the%20London%20Challenge%20-%20final_0.pdf

Kindon, S. (2003) Participatory video in geographic research: A feminist way of looking? *Area*, 35(2): 142-53.

Kindon, S., Pain, R., & Kesby, M. (2007) *Connecting People, Participation and Place: Participatory Action Research Approaches and Methods*. London: Routledge.

King, M. L. (1963) Letter from a Birmingham jail. 16 April. Martin Luther King, Jr. Research and Education Institute, Stanford University. https://kinginstitute.stanford.edu/king-papers/documents/letter-birmingham-jail

King, R. (2012a) Geography and migration studies: Retrospect and prospect. *Population, Space and Place*, 18(2): 134-53.

King, R. (2012b) Theories and typologies of migration: An overview and a primer. Working Paper. Malmö University. https://www.mah.se/upload/Forskningscentrum/MIM/WB/WB%203.12.pdf

Kinsley, S. (2013) Beyond the screen: Methods of investigating geographies of life 'online'. *Geography Compass*, 7(8): 540-55.

Kirby, V. (1992) Addressing essentialism differently: Some thoughts on the corpo-real. Occasional Paper Series, 4. University of Waikato, Department of Women's Studies.

Kitchen, V., & Rygiel, R. (2014) Privatizing security, securitizing policing: The case of the G20 in Toronto, Canada. *International Political Sociology*, 8: 201-17.

Kitchin, R. (1998) Towards geographies of cyberspace. *Progress in Human Geography*, 22: 385-406.

Kitchin, R. (2007) *Mapping Worlds: International Perspectives on Social and Cultural Geographies*. London: Taylor & Francis.

Kitchin, R. (2013) Big data and human geography: Opportunities, challenges and risks. *Dialogues in Human Geography*, 3(3): 262-67.

Kitchin, R. (2014) Big data, new epistemologies and paradigm shifts. *Big Data & Society*, (1): 1-12.

Kitchin, R., & Dodge, M. (2011) *Code/Space: Software and Everyday Life*. Cambridge, MA: MIT Press.

Kitchin, R., Lauriault, T. P., & Wilson, M. W. (2017) *Understanding Spatial Media*. London: Sage.

Kitossa, T. (2000) Same difference: Biocentric imperialism and the assault on Indigenous culture and hunting. *Environments*, 28: 23-36.

Klauser, F. (2010) Splintering spheres of security: Peter Sloterdijk and the contemporary fortress city. *Environment and Planning D: Society and Space*, 28(2): 326-40.

Kleine, D. (2013) *Technologies of Choice? ICTs, Development and the Capabilities Approach*. Cambridge, MA: MIT Press.

Knox, P., & McCarthy, L. (2012) *Urbanization: An Introduction to Urban Geography*, 3rd ed. Cambridge: Pearson.

Knox, P., & McCarthy, L. (2014) *Urbanization: An Introduction to Urban Geography*, new international ed. Cambridge: Pearson.

Knox, P., & Pinch, S. (2009) *Urban Social Geography: An Introduction*. London: Routledge.

Kobayashi, A. (1994) Coloring the field: Gender, 'race', and the politics of fieldwork. *Professional Geographer*, 45(1): 73 80.

Kobayashi, A. (2010) GPC ten years on: Is self-reflexivity enough? *Gender, Place & Culture*, 10(4): 345-49.

Kobayashi, A., & Peake, L. (1994) Unnatural discourse: 'Race' and gender in geography. *Gender, Place & Culture*, 1(2): 225-43.

Kobayashi, A., & Peake, L. (2000) Racism out of place: Thoughts on whiteness and an antiracist geography in the new millennium. *Annals of the Association of American Geographers*, 90(2): 392-402.

Koefoed, L., & Simonsen, K. (2011) 'The stranger', the city and the nation: On the possibilities of identification and belonging. *European Urban and Regional Studies*, 18(4): 343-57.

Kong, L. (1990) Geography and religion: Trends and prospects. *Progress in Human Geography*, 14: 355-71.

Kong, L. (1999) Cemeteries and columbaria, memorials and mausoleums: Narrative and interpretation in the study of deathscapes in geography. *Australian Geographical Studies*, 37(1): 1-10.

Kong, L. (2001) Mapping 'new' geographies of religion: Politics and poetics in modernity. *Progress in Human Geography*, 25: 211-33.

Kong, L. (2010) Global shifts, theoretical shifts: Changing geographies of religion. *Progress in Human Geography*, 34(6): 755-76.

Korn, M. (2019) Advance publications to buy plagiarism-scanning company Turnitin for nearly $1.75 billion. *Wall Street Journal*, 6 March. https://www.wsj.com/articles/advance-publications-nearing-deal-to-buy-plagiarism-scanning-company-turnitin-for-1-75-billion-11551887268

Krieger, N. (2003) Theories for social epidemiology in the twenty-first century: An ecosocial perspective. In R. Hofrichter (ed.), *Health and Social Justice: Politics, Ideology, and Inequity in the Distribution of Disease-a Public Health Reader*, pp. 428-50. San Francisco: Jossey-Bass.

Krivokapic-Skoko, B., Reid, C., & Collins, J. (2018) Rural cosmopolitanism in Australia. *Journal of Rural Studies*, 64: 153-63. doi:10.1016/j.jrurstud.2018.01.014

Kulpa, R., & Silva, J. M. (2016) Decolonizing queer epistemologies: Section introduction. In G. Brown & K. Browne (eds.), *The Routledge Research Companion to Geographies of Sex and Sexualities*, pp. 139-42. London: Routledge.

Kurtz, H. E. (2003) Scale frames and counterscale frames: Constructing the problem of environmental injustice. *Political Geography*, 22 (8): 887-916. https://doi.org/10.1016/J.POLGEO.2003.09.001

Kusters, A. (2017) When transport becomes a destination: Deaf spaces and networks on the Mumbai suburban trains. *Journal of Cultural Geography*, 34(2): 170-93.

Kuznets, S. (1955) Economic growth and income inequality. *American Economic Review*, 45(March): 1-28.

LaGarde, C. (2013) A new global economy for a new generation. Speech given in Davos, Switzerland, 23 January.

Lakner, C., & Milanovic, B. (2016) Global income distribution: From the fall of the Berlin Wall to the Great Recession. *World Bank Economic Review*, 30(2): 203-32.

Lakshman, R., McConville, A., How, S., Flowers, J., Wareham, N., & Cosford, P. (2011) Association between area-level socioeconomic deprivation and a cluster of behavioural risk factors: Cross-sectional, population-based study. *Journal of Public Health*, 33(2): 234-45.

Laslett, B., & Brenner, J. (1989) Gender and social reproduction: Historical perspectives. *Annual Review of Sociology*, 15: 381-404.

Latham, A. (2003) Research, performance, and doing human geography: Some reflections on the diary-photograph, diary-interview method. *Environment and Planning A: Economy and Space*, 35(11): 1993-2017.

LaTouche, S. (2004) Degrowth economics. *Monde Diplomatique*, 11.

Latour, B. (1993) *We Have Never Been Modern*. Cambridge, MA: Harvard University Press.

Laurier, E. (2009) Ethnomethodology/ethno methodological geographies. In N. Thrift & R. Kitchin (eds.), *International Encyclopedia of Human Geography*, pp. 632-37. Amsterdam: Elsevier.

Laurier, E., & Philo, C. (2006) Possible geographies: A passing encounter in a café. *Area*, 38(4): 353-63.

Lawn, P., Kubiszewski, I., Costanza, R., Franco, C., Talberth, J., Jackson, T., & Aylmer, C. (2013) Beyond GDP: Measuring and achieving global genuine progress. *Ecological Economics*, 93: 57-68. https://doi.org/10.1016/j.ecolecon.2013.04.019

Lawrence, R., & Adams, M. (2005) First Nations and the politics of Indigeneity: Australian perspectives on Indigenous peoples, resource management and global rights. *Australian Geographer*, 36: 257-65. https://doi.org/10.1080/00049180500150035

Laws, G. (1995) Theorizing ageism: Lessons from feminism and postmodernism. *Gerontologist*, 35: 112-18.

Lawson, V. A. (1998) Hierarchical households and gendered migration in Latin America: Feminist extensions to migration research. *Progress in Human Geography*, 22(1): 39-53.

Lea, J. (2008) Retreating to nature: Rethinking 'therapeutic landscapes'. *Area*, 40(1): 90-98.

Lea, J., Cadman, L., & Philo, C. (2015) Changing the habits of a lifetime? Mindfulness meditation and habitual geographies. *Cultural Geographies*, 22(1): 49-65.

Lee, E. S. (1966) A theory of migration. *Demography*, 3(1): 47-57. doi:10.2307/2060063

Lee, J. (2012) A big fat fight: The case for fat activism. *Conversation*, 22 June. https://theconversation.com/a-big-fat-fight-the-case-for-fat-activism-7743

Lee, W. L. M. (1901) *A History of Police in England*. London: Methuen.

Lees, L., Slater, T., & Wyly, E. (2013) *Gentrification*. London: Routledge.

Lefebvre, H. (1992/1974) *The Production of Space*, trans. D. N. Smith. Oxford: Basil Blackwell.

Lefebvre, H. (2004) *Rhythmanalysis: Space, Time and Everyday Life*, trans. S. Elden & G. Moore. London: Continuum.

LeGates, R., & Stout, S. (2011) *The City Reader*, 5th ed. New York: Routledge.

Leib, J. (2011) Identity, banal nationalism, contestation, and North American license plates. *Geographical Review*, 101: 37-52.

Leitner, H. (2012) Spaces of encounters: Immigration, race, class and the politics of belonging in small-town America. *Annals of the Association of American Geographers*, 102(4): 828-46.

Lemke, T. (2002) Foucault, governmentality, and critique. *Rethinking Marxism*, 14(3): 49-64.

Lennox, C., & Waites, M. (2013) *Human Rights, Sexual Orientation and Gender Identity in the Commonwealth: Struggles for Decriminalisation and Change*. Human Rights Consortium, Institute of Commonwealth Studies, School of Advanced Study, University of London.

Lepawsky, J. (2015) The changing geography of global trade in electronic discards: Time to think the e-waste problem. *Geographical Journal*, 181(2): 147-59.

Leurs, K. (2017) Feminist data studies: Using digital methods for ethical, reflexive and situated socio-cultural research. *Feminist Review*, 115: 130-54.

Lewis, J. (2009) *Work-Family Balance, Gender and Policy*. Cheltenham, UK: Edward Elgar.

Ley, D. (1983) *A Social Geography of the City*. New York: Harper and Row.

Ley, D. (2008) The immigrant church as urban service hub. *Urban Studies*, 45(10): 2057-74.

Leyshon, M. (2008) 'We're stuck in the corner': Young women, embodiment and drinking in the countryside. *Drugs: Education, Prevention and Policy*, 15(3): 267-89.

Lichterman, P. (2002) Seeing structure happen: Theory-driven participant observation. In B. Klandermans & S. Staggenborg (eds.), *Methods of Social Movement Research*, pp. 118-45. Minneapolis: University of Minnesota Press.

Limb, M., & Dwyer, C. (2001) *Qualitative Methodologies for Geographers: Issues and Debates*. London: Hodder Arnold.

Listerborn, C. (2015) Geographies of the veil: Violent encounters in urban public spaces in Malmö, Sweden. *Social & Cultural Geography*, 16(1): 95-115.

Litt, J., Tran, N., & Burke, T. (2002) Examining urban brownfields through the public health macroscope. *Environmental Health Perspectives*, 110(2): 183-93.

Little, J. (2014) Society-space. In P. Cloke, P. Crang & M. Goodwin (eds.), *Introducing Human Geographies*, pp. 23-36. London: Routledge.

Liu, C., Yang, R., & Xue, D. (2018) Chinese Muslims' daily food practices and their geographies of encounter in urban Guangzhou. *Social & Cultural Geography*, online first. https://doi.org/10.1080/14649365.2018.1550583

Liu, Y., Li, Z., & Liu, Y. (2015) Growth of rural migrant enclaves in Guangzhou, China: Agency, everyday practice and social mobility. *Urban Studies*, 52(16): 3086-3105.

Liverman, D. M. (2018) Geographic perspectives on development goals: Constructive engagements and critical perspectives on the MDGs and the SDGs. *Dialogues in Human Geography*, 8: 168-85. https://doi.org/10.1177/2043820618780787

Logan, J. (1988) Fiscal and developmental crises in black suburbs. In S. Cummings (ed.), *Business Elites and Urban Development*, pp. 333-56. Albany: State University of New York Press.

London Health Observatory. (2012) *Health Inequalities Overview*. London: London Health Observatory.

Longhurst, R. (1994) The geography closest in-The body . . . the politics of pregnability. *Australian Geographical Studies*, 32(2): 214-23.

Longhurst, R. (2000) 'Corporeographies' of pregnancy: 'Bikini babes'. *Environment and Planning D: Society and Space*, 18: 453-72.

Longhurst, R. (2001) *Bodies: Exploring Fluid Boundaries*. London: Routledge.

Longhurst, R. (2004) *Bodies: Exploring Fluid Boundaries*. Hoboken, NY: Taylor & Francis.

Longhurst, R. (2005) Fat bodies: Developing geographical research agendas. *Progress in Human Geography*, 29: 247-59.

Longhurst, R. (2011) Becoming smaller: Autobiographical spaces of weight loss. *Antipode*, 44(3): 871-88.

Longhurst, R. (2017) *Skype: Bodies, Screens, Space*. London:

Routledge.

Longhurst, R., & Johnston, L. (2014) Bodies, Gender, Place & Culture: 21 years on. *Gender, Place & Culture*, 21(3): 267-78.

Lopez Pila, E. (2014) 'We don't lie and cheat like the Collas do': Highland-lowland regionalist tensions and Indigenous identity politics in Amazonian Bolivia. *Critique of Anthropology*, 34: 429-49. https://doi.org/10.1177/0308275X14543393

Lorimer, H. (2005) Cultural geography: The busyness of being 'more-than-representational'. *Progress in Human Geography*, 29(1): 83-94.

Lorimer, H. (2013) Human/non-human. In P. J. Cloke, P. Crang & M. Goodwin (eds.), *Introducing Human Geographies*, pp. 37-50. Oxford: Routledge.

Lorimer, J. (2012) Multinatural geographies for the Anthropocene. *Progress in Human Geography*, 36(5): 593-612. https://doi.org/10.1177/0309132511435352

Low, S. M. (1997) Urban fear: building the fortress city. *City and Society*, 9(1): 53-71.

Lubitow, A., Rainer, J., & Bassett, L. (2017) Exclusion and vulnerability on public transit: Experiences of transit dependent riders in Portland, Oregon. *Mobilities*, 12(6): 924-37.

Lugones, M. (2007) Heterosexualism and the colonial/modern gender system. *Hypatia*, 22(1): 186-219.

Lugones, M. (2010) Toward a decolonial feminism. *Hypatia*, 25(4): 742-59.

Lupton, D. (2015) Quantified sex: A critical analysis of sexual and reproductive selftracking using apps. *Culture, Health and Sexuality*, 17(4): 440-53.

Lynch, M., Omori, M., Roussell, A., & Valasik, M. (2013) Policing the 'progressive' city: The racialized geography of drug law enforcement. *Theoretical Criminology*, 17(3): 335-57.

Lyon, D. (2001) *Surveillance Society: Monitoring Everyday Life*. Milton Keynes, UK: Open University Press.

Lyons, H. (2019) Assembling the nation: Spatialising young, religious American's affective experiences of the nation, fear and danger in the everyday. PhD thesis, Newcastle University.

Maas, J., Verheij, R., de Vries, S., Spreeuwenberg, P., & Groenewegen, P. (2005) Green space, urbanity, and health: How strong is the relation? *European Journal of Public Health*, 60(7): 587-92.

MacDonald, M., Phipps, S., & Lethbridge, L. (2005) Taking its toll: The influence of paid and unpaid work on women's well-being. *Feminist Economics*, 11(1): 63-94.

MacDonald, R., Shildrick, T., & Furlong, A. (2014) 'Benefit Street' and the myth of workless communities. *Sociological Research Online*, 19(3): 1-6.

Macias, T. (2008) Conflict over forest resources in northern New Mexico: Rethinking cultural activism as a strategy for environmental justice. *Social Science Journal*, 45(1): 61-75. https://doi.org/10.1016/J.SOSCIJ.2007.12.006

Macintyre, S. (2007) Deprivation amplification revisited; or, is it always true that poorer places have poorer access to resources for healthy diets and physical activity? *International Journal of Behavioral Nutrition and Physical Activity*, 4(32): 1-7.

Macintyre, S., Ellaway, A., & Cummins, S. (2002) Place effects on health: How can we conceptualise, operationalise and measure them? *Social Science & Medicine*, 55(1): 125-39.

MacKinnon, D. (2011) Reconstructing scale: Towards a new scalar politics. *Progress in Human Geography*, 35(1): 21-36.

MacLeod, G. (2018) The Grenfell Tower atrocity: Exposing urban worlds of inequality, injustice, and an impaired democracy. *City*, 22(4): 460-89.

Macpherson, H. (2008) I don't know why they call it the Lake District they might as well call it the rock district! The workings of humour and laughter in research with members of visually impaired walking groups. *Environment and Planning D: Society and Space*, 26(6): 1080-95.

Macpherson, H., & Bleasdale, M. (2012) Journeys in ink: re-presenting the spaces of inclusive arts practice. *Cultural Geographies*, 19(4): 523-34.

Macrorie, R., Foulds, C., & Hargreaves, T. (2015) Governing and governed by practices: Exploring governance interventions in low-carbon housing policy and practice. In Y. Strengers & C. Maller (eds.), *Social Practices, Intervention and Sustainability: Beyond Behaviour Change*, pp. 95-111. London: Taylor & Francis.

Maddrell, A. (2009) A place for grief and belief: The Witness Cairn, Isle of Whithorn, Galloway, Scotland. *Social & Cultural Geography*, 10(6): 675-93.

Maddrell, A. (2011) *Complex Locations: Women's Geographical Work in the UK 1950-1970*. Oxford:

Wiley-Blackwell.

Maddrell, A., & Sidaway, J. (eds.) (2010) *Deathscapes: New Spaces for Death, Dying and Bereavement*. Farnham, UK: Ashgate.

Maddrell, A., Strauss, K., Thomas, N. J., & Wyse, S. (2016) Mind the gap: Gender disparities still to be addressed in UK higher education geography. *Area*, 48(1): 48-56.

Madianou, M. (2012) Migration and the accentuated ambivalence of motherhood: The role of ICTs in Filipino transnational families. *Global Networks*, 12(3): 277-95.

Maestri, G., & Hughes, S. M. (2017) Contested spaces of citizenship: Camps, borders and urban encounters. *Citizenship Studies*, 21(6): 625-39.

Maharawal, M. (2018) The anti-eviction mapping project: Counter mapping and oral history toward Bay Area housing justice. *Annals of the American Association of Geographers*, 108(2): 380-89.

Mahtani, M. (2006) Challenging the ivory tower: Proposing anti-racist geographies within the academy. *Gender, Place & Culture*, 13(1): 21-25.

Mahtani, M. (2014) Toxic geographies: Absences in critical race thought and practice in social and cultural geography. *Social & Cultural Geography*, 15(4): 359-67.

Maliepaard, E. (2015) Bisexual spaces: Exploring geographies of bisexualities. *ACME: An International E-Journal for Critical Geographies*, 14(1): 217-34.

Malpass, P. (2005) *Housing and the Welfare State. The Development of Housing Policy in Britain*. Basingstoke, UK: Palgrave Macmillan.

Malthus, T. (1999/1798) *An Essay on the Principe of Population*. Oxford: Oxford University Press.

Manzo, K. (2008) Imaging humanitarianism: NGO identity and the iconography of childhood. *Antipode*, 40(4): 623-57.

Marcuse, P., & Madden, D. (2016) *In Defense of Housing: The Politics of Crisis*. London: Verso.

Margulies, J. D., & Bersaglio, B. (2018) Furthering post-human political ecologies. *Geoforum*, 94(August): 103-6. https://doi.org/10.1016/J.GEOFORUM.2018.03.017

Maria, S. J., & Jorge, V. P. (2014) Geographies of sexualities in Brazil: Between national invisibility and subordinate inclusion in postcolonial networks of knowledge production. *Geography Compass*, 8(10): 767-77.

Markowitz, G., & Rosner, D. (2003) *Deceit and Denial: The Deadly Politics of Industrial Pollution*. Berkeley: University of California Press.

Marmot, M. (2010) *Fair Society Health Lives: The Marmot Review*. London: University College.

Marston, S. A. (2000) The social construction of scale. *Progress in Human Geography*, 24(2): 219-42.

Marston, S., Jones, J., & Woodward, K. (2005) Human geography without scale. *Transactions of the Institute of British Geographers*, 30: 416-32.

Martínez-Alier, J. (2002) *The Environmentalism of the Poor*. Cheltenham, UK: Edward Elgar.

Martínez-Alier, J. (2012) Environmental justice and economic degrowth: An alliance between two movements. *Capitalism Nature Socialism*, 23(1): 51-73. https://doi.org/10.1080/10455752.2011.648839

Martynuska, M. (2017) Cultural hybridity in the USA exemplified by Tex-Mex cuisine. *International Review of Social Research*, 7(2): 90-98. https://doi.org/10.1515/irsr-2017-0011

Mason, J. (2006) Mixing methods in a qualitatively driven way. *Qualitative Research*, 6(1): 9-25.

Massey, D. (1990) Social structure, household strategies, and the cumulative causation of migration. *Population Index*, 56(1): 563-26. doi:10.2307/3644186

Massey, D. (1991a) A global sense of place. *Marxism Today*, 9 June.

Massey, D. (1991b) Flexible sexism. *Environment and Planning D: Society and Space*, 9: 31-57.

Massey, D. (1994/2013) *Space, Place and Gender*. London: Wiley-Blackwell.

Massey, D. (1995) The conceptualization of place. In D. Massey & P. Jess (eds.), *A Place in the World?*, pp. 45-86. Milton Keynes, UK: Open University Press.

Massey, D. (2005) *For Space*. London: Sage.

Massey, D., & Allen, J. (eds.) (1984) *Geography Matters*. Cambridge: Cambridge University Press.

Massey, D., Human Geography Research Group, Bond, S., & Featherstone, D. (2009) The possibilities of a politics of place beyond place? A conversation with Doreen Massey. *Scottish Geographical Journal*, 125(3-4): 401-20.

Matthews, H., & Limb, M. (1999) Defining an agenda for the geography of children: Review and prospect. *Progress in Human Geography*, 23(1): 61-90.

Matthews, H., Limb, M., & Taylor, M. (1999) Reclaiming the street: The discourse of curfew. *Environment and Planning A: Economy and Space*, 31(10): 1713-30.

Mattheys, K., Bambra, C., Akhter, N., Warren, J., & Kasim, A. (2016) Inequalities in mental health in a time of austerity: Baseline findings from the Stockton-on-Tees Cohort Study. *SSM Population Health*, 2: 350-59.

Mavroudi, E. (2007) Diaspora as process: (De)constructing boundaries. *Geography Compass*, 1(3): 467-79. https://doi.org/10.1111/j.1749-8198.2007.00033.x

May, J., Wills, J., Datta, K., Evans, Y., Herbert, J., & McIlwain, C. (2007) Keeping London working: Global cities, the British state and London's new migrant division of labour. *Transactions of the Institute of British Geographers*, 32: 151-67.

Mayhew, H. (1985) *London Labour and the London Poor*. Middlesex, UK: Penguin.

McAreavey, R. (2012) Resistance or resilience? Tracing the pathway of recent arrivals to a 'new' rural destination. *Sociologia Ruralis*, 52(4): 488-507.

McAreavey, R. (2017) *New Immigration Destinations: Migrating to Rural and Peripheral Areas*. London: Routledge.

McAreavey, R., & Krivokapic-Skoko, B. (2019) In or out? Understanding how social and symbolic boundaries influence the economic integration of transnational migrants in nonmetropolitan economies. *Sociologia Ruralis*, online first. https://doi.org/10.1111/soru.12236

McCormack, D. P. (2008) Thinking spaces for research-creation. *Inflexions*, 1(1): 1-6.

McCormack, D. P. (2014) *Refrains for Moving Bodies: Experience and Experiments in Affective Spaces*. London: Duke.

McDowell, L. M. (1983) Towards an understanding of the gender division of urban space. *Environment and Planning D: Society and Space*, 1(1): 59-72.

McDowell, L. M. (1986) Beyond patriarchy: A class-based explanation of women's subordination. *Antipode*, 18(3): 311-21.

McDowell, L. M. (1997) *Capital Culture: Gender at Work in the City*. Oxford: Blackwell.

McDowell, L. M. (1999) *Gender, Identity and Place: Understanding Feminist Geographies*. Minneapolis: University of Minnesota Press.

McDowell, L. M. (2003) *Redundant Masculinities? Employment Change and White Working-Class Youth*. Oxford: Blackwell.

McDowell, L. M. (2004) Work, workfare, work/life balance and an ethic of care. *Progress in Human Geography*, 28(2): 145-63.

McDowell, L. M., & Court, G. (1994) Performing work: Bodily representations in merchant banks. *Environment and Planning D: Society and Space*, 12(6): 727-50.

McDowell, L. M., & Massey, D. (1984) A woman's place? In D. Massey & J. Allen (eds.), *Geography Matters*, pp. 128-47. Cambridge: Cambridge University Press.

McDowell, L. M., & Peake, L. (1990) Women in British geography revisited: Or the same old story. *Journal of Geography in Higher Education*, 14(1): 19-30.

McFarlane, C. (2012) Rethinking informality: Politics, crisis, and the city. *Planning Theory and Practice*, 13(1): 89-108.

McGoey, L. (2012) Strategic unknowns: Towards a sociology of ignorance. *Economy and Society*, 41: 1-16.

McGuirk, J. (2014) *Radical Cities: Across Latin America in Search of a New Architecture*. London: Verso.

McGurty, E. M. (1997) From NIMBY to civil rights: The origins of the environmental justice movement. *Environmental History*, 2(3): 301-23. https://www.jstor.org/stable/3985352

McKittrick, K. (2011) On plantations, prisons, and a black sense of place. *Social & Cultural Geography*, 12(8): 947-63.

McLaren, D., & Agyeman, J. (2015) *Sharing Cities: A Case for Truly Smart and Sustainable Cities*. Cambridge, MA: MIT Press.

McLean, H. (2017) Hos in the garden: Staging and resisting neoliberal creativity. *Environment and Planning D: Society and Space*, 35(1): 38-56.

McNally, D. (2019) 'I am Tower Hamlets': Enchanted encounters and the limit to art's connectivity. *Social & Cultural Geography*, 20(2): 198-221.

McNeill, D. (2005) Skyscraper geography. *Progress in Human Geography*, 29(1): 41-55.

Meadows, D. H., Meadows, D. L., Randers, J., & Behrens, W. W., III. (1972) *The Limits to Growth: A Report to the Club of Rome*. http://www.donellameadows.org/wp-content/userfiles/Limits-to-Growth-digital-scan-version.pdf

Mearns, G., Simmonds, R., Richardson, M., Turner, P., Watson, P., & Missier, P. (2014) Tweet my street: A cross-disciplinary collaboration for the analysis of local Twitter data. *Future Internet*, 6(2): 378-96.

Meer, N., Nayak, A., & Pande, R. (2015) Special issue: The

matter of race. *Sociological Research Online*, 20(3): 1-5.

Merriman, P., & Jones, R. (2017) Nations, materialities and affects. *Progress in Human Geography*, 41: 600-617.

Meth, P. (2003) Entries and omissions: Using solicited diaries in geographical research. *Area*, 35(2): 195-205.

Milbourne, P. (2004) *Rural Poverty: Marginalisation and Exclusion in Britain and the United States*. London: Routledge.

Milbourne, P. (2010) The geographies of poverty and welfare. *Geography Compass*, 4(2): 158-71.

Miles, R. (1989) *Racism*. London: Routledge.

Militz, E. (2017) On affect, dancing and national bodies. In M. Skey & M. Antonsich (eds.), *Everyday Nationhood: Theorising Culture, Identity and Belonging after Banal Nationalism*, pp. 177-96. London: Palgrave Macmillan.

Miller, D. (2003) *Political Philosophy: A Very Short Introduction*. Oxford: Oxford University Press.

Mills, C. (2014) The Great British class fiasco: A comment on Savage et al. *Sociology*, 48(3): 437-44.

Mills, S. (2014) Geographies of education, volunteering and the lifecourse: The Woodcraft Folk in Britain (1925-1975). *Cultural Geographies*, 23(1): 103-19.

Mills, S. (2016) Jives, jeans and Jewishness? Moral geographies, atmospheres and the politics of mixing at the Jewish Lads' Brigade & Club 1954-1969. *Environment and Planning D: Society and Space*, 34(6): 1098-1112.

Mills, S., & Waite, C. (2017) Brands of youth citizenship and the politics of scale: National Citizen Service in the United Kingdom. *Political Geography*, 56: 66-76.

Minton, A. (2017) *Big Capital: Who Is London For?* London: Penguin.

Miraftab, F. (2012) Colonial present: Legacies of the past in contemporary urban practices in Cape Town, South Africa. *Journal of Planning History*, 11: 283-307.

Misgav, C., & Johnston, L. (2014) Dirty dancing: The (non)-fluid embodied geographies of a queer nightclub in Tel Aviv. *Social & Cultural Geography*, 15(7): 730-46.

Mitchell, D. (1997) The annihilation of space by law: The roots and implications of antihomeless laws in the United States. *Antipode*, 29(3): 303-35.

Mitchell, D. (2003) *The Right to the City: Social Justice and the Fight for Public Space*. New York: Guilford Press.

Mitchell, K., Marston, S., & Katz, C. (2003) Life's work: An introduction, review and critique. *Antipode*, 35(3): 414-42.

Mitchell, K., Marston, S., & Katz, C. (eds.) (2004) *Life's Work: Geographies of Social Reproduction*. Oxford: Blackwell.

Modood, T., Berthoud, R., Lakey, J., Nazroo, J., Smith, P., Virdee, S., & Beishons, S. (eds.) (1997) *Ethnic Minorities in Britain: Diversity and Disadvantage*. London: Policy Studies Institute.

Mohammad, R. (2001) 'Insiders' and/or 'outsiders': Positionality, theory and praxis. In M. Limb & C. Dwyer (eds.), *Qualitative Methodologies for Geographers: Issues and Debates*, pp. 101-17. London: Arnold.

Mol, A. P. J., & Sonnenfeld, D. A. (2014) *Ecological Modernisation around the World: Perspectives and Critical Debates*. London: Routledge.

Mollett, S. (2017) Irreconcilable differences? A postcolonial intersectional reading of gender, development and human rights in Latin America. *Gender, Place & Culture*, 24(1): 1-17.

Mollett, S., & Faria, C. (2013) Messing with feminist political ecology. *Geoforum*, 45: 116-25.

Mollett, S., & Faria, C. (2018) The spatialities of intersectional thinking: Fashioning feminist geographic futures. *Gender, Place & Culture*, 25(4): 565-77.

Moore, A. (2008) Rethinking scale as a geographical category: From analysis to practice. *Progress in Human Geography*, 32(2): 203-25.

Moran, J. (2005) *Reading the Everyday*. London: Routledge.

Moran, J. (2008) *Queuing for Beginners: The Story of Daily Life from Breakfast to Bedtime*. London: Profile Books.

Morin, K. M., & Guelke, J. K. (2007) *Women, Religion and Space: Global Perspectives on Gender and Faith*. Syracuse, NY: Syracuse University Press.

Moss, P., Falconer Al-Hindi, K., & Kawabata, H. (2002) *Feminist Geography in Practice: Research and Methods*. Malden, MA: Wiley-Blackwell.

Mott, C., & Cockayne, D. (2017) Citation matters: Mobilizing the politics of citation toward a practice of 'conscientious engagement'. *Gender, Place & Culture*, 24(7): 954-73.

Mountz, A., Bonds, A., Mansfield, B., Loyd, J., Hyndman, J., Walton-Roberts, M., Basu, R., Whitson, R., Hawkins, R., Hamilton, T., & Curran, W. (2015) For slow scholarship: A feminist politics of resistance through collective action in the neoliberal university. *ACME: An International E-Journal for Critical Geographies*, 14(4): 1235-59.

mrs c. kinpaisby-hill. (2011) Participatory praxis and social justice: Towards more fully social geographies. In V. Del Casino, M. E. Thomas, P. Cloke & R. Panell (eds.), *A Companion to Social Geography*, pp. 214-34. Oxford: Blackwell.

Muehlebach, A. (2001) 'Making place' at the United Nations: Indigenous cultural politics at the UN working group on Indigenous populations. *Cultural Anthropology*, 16(3): 415-48.

Murji, K., & Solomos, J. (eds.) (2005) *Racialization: Studies in Theory and Practice*. Oxford: Oxford University Press.

Nader, L. (1972) Up the anthropologist: Perspectives gained from 'studying up'. In D. Hymes (ed.), *Reinventing Anthropology*, pp. 284-311. New York: Random House.

Nagar, R. (2002) Women's theater and the redefinitions of public, private, and politics in North India. *ACME: An International E-Journal for Critical Geographies*, 1: 55-72.

Nagar, R., & Geiger, S. (2007) Reflexivity and positionality in feminist fieldwork revisited. In A. Tickell, E. Sheppard & J. Peck (eds.), *Politics and Practice in Economic Geography*, pp. 267-78. London: Sage.

Nagel, C., & Staeheli, L. (2006) Topographies of home and citizenship: Arab-American activists in the United States. *Environment and Planning A*, 38(9): 1599-1614.

Nagel, C., & Staeheli, L. (2008) Integration and the negotiation and 'here' and 'there': The case of British Arab activists. *Social & Cultural Geography*, 9(4): 415-30.

Nagy, R. (2008) Transitional justice as global project: Critical reflections. *Third World Quarterly*, 29(2): 275-89.

Najib, K., & Hopkins, P. (2019) Veiled Muslim women's strategies in response to Islamophobia in Paris. *Political Geography*, 73: 103-11. https://doi.org/10.1016/j.polgeo. 2019.05.005

Najib, K., & Hopkins, P. (2020) Where does Islamophobia take place and who is involved? Reflections from Paris and London. *Social & Cultural Geography*, 21(4): 458-78. doi:10.1080/14649365.2018.1563800

Najib, K., & Teeple Hopkins, C. (2020) Introduction. Special issue: Geographies of Islamophobia. *Social & Cultural Geography*, 21(4): 449-57.

Nash, C. (2000) Performativity in practice: Some recent work in cultural geography. *Progress in Human Geography*, 24(4): 653-64.

Nash, C., & Gorman-Murray, A. (2014) LGBT neighbourhoods and 'new mobilities': Towards understanding transformations in sexual and gendered urban landscapes. *International Journal of Urban and Regional Research*, 38(3): 756-72.

Nash, C. J. (2010) Trans geographies, embodiment and experience. *Gender, Place & Culture*, 17(5): 579-95.

Nash, C. J., & Bain, A. (2007) Pussies declawed: Unpacking the politics of a queer women's bathhouse raid. In G. Brown, K. Browne & J. Lim (eds.), *Geographies of Sexuality: Theory, Practice and Politics*, pp. 159-68. Surrey, UK: Ashgate.

Nash, C. J., Gorman-Murray, A., & Browne, K. (2019) Geographies of intransigence: Freedom of speech and heteroactivist resistances in Canada, Great Britain and Australia. *Social & Cultural Geography*: 1-21.

National Council on Disability. (2006) The Impact of Hurricanes Katrina and Rita on people with disabilities: A look back and remaining challenges. https://www.ncd.gov/publications/2006/Aug072006

Nawyn, S. J. (2010) Gender and migration: Integrating feminist theory into migration studies. *Sociology Compass*, 4(9): 749-65. https://doi.org/10.1111/j.1751-9020.2010.00318.x

Nayak, A. (2003) Last of the 'real Geordies'? White masculinities and the subcultural response to deindustrialisation. *Environment and Planning D: Society and Space*, 21(1): 7-25.

Nayak, A. (2006a) After race: Ethnography, race and post-race theory. *Ethnic and Racial Studies*, 29(3): 411-30.

Nayak, A. (2006b) Displaced masculinities: Chavs, youth and class in the post-industrial city. *Sociology*, 40(5): 813-31.

Nayak, A. (2017) Purging the nation: Race, conviviality and embodied encounters in the lives of British Bangladeshi Muslim young women. *Transactions of the Institute of British Geographers*, 42(2): 289-302.

Nayak, A., & Jeffrey, A. (2011) *Geographical Thought: An Introduction to Ideas in Human Geography*. London: Routledge.

Nayak, A., & Kehily, M. J. (2014) Chavs, chavettes and pramface girls: Teenage mothers, marginalised young men and the management of stigma. *Journal of Youth Studies*, 17(10): 1330-45.

Naylor, S., & Ryan, J. (2002) The mosque in the suburbs: Negotiating religion and ethnicity in south London. *Social & Cultural Geography*, 3(1): 39-60.

Neal, S., & Agyeman, J. (eds.) (2006) *The New Country-side?: Ethnicity, Nation and Exclusion in Contemporary Rural Britain.* Bristol: Policy Press.

Nelson, A., & Schneider, F. (eds.) (2019) *Housing for Degrowth: Principles, Models, Challenges and Opportunities.* London: Routledge.

Neuwirth, R. (2005) *Shadow Cities: A Billion Squatters, a New Urban World.* New York: Routledge.

Newman, J. (2017) Rationality, responsibility and rage: The contested politics of emotion governance. In E. Jupp, J. Pykett & F. M. Smith (eds.), *Emotional States: Sites and Spaces of Affective Governance.* London: Routledge.

Noble, B. J. (2002) Seeing double, thinking twice: The Toronto drag kings and (re-)articulations of masculinity. *Journal of Homosexuality,* 43(3-4): 251-61.

Noble, S. U. (2018) *Algorithms of Oppression.* New York: New York University Press.

North, S., Snyder, I., & Bulfin, S. (2008) Digital tastes: Social class and young people's technology use. *Information, Communication and Society,* 11(7): 895-911.

Northern Powerhouse Partnership. (2018) Educating the north: Driving ambition across the Powerhouse. http://www.northernpowerhousepartnership.co.uk/publications/educating-the-north-driving-ambition-across-the-powerhouse

Noxolo, P. (2015) Moving maps: African-Caribbean dance as embodied mapping. In S. Barboar, D. Howard, T. Lacroix & J. Misrahi-Barak (eds.), *Diasporas, Cultures of Mobilities, 'Race',* vol. 2, D*iaspora, Memory and Intimacy.* Montpellier: Presses Universitaires de la Méditerranée.

Noxolo, P. (2017) Introduction: Decolonising geographical knowledge in a colonised and re-colonising postcolonial world. *Area,* 49(3): 317-19.

Oakes, J., & Guiton, G. (1995) Matching: The dynamics of high school tracking decisions. *American Educational Research Journal,* 32(1): 3-33.

Oberhauser, A. M., Fluri, J. L., Whiston, R., & Mollett, S. (2018) *Feminist Spaces: Gender and Geography in a Global Context.* London: Routledge.

OECD. (2011) Regional typology. https://www.oecd.org/cfe/regional-policy/OECD_regional_typology_Nov2012.pdf

OECD. (2016) OECD regional outlook 2016: Productive regions for inclusive societies. http://www.oecd.org/regional/oecd-regional-outlook-2016-9789264260245-en.htm

Ofsted. (2015) *The Annual Report of Her Majesty's Chief Inspector of Education, Children's Services and Skills 2014/15.* London: Ofsted.

Okereke, C., & Coventry, P. (2016) Climate justice and the international regime: Before, during, and after Paris. *Wiley Interdisciplinary Reviews: Climate Change,* 7(6): 834-51. https://doi.org/10.1002/wcc.419

Oliver, C., Blythe, M., & Roe, J. (2018) Negotiating sameness and difference in geographies of older age. *Area,* 50(4): 444-51. https://doi.org/10.1111/area.12429

Olson, E. (2006) Development, transnational religion, and the power of ideas in the High Provinces of Cusco, Peru. *Environment and Planning A: Economy and Space,* 38: 885-902.

Oswin, N. (2008) Critical geographies and the uses of sexuality: Deconstructing queer space. *Progress in Human Geography,* 32(1): 89-103.

Oxfam. (2019) *Public Good or Private Wealth?* https://oxfam.app.box.com/s/f9meuz1jrd9e1xrkrq59e37tpoppqup0/file/385579400762

Paasche, T. F., Yarwood, R., & Sidaway, D. (2014) Territorial tactics: The socio-spatial significance of private policing strategies in Cape Town. *Urban Studies,* 51(8): 1559-75.

Pacione, M. (2009) *Urban Geography: A Global Perspective,* 3rd ed. London: Routledge.

Pahl, R. (1966) The rural-urban continuum. *Sociologia Ruralis,* 6(3-4): 299-329.

Pahl, R. (1984) *Divisions of Labour.* London: Blackwell.

Pain, R. (1991) Space, sexual violence and social control: Integrating geographical and feminist analyses of women's fear of crime. *Progress in Human Geography,* 15(4): 415-31.

Pain, R. (2001) Gender, race, age and fear in the city. *Urban Studies,* 38(5-6): 899-913. https://doi.org/10.1080/00420980120046590

Pain, R. (2003) Social geography: On action-orientated research. *Progress in Human Geography,* 27(5): 677-85.

Pain, R. (2006) Paranoid parenting? Rematerialising risk and fear for children. *Social & Cultural Geography,* 7(2): 221-43.

Pain, R. (2014a) Everyday terrorism: Connecting domestic violence and global terrorism. *Progress in Human Geography,* 38: 531-50.

Pain, R. (2014b) Seismologies of emotion: Fear and activism during domestic violence. *Social & Cultural Geography*, 15(2): 127-50.

Pain, R. (2019) Chronic urban trauma: The slow violence of housing dispossession. *Urban Studies*, 56(2): 385-400.

Pain, R. (2020) Geotrauma: Violence, place and repossession. *Progress in Human Geography*.

Pain, R., & Bailey, C. (2004) British social and cultural geography. *Social & Cultural Geography*, 5(2): 319-29.

Pain, R., Barke, M., Gough, J., Fuller, D., MacFarlane, R., & Mowl, G. (2001) *Introducing Social Geographies*. London: Arnold.

Pain, R., & Hopkins, P. (2010) Social geographies of age and ageism: Landscapes, lifecourse and justice. In S. J. Smith, R. Pain, S. Marston & J. P. Jones (eds.), *Sage Handbook of Social Geographies*, pp. 78-88. London: Sage.

Pain, R., Kesby, M., & Askins, K. (2011) Geographies of impact: Power, participation and potential. *Area*, 43(2): 183-88.

Pain, R., Mowl, G., & Talbot, C. (2000) Difference and the negotiation of 'old age'. *Environment and Planning D: Society and Space*, 18(3): 377-94.

Painter, J. (2000) Pierre Bourdieu. In M. Crang and N. Thrift (eds.), *Thinking Space*, pp. 239-59. London: Taylor & Francis.

Palmer, D., & Warren, I. (2014) The pursuit of exclusion through banning. *Australian and New Zealand Journal of Criminology*, 47(3): 429-46.

Palmer, D., Warren, I., & Miller, P. (2012) ID scanning, the media, and the politics of urban surveillance in an Australian regional city. *Surveillance and Society*, 9(3): 293-309.

Palmiste, C. (2008) Forcible removals: The case of Australian Aboriginal and Native American children. *AlterNative: An International Journal of Indigenous Peoples*, 4: 75-88. https://doi.org/10.1177/117718010800400206

Panelli, R. (2004) *Social Geographies: From Difference to Action*. London: Sage.

Panelli, R. (2008) Social geographies: Encounters with Indigenous and more-than-White/Anglo geographies. *Progress in Human Geography*, 32(6): 801-11.

Panelli, R., Hubbard, P., Coombes, P., & Suchet-Pearson, S. (2009) De-centring white ruralities: Ethnic diversity, racialisation and Indigenous countrysides. *Journal of Rural Studies*, 25(4): 355-64.

Pappé, I. (2007) *The Ethnic Cleansing of Palestine*. Oxford: Oneworld.

Parisi, D., Lichter, D. T., & Taquino, M. C. (2011) Multi-scale residential segregation: Black exceptionalism and America's changing color line. *Social Forces*, 89: 829-52.

Park, R., Burgess, E., & McKenzie, R. (1925) *The City*. Chicago: University of Chicago Press.

Parker, S. (2015) *Urban Theory and the Urban Experience*, 2nd ed. London: Routledge.

Parnell, S., & Robinson, J. (2012) (Re)theorizing cities from the Global South: Looking beyond neoliberalism. *Urban Geography*, 33(4): 593-617.

Parr, H. (2002) New body geographies: The embodied spaces of health and medical information on the Internet. *Environment and Planning D: Society and Space*, 20(1): 73-95.

Parr, H. (2008) *Mental Health and Social Space: Towards Inclusionary Geographies?* Oxford: Blackwell.

Pateman, T. (2011) Rural and urban areas: Comparing lives using rural/urban classifications. *Regional Trends*, 43(1): 11-86.

Peach, C. (2002) Social geography: New religions and ethnoburbs – contrasts with cultural geography. *Progress in Human Geography*, 26(2): 252-60.

Peach, C. (2006a) Muslims in the 2001 Census of England and Wales: Gender and economic disadvantage. *Ethnic and Racial Studies*, 29(4): 629-55.

Peach, C. (2006b) Islam, ethnicity and South Asian religions in the London 2001 census. *Transactions of the Institute of British Geographers*, 31(3): 353-70.

Peach, C., Robinson, V., & Smith, S. (1981) *Ethnic Segregation in Cities*. London: Croom Helm.

Peake, L. (2010) Gender, race, sexuality. In S. J. Smith, R. Pain, S. Marston & J. P. Jones (eds.), *Sage Handbook of Social Geographies*, pp. 55-77. London: Sage.

Peake, L. (2016) Classics in human geography: David Bell & Gill Valentine's *Mapping Desire: Geographies of Sexualities* (London: Routledge). *Progress in Human Geography*, 40(4): 574-78.

Peake, L., & Kobayashi, A. (2002) Policies and practices for an antiracist geography at the millennium. *Professional Geographer*, 54(1): 50-61.

Pearce, J. (2013) Introduction commentary: Financial crisis, austerity policies, and geographical inequalities in health. *Environment and Planning A: Economy and*

Space, 45(9): 2030-45.

Pearce, J., Blakely, T., Witten, K., & Bartie, P. (2007) Neighborhood deprivation and access to fast-food retailing-A national study. *American Journal of Preventive Medicine*, 32(5): 375-82.

Pearce, J., Richardson, E., Mitchell, R., & Shortt, N. (2010) Environmental justice and health: The implications of the socio-spatial distribution of multiple environmental deprivation for health inequalities in the United Kingdom. *Transactions of the Institute of British Geographers*, 35(4): 522-39.

Peat, J. (2018) The UK has 9 out of the 10 poorest regions in northern Europe. *The London Economic*. https://www.the londoneconomic.com/news/the-uk-has-9-out-of-the-10-poorest-regions-in-northern-europe/06/06/

Peng, S., Zhang, W., & Sun, C. (2016) 'Environmental load displacement' from the north to the south: A consumption-based perspective with a focus on China. *Ecological Economics*, 128(August): 147-58. https://doi.org/10.1016/J.ECOLECON.2016.04.020

Perkins, H., & Thorns, D. C. (2011) *Place, Identity and Everyday Life in a Globalizing World*. Basingstoke, UK: Palgrave Macmillan.

Perlman, J. (2010) *Favela: Four Decades of Living on the Edge in Rio de Janeiro*. Oxford: Oxford University Press.

Perrons, D. (2004) *Globalization and Social Change: People and Places in a Divided World*. London: Routledge.

Perrons, D., Fagan, C., McDowell, L., & Ward, K. (eds.) (2006) *Gender Divisions and Working Time in the New Economy*. Cheltenham, UK: Edward Elgar.

Phillips, D. (2006) Parallel lives? Challenging discourses of British Muslim self-segregation. *Environment and Planning D: Society and Space*, 24(1): 25-40.

Philo, C. (1992) Neglected rural geographies: A review. *Journal of Rural Studies*, 8(2): 193-207.

Pickerill, J., & Krinsky, J. (2012) Why does Occupy matter? *Social Movement Studies*, 11(3-4): 279-87.

Pickles, J. (1995) *Ground Truth: The Social Implications of Geographical Information Systems*. New York: Guilford Press.

Piketty, T. (2014) *Capital in the Twenty-First Century*. Cambridge, MA: Harvard University Press.

Pimlott-Wilson, H. (2017) Individualising the future: The emotional geographies of neoliberal governance in young peoples' aspirations. *Area*, 49(3): 288-95.

Pink, S. (2009) Urban social movements and small places. *City*, 13(4): 451-65.

Podmore, J. (2013) Critical commentary: Sexualities landscapes beyond homonormativity. *Geoforum*, 49(1): 263-67.

Popke, J. (2011) Latino migration and neoliberalism in the US South: Notes toward a rural cosmopolitanism. *Southeastern Geographer*, 51: 242-59.

Postero, N. (2010) Morales's MAS government: Building Indigenous popular hegemony in Bolivia. *Latin American Perspectives*, 37: 18-34. https://doi.org/10.1177/0094582X10364031

Postero, N. (2013) Introduction: Negotiating Indigeneity. *Latin American and Caribbean Ethnic Studies*, 8: 107-21. https://doi.org/10.1080/17442222.2013.810013

Powells, G., Bulkeley, H., Bell, S., & Judson, E. (2014) Peak electricity demand and the flexibility of everyday life. *Geoforum*, 55: 43-52. https://doi.org/10.1016/j.geofo rum.2014.04.014

Power, A., & Bartlett, R. (2018) 'I shouldn't be living there because I am a sponger': Negotiating everyday geographies by people with learning disabilities. *Disability & Society*, 33(4): 562-78.

Pratt, G. (2012) *Families Apart: Migrating Mothers and the Conflicts of Labor and Love*. Minneapolis: University of Minnesota Press.

Pratt, G., & Johnston, C. (2007) Turning theatre into law, and other spaces of politics. *Cultural Geographies*, 14(1): 92-113.

Pratt, G., & Johnston, C. (2013) Staging testimony in Nanay. *Geographical Review*, 103(2): 288-303.

Pratt, G., & Johnston, C. (2014) Filipina domestic workers, violent insecurity, testimonial theatre and transnational ambivalence. *Area*, 46(4): 358-60.

Pratt, G., & Kirby, E. (2003) Performing nursing: The BC Nurses' Union theatre project. *ACME: An International E-Journal for Critical Human Geographies*, 2: 14-32.

Pratt, G., & Rosner, V. (2012) *The Global and the Intimate: Feminism in Our Time*. New York: Columbia University Press.

Probyn, E. (2000) *Carnal Appetites: Food, Sex, Identities*. New York: Routledge.

Pruitt, L. R. (2009) Latina/os, locality and law in the rural South. *Harvard Latino Law Review*, 12: 140-69.

Public Accounts Committee. (2018) *The Higher Education*

Market: 45th Report of Session (2017-19). London: Stationery Office.

Punch, S. (2003) Childhoods in the majority world: Miniature adults or tribal children? *Sociology*, 37(2): 277-95.

Putnam, R. (1993) *Making Democracy Work: Civic Traditions in Modern Italy*. Princeton, NJ: Princeton University Press.

Pyer, M., & Tucker, F. (2017) 'With us, we, like, physically can't': Transport, mobility and the leisure experiences of teenage wheelchair users. *Mobilities*, 12(1): 36-52.

Radcliffe, S., & Westwood, S. (1996) *Remaking the Nation: Place, Identity and Politics in Latin America*. London: Routledge.

Radcliffe, S. A. (2017a) Geography and Indigeneity I: Indigeneity, coloniality and knowledge. *Progress in Human Geography*, 41: 220-29. https://doi.org/10.1177/0309132515612952

Radcliffe, S. A. (2017b) Decolonising geographical knowledges. *Transactions of the Institute of British Geographers*, 42: 329-33.

Radcliffe, S. A. (2018) Geography and Indigeneity II: Critical geographies of Indigenous bodily politics. *Progress in Human Geography*, 42: 436-45. https://doi.org/10.1177/0309132517691631

Raento, P., & Brunn, S. D. (2005) Visualizing Finland: Postage stamps as political messengers. *Geografiska Annaler: Series B, Human Geography*, 87: 145-64.

Rahman, M. F. A. (2017) Securing the vertical space of cities. Today Online, 1 March. http://www.todayonline.com/commentary/securing-vertical-space-cities

Raju, S. (2002) We are different, but can we talk? *Gender, Place & Culture: A Journal of Feminist Geography*, 9(2): 173-77.

Ray, L., & Sayer, A. (1999) Introduction. In L. Ray & A. Sayer (eds.), *Culture and Economy after the Cultural Turn*, pp. 1-24. London: Sage.

Raynor, R. (2017) Dramatising austerity: Holding a story together (and why it falls apart . . .). *Cultural Geographies*, 24(2): 193-212.

Raynor, R. (2019) Speaking, feeling, mattering: Theatre as method and model for practicebased, collaborative, research. *Progress in Human Geography*, 43(4): 691-710.

Reay, D., Crozier, G., & James, D. (2011) *White Middle-Class Identities and Urban Schooling*. Basingstoke, UK: Palgrave Macmillan.

Reay, D., Davies, J., David, M., & Ball, S. J. (2001) Choices of degree or degrees of choice? Class, 'race' and the higher education choice process. *Sociology*, 35: 855-74.

Reclus, E. (1894) *The Earth and Its Inhabitants: The Universal Geography*. London: J. S. Virtue.

Regidor, E. (2004) Measures of health inequalities: Part 2. *Journal of Epidemiology and Community Health*, 58(3): 900-903.

Reid, L., & Ellsworth-Krebs, K. (2018) Nudge(ography) and practice theories: Contemporary sites of behavioural science and post-structuralist approaches in geography? *Progress in Human Geography*, 43(2): 295-313. https://doi.org/10.1177/0309132517750773

Reitan, R., & Gibson, S. (2012) Climate change or social change? Environmental and leftist praxis and participatory action research. *Globalizations*, 9(3): 395-410. https://doi.org/10.1080/14747731.2012.680735

Relph, E. (1970) An inquiry into the relations between phenomenology and geography. *Canadian Geographer*, 14: 193-201.

Relph, E. (1981a) *Place and Placelessness*. London: Sage.

Relph, E. (1981b) *Rational Landscapes and Humanistic Geography*. London: Croom Helm.

Rex, J., & Moore, R. (1967) *Race, Community and Conflict: A Study of Sparkbrook*. Oxford: Oxford University Press.

Reynolds, K., Block, D., & Bradley, K. (2018) Food justice scholar-activism and activist-scholarship. *ACME: An International Journal for Critical Geographies*, 17(4): 988-98.

Reynolds, K., & Cohen, N. (2016) *Beyond the Kale: Urban Agriculture and Social Justice Activism in New York City*. Athens: University of Georgia Press.

Rhodes, J., & Brown, L. (2019) The rise and fall of the 'inner city': Race, space and urban policy in postwar England. *Journal of Ethnic and Migration Studies*, 45(17): 3243-59. doi:10.1080/1369183X.2018.1480999

Richardson, M. J. (2018) Occupy Hong Kong? *Gweilo* citizenship and social justice. *Annals of the American Association of Geographers*, 108(2): 486-98.

Richardson, T. (ed.) (2016) *Inside Out: Contemporary British Psychogeography*. London: Rowman & Littlefield.

Robbins, P. (2012) *Political Ecology: A Critical Introduction*. Hoboken, NJ: John Wiley & Sons.

Robbins, P., Hintz, J., & Moore, S. A. (2014) *Environment and Society: A Critical Introduction*. Hoboken, NJ: John

Wiley & Sons.

Robinson, C. D., & Scaglion, R., with Olivero, J. M. (1994) *Police in Contradiction: The Evolution of the Police Function in Society.* Westport, CT: Greenwood Press.

Robinson, J. (2016) Thinking cities through elsewhere: Comparative tactics for a more global urban studies. *Progress in Human Geography,* 40(1): 3-29.

Robinson, W. S. (1950) Ecological correlations and the behavior of individuals. *American Sociological Review,* 15: 351-57. https://doi.org/10.2307/2087176

Rodó-de-Zárate, M. (2016) Feminist and queer epistemologies beyond the academia and the Anglophone world: Political intersectionality and transfeminism in the Catalan context. In G. Brown & K. Browne (eds.), *The Routledge Research Companion to Geographies of Sex and Sexualities,* pp. 155-64. London: Routledge.

Rodríguez-Labajos, B., Yánez, I., Bond, P., Greyl, L., Munguti, S., Ojo, G., & Overbeek, W. (2019) Not so natural an alliance? Degrowth and environmental justice movements in the global south. *Ecological Economics,* 157(March): 175-84. https://doi.org/10.1016/J.ECOLECON.2018.11.007

Rogers, A. (2018) Advancing the geographies of the performing arts: Intercultural aesthetics, migratory mobility and geopolitics. *Progress in Human Geography,* 42(4): 549-68.

Rogers, C. (2017) *Plural Policing: Theory and Practice.* Bristol, UK: Policy Press.

Rose, G. (1993) *Feminism and Geography: The Limits of Geographical Knowledge.* Cambridge: Polity Press.

Rose, G. (2004) 'Everyone's cuddled up and it just looks really nice': An emotional geography of some mums and their family photos. *Social & Cultural Geography,* 5(4): 549-64.

Rose, G. (2016a) Rethinking the geographies of cultural 'objects' through digital technologies. *Progress in Human Geography,* 40(3): 334-51.

Rose, G. (2016b) Posthuman agency in the digitally mediated city: Exteriorization, individuation, reinvention. *Methods, Models and GIS,* 107(4): 779-93.

Roser, M., Ritchie, H., & Ortiz-Ospina, E. (2019) World population growth. Our World in Data. https://ourworldindata.org/worldpopulation-growth#population-size-vspopulation-growth-rate

Ross, N. J. (2007) 'My journey to school . . .': Foregrounding the meaning of school journeys and children's engagements and interactions in their everyday localities. *Children's Geographies,* 5(4): 373-91.

Roth, Y. (2014) Locating the "Scruff Guy": Theorizing body and space in gay geosocial media. *International Journal of Communication,* 8: 2113-33.

Routledge, P., & Cumbers, A. (2009) *Global Justice Networks: Geographies of Transnational Solidarity.* Manchester: Manchester University Press.

Routledge, P., Cumbers, A., & Driscoll Derickson, K. (2018) States of just transition: Realising climate justice through and against the state. *Geoforum,* 88(January): 78-86. https://doi.org/10.1016/J.GEOFORUM.2017.11.015

Rowles, G. D., & Bernard, M. (2012) *Environmental Gerontology: Making Meaningful Places in Old Age.* New York: Springer.

Roy, A. (2005) Urban informality: Toward an epistemology of planning. *Journal of the American Planning Association,* 71(2): 147-58.

Roy, A. (2009a) Strangely familiar: Planning and the worlds of insurgence and informality. *Planning Theory,* 8(1): 7-11.

Roy, A. (2009b) Why India cannot plan its cities: Informality, insurgence and the idiom of urbanization. *Planning Theory,* 8: 76-87.

Roy, A. (2016) Who's afraid of postcolonial theory? *International Journal of Urban and Regional Research,* 40(1): 200-209.

Roy, A., & AlSayyad, N. (eds.) (2004) *Urban Informality in the Era of Globalization: A Transnational Perspective.* Lanham, MD: Lexington Books.

Ruddick, S. (1996) Constructing difference in public spaces: Race, class, and gender as interlocking systems. *Urban Geography,* 17(2): 132-51.

Ruddick, S. (2017) Rethinking the subject, reimagining worlds. *Dialogues in Human Geography,* 7(2): 118-39.

Runnymede Trust. (1997) *Islamophobia: A Challenge for Us All.* London: Runnymede Trust.

Russell, B. (2015) Beyond activism/academia: Militant research and the radical climate and climate justice movement(s). *Area,* 47(3): 222-29. https://doi.org/10.1111/area.12086

Ryan, F. (2018) 'It's horrifically painful': The disabled women forced into unnecessary surgery. *Guardian,* 6 August. https://www.theguardian.com/society/2018/aug/06/

disabled-women-surgery-catheter-accessible-toilets

Ryan, S. (2005) Busy behaviour in the Land of the Golden M: Going out with learning disabled children in public places. *Journal of Applied Research in Intellectual Disabilities*, 18(1): 65-74.

Sabsay, L. (2012) The emergence of the other sexual citizen: Orientalism and the modernisation of sexuality. *Citizenship Studies*, 16(5-6): 605-62.

Sack, R. D. (1980) *Conceptions of Space in Social Thought.* London: Macmillan.

Sadurski, W. (1984) Social justice and legal justice. *Law and Philosophy*, 3(3): 329-54.

Saegert, S. (2016) Rereading 'The Housing Question' in light of the foreclosure crisis. *ACME: An International E-Journal for Critical Geographies*, 15(3): 659-78.

Said, E. (1986) The burdens of interpretation and the question of Palestine. *Journal of Palestine Studies*, 16(1): 29-37.

Said, E. (1992) *The Question of Palestine.* New York: Vintage Books.

Salazar Parreñas, R. (2009) Inserting feminism in transnational migration studies. *Migration Online*, May. http://lastradainternational.org/lsidocs/RParrenas_Inserting FeminisminTransnationalMigrationStudies.pdf

Saldanha, A. (2004) Vision and viscosity in Goa's psychedelic trance scene. *ACME: An International E-Journal for Critical Geographies*, 4(2): 172-93.

Saldanha, A. (2006) Reontologising race: The machinic geography of phenotype. *Environment and Planning D: Society and Space*, 24(1): 9-24.

Sandberg, L., & Tollefsen, A. (2010) Talking about fear of violence in public space: Female and male narratives about threatening situations in Umea, Sweden. *Social & Cultural Geography*, 11(1): 1-15.

Sassen, S. (2001) *The Global City: New York, London, Tokyo*, 2nd ed. Princeton, NJ: Princeton University Press.

Savage, M. (2016) Are we seeing a new inequality paradigm in social science? *Impact of Social Sciences Blog*, 3 June. https://blogs.lse.ac.uk/politicsandpolicy/are-we-seeing-a-new-inequality-paradigm-in-social-science/

Savage, M., & Burrows, R. (2007) The coming crisis of empirical sociology. *Sociology*, 41(5): 885-99.

Savage, M., Cunningham, N., Devine, F., Friedman, S., Laurison, F., McKenzie, L., Miles, A., Snee, H., & Wakeling, P. (2015) *Social Class in the 21st Century.* London:

Penguin.

Savage, M., Devine, F., Cunningham, N., Taylor, M., Li, Y., Hjellbrekke, J., Le Roux, B., Friedman, S., & Miles, A. (2013) A new model of social class? Findings from the BBC's Great British class survey experiment. *Sociology*, 47(2): 219-50.

Sayer, A. (2010) *Method in Social Science*, rev. 2nd ed. London: Routledge.

Sayre, N. F. (2009) Scale. In N. Castree, D. Demeritt, D. Liverman & B. Rhoads (eds.), A *Companion to Environmental Geography*, pp. 95-108. Chichester, UK: Wiley-Blackwell.

Sayyid, S., & Vakil, A. (2010) *Thinking through Islamophobia: Global Perspectives.* London: Hurst.

Schlosberg, D. (2004) Reconceiving environmental justice: Global movements and political theories. *Environmental Politics*, 13(3): 517-40. https://doi.org/10.1080/0964401042000229025

Schlosberg, D. (2007) *Defining Environmental Justice: Theories, Movements and Nature.* Oxford: Oxford University Press.

Schlosberg, D. (2013) Theorising environmental justice: The expanding sphere of a discourse. *Environmental Politics*, 22(1): 37-55.

Schlosberg, D., & Collins, L. B. (2014) From environmental to climate justice: Climate change and the discourse of environmental justice. *Wiley Interdisciplinary Reviews: Climate Change*, 5(3): 359-74. https://doi.org/10.1002/wcc.275

Schnell, I. (2016) Glocal spatial lifestyle in Tel Aviv. *Geography Research Forum*, 24: 58-76.

Schrecker, T., & Bambra, C. (2015) *How Politics Makes Us Sick: Neoliberal Epidemics.* London: Palgrave Macmillan.

Schwanen, T., Hardill, I., & Lucas, S. (2012) Spatialities of ageing: The co-construction and co-evolution of old age and space. *Geoforum*, 43: 1291-95.

Schwiter, K., Strauss, K., & England, K. (2018) At home with the boss: Migrant live-in caregivers, social reproduction and constrained agency in the UK, Canada, Austria and Switzerland. *Transactions of the Institute of British Geographers*, 43: 462-76.

Scott, J. C. (1985) *Weapons of the Weak: Everyday Forms of Peasant Resistance.* London: Yale University Press.

Scott-Samuel, A., Bambra, C., Collins, C., Hunter, D., McCartney, G., & Smith, K. (2014) The impact of Thatcherism on health and well-being in Britain. *International Journal of Health Services*, 44(1): 53-71.

Scourfield, J., Dicks, B., Drakeford, M., & Davies, A. (2006) *Children, Place and Identity: Nation and Locality in Middle Childhood*. London: Routledge.

Scriven, R. (2014) Geographies of pilgrimage: Meaningful movements and embodied mobilities. *Geography Compass*, 8(4): 249-61.

Searle, B. A., & Smith, S. J. (eds.) (2010) *The Blackwell Companion to the Economics of Housing: The Housing Wealth of Nations*. Oxford: Wiley-Blackwell.

Selby, J., Dahi, O., Fröohlich, C., & Hulme, M. (2017) Climate change and the Syrian civil war revisited. *Political Geography*, 60: 232-44.

Sennett, R. (1990) *The Conscience of the Eye: The Design and Social Life of Cities*. London: Faber & Faber.

Shabazz, R. (2015) *Spatializing Blackness: Architectures of Confinement and Black Masculinity in Chicago*. Chicago: University of Illinois Press.

Shapiro, A. (2016) The mezzanine. *Space and Culture*, 19(4): 292-307.

Sharma, S. (2012) 'The church is . . . my family': Exploring the interrelationship between familial and religious practices and spaces. *Environment and Planning A: Economy and Space*, 44(4): 816-31.

Sharma, S., & Guest, M. (2013) Navigating religion between university and home: Christian students' experiences in English universities. *Social & Cultural Geography*, 14(1): 59-79.

Sharp, J. P., Routledge, P., Philo, C., & Paddison, R. (1999) *Entanglements of Power: Geographies of Domination/ Resistance*. London: Routledge.

Shaw, R. (2014) Beyond night-time economy: Affective atmospheres of the urban night. *Geoforum*, 51: 87-95.

Shaw, R. (2015) 'Alive after five': Constructing the neoliberal night in Newcastle upon Tyne. *Urban Studies*, 52(3): 456-70.

Shaw, W. (2001) Way of whiteness: Negotiating settlement agendas in (post)colonial inner-Sydney. PhD dissertation, University of Melbourne.

Shaw, W. (2007) *Cities of Whiteness*. Oxford: Blackwell.

Shelton, T. (2017) Spatialities of data: Mapping social media 'beyond the geotag'. *Geojournal*, 82(4): 721-34.

Sheppard, E., Couclelis, H., Graham, S., Harrington, J. W., & Onsrud, H. (1999) Geographies of the information socie-ty. *International Journal of Geographical Information Science*, 13(8): 797-823.

Shevsky, E., & Williams, M. (1949) *The Social Areas of Los Angeles: Analysis and Typology*. Berkeley: University of California Press.

Shildrick, T. (2018) Lessons from Grenfell: Poverty propaganda, stigma and class power. *Sociological Review*, 66(4): 783-98.

Shildrick, T., & MacDonald, R. (2013) Poverty talk: How people experiencing poverty deny their poverty and why they blame the poor. *Sociological Review*, 61(2): 285-303.

Shortall, S., & Alston, M. (2016) To rural proof or not to rural proof: A comparative analysis. *Politics & Policy*, 44(2): 35-55.

Shove, E. (2009) Everyday practice and the production and consumption of time. In E. Shove, F. Trentmann & R. Wilk (eds.), *Time, Consumption and Everyday Life: Practice, Materiality and Culture*, pp. 17-35. Oxford: Berg.

Shove, E. (2010) Beyond the ABC: Climate change policy and theories of social change. *Environment and Planning A: Economy and Space*, 42(6): 1273-85.

Siebler, R. (2006) Public participation geographic information systems: A literature review and framework. *Annals of the Association of American Geographers*, 96: 491-507.

Sikor, T., & Newell, P. (2014) Globalizing environmental justice? *Geoforum*, 54(July): 151-57. https://doi.org/10.1016/J.GEOFORUM.2014.04.009

Silvey, R. (2006) Geographies of gender and migration: Spatializing social difference. *International Migration Review*, 40(1): 64-81.

Simmel, G. (1950) The metropolis and mental life. In K. Wolff & G. Simmel (eds.), *The Sociology of Georg Simmel*, pp. 409-24. Detroit: Free Press.

Simmonds, R. (2016) Antares: A scalable, efficient platform for stream, historic, combined and geospatial querying. PhD dissertation, Newcastle University.

Simonsen, K. (2008) Place as encounters: Practice, conjunction and co-existence. In J. Baerenholdt & B. Granas (eds.), *Mobility and Place: Enacting Northern European Peripheries*, pp. 13-27. Aldershot, UK: Ashgate.

Simpson, P. (2011) Street performance and the city: Public space, sociality, and intervening in the everyday. *Space and Culture*, 14(4): 415-30.

Siraj-Blatchford, I. (2010) Learning in the home and at school: How working-class children 'succeed against the odds'. *British Educational Research Journal*, 36(3): 463-82.

Skeggs, B. (1997) *Formations of Class and Gender: Becoming Respectable*. London: Sage.

Skelton, T., & Valentine, G. (1998) *Cool Places: Geographies of Youth Cultures*. London: Routledge.

Skinner, M. W., Cloutier, D., & Andrews, G. J. (2015) Geographies of ageing: Progress and possibilities after two decades of change. *Progress in Human Geography*, 39(6): 776-99.

Smith, A. D. (1998) *Nationalism and Modernism*. London: Routledge.

Smith, D. (2016) *Disability in the United Kingdom 2016*. Cambridge: Papworth Trust.

Smith, D. M. (1974) Who gets what where, and how: A welfare focus for human geography. *Geography*, 59(4): 289-97.

Smith, D. M. (2000) Social justice revisited. *Environment and Planning A: Economy and Space*, 32(7): 1149-62. https://doi.org/10.1068/a3258

Smith, D. P. (2009) 'Student geographies', urban restructuring, and the expansion of higher education. *Environment and Planning A: Economy and Space*, 41: 1795-1804.

Smith, D. P., & Mills, S. (2019) The 'youthfullness' of youth geographies: 'Coming of age'? *Children's Geographies*, 17(1): 1-8.

Smith, J. A. (2009) *The Daddy Shift: How Stay-at-Home Dads, Breadwinning Moms, and Shared Parenting Are Transforming the American Family*. Boston: Beacon Press.

Smith, L. T. (2007) *Decolonizing Methodologies: Research and Indigenous Peoples*. New York: Zed Books.

Smith, N. (1984) *Uneven Development: Nature, Capital and the Production of Space*. Oxford: Blackwell.

Smith, N. (1987) Gentrification and the rent gap. *Annals of the Association of American Geographer*s, 77(3): 462-65.

Smith, N. (1992) Geography, difference and the politics of scale. In J. Doherty, E. Graham & M. Malek (eds.), *Postmodernism and the Social Sciences*, pp. 57-79. London: Palgrave Macmillan.

Smith, S. J. (1986) *Crime, Space and Society*. Cambridge: Cambridge University Press.

Smith, S. J. (1999) Society-space. In P. Cloke, P. Crang & M. Goodwin (eds.), *Introducing Human Geographies*, pp. 212-23. London: Arnold.

Smith, S. J., Pain, R., Marston, S., & Jones, J. P. (2010) *Sage Handbook of Social Geographies*. London: Sage.

Smith, T., Noble, M., Noble, S., Wright, G., McLennan, D., & Plunkett, E. (2015) *The English Indices of Deprivation 2015: Research Report*. London: Department for Communities and Local Government.

Soja, E. W. (1980) The socio-spatial dialectic. *Annals of the Association of American Geographers*, 70(2): 207-25.

Soja, E., & Miguel Kanai, J. (2007) The urbanization of the world. In R. Burdett & D. Sudjic (eds.), *The Endless City*, pp. 54-69. London: Phaidon.

Sovacool, B. K., Burke, M., Baker, L., Kumar Kotikalapudi, C., & Wlokasm, H. (2017) New frontiers and conceptual frameworks for energy justice. *Energy Policy*, 105(June): 677-91. https://doi.org/10.1016/J.ENPOL.2017.03.005

Sparke, M. (2009) Nationalism. In D. Gregory, R. Johnston, G. Pratt, M. J. Watts & S. Whatmore (eds.), *The Dictionary of Human Geography*, pp. 488-90. Chichester, UK: Wiley-Blackwell.

Spinoza, B. (1677/2001) *Ethics*. London: Wordsworth Editions.

Spinoza, B. (2002) *Spinoza: Complete works*, trans. Samuel Shirley. Indianapolis: Hackett.

Springer, S. (forthcoming) Total liberation ecology: Integral anarchism, anthroparchy, and the violence of indifference. In S. Springer (ed.), *Undoing Human Supremacy*. Oakland, CA: PM Press.

Spyrou, S., & Christou, M. (eds.) (2014) *Children and Borders*. Basingstoke, UK: Palgrave Macmillan.

Srinivasan, K. (2019) Remaking more-than-human society: Thought experiments on street dogs as 'nature'. *Transactions of the Institute of British Geographers*, 44(2): 376-91.

Stanton, M. (2000) The rack and the web: The other city. In L. Lokko (ed.), *White Paper, Black Marks: Architecture, Race, Culture*, pp. 114-45. London: Athlone.

Steadman Jones, G. (1992) *Outcast London: A Study of the Relationship between Classes in Victorian Society*. Middlesex: Penguin.

Stewart, K. (1988) Nostalgia – A polemic. *Cultural Anthropology*, 3(3): 227-41.

Story, M. F. (1998) Maximizing usability: The prinicples of

universal design. *Assistive Technology*, 10: 4-12.

Stratford, E., & Low, N. (2015) Young islanders, the meteorological imagination, and the art of geopolitical engagement. *Children's Geographies*, 13(2): 164-80.

Strauss, K. (2013) Unfree again: Social reproduction, flexible labour markets and the resurgence of gang labour in the UK. *Antipode*, 45(1): 180-97.

Strauss, K., & Meehan, K. (2015) New frontiers in life's work. In K. Meehan & K. Strauss (eds.), *Precarious Worlds: Contested Geographies of Social Reproduction*, pp. 1-22. Athens: University of Georgia Press.

Streeck, W. (2016) *How Will Capitalism End? Essays on a Failing System*. London: Penguin.

Stryker, S., & Whittle, S. (eds.) (2006) *The Transgender Studies Reader*. London: Taylor & Francis.

Stump, R. (2008) *The Geography of Religion: Faith, Place and Space*. Lanham, MD: Rowman & Littlefield.

Sue, D. W., Capodilupo, C. M., Torino, G. C., Bucceri, J. M., Holder, A. M. B., Nadal, K. L., & Esquilin, M. (2007) Racial microaggressions in everyday life: Implications for clinical practice. *American Psychologist*, 62(4): 271-86.

Sui, D. Z. (2013) GIS and urban studies: Positivism, post-positivism and beyond. *Urban Geography*, 15(3): 258-78.

Sultana, F. (2007) Reflexivity, positionality and participatory ethics: Negotiating fieldwork dilemmas in international research. *ACME: An International E-Journal for Critical Geographies*, 6(3): 374-85.

Sultana, F. (2009) Fluid lives: Subjectivities, gender and water in rural Bangladesh. *Gender, Place & Culture*, 16(4): 427-44.

Sultany, N. (2007) *The Legacy of Justice*, Aharon Barak: A critical review. *Harvard International Law Journal Online*, 48: 83-92.

Sumartojo, S. (2017) Making sense of everyday nationhood: Traces in the experiential world. In M. Skey & M. Antonsich (eds.), *Everyday Nationhood: Theorising Culture, Identity and Belonging after* Banal Nationalism, pp. 197-214. London: Palgrave Macmillan.

Sunday Times. (2018) Rich list 2018: The UK's richest people who made fortunes from the internet. 13 May. https://www.thetimes.co.uk/article/sunday-times-rich-list-2018-richest-people-tech-5rczhlx2c

Sutko, D. M., & de Souza e Silva, A. S. (2011) Location-aware mobile media and urban sociability. *New Media and Society*, 13(5): 807-23.

Swyngedouw, E. (1997) Neither global nor local: 'Glocalization' and the politics of scale. In K. Cox (ed.), *Spaces of Globalization: Reasserting the Power of the Local*, pp. 137-66. New York: Guilford Press.

Swyngedouw, E. (2007) Technonatural revolutions: The scalar politics of Franco's hydrosocial dream for Spain, 1939-1975. *Transactions of the Institute of British Geographers*, 32(1): 9-28.

Swyngedouw, E., & Heynen, N. C. (2003) Urban political ecology, justice and the politics of scale. *Antipode*, 35(5): 898-918. https://doi.org/10.1111/j.1467-8330.2003.00364.x

Tamas, S. (2011) *Life after Leaving: The Remains of Spousal Abuse*. Walnut Creek, CA: Left Coast Press.

Tan, Q. H. (2012) Flirtatious geographies: Clubs as spaces for the performance of affective heterosexualities. *Gender, Place & Culture*, 20(6): 718-36.

Tarrant, A. (2013) Grandfathering as spatio-temporal practice: Conceptualizing performances of ageing masculinities in contemporary familial carescapes. *Social & Cultural Geography*, 14(2): 192-210.

Taylor, C. (2009) Towards a geography of education. *Oxford Review of Education*, 35(5): 651-69.

Taylor, D. E. (2000) The rise of the environmental justice paradigm: Injustice framing and the social construction of environmental discourses. *American Behavioral Scientist*, 43(4): 508-80. https://doi.org/10.1177%2F0002764200043004003

Taylor, P. J. (1982) A materialist framework for political geography. *Transactions of the Institute of British Geographers*, 7(1): 15-34.

Tell MAMA. (2017) *A Constructed Threat: Identity, Prejudice and the Impact of Anti-Muslim Hatred*. Tell MAMA Annual Report 2016. London: Tell MAMA.

Tell MAMA. (2018) *Beyond the Incident: Outcomes for Victims of Anti-Muslim Prejudice*. Tell MAMA Annual Report 2017. London: Tell MAMA.

Temper, L., Demaria, F., Scheidel, A., Del Bene, D., & Martínez-Alier, J. (2018) The Global Environmental Justice Atlas (EJAtlas): Ecological distribution conflicts as forces for sustainability. *Sustainability Science*, 13(3): 573-84. https://doi.org/10.1007/s11625-018-0563-4

Temper, L., & Martínez-Alier, J. (2013) The God of the Mountain and Godavarman: Net present value, Indigenous territorial rights and sacredness in a bauxite mining conflict in India. *Ecological Economics*, 96 (December): 79-87. https://doi.org/10.1016/J.ECOLECON.2013.09.011

Thiem, C. H. (2009) Thinking through education: The geographies of contemporary educational restructuring. *Progress in Human Geography*, 33(2): 154-73.

Thien, D. (2005) After or beyond feeling? A consideration of affect and emotion in geography. *Area*, 37(4): 450-54.

Thomas, C. (1999) *Female Forms: Experiencing and Understanding Disability*. Buckingham, UK: Open University Press.

Thompson, L., Pearce, J., & Barnett, R. (2007) Moralising geographies: Stigma, smoking islands and responsible subjects. *Area*, 39(4): 508-17.

Thompson, M. (2017) Migration decision-making: A geographical imaginations approach. *Area*, 49(1): 77-84.

Thompson, M. (2019) Everything changes to stay the same: Persistent global health inequalities amidst new therapeutic opportunities and mobilities for Filipino nurses. *Mobilities*, 14(1): 38-53. https://doi.org/10.1080/1745010 1.2018.1518841

Thornicroft, G., Mehta, N., Clement, S., Evans-Lacko, S., Doherty, M., Rose, D., Koschorke, M., Shidhaye, R., O'Reilly, C., & Henderson, C. (2016) Evidence for effective interventions to reduce mental-health-related stigma and discrimination. *Lancet* 387: 1123-32. https://doi.org/10.1016/S0140-6736(15)00298-6

Thorns, D. (2002) *The Transformation of Cities: Urban Theory and Urban Life*. Basingstoke, UK: Palgrave.

Thrift, N. (1997) The still point. In S. Pile & M. Keith (eds.), *Geographies of Resistance*, pp. 124-51. London: Routledge.

Thrift, N. (2005) But malice afterthought: Cities and the natural history of hatred. *Transactions of the Institute of British Geographers*, 30(2): 133-50.

Thrift, N., & Dewsbury, J.-D. (2000) Dead geographies and how to make them live. *Environment and Planning D: Society and Space*, 18: 411-32.

Tierney, W. G., & Venegas, K. M. (2006) Fictive kin and social capital: The role of peer groups in applying and paying for college. *American Behavioural Scientist*, 49(12): 1687-1702.

Till, J. (2014) Scarcity and agency. *Journal of Architectural Education*, 68(1): 9-11.

Timar, J. (2004) More than 'Anglo-American', it is 'Western':

Hegemony in geography from a Hungarian perspective. *Geoforum*, 35(5): 533-38.

Timms, C. (2017) In Britain, it's not just the train toilets that disabled people can't get into. *Guardian*, 5 January. https://www.theguardian.com/commentisfree/2017/jan/05/train-toilets-disabled-people-anne-wafula-strike

Tishkoff, S. A., & Kidd, K. K. (2004) Implications of biogeography of human populations for 'race' and medicine. *Nature Genetics*, 36(11s): S21-S27.

Tivers, J. (1978) How the other half lives: The geographical study of women. *Area*, 10: 302-6.

Tolia-Kelly, D. (2010) The geographies of cultural geography I: Identities, bodies and race. *Progress in Human Geography*, 34(3): 358-67.

Tolia-Kelly, D. P. (2011) Narrating the postcolonial landscape: Archaeologies of race at Hadrian's Wall. *Transactions of the Institute of British Geographers*, 36(1): 71-88.

Tönnies, F. (2002) *Community and Society: Gemeinschaft und Gesellschaft*, trans. & ed. Charles Price Loomis. New York: Courier Dover.

Torres, R., Popke, M., Jeffrey, E., & Hapke, H. M. (2006) The South's silent bargain: Rural restructuring, Latino labor and the ambiguities of migrant experience. In H. A. Smith & O. J. Furuseth (eds.), *Latinos in the New South*, pp. 37-68. Burlington, VT: Ashgate.

Towers, G. (2000) Applying the political geography of scale: Grassroots strategies and environmental justice. *Professional Geographer*, 52(1): 23-36. https://doi.org/10.1111/0033-0124.00202org/10.1111/0033-0124.00202

Trewartha, G. T. (1953) A case for population geography. *Annals of the Association of American Geographers*, 43(2): 71-97. doi:10.1080/00045605309352106

Trottier, D. (2014) Crowdsourcing CCRV surveillance on the internet. *Information, Communication and Society*, 17(5): 609-26.

Trudeau, D., & McMorran, C. (2011) The geographies of marginalization. In V. Del Casino, M. E. Thomas, P. Cloke & R. Panelli (eds.), *A Companion to Social Geography*, pp. 437-53. Oxford: Blackwell.

Turan, Z. (2011) Material memories of the Ottoman Empire: Armenian and Greek objects of legacy. In K. Phillips & G. Reyes (eds.), *Global Memoryscapes: Contesting Remembrance in a Transnational Age*, pp. 173-94. Tuscaloosa: University of Alabama Press.

Tyler, I. (2015) Classificatory struggles: Class, culture and inequality in neoliberal times. *Sociological Review*, 63(2): 493-511.

UNFPA. (2017) World population trends. 29 August. https://www.unfpa.org/world-population-trends

United Nations. (2017) Highlights. In *International Migration Report 2017* (ST/ESA/SER.A/404). https://www.un.org/en/development/desa/population/migration/publications/migrationreport/docs/MigrationReport2017_Highlights.pdf

UPIAS. (1976) *Fundamental Principles of Disability*. London: Union of the Physically Impaired Against Segregation.

Urry, J. (2002) The global complexities of September 11th. *Theory, Culture and Society*, 19(4): 57-69.

Valdivia, G. (2005) On Indigeneity, change, and representation in the north-eastern Ecuadorian Amazon. E*nvironment and Planning A: Economy and Space*, 37: 285-303. https://doi.org/10.1068/a36182

Valentine, G. (1989) The geography of women's fear. *Area*, 21(4): 385-90.

Valentine, G. (1993) (Hetero)Sexing space: Lesbian perception and experiences of everyday spaces. *Environment and Planning D: Society and Space*, 11(4): 284-413.

Valentine, G. (2001) *Social Geographies: Space and Society*. London: Routledge.

Valentine, G. (2004) *Public Space and the Culture of Childhood*. Aldershot, UK: Ashgate.

Valentine, G. (2007) Theorizing and researching intersectionality: A challenge for feminist geography. *Professional Geographer*, 59(1): 10-21.

Valentine, G. (2008) Living with difference: Reflections on geographies of encounter. *Progress in Human Geography*, 32(3): 323-37.

Valentine, G., & Holloway, S. (2002) Cyberkids? Exploring children's identities and social networks in on-line and off-line worlds. *Annals of the Association of American Geographers*, 92(2): 302-19.

Valentine, G., & Skelton, T. (2003) Finding oneself, losing oneself: The lesbian and gay scene as a paradoxical space. *International Journal of Urban and Regional Research*, 27(4): 849-66.

Valentine, G., Vanderbeck, R. M., Sadgrove, J., Andersson, J., & Ward, K. (2016) Transnational religious networks: Sexuality and the changing power geometries of the Anglican community. *Transactions of the Institute of British Geographers*, 38(1): 50-64.

Valentine, G., & Waite, L. (2012) Negotiating difference through everyday encounters: The case of sexual orientation and religion and belief. *Antipode*, 44(2): 474-92.

Valins, O. (2003) Defending identities or segregating communities? Faith-based schooling and the UK Jewish community. *Geoforum*, 34(2): 235-47.

Van Blerk, L. (2008) Poverty, migration and sex work: Youth transitions in Ethiopia. *Area*, 40(2): 245-53.

Van Blerk, L. (2013) New street geographies: The impact of urban governance on the mobilities of Cape Town's street youth. *Urban Studies*, 50(3): 556-73.

Vanderbeck, R. M. (2008) Reaching critical mass? Theory, politics, and the culture of debate in children's geographies. *Area*, 40: 393-400.

Vanderbeck, R., & Worth, N. (2015) *Intergenerational Space*. London: Routledge.

van Doorn, N. (2011) Digital spaces, material traces: How matter comes to matter in online performances of gender, sexuality and embodiment. *Media, Culture and Society*, 33(4): 531-47.

Van Hoven, B., & Horschelmann, K. (2005) *Spaces of Masculinities*. London: Routledge.

van Lanen, S. (2020) Encountering austerity in deprived urban neighbourhoods: Local geographies and the emergence of austerity in the lifeworld of urban youth. *Geoforum*, 110: 220-31.

Veal, C. (2016) A choreographic notebook: Methodological developments in qualitative geographical research. *Cultural Geographies*, 23(2): 221-45.

Vidal de la Blache, P. (1926) *Principles of Human Geography*. London: Constable.

VTO. (2003) Vindolanda Tablets Online website. http://vindolanda.csad.ox.ac.uk/index.shtml

Waitt, G., & Gorman-Murray, A. (2008) Camp in the country: Re-negotiating sexuality and gender through a rural lesbian and gay festival. *Journal of Tourism and Cultural Change*, 6(3): 185-207.

Walby, S. (1990) *Theorising Patriarchy*. London: John Wiley.

Walby, K., Spencer, D., & Hunt, A. (2012) Introduction. In D. Spencer, K. Walby & A. Hunt (eds.), *Emotions Matter*, pp. 3-8. Toronto: University of Toronto Press.

Walker, G. (2009) Globalizing environmental justice. *Global Social Policy: An Interdisciplinary Journal of Public*

Policy and Social Development, 9(3): 355-82. https://doi.org/10.1177/1468018109343640

Walker, G. (2012) *Environmental Justice: Concepts, Evidence and Politics.* London: Routledge.

Walker, G. (2014) The dynamics of energy demand: Change, rhythm and synchronicity. *Energy Research & Social Science,* 1: 49-55. https://doi.org/10.1016/j.erss.2014.03.012

Walker, G., & Bulkeley, H. (2006) Geographies of environmental justice. *Geoforum,* 37(5): 655-59. https://doi.org/10.1016/J.GEOFORUM.2005.12.002

Walker, L. (1995) More than just skin-deep: Fem(me)ininity and the subversion of identity. *Gender, Place & Culture,* 2(1): 71-76.

Walton, H., Dajnak, D., Beevers, S., Williams, M., Watkiss, P., & Hunt, A. (2015) *Understanding the Health Impacts of Air Pollution in London.* London: Kings College.

Warlenius, R. (2018) Decolonizing the atmosphere: The climate justice movement on climate debt. *Journal of Environment & Development,* 27(2): 131-55. https://doi.org/10.1177/1070496517744593

Warner, M. (1993) *Fear of a Queer Planet: Queer Politics and Social Theory.* Minneapolis: University of Minnesota Press.

Warren, A. (2016) Crafting masculinities: Gender, culture and emotion at work in the surfboard industry. *Gender, Place & Culture,* 23(1): 36-54.

Warren, S. (2017) Pluralising the walking interview: Researching (im)mobilities with Muslim women. *Social & Cultural Geography,* 18(6): 786-807.

Waters, J. L. (2006) Geographies of cultural capital: Education, international migration and family strategies between Hong Kong and Canada. *Transactions of the Institute of British Geographers,* 31(2): 179-92.

Waters, J. L. (2017) Education unbound? Enlivening debates with a mobilities perspective on learning. *Progress in Human Geography,* 41(3): 279-98.

Waters, J. L. (2018) Geographies of education. *Oxford Bibliographies.* http://www.oxfordbibliographies.com/view/document/obo-9780199874002/obo-9780199874002-0182.xml

Watson, A., & Huntington, O. H. (2008) They're here-I can feel them: The epistemic spaces of Indigenous and Western knowledges. *Social & Cultural Geography,* 9: 257-81. https://doi.org/10.1080/14649360801990488

Watson, N., Roulstone, A., & Thomas, C. (eds.) (2012) *Routledge Handbook of Disability Studies.* London: Routledge.

Watson, S. (2005) Symbolic space of difference: Contesting the Eruv in Barnet, London and Tenafly, New Jersey. *Environment and Planning D: Society and Space,* 23(4): 597-613.

Watt, P. (1998) Going out of town: Youth, race, and place in the south east of England. *Environment and Planning D: Society and Space,* 16(6): 687-703.

Watt, P. (2009) Housing stock transfers, regeneration and state-led gentrification in London. *Urban Policy and Research,* 27(3): 229-42.

Webber, R., & Burrows, R. (2013) Life in an alpha territory: Discontinuity and conflict in an elite London 'village'. *Urban Studies,* 53(15): 3139-54.

Webber, R., & Burrows, R. (2018) *The Predictive Postcode: The Geodemographic Classification of British Society.* London: Sage.

Weber, C. (2011) I am an American. http://iamanamerican-project.com

Weeks, J. (1995) *Invented Moralities: Sexual Values in an Age of Uncertainty.* Cambridge: Polity Press.

Weeks, J. (1998) The sexual citizen. *Theory, Culture and Society,* 15(3-4): 35-52.

Wharf, B. (2018) Digital technologies and reconfiguration of urban space. In B. Wharf (ed.), *Routledge Handbook on Spaces of Urban Politics,* pp. 96-106. London: Taylor & Francis.

Whatmore, S. (2002) *Hybrid Geographies: Natures, Cultures, Spaces.* London: Sage.

Wheeler, R. (2017) Local history as productive nostalgia? Change, continuity and sense of place in rural England. *Social & Cultural Geography,* 18(4): 466-86.

White, R. J. (2015) Animal geographies, anarchist praxis, and critical animal studies. In K. Gillespie & R. Collard (eds.), *Critical Animal Geographies,* pp. 31-47. London: Routledge.

Whitehead, M. (2014) *Environmental Transformations: A Geography of the Anthropocene.* London: Routledge.

Whitehead, M., Jones, R., Lilley, R., Howell, R., & Pykett, J. (2019) Neuroliberalism: Cognition, context, and the geographical bounding of rationality. *Progress in Human Geography,* 43(4): 632-49. https://doi.org/10.1177/0309132518777624

WHO. (2008) *Commission on the Social Determinants of Health: Closing the Gap in a Generation*. Geneva: World Health Organization.

Wiesel, I., & Bigby, C. (2016) Mainstream, inclusionary, and convivial places: Locating encounters between people with and without intellectual disabilities. *Geographical Review*, 106(2): 201-14.

Wilford, J. (2010) Sacred archipelagos: Geographies of secularization. *Progress in Human Geography*, 43(3): 328-48.

Wilkinson, E., & Ortega-Alcázar, I. (2019) The right to be weary? Endurance and exhaustion in austere times. *Transactions of the Institute of British Geographers*, 44: 155-67.

Wilkinson, R., & Pickett, K. (2009) *The Spirit Level: Why More Equal Societies Almost Always Do Better*. London: Allen Lane.

Williams, A. (ed.) (2017) *Therapeutic Landscapes*. London: Routledge.

Williams, G., & Mawdsley, E. (2006) Postcolonial environmental justice: Government and governance in India. *Geoforum*, 37(5): 660-70. https://doi.org/10.1016/J.GEOFORUM.2005.08.003

Williams, Z. (2019) Half-baked: What Greggs' vegan sausage roll says about Brexit Britain. *Guardian*, 7 January. https://www.theguardian.com/lifeandstyle/2019/jan/07/greggs-vegan-sausage-roll-brexit-britain-culture-wars

Willis, P. (1977) *Learning to Labour: How Working-Class Kids Get Working-Class Jobs*. New York: Columbia University Press.

Wilson, H. (2011) Passing propinquities in the multicultural city: The everyday encounters of bus passengering. *Environment and Planning A: Economy and Space*, 43(3): 634-49.

Wilson, H. (2014) Multicultural learning: Parent encounters with difference in a Birmingham primary school. *Transactions of the Institute of British Geographers*, 39(1): 102-14.

Wilson, H. (2017) On geography and encounter: Bodies, borders, and difference. *Progress in Human Geography*, 41(4): 451-71.

Wilson, H., & Darling, J. (2016) The possibilities of encounter. In J. Darling & H. Wilson (eds.), *Encountering the City: Urban Encounters from Accra to New York*, pp. 1-24. Abingdon, UK: Routledge.

Wilton, R., Schormans, A. F., & Marquis, N. (2018) Shopping, social inclusion and the urban geographies of people with intellectual disability. *Social & Cultural Geography*, 19(2): 230-52.

Winders, J., & Smith, B. E. (2019) Social reproduction and capitalist production: A genealogy of dominant imaginaries. *Progress in Human Geography*, 43(5): 871-89. https://doi.org/10.1177/0309132518791730

Wirth, L. (1938) Urbanism as a way of life. *American Journal of Sociology*, 44(1): 1-24.

Women and Geography Study Group. (1984) *Geography and Gender: An Introduction to Feminist Geography*. London: Hutchison.

Women and Geography Study Group. (1997/2014) *Feminist Geographies: Explorations in Diversity and Difference*. London: Routledge.

Wood, B. (2012) Crafted within liminal spaces: Young people's everyday politics. *Political Geography*, 31(6): 337-46.

Woods, M. (2007) Engaging the global countryside: Globalization, hybridity and the reconstitution of rural place. *Progress in Human Geography*, 31(4): 485-507.

Woods, M. (2018) Precarious rural cosmopolitanism: Negotiating globalization, migration and diversity in Irish small towns. *Journal of Rural Studies*, 64: 164-76.

World Inequality Lab. (2018) *World Inequality Report 2018*. https://wir2018.wid.world/files/download/wir2018-full-report-english.pdf

Worth, N. (2011) Evaluating life maps as a versatile method for lifecourse geographies. *Area*, 43(4): 405-12.

Wright, M. (2008) Gender and geography: Knowledge and activism across the intimately global. *Progress in Human Geography*, 33(3): 379-86.

Wright, M. W. (2010) Geography and gender: Feminism and a feeling of justice. *Progress in Human Geography*, 34(6): 818-27. https://doi.org/10.1177/0309132510362931

Wylie, J. (2006) Depths and folds: On landscape and the gazing subject. *Environment and Planning D: Society and Space*, 24(4): 519-35.

Wyly, E., & Hammel, D. (2004) Gentrification, segregation, and discrimination in the American urban system. *Environment and Planning A: Economy and Space*, 36(7): 1215-41.

Yarker, S. (2017) Reconceptualising comfort as part of local belonging: The use of confidence, commitment and irony. *Social & Cultural Geography*, 20(4): 534-50. doi:10 .1080/14649365.2017.1373301

Young, I. M. (1990) *Justice and the Politics of Difference*. Princeton, NJ: Princeton University Press.

Young, L., & Barrett, H. (2001) Adapting visual methods: Action research with Kampala street children. *Area*, 33(2): 141-52.

Zedner, L. (2009) *Security*. Oxford: Routledge.

Zimmerer, K. S. (2015) Environmental governance through 'speaking like an Indigenous state' and respatializing resources: Ethical livelihood concepts in Bolivia as versatility or verisimilitude? *Geoforum*, 64: 314-24. https://doi. org/10.1016/j.geoforum.2013.07.004

Zook, M., Dodge, M., Aoyama, Y., & Townsend, A. (2004) New digital geographies: Information, communication, and place. In S. D. Brunn, S. L. Cutter & J. Harrington (eds.), *Geography and Technology*, pp. 155-76. Dordrecht: Springer.

Zukin, S. (1989) *Loft Living: Culture and Capital in Urban Change*. New Brunswick, NJ: Rutgers University Press.

찾아보기

지은이 소개

이 책의 집필진은 모두 뉴캐슬사회지리연구회 회원이다. 대부분의 회원은 뉴캐슬대학 지리정치사회대학 지리학 전공의 사회변동지리 연구클러스터에 속해 있거나 참여 중이다. 이 외의 나머지 회원은 지리학과 인접한 전공 소속이지만 사회지리 연구를 수행하거나 관련된 연구에 참여하고 있다.

1장 | **뉴캐슬사회지리연구회**

2장 | **로버트 쇼**(Robert Shaw, 인문지리학 부교수)

3장 | **레이철 페인**(Rachal Pain, 인문지리학 교수), **피터 홉킨스**(Peter Hopkins, 사회지리학 교수)

4장 | **로버트 쇼**(Robert Shaw, 인문지리학 부교수)

5장 | **콴 가오**(Quan Gao, 싱가포르경영대학 박사후연구원)

6장 | **알라스테어 보네트**(Alastair Bonnett, 사회지리학 교수)

7장 | **크레이그 존스**(Craig Jones, 인문지리학 조교수), **마이클 J. 리처드슨**(Michael J. Richardson, 인문지리학 조교수)

8장 | **스테판 제드지언**(Stefan Rzedzian, 뉴캐슬대학 박사)

9장 | **매슈 C. 벤웰**(Matthew C. Benwell, 인문지리학 부교수)

10장 | **웬 린**(Wen Lin, 인문지리학 부교수), **루스 매커리베이**(Ruth McAreavey, 사회학 교수)

11장 | **앨리슨 스테닝**(Alison Stenning, 사회경제지리학 교수), **레아 챈**(Leah Chan, 박사과정생), **로티 로즈**(Lottie Rhodes, 박사과정생), **케이티 스미스**(Katy Smith, 박사과정생)

12장 | **마테 블라젝**(Matej Blazek, 인문지리학 부교수), **케이티 스미스**(Katy Smith, 박사과정생), **로티 로즈**(Lottie Rhodes, 박사과정생), **레아 챈**(Leah Chan, 박사과정생)

13장 | **락샤 판드**(Raksha Pande, 비판개발론 부교수)

14장 | **카우타르 나지브**(Kawtar Najib, 방문연구원), **로빈 핀레이**(Robin Finlay, 지리학 박사후연구원)

15장 | **아눕 나약**(Anoop Nayak, 사회문화지리학 교수)

16장 | **마이클 J. 리처드슨**(Michael J. Richardson, 인문지리학 조교수), **락샤 판드**(Raksha Pande, 비판개발론 부교수), **제드 리들리**(Ged Ridley, 박사과정생)

17장 | **그레임 먼스**(Graeme Mearns, 미디어·문화·헤리티지 전공 인문지리학 조교수), **칼 보너톰프슨**(Carl Bonner-Thompson, 브라이턴대학 인문지리학 조교수)

18장 | **재니스 매크로플린**(Janice McLaughlin, 사회학 교수)

19장 | **피터 홉킨스**(Peter Hopkins, 사회지리학 교수), **레이철 페인**(Rachal Pain, 인문지리학 교수)

20장 | **알레산드로 바우살럼**(Alessandro Boussalem, 박사과정생), **나타르 이크발**(Nathar Iqbal, 뉴캐슬대학

박사), **피터 홉킨스**(Peter Hopkins, 사회지리학 교수)

21장 | **줄리아 헤슬로프**(Julia Heslop, 건축학 박사후연구원), **헬렌 자비스**(Helen Jarvis, 사회지리학 교수),

22장 | **로저 버로스**(Roger Burrows, 도시학 교수)

23장 | **클레어 뱀브라**(Clare Bambra, 공중보건학 교수), **앨리슨 코플랜드**(Alison Copeland, 인문지리학 조교수)

24장 | **사이먼 테이트**(Simon Tate, 고등교육 교수법 교수)

25장 | **일레인 캠벨**(Elain Campbell, 범죄학 교수)

26장 | **매디 톰프슨**(Maddy Thompson, 킬대학 박사후연구원), **로빈 핀레이**(Robin Finlay, 지리학 박사후연구원)

27장 | **나타르 이크발**(Nathar Iqbal, 뉴캐슬대학 박사)

28장 | **알 제임스**(Al James, 경제지리학 교수)

29장 | **루스 레이노르**(Ruth Raynor, 도시계획학 조교수)

30장 | **니알 커닝엄**(Niall Cunningham, 인문지리학 조교수)

31장 | **그레임 먼스**(Graeme Mearns, 미디어·문화·헤리티지 전공 인문지리학 조교수), **칼 보너톰프슨**(Carl Bonner-Thompson, 브라이턴대학 인문지리학 조교수)

32장 | **개러스 파월스**(Gareth Powells, 인문지리학 부교수)

33장 | **조 허버트**(Joe Herbert, 박사과정생)

34장 | **수잰 호크넬**(Suzanne Hocknell, 지리학 박사후연구원)

옮긴이 소개

박경환 (kpark3@gmail.com)

2005년 켄터키대학에서 박사학위를 취득한 후, 2006년부터 전남대학교 지리교육과 교수로 재직하면서 사회지리학, 경제지리학, 지리사상사 등을 강의해왔다. 사회지리학 분야에서는 포스트모더니즘, 포스트구조주의, 페미니즘, 포스트식민주의 등 사회이론과 인문지리의 교차점에서 주로 담론분석과 제도문화기술지 방법을 통해 공간, 권력, 욕망의 사회관계를 연구하고 있다.

심승희 (geossh@snu.ac.kr)

2000년 서울대학교 지리교육과에서 박사학위를 취득한 후, 2003년부터 청주교대 사회과교육과, 2022년부터는 서울대학교 지리교육과에서 교수로 재직 중이다. 주로 맡았던 강의는 인간과 환경, 세계문화지역의 이해, 한국지리, 문화역사지리학 등으로 문화지리학 및 장소 연구자로서의 정체성이 강하다. 그러나 이 책의 번역에 참여하면서 문화지리학과 사회지리학의 경계를 고민하기보다, 현대 공간과 장소 속에서 살아가는 사람들 사이에 가로놓인 다양한 경계와 장벽, 그리고 연결성과 교차성 연구의 중요성을 더욱 실감하게 되었다.

이재열 (leejaeyoul@chungbuk.ac.kr)

2015년 위스콘신주립대학에서 박사학위를 취득한 후, 2018년부터 충북대학교 지리교육과 교수로 재직하면서 인구와 정체성의 지리학, 경제지리학, 지역개발론 등을 강의해왔다. 포스트구조주의, 포스트식민주의 경제지리학자로서 기업, 산업, 생산, 금융의 측면뿐만 아니라 노동, 계급, 소비, 정체성, 주체성, 수행성, 통치성의 문제를 중심으로 '사회·정치·문화지리화된' 경제활동과 경제경관 연구에도 관심을 가지고 있다.